Ausgeschieden

Anatol Rapoport * 1911 in Lozovaya (Rußland) studierte in Chicago und Wien Musik und war 1933–1937 international als Konzertpianist tätig. 1937 begann er an der University of Chicago das Studium der Mathematik, das er nach B.S. (1938) und M.S. (1940) mit dem Doctor of Philosophy (mathematics) 1941 beendete. Nach Militärdienst (1942–1946, zuletzt Captain) startete er am Illinois Institute of Technology seine wissenschaftliche Laufbahn, die ihn von der University of Chicago, der University of Michigan zum Professor für Mathematik und Psychologie an der University of Toronto (1970–1979) führt. Seit 1980 ist er Direktor des'Institut für Höhere Studien', Wien. Anatol Rapoport war Gastprofessor in Dänemark (1968/69) Österreich (1976/77) Deutschland (1978) und den USA (1979); seit 1960 ist er Mitglied der American Academy of Arts and Sciences. 1976 erhielt er den Lenz International Peace Research Prize. Er bekleidete Ehrenämter in verschiedenen wissenschaftlichen Gesellschaften. Bei mehreren wissenschaftlichen Zeitschriften wirkt er als Editor (z.B. General Systems 1956–1977) oder Co-Editor. Er ist Autor von 12 wissenschaftlichen Büchern, die in verschiedene Sprachen übersetzt wurden, sowie von ca. 300 Artikeln in etwa 50 Zeitschriften.

Anatol Rapoport

Mathematische Methoden in den Sozialwissenschaften

Ausgeschieden

Physica-Verlag · Würzburg—Wien

1980

ISBN 3 7908 0218 2

CIP-Kurztitelaufnahme der Deutschen Bibliothek

Rapoport, Anatol:
Mathematische Methoden in den Sozialwissenschaften
/ Anatol Rapoport. – Würzburg, Wien : Physica-
Verlag, 1980.
(Physica-Paperback)
ISBN 3-7908-0218-2

© Physica-Verlag, Rudolf Liebing GmbH + Co., Würzburg 1980
Composersatz und Offsetdruck „Journalfranz" Arnulf Liebing GmbH + Co., Würzburg
Printed in Germany

ISBN 3 7908 0218 2

Inhaltsverzeichnis

Teil I. Einleitung

Teil II. Klassische Modelle

Teil III. Stochastische Modelle

Teil IV. Strukturelle Modelle

Teil V. Quantifikation in der Sozialwissenschaft

Teil VI. Nachwort

Vorwort

Dieses Buch wendet sich einerseits an Sozialwissenschaftler, die wissen möchten, inwieweit besondere deduktive Techniken der Mathematik auf ihr Wissensgebiet nutzbringend angewendet werden können. Andererseits wendet es sich an Mathematiker, die sich mit der Anwendung mathematischer Methoden über die üblichen Anwendungsmöglichkeiten in der Physik und den Ingenieurwissenschaften hinaus vertraut machen möchten. Besonders ist das Buch als kritischer Grundlagentext für mathematisch interessierte Studenten der Sozialwissenschaften gedacht.

Die größte Schwierigkeit beim Schreiben dieses Buches war für mich, die Bedürfnisse dieser Leserkreise ständig zu berücksichtigen. Offensichtlich mußte vorausgesetzt werden, daß sowohl die Kenntnisse der Mathematik als auch die Motivationen sehr unterschiedlich sein würden. Es kann angenommen werden, daß die mathematisch Gebildeten praktisch mit dem ganzen in diesem Buch dargestellten mathematischen Rüstzeug vertraut sein würden. Man könnte sogar befürchten, daß sie bei einigen detaillierteren Erklärungen seines Gebrauchs ungeduldig werden könnten.

Die Lehrerfahrung mit Studenten der Sozialwissenschaften hat mir aber gezeigt, daß man von diesen nur eine geringe Vertrautheit mit mathematischen Methoden erwarten darf.

Eine Darstellungsweise, die einen Mittelweg zwischen einem relativ hohen und einem relativ geringen mathematischen Niveau beschreitet, würde das Ziel des Buches verfehlen: Einerseits könnten die interessanteren Modelle, andererseits instruktive Erklärungen nicht ausgeführt werden. Eine ausreichende Motivation zum Kennenlernen der hier dargestellten Verfahrensweisen mußte natürlich vorausgesetzt werden. Daher blieb nur die Alternative, jede mathematische Methode bei Gebrauch einzuführen und so viel Erklärungen zu liefern, wie jemand zum Verständnis dieses Handwerkzeuges braucht, der es vorher nicht gekannt hat.

Die unterschiedlichen Motivationen von Sozialwissenschaftlern und Mathematikern ist schon bei Studenten — den zukünftigen Wissenschaftlern — vorhanden. Der Sozialwissenschaftler befaßt sich mit *inhaltlichen* Fragestellungen. Er wird sich für soziale Schichtungen oder für politische Systeme oder Interaktionen zwischen Menschen interessieren. Er verlangt, daß das mathematische Handwerkzeug *seinem* Interessengebiet angepaßt werden kann. Darüberhinaus wird Qualifikation in den Sozialwissenschaften gewöhnlich durch Detailkenntnis und Problembewußtsein ausgewiesen. Angesichts eines mathematischen Modells sozialer Erscheinungen wird ein Sozialwissenschaftler daher häufig die drastischen Vereinfachungen der zugrundeliegenden Annahmen bemängeln. Um somit ein mathematisches Modell als seiner Aufmerksamkeit würdig zu befinden, muß er oft einen gänzlich anderen Zugang zu seinem Forschungsgebiet finden. Der Mathematiker wird sich eher für das Handwerkzeug interessieren, mit dem gearbeitet wird, als für den Inhalt, auf den es angewendet wird. Er wird seinerseits oft feststellen, daß die mathematischen Modelle in den Sozialwissenschaften zu elementar sind, um von mathematischem Interesse zu sein.

Beim Versuch, diese beiden Haltungen zu vermitteln, kann ich nicht umhin, meinen eigenen Standpunkt darzulegen. Ich bin unbedingt der Meinung, daß jeder wissenschaftlich Arbeitende mathematisch gebildet sein muß — unabhängig davon, auf welchem Forschungsgebiet er tätig ist. Mathematik ist die Sprache der absoluten Strenge, Klarheit und Genauigkeit. Strenge, Klarheit und Genauigkeit sind Kriterien, von denen jede Wissenschaft geleitet sein sollte. Dies bedeutet jedoch nicht, daß alle Wissenschaften streng und genau sein *können* – am wenigsten die Sozialwissenschaften auf ihren gegenwärtigen Entwicklungsstand. Aber jedermann mit normalen intellektuellen Fähigkeiten und ausreichender Motivation kann sich darum bemühen, streng und genau zu *denken*.

Mit der Niederschrift dieses Buches wollte ich zweierlei erreichen:

1. Studenten der Sozialwissenschaften zum strengen, klaren und genauen Denken über Forschungsprobleme auf ihrem jeweiligen Gebiet zu motivieren;
2. Studenten der Mathematik mit Problemfeldern der Sozialwissenschaften vertraut zu machen, auf denen mathematische Denkweisen nutzbringend sein könnten.

Ob und bis zu welchem Grade ich diese meine Zielsetzungen erfüllen kann, weiß ich nicht. Ich habe dieses Buch auf der Grundlage einer Vorlesungsreihe über mathematische Methoden in den Sozialwissenschaften geschrieben und habe meine Erfahrungen mit beiden Kategorien von Studenten berücksichtigen können. Viele Studenten, die auf dem Gebiet der angewandten Sozialwissenschaften arbeiten werden, hoffen, Mathematik als Rüstzeug in ihrer Alltagspraxis benützen zu können. Der Hauptteil der Arbeit eines Praktikers ist dabei datenorientiert: Er benutzt das Handwerkzeug der Datenverarbeitung; er muß Folgerungen aus den verarbeiteten Daten ziehen und, sofern dies möglich ist, Extrapolationen und Vorhersagen machen. Um sich im Gebrauch der entsprechenden Techniken zu qualifizieren, ist der Student besser beraten, wenn er sich solides Grundwissen der statistischen Methoden und der Computerprogrammierung erwirbt, als sich mit mathematischen Modellen vertraut zu machen, die Gegenstand dieses Buches sind. Der mathematisch gebildete Student – insbesondere wenn er mit Anwendungen in den physikalischen Wissenschaften und der Technik vertraut ist – sollte dagegen nicht allzuviel von der Mathematik als Methode erwarten, die dem Sozialwissenschaftler mächtige Mittel der Vorhersage und Kontrolle an die Hand gibt. Er wird feststellen, daß mathematische Modelle sozialer Erscheinungen diese Aufgaben nur beschränkt erfüllen.

Wie gesagt, das Ziel dieses Buches ist es, Denkweisen über soziale Erscheinungen neu zu strukturieren. Die Vorteile einer solchen Umstrukturierung können nicht im voraus einsichtig sein, denn ihr Nutzen kann erst festgestellt werden, nachdem die Umstrukturierung vollzogen ist. Vorläufig kann ich lediglich die Gründe für mein eigenes Vertrauen in mathematische Denkweisen darlegen. Die Mathematik stellt die *lingua franca* aller Wissenschaft dar, da sie an sich inhaltslos ist. Wann immer eine wissenschaftliche Theorie in der Sprache der Mathematik dargestellt und entwickelt werden kann, wird sie dadurch mit allen anderen ebenso formulierten und entwickelten Wissenschaften verbunden. Falls das Ideal einer „Einheitswissenschaft", die sowohl inhaltliche als auch kulturelle Unterschiede überbrückt, überhaupt erreicht werden kann, dann wird dies auf dem Wege der Mathematisierung geschehen.

Dieses Buch wurde mit Blick auf die Betonung dieser vereinheitlichten Funktion der Mathematik strukturiert. Das Hauptthema eines jeden Teils ist eher die Art der mathematischen Methode, denn der Inhalt eines Gebietes. Auf diese Weise werden verschiedene Gebiete der Sozialwissenschaften umfassende mathematische Analogien sichtbar. Auf Differentialgleichungen beruhende Modelle sind begrifflich genausogut auf Infektionsvorgänge (Kapitel 3) als auch auf Modelle des Rüstungswettlaufs (Kapitel 4) und der Veränderung der Geschlechtsverteilung in menschlichen Populationen (Kapitel 6) anwendbar. Ein im wesentlichen gleiches stochastisches Modell kann gewisse Aspekte sozialer Mobilität (Kapitel 10), bestimmte demographische Veränderungen (Kapitel 11) und die Voraussagen des Rekrutierungsbedarfes von Organisationen (Kapitel 9) darlegen. Die mengentheoretische Sprache liefert den begrifflichen Rahmen für eine strenge Analyse gewisser Typen der Konfliktlösung, wie sie durch die kooperativen Spiele (Kapitel 19) modelliert sind – und darüber hinaus für die zugrundeliegenden Prinzipien demokratischer Entscheidungen (Kapitel 18).

Die hier dargestellten inhaltlichen Fachrichtungen, in denen mathematische Modelle angewendet werden, erstrecken sich auf Psychologie, Soziologie, Politologie und Anthropologie. Um den Umfang des Buches innerhalb des vom Verleger vorgeschlagenen Rahmens zu halten, konnte die Erörterung der Anwendungen nicht wesentlich über die Darstellung von Beispielen hinausgehen. Allerdings wurden in Kapitel 23 und 24 bestimmte Verfahren ausführlich dargelegt, um einen extrem positivistischen Ansatz vorzuführen und kritisch zu diskutieren. Leser, die einige erwähnte Anwendungen weiter verfolgen möchten, werden in jedem Falle auf die relevante Literatur verwiesen. Aus dem gleichen Grund mußte auch die Darlegung des mathematischen Apparates eingeschränkt werden. Eine eingehende Behandlung der in den Teilen III und IV dargestellten Methoden wird der Leser bei *Kemeny/Snell* [1962] sowie bei *Fararo* [1973] finden. Die „klassischen" Methoden (etwa die Differentialgleichungen) werden allerdings in jedem beliebigen mathematischen Werk zu diesem Thema dargelegt.

Aus Raummangel mußten auch verschiedene Methoden der Analyse, wie etwa die Clustermethode [*Tryon/Bailey*], die Analyse latenter Strukturen [*Lazarsfeld/Henry*] oder die Spektralanalyse [*Mayer/Arney*] entgegen der ursprünglichen Absicht unerwähnt bleiben.

Um die inhaltlichen Konzeptionen insbesondere des amerikanischen Ansatzes der Soziologie weiter zu verfolgen, sei der interessierte Leser auf das umfangreiche Werk von *Coleman* [1964] und auf den von *Lazarsfeld*, einem Pionier der quantitativen Soziologie [1954] herausgegebenen Sammelband verwiesen. Das Gebiet der mathematischen Psychologie wird der interessierte Leser im Sammelband dargestellt finden, das von *Luce/Bush/Galanter* [1963–1965] herausgegeben wurde. Eine gute dargestellte und umfangreiche Übersicht über die Anwendungen der Spieltheorie in den Politikwissenschaften wird von *Brams* [1975] gegeben.

An Büchern zum Gegenstand dieses Buches besteht wahrlich kein Mangel. Den bei weitem größten Teil davon stellen Werke in englischer Sprache dar. Es handelt sich dabei mit einigen Ausnahmen um Sammelbände und Konferenzberichte. Mit diesem Buch wollte ich diese Entwicklungen der Sozialwissenschaften dem deutschen Leser zugänglich machen, und sie von einem Standpunkt aus darlegen, der die Erläuterung mit einer kritischen Bewertung sowohl der Erfolge als auch der Fehlschläge bei der Anwendung mathematischer Methoden in den Sozialwissenschaften vereinigt. Aus diesem Grunde mußten einige Modelle mit berücksichtigt werden, die eigentlich nur noch historisches Interesse beanspruchen können. Häufig kann man aber aus Fehlern der anderen mehr lernen als aus ihren Erfolgen.

Dem Physica-Verlag Würzburg–Wien sowie dem Institut für Höhere Studien in Wien möchte ich für ihre Förderung beim Verfassen dieses Buches meinen aufrichtigen Dank sagen. Sehr verbunden bin ich ferner Herrn Dr. Helmut Arnaszsus für die Herstellung des deutschen Textes, Herrn Dr. Peter Mitter für das kritische Lesen des Texts und manche wertvolle Anregungen, Mrs. Regina Niedra für die sorgfältige Anfertigung der Abbildungen, und Frl. Susanna Mai für die saubere Endfassung des Manuskripts. Für alle Fehler bin ich selbst voll verantwortlich.

Louisville, 30. April, 1979

Bemerkungen zur Schreibweise

Buchstaben

Insofern von Mengen die Rede ist, werden große Buchstaben gewöhnlich zur Bezeichnung von Mengen benutzt, und kleine Buchstaben stehen für Elemente der Mengen.

Bei der Darstellung stochastischer Prozesse bezeichnen große Buchstaben Zufallsvariable und kleine Buchstaben die von den Variablen angenommenen Werte. Z.B.: $Pr [X \leqslant x]$ bezeichnet die Wahrscheinlichkeit, daß eine Zufallsvariable X einen Wert nicht größer als x annimmt.

Vektoren werden durch kleine Buchstaben wiedergegeben, z.B. $x = (x_1, x_2, \ldots, x_n)$. Matrizen werden durch große Buchstaben wiedergegeben, z.B. ist $M = (m_{ij})$. (m_{ij}) ist eine andere Bezeichnungsweise für eine Matrix mit den Eingängen m_{ij} in der i-ten Zeile und j-ten Spalte.

Klammern

Mengen, die durch ihre Mitglieder dargestellt sind, werden gewöhnlich in geschweiften Klammern geschrieben, z.B. $\{x, y, z\}$.

Geordnete Paare, Tripel usw. werden in runden Klammern geschrieben, z.B. (a, b, c) oder (abc). Zur Vereinheitlichung der Notation werden auch aus nur einem Element bestehende Mengen in geschweiften Klammern angegeben. Um beispielsweise eine Menge zu kennzeichnen, die noch übrigbleibt, nachdem ein Element x aus der Menge Y entfernt worden ist, müssen wir $Y - \{x\}$ schreiben, denn die Subtraktion ist als eine binäre Operation über Mengen, aber nicht über Mengen und Elementen definiert.

Offene Intervalle werden von runden Klammern eingeschlossen, z.B. bezeichnet (a, b) die Menge aller reellen Zahlen größer als a und kleiner als b. Geschlossene Intervalle werden von eckigen Klammern eingeschlossen, z.B. bezeichnet $[a, b]$ die Menge aller reellen Zahlen gleich oder größer als a und gleich oder kleiner als b. Gelegentlich werden auch halboffene Intervalle erwähnt, z.B. $[a, b)$ oder $(a, b]$. Hier ist der bei der eckigen Klammer gelegene Endpunkt in der Menge enthalten, aber nicht der andere.

Geknickte Klammern werden gebraucht, um die Elemente eines mathematischen Objekts anzugeben. Z.B. bezeichnet $G = \langle N, V \rangle$ einen Graphen, dessen Punktemenge N und dessen binäre Relation V sind. $\langle N, v \rangle$ bezeichnet ein kooperatives Spiel, dessen Spielermenge N und dessen charakteristische Funktion v sind.

Summierung

Zusätzlich zum üblichen Symbol der Summierung über aufeinanderfolgenden Indizes, z.B. $\sum\limits_{i=1}^{n}$, werden die folgenden Summensymbole benutzt: Σ' bezeichnet die Summierung aller von x verschiedenen y; $\sum\limits_{i \in S} x_i$ bezeichnet die Summierung der Zahlen x_i, deren Indizes i zu einer gegebenen Menge S gehören. Wenn die Zahlen x einer im gegebenen Kontext feststehenden Menge angehören, dann wird gelegentlich die Summierung aller x dieser Menge durch $\sum\limits_{x}$ bezeichnet.

Einige besondere in diesem Buch benützte Symbole

Im Kontext des Wahlverhaltens bedeuten

$x \gg y$: x wird y vorgezogen;

$y \gtrless x$ oder $x \lessgtr y$: x wird y nicht vorgezogen;

$x \sim y$: x wird y nicht vorgezogen und y wird x nicht vorgezogen.

Im Kontext der kooperativen Spiele bedeutet $x \gg_S y$, daß Imputation x die Imputation y in bezug auf eine bestimmte Teilmenge von Spielern S dominiert. $x \gg y$ bedeutet, daß es eine Teilmenge von Spielern gibt, in bezug auf die gilt, daß x y dominiert.

In anderen Kontexten bedeuten:

$x \sim y$: x ist y proportional;

$x \cong y$: x ist annähernd gleich y;

$\Rightarrow$: impliziert;

$\Leftrightarrow$: impliziert und wird impliziert von;

$\exists$: es gibt (existiert).

Beispielsweise: $y \notin I_0 \Rightarrow \exists\, x \in I_0,\, x \gg y$ lies folgendermaßen: für jede Imputation y, die nicht in der Menge I_0 enthalten ist, gibt es eine Imputation x in der Menge I_0, die y dominiert.

Teil I. Einleitung

1. Die Macht des mathematischen Denkens

Wissenschaftliche Erkenntnis wird durch Genauigkeit, Objektivität und Allgemeinheit bestimmt. Schon einfache Beispiele zeigen den Zusammenhang zwischen diesen drei Eigenschaften: Nehmen wir an ich wüßte, daß Herr A reich ist. Ich drücke dieses „Wissen" in Form einer *Behauptung* aus: „Herr A ist reich." So formuliert ist die Behauptung ungenau, da das Wort „reich" in verschiedenen Zusammenhängen vielerlei bedeuten kann. Auch fehlt der Behauptung Objektivität, denn verschiedene Personen könnten verschiedene Kriterien haben, mit denen sie den Reichtum von Herrn A beurteilen. Letztlich entbehrt die Behauptung der Allgemeinheit, weil sich das Urteil auf eine einzige Person beschränkt.

Im Gegensatz dazu ist die Behauptung „Das verfügbare Vermögen von Herrn A beträgt mehr als zwei Millionen Mark" im Vergleich zu oben gemachten Behauptung genauer. Der Bedeutungsspielraum des Begriffs „verfügbares Vermögen" ist relativ klein und der von „mehr als zwei Millionen Mark" ist noch kleiner.

Wenn diese Behauptung zudem von *unabhängigen Beobachtern* verifiziert werden kann, kommt ihr Objektivität zu. Die Verifizierbarkeit von Behauptungen durch unabhängige Beobachter wird auch zur *Definition* der Objektivität – zumindest im Zusammenhang wissenschaftlicher Erkenntnis – herangezogen.

Wissenschaftliche Behauptungen sind auf Allgemeinheit gerichtet. Das heißt, sie sollen nach Möglichkeit Aggregate von vielen genauen und objektiv überprüfbaren Behauptungen sein. Nehmen wir zum Beispiel an, ich sage „Die Deutschen sind im allgemeinen reicher als die Inder". Wir haben bereits ein Kriterium zur Bestimmung des Reichtums einer Person erwähnt. (Natürlich können viele solche Kriterien vorgeschlagen werden.) Um die vorhergehende Behauptung genau zu fassen, müssen wir ein solches Kriterium angeben. Um die *allgemeine* Behauptung zu verifizieren, brauchen wir ein Kriterium, das nicht nur den Vergleich zweier Einzelpersonen beinhaltet – einer aus Deutschland, einer aus Indien – sondern das sich auf Personen in Deutschland und in Indien im allgemeinen bezieht. Eines dieser Kriterien kann auf dem Vergleich zwischen zufällig aus diesem Personenkreis gewählten Paaren beruhen. Die allgemeine Behauptung könnte dann auf die Voraussage hinauslaufen, daß die deutsche Person bei der Mehrheit solcher Paare reicher sein wird als die indische. Ein anderer Vergleichsmaßstab kann aufgrund der mittleren Einkommen in beiden Ländern gewonnen werden.

Das „Wenn . . . dann"-Paradigma

Jede allgemeine Beobachtung kann in der Form „Wenn . . . dann . . ." ausgedrückt werden. Sie ist das Paradigma jeder wissenschaftlichen Behauptung. Die Behauptung beispielsweise „Alle Raben sind schwarz" kann folgendermaßen umschrieben werden: „Wenn ein Ding ein Rabe ist, dann ist es schwarz". Die Grundlage für eine solche Behauptung ist oft *der induktive Schluß*. Er faßt nicht nur vergangene Beobachtungen zusammen, sondern liefert auch die Voraussage, daß die Behauptung „Wenn ein Ding ein Rabe ist, dann ist es schwarz" sich bei *später folgenden* Beobachtungen bestätigen wird.

Nicht alle Behauptungen der Form „Wenn . . . dann . . ." sind kennzeichnend für einen induktiven Schluß. Betrachten wir die Behauptung: „Wenn John der Ehemann von Mary ist, dann ist Mary die Ehefrau von John." Zwar kann diese Behauptung als das Ergebnis vieler Beobachtungen aufgefaßt werden, bei denen eine Frau immer die Ehefrau ihres Ehemannes war, aber dazu sind empirische Beobachtungen überflüssig. Die Gültigkeit dieser Behauptung ist selbstevident durch die

Verwendung der Wörter „Ehemann" und „Ehefrau" in unserer Sprache. Wenn wir wissen, daß John der Gatte von Mary ist, sind wir aufgrund der Bedeutungen von „Gatte" (Ehemann) und „Frau" (Ehefrau) *gezwungen* zu schließen, daß Mary die Frau von John ist. Die Gültigkeit einer Behauptung ist *logisch* und nicht *empirisch* begründet.

Dies gilt für alle Sätze der Mathematik. Betrachten wir die Aussage: „Wenn zwei Seiten eines Dreiecks einen rechten Winkel einschließen, dann ist die Summe der Quadrate ihrer Längen gleich dem Quadrat der Länge der dritten Seite". Diese Folgerung könnte durch induktives Schließen begründet werden (unter Berücksichtigung der Fehler, mit denen die Längen- und Winkelmessungen behaftet sind). Im Rahmen der mathematischen Betrachtungsweise gibt diese Aussage nicht den induktiven Schluß wider, sondern den *deduktiven*. Er wird in einer Kette logischer Argumentationen konstruiert, die aus als gültig vorausgesetzten Annahmen zu gültigen deduzierten Schlüsseln führen. Empirische Verifikation in Form von bestätigenden Beobachtungen ist weder notwendig, noch hinreichend, noch im allgemeinen überhaupt möglich, um die Richtigkeit mathematischer Feststellungen zu begründen. In unserem Beispiel ist eine solche Verifikation unmöglich, weil die obige Behauptung keinerlei Meßfehler zuläßt — wie klein diese auch sein mögen. Auch ist eine „Abgeschlossenheit" des induktiven Schlusses in dem Sinne unmöglich, daß der Schluß endgültig akzeptiert würde, wenn eine „hinreichend große Anzahl" von Fällen ohne Ausnahme verifiziert wären.

Mathematisierung der Wissenschaft

Häufig sind Verbindungen zwischen mathematischen Aussagen und Beobachtungen herstellbar. Sie werden in den sogenannten *mathematisierten Wissenschaften* ständig gemacht. Man muß sich jedoch vor Augen halten, daß alle Aussagen der Mathematik, die beobachtbare Objekte oder Ereignisse betreffen, bereits das eigentliche Gebiet der Mathematik überschreiten. *Mathematische* Aussagen werden über vollständig idealisierte Gegenstände oder Ereignisse getroffen, die in der wahrnehmbaren Welt nicht existieren. Wenn diesen Objekten überhaupt eine ontologische Daseinsform zugeschrieben wird (wie beispielsweise von Platon), dann werden sie in eine Art transzendente Wirklichkeit verwiesen, die unseren Sinnen unzugänglich ist.

Der einzigartige Erfolg der mathematisierten Wissenschaften erklärt sich aber gerade aus der Verbindung dieser transzendenten „Realität" idealisierter Begriffe und der beobachtbaren Welt. Solche Wissenschaft hatte bereits mit den Forschungen des Archimedes (287—212 vor Chr.) begonnen; aber ihren steilen Aufschwung erlebte sie erst in der späten Renaissance. Bis in unser Jahrhundert hinein war die mathematisierte Wissenschaft allein mit den physikalischen Wissenschaften verknüpft, das heißt also, mit Ereignissen der unbelebten Materie. Unser Anliegen wird hingegen der Versuch sein, die Methoden der mathematisierten Wissenschaft auf Ereignisse auszudehnen, die das Verhalten von Menschen betreffen, also auf die Sozialwissenschaften wie Psychologie, Soziologie, Anthropologie und Politologie. Angesichts der ausgedehnten Literatur auf dem Gebiet der mathematischen Ökonomie werden wir diese Disziplin kaum berühren.

Unser Ansatz wird kritisch und konstruktiv sein. Das heißt, wir werden stets das Ausmaß des Fortschritts bei der Formalisierung eines Gebietes der Wissenschaft einzuschätzen suchen. Wo diese Erfolge geringfügig oder zweifelhaft sind, werden wir den Versuch unternehmen, die Ursachen für die Fehler bzw. Schwierigkeiten aufzuweisen. An gegebener Stelle werden wir auch die Gründe untersuchen, weshalb gewisse Bemühungen um die Mathematisierung bestimmter Gebiete trotzdem fortgesetzt werden, obwohl die Möglichkeiten einer adäquaten Formalisierung den Zielvorstellungen der Konstrukteure solcher Modelle nicht entsprechen können. Auch soll dargestellt werden, welche Richtungen und Ziele der Mathematisierung in den Sozialwissenschaften uns fruchtbar und vernünftig erscheinen.

Der deduktive Ansatz

Um einen besseren Einblick zu gewinnen, werden wir die Voraussetzungen genauer betrachten, die den unleugbaren Erfolg der Mathematisierung in den physikalischen Wissenschaften möglich machten. Wie wir bereits betont haben, handelt die Mathematik *als solche* nicht von beobachtbaren Gegenständen oder Ereignissen. Man könnte gegen diese Betrachtungsweise jedoch einwenden, daß die Geometrie als ein Zweig der Mathematik es mit beobachtbaren, nämlich räumlichen Beziehungen zu tun habe. Um diesen Einwand zu begegnen, müssen wir die rein mathematischen von den physikalischen Aspekten der Geometrie unterscheiden. Wir leben in einem Raum, der uns dreidimensional erscheint, und in dem alle beobachtbaren Objekte und Ereignisse eingebettet sind. Ohne Zweifel, die einfachen Begriffe der Geometrie wie ,,Punkt", ,,Linie", ,,Ebene" usw. stammen von idealisierten Wahrnehmungen her (wie Standort, Sehlinie, ruhige Wasseroberfläche). Wir wissen auch, daß das früheste Wissen um geometrische Beziehungen, beispielsweise von Flächen und Rauminhalten zu den linearen Größen der Objekte, aus der Erfahrung stammt. Aber dieses empirische Wissen ist nicht die Geometrie als mathematische Disziplin. Diese Disziplin begann mit der systematischen *Deduktion* von räumlichen Beziehungen, so wie dies von den Griechen begonnen wurde.

Die klassische griechische Geometrie beginnt mit den sogenannten *Axiomen* und *Postulaten,* die als ,,selbstverständliche Wahrheiten" angesehen wurden, daß heißt mit Voraussetzungen, die nicht ohne Verletzung des ,,gesunden Menschenverstandes" abgestritten werden konnten. Da die deduzierten Konsequenzen dieser ,,selbstevidenten" Voraussetzungen sowohl logisch zwingend als auch empirisch verifizierbar waren (innerhalb der durch Meßgenauigkeit gesetzten Grenzen) schien es, daß die Geometrie eine Wissenschaft von den räumlichen Beziehungen ist, die vollständig auf Deduktion aufgebaut ist.

In der gegenwärtigen Philosophie der Mathematik ist der Begriff ,,selbstevidente Voraussetzung" nahezu gänzlich verworfen worden. Die Axiome oder Postulate, die jeder mathematischen Theorie zugrunde liegen, werden jetzt als Konventionen bzw. allgemeine Vereinbarungen angesehen – im Gegensatz zu unumstößlichen Wahrheiten. (Erinnern wir uns an das obige Beispiel: ,,Wenn John der Ehemann von Mary ist, dann ist Mary die Ehefrau von John". Es handelt sich um eine Vereinbarung über den Gebrauch der Worte ,,Ehemann" und ,,Ehefrau" und nicht um unbestreitbare Aussagen über John und Mary). Darüber hinaus sind jetzt Worte, die in mathematischen Postulaten vorkommen – wie beispielsweise ,,Punkt" und ,,Gerade" – nicht mehr notwendigerweise auf eine idealisierte Erfahrung bezogen. Sie werden als *undefinierte grundlegende Terme* angesehen. Es wurde erkannt, daß solche undefinierten Terme bei allen Betrachtungen vorkommen müssen, um Zirkeldefinitionen zu vermeiden. Analog dazu müssen unbewiesene (oder unbeweisbare) Annahmen in jedem deduktiven System vorkommen, damit Zirkelschlüsse von vornherein vermieden werden. Dies sind die Axiome und Postulate, die mathematischen Systemen zugrundeliegen. Diese Umstellung in der Denkweise über die mathematischen Grundbegriffe und Voraussetzungen kam unausweichlich, als die nichteuklidische Geometrie entdeckt wurde. Einige ihrer Postulate waren mit denen der euklidischen Geometrie unvereinbar. Trotzdem sind beide Geometrien frei von Widersprüchen. Wenn die Gültigkeit geometrischer Sätze nur durch Rückgriff auf die zugrundeliegenden Postulate erwiesen wird, ist es unmöglich zu entscheiden, welche der Geometrien ,,wahr" ist. Sie sind alle in gleicher Weise ,,wahr", d.h. *gültig* im mathematischen Sinne.

Da nicht beide, sowohl die euklidische als auch die nichteuklidische Geometrie, richtige Darstellungen des *physikalischen* Raumes sein können – obwohl sie beide widerspruchsfrei sind – mußte die Geometrie als Zweig der reinen Mathematik als unabhängig von der Eigenart des physikalischen Raumes angesehen werden. Darüber hinaus wurde es üblich und erkenntnistheoretisch vorteilhaft, die Geometrie auf Räume mit mehr als drei Dimensionen zu verallgemeinern, also gedankliche Konstrukte, die gänzlich außerhalb unserer durch die Wahrnehmung gegebenen Erfahrung liegen.

Im Lichte dieser Entwicklung kann die reine dreidimensionale Geometrie als ein *Modell* des physikalischen Raumes betrachtet werden. Andererseits kann jene Disziplin, die Aussagen über tatsächlich beobachtbare räumliche Beziehungen macht, als physikalische Geometrie bezeichnet werden und als Zweig der Physik gelten. Der Raum ist nämlich ein Aspekt der physikalischen Realität, der uns vornehmlich durch optische und taktile Reize vermittelt wird. Der Grund, daß eine Forderung aus dem *Modell* (wie etwa der Pythagoräische Lehrsatz) mit Beobachtungen und Messungen so gut übereinstimmte, liegt darin, daß die euklidische Geometrie ein geeignetes Modell des physikalischen Raumes darstellt.

Die reine Geometrie (ob nun euklidische oder nichteuklidische) ist ein gutes Beispiel eines mathematischen Modells. Die Grundlage jedes dieser Modelle bilden zwei Kategorien: Eine umfaßt die einfachen, elementaren oder undefinierten Terme. Die andere Kategorie umfaßt die Postulate des Modells, unbewiesene Behauptungen, deren „Wahrheit" *angenommen* wird. Zum Beispiel: „Zwischen zwei verschiedenen Punkten im Raum geht eine und nur eine gerade Linie"; „Auf einer gegebenen Ebene, gibt es eine und nur eine Senkrechte, die durch einen gegebenen Punkt auf einer Geraden geht".

Alle grundlegenden Ausdrücke, die in der Geometrie verwendet werden, z.B. „Dreieck", „Kreis" usw. sind eindeutig im Hinblick auf die undefinierten Termine definiert z.B. „Punkt," „Gerade" usw. Alle Sätze (Theoreme) werden mittels der formalen Logik, die die Methoden der mathematischen Ableitung umfaßt, aus den angenommenen Postulaten deduziert. Die Verknüpfung zwischen der reinen Geometrie und dem *physikalischen* Raum geschieht durch Korrespondenzregeln, die Terme und Behauptungen des Modells mit der beobachtbaren Realität verbinden. Die Realität ist Bezugspunkt des Modells.

Beispielsweise mag der physische Weg eines Lichtstrahls einer „geraden Linie" entsprechen; ein Teilraum, der durch drei sich paarweise schneidende Lichtstrahlen gebildet wird, mag einem „Dreieck" entsprechen. Die deduzierten Behauptungen innerhalb des Modells werden mit ihren Bezugspunkten verglichen und zwar mittels entsprechender Beobachtungen oder Messungen physischer Objekte. Der Grad der Übereinstimmung zwischen den Behauptungen des Modells und den entsprechenden Beobachtungen stellt einen *Test* des Modells dar.

Das früheste dynamische Modell

Der Anstoß zur mathematischen Physik im 17. Jahrhundert wurde durch die gleichzeitige Betrachtung von *Zeitintervallen* und *Raumintervallen* bei der Beobachtung der Bewegung gegeben. Natürlich war der Begriff des Zeitintervalls immer im Begriff der Bewegung enthalten. Eigentlich wurden schon in jüngsten Zeiten Distanzen durch Zeiteinheiten ausgedrückt (Reisetage etwa). Und gewiß war die Kennzeichnung der Geschwindigkeit als Verhältnis von Wegstrecke und Zeitdauer bereits den Alten bekannt. Galileis revolutionärer Gedanke war der Begriff der Geschwindigkeit als einer *stetig veränderlichen* Größe, der zum Begriff der Beschleunigung führte. So wie der Quotient des Wegzuwachses zum entsprechenden Zeitintervall die durchschnittliche Geschwindigkeit eines sich bewegenden Körpers in diesem Intervall definiert, so definiert der Bruch aus dem Geschwindigkeitszuwachs zum entsprechenden Zeitintervall die durchschnittliche Beschleunigung des Körpers in diesem Intervall.

Galilei führte Experimente mit fallenden Körpern durch — mit Kanonenkugeln, die auf einer schiefen Ebene rollten. Er maß dabei Entfernungen in aufeinanderfolgenden Zeitintervallen. So erkannte er, daß die zurückgelegte Entfernung proportional zum Quadrat der benötigten Zeit war und daß diese Beziehung für alle Neigungswinkel der Ebene galt, auf der die Bälle rollten. Nur die Proportionalitätskonstante hing vom Winkel ab.

In moderner Schreibweise kann die empirisch aufgestellte Beziehung durch die folgende Formel ausgedrückt werden:

$$s = k(\theta)t^2. \tag{1.1}$$

Dabei bedeutet s den zurückgelegten Weg (der in bestimmten Einheiten ausgedrückt wird), t die verstrichene Zeit, (ebenfalls in bestimmten Einheiten) und k die Proportionalitätskonstante. Das

θ in Klammern bedeutet, daß die „Konstante" k, obwohl sie von s und t unabhängig ist, vom Winkel θ zwischen der schiefen Ebene und der Horizontale abhängt.

Durch weitere Beobachtungen bestimmte Galilei (oder er hätte bestimmt haben können)[1], daß die Abhängigkeit des k von θ wie folgt ausgedrückt werden kann:

$$k = k'\sin(\theta), \tag{1.2}$$

wobei k' eine Konstante ist, die nicht mehr von θ abhängt. Indem wir die Gleichungen (1.1) und (1.2) zusammenfassen, erhalten wir

$$s = k'\sin(\theta)t^2. \tag{1.3}$$

Nun kann man die Konstante k' durch eine einzige Beobachtung angeben. Wählt man einen bestimmten Winkel θ, ein Zeitintervall t_1 und mißt man den in diesem Interval zurückgelegten Weg s_1, so gewinnt man k' durch die Gleichung

$$k' = \frac{s_1}{\sin(\theta)t_1^2}. \tag{1.4}$$

Wenn k' bestimmt ist, so drückt die Gleichung (1.3) eine wissenschaftliche Behauptung der Art „Wenn . . . dann" aus. Wenn der Neigungswinkel die Größe θ und die vom Bewegungsbeginn an verstrichene Zeit t sind, dann ist es der vom Körper zurückgelegte Weg durch die rechte Seite der Gleichung (1.3) gegeben.

Von Induktion zur Deduktion und umgekehrt

Wenn $\theta = 90°$ (d.h. $\sin(\theta) = 1$) ist, dann fällt die Kugel frei. Beim freien Fall gilt

$$s = k't^2. \tag{1.5}$$

Die Geschwindigkeit v eines frei fallenden Körpers als Funktion von t gewinnt man, indem man s nach t differenziert:

$$v = \frac{ds}{dt} = 2k't. \tag{1.6}$$

Weiter gewinnt man die Beschleunigung des Körpers, indem man v nach t differenziert:

$$g = \frac{dv}{dt} = 2k'. \tag{1.7}$$

Damit wird die physische Bedeutung der Konstante k' klar: sie beträgt die Hälfte der Gravitationsbeschleunigung g, die sich als konstant erweist. Das von Galilei entdeckte Gesetz der fallenden Körper kann jetzt folgendermaßen ausgedrückt werden:

$$s = \frac{1}{2}gt^2. \tag{1.8}$$

Wie gesagt, entdeckte Galilei dieses Gesetz empirisch, d.h. durch Beobachtungen und Messungen. Man kann dieses Gesetz aber auch *deduzieren*, indem man annimmt, daß die Gravitationsbeschleunigung konstant ist. Denn man gewinnt die Geschwindigkeit durch das Integral

$$v = \int_0^t g d\tau = gt \tag{1.9}$$

und die zurückgelegte Distanz durch das Integral

$$s = \int_0^t g\tau d\tau = \frac{1}{2}gt^2. \tag{1.10}$$

Die direkte Bestimmung der Beschleunigung eines frei fallenden Körpers durch Messungen ist bekanntlich schwierig. Aber wenn man annimmt, daß die Gravitationsbeschleunigung (an einem bestimmten Ort der Erdoberfläche) konstant ist, kann man das Gesetz des frei fallenden Körpers (1.8) und dessen Verallgemeinerung

$$s = \frac{1}{2}g \sin(\theta) t^2 \tag{1.11}$$

theoretisch ableiten. Nun kann man die Voraussagen des Gesetzes prüfen. Dies ist nicht schwierig, denn bei kleinen Winkeln θ bewegt sich der Körper relativ langsam, und man kann die Zeitintervalle und die entsprechenden Distanzen ohne weiteres bestimmen[2]).

Die Effizienz mathematischen Schließens ist offensichtlich, wenn man von einer Summe von Beobachtungen ausgeht und zu einem deduzierten „Gesetz" gelangt, oder auch wenn man bei einem angenommenen „Gesetz" beginnt und verifizierbare Konsequenzen erhält. Bei der Formulierung des allgemeinen Gravitationsgesetzes verwendete Isaac Newton das erstgenannte Verfahren. Sein Ausgangspunkt waren die drei „Gesetze der Planetenbewegung", die Johann Kepler durch induktiven Schluß erhielt (und zwar durch die Zusammenfassung der Beobachtungen von Tycho Brahe). Keplers Gesetze lauten:

(i)   Jeder Planet im Sonnensystem (Merkur, Venus, Erde, Mars, Jupiter, Saturn) bewegt sich auf einer Ellipse, in deren einem Brennpunkt die Sonne steht.
(ii) Der Radiusvektor von der Sonne zum Planeten überstreicht in gleichen Zeiten gleiche Flächen.
(iii) Das Quadrat der Umlaufzeit eines Planeten ist proportional zur dritten Potenz seiner durchschnittlichen Entfernung zur Sonne.

Vorher hatte Newton eine präzise Definition der *Kraft* als Produkt der Masse eines sich bewegenden Körpers und seiner Beschleunigung eingeführt, wobei sowohl Kraft als auch Beschleunigung *Vektoren*, also gerichtete Größen sind. In dem er die von ihm entdeckte Methode verwendete (die jetzt als Differentialrechnung bekannt ist), konnte Newton das allgemeine Gravitationsgesetz ableiten:

$$F = \frac{K m_1 m_2}{r^2}. \tag{1.12}$$

Dabei ist F die Anziehungskraft zweier beliebiger Körper im Universum, wobei m_1 und m_2 ihre Massen, r die Distanz zwischen ihnen und K eine Konstante sind. So wie im vorhergehenden Beispiel kann die Reihenfolge beim Schluß so umgekehrt werden, daß das allgemeine Gravitationsgesetz als die erste Voraussetzung genommen wird, wohingegen die Keplerschen Bewegungsgesetze zu abgeleiteten Folgerungen werden. Bekanntlich kann die Anziehungskraft zwischen einem Planeten und der Sonne nicht direkt gemessen werden. Aber die Planetenbewegung kann beobachtet werden. Die Übereinstimmung zwischen den deduzierten Folgerungen des mathematischen Modells (das in der Gleichung (1.12) ausgedrückt ist) und den beobachteten Bewegungen der Planeten bestätigt das Modell.

Die Vorhersagekraft eines mathematischen Modells

Die ungeahnte Stärke des durch die Gleichung (1.12) dargestellten Modells wurde durch die Geschichte der Astronomie eindrucksvoll erwiesen. Mit Stärke meinen wir die Vorhersagefähigkeit. Keplers Gesetz bezog sich nur auf die Bewegungen der ihm bekannten sechs Planeten. Seine „Gesetze" waren deskriptiver Natur – eine Zusammenfassung der bereits gemachten Beobachtungen. Sicherlich besitzen solche Gesetze gewisse Voraussagekraft, denn sie implizierten, daß sich die Planeten auch *weiterhin* in derselben Weise bewegen werden. Sie mögen sogar die Feststellung beinhalten, daß ein neu entdeckter Planet den Kepler'schen Bewegungsgesetzen (i) und (ii) gehorchen und die Beziehung zwischen seiner Umlaufzeit und seiner Entfernung zur Sonne dem Gesetz (iii) unterliegen wird. Aber die Voraussagefähigkeit des allgemeinen Gravitationsgesetzes ist weitaus größer. Denn, wenn die von den Planeten aufeinander ausgeübten Gravitationskräfte ebenso wie die von der Sonne ausgehende Kraft in Betracht gezogen werden, können die *Abweichungen* der Planeten von den von Kepler vorausgesagten Bahnen ebenfalls vorausgesagt werden. Diese Abwei- '

chungen sind sehr klein, aber eben dies bestätigt die Kraft der Newton'schen Gesetze, da sie kleinste Abweichungen erklären (bzw. voraussagen), die sonst kaum beachtet oder einem Fehler zugeschrieben worden wären.

Am offensichtlichsten wurde die große Vorhersagefähigkeit des Modells von Newton bei der Entdeckung des Planeten Neptun. Gewöhnlich verstehen wir unter „Entdeckung" etwas Unerwartetes. Beispielsweise wurden das Penicillin ebenso wie Amerika durch Zufall „entdeckt". Der Planet Uranus wurde entdeckt, als er im Sichtfeld von Herschels Teleskop erschien. Im Gegensatz hierzu wurde die Entdeckung des Neptun erwartet, da sie auf mathematischer Deduktion beruhte.

Der Uranus wurde 1781 entdeckt. In den folgenden Jahrzehnten wurden genügend Beobachtungen gemacht, um die Bahn dieses Planeten zu bestimmen, die ja den allgemeinen Gravitationskräften folgt. Ein Vergleich mit den Beobachtungen ergab jedoch Diskrepanzen, die nicht den Gravitationskräften der anderen bekannten Planeten zugeschrieben werden konnten. Angesichts dieser Diskrepanzen hätte Newtons Modell des Sonnensystems als widerlegt angesehen werden können. Denn, logisch gesprochen, können die Annahmen nicht richtig sein, wenn aus ihnen deduzierte Konsequenzen den Beobachtungen nicht entsprechen. Das bedeutet, daß entweder die beobachteten Positionen und Geschwindigkeiten der anderen Planeten ungenau waren oder das allgemeine Gravitationsgesetz falsch ist. Da kein Beobachtungsfehler entdeckt wurde, hätte Newtons Gesetz angezweifelt werden können, bis andere Erklärungen für die Diskrepanzen gefunden werden.

Nach mehr als einem Jahrhundert glänzender Erfolge bei Voraussagen war Newtons Gesetz aber so sehr anerkannt, daß es gänzlich undenkbar war, es zu bezweifeln. Nur ein Weg führte aus der Sackgasse, nämlich die Annahme der Existenz eines bis dahin unentdeckten Planeten, dessen auf Uranus ausgeübte Gravitationskräfte die unerklärlichen Störungen seiner Bahn verursachten.

So wurde tatsächlich vorgegangen. 1843 schrieb die Königliche Akademie der Wissenschaften von Göttingen einen Preis für eine befriedigende Theorie der Bewegung des Uranus aus (die − nach der Meinung führender Astronomen − fast mit Sicherheit die Annahme eines Planeten außerhalb der Uranusbahn einschloß). John Couch Adams, ein Student der Universität Cambridge unterzog sich der Aufgabe und teilte im Herbst 1845 seine Resultate privat zwei führenden Astronomen mit. Gleichzeitig behandelte der junge Astronom Urbain Jean Joseph Leverrier in Frankreich dasselbe Problem. Seine ersten Resultate wurden der Französischen Akademie der Wissenschaften wenige Tage nach Adams privater Mitteilung bekanntgegeben. Leverrier setzte seine Arbeit fort und übergab seinen Schlußbericht am 31. August 1846 der Französischen Akademie.

Am 18. September schrieb Leverrier an John G. Galle, dem Oberassistenten des Berliner Observatoriums an dem ein Teleskop von genügender Stärke stand. Es wird vermutet, daß Galle den Brief von Leverrier am 23. September erhielt. Nachdem er die Genehmigung des Direktors des Observatoriums erhalten hatte, begann die Suche nach dem neuen Planeten noch am selben Abend. Bald danach zeigte sich Neptun mit einem Grad Abweichung von der vorausgesagten Position im Gesichtsfeld des Teleskops!

Diese oft wiedergegebene Geschichte illustriert überzeugend nicht nur die Vorhersagefähigkeit einer mathematischen Wissenschaft wie der Himmelsmechanik, sondern auch ihr Organisationsvermögen. Die gleichen Ideen werden von vielen, voneinander unabhängig arbeitenden Menschen geteilt. Sie schafft gemeinsame Ziele, die zuweilen sogar trennende soziale Kräfte überbrücken.

In keiner anderen Sphäre menschlicher Aktivität besteht mehr Einmütigkeit über das, worin Wahrheit besteht und über die Kriterien, wie sie erkannt wird. Darüber hinaus kommt die ordnende Wirkung einer mathematischen Theorie in ihrer Fähigkeit zum Ausdruck, augenscheinlich nicht miteinander in Beziehung stehende Phänomene in ein einziges Erklärungsschema zu bringen. Der Fall eines gereiften Apfels (der gemäß einer Anekdote die theoretische Forschung von Newton inspirierte), die Bewegungen der Gestirne, der Flug von Geschossen und heute die Bahnen der Satelliten, wie auch die Wege der Raumschiffe sind alle Gegenstand einer einzigen mathematischen Theorie.

Quantifizierung und Mathematisierung

In der Folge wurde praktisch die ganze Physik in mathematischen Modellen betrachtet: Maxwells partielle Differentialgleichungen dienen als Erklärung elektromagnetischer Vorgänge, Gleichungen der Thermodynamik erklären Phänomene wie Wärmefluß und chemische Reaktionen, den Gleichungen der Optik liegen die Wege reflektierter und gebrochener Lichtstrahlen zugrunde. Unterschiede, die unseren Sinnen als „qualitative" erscheinen, werden durch mathematische Modelle als quantitative erkannt und bilden damit die Grundlage für objektive Vergleiche. „Farbe" stellt sich als bestimmte Wellenlänge einer elektrodynamischen Schwingung heraus, das sichtbare Licht als eine Bandbreite von Wellenlängen dieser Schwingungen. Werden diese Schwingungen über den sichtbaren Bereich hinaus betrachtet, so bilden die elektromagnetischen Schwingungen auf der Seite der längeren Wellen Wärme- und Radiowellen, auf der Seite der kürzeren Wellen Ultraviolett-, Röntgen- und radioaktive Strahlen.

Die kinetische Theorie der Gase hat eine Brücke zwischen mechanischen und Wärme-Phänomenen geschlagen. Die mathematischen Grundlagen des ersten Gesetzes der Thermodynamik (Erhaltung der Energie) erlaubt Bewegungen in beide Richtungen der Brücke: nicht nur wird mechanische Energie in Wärme umgewandelt, sondern auch Wärme kann in mechanische Energie (also Arbeit) transformiert werden. Die Entwicklung der Technik während der industriellen Revolution wurde von dieser theoretischen Erkenntnis geleitet.

Die Umgestaltung des menschlichen Lebens durch die Physik auf dem Wege der *Technisierung* ist zu bekannt, um speziell hervorgehoben zu werden. Die vorhergehenden Erörterungen sollten die hervorstechende Rolle der *Mathematisierung* bei der Entwicklung der Physik und damit der Technik aufzeigen: daraus folgend die radikale Umwandlung der Lebensbedingungen des Menschen — zum Besseren oder zum Schlechteren. Denn die Mathematisierung war der Mörtel beim Bau des Gebäudes der Wissenschaft. Quantitative Beschreibungen führten die Genauigkeit in die Beschreibung der Welt ein, wodurch ein erstes Kriterium zur Unterscheidung von wissenschaftlichen Feststellungen gegenüber andersartigen Behauptungen erfüllt ist. Quantifizierung genügt auch dem Kriterium der Objektivität und vereinfacht die Verallgemeinerung. Über diese Wirkungen hinaus bilden die deduktiven Methoden der Mathematik aber vor allem den Rahmen zur Organisation des Wissens zu einheitlichen Theorien.

Eine mathematische Theorie ist das, was der Ausdruck „Theorie" beinhaltet — eine Ansammlung von Theoremen. Daher ist die theoretische Mechanik in ihrer logischen Struktur vollkommen der deduktiven Geometrie analog. Ihre Grundlage bilden die Postulate — Annahmen, welche die Bewegung von Massenpunkten unter Einwirkungen von Kräften betreffen. Die Theoreme sind Voraussagen über Bewegungen ausgedehnter Körper unter dem Einfluß von Kräften oder über Kräfte, die unter bestimmten Bedingungen durch bewegte Körper erzeugt werden.

Es ist sehr wichtig, dieses theoretische Wissen von Ergebnissen empirischer Untersuchungen zu unterscheiden. Es wird überliefert, Galilei habe das Gesetz des Isochronismus des Pendels durch Beobachtung eines schwingenden Kronleuchters in der Kathedrale von Pisa entdeckt. Er hat dieses Gesetz dann experimentell durch den Vergleich der Schwingungsdauer zweier Pendel von gleicher Länge überprüft, die einen verschieden großen Ausschlag hatten. Gleichzeitig entdeckte er, daß die Schwingungsdauer nicht von der Masse des Pendels abhängt. Er verglich dabei ein Pendel aus Blei mit einem aus Kork.

Um die Macht deduktiver Methoden vorzuführen, werden wir das Gesetz des Pendels aus grundlegenden Annahmen, dem zweiten Bewegungsgesetz von Newton und der Zerlegung eines Kraftvektors ableiten. Es wird sich zeigen, daß Galilei mit seiner Überzeugung, die Schwingungsperiode des Pendels sei von der Masse unabhängig, recht hatte, daß er jedoch im Hinblick auf die Unabhängigkeit der Schwingungsperiode von der Amplitude der Schwingung nur annähernd recht hatte. Die mathematische Ableitung wird darüber hinaus die Beziehung zwischen der Schwingungsperiode und der Länge des Pendels aufdecken.

Beispiel eines mathematischen Modells

Das mathematische Modell des einfachen Pendels stellt man sich als eine auf einen Punkt konzentrierte Masse vor, die mittels eines gewichtslosen Fadens/Stabes oberhalb ihres Schwerpunktes an einem starren Körper drehbar so aufgehängt ist, daß die Bewegung des Massenpunkts auf eine Ebene eingeschränkt wird. Wie sich herausstellen wird, gilt das oben aufgestellte „Gesetz" nur für „kleine" Amplituden der Schwingung.

Nach dem zweiten Bewegungssatz von Newton ist das Pendel der Gravitationskraft mg unterworfen, wobei m die Masse des Pendels ist. Aber das Pendel kann sich nur auf dem beschriebenen Bogen bewegen. Die Komponente der Gravitationskraft in der Bewegungsrichtung beträgt $mg \sin(\theta)$, wobei θ der Abweichungswinkel von der Senkrechten ist. Andererseits ist die Beschleunigung des Pendels am Bogen entlang immer positiv wenn θ negativ ist und umgekehrt. Folglich gilt (wieder Newtons zweitem Gesetz gemäß):

$$-m \cdot \frac{d^2 s}{dt^2} = mg \sin(\theta). \tag{1.13}$$

Nun ist $s = L\theta$ [3]), wobei L die Länge des Stabs bezeichnet. Also gilt

$$-L \frac{d^2 \theta}{dt^2} = g \sin(\theta). \tag{1.14}$$

Die Lösung der Differentialgleichung (1.14) würde θ als Funktion von t ergeben. Das wäre also das Gesetz des Pendels. Diese Lösung kann aber nur durch eine sogenannte elliptische Funktion ausgedrückt werden. Man kann das Problem vereinfachen, indem man eine Annäherung einführt, nämlich $s \cong x$. Das heißt, man approximiert die Bogenlänge durch die horizontale Abweichung x des Pendels von der Senkrechten.

Es gilt aber

$$\frac{x}{L} = \sin(\theta). \tag{1.15}$$

Dadurch wird die Gleichung (1,14) durch die folgende Gleichung approximiert:

$$\frac{d^2 x}{dt^2} = \frac{-g}{L} x, \tag{1.16}$$

welche mittels elementarer Methoden gelöst werden kann.

Das allgemeine Integral dieser Differentialgleichung ist diejenige Menge von Funktionen der Zeit $x(t)$, die ihr genügen und mithin ihre Lösung darstellen. Das allgemeine Integral von (1.16) lautet

$$x(t) = A \cos(\sqrt{g/L}\, t) + B \sin(\sqrt{g/L}\, t), \tag{1.17}$$

wobei A und B willkürliche Konstanten sind. Diese können in einer durch bestimmte Anfangsbedingungen gekennzeichneten Ausgangssituation bestimmt werden. Da wir angenommen haben, daß das Pendel anfänglich von der Senkrechten fortbewegt wurde und dann von dort startet, schreiben wir unsere Anfangsbedingungen folgendermaßen:

$$x(0) = x_0\, ; \dot{x}(0) = 0, \tag{1.18}$$

wobei x_0 die anfängliche Dislokation bedeutet und $\dot{x}$ die Ableitung der Dislokation nach der Zeit. Indem wir in (1.17) $t = 0$ setzen, erhalten wir $A = x_0$, denn $\cos(0) = 1$ und $\sin(0) = 0$. Um die zweite Bedingung $\dot{x}(0)$ zu berücksichtigen, setzen wir die Ableitung nach der Zeit der Gleichung (1.17) an der Stelle $t = 0$ gleich 0 und erhalten nach Einsetzen von $A = x_0$

$$-x_0 \sqrt{g/L}\, \sin(0) + B\sqrt{g/L}\, \cos(0) = 0 \tag{1.19}$$

und daraus $B = 0$. Damit ist die Bewegungsgleichung unseres Pendels durch

$$x(t) = x_0 \cos(\sqrt{g/L}\, t) \quad . \tag{1.20}$$

gegeben. Das Pendel erreicht seinen maximalen Ausschlag von der Senkrechten in jeder Richtung, wenn der absolute Betrag von $\cos(\sqrt{g/L}\, t)$ maximal ist, nämlich wenn $(\sqrt{g/L}\, t)$ ein ganzzahliges Vielfaches von π ist.

Die Schwingungsdauer des Pendels ist die Zeit bis zur Rückkehr in die Ursprungslage, so daß also $\sqrt{g/L}\, t = 2\pi$ gilt. Daraus folgt, daß die Schwingungsperiode durch

$$P = 2\pi\sqrt{L/g} \tag{1.21}$$

gegeben ist. Somit haben wir unser angenähertes „Pendelgesetz" gewonnen[4].

Gehen wir nun dem theoretischen Aussagegehalt unseres Modells nach. Wie schon hervorgehoben, drückt die Gleichung (1.21) aus, daß die Schwingungsperiode unabhängig von der Masse des Pendels ist. Da die Masse schon in der Gleichung (1.13) gekürzt wurde, sehen wir, daß dieser Schluß keine Folgerung aus unserer vereinfachenden Annahme $s = x$ (d.h. sin $(\theta) = \theta$) ist. Wir sehen ebenfalls, daß die Schwingungsdauer gemäß der Gleichung (1.21) auch von der Amplitude unabhängig ist (weil sie nicht x_0, den anfänglichen Ausschlag enthält). Diese Schlußfolgerung *ist* jedoch eine Konsequenz unserer vereinfachenden Annahme. Wenn wir sie nicht gemacht hätten, enthielte unsere Differentialgleichung (1.14) eine kompliziertere Lösung, die die Abhängigkeit der Schwingungsdauer von der Amplitude ausdrücken würde[5].

Die Gleichung (1.21) zeigt auch die Abhängigkeit des P von L.

Schließlich erhalten wir noch die Abhängigkeit der Periode von der Gravitationsbeschleunigung.

Jetzt wissen wir zusätzlich noch etwas, was Galilei noch nicht bekannt war, nämlich daß die Gravitationsbeschleunigung, obwohl sie an einem bestimmten Ort der Erdoberfläche konstant ist, an verschiedenen Orten verschieden sein kann. Beispielsweise ist g auf einem hohen Berg geringer als auf dem Meeresspiegel, in Polnähe größer als in der Nähe des Äquators, auf der Oberfläche des Mondes ist sie weitaus kleiner als auf der Erdoberfläche. Da die Gleichung (1.21) die Abhängigkeit von P von g widergibt, ermöglicht sie uns, die Schwingungsdauer eines einfachen Pendels an verschiedenen Orten vorauszusagen, wenn die Gravitationsbeschleunigung bekannt ist. Beispielsweise haben die amerikanischen Astronauten, bevor sie auf dem Mond landeten, wissen können, wie groß die Schwingungsdauer eines Pendels dort sein wird.

Da die Gravitationsbeschleunigung auf der Mondoberfläche ungefähr ein Sechstel derjenigen auf der Erde beträgt, würde die Schwingungsdauer eines 1 Meter langen Pendels auf dem Mond beinahe 5 Sekunden betragen (anstatt circa 2 Sekunden auf der Erdoberfläche).

Das theoretische Gebäude der mathematischen Mechanik ist so stark gesichert, daß die Verifikation der vorausgesagten Schwingungsdauer eines Pendels auf dem Mond überflüssig gewesen wäre. Tatsächlich war der ungeheure Wissenskomplex, der Reisen zum Mond möglich machte, vollkommen auf theoretischen Deduktionen aufgebaut, denn der Erfolg der ersten Mondfahrt konnte ja nicht von früheren Erfahrungen abhängen.

Anmerkungen

[1]) Galilei wußte, daß die Geschwindigkeit eines Körpers, der eine schräge Fläche herunterrollt, nur von der zurückgelegten *vertikalen* Distanz abhängt, und in der Tat der Quadratwurzel dieser Distanz proportional ist, und wie folgt ausgedrückt wird: $v^2 \sim y$.

Aber $y = \sin(\theta)s$, also gilt $v^2 \sim \sin(\theta)s$. Durch Differenzieren nach der Zeit hätte er die folgende Gleichung erhalten können: $2v\, dv/dt = 2va \sim \sin(\theta)v$, wobei a die Beschleunigung bezeichnet. Also ist $a \sim \sin(\theta)$ und daher gilt $v \sim \sin(\theta)t$ und $s \sim \sin(\theta)t^2$. Um diese Resultate zu erhalten, haben wir die Verfahren der Differentiation und Integration benutzt, die Galilei noch nicht bekannt waren. Da aber die Beschleunigung der Gravitation konstant ist, hätte er diese Beziehungen auch mit Mitteln der elementaren Algebra oder der Trigonometrie feststellen können. Wie wir unten sehen werden, reichen diese Methoden zur Ableitung des von Galilei ebenfalls untersuchten Pendelgesetzes jedoch nicht aus.

[2]) Es wird berichtet, Galilei habe zur Messung kurzer Zeitintervalle seinen Puls benutzt. Er hätte auch ein kurzes Pendel benutzen können. Die (annähernd) isochrone Eigenschaft dieses Mechanismus war ihm ja bekannt.

[3]) Der Winkel wird durch Radiane gemessen. Ein Winkel von einem Radian enthält einen Bogen, dessen Länge dem Radius des Kreises gleich ist. Dabei gilt $360° = 2\pi$ Radiane.

[4]) Ob die Beziehung $P \sim \sqrt{L/g}$ Galilei bekannt war, habe ich nicht ermitteln können.

[5]) Die allgemeine Lösung von (1.14) kann mit Hilfe der sog. elliptischen Funktion ermittelt werden. Es ist bemerkenswert, daß Galilei der empirischen Tatsache, daß die Periode bei großen Amplituden merklich von dieser abhängt, keine Aufmerksamkeit geschenkt hat.

Obwohl er ein begeisterter Experimentator war, wurde sein Denken doch wesentlich durch die idealistischen Auffassungen Platons bestimmt. Wahrscheinlich hat er die beobachteten nicht isochronischen Eigenschaften größerer Oszillationen Abweichungen von idealen Bedingungen (z.B. Vakuum) zugeschrieben.

2. Mathematische Modellierung: Ziele und Mittel

Wir werden mathematische Modelle nach zwei Gesichtspunkten klassifizieren: einmal in bezug auf ihre Zielsetzung (Ziele) und zum anderen im Hinblick auf die bei ihrer Entwicklung angewandten mathematischen Mittel (Methoden).

Die Ziele

Den Kern der mathematischen Physik bilden *prädiktive* Modelle, die das „wenn . . . denn"-Paradigma wissenschaftlichen Erkennens rein wiedergeben. Das Ziel dieser Modelle ist die Vorhersage von Beobachtungen unter bestimmten Bedingungen. Sie stehen und fallen mit dem Erfolg oder dem Mißerfolg ihrer Vorhersagen. Der prädiktive Erfolg dieser Modelle hat ihre Bezeichnung als „exakt" bei ihrer Anwendung auf die mathematische Physik gerechtfertigt.

Die aus prädiktiven Modellen gewonnenen Erkenntnisse können bei der Kontrolle von Ereignissen so angewendet werden, daß sie unter bestimmten Bedingungen in einer gegebenen Situation einen gewünschten Zustand der Gegenstände herzustellen erlauben. Mathematische Modelle, die dies ermöglichen, werden *normativ* genannt. Beispielsweise wird ein Flugzeugkonstrukteur daran interessiert sein, die Form eines Flugzeugs so zu gestalten, daß der Luftwiderstand unter gewissen praktischen Einschränkungen (z.B. Stabilität, Tragfähigkeit, Landegeschwindigkeit o.ä.) möglichst gering sei. Dabei müssen gewiß auch die natürlichen Bedingungen (z.B. die physikalischen Gesetze) berücksichtigt werden. Das Ziel eines normativen Modells wird die Suche nach einem Profil sein, das den Luftwiderstand unter den gegebenen Bedingungen minimiert.

In den Sozialwissenschaften sind normative Modelle oft der Entscheidungstheorie vorbehalten. Betrachten wir einen Aktor, der zwischen verschiedenen möglichen Aktionsverläufen wählt. (Diese Menge der möglichen, verfügbaren Aktionen stellt die Beschränkung der Situation dar.) Jede Aktion, die mit anderen, vom Aktor nicht kontrollierbaren Ereignissen verbunden ist —etwa mit den Aktionen anderer Aktoren oder mit „Naturzuständen" —, wird zu einem bestimmten Ergebnis aus einer Anzahl möglicher, vorhergesehener Ergebnisse führen. Kann der Aktor diesen möglichen vorhergesehenen Ergebnissen Werte (genannt *Nutzen*) zuordnen, so steht er vor dem Problem, einen Aktionsverlauf auszuwählen, der den Nutzen – oder den statistisch zu erwartenden Nutzen – des Ergebnisses maximiert. Ein Modell, das dem Aktor einen Algorithmus zur Bestimmung der „besten" Aktion an die Hand gibt, stellt ein normatives Modell dar.

Normative Modelle können auch unter einem anderen Aspekt betrachtet werden, nämlich als Modelle, die Ergebnisse unter sehr idealisierten, möglicherweise unrealisierbaren Bedingungen vorhersagen. Beispielsweise war das in Kapitel 1 vorgestellte prädiktive Modell des Pendels in gewissem Sinne normativ, da seine Vorhersagen sich auf das Verhalten des Pendels unter stark idealisierten Bedingungen bezogen: der gewichtslose Stab, die vollständig auf einen Punkt konzentrierte Masse, die infinitesimale Oszillationsamplitude usw. In der Tat setzen alle Modelle — insbesondere in der Physik — stark idealisierte, unrealisierbare Bedingungen voraus. In dem Maße, wie diese Bedingungen annähernd erfüllt werden, können diese normativen Modelle als prädiktive angesehen werden: die Grenzlinie zwischen normativen und prädiktiven Modellen verwischt sich.

Die von einem „vollkommen rationalen Aktor" gewählte Aktion wird in der Entscheidungstheorie als die „beste" angesehen. Damit wird gesagt, daß ein normatives Entscheidungsmodell einen prädiktiven Aspekt besitze: es sagt voraus, was ein „vollkommen rationaler Aktor" in der gegebenen Situation tun wird. Die Alltagserfahrung lehrt jedoch, daß zwischen dem „vollkommen rationalen" und dem realen Aktor im allgemeinen eine beträchtliche Kluft besteht. Man kann einen nahezu „vollkommen rationalen Aktor" unmöglich auf die gleiche Weise konzipieren, wie man ein nahezu vollkommenes einfaches Pendel für Laborexperimente bauen kann. Ebenso schwer ist es, den Annäherungsgrad der anderen idealisierten Bedingungen an die Realität abzuschätzen, wie etwa die vorhandene Menge geeigneter Aktionen, die den Ergebnissen zugeschriebenen Nutzen usw. Aus diesem Grunde ist die Unterscheidung zwischen einer normativen Entscheidungstheorie — die auf dem Verhalten eines „vollkommen rationalen Aktors" basiert —, und einer prädiktiven Entscheidungstheorie — die sich auf das Verhalten realer Akteure bezieht — sehr scharf.

Das Ziel eines mathematischen Modells könnte weder in der Vorhersage von Ereignissen, noch in der Bestimmung einer optimalen Handlungsweise, sondern vielmehr in der Gewinnung eines besseren Verständnisses für eine bestimmte Situation gesehen werden. Wir werden solche Modelle *analytisch-deskriptiv* nennen.

Die Beschreibung einiger Aspekte der Realität ist gewiß das Ziel jeder empirischen Wissenschaft. Einige Naturwissenschaften sind nahezu völlig deskriptiv orientiert, wie etwa die Geographie oder die Anatomie. Die wissenschaftliche Beschreibung bestimmter Aspekte der Wirklichkeit beruht auf den Schlüsselbegriffen einer bestimmten Disziplin. Beispielsweise beziehen sich die in der Geographie benutzen Begriffe auf Täler, Bergketten, politische Grenzen usw.; jene der Anatomie beziehen sich auf Organe, Gewebe usw. Mathematische Beschreibungen sind gleichsam „Übersetzungen" der vorgefundenen Schlüsselbegriffe in die Sprache der Mathematik. Beispielsweise wird diese Beziehung in der Psychophysik, wo es um die Relation zwischen den physikalischen Größen der Stimuli und ihrer subjektiven Wahrnehmung geht, als eine mathematische Funktion ausgedrückt, die physikalische Größen auf subjektiv wahrgenommene Größen abbildet. In der Soziometrie kann ein Netz sozialer Beziehungen durch ein Netz mathematisch definierter Relationen oder durch spezifisch mathematische Objekte, wie Matrizen oder gerichtete Graphen, ausgedrückt werden. In der Spieltheorie wird ein Interessenkonflikt durch die entsprechenden Nutzen beschrieben, die den Ergebnissen der Entscheidungen von Aktoren zugeschrieben werden, durch mathematisch definierte Strategien usw.

Zuweilen wird behauptet, das Ziel der Sozialwissenschaften sei nicht auf Versuche der Vorhersage menschlichen Verhaltens gerichtet (was unmöglich sein könnte), sondern vielmehr auf das „Verstehen" der sozialen Strukturen, der Institutionen usw. Nun ist aber „Verstehen" in den exakten Wissenschaften praktisch synonym mit Vorhersagen. Der moderne Astronom meint, er verstände genau, wie das Sonnensystem „funktioniert", weil er die Positionen der Planeten mit großer Genauigkeit vorhersagen kann. Das Verständnis eines chemischen Systems durch den Chemiker wird an seine Fähigkeit gebunden, den Verlauf chemischer Reaktionen vorherzusagen. Dieses streng positivistische Kriterium von „Verstehen" kann in den Sozialwissenschaften selten erfüllt werden. Aber wenn man meinte, die Beschreibung von Motiven menschlichen Verhaltens oder der „Ursachen" historischer Prozesse trügen allein deshalb nichts zu unserer Erkenntnis bei, weil diese Beschreibungen uns nicht befähigten, individuelles Verhalten unter bestimmten Gegebenheiten oder den Verlauf der Geschichte vorherzusagen, dann wäre man gezwungen, nahezu die gesamte Psychologie oder Soziologie als „unwissenschaftlich" zu verwerfen. Falls man nicht gewillt ist dies zu tun, dann muß man zumindest teilweise einen Begriff von „Verstehen" akzeptieren, der sich nicht immer in genauen Vorhersagen äußert. Tatsache ist beispielsweise, daß die Theorie der natürlichen Auslese in der Biologie nicht viele genaue Vorhersagen liefert, aber ihr überwältigender Beitrag zum Verständnis der Evolution im wissenschaftlichen Sinn von „Verstehen" kann nicht übersehen werden.

„Verständnis" beinhaltet in seiner alltäglichen Bedeutung subjektive Kriterien. Ich sage, ich verstünde etwas, wenn ich *meine*, daß ich es verstehe. Die Forderung, daß Verstehen durch die Fähigkeit der Vorhersage bekräftigt werden müsse, ergibt sich aus dem Bedürfnis, die persönlichen Kriterien in einem wissenschaftlichen Kontext zu „legitimieren". In der Wissenschaft müssen die Kriterien des Wissens interpersonell sein. Beispielsweise muß die Wahrheit von Behauptungen im Bereich der Empirie durch unabhängige Beobachter verifizierbar sein. Das von einem mathematischen, analytisch-deskriptiven Modell vermittelte Verstehen erfüllt ein analoges Kriterium im Bereich des Ideellen. Die Terme und Begriffe, die als Bausteine solch eines Modells dienen, werden mit mathematischer Strenge definiert und lassen die rein subjektive Komponente von „Verstehen" hinter sich.

Damit haben wir drei Ziele mathematischer Modelle in den Verhaltenswissenschaften herausgearbeitet, die um der Klarheit willen unterschieden, in Wahrheit jedoch oft verwischt werden: vorherzusagen, zu kontrollieren, zu verstehen.

Die Mittel

In bezug auf die Mittel können drei Arten mathematischer Modelle unterschieden werden: die klassischen, die stochastischen und die strukturellen.

Die „klassische Mathematik" hat es zum großen Teil mit kontinuierlichen Variablen zu tun. Ein typisch klassisches Modell ist ein System von Differentialgleichungen, wie z.B. die Gleichung (1.14). Eine Differentialgleichung enthält *unabhängige* und *abhängige* Variable, sowie Ableitungen von abhängigen Variablen in bezug auf unabhängige. Falls sie lediglich eine unabhängige Variable enthält, dann wird eine Differentialgleichung *gewöhnlich* genannt, andernfalls *partiell*. Die einzige unabhängige Variable in einem System gewöhnlicher Differentialgleichungen ist normalerweise die Zeit. Ein so aufgebautes Modell widerspiegelt Annahmen über das Verhältnis der Veränderungsraten abhängiger Variablen (die als Abhängige im bezug auf die Zeit dargestellt sind) zu den Variablen selbst. Eine Lösung solch eines Systems entfaltet die abhängigen Variablen als Funktionen der Zeit und gewöhnlich auch ihrer anfänglichen Werte zu einem bestimmten Zeitpunkt. In dieser Form besitzen wir deshalb die wesentlichen Bestandteile eines prädiktiven Modells: sobald die Anfangsbedingungen eines Systems bestimmt sind, können *zukünftige Zustände* des Systems als Mengen von Werten abhängiger Variablen zu einer kommenden Zeit vorhergesagt werden.

Zuweilen kan es vorkommen, daß der Zeitverlauf eines dynamischen Systems nicht beobachtbar ist. Wir sind lediglich imstande, den *statischen Zustand* des Systems zu beobachten, in dem die Variablen ihre asymptotischen Werte erhalten und ihre Ableitungen gleich Null werden. In diesem Fall verliert das Modell den ihm wesentlichen prädiktiven Aspekt. Wenn sich ein System im statischen Zustand befindet, dann können wir auf der Grundlage dieses Modells lediglich vorhersagen, daß es sich auch weiterhin in diesem Zustand befinden werde. Wir können jedoch die vergangenen Veränderungen des Systems aufzeigen. Somit wird dieses Modell erklärungsrelevant, aber nicht prädiktiv sein. Es kann zu den analytisch-deskriptiven Modellen gezählt werden.

Im allgemeinen werden wir ein Modell dann „klassisch" nennen, wenn es im wesentlichen mit Hilfe der „klassischen" Mathematik aufgebaut wurde, d.h. wenn Differential- oder Integralgleichungen oder Funktionalanalysis die vorherrschende Rolle spielen.

In den Sozialwissenschaften sind die klassischen Modelle häufig nicht anwendbar, weil die fundamentalen Beziehungen zwischen den Variablen nicht genau formuliert werden können. Hier erhalten die Methoden der Wahrscheinlichkeitstheorie vorrangige Bedeutung. Modelle, die auf Annahmen über die Wahrscheinlichkeit von Ereignissen beruhen, werden *stochastisch* genannt. Die Grenze zwischen klassischen und stochastischen Modellen ist nicht scharf. Zuweilen können Wahrscheinlichkeiten von Ereignissen in Ableitungen von Variablen „übersetzt" werden, so daß ein ursprünglich stochastisch formuliertes Modell in ein klassisches überführt wird.

Beispielsweise wird in einem Modell des Epidemieprozesses die Fortpflanzung von Krankheiten,

Informationen oder Verhaltensmustern durch Imitation von einem Individuum auf das andere als ein Zufallsereignis betrachtet, das durch die Ereigniswahrscheinlichkeit in einem gegebenen Zeitintervall charakterisiert werden kann. Falls die Population, in der dieser Prozeß stattfindet, jedoch sehr groß ist, so können diese Wahrscheinlichkeiten als Wachstumsraten der angesteckten Individuen ausgedrückt werden. Dabei werden die Annahmen des Modells durch Differentialgleichungen dargestellt, und das Modell wird zu einem klassischen.

Um ein anderes Beispiel zu nennen: die in der mathematischen Demographie interessierenden Ereignisse beziehen sich auf das Altern der Bevölkerung, das ein kontinuierlicher und deterministischer Prozeß ist; aber auch auf Geburten und Sterbefälle, die als Zufallsereignisse betrachtet werden. Wenn die letzteren als Ableitungen ausgedrückt sind, so wird das Modell zu einem klassischen.

Falls andererseits die Anzahl der Individuen oder der Ereignisse nicht groß ist, könnte der Gebrauch kontinuierlicher Variablen und der damit verbundenen mathematischen Methoden unangebracht sein. In solchen Situationen sind „echte" stochastische Modelle erforderlich, in denen probabilistische und statistische Verfahren die wichtigste Rolle spielen. Bei unserer Behandlung des Übungslernens, das durch bedingte Antworten beschrieben wird, werden wir sowohl Beispiele der älteren „pseudo-statistischen", d.h. klassischen, als auch der echt stochastischen Verfahren anführen.

Der Laie stellt sich Mathematik gewöhnlich als eine Wissenschaft vor, die von Quantitäten im Unterschied zu Qualitäten handelt. Dementsprechend identifiziert er Mathematisierung mit Quantifizierung, und stellt sich mathematische Verfahren in den Sozialwissenschaften als Versuche vor, die wesentlichen Begriffe dieser Wissenschaften auf Quantitäten und ihre Theorie auf Relationen zwischen solchen Quantitäten zu reduzieren. Es trifft zu, daß diese Reduktion von „Qualität" auf „Quantität" in der Physik häufig und erfolgreich durchgeführt worden ist. Beispielsweise erscheint Tonfarbe als eine Qualität, aber bekanntlich wird sie durch die relativen Amplituden der Obertöne bestimmt. Chemische Elemente sind qualitativ verschieden und scheinen quantitativ unvergleichbar zu sein; trotzdem können diese qualitativen Unterschiede durch die Anzahl der Elementarteilchen erklärt werden, aus denen die verschiedenen Arten von Atomen bestehen.

Diese Fälle erfolgreicher Anwendung der „Quantifizierung von Qualitäten" haben den Umfang des Gebrauchs mathematischer Methoden in den Wissenschaften beträchtlich erweitert. Aber die Konzentration der Aufmerksamkeit auf solche Eigenschaften und Relationen, die mit Hilfe von Quantifizierungen der mathematischen Analyse zugänglich gemacht werden könnten, hatte auch negative Seiten. Es entstand der Eindruck, als ob alles, was *nicht* quantifiziert werden kann, der mathematischen Analyse nicht zugänglich sei. Dies beruht auf dem fehlerhaften Verständnis von Mathematik als einer Disziplin, die ausschließlich von quantitativen Beziehungen handelt. In Wirklichkeit behandelt die Mathematik jedoch *logisch deduzierbare* Relationen, wobei quantitative Relationen lediglich eine ihrer speziellen Klassen darstellt (allerdings eine sehr wichtige).

Es gibt Zweige der Mathematik, die man „nicht-quantitativ" nennen könnte. Sie behandeln abstrakte *Relationen* und „Bündel" solcher Relationen, die *Strukturen* genannt werden. Modelle, bei denen Strukturen im Mittelpunkt des Interesses stehen, nennen wir *strukturelle Modelle*. Quantitäten werden selbstverständlich aus solchen Modellen nicht ausgeschlossen, aber sie dienen gewöhnlich als Indices von Strukturen. So sind beispielsweise der Rang einer Matrix, die Dimension eines Raumes, der Balancegrad eines algebraischen Graphen allesamt Zahlen. Aber diese Zahlen stellen nicht meßbare oder zählbare Quantitäten von „irgendetwas" dar. Sie charakterisieren eher die „Qualität" eines in seiner Totalität erfaßten Systems. Strukturmodelle werden zum Zwecke der Erweiterung deduktiver Forschungsmethoden auf „qualitative" (d.h. strukturelle) Aspekte der betrachteten Systeme konstruiert.

Wie die klassischen und stochastischen, können auch Strukturmodelle prädiktiv sein. Beispielsweise kann ein Strukturmodell von der *Evolution* eines Systems handeln. Falls die Struktur des

Systems durch eine Indexmenge dargestellt wird, dann können die Annahmen des mathematischen Modells zu Folgerungen über den Zeitablauf dieser Indizes führen. Strukturmodelle können auch normativ sein. So kann etwa ein Modell des Interessenkonflikts zwischen zwei Aktoren durch eine Matrix dargestellt werden, die die strategischen Aspekte des Konflikts offenbart und somit normative Folgerungen ermöglicht. Am häufigsten werden Strukturmodelle jedoch für analytisch-deskriptive Zwecke genutzt, da der ursprüngliche Sinn von Strukturbeschreibungen darin besteht, die wesentlichen Aspekte des untersuchten Gegenstandes offenzulegen.

In der Tafel 2.1 stellen die Spalten die durch mathematische Verfahrensweisen von den Verhaltenswissenschaften verfolgten Ziele dar, und die Zeilen die mathematischen Methoden. Die Eingänge entsprechen Forschungsgebieten, bei denen die jeweiligen Ziele und Mittel ausschlaggebend sind. Die meisten dieser Forschungsgebiete sind Gegenstand dieses Buches.

	prädiktiv	normativ	analytisch-deskriptiv
klassisch	Epidemie-prozesse Rüstungswettlauf Dynamische Makroprozesse	Globale Modelle mit kontrollierbaren Variablen	Gleichgewichtige Altersverteilung
stochastisch	Übungslernen soziale Mobilität	Statistische Entscheidungstheorie	Verteilung der Größen sozialer Gruppen
strukturell	Evolution von Soziogrammen	Normative Organisationstheorie	Soziometrie Theorie sozialer Entscheidungen

Tafel 2.1

Modelle als methodische Mittel

Ein Modell ist, wie schon der Name sagt, eine Darstellung von etwas. Da das Ziel der Modellbildung in der wissenschaftlichen Forschung die Erleichterung der Analyse ist, sind Modelle — insbesondere die mathematischen — in unserem Kontext gewöhnlich idealisierte und vereinfachte Darstellungen, in denen die für relativ unwesentlich gehaltenen Eigenschaften oder Bestandteile unberücksichtigt bleiben. Solange ein Modell etwas in der Realität Beobachtbares darstellt, ist der Bezugsgegenstand in der Abbildung immer noch erkennbar. Beispielsweise ist ein Soziogramm, das sehr vereinfachte Beziehungen zwischen Paaren von Individuen in einer Gruppe darstellt, immer noch als schematische Darstellung dieser Gruppe erkennbar. Ein Modell des Rüstungswettlaufs wird wahrscheinlich einige dynamische Aspekte des realen Rüstungswettlaufs wiedergeben. Diese darstellenden mathematischen Modelle in den Sozialwissenschaften sind offensichtlich Gegenstücke analoger Modelle der Physik, wie etwa des Pendels, des Sonnensystems oder einer chemischen Reaktion.

Beim mathematischen Herangehen an psychologische oder soziale Phänomene ergeben sich — bevor darstellende Modelle dieser Phänomene überhaupt konstruiert werden können — einige methodologische Probleme. Formulierungen und Lösungen dieser Probleme werden manchmal ebenfalls „Modelle" genannt. Es handelt sich dabei eher um Begriffsmodelle, die bei späteren Untersuchungen angewendet werden sollen. In diesen Modellen werden die Begriffe in Annahmen zergliedert, die erfüllt werden müssen, um den Begriff wissenschaftlich sinnvoll zu machen. In diesem Sinne spricht der Psychologe vom „strikten Nutzenmodell" oder von „Zufallsnutzenmodell", die wir in Kapitel 12 darstellen werden. Der „visuelle Raum" des Psychophysikers, die „soziale Wohlfahrtsfunktion" des mathematischen Ökonomen und die „repräsentativen Systeme" in der Theorie der sozialen Entscheidungen sind ebenfalls Modelle dieser Art. Sie stehen Definitionen näher als Darstellungen von Objekten oder Ereignissen.

Probleme des Messens

Insbesondere beinhalten Meßmodelle operationale Definitionen von Meßverfahren und bestimmen jene Bedingungen, die diese Verfahren erfüllen müssen, damit das Messen Sinn hat. Es handelt sich um Analysen *methodologischer* Probleme, die beim Messen und bei der Quantifizierung auftreten.

Bei elementaren physikalischen Meßvorgängen werden diese Probleme gewöhnlich durch sich selbst gelöst, — nämlich durch den Meßakt —, und sie bereiten somit keine konzeptionellen Schwierigkeiten. Der Physiker behandelt Distanzen zwischen Raumpunkten. Lange bevor die Physik zur Wissenschaft wurde, haben Menschen Längen von Objekten dadurch gemessen, daß sie diese mit gewissen Standardlängen verglichen, und Entfernungen zwischen Orten haben sie durch die Anzahl von Schritten zwischen ihnen festgestellt. Die Zeitmessung des Physikers stellt eine Verfeinerung seit langem begründeter Methoden dar, die auf der Zählung regelmäßig auftretender Erscheinungen beruhen (die Position der Sonne, die Phasen des Mondes usw.). Der Chronometer ist eine genauer messende Variante der alten Sanduhr. Gewichtsmessungen, die im Handel lange praktiziert wurden, stellten die Basis zur Messung von Massen dar.

Länge, Zeit und Masse sind die grundlegenden Quantitäten der klassischen Physik. Die Kombination dieser Maße mit Hilfe mathematischer Operationen (wesentlich der Multiplikation) erzeugt viele andere quantifizierte Begriffe der Physik. Die Geschwindigkeit eines auf einer Geraden sich bewegenden Körpers gemittelt über ein Zeitintervall ist das Verhältnis der Ortsänderung zur benötigten Zeit. Die mittlere Kraft, der der bewegte Körper in diesem Zeitintervall unterworfen war, ist das Produkt seiner Masse und der mittleren Beschleunigung.

Als die Mathematik durch den Begriff des Limes bereichert wurde (der Grundlage des Differential- und des Integralkalküls), wurde es möglich, die *augenblickliche* Geschwindigkeit oder die Beschleunigung eines bewegten Körpers und die während eines Zeitintervalls von ihm geleisteten (oder verbrauchten) Arbeit zu messen, falls er einer kontinuierlich veränderlichen Kraft unterworfen war und dergleichen mehr.

Dieser Vorgang fortschreitender Quantifizierung beruhte auf gewissen Grundkonzeptionen, die lange Zeit über verborgen blieben, da ihre Gültigkeit selbstverständlich zu sein schien. Beispielsweise hielt es der Verkäufer, der in seinem Laden eine bestimmte Tuchlänge vermaß, schwerlich für notwendig hinzuzufügen: „Ich nehme an, daß die Länge meines Zollstocks gleich bleibt, während ich sie auf dem Stoff entlang bewege" oder aber „Ich nehme an, daß es keinen Unterschied macht, von welchem Ende ich mit dem Messen beginne". Gleichermaßen offensichtlich erscheint, daß zwei identische Steine zusammen doppelt so viel wiegen wie jeder von ihnen einzeln.

Ähnlich stillschweigende Voraussetzungen liegen zusammengesetzten Messungen zugrunde. Niemand stellt die Zulässigkeit des Multiplizierens von Längen infrage, woraus Flächen oder Volumen bestimmt werden, oder des Dividierens von Raumintervallen durch Zeitintervalle, um Geschwindigkeit zu erhalten. Grenzannäherungen erfordern schon fortgeschrittenere und komplexere Annahmen, nämlich daß Raum und Zeit Kontinua seien. Diese Annahmen gingen jedoch in die Begriffe der gegenwärtigen Geschwindigkeit und der zunehmenden Beschleunigung ein, weil die daraus abgeleiteten Begriffe einfach „funktionierten": sie wurden zu Grundsteinen einer reichen, empirisch bestätigten Theorie.

In den Sozialwissenschaften ist die Situation ganz anders. Um dies zu zeigen, wollen wir einmal mit dem für die Psychologie grundlegenden Begriff der *Präferenz* beginnen. Dieser Begriff ist auch in der Ökonomie fundamental, da er in die Begriffe des *Nutzens* eingeht, durch die wiederum der Warenaustausch erklärt werden soll. Zu sagen, ein Objekt besitze für eine Person größeren Nutzen als ein anderes, heißt zu behaupten, die Person ziehe das erste Objekt dem zweiten vor. Falls sie die Wahl zwischen ihnen hat, wird sie sich für das erste entscheiden. Dies wird als Äußerung ihrer Präferenzen angesehen.

Präferenzenmessung

Es stellt sich nun die Frage, ob und wie Präferenzgrade gemessen werden können. Messen bedeutet, Objekten oder Ereignissen Zahlen zuzuordnen. Falls eine Person bei einem Experiment das Objekt x dem Objekt y vorzieht, so können wir unsere Beobachtung dadurch beschreiben, daß wir x die größere und y die kleinere Zahl zuordnen. Diese Zahlen sollen die „Nutzen" der entsprechenden Objekte für die Person darstellen.

Nehmen wir nun an, daß das Individuum bei der Wahl zwischen y und z das Objekt y vorzieht. Dann könnten wir annehmen, daß z eine noch kleinere Zahl beigeordnet sei. Hier entsteht jedoch ein Problem. Die Zahl, die wir x beigeordnet haben, ist sicherlich größer, als die, die wir z beigeordnet haben.

Falls unsere Zahlen die „Nutzen" der Objekte für das Individuum bezeichnen, dann sollte es x z vorziehen, wenn es die Wahl zwischen diesen beiden hat. Wird dies aber geschehen? Menschliches Verhalten ist von Natur aus mit Irrtümern behaftet. Es ist nicht gewöhnlich, daß Menschen Zyklen von Präferenzen etwa von der Gestalt $x \gg y \gg z \gg x$ bilden. Falls ein Individuum solch einen Zyklus produziert, dann müssen wir zugestehen, daß der Gedanke der Zuordnung von Zahlen zu Objekten − womit die „Nutzen" des Subjekts ausgedrückt werden sollten − nicht das gewünschte Ergebnis geliefert hat.

Aber anstatt die Idee der Messung von Präferenzgraden überhaupt aufzugeben, formuliert der mathematische Psychologe das Problem genauer. Er bestimmt die *Bedingungen, die seine Beobachtungen erfüllen müssen,* um den Begriff der Präferenz sinnvoll quantifizieren zu können. Eine der Bedingungen muß offensichtlich die Abwesenheit von Zyklen sein.

Wir bemerken, daß diese Bedingung bei elementaren physikalischen Meßvorgängen automatisch erfüllt ist. Falls x schwerer als y ist (was mit einer Waage festgestellt werden kann), und y schwerer als z, dann besitzen wir praktisch Gewißheit, daß x schwerer als z sein wird. Aus diesem Grunde braucht die *Transitivität* der Relation „schwerer als" nicht explizit bestätigt zu werden − sofern Gewicht (oder Masse) in der Konzeption der Physik aufgenommen ist.

Nehmen wir nun an, die Präferenzrelation des Individuums „wird vorgezogen" sei transitiv. Dann ist noch nichts über seine Indifferenzrelation „ist indifferent" ausgesagt. Falls ein Individuum zwischen x und y indifferent ist, und ebenso zwischen y und z, muß es dann auch zwischen x und z indifferent sein? Wir können uns leicht Situationen vorstellen, in denen dies nicht zutrifft. Beispielsweise seien zwei Kaffeetassen mit verschieden gesüßtem Kaffee gegeben, und nehmen wir an, die Person ziehe die eine der anderen vor. Falls jedoch in der einen Tasse nur sehr wenig (sagen wir ein Milligramm) mehr Zucker als in der anderen enthalten ist, dann würde die Person den Unterschied überhaupt nicht bemerken und wäre zwischen ihnen indifferent. Falls wir ihr jedoch drei Tassen, sagen wir mit s, $s + d$ und $s + 2d$ Gramm Zucker an bieten, dann könnte sie zwischen der ersten und der zweiten und auch zwischen der zweiten und der dritten Tasse indifferent sein, aber nicht zwischen der ersten und der dritten, falls sie imstande ist, den Unterschied von $2d$ aber nicht von d festzustellen. Hier kann ihre Indifferenzrelation *intransitiv* sein. Wir können den Kaffeetassen keine Zahlen zuordnen, die die Präferenzgrade des Individuums ausdrücken, denn dann müßten wir sowohl x und y als auch y und z gleiche Zahlen zuordnen. Aber dann wären auch die x und z zugeordneten Zahlen gleich, und sie würden damit nicht die Präferenz von x vor z oder umgekehrt wiedergeben.

Eine andere Bedingung, die unser Meßvorgang erfüllen sollte, ist die Transitivität der Indifferenzrelation: falls $x \sim y$ und $y \sim z$, dann gilt $x \sim z$.

Falls sowohl die Präferenz- als auch die Indifferenzrelationen transitiv sind, dann können wir den Objekten Zahlen zuordnen, die die subjektiven (individuellen) Nutzen ausdrücken − größere Zahlen werden etwa vorgezogenen Objekten zugeordnet und gleiche Zahlen Objekten, zwischen denen Indifferenz besteht. Auf diese Weise erhalten wir eine *ordinale Nutzenskala* des Individuums in bezug auf eine spezifische Objektmenge.

Die ordinale Skala reflektiert sowohl die Präferenzen des Individuums als auch seine Indifferenzen zwischen beliebigen zwei Objekten, aber sie sagt nichts über die Größen ihrer Differenzen aus. Also können wir aus den x, y und z beigeordneten Nutzen schließen, daß das Individuum x y und y z vorzieht, aber wir können daraus nicht entnehmen, ob seine Präferenz von x vor y größer (oder kleiner) als seine Präferenz von y vor z ist. Die besonderen Zahlen, die wir x, y und z zugeordnet haben, geben uns diese Information nicht, da wir mit der gleichen Berechtigung auch andere Zahlen genommen haben könnten, wenn nur ihre Größen den Präferenzen des Individuums entsprechen. Um beispielsweise die Präferenzenordnung $x \gg y \gg z$ wiederzugeben, hätten wir für x, y und z entweder 3, 2 und 1, oder 7, 0 und -1 oder aber 100, 99 und 6 setzen können.

Es erhebt sich die Frage, ob wir vom Individuum mehr Informationen erhalten können, die es uns erlaubten, Nutzen*differenzen* zu vergleichen.

Wir könnten direkt verfahren, indem wir das Individuum fragen, ob seine Präferenzen von x über y größer oder kleiner als seine Präferenz von y über z seien. Gewöhnlich wird es jedoch kaum gelingen, auf solche Fragen befriedigende Antworten zu erhalten. Eine aussichtsreichere Methode wurde von J. von Neumann und O. Morgenstern [1947] vorgeschlagen.

Nehmen wir an, x stehe für eine Apfelsine, y für einen Apfel, und z für eine Banane, und das Individuum ziehe sie in dieser Reihenfolge einander vor. Nun bieten wir ihm eine Wahl an zwischen

(i)   einem Apfel
(ii) einem Lotterieschein, der ihm die Apfelsine mit der Wahrscheinlichkeit p und die Banane
      mit der Wahrscheinlichkeit $1 - p$ verspricht.

Solch ein Lotterieschein wird mit $(p, 1 - p)$ bezeichnet. Das Individuum soll zwischen (i) und (ii) wählen. Falls es (i) wählt, verändern wir die Wahrscheinlichkeiten des Lotteriescheins so, daß das Ereignis „Apfelsine" nun eine größere Wahrscheinlichkeit bekommt. Falls es (ii) vorzieht, verändern wir die Wahrscheinlichkeiten in umgekehrter Richtung.

Falls die Apfelsine auf dem Lotterieschein mit der Wahrscheinlichkeit 1 belegt wäre, so würde das Individuum diesen (seinen festgelegten Präferenzen entsprechend) dem Apfel vorziehen. Falls dagegen die Banane mit der Wahrscheinlichkeit 1 belegt wäre, würde es den Apfel vorziehen müssen. Man kann nun annehmen, daß das Individuum dann zwischen diesem Lotterieschein und dem Apfel indifferent sein wird, wenn die Wahrscheinlichkeit für die Apfelsine etwa p_a (wobei $0 < p_a < 1$ gilt) und für die Banane $1 - p_a$ wäre. Nun belegen wir die Apfelsine, den Apfel und die Banane respektive mit den Nutzen 1, $u_a = p_a$ und 0. Die Wahl von 1 und 0 zur Bezeichnung des „besten" und „schlechtesten" Preises ist willkürlich. Die Wahl von u_a ist dadurch gerechtfertigt, daß mit der Zuordnung von 1 zur Apfelsine und von 0 zur Banane der *statistisch erwartete* Nutzen des Lotteriescheins $(p_a, 1 - p_a)$ durch die Gleichung $p_a(1) + (1 - p_a)(0) = p_a$ gegeben ist. Wegen der Indifferenz des Individuums zwischen dem Lotterieschein und dem Apfel drückt $u_a = p_a$ ebenfalls den Nutzen des Apfels aus.

Die drei Zahlen 0, u_a und 1 reflektieren nicht nur die relativen Größen der Nutzen dieser Objekte, sondern auch die relativen Größen der Differenzen zwischen diesen Nutzen. Wir haben den Objekten nunmehr eine *Intervallskala* der Nutzen zugeordnet.

Die Unterscheidung zwischen einer ordinalen und einer Intervallskala kann verdeutlicht werden, wenn wir uns das Ausmaß an „Freiheit" bei der Zuordnung der Nutzen zu den Objekten vergegenwärtigen. Im Falle der ordinalen Skala wurde unsere Freiheit lediglich durch die relativen (algebraischen) Größen der Nutzen eingeschränkt. Mathematisch ausgedrückt *erlaubt* die ordinale Skala ordnungserhaltende Transformationen. Im Falle der Intervallskala ist die Transformationsfreiheit wesentlich eingeschränkter; lediglich positive lineare Transformationen werden ihre Eigenschaften erhalten. Es handelt sich um Transformationen der Form

$$u' = au + b \quad (a > 0). \tag{2.1}$$

Um zu zeigen, daß alle positiven linearen Transformationen die erforderlichen Eigenschaften besitzen, wenden wir beliebige solche Transformationen auf unsere Nutzen $0, u_a$ und 1 an. Wir erhalten

$$u'(1) = a + b; \ u'(u_a) = au_a + b; \ u'(0) = b. \tag{2.2}$$

Auf der neuen Nutzenskala u', beträgt der erwartete Nutzen jeder Lotterie $L_p = (p, 1 - p)$

$$u'(L_p) = (a + b)p + b(1 - p) = ap + b. \tag{2.3}$$

Da wir auf der alten Skala $u_a = p_a$ gesetzt haben, und u_a zu $au_a + b$ auf der neuen Skala transformiert wurde, erkennen wir, daß der Nutzen des Apfels immer noch durch den Nutzen der Lotterie $(p_a, 1 - p_a)$ ausgedrückt ist.

Umgekehrt kann gezeigt werden, daß nur eine positiv lineare Transformation die erforderlichen Eigenschaften der Nutzenskala bewahrt.

Da wir nunmehr eine Methode zur Herstellung einer Intervallskala für drei Objekte besitzen, können wir versuchen, sie auf eine beliebige Anzahl von Objekten anzuwenden. Die Wahl der Werte, die auf einer Intervallskala beliebigen zwei Größen zugeschrieben werden, ist willkürlich. Dementsprechend werden wir, wie eben schon, dem am meisten vorgezogenen Objekt den Wert 1 und dem am wenigsten vorgezogenen den Wert 0 zuordnen. Wir bieten dem Individuum nun Wahlen zwischen einem diese zwei Objekte enthaltenden Lotterieschein $(p, 1 - p)$ und den anderen Objekten an, und verändern p so lange, bis das Individuum in jedem Falle indifferent ist. Dann ordnen wir den Objekten Nutzen so zu, daß sie diesen Werten von p entsprechen, und erhalten eine Menge von Nutzen $u_1 = 1, u_2, u_3, \ldots, u_{n-1}, u_n = 0$ für die Menge der n Objekte.

Aber nun entstehen neue Fragen. Unsere Nutzenskala beruhte auf erwarteten Nutzen der Lotterien, die lediglich die am meisten und am wenigsten vorgezogenen Preise enthielten. Kann die verlangte Eigenschaft des Nutzens durch Lotterien dargestellt werden, die andere Objekte enthalten, und insbesondere durch solche Lotterien, die mehr als zwei Objekte aus der Menge umfassen? Nehmen wir insbesondere an, wir böten unserem Individuum die Lotterien $L = (p_1, p_2, \ldots, p_n)$ an, wobei $\Sigma p_i = 1$ gilt, und die p_i mit den Wahrscheinlichkeiten des Erhaltens der entsprechenden Preise verbunden sind. Der Nutzen einer Lotterie wird in unserem Schema als der mit ihr verbundene erwartete Nutzen definiert:

$$u(L) = u_1 p_1 + u_2 p_2 + \ldots + u_n p_n. \tag{2.4}$$

Wird nun das Individuum die Lotterie L_1 der Lotterie L_2 dann und nur dann vorziehen, wenn $u(L_1) > u(L_2)$?

Angesichts der häufigen Unvorhersehbarkeit des subjektiven menschlichen Verhaltens müssen wir auch hier erwarten, daß unsere Erwartungen nicht erfüllt werden. Und abermals präzisiert der mathematische Psychologe die Bedingungen, die seine Beobachtungen zur Sicherstellung der *Existenz* einer solchen Skala erfüllen müssen, anstatt den Gedanken der Konstruktion einer Intervallskala der Nutzen ganz aufzugeben. Diese Bedingungen sind in den *Axiomen* enthalten.

Einige dieser Axiome befinden sich in Übereinstimmung mit dem „gesunden Menschenverstand". Nehmen wir an, das Individuum ziehe x y vor. Werden ihm dann die beiden Lotterien $L_1 = (p_1, 1 - p_1)$ und $L_2 = (p_2, 1 - p_2)$ (wobei $p_1 > p_2$ ist) angeboten, dann können wir erwarten, daß es L_1 L_2 vorziehen wird, da die erstere Lotterie die bessere Chance bietet, den vorgezogenen Preis zu erhalten. Diese Erwartung wird durch eines der Axiome ausgedrückt.

Ein anderes Axiom besagt, daß wenn das Subjekt zwischen einer Lotterie L_1 und einem Preis x einer anderen Lotterie L_2 indifferent ist, es zwischen L_2 und der Lotterie indifferent sein wird, die sich durch die Ersetzung eines x in L_2 durch einen Schein für L_1 ergeben hatte.

Ein weiteres Axiom besagt, daß zweistufige Lotterien die gleichen Nutzen wie einfache haben sollten, vorausgesetzt, daß die Wahrscheinlichkeiten der Preise im Endergebnis in beiden Lotterien gleich sind. Eine einfache Lotterie L biete einen Preis x mit der Wahrscheinlichkeit p an, und „nichts" mit der Wahrscheinlichkeit $1 - p$. Eine zweistufige oder *zusammengesetzte* Lotterie L' biete einen Schein für eine Lotterie L mit der Wahrscheinlichkeit q an und „nichts" mit der Wahrscheinlichkeit $1 - q$. Betrachten wir eine einfache Lotterie L'', in der die Wahrscheinlichkeit, x zu erhalten, r ist. Falls $r = pq$ ist, dann sollte das Individuum laut Axiom zwischen der obigen zusammengesetzten Lotterie und L'' indifferent sein.

Beobachtungen menschlichen Verhaltens legen nahe, daß diese Erwartungen empirisch bestätigt werden können – aber auch nicht. Einige Menschen ziehen zusammengesetzte Lotterien einfachen vor, andere dagegen einfache den zusammengesetzten – und zwar selbst dann, wenn die mit den Preisen verbundenen Wahrscheinlichkeiten in beiden Lotterien gleich sind. Offensichtlich werden bei diesen Präferenzen eher „emotionale" als „rationale" Faktoren eine Rolle spielen. In einem empirisch orientierten prädiktiven Modell individuellen Wahlverhaltens sollten solche Faktoren berücksichtigt werden. Hier haben wir es jedoch nicht mit einem prädiktiven Modell zu tun, sondern lediglich mit Problemen der Konstruktion einer Meßskala von Präferenzen.

Skalen verschiedener Stärke

Die obige Diskussion diente dazu, zwei wichtige Aspekte des mathematischen Herangehens an die Verhaltenswissenschaften darzustellen, nämlich die besonderen Probleme, die bei der Konstruktion von Meßskalen entstehen, und den Gebrauch axiomatischer Formulierungen *bei der Vorbereitung* zur Konstruktion sei es eines prädiktiven, eines normativen oder eines analytisch-deskriptiven Modells.

Beide Aspekte erscheinen in den mathematisierten Naturwissenschaften, aber in diesem Zusammenhang bieten sie kaum konzeptionelle Schwierigkeiten. Um das Problem der Skalenkonstruktion in der Physik zu erläutern, wollen wir die Temperaturmessung untersuchen. Im Alltagsleben wird die Temperatur nach der Skala von Celsius (in den meisten Ländern) oder der von Fahrenheit (z.B. in den Vereinigten Staaten) gemessen. Beide sind Intervallskalen, da die Bestimmungen zweier Temperaturen willkürlich gewählt wurden – nämlich der Gefrier- und der Siedepunkt des Wassers. Jede Skala kann aus der anderen durch die Transformation

$$F = \frac{9C}{5} + 32; \quad C = \frac{5}{9}(F - 32) \tag{2.5}$$

hergestellt werden. (Dabei sind F die Grade nach Fahrenheit und C diejenigen nach Celsius.)

Wenn diese Skalen benutzt werden, so ergeben *Verhältnisse* von Temperaturen keinen Sinn. Falls die Temperatur beispielsweise am Montag $10°C$ und am Donnerstag $20°C$ beträgt, können wir nicht sagen, der Donnerstag sei doppelt so warm wie der Montag gewesen, da die gleichen Temperaturen nach Fahrenheit durch $50\,°F$ beziehungsweise $68\,°F$ wiedergegeben werden können, und hier entsteht ein völlig anderes Verhältnis. In vielen Disziplinen der Physik spielen Temperaturverhältnisse eine theoretisch bedeutende Rolle. Diese Verhältnisse können nur durch die Konstruktion einer *Verhältnis*skala für Temperaturen dargestellt werden. Auf dieser Skala wurde lediglich die Einheit willkürlich gewählt. Der Nullpunkt (der sog. „absolute Nullpunkt") ist durch die Natur gegeben.

Die Verhältnisskala erlaubt lediglich eine Ähnlichkeitstransformation:

$$x' = ax \; (a > 0). \tag{2.6}$$

Es kann leicht gezeigt werden, daß die Ähnlichkeitstransformation ein Spezialfall der positiven linearen Transformation ist, der durch das Setzen von $b = 0$ in der Gleichung (2.1) entstanden ist. Die positive lineare Transformation dagegen ist ein Spezialfall der ordnungsbewahrenden Transformation (weil sie selbst ordnungsbewahrend ist).

Im allgemeinen wird eine Skala, die eine begrenztere Klasse von Transformationen gestattet, *stärker* genannt. Die Verhältnisskala ist stärker als die Intervallskala, und diese wiederum stärker als die ordnungsbewahrende. Die stärkste Skala ist die *absolute*, die lediglich die triviale Identitätstransformation $x' = x$ erlaubt. Beispielsweise wird Wahrscheinlichkeit auf einer absoluten Skala gemessen, da sowohl der Nullpunkt als auch die Einheit der Skala als Wahrscheinlichkeiten der unmöglichen beziehungsweise des sicheren Ereignisses festliegen.

Die Stärke der Meßskala ist bei mathematischen Modellen von allergrößter Wichtigkeit, weil die Legitimität mathematischer Operationen über meßbaren Quantitäten von ihr abhängt [*Luce*, 1959b]. Wie wir gesehen haben, besitzen Verhältnisse von Quantitäten, die auf einer Intervallskala gemessen werden, keinen Sinn, da sie bei linearen Transformationen (die auf dieser Skala erlaubt sind) nicht invariant bleiben. Lediglich Differenzverhältnisse bleiben auf dieser Skala invariant und haben daher Sinn. Wenn beispielsweise die Temperatur am Dienstag 12 °C betrug, so kann man sagen, daß sie vom Dienstag zum Donnerstag um den vierfach höheren Betrag zunahm als vom Montag zum Dienstag.

Auf der Verhältnisskala sind sowohl Multiplikation als auch Division sinnvoll. Aber die Erhebung zum Exponenten ist es nicht: x^y hat keinen Sinn, falls y auf einer Verhältnisskala gegeben ist. Die Exponentierung und ihre Inversion, die Logarithmierung, können lediglich auf dimensionslose Zahlen angewendet werden, die auf einer absoluten Skala angegeben sind.

Sozialwissenschaftler, die sich quantitativ orientieren, aber über diese Restriktionen nicht im Klaren sind, schreiben manchmal mathematisch *aussehende* Formeln nieder, um irgendein intuitiv erfaßtes Verhältnis auszudrücken. Ich habe einst wahrhaft gesehen, daß der Ausdruck $E = MC^2$ die Beziehung der Effizienz (E) einer Arbeitsgruppe zu ihrer Moral (M) und ihrer Kompetenz (C) ausdrücken sollte. Um dieser Relation einen Sinn zu verleihen, reicht die Festlegung der Meßverfahren für „Effizienz", „Moral" und „Kompetenz" nicht aus. Man muß ebenfalls zeigen, daß diese Messungen auf Skalen vorgenommen werden, die stark genug sind, um die angezeigten Operationen ausführen zu können. Somit ist die Theorie der Skalenkonstruktion bei der Entwicklung mathematischer Verhaltensmodelle von entscheidender Bedeutung.

Axiomatisierung

Der Physiker konstruiert seine Theorien auf axiomatischer Grundlage. Beispielsweise können die grundlegenden physikalischen Gesetze (Erhaltung von Masse und Energie, Gesetze der Bewegung usw.) als Axiome gefaßt werden. Wie wir gesehen haben, sind jedoch die Axiome, die den Meßsystemen zugrundeliegen von anderer Art. Sie sind keine Behauptungen über die „Realität" wie die physikalischen Gesetze, sondern eher Bedingungen, die erfüllt werden müssen, damit die Quantifikation überhaupt Sinn haben kann. In der Tat besitzt der Sozialwissenschaftler keine den zuverlässigen physikalischen Gesetzen analoge Axiome. Den Verhaltensmodellen zugrundeliegende Annahmen bleiben Hypothesen, und nicht gesicherte Fakten. Gewöhnlich werden diese Hypothesen ad hoc verschiedenen Zusammenhängen zugeordnet. Damit wird die Konstruktion eines grandiosen Gebäudes der Sozialwissenschaften – analog dem der mathematischen Physik – verhindert. Die Axiome (im Unterschied zu den Hypothesen), die den deskriptiv-analytischen Modellen in den Sozialwissenschaften zugrundeliegen, beziehen sich eher auf die innere Konsistenz solcher Modelle. Beispielsweise beziehen sich die der Konstruktion einer Intervallskala der Nutzen zugrundeliegenden Axiome auf gewisse Konsistenzen beim Entscheidungsverhalten, und sie garantieren damit die bloße Existenz einer solchen Skala für ein Subjekt in einer gegebenen Situation. Mit dieser Skala (falls sie existiert) können die Präferenzen des Individuums vollständig beschrieben werden. Sobald eine solche Skala hergestellt ist, kann sie bei der Konstruktion einer prädiktiven Theorie benutzt werden, die etwa die Präferenzen des Individuums auf seine Persönlichkeit oder die Präferenzen des Individuums unter verschiedenen Bedingungen aufeinander bezieht.

Dieses axiomatische Vorgehen ist nicht auf Probleme der Quantifizierung beschränkt. Wie wir sehen werden, erlangt es seine größte Bedeutung bei den nicht-quantitativen analytisch-deskriptiven Modellen — beispielsweise in der Theorie sozialer Entscheidungen (Kapitel 18). Gerade die Entdeckung interner Inkonsistenzen zwischen den Axiomen der „demokratischen" Regeln sozialer Entscheidungen hat weitreichende, auf analytisch-deskriptiven Modellen des sozialen Entscheidens beruhende Untersuchungen veranlaßt.

Das axiomatische Vorgehen drückt am deutlichsten den Geist der Mathematik und ihrer Funktion als einer Sprache der *vollkommenen Klarheit* aus. Die Axiome offenbaren das Gerüst unseres Denkprozesses und zwingen uns damit zur strengsten intellektuellen Disziplin. Gleichzeitig bringt das axiomatische Verfahren dem Konstrukteur mathematischer Modelle größte Freiheit, da die einzige Beschränkung der Axiomensysteme durch die Forderung nach ihrer inneren Konsistenz gegeben ist. Diese geradezu paradoxe Mischung von Freiheit und Disziplin (die gewöhnlich als „Gegensätze" aufgefaßt werden), ist vielleicht der wertvollste Beitrag des mathematischen Denkens zur wissenschaftlichen Erkenntnis.

Teil II. Klassische Modelle

3. Mathematische Epidemiemodelle

Eines der frühesten mathematischen Modelle der Sozialwissenschaften wurde von T.R. Malthus (1766–1834) postuliert. In seinem Modell wird angenommen, daß die Gesamtzahl der Geburten pro Zeiteinheit der Größe der Bevölkerung (Population) proportional sei. Falls die Geburtenrate die Todesrate übersteigt, so wächst die Population in diesem Modell ohne Grenzen exponentiell an. In der Wirklichkeit ist unbegrenztes Wachstum natürlich unmöglich. Um das Modell wirklichkeitsnäher zu machen, müssen einige Einschränkungen eingeführt werden, wann die Geburtenrate die Todesrate übertrifft. Wir können beispielsweise annehmen, daß dieses Übergewicht k mit der Größe der Population linear geringer wird, daß also $k = a - bp$ gilt, wobei a und b eine Konstante sind. Dann können wir die Wachstumsrate folgendermaßen formulieren:

$$dp/dt = ap - bp^2 \tag{3.1}$$

Die Gleichung (3.1) stellt *logistisches* Wachstum dar. Falls wir $a = b$ setzen, erhalten wir einen Spezialfall des logistischen Wachstums, nämlich

$$dp/dt = ap(1 - p). \tag{3.2}$$

Die Gleichung (3.2) stellt auch das einfachste Epidemiemodell dar. Nehmen wir an, p sei der Anteil „infizierter" Individuen in einer Population; dann ist $(1 - p)$ der Anteil der nichtinfizierten. Nehmen wir weiter an, daß eine neue Ansteckung nur dann stattfinde, wenn ein infiziertes Individuum mit einem nichtinfiziertem in Kontakt kommt. Wenn der Kontakt völlig zufällig erfolgt, wird die Wachstumsgeschwindigkeit der Ansteckung zu $p(1 - p)$ proportional sein, was durch die Gleichung (3.2) ausgedrückt wird.

Die allgemeine Lösung von (3.2) lautet

$$p(t) = \frac{p(0)e^{at}}{1 - p(0)(1 - e^{at})}, \tag{3.3}$$

wobei $p(0)$ den anfänglich infizierten Anteil bezeichnet.

Indem wir in (3.3) $t = \infty$ setzen, erhalten wir $p(\infty) = 1$, d.h., jedes Individuum wird infiziert sein. Bei Epidemieprozessen geschieht dies selten und daher muß das Modell modifiziert werden.

Mit „Epidemie" ist hier jeder Prozeß gemeint, bei dem sich der Zustand eines der Individuen als Folge eine Kontakts zwischen zwei Individuen in verschiedenen Zuständen ändert. Die Art der Zustände wird durch den Inhalt des Prozesses definiert. Bei einer Epidemie mögen die Zustände „gesund" und „krank" sein. In anderen Zusammenhängen unterscheiden wir etwa zwischen „informiert" und „uninformiert". Hier wird „Epidemie" als Informationsverbreitung in einer Population durch direkten Kontakt verstanden. Eine weitere Interpretation von Zuständen mag „verändert" oder „nichtverändert" heißen, wobei der Prozeß die Ausbreitung einer Meinung oder eines Verhaltensmusters durch Imitation bedeutet usw.

Das seltene Vorkommen einer 100%-igen Infektion erfordert Verallgemeinerungen des Modells. Modelle, die zu einer geringeren als der totalen Infektion führen, können verschieden konstruiert werden. Wir können z.B. annehmen, daß nur ein Bruchteil der Population für eine Infektion „empfänglich" sei; oder daß die Ansteckungskraft des Prozesses mit der Zeit abnehme; oder daß die Ansteckungskraft eines infizierten Individuums von der Zeit abhänge zu der es angesteckt wurde; oder daß die infizierten Individuen aus der Population auf eine bestimmte Weise entfernt würden, usw.

Indem wir annehmen, daß überhaupt nur ein Anteil θ der Individuen gefährdet ist, schreiben wir anstelle von (3.2)

$$dp/dt = ap(\theta - p). \tag{3.4}$$

Dann gestaltet sich (3.3) folgendermaßen um:

$$p(t) = \frac{\theta\, p(0)\, e^{\theta at}}{\theta - p(0)(1 - e^{\theta at})}. \tag{3.5}$$

Nun gilt: $p(\infty) = \theta$, also, daß nur die „Empfänglichen" infiziert wurden.

Um die Abhängigkeit der Epidemie von der Zeit auszudrücken, setzen wir $a = a(t)$. Beachten wir, daß der Parameter a die Wahrscheinlichkeit bestimmt, mit der eine Ansteckung erfolgt und damit auch die Häufigkeit der Kontakte zwischen den Individuen ausdrückt. Daher wird eine zeitliche Veränderung von a entweder eine Abnahme der Infektionskraft oder eine Abnahme des Verkehrs innerhalb der Population bedeuten. Die allgemeine Lösung von (3.3) mit $a = a(t)$ lautet:

$$p(t) = \frac{p(0)\exp\{\int_0^t a(\tau)d\tau\}}{1 - p(0)[1 - \exp\{\int_0^t a(\tau)d\tau\}]} \tag{3.6}$$

Man beachte, daß $p(t)$ vom Integral $\int_0^t a(\tau)dt$ abhängt. Wenn dieses Integral bei unendlichem t etwa nach A konvergiert, dann wird der Gesamtanteil der Infizierten gleich sein:

$$p(\infty) = \frac{p(0)e^A}{1 - p(0)[1 - e^A]}. \tag{3.7}$$

Wenn jedoch das Integral divergiert, wird letztlich jedermann infiziert.

Nehmen wir nun an, die Ansteckungskraft eines Individuums hänge von der Dauer des Prozesses t und von der seit der Infektion des Individuums verstrichenen Zeit τ ab. Es gelte also $a = a(t, \tau)$. Dieses Modell ähnelt einigen strukturellen Modellen, die auf Netzwerken beruhen. (Wir werden sie im Kapitel 15 diskutieren.) Ihre spätere Erläuterung vorwegnehmend, wollen wir diese Modelle eingehender betrachten. Wir führen folgende Bezeichnungen ein:

N: die Gesamtzahl von Individuen in der Population.

$x(t)$:   die Gesamtzahl der Infizierten bis zur Zeit t.

x_0:   die anfängliche Anzahl der Infizierten.

α: die Häufigkeit der Kontake pro Zeiteinheit.

$p(t, \tau)$:   die Wahrscheinlichkeit, daß der zur Zeit t stattfindende Kontakt in einer Übertragung der Ansteckung resultiert, wenn seit der Infektion des Individuums die Zeit τ verstrichen ist.

Man beachte, daß die Infektionsparameter mittels einer Konstanten α (die nur die Häufigkeit des Kontaktes darstellt), einer Funktion $p(t, \tau)$ der „Uhrzeit" t (der Dauer des Prozesses) und der „privaten" Zeit τ (die Zeit seit der Infektion eines bestimmten Individuums) aufgeteilt werden.

Für ein festes t sei $\lambda = t - \tau$. Für ein Individuum, das zur Zeit λ infiziert wurde ist seit der Infektion die Zeit $\tau = t - \lambda$ verstrichen. Betrachten wir nun die Anzahl der im Intervall $(t, t + \Delta t)$ infizierten Individuen und zwar nur solche, die von solchen angesteckt wurden, welche selbst im Intervall $(\lambda, \lambda + \Delta \lambda)$ infiziert wurden. Diese Anzahl bezeichnen wir durch $\Delta x(t, \Delta \lambda)$. Die erwartete Gesamtzahl der im Intervall $(t, t + \Delta t)$ infizierten Individuen bezeichnen wir mit $\Delta x(t)$ und – analog – die erwartete Anzahl der im Intervall $(\lambda, \lambda + \Delta \lambda)$ infizierten mit $\Delta x(\lambda)$. Da $p(t, \tau) = p(t, t - \lambda)$, gilt

$$\Delta x(t, \Delta \lambda) = \alpha[N - x(t)]\,\Delta x(\lambda)\,p(t, t - \lambda)\,\Delta t. \tag{3.8}$$

$\alpha[N - x(t)]\,\Delta t$ auf der rechten Seite von (3.8) stellt die im Intervall $(t, t + \Delta t)$ zu erwartende Anzahl von Kontakten zwischen Nichtinfizierten und einem beliebig gewählten Individuum dar. Durch die Multiplikation dieser Größe durch $\Delta x(\lambda)$ erhalten wir die im Intervall $(t, t + \Delta t)$ zu erwartende Kontakte zwischen den Nichtinfizierten und den im Intervall $(\lambda, \lambda + \Delta \lambda)$ Infizierten.

Durch die weitere Multiplikation mit $p(t, t - \lambda)$ erhalten wir die im Intervall $(t, t + \Delta t)$ zu erwartende Anzahl von neuen Infektionen und zwar auf Grund der im Intervall $(\lambda, \lambda + \Delta \lambda)$ infizierten – die linke Seite von (3.8).

Anstelle $\Delta x\,(\lambda)$ können wir $[\Delta x(\lambda)/\Delta\lambda]\,(\Delta\lambda)$ schreiben oder nach Grenzübergang $\Delta\lambda \to 0$, $(dx/d\lambda)\,d\lambda$. Die Anzahl der im Intervall $(t, t + \Delta t)$ Neuinfizierten (infolge eines Kontakts mit einem im offenen Intervall $(0, t)$ angesteckten Individuum) ist dann $\alpha[N-x(t)]\int_0^t (dx/d\lambda)\,p\,(t, t-\lambda)\,d\lambda$.

Weiter ist die Anzahl der im Intervall $(t, t + \Delta t)$ infizierten und zwar von den bereits vom Zeitpunkt 0 angesteckten gleich $\alpha[N - x(t)]\,x_0\,p(t, t)\,\Delta t$, wobei $x_0 = x(0)$.

Zusammen haben wir dann für die zu erwartende Anzahl von neuen Infektionen im Intervall $(t, t + \Delta t)$

$$\Delta x(t) = \alpha[N - x(t)]\,[x_0\,p(t, t) + \int_0^t (dx/d\lambda)\,p(t, t - \lambda)\,d\lambda]\,\Delta t. \tag{3.9}$$

Nach Division durch Δt und dem Grenzübergang $\Delta t \to 0$, erhalten wir für die Wachstumsrate der Anzahl an Infizierten

$$dx/dt = \alpha[N-x(t)]\,[x_0\,p(t, t) + \int_0^t (dx/d\lambda)\,p(t, t - \lambda)\,d\lambda]. \tag{3.10}$$

Nun sei $z(t) = x(t)/N$, $A = \alpha N$, $z_0 - x_0/N$. Nach Division durch N, erhalten wir

$$dz/dt = A(1 - z)\,[x_0 p\,(t, t) + \int_0^t (dz/d\lambda)\,p(t, t - \lambda)\,d\lambda]. \tag{3.11}$$

Das ist die Integrodifferentialgleichung, welche gemäß diesem Modell die Dynamik einer Epidemie beschreibt.

Falls p sowohl von t als auch von τ unabhängig ist, wird aus (3.11) die Gleichung (3.2). Wenn p nur von t abhängt, resultiert (3.6).

Von speziellem Interesse ist der Fall, bei dem p nur von τ abhängt z.B. $p = e^{-k\tau}$. Dann kann die Lösung von (3.11) in geschlossener Form angegeben werden. In diesem Fall ist

$$\int_0^\infty Ap(\tau)\,d\tau = \int_0^\infty A e^{-k\tau} d\tau = A/k = a \tag{3.12}$$

gleich der totalen Anzahl ansteckender Kontakte pro angestecktem Individuum während des ganzen Prozesses. Aus Gleichung (3.11) wird dann

$$dz/dt = (1 - z)\,[Az_0 e^{-kt} + A e^{-kt} \int_0^t (dz/d\lambda)e^{k\lambda} d\lambda]. \tag{3.13}$$

Oder da $(1 - z)^{-1} = -\dfrac{d}{dz}\log_e(1 - z)$,

oder

$$-e^{kt} \frac{d}{dt}\log_e(1 - z) = Az_0 + A \int_0^t \frac{dz}{d\lambda} e^{k\lambda} d\lambda. \tag{3.14}$$

Setzen wir $\log_e(1 - z) = y$, $z = 1 - e^y$, $dz/dt = -e^y\,dy/dt$, dann wird aus (3.14), indem wir nach t differenzieren

$$\ddot{y} + k\dot{y} = Ae^y \dot{y}, \tag{3.15}$$

wobei die Punkte über den Variablen Ableitungen nach der Zeit bedeuten. Das erste Integral von (3.15) lautet

$$\dot{y} + ky = Ae^y + K, \tag{3.16}$$

wobei K durch folgende Anfangsbedingungen bestimmt ist:

$$y(0) = \log_e (1 - z_0); \dot{y}(0) = -Az_0, \qquad (3.17)$$

wodurch sich ergibt:

$$K = k\log_e (1 - z_0) - A. \qquad (3.18)$$

Daher gilt

$$\dot{y} + ky = A(e^y - 1) + k\log_e (1 - z_0). \qquad (3.19)$$

Indem wir die ursprünglichen Bezeichnungen wieder einführen, und die Methode der „Trennung der Veränderlichen" zur Lösung der Differentialgleichung anwenden, erhalten wir

$$\frac{dz}{(1 - z)\{k\log_e [(1 - z)/(1 - z_0)] + Az\}} = dt, \qquad (3.20)$$

woraus wir t als Integral gewinnen

$$t = \int_{z_0}^{z} \frac{d\zeta}{(1 - \zeta)\{A\zeta + k\log_e [(1 - \zeta)/(1 - \zeta_0)]\}} \qquad (3.21)$$

und somit z als eine Funktion von t und den Parametern z_0, A und k.

Um $z(\infty)$ – den endgültigen Anteil der Infizierten – zu erhalten, setzen wir $t = \infty$. Nun geht die rechte Seite von (3.21) gegen unendlich, wenn der Nenner des Integranden gegen 0 strebt. Dies ist sicherlich der Fall, wenn $\zeta = 1$ wird. Aber $\zeta = 1$ impliziert, daß jeder infiziert ist. Wenn der Nenner in (3.21) Null wird, falls ζ kleiner als 1 ist, können wir den entsprechenden Wert von ζ dadurch bestimmen, daß wir den Klammerausdruck gleich Null setzen:

$$Az + k\log_e [(1 - z)/(1 - z_0)] = 0. \qquad (3.22)$$

Aus (3.22) erhalten wir

$$z(\infty) = z^* = 1 - (1 - z_0)\, e^{-az^*} \qquad (3.23)$$

also eine transzendente Gleichung, die z^* als Funktion von a bestimmt.

Die Gleichung (3.23) kann leicht nach a aufgelöst werden:

$$a = \frac{1}{z^*} \log_e \left[\frac{1 - z_0}{1 - z^*} \right], \qquad (3.24)$$

und damit können die Werte von z^* berechnet werden, die verschiedenen Werten von z_0 und a entsprechen.

Wenn z_0 sehr klein ist (die Ansteckung etwa mit einem einzigen infizierten Individuum in einer sehr großen Population beginnt) und jedes Individuum im Durchschnitt zwei Individuen infiziert (im Laufe eines ganzen Prozesses), dann wird der Gesamtanteil der Infizierten beinahe 0,8 sein. Bei drei Ansteckungen pro Individuum, wird der Gesamtanteil ungefähr 0,94 sein. Schon 4 Infektionen pro Individuum resultieren letztlich in einer zu 99 % infizierten Population. Ist dagegen die durchschnittliche Anzahl von Individuen, die ein infiziertes Individuum infiziert kleiner als 1, dann wird der Gesamtanteil der Infizierten innerhalb einer unendlich großen Population unendlich klein bleiben. Dies kann als Nichteintreten der Epidemie interpretiert werden.

Nun muß die zugrundeliegende Annahme $p(\tau) = e^{-k\tau}$ interpretiert werden. Eine Interpretation könnte besagen, daß die Infizierbarkeit jedes Individuums mit der Zeit seit der Infektion exponentiell abnimmt. Eine andere Interpretationsmöglichkeit lautet: bestimmte Individuen werden pro Zeiteinheit zufällig ausgewählt, und aus der Population entfernt, wenn sie infiziert wurden. Dies kann für die infizierten Individuen Quarantäne bedeuten bzw. ihre Erholung bzw. ihren Tod. Insbesondere impliziert diese Annahme, daß die Wahrscheinlichkeit einer Entfernung eines infizierten Individuums aus der Population (durch Genesung, Tod oder Quarantäne) zu jedem Zeitpunkt unabhängig davon ist, wie lange es infiziert war. Daher ist diese Annahme wohl unrealistisch. Aber obwohl der Zeitablauf des Prozesses von der spezifischen Form von $p(\tau)$ bestimmt ist, hängt der endgültige Anteil der Infizierten nur vom Integral $\int_0^\infty Ap(\tau)d\tau$ ab, wie wir bei der späteren Behandlung eines ähnlichen Problems sehen werden. Daher wird die aus dem Modell deduzierte Prognose des asymptotischen Verlaufs nicht von der obigen Vereinfachung beeinflußt.

Epidemien mit mehreren Zuständen

Eine andere Richtung der Verallgemeinerung des einfachsten Epidemimodells führt zu einem Modell mit mehreren Zuständen, in denen sich ein Individuum befinden kann. Diese Verallgemeinerung kann für die mathematische Theorie der Epidemien relevant sein, da sie zwischen den Zuständen „infiziert und ansteckend" „„infiziert und nicht ansteckend", „geheilt und immun", „geheilt ohne Immunität", „tot", etc. unterscheiden kann.

Im sozialen Zusammenhang können die Zustände Verhaltensmuster, Ideologien, politische Einstellungen usw. darstellen. Wenn Kontakte zwischen Individuen Übergänge von einem Zustand zu einem anderen stimulieren, ist die allgemeine Struktur von Epidemiemodellen anwendbar. Diese Struktur kann durch das folgende System von Differentialgleichungen erster Ordnung und zweiten Grades dargestellt werden.

$$dx_1/dt = a_1 x_1 + \sum_{j=1}^n b_{1j} x_1 x_j + c_1$$

$$dx_2/dt = a_2 x_2 + \sum_{j=1}^n b_{2j} x_2 x_j + c_2$$

$$\cdots\cdots\cdots\cdots\cdots\cdots\cdots$$

$$dx_n/dt = a_n x_n + \sum_{j=1}^n b_{nj} x_n x_j + c_n \ . \tag{3.25}$$

Dieses Modell stellt ein System mit n Zuständen dar. x_i ($i = 1, 2, \ldots, n$) ist die Anzahl (oder Anteil) von Individuen im Zustand i zur Zeit t. Die ersten Glieder auf der rechten Seite jeder Gleichung stellen die „selbstinduzierten" Veränderungsraten von x_i dar – beispielsweise die spontane Erzeugung oder spontane Eliminierung der im Zustand i befindlichen Individuen. Im ersten Fall gilt $a_i > 0$, im zweiten $a_i < 0$. Die Summenausdrücke stellen Ansteckungen dar. Wenn ein Individuum im Zustand i mit einem im Zustand j in Berührung kommt, kann eine Veränderung in jeder Richtung stattfinden, je nachdem, ob b_{ij} positiv oder negativ ist. Die c_i stellen Zugänge bzw. Abgänge von Individuen in das System oder aus dem System dar, und zwar mit konstanten Raten.

Die allgemeine Lösung von (3.25) würde die x_i als Funktionen der Zeit, der Parameter des Systems und der Anfangsbedingungen ergeben. Wir bemerken jedoch, daß das allgemeine Modell neben den durch die Anfangsbedingungen gegebenen Parametern, $2n + n^2$ Systemparameter beinhaltet. Diese sind im allgemeinen nicht direkt beobachtbare und daher freie Parameter, die geschätzt werden müssen. Für $n = 6$ enthält das Modell 48 freie Parameter, was einen sinnvollen Test eines deterministisch-prädiktiv konzipierten Modells unmöglich macht.

Ein Beispiel unfruchtbarer Modelle dieser Art ist Richardsons mathematisches Modell der Kriegsstimmungen. Trotz seiner Sterilität besitzt das Modell jedoch historischen Wert. Darüber hinaus sind klassische dynamische Modelle großer Systeme oft Ausgangspunkt für einen anderen Ansatz zur mathematischen Theorie großer Systeme gewesen, nämlich der Computersimulation, die weiter unten erörtert werden soll. Aus diesem Grunde werden wir Richardsons Modell der Kriegsstimmungen hier erörtern.

Richardsons Versuch, eine mathematische Theorie des Krieges zu konstruieren, stellt einen Bruch mit den traditionellen Methoden der Politologie und der politischen Geschichtswissenschaften dar. Historische Berichte über Kriege handeln von Kräften, die durch Absichten einzelner Regierender hervorgerufen werden, oder – von einem objektiven Standpunkt aus gesehen – vom Druck, der durch wirtschaftlichen Wettbewerb, Nationalismus, Militarismus, Koloniale Expansion und so weiter entsteht. In jeder dieser Darstellungen ist ein Grad von Willkür enthalten. Krieg wird als Mittel angesehen, um bestimmte Ziele zu erreichen.

Richardson war als Pazifist nicht an zielgerichteten Bestimmungsgründen des Krieges interessiert. Ihm erschien der Krieg als Phänomen, das durch „blinde" Kräfte erzeugt wurde. Da er zudem Physiker war, versuchte Richardson diese Kräfte mit systemdynamischen Methoden zu beschreiben. Im nächsten Kapitel werden wir auf ein Modell des Wettrüstens von Richardson näher eingehen. Hier werden wir seine Formulierung eines Epidemiemodells, von dem er annahm, daß es auch für eine Theorie des Krieges relevant sein würde [*Richardson*, 1948].

Richardson identifizierte den „Zustand" einer Nation mit der Verteilung gewisser „Affekte" innerhalb der Population. Diese Affekte erscheinen als Einstellungen gegenüber den Angehörigen einer anderen Nation oder gegenüber dem Krieg in seinem Verlauf.

Dies sind die „Kriegsstimmungen".

Speziell mag der Angehörige einer Nation etwa „freundlich" oder „feindlich" gegenüber den Angehörigen einer anderen Nation gestimmt sein, die nicht als Individuen sondern „abstrakt" betrachtet werden. Eine Einstellung dieser Art mag ambivalent sein: nach außen hin freundlich und insgeheim (bzw. unbewußt) feindlich; oder, im Gegensatz dazu, nach außen hin feindlich – so wie es das Imperativ des „Patriotismus" verlangt – aber im Inneren freundlich. Eine Einstellung kann auch durch „Kriegsmüdigkeit" gekennzeichnet sein, ein Phänomen, das in den letzten Monaten des 1. Weltkrieges deutlich in Erscheinung trat. Kriegsmüdigkeit kann ebenfalls verdeckt oder offen zutage treten und sich in Anti-Kriegsdemonstrationen oder anderen Manifestationen äußern. (Richardson führt eine Wahl in England im Jahre 1917 an, bei der ein Kriegsgegner siegreich war.)

Mithin ist eine Anzahl von Zuständen definiert und der Zustand eines Systems, also einer Nation, kann als Vektor definiert werden, dessen Komponenten Anteile von Individuen in jedem dieser emotionalen Zustände sind.

Im nächsten Schritt wird die Dynamik der Einstellungen zum Kriege durch ein System von Differentialgleichungen dargestellt, das ein generalisiertes Epidemiemodell darstellt. Die zugrundeliegende Annahme lautet, daß Stimmungen „ansteckend" sind: Stimmungswechsel entstehen bei Individuen, die mit Individuen in anderen Zuständen oder sogar im selben Zustand in Berührung kommen. Wenn beispielsweise zwei feindliche Personen miteinander auf dem Schlachtfeld in Berührung kommen, dann gehen die eine oder die andere oder beide mit einer bestimmten Wahrscheinlichkeit in einen irreversiblen Zustand über: sie sind tot[1]).

Wiederum schließt die große Anzahl freier Parameter und die prinzipielle Unmöglichkeit der Bestimmung auch nur der inneren Zustände jede Anwendung des Modells aus. Richardson war als ein Pionier in den mathematischen Sozialwissenschaften primär daran interessiert, gewisse wohlbekannte Effekte im Massenverhalten als Konsequenzen der Systemdynamik zu erfassen. Insbesondere ging es ihm um die Verbreitung der Kriegshysterie in England, Frankreich und Deutschland im Sommer 1914 und das Aufkommen der Kriegsmüdigkeit in den letzten Kriegsjahren. Im Kapitel 24 werden wir einen quantitativen empirischen Ansatz zu den Einstellungen zum Krieg darstellen, wie er sich in diplomatischen Aktivitäten und anderen Aktionen von Regierungen ausdrückt.

Ein Nachahmungsmodell

Ein weit weniger anspruchsvolles Modell der sozialen Ansteckung wurde von *Rashevsky* [1951] vorgeschlagen. Obwohl es ebenfalls nur schwer oder überhaupt nicht empirischen Tests unterworfen werden kann, zeigt es zumindestens Eigenschaften, die für einige grundlegende Aspekte des Massenverhaltens ausschlaggebend sein könnten. Das Modell hat daher zumindest einen begriffsklärenden Wert.

Rashevskys Zugang zur Mathematisierung sozialer Phänomene enthält Reste des „Reduktionismus"[2]). Nach einer Laufbahn als Physiker entwickelte Rashevsky erste Modelle der mathematischen Biophysik. Zunächst versuchte er, eine Theorie der Zellteilung auf der Grundlage von Diffusionskräften zu konstruieren, die innerhalb der Zelle durch die Viskosität des Protoplasmas erzeugt werden. Wegen späterer Entdeckungen der Molekularbiologie ist dieses Modell nurmehr von historischem Interesse. Erfolgreicher war Rashevskys mathematische Theorie der Nervenerregung, die auf Überlegungen der Biophysik basierte. Fundamental in dieser Theorie war eine Gleichung, welche die Geschwindigkeit der Akkumulation eines Erregungspotentials in der Nachbarschaft der Nervenmembran als Funktion der Intensität eines externen Reizes und der Dissipation der Reizung selbst darstellt. Wenn das Ausmaß des Erregungspotentials ϵ ist, gilt nach Rashevsky

$$d\epsilon/dt = AI - a\epsilon. \tag{3.26}$$

Dabei ist I die Intensität der ausgeübten Reizung (z.B. ein elektrischer Strom). Das zweite Glied auf der rechten Seite drückt die spontane Zerstreuung der reizausübenden „Substanz" aus (beispielsweise durch Diffusion).

Dieses Modell, das bis zu einem gewissen Grad in der Neurophysiologie anwendbar ist, wurde von Rashevsky in seiner formalen Gestalt auf die Verhaltenstheorie übertragen. Hier bezieht sich das „Ausmaß der Reizung" auf die Neigung eines Individuums, eine bestimmte Handlung zu einem bestimmten Zeitpunkt zu unternehmen. Diese Neigung wird auf reduktionistische Weise mit dem Grad der Erregung der entsprechenden Nervenleitungen gleichgesetzt.

Die Annahme einer Kontinuität zwischen neurophysiologischen und verhaltensmäßigen Formulierungen (wie immer ihre philosophische Rechtfertigung lauten mag), mag weder haltbar noch notwendig sein. Trotzdem gibt es keinen Grund, die Gleichung (3.26) als die Grundlage eines Verhaltensmodells von vornherein zu verwerfen. Sie könnte als eine rein formale Annahme in der Verhaltenstheorie gelten, vorausgesetzt die Neigung eines Individuums, eine bestimmte Handlung auszuführen, ist operational definiert und ebenso die „Intensität eines Stimulus" in jedem gegebenen Zusammenhang. Wie wir sehen werden, sind solche operationale Definitionen in der Behandlung durch Rashevsky enthalten: Neigungen, sich in einer bestimmten Weise zu verhalten, werden durch Wahrscheinlichkeitsausdrücke definiert, während die Intensität von Reizen durch Ausdrücke definiert wird, in welche die Anzahl der sich so verhaltenden Individuen eingeht. Daher haben wir es wieder mit einem Epidemiemodell zu tun oder mit einem Modell des nachahmenden Verhaltens, wie Rashevsky es nannte.

Nehmen wir an, jedes Individuum in einer Population verfüge über eine Wahl zwischen den Aktionen R_1 und R_2. Beispielsweise bedeutet R_1 die Zustimmung und R_2 die Opposition zu einer gewissen Regierungspolitik. Oder R_1 bedeutet etwa das Mitmachen einer Mode und R_2 das Nichtmitmachen. Ob zu einer bestimmten Zeit R_1 oder R_2 auf das Individuum zutreffen, hängt laut Annahme von der Quantität φ ab, die wiederum eine Differenz zweier Quantitäten ϵ_1 und ϵ_2 ist. Diese zwei Quantitäten können als Reizniveaus von entsprechender Nervenfasern interpretiert werden, oder, indem wir die reduktionistische Ausdrucksweise fallen lassen, können sie einfach als Wunsch des Individuums interpretiert werden, entweder R_1 oder R_2 zu tun..

Weiterhin wird angenommen, daß jedes Individuum der Population durch einen gewissen Wert φ psychologisch charakterisiert ist. Wenn das φ des Individuums sehr groß ist, wird es fast sicher R_1 tun (mit einer großen, nahe an 1 gelegenen Wahrscheinlichkeit). Wenn φ sehr stark *negativ* ist, z.B. wenn ϵ_2 weitaus größer als ϵ_1 ist, hat das Individuum eine starke Prädisposition in der anderen Richtung.

Die Quantität φ ist innerhalb der Population mit einer Frequenz $N(\varphi)$ verteilt. Das heißt, $N(\varphi)\, d\varphi$ ist die Anzahl von Individuen mit Werten von φ im kleinen Intervall $(\varphi, \varphi + \Delta\varphi)$. Daher gilt

$\int_{-\infty}^{\infty} N(\varphi)\, d\varphi = N$, wobei N die Gesamtzahl der Individuen einer Population ist. Wenn $P_1(\varphi)$ die

Wahrscheinlichkeit bedeutet, daß ein Individuum, welches durch φ charakterisiert ist, in einer bestimmten Zeit R_1 tun wird, dann ist die Anzahl der Individuen, die dadurch charakterisiert sind, daß sie zu dieser Zeit R_1 tun, gegeben durch

$$x(\varphi) = P_1(\varphi) N(\varphi). \tag{3.27}$$

Ähnlich gilt, daß

$$y(\varphi) = P_2(\varphi) N(\varphi) \tag{3.28}$$

die Anzahl der durch φ charakterisierten Individuen ist, die R_2 tun. Natürlich gilt $P_1 + P_2 = 1$.

„Imitation" wird wie folgt dargestellt. Jedes Individuum, das R_1 tut, wird als Reiz aufgefaßt, der jedem anderen Individuum der Population zu ϵ_1 einen Betrag ϵ_1' hinzufügt.

Die gesamte Intensität des Reizes, der die Wahrscheinlichkeit von R_1 durch das gegebene Individuum erhöht, ist proportional zur Gesamtanzahl X von Individuen der Population, welche R_1 tun. Eine analoge Annahme wird hinsichtlich R_2 gemacht. Indem wir die fundamentale Gleichung (3.26) anwenden, erhalten wir daher

$$d\epsilon_1'/dt = AX - a\epsilon_1' \tag{3.29}$$

$$d\epsilon_2'/dt = AY - a\epsilon_2'. \tag{3.30}$$

Es wird angenommen, daß die Konstanten A und a für alle Individuen gleich sind. Natürlich könnten auch diese Parameter in der Population verteilt sein. In Hinblick auf die allgemeine Unschärfe des Modells würde jedoch eine solche „Verfeinerung" den dadurch eingeführten mathematischen Komplikationen kaum angemessen sein.

Indem wir $\psi = \epsilon_1' - \epsilon_2'$ setzen und die Gleichung (3.30) von der Gleichung (3.29) subtrahieren, erhalten wir

$$d\psi/dt = A(X - Y) - a\psi. \tag{3.31}$$

Wenn die Verteilung $N(\varphi)$ symmetrisch in bezug auf $\varphi = 0$ ist, wird bei Abwesenheit externer Reize $X = Y$, und die Gliederung wird damit weiter erfüllt bleiben. Lassen wir jedoch zufällige Fluktuationen zu, dann wird die Quantität, welche bestimmt ob ein gegebenes Individuum zu R_1 oder zu R_2 neigt, nicht länger φ, sondern $\varphi + \psi$ sein. Mit dem Anwachsen von ψ wird die Wahrscheinlichkeit P_1, daß R_1 getan wird, zunehmen. Dadurch wird wiederum ψ wachsen und damit auch P_1. Ähnliche Überlegungen gelten für die Häufigkeit von R_2. Die Situation kann also unstabil sein. Um Bedingungen der Stabilität zu bestimmen, müssen wir bestimmte Annahmen bezüglich der Verteilung $N(\varphi)$ machen. Wegen des Mangels empirischer Evidenz bezüglich der Verteilung wählte Rashevsky die mathematisch günstigste Laplace-Verteilung:

$$N(\varphi) = \frac{1}{2} N\sigma e^{-\sigma|\varphi|}. \tag{3.32}$$

Ferner ist die Größe φ, die ein bestimmtes Individuum charakterisiert, selbst Fluktuationen ausgesetzt, die bei jedem Individuum vorhanden sind. Also hat φ bei einem Individuum zu einem willkürlich gewählten Zeitpunkt den Betrag $\varphi + \Delta\varphi$, wobei $\Delta\varphi$ eine Zufallsvariable ist. Für diese Zufallsvariable hat Rashevsky auch eine entsprechende Laplacesche Dichtefunktion angenommen:

$$h(\Delta\varphi) = \frac{1}{2} ke^{-k|\Delta\varphi|}. \tag{3.33}$$

Angenommen, daß ein Individuum R_1 tut, wenn $\varphi + \Delta\varphi > 0$ ist, haben wir für die Wahrscheinlichkeit, daß ein durch φ charakterisiertes Individuum zu einer bestimmten Zeit R_1 tut

$$P_1(\varphi) = \begin{cases} 1 - \dfrac{1}{2} e^{-k\varphi} & \text{bei } \varphi > 0 \\[2ex] \dfrac{1}{2} e^{k\varphi} & \text{bei } \varphi < 0. \end{cases} \tag{3.34}$$

Wenn ein äußerer Stimulus in der Form $\psi = \epsilon_1' - \epsilon_2'$ vorhanden ist, so beträgt die Wahrscheinlichkeit

$$P_1(\varphi, \psi) = \begin{cases} 1 - \dfrac{1}{2} e^{-k(\varphi + \psi)} & \text{wenn } \varphi > -\psi \\[2ex] \dfrac{1}{2} e^{k(\varphi + \psi)} & \text{wenn } \varphi < -\psi. \end{cases} \tag{3.35}$$

In Hinblick auf die Gleichungen (3.27) und (3.28) können wir (3.31) als

$$d\psi/dt = A \int\limits_{-\infty}^{\infty} [x(\varphi) - y(\varphi)] \, d\varphi - a\psi \tag{3.36}$$

schreiben.

Bei Vorhandensein eines äußeren Reizes ergibt sich

$$x(\varphi) = N(\varphi) P_1(\varphi, \psi); y(\varphi) = N(\varphi) [1 - P_1(\varphi, \psi)]. \tag{3.37}$$

Somit wurde der Parameter ψ in $x(\varphi)$ und $y(\varphi)$ eingeführt, und das Integral in (3.36) ist jetzt eine Funktion von ψ.

Da $P_2 = 1 - P_1$, haben wir

$$\int\limits_{-\infty}^{\infty} [x(\varphi) - y(\varphi)] \, d\varphi = \int\limits_{-\infty}^{\infty} N(\varphi) [2P_1(\varphi, \psi) - 1] \, d\varphi. \tag{3.38}$$

Wir berechnen zunächst das Integral (3.38) für $\psi > 0$. Nach der Substitution von (3.32) für $N(\varphi)$ und (3.35) für $P_1(\varphi, \psi)$ erhalten wir

$$\int\limits_{-\infty}^{\infty} [x(\varphi) - y(\varphi)] \, d\varphi = \frac{N\sigma}{2} \{ \int\limits_{-\infty}^{-\psi} e^{\sigma\varphi}(e^{k(\varphi+\psi)} - 1) \, d\varphi + \int\limits_{-\psi}^{0} e^{\sigma\varphi}(1 - e^{-k(\varphi+\psi)}) \, d\varphi +$$
$$+ \int\limits_{0}^{\infty} e^{-\sigma\varphi}(1 - e^{-k(\varphi+\psi)}) \, d\varphi \}. \tag{3.39}$$

Indem wir das erste Integral von (3.39) auswerten, haben wir

$$\int\limits_{-\infty}^{-\psi} e^{\sigma\varphi}(e^{k(\varphi+\psi)} - 1) \, d\varphi = e^{-\sigma\psi} \left[\frac{1}{k+\sigma} - \frac{1}{\sigma} \right]. \tag{3.40}$$

Die Auswertung des zweiten Integrals ergibt

$$\int\limits_{-\psi}^{0} e^{\sigma\varphi}(1 - e^{-k(\varphi+\psi)}) \, d\varphi = \frac{1}{\sigma} + \frac{ke^{-\sigma\psi} - \sigma e^{-k\psi}}{\sigma(\sigma-k)}. \tag{3.41}$$

Durch Auswertung des letzten Integrals erhalten wir

$$\int\limits_{0}^{\infty} e^{-\sigma\varphi}(1 - e^{-k(\varphi+\psi)}) \, d\varphi = \frac{1}{\sigma} - \frac{e^{-k\psi}}{\sigma+k}. \tag{3.42}$$

Durch Addition von (3.40) (3.41) und (3.42) und Multiplikation mit $\sigma AN/2$ ergibt sich nach einer Vereinfachung die folgende Differentialgleichung für $\psi > 0$:

$$dψ/dt = AN \left[1 + \frac{k^2 e^{-σψ}}{σ^2 - k^2} - \frac{σ^2 e^{-kψ}}{σ^2 - k^2} \right] - aψ - AN \: [F(ψ) - aψ/AN]. \tag{3.43}$$

Wir tragen nun $F(ψ)$ gegen $ψ$ auf und auf derselben Abbildung zeichnen wir $aψ/AN$ gegen $ψ$. Abbildung 3.1 zeigt zwei Fälle:

(i)   wenn der Anstieg von $aψ/AN$ größer ist als $F'(0) = dF/dψ$ bei $ψ = 0$ und
(ii) wenn er kleiner ist.

Infolge der Symmetrie der Gleichung (3.43) ist die Abbildung auf den negativen Quadranten $ψ$ ausgedehnt worden.

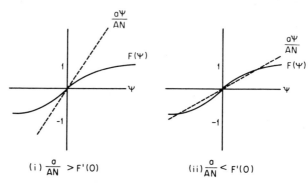

$$(i) \: \frac{σ}{AN} > F'(0) \qquad\qquad (ii) \frac{σ}{AN} < F'(0)$$

Abb. 3.1

Wir stellen fest: wenn $F'(0) < a/AN$ ist, dann gilt im Falle von $ψ < 0$ stets $dψ/dt > 0$, und im Falle von $ψ > 0$ stets $dψ/dt < 0$. Das heißt, eine Abweichung vom Gleichgewichtszustand bei $X = Y$ strebt nach einer ,,Korrektur", und demgemäß besteht eine Tendenz zur Wiederherstellung des Gleichgewichts. Wenn anderseits $F'(0) > a/AN$ ist, dann gilt $dψ/dt < 0$ bei $ψ < 0$ und $dψ/dt > 0$ bei $ψ > 0$. Offenbar wird in dieser Situation eine Abweichung in jeder Richtung vom Gleichgewicht bei $X = Y$ eine Tendenz zur Vergrößerung aufweisen. In diesem Falle wird das Equilibrium bei $X = Y$ nicht stabil sein. Die kleinste Abweichung davon wird $ψ$ größer machen (wenn die Abweichung positiv ist) oder kleiner (wenn sie negativ ist) bis der eine oder der andere Schnitt der durch $F(ψ)$ dargestellten Kurve mit der durch $aψ/AN$ dargestellten Geraden erreicht ist. Eine ähnliche Analyse zeigt, daß diese zwei Gleichgewichte stabil sind.

Um die Gleichgewichtsbedingung bei $X = Y$ abzuleiten, errechnen wir $F'(0)$. Es ergibt sich

$$F'(0) = \frac{kσ}{k + σ} = (1/k + 1/σ)^{-1}. \tag{3.44}$$

Die Parameter k und $σ$ die in die Gleichungen (3.32) und (3.33) eingehen bedeuten, daß $1/k$ ein Maß dafür ist, wie ,,fehlerhaft" jedes Individuum hinsichtlich seines Parameters $φ$ ist, und $1/σ$ ist ein Maß für die Heterogenität der Population in Hinblick auf demselben Parameter. Das System ist stabil, wenn der *Reziprokwert* der Summe dieser Größe (die rechte Seite von Gleichung (3.44)) klein ist. Daher ist das System stabil, wenn die Individuen zu einem großen Teil bei ihren Präferenzen oszillieren und/oder wenn die individuellen Differenzen im Hinblick auf die Präferenz für jede Aktion groß sind. Dagegen ist das System instabil, wenn die meisten Individuen einen Großteil der Zeit hindurch zwischen R_1 und R_2 indifferent sind. In dieser Situation wird die ,,Ansteckung" oder die Imitation erhöht. Um den durch D. Riesmann [1950] geprägten Ausdruck zu gebrauchen, besteht die Population zumeist aus ,,außengelenkten" Individuen.

Nun fragen wir, womit die Variabilität der Präferenzen der Individuen und die Heterogenität der Population verglichen werden kann. Die Stabilitätsbedingung lautet, wie wir gesehen haben,

$$(1/k + 1/\sigma)^{-1} < a/AN. \tag{3.45}$$

Betrachten wir zunächst den Faktor a/A. Das System ist stabil, wenn dieser Faktor groß ist, das heißt, wenn a groß gegenüber A ist. Aus der Gleichung (3.43) entnehmen wir, daß die Stabilität erhöht wird, wenn die „Dissipationsrate" der äußeren Einflüsse (a) im Vergleich zur „Reaktionsbereitschaft" von ψ auf $(X - Y)$, also A, groß ist – so wie wir es erwarten würden.

Soweit sind alle Resultate die intuitiv erwarteten: die Stabilität wird größer, wenn die „inneren Einflüsse" (Fluktuationen, die unabhängig von den Einflüssen anderer sind) größer als die äußeren sind, und wenn manche Individuen starke Präferenzen für die eine oder die andere Form des Verhaltens haben.

Aber noch ein anderer Faktor, nämlich die Größe der Population N macht sich bemerkbar. Da die Stabilität erhöht wird, wenn die rechte Seite der Gleichung (3.45) groß ist, wächst die Stabilität (falls die anderen Faktoren gleich bleiben) wenn die Population klein ist. Folglich wird die Instabilität vergrößert, wenn die Population groß ist. Damit ist so etwas wie ein „Mob-Effekt" abgeleitet worden, nämlich die Tendenz großer Menschenmassen, gemeinsam in der einen oder anderen Weise zu handeln, je nachdem aus welcher Richtung der „Wind weht".

Die Stabilitätsbedingungen (oder Instabilitätsbedingungen) stellen die grundlegende Fragestellung des sogenannten „systemtheoretischen" Ansatzes zur Behandlung sozialer Erscheinungen dar. Ökonomische Krisen, wachsende Inflation, Eskalation der Rüstung, und – in trivialen Zusammenhängen – schnell sich entwickelnde Moden sind als Konsequenzen der Störung unstabiler Gleichgewichte dargestellt worden. Der Begriff der Stabilität wird besonders in jenen sozialwissenschaftlichen Untersuchungen wichtig, die darauf abzielen, Methoden der wirksamen Kontrolle solcher Phänomene anzugeben. Im nächsten Kapitel werden wir den systemtheoretischen Ansatz ausführlich darstellen[3]).

Anmerkungen

[1]) Eigentlich ist Richardsons Modell etwas allgemeiner als das durch die Gleichung (3.25) dargestellte. j sei der Zustand der Feindseligkeit und i der Zustand des Todseins. Die Begegnung von zwei im Zustand j befindlichen Individuen etwa auf dem Schlachtfeld trägt zur Erhöhung der Anzahl von Individuen im Zustand i (in der Statistik auch „Absorbtionszustand" genannt) bei. Solch ein Ereignis ist in (3.25) nicht berücksichtigt. Das allgemeinste Modell von Differentialgleichungen erster Ordnung und zweiten Grades wäre ausgedrückt durch

$$\frac{dx_i}{dt} = \sum_{j=1}^{n} a_i x_j + \sum_{k=1}^{n} \sum_{j=1}^{n} b_{ijk} x_j x_k + c_i \quad (i = 1, 2, \ldots, n).$$

Das erste Glied auf der rechten Seite stellt spontane Übergänge von einem Zustand in einen beliebigen anderen (einschließlich des gleichen Zustands) dar, das zweite Glied durch Begegnungen verursachte Zustandsveränderungen und das dritte Glied die Inputs und die Outputs. Ein Modell mit n Zuständen würde $n^3 + n^2 + n$ Parameter enthalten. Richardsons Modell der Kriegsstimmungen enthält 6 Zustände. Seine allgemeine Darstellung besteht daher aus 258 Parametern!

[2]) Der Reduktionismus ist eine Denkweise, in der versucht wird, soziale Erscheinungen auf biologische und diese wiederum auf physikalisch-chemische zurückzuführen. Dementsprechend würde ein Reduktionist versuchen, psychologische Phänomene durch den Verweis auf bestimmte Prozesse im Nervensystem des Individuums zu erklären.

[3]) Bis in die 60er Jahre hinein waren die Wohngegenden von Weißen und Farbigen in den großen amerikanischen Städten recht scharf getrennt. Als die Rassentrennung allmählich aufgegeben wurde, begannen die Farbigen, Wohnungen in vormals von Weißen vorbehaltenen Stadtvierteln zu beziehen. Das Resultat davon waren nicht, wie einige gehofft hatten, vorwiegend gemischtrassige Stadtteile, sondern die Umwandlung vormals „weißer" Wohngebiete in nunmehr „farbige". Diese Erscheinung wurde „Umkippen" (tipping) genannt. *Schelling* [1971] hat einige Simulationsmodelle aufgestellt, die diese Erscheinung zum Gegenstand haben. Ein Parameter dieser

Modelle ist der „Toleranzgrad" der einen Rasse gegenüber der anderen. Das interessante Ergebnis ist, daß Stadt-teile selbst dann „umkippen", wenn der Toleranzgrad der alten Stadtteilbevölkerung keineswegs niedrig ist, ja sogar wenn sie eine gemischtrassige Nachbarschaft *bevorzugt*. Das Umkippen erklärt sich damit, daß das System eine Stabilitätsgrenze besitzt, die schließlich überschritten wird. Damit besitzen die Modelle von Schel-ling eine große Ähnlichkeit mit denen von Rashevsky. Da diese Modelle zu komplex sind, um analytische Me-thoden anwenden zu können, muß auf Simulationsverfahren zurückgegriffen werden. Insbesondere sind sie im Unterschied zu den dargestellten Infektionsmodellen nicht auf der Annahme einer gleichmäßigen Vermischung der Population begründet.

4. Rüstungswettlauf und Weltdynamik

In den eben erörterten Epidemiemodellen wurde der Zustand einer Population durch eine ein-zige zeitabhängige Variable beschrieben, nämlich den Anteil (oder die Anzahl) der „Angesteckten" oder die Anzahl von Individuen, die eine bestimmte Aktion verrichten. In beiden Fällen wurde die Anzahl oder der Anteil der „nicht angesteckten" oder diese Aktion nicht verrichtenden Individuen dadurch bestimmt, daß die Gesamtpopulation als bestimmt galt. Wir haben ebenfalls Richardsons allgemeineres Modell der Kriegsstimmungen erwähnt, in denen mehrere individuelle Zustände ange-nommen wurden. Ein Modell durch ein System von Differentialgleichungen darzustellen gehört zum klassischen Verfahren der Systemmodellierung.

Der systematische Charakter dieses Ansatzes äußert sich in der Annahme, daß die Veränderungs-rate jeder der verschiedenen Variablen potentiell durch die Werte oder „Niveaus" aller Variablen beeinflußt wird. Dadurch ist das System zu jedem beliebigen Zeitpunkt festgelegt. Diese Raten kön-nen auch als explizite Funktionen der Dauer eines Prozesses aufgefaßt werden. Damit ist die allge-meine Form eines klassischen Systemmodells durch das folgende System von Differentialgleichun-gen beschrieben:

$$\frac{dx_i}{dt} = F_i(x_1, x_2, \ldots, x_n, t) \quad (i = 1, 2, \ldots, n). \tag{4.1}$$

Dies ist aber noch nicht die allgemeinste Form der Systematik, denn hier wird lediglich eine unab-hängige Variable, die Zeit, berücksichtigt. Systeme mit mehreren unabhängigen Variablen werden als *partielle Differentialgleichungen* dargestellt. Eine Erörterung der Lösungsmethoden solcher Sy-steme kann in diesem Buch nicht stattfinden. Wir werden jedoch einen Zusammenhang erwähnen, in dem partielle Differentialgleichungen in den klassischen Systemmodellen eine Rolle spielen.

In unseren Epidemiemodellen wurden die örtlichen Positionen der Individuen nicht berücksich-tigt. Es wurde angenommen, daß jedes Individuum mit jedem anderen mit der gleichen Wahrschein-lichkeit Kontakt haben kann. Diese Annahme könnte nur gerechtfertigt werden, falls sich die Indi-viduen innerhalb des verfügbaren Raumes sehr rasch und zufällig bewegen würden, also nur dann, wenn die infizierten Individuen über die gesamte Population gleichmäßig verteilt wären. In wirkli-chen Epidemieprozessen ist dies natürlich nicht der Fall. Die Epidemie kann in einem begrenzten kleinen Ort beginnen. Falls die Individuen mobil sind, so *verbreitet* sich die Infektion beginnend mit der ersten Ansteckung über die gesamte Region. Diffusionsprozesse werden klassisch durch partielle Differentialgleichungen dargestellt, da die Diffusionsrate in einer Richtung vom *Gradien-ten* der Konzentration in dieser Richtung abhängt, und damit von der Veränderungsrate der Kon-zentration in Hinblick sowohl auf *räumliche* Variablen als auch auf die Zeit.

Wir wenden uns wieder der Systemdynamik zu, die durch *gewöhnliche* Differentialgleichungen mit lediglich einer unabhängigen Variablen − der Zeit − ausgedrückt werden. Eine Differential-gleichung wird nach ihrem Grad und ihrer Ordnung klassifiziert. Das System (4.1) enthält nur Dif-ferentialgleichungen erster Ordnung. Aber diese Darstellungsweise bedeutet keinen Allgemeinheits-verlust, weil eine Differentialgleichung beliebiger Ordnung in ein *System* von Gleichungen erster

Ordnung transformiert werden kann. Betrachten wir die folgende, allgemeine Differentialgleichung n-ter Ordnung:

$$F\left(d^n x/dt^n, d^{n-1} x/dt^{n-1}, \ldots, dx/dt, x, t\right) = 0. \tag{4.2}$$

Setzen wir $x = x_1$. Dann sei

$$\frac{dx_1}{dt} = x_2$$

$$\frac{dx_2}{dt} = x_3$$

$$\ldots\ldots\ldots \tag{4.3}$$

$$\frac{dx_{n-1}}{dt} = x_n$$

$$\frac{dx_n}{dt} = f(x_1, x_2, \ldots, x_n, t)$$

wobei die letzte Gleichung von (4.3) leicht als die nach $d^n x/dt^n$ aufgelöste Gleichung[1]) (4.2) erkannt wird, denn angesichts von (4.3) gilt

$$\frac{dx_n}{dt} = \frac{d}{dx}\left(\frac{dx_{n-1}}{dt}\right) = \frac{d^2}{dt^2}\left(\frac{dx_{n-2}}{dt}\right) = \frac{d^n x}{dt^n}. \tag{4.4}$$

Daraus folgt, daß jede Gleichung der n-ten Ordnung, die in einem System gewöhnlicher Differentialgleichungen enthalten ist, in n Gleichungen der ersten Ordnung transformiert werden kann, und damit kann das ganze System in ein System von Differentialgleichungen erster Ordnung umgewandelt werden.

Ein System von Differentialgleichungen erster Ordnung und ersten Grades wird *linear* genannt. Der Grad einer Differentialgleichung bezieht sich lediglich auf die abhängigen Variablen x_1, $x_2, \ldots, x_n$, und nicht auf die unabhängige Variable t. D.h. die rechten Seiten eines linearen Systems müssen Polynome ersten Grades in x_i sein. Die Koeffizienten können beliebige Funktionen von t sein. Falls diese Funktionen bestimmte Bedingungen erfüllen, dann können lineare Systeme nach den bekannten Methoden gelöst werden. Die Methoden der Lösung nichtlinearer Systeme sind wesentlich aufwendiger, und sie ändern sich mit dem Typus des betreffenden Systems. Hier können wir lediglich lineare Systeme behandeln, und zwar nur des einfachsten Typus, also jene, deren Koeffizienten von x_i konstant sind.

Ein lineares System mit konstanten Koeffizienten kann als eine Vektormatrizengleichung geschrieben werden:

$$\frac{dx}{dt} = Ax + c. \tag{4.5}$$

Die linke Seite von (4.5) ist der Vektor $(dx_1/dt, dx_2/dt, \ldots, dx_n/dt)$; x auf der rechten Seite ist der Vektor $(x_1, x_2, \ldots, x_n)$; A ist die Matrix der Koeffizienten a_{ij} $(i, j = 1, \ldots, n)$; c ist ein konstanter Vektor. Nach der Regel der Matrizenmultiplikation ist (4.5) äquivalent mit

$$\frac{dx_1}{dt} = a_{11} x_1 + a_{12} x_2 + \ldots a_{1n} x_n + c_1$$

$$\frac{dx_2}{dt} = a_{21} x_1 + a_{22} x_2 + \ldots a_{2n} x_n + c_2$$

$$\cdots\cdots\cdots\cdots\cdots\cdots\cdots\cdots\cdots \tag{4.6}$$

$$\frac{dx_n}{dt} = a_{n1}x_1 + a_{n2}x_2 + \ldots a_{nn}x_n + c_n .$$

Das System (4.6) offenbart alle Einflüsse der Werte der abhängigen Variablen auf die Veränderungsraten dieser Werte. Falls etwa a_{ij} positiv ist, so wird ein positiver Wert von x_j die Veränderungsrate von x_i positiv beeinflussen, ein negativer Wert negativ. Falls a_{ij} dagegen negativ ist, so sind die Auswirkungen umgekehrt. Falls a_{ij} Null ist, dann hängt die Veränderungsrate von x_i nicht vom Wert von x_j ab.

Wir haben gesehen, daß eine einzelne Differentialgleichung n-ter Ordnung in ein System von Differentialgleichung erster Ordnung transformiert werden kann. Die umgekehrte Transformation kann ebenfalls vorgenommen werden. Daher kann (4.6) in der folgenden Form geschrieben werden:

$$b_n d^n x/dt^n + b_{(n-1)} d^{n-1} x/dt^{n-1} + \ldots \quad b_0 x = 0. \tag{4.7}$$

wobei die b_i durch die a_{ij} bestimmt werden[2]).

Es ergibt sich, daß die allgemeine Lösung von (4.7) folgendermaßen geschrieben werden kann:

$$x_1 = A_1 e^{\beta_1 t} + A_2 e^{\beta_2 t} + \ldots + A_n e^{\beta n t}, \tag{4.8}$$

wobei A_i entweder Konstanten oder Polynome in t sind[3]). In jedem Fall enthält die allgemeine Lösung n Konstanten (falls $b_n \neq 0$), die durch die anfänglichen Zustände von x_1 und seinen Ableitungen bestimmt sind. Die β_i sind die Wurzeln des Polynoms n-ten Grades

$$b_n x^n + b_{(n-1)} x^{n-1} + \ldots b_0. \tag{4.9}$$

Die Wurzeln stellen im allgemeinen komplexe Zahlen der Form $\alpha + \gamma i$ dar, wobei i die imaginäre Einheit $\sqrt{-1}$ bezeichnet, während α und γ reelle Zahlen sind. Die Exponentiale mit reellen positiven Exponenten wachsen ohne Grenzen; jene mit reellen negativen Exponenten tendieren nach Null; jene mit rein imaginären Exponenten stellen sinusoidale Oszillationen dar. Nur ist $e^{\alpha + \gamma i} = e^{\alpha} \cdot e^{\gamma i}$. Daher stellen die Exponentiale mit komplexen Exponenten (mit nicht nullwertigen reellen Teilen) entweder positive oder negative gedämpfte Oszillationen dar[4]). Im ersten Fall ist der asymptotische Wert Null, im zweiten wächst die Oszillationsamplitude grenzenlos an. Die Summen von Gliedern dieser Art ergeben dasselbe Bild. Damit können wir die Eigenschaften der Lösung eines Systems linearer Differentialgleichungen mit konstanten Koeffizienten beschreiben. Bei Anwendung ist die Stabilität des Systems von entscheidender Bedeutung. Stabilität, d.h. eine asymptotische Tendenz an einen beständigen Zustand wird gesichert, wenn die reellen Teile der β_i alle negativ sind.

Historische Tendenzen können durch lineare Systeme dargestellt   werden, wenn die Koeffizienten als explizite Funktionen der Zeit formuliert sind. (N.B. Diese Annahme verletzt die Linearität des Systems in keiner Weise.) Vom Standpunkt der exakten Wissenschaften aus gesehen ist eine solche Annahme theoretisch unbefriedigend, weil sie beinhaltet, daß die Wahl eines anderen Ursprungs der Zeitkoordinate die „Gesetze" der Systemdynamik verändern würde. Wir wissen aber, daß die Geschichte in einer „historischen" Zeit eingebettet ist, und nicht in der „reinen Zeit", die eine unabhängige Variable physikalischer Theorien darstellt. Wir erwarten also, daß sich die Gesetze des menschlichen Verhaltens (sofern solche überhaupt existieren) im Verlauf der Geschichte ändern. Letztlich führen wir diese Veränderungen jedoch auf Veränderungen des Systemzustands zurück, in dem die untersuchten Ereignisse eingebettet sind. Wenn wir also unsere Analyse konsequent bis zum Ende durchführen würden, so würde sich herausstellen, daß die Koeffizienten unseres Systems von Differentialgleichungen lediglich *implizit* Funktionen der Zeit sind. Explizit wären sie Funktionen der Zustände x_i und nur durch sie Funktionen der Zeit. Aber sobald die Koeffizienten zu Funktionen der Zustände geworden sind, ist das System nicht mehr linear. Damit stellt sich unweigerlich die Frage, ob lineare Systeme überhaupt angemessene Modelle des Geschichtsprozesses abgeben können. Es gibt gute Gründe für die Annahme, daß die Antwort „nein" lauten muß.

Aus diesem Grunde sollte der Versuch einer Konstruktion linearer Systemmodelle (insbesondere solcher mit konstanten Koeffizienten) nicht als eine realistische Beschreibung historischer Prozesse angesehen werden, und ebensowenig können ihre prognostischen Ambitionen ernst genommen werden. Untersuchungen solcher Systeme können nur *heuristischen* Wert haben. Es zeigt lediglich, was geschehen *würde*, falls ein reales System von derselben Dynamik bestimmt *wäre*. Der Grund für die Wahl solcher Modelle ist einfach der, daß sie analytisch gelöst werden können. Sie erlauben uns einen Blick in die Zukunft von Modellen zu werfen, die für die Bestimmung des untersuchten Prozesses mehr oder weniger relevant sein können. Damit lenken sie unsere Aufmerksamkeit in bestimmte Richtungen, in denen weitere Nachforschungen lohnen könnten. Die Aufstellung zielgerichteter Vermutungen oder Hypothesen ist gewiß Aufgabe aller Modellkonstruktionen. Modelle sind Idealisierungen der Wirklichkeit, und der Modellbauer steht immer vor dem Problem eines Ausgleichs zwischen dem „Realismus" und der Funktionsfähigkeit seiner Modelle. Wie man in diesem Geschäft am besten vorgeht, ist eher eine Kunst, denn ein wohldefiniertes methodologisches Verfahren, insbesondere wenn es sich um Sozialwissenschaften handelt. Wir wenden uns nun dem Beispiel eines einfachen linearen Modells zu, das sich auf die Theorie des Rüstungswettlaufs bezieht.

Das Richardsonsche Wettrüstungsmodell

Von Richardsons Versuchen der Anwendung mathematischer Modelle auf theoretische Untersuchungen von Kriegserscheinungen hatten wir schon gesprochen. Er hat eine Art Epidemiemodell konstruiert, um die Dynamik von Stimmungen und Einstellungen der Massen in Kriegszeiten zu beschreiben. Eine andere Hauptrichtung der Richardsonschen Pionierarbeit bei der Modellierung von Kriegen weist auf eine mögliche Theorie des Rüstungswettlaufs [*Richardson*, 1960b].

Richardson war der Meinung, internationale militärische Auseinandersetzungen würden durch gegenseitiges Aufschaukeln der Furcht voreinander verursacht. Eine Bestätigung dieses Gedankens glaubt er in den Schriften des Thukydides finden zu können. Thukydides schildert, wie der Pelloponesische Krieg (431–404 v. Chr.) als Resultat gegenseitiger Verdächtigungen zwischen Sparta und Athen entstand: beide Stadtstaaten nahmen an, die Kriegsvorbereitungen der anderen Seite seien eindeutige Zeichen aggressiver Absichten.

Die Schilderung von Thukydides stellt wahrscheinlich die erste Beschreibung dessen dar, was man heutzutage eine „selbsterfüllende Prophezeiung" nennt. Wenn X annimmt, Y sei ihm gegenüber feindlich gesinnt, wird sich X wahrscheinlich so verhalten, daß Y nun tatsächlich zu seinem Feind werden muß. Die anfänglich nur in der Vorstellung von X existierende Feindseligkeit des Y wird nunmehr real. *Mutatis mutandis* gilt das Argument auch für Y.

Mathematisch kann gegenseitig verstärkte Feindseligkeit durch ein Paar von Differentialgleichungen ausgedrückt werden. x sei der „Grad der Feindseligkeit" von X gegenüber Y. (Die Frage der Messung dieses Grades übergehen wir vorläufig.) Die Veränderungsrate des Feindseligkeitsgrades von Y sei danach proportional dem Feindseligkeitsgrad von X und umgekehrt. Wir können also schreiben:

$$\frac{dx}{dt} = ay \quad (a > 0). \tag{4.10}$$

$$\frac{dy}{dt} = bx \quad (b > 0). \tag{4.11}$$

Durch Differentiation von (4.10) nach t erhalten wir

$$\frac{d^2x}{dt^2} = a \frac{dy}{dt}. \tag{4.12}$$

Durch Substitution von (4.12) in die rechte Seite von (4.11) erhalten wir

$$\frac{d^2x}{dt^2} = abx.$$ \hfill (4.13)

Die allgemeine Lösung von (4.13) ist dann

$$x(t) = Ae^{\beta t} + Be^{-\beta t},$$ \hfill (4.14)

wobei $\beta = \sqrt{ab}$ und A und B durch die Anfangsbedingungen $x(0)$ und $y(0)$ bestimmt sind, durch die auch $y(t)$ determiniert ist. Da $\beta > 0$ ist, wächst der absolute Betrag von $x(t)$ über alle Grenzen sobald t gegen Unendlich strebt, und damit verhält sich $y(t)$ ebenso. Das Modell verliert dadurch jeden realen Sinn. Wie im Falle des Populationswachstums (vgl. S. 36), müssen hier einschränkende Bedingungen eingeführt werden. Diese gehen in die Differentialgleichungen als negative Glieder auf der rechten Seite ein.

$$\frac{dx}{dt} = ay - mx$$ \hfill (4.15)

$$\frac{dy}{dt} = bx - ny,$$ \hfill (4.16)

wobei a, b, m, $n > 0$ sind.

Um diese Gleichungen in einer prädiktiven Theorie benützen zu können, müssen die Variablen beobachtbare Größen sein. Daher ist ein konkreter Index des „Ausmaßes der Feindseligkeit" erforderlich. Richardson wählt die Rüstungsbudgets der Nationalstaaten als Index der wahrgenommenen Feindseligkeit. Dabei stützt er sich auf sein altes Argument, wonach der Grad der Rüstung eines Staates (oder eines Staatenblockes) von einem anderen Staat als eindeutiges Zeichen feindseliger Absichten gedeutet werde. Die Kriegsvorbereitungen des jeweils anderen Staates würden als Bedrohung empfunden.

Wenn ferner angenommen wird, die Rechtfertigung der Erhöhung der eigenen Rüstungsausgaben würde im wesentlichen auf eine gewichtete Differenz des eigenen und des fremden Kriegspotentials (im Jargon des Militärs "Kluft" genannt) gestützt, so erhalten wir die Gleichungen (4.15) und (4.16).

Um das Grundmodell von Richardson zu beschreiben, brauchen wir ein weiteres Paar von Ausdrücken. Die Annahme, das Anwachsen der Rüstungsbudgets sei ausschließlich Resultat gegenseitiger Furcht und Verdächtigungen, wird oft bestritten. Dagegen wird betont, es gäbe auch „objektive" Gründe zur Erhöhung der Rüstung im modernen internationalen System, nämlich die beständigen Auseinandersetzungen zwischen den Staaten. Insbesondere impliziert dieses Argument, daß auch wenn der Staat Y abrüsten würde, der Staat X weiterhin aufrüsten müßte und umgekehrt. Alle Staaten müßten bestrebt sein, der Eventualität eines Krieges zu begegnen, der durch die grundsätzliche Feindschaft (unvereinbarte Ziele, Ideologien usw.) zwischen den Staaten ohnehin unvermeidbar sei. Diese Annahme wird durch die Gleichung (4.15) und (4.16) nicht ausgedrückt, da im Falle von $x = y = 0$ auch dx/dt und dy/dt verschwinden, womit das Weiterbestehen eines Zustandes der Demilitarisierung angezeigt wird.

Um diesem Argument zu begegnen, fügt Richardson beiden Gleichungen Konstanten hinzu. Wir schreiben also jetzt:

$$\frac{dx}{dt} = ay - mx + g$$ \hfill (4.17)

$$\frac{dy}{dt} = bx - ny + h.$$ \hfill (4.18)

Wenn g und h beide positiv sind, sind dx/dt und dy/dt sogar in dem Falle positiv, daß $x = y = 0$ gilt. Wenn die zugrundeliegenden Einstellungen der beiden Staaten zueinander im Modell einmal als Konstanten eingeführt sind, können wir uns sogar vorstellen, daß sie negativ würden. In diesem Falle dienen g und h dazu, die Raten des Rüstungswachstums anzuhalten, und sie können damit als „Ausdruck des guten Willens" interpretiert werden. Diese Interpretation stellt wiederum die Frage nach einem Index des „guten Willens", der nicht nur die zugrundeliegenden Einstellungen der Staaten darstellen, sondern auch negative Rüstungsniveaus, die bei negativen g und h denkbar sind, darstellen können muß.

Richardson nahm weiterhin an, daß der Handelsaustausch zwischen Staaten einen Index „negativer Feindseligkeit" darstelle. N.b. impliziert diese Interpretation eine Gleichgewichtigkeit der Dimensionen. Aber die Rüstungsbudgets werden durch Geldeinheiten ausgedrückt, die linken Seiten von (4.17) und (4.18) jedoch durch Geldeinheiten pro Zeiteinheit. Die Konstanten a, b, m und n müssen dann durch inverse Zeiteinheiten ausgedrückt werden, während g und h Geldeinheiten pro Zeiteinheiten darstellen – so wird Handelsaustausch eben dargestellt.

Ferner versucht Richardson sein Modell zu „testen". Als Beispiel eines Rüstungswettlaufs führt er die Kriegsvorbereitungen der Alliierten und der Zentrumsmächte in den Jahren 1909–1914 an. Dementsprechend stellt X den aus Rußland und Frankreich bestehenden Block dar, und Y den aus Deutschland und Österreich-Ungarn. Hier könnte gefragt werden, weshalb England nicht auf der einen und die Türkei nicht auf der anderen Seite erscheinen, abgesehen einmal von den anderen Bündnispartnern zu Beginn des Krieges. Auf diese Fragen werden wir noch zurückkommen. Vorläufig wollen wir jedoch die Entwicklung des Richardsonschen Modells verfolgen.

Da er keine Möglichkeit sah, die sechs Parameter seines Modells zu schätzen, führte Richardson eine drastische Vereinfachung ein, indem er $a = b$ und $m = n$ setzte. Durch Addition der Gleichungen (4.17) und (4.18) erhalten wir

$$\frac{d(x + y)}{dt} = (a - m)(x + y) + (g + h).$$ (4.19)

Wenn $(x + y) = z$, $(a - m) = k$ und $(g + h) = f$ sind, erhalten wir

$$\frac{dz}{dt} = kz + f.$$ (4.20)

Es sei daran erinnert, daß $z(t)$ die kombinierten Rüstungsniveaus der beiden Blöcke darstellt. Durch die Gleichsetzung der Reaktionskoeffizienten a und b und der Beschränkungskoeffizienten m und n können $x(t)$ und $y(t)$ nicht länger getrennt werden. Die Lösung von (4.20) lautet:

$$z(t) = (z_0 + f/k) e^{kt} - f/k.$$ (4.21)

Die auffallendste Eigenschaft der Lösung ist das sehr unterschiedliche Verhalten des Systems in Abhängigkeit davon, ob k positiv oder negativ ist, d.h. ob a größer oder kleiner als m ist. Falls $a < m$ ist, so gilt $k < 0$, und damit nähert sich das erste Glied auf der rechten Seite von (4.21) Null, sobald t gegen unendlich geht. Der asymptotische Wert von z ist in diesem Falle $-f/k$, d.h. positiv oder negativ je nachdem, ob $f = (g + h)$ positiv oder negativ ist. Im ersten Falle ist die „Summe der Feindseligkeiten" positiv und das System erreicht den stabilen Zustand der „Feindschaft". Im letzteren Falle erreicht das System ein „freundschaftliches" stabiles Gleichgewicht. (In diesem Modell wird $z = (x + y)$ als die algebraische Summe der beiderseitigen Rüstungsbudgets und der gemeinsamen Handelsflüsse interpretiert, so daß im ersten Falle das Rüstungsbudget das Handelsvolumen übersteigt, und im letzteren Falle die Situation umgekehrt ist.)

Die Lage ist ganz anders, wenn $a > m$ gilt. In diesem Falle ist $k > 0$, und die absolute Größe des ersten Glieds von (4.21) wächst über alle Grenzen, d.h. auch die absolute Größe von z wächst unbeschränkt. Die *Richtung* dieses Wachstums hängt vom Vorzeichen des Koeffizienten $z_0 + (g + h)/(a - m)$ ab. Dabei stellt $(a - m)$ die innere Dynamik des Systems dar und sollte daher als solche von den Anfangsbedingungen des Systems unabhängig sein. Anderseits kann $(g + h)$ so interpretiert werden, daß hiermit eine bestimmte historische Situation mit den jeweiligen Einstellungen der Staaten zueinander festgehalten sei. Damit könnte $(g + h)$ die Ausgangsbedingungen wiedergeben. Da z_0 den Zustand des Systems zu Anfang des Prozesses darstellt, widerspiegelt es sicherlich besondere Ausgangsbedingungen. Damit hängt die Richtung der „Eskalation" wesentlich davon ab, wo der Prozeß beginnt – ob das System sich nun zur ständig zunehmenden Feindseligkeit und damit zum Rüstungswettlauf, oder aber zur zunehmenden Freundschaft und damit zur Abrüstung und/oder einem wachsenden Handelsvolumen entwickelt.

Die Interpretation ermöglicht eine Deutung, die Richardson aus einem Test seines Modells abgeleitet hat. Das exponentielle Wachstum des kombinierten Rüstungsbudgets würde bei einem unstabilen System $(a > m)$ symptomatisch sein. Darüber hinaus impliziert die Gleichung (4.19), daß die Wachstumsgeschwindigkeit des kombinierten Rüstungsbudgets eine lineare Funktion seiner Niveaus sei. Eine Darstellung der ständigen Zuwächse der kombinierten Rüstungsbudgets wird in der Abbildung 4.1 gezeigt.

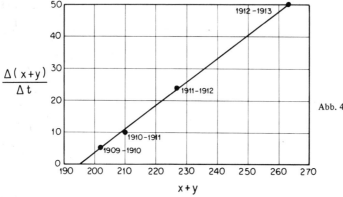

Abb. 4.1: Abszisse: Gesamte Militärausgaben in Millionen Pfund Sterling
Ordinate: Zunahmen in den angegebenen Perioden [nach *Richardson*, 1960b]

Die gute Übereinstimmung zwischen den Daten und der Modellvorhersage hat Richardson offensichtlich mächtig beeindruckt. Und so fuhr er fort, weitere Folgerungen aus seinem Modell abzuleiten. Da das Wachstum der Aufrüstung in den Jahren vor dem Ersten Weltkrieg nachweislich exponentiell war, hätte das System in sich unstabil sein müssen. Wie wir gesehen haben, hängt aber die Richtung der Trajektorie eines instabilen Systems von den Bedingungen zu Anfang des Prozesses ab, der in unserem Falle im Jahre 1909 liegt. Wären die Bedingungen zu diesem Zeitpunkt anders gewesen, so hätte der Prozeß einen anderen Verlauf nehmen können – hin zur Abrüstung, zur Blüte des Handels, vielleicht gar zu einem vereinigten Europa . . . Die Niveaus der Rüstungsbudgets und der Handelsvolumen zwischen den Blöcken im Jahre 1909 führten Richardson zu der Vermutung, daß der Prozeß in Richtung auf Abrüstung und Kooperation hätte verlaufen können, wenn nur das Handelsvolumen um die 5 Millionen Pfund größer (oder die Rüstungsbudgets entsprechend kleiner) gewesen wäre.

Ich sage er habe „vermutet" und nicht etwa „abgeleitet", da es unwahrscheinlich ist, daß selbst Richardson dieses formal abgeleitete Resultat als eine ernst zu nehmende Folgerung angesehen haben könnte. Nicht der Inhalt des Resultats ist hier von Bedeutung, sondern das, was dadurch nahegelegt wird. Es schärft unser Bewußtsein für die Instabilitäten, die vielen Aspekten der Systemdynamik eigen sind, und verweist auf die Möglichkeit, daß soziale Prozesse in die eine oder die andere Richtung weisen könnten – wobei dies häufig oft schon von kleinen Differenzen der anfänglichen, vielleicht noch kontrollierbaren Bedingungen abhängt.

Zusammenfassend könnte Richardsons erster Versuch wohl als ein Ausgangspunkt, nicht aber als eine prädiktive Theorie angesehen werden. Er selbst hat zahlreiche Modifikationen seines Grundmodells vorgenommen, verschiedene Datenquellen untersucht und ein Modell des nächsten wichtigen Rüstungswettlaufs zu konstruieren versucht, nämlich der Aufrüstung in Deutschland und der Sowjetunion zwischen 1933 und 1939. Dabei stand er vor einem neuen Problem: die Goldwährung der Jahre vor dem ersten Weltkrieg war dahin, und man mußte sich bei der Aufstellung der Indizes der Rüstungsniveaus und der Handelsvolumen nach anderen Einheiten umsehen, als dem frei in Gold konvertiblen Geld.

Das Problem, welche Nationen bei einem bestimmten Rüstungswettlauf berücksichtigt werden sollten, ist nie befriedigend gelöst worden. Wir hatten schon den Ausschluß Englands, der Türkei und anderen kriegsführender Länder durch Richardson erwähnt. Möglicherweise hätte ihre Berücksichtigung die nahezu perfekte Übereinstimmung von Abbildung 4.1 etwas durcheinandergebracht, und damit die Einführung zusätzlicher freier Parameter erzwungen. Auch wenn die Berücksichtigung bestimmter Staaten und der Ausschluß anderer eine so schöne Übereinstimmung bewirken, so kann man doch nicht sicher sein, ob der „Erfolg" der Theorie lediglich zufällig ist oder ob dazu gute Gründe bestehen. Beispielsweise könnte eingewendet werden, daß England und die Türkei nicht die „Anführer" des Rüstungswettlaufs waren. Sie hätten sich am Krieg nur wegen ihrer Bündnisverpflichtungen beteiligt und nicht wegen der angenommenen unmittelbaren Bedrohung.

Diskussionen und Spekulationen dieser Art können endlos fortgesetzt werden. Angesichts dessen erscheint das Modell von Richardson in der Tat reichlich einfach. Andererseits können Versuchen dieser Art zugute gehalten werden, daß sie theoretische Diskussionen unter bestimmten Aspekten erst *angeregt* haben – in diesem Falle die Diskussion der Systemdynamik. Dies ist das wirkliche Verdienst des Ansatzes von Richardson.

Unter den zahlreichen seitdem vorgeschlagenen Modellen des Rüstungswettlaufs Richardsonschen Typus verdient insbesondere das von *Taagepera* et al. [1975] besonders erwähnt zu werden. Ehe wir dieses Modell erläutern, wollen wir eine allgemeine Form des Modells von Richardson behandeln, in dem die Reaktionsparameter der beiden Blöcke nicht notwendig gleich sind. Die abgeleiteten Resultate stellen eine folgerichtige Verallgemeinerung von Ergebnissen der vereinfachten Version dar. Sie können am besten graphisch gezeigt werden.

Indem wir dx/dt und dy/dt in den Gleichungen (4.17) und (4.18) gleich Null setzen und nach x und y auflösen, erhalten wir zwei gerade Linien im X-Y-Raum:

$$y = \frac{m}{a}x - \frac{g}{a} \tag{4.22}$$

$$y = \frac{b}{n}x + \frac{h}{n}. \tag{4.23}$$

Mit Ausnahme des Spezialfalles, in dem die Steigungen der beiden Geraden gleich sind, werden sich die Linien an irgendeinem Punkt der X-Y-Ebene schneiden. An diesem Punkt verschwinden beide Ableitungen. Im Prinzip könnte daher das System an diesem Punkt stabilisiert werden. Damit das Äquilibrium jedoch stabil ist, brauchen wir $ab < mn$ oder, äquivalent ausgedrückt,

$$\frac{m}{a} > \frac{b}{n}. \tag{4.24}$$

Dies kann anhand der Abbildungen 4.2 und 4.3 leicht gesehen werden.

In der Abbildung 4.2 ist die Gleichung (4.24) erfüllt: die Steigung der durch (4.22) dargestellten Geraden ist steiler, als die Steigung der durch (4.23) dargestellten Geraden. In der Abbildung 4.3 ist die Ungleichung nicht erfüllt.

Die Dynamik des Systems wird durch den Zeitverlauf von dx/dt und dy/dt bestimmt. Wann immer $dx/dt > 0$ ist, strebt x in der X-Y-Ebene nach rechts; es strebt nach links, wenn $dx/dt < 0$ ist. Ähnlich strebt y in der X-Y-Ebene aufwärts wenn $dy/dt > 0$ und abwärts, wenn $dy/dt < 0$. Die beiden sich schneidenden Geraden teilen die Gesamtebene in vier Regionen, von denen jede einem

Vorzeichenpaar von dx/dt und dy/dt entspricht. Diese werden in den Abbildungen gezeigt. Die allgemeine Richtung der Bewegung des Punktes (x, y) wird aus diesen Vorzeichen abgeleitet. Wir erkennen, daß die Bewegung in der Abbildung 4.2 stets auf den Gleichgewichtspunkt zustrebt (Stabilität), während sie in der Abbildung 4.3 immer von diesem Punkt hinwegführt (Instabilität).

Die Gleichgewichtsbedingung (4.24) zeigt, daß die Reaktionsparameter eines jeden Aktors zur Stabilität oder Instabilität des gesamten Systems beitragen. Der Fall, daß einer der Aktoren seine

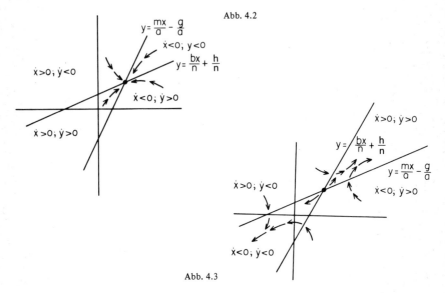

Abb. 4.2

Abb. 4.3

Rüstung unbeschränkt wachsen läßt, während der andere seine Rüstung stabilisiert, kann nicht eintreten. Auch kann nicht einer abrüsten, während der andere stabilisiert. Im Ganzen gesehen ist die Dynamik der zwei Subsysteme *verbunden*, was natürlich die erste Annahme in Richardsons Modell war.

Betrachten wir nun das folgende System, dessen Subsysteme *nicht* miteinander verbunden sind:

$$\frac{dx}{dt} = ax; \frac{dy}{dt} = by \quad (a, b > 0). \tag{4.25}$$

Die allgemeine Lösung dieses Systems lautet:

$$x = x_0 e^{at}; y = y_0 e^{bt} \tag{4.26}$$

Jede Variable wächst exponentiell, und ihre Summe weist ebenfalls die grundlegende Eigenschaft exponentiellen Wachstums auf.

Beachten wir jedoch, daß dieses System sehr verschieden von dem Richardsons ist. Der Rüstungsgrad jeder Nation stimuliert (anstatt zu hemmen) die Wachstumsgeschwindigkeit der Rüstung *dieser* Nation selbst, während die Rüstung der anderen Nation keinen Einfluß auf sie hat. Wir betrachten hier nicht gegenseitige Stimulation sondern ausschließlich die *Selbststimulation*.

Dieses Modell stellen *Taagepera* et al. [1975] dem Richardsonschen Modell in Zusammenhang mit dem Rüstungswettlauf zwischen Israel und den Arabischen Staaten gegenüber. Der Vergleich deutete darauf hin, daß das Selbststimulierungsmodell den Daten eher gerecht wird als das Modell der wechselseitigen Stimulation.

Wiederum kann das abgeleitete Resultat nicht als ein endgültiger Schluß verstanden werden. Es ist jedoch sehr anregend und nachdenkenswert. Die wohlbekannte Begründung für wachsende Aufrüstungsbudgets verweist auf die Gefahr, hinter dem potentiellen Feind „zurückzustehen". Obwohl die konkrete Bedeutung der sogenannten „Kluft" des nuklearen Potentials vom Standpunkt der „Sicherheit" wiederholt in Frage gestellt wurde, wird der Einfluß wechsel eitiger Stimulation als treibender Kraft hinter der nuklearen Aufrüstung gewöhnlich konzidiert. Die Implikationen des Resultats von Taagepera bezweifeln sogar diese Annahme. Die treibende Kraft hinter der rasant wachsenden Technologie der totalen Zerstörung mag nicht einmal die wahrgenommene externe Drohung sein, sondern einfach die selbststimulierenden Bedürfnisse der Technologie selbst.

Der grundlegende Mechanismus eines jeden exponentiellen Wachstums irgendeiner „Population" ist eine konstante durchschnittliche Reproduktionsrate pro Zeiteinheit, mag die „Population" aus Organismen oder Objekten oder Handlungen oder publizierten wissenschaftlichen Arbeiten bestehen. Der Mechanismus der Reproduktion ist natürlich in jedem Zusammenhang verschieden. Organismen reproduzieren sich durch eingebaute biologische Mechanismen. Wissenschaftliche Arbeiten stimulieren Forschungen, die in noch mehr Arbeiten münden, wenn sie von Wissenschaftlern gelesen werden. Sektoren der Technologie mit ihrer fortschreitenden Komplexität lassen andere Sektoren entstehen, die wiederum ihre Entwicklung fördern. So hat etwa die Technologie des Flugwesens die Technologien der Kommunikation und der Wettervorhersage stimuliert. Dasselbe kann über Waffensysteme gesagt werden.

Daher besitzt die Vermutung, daß Aufrüstung eher durch Selbststimulation als durch gegenseitige Stimulation wächst, starke intuitive Evidenz. Es kann jedoch nicht ignoriert werden, daß sowohl Selbst- als auch Reziprok-Stimulation (mit Einschränkungen) bei den globalen militärischen Mechanismen eine Rolle spielen. Dies wirft das Problem der Abschätzung der relativen Wichtigkeit eines jeden Faktors und der Sensitivität des Systems gegenüber Veränderungen seiner Parameter auf.

Wenn dieses Problem „ernsthaft" angegangen wird, also mit dem Ziel, wesentliche Erkenntnisse zu gewinnen und nicht lediglich heuristische Übungen durchzuführen, so muß das Geschäft der Modellkonstruktion ergänzt und zuweilen durch sorgfältige empirische Untersuchungen ersetzt werden. Aber dabei können theoretische und methodologische Überlegungen nicht einfach beiseite gelassen werden, denn um empirische Studien systematisch betreiben zu können, müssen wir wissen, was wir beobachten wollen. Falls es sich um quantitative Untersuchungen handelt — die notwendig sind, um die Objektivität der Ergebnisse zu garantieren —, dann stellt sich wieder das wichtige Problem der Konstruktion von Indizes. Schon Richardson kannte die Schwierigkeit der Standardisierung von Rüstungsausgaben auf einer gemeinsamen Einheit, ohne Gold als Währungsgrundlage zu besitzen. Gegenwärtige Untersuchungen des Rüstungswettlaufs — insbesondere des nuklearen — konzentrieren sich eher auf das Vernichtungspotential der Waffensysteme als auf ihre Kosten. In Wirklichkeit können jedoch diskontinuierliche Veränderungen der Kriegstechnologie (die Technokraten lieben es, diese „Durchbruch" zu nennen) die Relationen zwischen dem Vernichtungspotential und den Kosten verdecken.

Globale Weltmodelle

Ein ernsthaftes Hindernis bei der Konstruktion immer realistischerer Modelle des klassischen Typs mit einigem Anspruch auf Voraussagekraft ist natürlich das überaus schnelle Anwachsen der mathematischen Komplexität dieser Modelle: es müssen immer mehr für die Dynamik relevante Faktoren in Betracht gezogen werden. Die Komplexität liegt nicht so sehr an der Anzahl der Faktoren, als an der Nichtlinearität des Modells, das nicht mit den allgemein bekannten Methoden analytisch aufgelöst werden kann. Aus diesem Grunde wären mathematisch-deduktive Methoden Wegbereiter für Simulationstechniken, welche durch das Wachstum der Computertechnologie gefördert wurden. Im folgenden werden wir kurz einigen Anwendungen dieser Techniken im Zusammenhang mit dem sogenannten „globalen Modellieren" nachgehen. Zunächst wollen wir aber die methodologische und motivationale Kontinuität zwischen der frühen Pionierarbeit mit heuristisch orientierten, klassischen Modellen und den jüngst entwickelten Methoden der „Zukunftsforschung" herausstellen.

Die Jahre um 1960 waren eine Blütezeit der mathematischen Theorien des Wettrüstens. Die posthume Publikation der Arbeit von Richardson im Jahre 1960 [*Richardson*, 1960a, 1960b] war zweifellos eine wichtige Ursache dieser Entwicklung. Ebenso entscheidend war das intellektuelle Klima: Die Furcht vor einem nuklearen Untergang wurde insbesondere nach der Kubakrise im Jahre 1962 akut, als die Welt an den Rand einer direkten Konfrontation zwischen den zwei Supermächten gebracht worden war.

Außerdem trat der systembedingte Charakter der kriegsfördernden Faktoren auf dem Hintergrund nuklearer Waffen in den Vordergrund. Traditionell hatte man Kriege – zumindest in politisch interessierten Kreisen – als Resultat von „Interessenskonflikten" oder unvereinbaren Zielen der Nationalstaaten, als „Fortsetzung der Politik mit anderen Mitteln" angesehen. Mit dem Aufkommen der Waffen totaler Vernichtungskraft wurde der Gedanke, daß aus einem Krieg der Supermächte niemand als Sieger hervorgehen kann, zumindest als Lippenbekenntnis zum Allgemeingut. Damit verloren traditionelle politische oder ökonomische Ursachen bei der Anstiftung von Kriegen ihre Bedeutung. Die „Begründung" für die Notwendigkeit von Kriegen durch wohldefinierte politische, ökonomische und selbst militärische Ziele wurde unhaltbar.

Kriege wurden dadurch leider nicht unmöglich. Lediglich ihre Grundlage verschob sich von extern bestimmten Faktoren (ökonomischen, politischen, ideologischen) auf systembedingte Faktoren der globalen Militärmaschinerie selbst. Während Richardson die traditionellen „Gründe" der Entstehung von Kriegen seiner pazifistischen Überzeugungen wegen willentlich ignorierte, verhielten sich seine Nachfolger in dieser Hinsicht pragmatischer. Selbst im Bewußtsein politischer Entscheidungsträger traten die traditionellen Begründungen in den Hintergrund. Am Vernichtungspotential gemessen „Sicherheit" wurde zur einzigen öffentlich verkündeten Grundlage für die Erhaltung und die Erweiterung der militärischen Macht. Alle Kriegsministerien wurden Verteidigungsministerien. Obwohl bei der Rechtfertigung des fortgesetzten „Gleichgewichts des Schreckens" der Ausbruch eines großen Krieges immer noch dem angenommenen „Aggressionsakt" der anderen Seite in die Schuhe geschoben wurde, hat man den „Aggressionsakt" selbst oft als Versuch der anderen Seite dargestellt, die eigene strategische Position zu schwächen, d.h. als ein rein militärisches Ziel. Auf diese Weise wurde versucht, die mögliche eigene Aggression im voraus als einen „präventiven Schlag" zu rechtfertigen.

Seit den späten 60er Jahren begannen andere drohende Katastrophen als die des Krieges – zumindest in den entwickelten Industrienationen – die Aufmerksamkeit auf sich zu lenken.

Am meisten drangen in das öffentliche Bewußtsein die Bevölkerungsexplosion, die Erschöpfbarkeit von nicht erneuerbaren Ressourcen und die Umweltverschmutzung. Die Erschöpfung der Nahrungsmittelvorräte durch exponentielles Bevölkerungswachstum wurde schon von Malthus im Jahre 1798 vorausgesagt. Bei der allgemeinen optimistischen Zukunftsvision, die in Europa während des 19. Jahrhunderts vorherrschte, wurde die Warnung von Malthus eher mißachtet. Seine Voraussagen schienen durch die offensichtlich unbeschränkten Möglichkeiten der Wissenschaft und der Technologie widerlegt zu sein. Sie schienen Lösungen für die Überlebensprobleme durch stetigen Wissenszuwachs bei der Nutzung natürlicher Ressourcen und der Energiequellen bereitstellen zu können.

Es gibt verschiedene Gründe, warum die Gedanken von Malthus gegenwärtig ernst genommen werden. Zunächst ist das exponentielle Wachstum in bekannter Weise irreführend. Betrachten wir das folgende einfache Problem aus der Arithmetik. In einem Gefäß wachsende Organismen teilen sich in jeder Minute. Der Prozeß beginnt um 11 Uhr. Um 11^{59} füllt die Population der Organismen das halbe Gefäß. Wann wird das Gefäß voll sein? Antwort: um 12^{00} Uhr. Die Antwort ist natürlich mathematisch evident, aber für viele mag sie anregend und für einige unerwartet sein.

Die menschliche Population unseres Planeten überschritt die Milliardengrenze im frühen 19. Jahrhundert, das heißt, nach hundert von Jahrtausenden oder sogar nach Jahrmillionen seit dem Auftreten des Menschen (je nach dem, ob man von der Spezies oder dem Geschlecht oder einer größeren taxonomischen Einheit spricht). Sie überschritt die zwei-Milliarden Grenze kaum ein Jahrhundert später, die dritte Milliarden-Grenze nach einigen Dekaden. Allen Anzeichen nach wird die vierte Milliarde in einigen Jahren erreicht sein.

Es ist keine Frage, daß die Kapazität zur Nahrungsmittelproduktion auf unserem Planeten eine physische Grenze aufweist: alle beobachtbaren Quantitäten sind an Grenzen gebunden. Auch wenn wir einräumen, daß eine absolute Grenze noch unbekannt ist und gegenwärtig vorhersehbare Schranken durch noch zu entwickelnde Techniken weiter hinausgeschoben werden können, bringt die Tatsache, daß die *Verdoppelung* der Weltbevölkerung nunmehr innerhalb einer Generation stattfinden kann, die Voraussage von Malthus ins allgemeine Bewußtsein.

Ein anderer Faktor, der zur Neubelebung der Ideen von Malthus beiträgt, ist das „Schrumpfen" unseres Planeten in sozialer Hinsicht. Zur Zeit von Malthus waren Europa und die von den Europäern kolonisierten Gebiete die einzige „bekannte" Welt. Wir verstehen „bekannt" hier nicht im geographischen, sondern im „sozialen" Sinn als die Welt, mit der die Europäer ernsthaft „befaßt" waren.

In bestimmten Gebieten Indiens und Chinas gab es Hungersnöte, bei denen Millionen zugrundegingen. Aber diese Katastrophen hatten auch nicht annäherungsweise den Einfluß auf das Europäische Bewußtsein wie die irische Kartoffel-Hungersnot von 1846, und das war eine Katastrophe, die durch eine relativ leicht korrigierbare Bedingung veranlaßt wurde.

In unserer Zeit kann eine Hungersnot, die sich irgendwo in der Welt abspielt, nicht ignoriert werden, da der ganze Planet jetzt „sozial bekannt" ist. Ein Zyniker mag die Bedeutung der humanitären Denkweisen ignorieren, aber niemand kann über die politischen Auswirkungen solcher Katastrophen hinwegsehen. So hat nicht nur das exponentielle Wachstum der Weltbevölkerung das Reich der abstrakten Mathematik verlassen und ist zur wahrgenommenen Realität geworden, sondern auch die Einschränkungen von Malthus – die Hungersnöte der Massen – wurden augenscheinlich und mit anderen globalen Angelegenheiten, wie etwa der Weltpolitik, verflochten.

Schließlich bildet die Überlegenheit des systemtheoretischen Zugangs zu sozialen Phänomenen eine wichtige Komponente des Neo-Malthusianismus. Malthus postulierte ein exponentielles (geometrisches) Wachstum der Population und ein lineares (arithmetisches) Wachstum an verfügbaren anbaubaren Land. Natürlich muß das erstere das letztere überflügeln. Seine Schlußfolgerung war, daß die „Natur" zur Zügelung des Bevölkerungswachstums ihre eigene Beschränkung, nämlich den Hunger hervorbringen würde.

Diese Schlußfolgerung wurde größtenteils deshalb verworfen, weil das Modell von Malthus wissenschaftliche und technologische Entwicklungen nicht berücksichtigte. Aus eben diesen Gründen wird es von Optimisten des technologischen Fortschritts auch weiterhin abgelehnt. Aber in den eben vergangenen Dekaden wurde deutlich, daß technologische Entwicklungen ihre *eigenen* Nebenprodukte und Nebeneffekte hervorbringen, die katastrophale Konsequenzen haben können. Diese Effekte zeigten sich in verschiedenen Zusammenhängen. Schon die Staubwolke von Oklahoma wurde als Resultat der Entwaldung erkannt – Resultat einer Vergrößerung der Fläche bebaubaren Landes. Die toxischen Wirkungen von Insektiziden wurden nur wenige Jahre, nachdem sie als größter Fortschritt in der Landwirtschaft gepriesen wurden, offensichtlich. Die Wirksamkeit der Antibiotika wurde durch adaptierende Mutationen in pathologischen Mikroorganismen reduziert. Die Verbreitung des Fernsehens, das von den utopischen Technokraten von der Art des 19. Jahrhunderts als ein mächtiges Mittel der universellen Erziehung gepriesen wurde, hat zumindestens in Nordamerika zur funktionellen Bildungslosigkeit beigetragen. Und schließlich ist die Umweltverschmutzung durch die Industrie der dramatisch zerstörende Nebeneffekt einer zügellosen Technologie. Einige Futurologen behaupten, die unkontrollierte Verschmutzung stelle eine größere Gefahr für die Menschheit dar als die unkontrollierte Aufrüstung.

Der systemtheoretische Ansatz beruht auf der Erkenntnis, daß alles von allem beeinflußt wird. Sicherlich ist bei der Konstruktion einer brauchbaren Theorie der Zukunft mehr als diese schlichte Einsicht erforderlich. Eines ist jedoch klar: eine einfache Extrapolation beobachteter Tendenzen wird nicht ausreichen. Es ist eine einfache Angelegenheit, den Verlauf einer bestimmten Variablen, sei es die Population, der Handelsfluß oder was auch immer zu beobachten und eine Gleichung für die ermittelten Kurven aufzustellen, um auf dieser Grundlage nunmehr die künftigen Werte der Variablen vorherzusagen. Dieses Verfahren könnte mit einer beliebigen Anzahl von Variablen durchgeführt werden, aber die Resultate werden schon deshalb wertlos sein, weil die Wechselwirkungen zwischen den Variablen völlig außer acht gelassen wurden.

Das Hauptanliegen der Systemtheoretiker ist gerade die Berücksichtigung dieser Beziehungen. Die Abnahme der Kindersterblichkeit beeinflußt das Populationswachstum positiv; das Bevölkerungswachstum führt zu Einschränkungen der Verfügbarkeit an Nahrungsmitteln und kann damit zugleich technologische Entwicklungen fördern; diese Entwicklungen können wiederum die Art und Weise beeinflussen, wie der Boden genutzt wird, indem etwa landwirtschaftlich bebaubare Flächen reduziert werden, womit sich das Problem der Versorgung mit Nahrungsmitteln verschärft und die Todesrate oder die globale Konfrontation mit der Wahrscheinlichkeit neuer Kriege wieder zunehmen.

Das Weltmodell von Forrester

Nun wollen wir das von Forrester im Jahre 1971 entworfene „Weltmodell" betrachten, das viele mehr oder weniger fruchtbare Diskussionen veranlaßt hat. Es hat auch die Entwicklung der Futurologie auf systemtheoretischer Grundlage stimuliert.

Forrester postuliert fünf Grundvariablen als Eckpfeiler seines Weltmodells: Population, Kapitalinvestition, natürliche Ressourcen, Anteil der Agrarinvestitionen am verfügbaren Gesamtkapital und Umweltverschmutzung.

Sein Buch „World Dynamics" wurde offensichtlich für einen weiteren Leserkreis geschrieben, da es außer der Beschreibung des Computerprogramms der Simulation keine weiteren mathematischen Notationen enthält. Trotzdem ist das Modell als ein im wesentlichen klassisches erkennbar – es beruht auf Differentialgleichungen. Dies geht aus der verbalen Beschreibung des Modells hervor. Zwei Arten von Variablen werden unterschieden: Niveaus und Raten. Die Niveaus sind Werte der Grundvariablen (oder ihrer Komponenten), die Funktionen der Zeit (der unabhängigen Variable) darstellen. Die Raten sind Ableitungen der Niveaus nach der Zeit. Diese Differentialquotienten sind Funktionen einer oder mehrerer Systemvariablen, und nicht anderer Raten. Forrester schreibt: „Die beiden Arten von Variablen sind zur Darstellung einer beliebigen Art von Systemen notwendig und hinreichend." [*Forrester*, S. 18].

Mathematisch gesprochen können beliebige Systeme demnach durch die Gleichungen (4.1) dargestellt werden.

Das Programm selbst entwickelt sich durch schrittweise numerische Integration der grundlegenden Differentialgleichungen. D.h. der Bruch des endlichen Zuwachses $\Delta x / \Delta t$ wird für die Ableitung dx/dt einer jeden Variablen x substituiert. Wenn Δt als Anwachsen von t pro Zeiteinheit genommen wird, brauchen wir nurmehr den Zuwachs der Variablen x zu betrachten, der Δx beträgt. Beispielsweise kann die Differentialgleichung des exponentiellen Populationswachstums folgendermassen geschrieben werden:

$$\Delta p = p(i) - p(i-1) = ap(i-1) \tag{4.27}$$

oder auch

$$p(i) = p(i-1) + ap(i-1) \quad (i = 1, 2, \ldots). \tag{4.28}$$

Wäre a konstant, dann würden die summierten $p(i)$ im wesentlichen durch eine exponentiell steigende Kurve darstellbar sein. Aber a ist als Komponente des Systems nicht konstant. Sie wird durch die Werte verschiedener Variablen des Systems durch „Ursachenketten" beeinflußt, die recht kompliziert sein können. Ein Zitat aus „World Dynamics" soll dies verdeutlichen:

„Wenn die Population wächst, nimmt der Kapitalinvestitionsquotient ab (auch in der Landwirtschaft), die durch Kapitalinvestitionen bedingte Nahrungsmittelproduktion (pro Kopf) verringert sich, der Multiplikator der nahrungsbedingten Geburtenrate verkleinert sich, die Geburtenrate selbst sinkt, und damit nimmt die Population wieder ab." [vgl. *Forrester*, S. 26].

Die Ursachenkette über die Todesrate wirkt in der gleichen Richtung. Hier zeigen sich negative Rückkopplungsschleifen, die zur Stabilisierung der Population beitragen.

Im Hinblick auf andere Variable können jedoch plötzliche Übergänge von der negativen (stabilisierenden) Rückkopplungsschleife zu einer positiven (destabilisierenden) auftreten. Solch ein Fall ist bei der Umweltverschmutzung gegeben. Gewöhnlich wächst die Dissipationsrate der Verschmutzung mit der Konzentration der Verschmutzungsträger in der Umwelt. Das einfachste Modell dieser Situation wird durch die folgende Differentialgleichung dargestellt:

$$\frac{dP}{dt} = I - aP. \tag{4.29}$$

Hier stellen P die Konzentration der Verschmutzungsträger dar, I die Rate der Zunahme der Verschmutzungsträger in der fraglichen Umwelt (sie wird als konstant angenommen), und der Parameter a die Zeitkonstante der Verschmutzungsdissipation. Falls a konstant ist, dann verbreitet sich die Verschmutzung mit einer ihrer eigenen Konzentration proportionalen Rate. (Erinnert sei hier an die formal identischen Gleichungen von Rashevsky, durch die die Erregung der Nerven und des analogen Massenverhaltens beschrieben wurden.) Mit der Konstante a verschwindet dP/dt bei $P = I/a$, und die Situation ist stabilisiert. Aber der Parameter a selbst kann eine abnehmende Funktion von P sein, z.B. wenn $a = a_0 e^{-kP}$ ist, also

$$\frac{dP}{dt} = I - a_0 Pe^{-kP}. \tag{4.30}$$

In der Abbildung 4.4 sind sowohl die Konstante I als auch die Funktion $a_0 Pe^{-kP}$ gegenüber P in der Weise dargestellt, daß die entsprechend gewählten Werte von I, a und k den Mißerfolg des Systems bei der Stabilisierung zeigen.

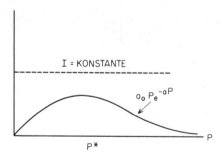

Abb. 4.4

Die Wachstumsrate der Verschmutzung wird hier durch die Differenz zwischen dem Niveau I und der unteren Kurve dargestellt. Zunächst nimmt diese Differenz ab, und es scheint, als ob das System zur Stabilisierung tendierte. Aber die beiden Kurven schneiden sich nicht. Wenn also die Verschmutzungskonzentration ein bestimmtes Niveau P^* überschreitet (was geschehen muß, da $dP/dt = I - a_0 e^{-kP}$ eine positive untere Grenze hat), beginnt die Differenz $I - a_0 Pe^{-kP}$ zu wachsen, und sie strebt den konstanten Wert *I* an. Aber dieser konstante Wert stellt nicht das *Niveau* der Verschmutzung dar, sondern ihre *Wachstumsrate*. Unter diesen Bedingungen wächst also das Verschmutzungsniveau ohne Grenzen.

Abermals müssen wir darauf hinweisen, daß keine physikalische Variable grenzenlos zunehmen kann. Ob diese besondere Variable sich aber so verhält, wird zu einer rein akademischen Frage, wenn ihre Größe eine bestimmte, für den Fortbestand des Lebens auf unserem Planeten kritische Grenze überschreitet. Wollten wir daran gehen, all die komplizierten angenommenen Beziehungen zwischen allen Variablen und ihren Veränderungsraten im Modell darzustellen, so würde unser System hochgradig nichtlinear werden. Der Versuch, analytische Lösungen des Systems zu erhalten, muß daher aufgegeben werden. Die Computerprogramme liefern einige exemplarische Lösungen für einige ausgewählte Werte der Parameter.

In Forresters Programm wurden die numerischen Werte der Systemvariablen wenn irgend möglich aufgrund von Daten ermittelt. Die Abhängigkeiten einiger Parameter voneinander wurden einfach postuliert. Diese Art von Schätzungen hat auf das System keinen so vernichtenden Einfluß, wie es scheinen könnte, denn das Modell gibt lediglich den Rahmen dessen an, was geschehen würde, falls die Werte der Parameter und die Art ihrer Interdependenzen richtig geschätzt worden wären. Sobald der Rahmen gegeben ist, kann jedermann, der die Schätzungen des Autors anzweifelt, seine eigenen Schätzungen einbringen und *ihre* Konsequenzen untersuchen.

Wir wollen die Funktionsweise dieses Programms an Hand einiger ,,Zukunftsbilder" veranschaulichen, die von ihm aufgrund unterschiedlicher Eingaben von Parameterwerten generiert wurden. Diese Bilder können als Resultate konzeptioneller Experimente gelten. Das Paradigma ,,wenn so . . . , dann so . . ." wird in der Formulierung des Modells deutlich, in der nicht lediglich die angenommenen Werte von Parametern, sondern auch die angenommenen Ursachenketten enthalten sind. Dies ist der ,,wenn so. . ."-Teil des Modells. Das vom Computer produzierte Bild ist ein ,, . . . dann so"-Teil (der Computer führt nur die mathematischen Deduktionen durch, die für Menschen zu langwierig wären).

Ein solches Bild wird in der Abbildung 4.5 gezeigt. Hier stellen die Populationen, die natürlichen Ressourcen, Kapitalinvestitionen und die Verschmutzung die Beobachtungsvariablen dar.

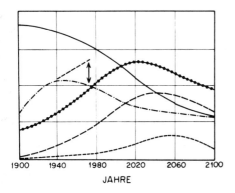

1900   1940   1980   2020   2060   2100
                JAHRE

———— BODENSCHÄTZE
•••••• POPULATION
—·—·— LEBENSQUALITÄT
——— KAPITALANLAGE
------- UMWELTVERSCHMUTZUNG

Abb. 4.5: Extrapolierte Zeitverläufe der verschiedenen Indices des globalen Modells von Forrester [nach *Forrester*]

„Lebensqualität" ist ein Index, der aus der Produktion von Nahrungsmitteln und Konsumgütern (positive Beiträge) und der Bevölkerungsdichte sowie der Umweltverschmutzung (negative Beiträge) zusammengesetzt ist. Die Wahl dieses Indexes ist natürlich völlig willkürlich. Er wurde lediglich eingeführt, um einen allgemeinen Überblick über den Zeitverlauf eines angenommenen normativen Maßes der globalen Lebensbedingungen zu gewinnen.

Wir stellen fest, daß nach diesem Modell die Lebensqualität seit 1900 ständig zunahm. Die Extrapolation dieser Tendenz, die durch die Tangente der Kurve dargestellt ist, reflektiert die zu Anfang unseres Jahrhunderts übliche Annahme, daß die Qualität des Lebens ständig höher werden würde . . .

Sie wuchs so lange, wie die Ausbeutungsrate der natürlichen Ressourcen und die Wachstumsrate der Umweltverschmutzung klein blieben.

Nach 1940 ziehen jedoch beide Raten beachtenswert an, was einen Gleichstand der Kurve der Lebensqualität zur Folge hat. Nach 1950 beginnt sie zu fallen. Währenddessen nimmt die Kapitalinvestition weiter zu, und zwar mit wachsenden Raten. Ebenso verhält es sich mit der Population, während die Lebensqualität weiterhin sinkt. Schließlich verursachen die Ausbeutung der Ressourcen und die Umweltverschmutzung um 2025 einen Stillstand und darauf eine Umkehr der Populationswachstums (durch die Erhöhung der Todesrate oder die Verringerung der Geburtenrate oder durch beides). Auch das Wachstum der Kapitalinvestitionen wird negativ, aber die Lebensqualität sinkt bis zum Anfang des 22. Jahrhunderts trotzdem weiter.

Die Abbildung 4.6 gibt einen Überblick über globale Veränderungen, die einem plötzlichen Wechsel eines kontrollierbaren Parameters folgen. Stellen wir uns vor, im Jahre 1970 habe eine Weltregierung zum Zwecke der Bewahrung natürlicher Ressourcen die Rate ihrer Ausbeutung auf 25 % ihres damaligen Betrages reduziert.

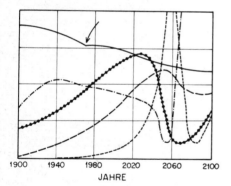

1900   1940   1980   2020   2060   2100
              JAHRE

——————— BODENSCHÄTZE
•••••••• POPULATION
—·—·—·— LEBENSQUALITÄT
— — — — KAPITALANLAGE
——————— UMWELTVERSCHMUTZUNG

Abb. 4.6: Hypothetische Zeitverläufe globaler Modellindices im Modell von Forrester unter der Annahme reduzierter Resourcengebräuche nach 1970 [nach *Forrester*]

Diese Veränderung wird durch den Knick in der Kurve der natürlichen Ressourcen im Jahre 1970 angezeigt. Alle anderen Beziehungen außer dieser bleiben im Modell unverändert. Als Folge davon wird das Abnehmen der Kurve der Lebensqualität etwas angehalten, jedoch nicht bedeutend. Andererseits wirkt sich diese Veränderung auf die Kapitalinvestition so aus, daß diese Variable bis ungefähr 2050 weiterhin wächst, anstatt wie vorhin auf dem Niveau 2030 zu verharren. Dies hat' wiederum katastrophale Auswirkungen auf die Verschmutzung, die bis über die Grenzen des Bildes hinaus „explodiert". Die Todesrate wächst ebenfalls dramatisch an, und die Weltbevölkerung schrumpft von etwa 6 Milliarden bis auf etwa eine Milliarde innerhalb eines halben Jahrhunderts zusammen. Falls diese Abnahme durch eine enorme Todesrate verursacht wurde, so stellte dies eine globale Katastrophe nach unseren gegenwärtigen Maßstäben dar, wie sie in der Geschichte ohne Beispiel wäre.

Nun sollte die prinzipielle Nützlichkeit solcher Modelle klar werden. Die in der Abbildung 4.6 dargestellte „Zukunft" ist für die meisten Menschen, glaube ich, sicherlich erschütternd und wohl auch unerwartet. Aber wir haben es keinesfalls mit einer wirklichen aktuellen Prognose zu tun. Hier wird lediglich beschrieben (wie immer unter der Annahme, daß das Modell der Wirklichkeit „ausreichend nahe kommt"), was geschehen könnte, falls die Menschen auf eine vom Alltagsverständnis bestimmten Weise versuchen sollten, Kontrolle auszuüben. Sicherlich erscheint die Entscheidung, die globalen Ressourcen „zu bewahren" vernünftig. Sie hätte wohl getroffen werden können, wenn die Aufmerksamkeit vorwiegend auf der drohende Ausschöpfung der natürlichen Ressourcen als die Hauptgefahr der globalen Entwicklung gerichtet gewesen wäre.

Das Modell zeigt die Inadäquatheit von Entscheidungen aufgrund des „gesunden Menschenverstandes" beim Versuch der Lenkung komplexer Systeme. Wenn ein unerfahrener Fahrer auf einem vereisten Weg ins Schleudern kommt, so tritt er instinktiv auf die Bremse und dreht das Lenkrad in die Richtung, in der er nicht rutscht. Beides ist falsch. Er sollte eben nicht auf die Bremsen treten und er sollte das Lenkrad in die Schleuderrichtung drehen. Eine einfache Analyse der hier auftretenden Kräfte kann die Richtigkeit dieser Verhaltensvorschriften zeigen. Aber der rutschende Fahrer hat in diesem Moment natürlich weder die Zeit noch die Neigung zu einer solchen Analyse. Deshalb muß er im voraus *wissen*, was in einem solchen Falle zu tun ist, und er muß der natürlichen Neigung widerstehen können das Falsche zu tun.

Die Analyse der globalen Dynamik strebt einen analogen Zweck an. Fraglos sind die Probleme weitaus komplizierter, und dieser Ansatz entbehrt vor allem der soliden theoretischen Grundlage, wie ihn die Physik besitzt. Es verpflichtet uns aber dazu, unser Bestes zu versuchen.

Anmerkungen

[1]) Wir nehmen an, daß die diese Lösung ermöglichenden Bedingungen erfüllt sind.

[2]) Im allgemeinen wird diese Gleichung auch ein konstantes Glied enthalten. Aber dieses Glied kann ohne Allgemeinheitsverlust eliminiert werden, wenn der Ursprung der x_i in (4.6) geändert wird. Wir nehmen hier an, daß diese Transformationen schon stattgefunden haben.

[3]) Ist $\alpha + \gamma i$ eine komplexe Wurzel von (4.9), so ist auch $\alpha - \gamma i$ eine Wurzel. Die zugehörigen komplexen Lösungen der Differentialgleichung sind daher $e^{(\alpha+\gamma i)t}$ und $e^{(\alpha-\gamma i)t}$. Da (komplexe) Linearkombinationen von Lösungen wieder Lösungen sind, erhalten wir mit

$$e^{(\alpha+\gamma i)t} + e^{(\alpha-\gamma i)t} = e^{\alpha}(e^{\gamma it} + e^{-\gamma it}) =$$

$$e^{\alpha}(\cos \gamma t + i\sin \gamma t + \cos(-\gamma t) + i\sin(-\gamma t)) = 2e^{\alpha}\cos(\gamma t)$$

und

$$-ie^{(\alpha+\gamma i)t} + ie^{(\alpha-\gamma i)t} = ie^{\alpha}(-e^{\gamma it} + e^{-\gamma it}) =$$

$$= -ie^{\alpha}(-\cos(\gamma t) - i\sin(\gamma t) + \cos(-\gamma t) + i\sin(-\gamma t))$$

$$= 2ie^{\alpha}(-i\sin(\gamma t)) = 2e^{\alpha}\sin(\gamma t)$$

zwei oscillierende Lösungen.

[4]) Polynomiale gehen in die Lösung dann als Koeffizienten der Exponentiale ein, wenn das Polynomial (4.9) unten multiple Wurzeln besitzt.

5. Kontrollmodelle

Die einfachsten Übungen der Differentialrechnung spiegeln das Hauptproblem der Kontrolltheorie wider: die Optimierung einer Variablen wird gewöhnlich als Maximierung oder Minimierung aufgefaßt, wobei einschränkende Bedingungen gegeben sind.

In Schulbuchbeispielen ist etwa die Fläche eines rechteckigen Feldes zu maximieren, das auf einer Seite von einem Fluß begrenzt ist und auf den drei anderen Seiten von einem Zaun umfaßt werden soll. Die einschränkende Bedingung ist die verfügbare Zaunlänge.

x sei die Gesamtlänge des Feldes (entlang des Flusses) und y seine Breite. Wenn f die Länge des verfügbaren Zaunes ist, gilt

$$x + 2y = f \quad \text{bzw.} \quad y = \frac{1}{2}(f - x) \tag{5.1}$$

und die Fläche des rechteckigen Feldes wird durch die Gleichung

$$A(x) = \frac{1}{2}x(f - x) \tag{5.2}$$

dargestellt. Mithin ist die Fläche eine stetige Funktion von x. Sie ist gleich Null, wenn entweder $x = 0$ oder $x = f$ ist und erreicht ein Maximum für einen bestimmten Zwischenwert von x. Dieser Wert wird ermittelt, indem man $dA/dx = 0$ setzt und die sich so ergebende Gleichung nach x auflöst. Wir erhalten

$$dA/dx = -\frac{1}{2}x + \frac{1}{2}(f - x) = 0; \quad x = \frac{1}{2}f \tag{5.3}$$

d.h. die Hälfte des Zaunes sollte parallel zum Fluß verlaufen.

Die Formulierung eines Optimierungsproblems beinhaltet die Definition einer Zielfunktion. Sie ist eine Quantität, die im Hinblick auf gewisse *Kontrollvariablen* maximiert oder minimiert werden soll, wobei eine Menge von einschränkenden Bedingungen gegeben ist. Im obigen Beispiel war die Fläche $A(x)$ die Zielfunktion. Die Kontrollvariable war die Länge (oder Breite) des Feldes; die Bedingung war die Vorschrift, daß das Feld rechteckig und daß die Länge des Zaunes gleich f sein sollen. Die mathematische Formulierung des Problems ergab:

Maximiere xy

wobei $x + 2y = f$. $\qquad\qquad$ (5.4)

Die Anwendung der Differentialrechnung hängt entscheidend von der Möglichkeit ab, Maxima oder Minima durch Ableitungen zu finden. Ökonomische Optimierungsprobleme werden diese Bedingung häufig nicht erfüllen. Dies ist etwa der Fall, wenn sowohl die Zielfunktion als auch die einschränkende Bedingung *lineare* Funktionen ihrer Variablen sind. Diese Probleme werden geometrisch durch Gebiete dargestellt, die von geraden Linien, Ebenen oder Hyperebenen begrenzt sind. Solche Konfigurationen weisen „Ecken" auf. Extrema der Zielfunktion befinden sich auf diesen Ecken, doch können sie durch Differenzierung nicht gewonnen werden. So wurde in der mathematischen Ökonomie eine andere Optimierungsmethode entwickelt, − die *lineare Programmierung.* Sie wird durch das folgende Beispiel dargestellt.

Gegeben seien zwei Nahrungsmittel X und Y. X (bzw. Y) enthält n_1 (bzw. n_2) Einheiten des Nahrungsbestandteiles N *pro Einheit* und m_1 (bzw. m_2) von M. X kostet c_1 Mark pro Einheit, Y kostet c_2 Mark. Gesucht wird die Zusammensetzung der billigsten Nahrung, die aus x Einheiten von X und y Einheiten von Y besteht. Bedingung ist, daß diese Nahrung zumindestens n Einheiten von N und m Einheiten von M enthalten soll.

Mathematisch formuliert sieht dieses Problem folgendermaßen aus:

Minimiere $J(x, y) = c_1 x + c_2 y$

wobei $\qquad n_1 x + n_2 y \geqslant n$ $\qquad\qquad\qquad\qquad\qquad\qquad$ (5.5)

$\qquad\qquad\quad m_1 x + m_2 y \geqslant m$

$\qquad\qquad\quad x \geqslant 0; \; y \geqslant 0.$

Der Grundgedanke dieser Methode ist in der Abbildung 5.1 dargestellt.

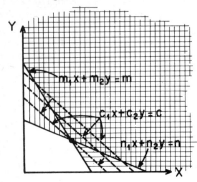

Abb. 5.1: Geometrische Darstellung eines linearen Programmierungsproblems.

Die schattierten Flächen zur rechten und oberhalb der beiden Geraden, welche die Gleichungen $n_1 x + n_2 y = n$ und $m_1 x + m_2 y = m$ darstellen, werden *zulässige Gebiete* genannt. Der Punkt (x, y) muß innerhalb beider Gebiete liegen, um den Bedingungen zu genügen. Die Schar gestrichelter Geraden stellt die Gleichung $c_1 x + c_2 y = c$ für verschiedene Werte von c dar, also der Kosten der Nahrung $J(x, y)$. Bei einer Verschiebung der gestrichelten Geraden nach links nimmt $J(x, y)$ ab: die Kosten werden reduziert. Die Bedingungen werden erfüllt, wenn wir die gestrichelte Gerade möglichst weit nach links verschieben, wobei ein Punkt des zulässigen Gebiets noch auf ihr liegt. Diese Gerade geht durch die „Ecke", d.h. durch den Schnittpunkt zweier begrenzender Geraden. Die optimale Werte von x und y sind hierdurch bestimmt und damit die entsprechenden Kosten.

Die lineare Programmierung benutzt mathematische Hilfsmittel, die relativ spät eingeführt wurden – zum Beispiel die Theorie der konvexen Menge, die simultane Auflösungen und Ungleichungen und die lineare Algebra. Gleichzeitig wurde zur Behandlung einer ähnlichen Klasse von Problemen die mathematische Kontrolltheorie entwickelt. Sie benutzt klassische mathematische Methoden in enger Verbindung mit der Variationsrechnung.

Ein typisches Problem der Variationsrechnung besteht in der Suche nach dem Extremum (Maximum oder Minimum) eines *Funktionals* (statt einer Funktion mit einer endlichen Anzahl von Variablen). Das folgende Beispiel kann das Problem verdeutlichen.

Zwei Punkte (x_1, y_1) und (x_2, y_2) sind in einer vertikalen Ebene gegeben, wobei $y_2 < y_1$ ist (das heißt, der zweite Punkt liegt auf der vertikalen Fläche weiter unten als der erste.) Diese zwei Punkte können durch einen „Draht" von willkürlicher Gestalt verbunden werden, der aber so gerichtet ist, daß eine Glasperle auf dem Draht von (x_1, y_1) nach (x_2, y_2) rutschen kann. Es wird diejenige Gestalt des Drahtes gesucht, bei der die Glasperle vom Start (x_1, y_1) zum Punkt (x_2, y_2) am schnellsten herunterrutschen kann. Mit etwas Überlegung erkennt man, daß der „schnellste Weg" nicht notwendig eine gerade Linie ist. Die Fallzeit kann verkürzt werden, indem man eine anfangs steile Fall-Linie biegt, so daß die Glasperle am Anfang eine hohe Geschwindigkeit erreicht. Wenn der anfängliche Fall jedoch zu lange steil verläuft, wird die Perle eine längere Strecke beinahe horizontale zurücklegen müssen, so daß die Geschwindigkeit auf dieser Strecke kaum zunehmen wird.

Nun kann die Gestalt der Drähte durch die Funktion $y = y(x)$ dargestellt werden, und die Fallzeit wird eine durch diese Funktion bestimmte reelle Zahl sein. D.h. jeder *Funktion*, die aus einer vorgeschriebenen Menge von Funktionen ausgewählt wird (sagen wir, alle stetigen Funktionen von x, welche innerhalb des Intervalls (x_1, x_2) definiert sind), wird eine reelle Zahl zugeordnet. Damit wird ein *Funktional* definiert. Beispielsweise ist das bestimmte Integral $\int_a^b f(t)dt$ ein Funktional, da sein Wert für feste Werte a und b von der Gestalt der Funktion $f(t)$ abhängt, d.h. von *allen* Werten von $f(t)$ zwischen $t = a$ und $t = b$.

Ein Kontrollproblem kann nun folgendermaßen formuliert werden.

Ein System von Differentialgleichungen sei gegeben:

$$\dot{x} = f[x(t), u(t)]. \tag{5.6}$$

Die linke Seite ist der Vektor $(dx_1/dt, dx_2/dt, \ldots, dx_n/dt)$, wobei $x(t)$ der Vektor der *Zustandsvariablen* $(x_1(t), x_2(t), \ldots, x_n(t))$ ist. Dabei ist f ebenfalls ein Vektor mit n Komponenten: $f = (f_1, f_2, \ldots, f_n)$, wobei die f_i gegebene Funktionen von $x(t)$ und $u(t)$ sind. Auch $u(t)$ ist ein Vektor mit m Komponenten: $u(t) = (u_1(t), u_2(t), \ldots, u_m(t))$, wobei die u_i Funktionen von t sind, die erst bestimmt werden sollen.

Die Funktionen $u_i(t)$ sind die Kontrollvariablen. Nachdem diese Funktionen festgelegt wurden, wird das System (5.6) zu einem System gewöhnlicher Differentialgleichungen erster Ordnung mit t als unabhängiger und $x_i(t)$ als abhängiger Variablen. Wenn also eine ausreichende Menge von einschränkenden Bedingungen gegeben ist, sind die zeitlichen Verläufe von $x_i(t)$ bestimmt. Sie bilden die *Trajektorie* des Systems.

Es gibt einen Aktor, der die spezielle Form von $u(t)$ wählen kann und mithin die Trajektorie des Systems bestimmt. Sein Problem besteht darin, dies auf eine „optimale Art" zu tun. Kriterien der Optimalität sind wie üblich in Ausdrücken zur Maximierung oder Minimierung einer Zielfunktion angeführt. Bei solchen Problemen ist die Zielfunktion gewöhnlich ein Funktional von $u(t)$ und der Trajektorie $x(t)$. Beispielsweise kann die Zielfunktion durch das bestimmte Integral

$$J = \int_0^T \varphi[x(\tau), u(\tau)]\, d\tau \tag{5.7}$$

gegeben sein, wobei φ eine bestimmte Funktion von x und u ist[1]).

Indem er $u(t)$ wählt (und damit $x(t)$ bestimmt), legt der Aktor den Wert von J fest. Seine Aufgabe besteht darin, $u(t)$ zu wählen, um J zu minimieren oder zu maximieren. Mathematisch wird das Problem wie folgt formuliert:

Minimiere (oder maximiere) $\quad J = \int_0^T \varphi[x(\tau), u(\tau)]\, d\tau$

unter der Nebenbedingung $\quad \dot{x} = f[x(t), u(t)]$ $\hspace{3cm}$ (5.8)

und der Anfangsbedingung $\quad x(0) = x_0$ [2]).

Zwei allgemeine Methoden zur Lösung von Kontrollproblemen wurden entwickelt. Das sogenannte *Maximum-Prinzip* (welches in den USA gewöhnlich das *Minimum-Prinzip* genannt wird) wurde erstmalig von L. Pontrjagin in der Sowjetunion, und das dynamische Programmieren wurde von R. Bellmann in den Vereinigten Staaten entwickelt. Die erste Methode gibt ein klares Bild des Problems in klassischer Ausdrucksweise, die zweite ist mehr der Computertechnologie angepaßt. Gegenwärtig werden oft Kombinationen der beiden Methoden angewendet. Wir werden hier die grundlegenden Schritte der ersten Methode umreißen.

1. Schritt: Stelle die Hamiltonsche Form auf:

$$H = \varphi(x, u) + \lambda \cdot f(x, u). \tag{5.9}$$

Dabei ist λ ein Vektor (der sogenannte *zugeordnete Vektor*), dessen Komponenten bis dahin unbekannte Funktionen von t sind: $\lambda(t) = (\lambda_1(t), \lambda_2(t), \ldots, \lambda_n(t))$. Man beachte, daß auf der rechten Seite von (5.9) $\varphi(x, u)$ ebenso wie das innere Produkt $\lambda \cdot f = \lambda_1 f_1 + \lambda_2 f_2 + \ldots \lambda_n f_n$ Skalare sind. Daher ist auch H ein Skalar. Formal gesehen sind φ und H natürlich Funktionale, da ihre Werte von den Funktionen $u(t)$, $x(t)$ und $\lambda(t)$ abhängen. Wenn jedoch das Problem einmal gelöst ist, sind diese Funktionen festgelegt, und H wird zu einer gewöhnlichen Funktion von t.

2. *Schritt*: Setze $\partial H/\partial u = 0$ und löse nach u durch die Ausdrücke λ und x auf.

Die Ableitung eines Skalars in Hinblick auf einen Vektor wird als Vektor mit derselben Anzahl von Komponenten definiert. Es gilt nämlich:

$$\partial H/\partial u = (\partial H/\partial u_1, \partial H/\partial u_2, \ldots, \partial H/\partial u_m).\tag{5.10}$$

Daher drückt $\partial H/\partial u = 0$ insgesamt m Gleichungen aus, die nach den Unbekannten aufzulösen sind, nämlich den Komponenten von u. Diese Lösungen werden durch die Komponenten von x und λ ausgedrückt. Nachdem u durch λ und x ersetzt worden ist, kann der Vektor f als ein anderer Vektor g mit den Komponenten $g_1, g_2, \ldots, g_n$ ausgedrückt werden, die alle Funktionen von λ und x sind.

3. *Schritt*: Stelle das System von Differentialgleichungen

$$\dot{\lambda} = -\partial H/\partial x \tag{5.11}$$

$$\dot{x} = g(\lambda, x) \tag{5.12}$$

auf, wobei die Randbedingungen $x(0) = x_0$ und $\lambda(T) = 0$ erfüllt werden[3]).

Wir sprechen hier von Randbedingungen und nicht von Anfangsbedingungen, denn obwohl die Anfangsbedingungen von x (dem Zustand des Systems) gegeben sind, werden die Komponenten von $\lambda(t)$ erst am Ende des gegebenen Zeitintervalls festgelegt.

Da x ein Vektor mit n Komponenten ist, umfaßt jede der Vektorgleichungen (5.11) und (5.12) n Differentialgleichungen. Wir erhalten daher ein System von $2n$ gewöhnlichen Differentialgleichungen erster Ordnung. Zusammen mit den $2n$ Randbedingungen, den n Komponenten von $x(0)$ und den n Komponenten von $\lambda(T)$, bestimmt es die Trajektorie des Systems.

4. *Schritt*: Löse das System der Differentialgleichungen.

Wenn dieses System linear ist, ist es den allgemeinen analytischen Lösungsmethoden unterworfen. Allerdings ergibt sich die Schwierigkeit, daß die eine Hälfte der Randbedingungen an einem Punkt und die andere Hälfte an einem zweiten gegeben sind. Besondere Techniken wurden entwickelt, um mit dieser Schwierigkeit fertig zu werden.

5. *Schritt*: Wenn das System gelöst ist werden λ und x als Funktionen von t bestimmt.

Da u bereits durch λ und x ausgedrückt wurde (siehe Schritt 2), ist u ebenfalls als Funktion von t innerhalb des Intervalls (0, T) bestimmt. Es wird gezeigt, daß diese Funktion $u^*(t)$ die notwendigen Bedingungen einer optimalen Kontrolle erfüllt. Durch eine optimale Kontrollfunktion wird die optimale Trajektorie ebenfalls bestimmt.

In den Anwendungen ist es oft günstig, u als Funktion sowohl von x als auch von t auszudrücken. Nach dieser Formulierung ist die Kontrolle des Systems durch die Beobachtung seines fortlaufenden Zustandes möglich (vorausgesetzt, daß der fortlaufende Zustand beobachtbar ist.)

Gillespie/Zinnes [1975] haben diese Methode angewendet, um ein idealisiertes Modell der Rüstungskontrolle zu konstruieren. Über die Bedeutung der Rüstungskontrolle besteht keine einheitliche Auffassung. Die allgemeine Öffentlichkeit und Personen, die mit den ökonomischen Lasten und Gefahren einer unkontrollierten Aufrüstung befaßt sind, mögen Rüstungskontrollen als eine Übereinkunft rivalisierender Mächte zur Begrenzung ihrer Kriegsmaschinerie auffassen, wobei die „Sicherheit" (in ihrem normalen Verständnis) gewährleistet bleibt. Eine Übereinkunft dieser Art mag zustande kommen, wenn beide Seiten erkennen, daß die „sich selbst überlassene" Kriegsmaschinerie durch einen Richardson-Prozeß (vgl. S. 54) gesteuert werden könnte, und zur Katastrophe führen könnte, sobald das System instabil würde. Anderseits könnten die Probleme der Rüstungskontrolle von den politischen Entscheidungsträgern auf *der einen Seite* als klassisches Kontrollproblem interpretiert werden. Dabei würde angenommen, daß die andere Seite keine Kontrolle ausüben werde, daß das Verhalten des Gegners also rein „reaktiv" sei.

Gillespie/Zinnes nehmen zunächst an, daß die einschränkende Bedingung durch eine der Gleichungen von Richardson dargestellt werden könne, welche eben das „reaktive" Verhalten der anderen Seite widerspiegelt.

Nennen wir den Aktor, der die Kontrolle ausübt U und das Rüstungsniveau, das er voraussetzungsgemäß kontrollieren soll $u(t)$. (In unserer Diskussion des Modells von Richardson war Y dieser Aktor.) Der andere Aktor ist X und sein Rüstungsniveau $x(t)$. Bei diesem Modell sind $x(t)$ die einzige Zustandsvariable und $u(t)$ die einzige Kontrollvariable. Bei dieser Notation kann die erste Richardson-Gleichung (siehe Gleichung (4.17)) wie folgt geschrieben werden:

$$\dot{x} = au(t) - mx(t) + g. \tag{5.13}$$

Die Konstanten werden wie bei Richardson interpretiert, außer daß die Situation von U's Standpunkt aus betrachtet wird. a soll damit U's Wahrnehmung seiner Drohung gegenüber X ausdrücken; m soll U's Wahrnehmung der Rüstungsmüdigkeit und der Kosten von X bezeichnen, und g U's Wahrnehmung von X's Unzufriedenheit mit U. Nun wird die Zielfunktion von U so formuliert:

$$J = \int_{0}^{T} \{[u(t) - qx(t)]^2 + c[u(t) + x(t)]\}\, dt. \tag{5.14}$$

Diese Zielfunktion ist Resultat folgender Überlegungen:

U wünscht sein Rüstungsniveau $u(t)$ in einem bestimmten Verhältnis zum Rüstungsniveau des X zu halten. Beispielsweise kann U annehmen, er sei gegenüber X sicher, wenn sein Rüstungsniveau zweimal so groß wie das von X, d.h. wenn $q = 2$ ist. Aber U mag sich auch sicher fühlen, wenn sein Rüstungsniveau halb so groß wie das von X, d.h. wenn $q = 1/2$ ist. Daher ist q ein durch U's Auffassung von „Sicherheit" bestimmter Parameter. Ferner meint U, hohe Niveaus der kombinierten Rüstung $u(t) + x(t)$ seien im allgemeinen unerwünscht. Der Parameter c drückt das Gewicht der Last der Gesamtrüstung aus. Folglich stellt der Integrand in (5.14) die Rüstungskosten dar. Diese Kosten wachsen monoton mit dem Niveau der Gesamtrüstung und auch mit dem *Unterschied* zwischen $u(t)$ und $qx(t)$ in *jeder* Richtung. Hinter X zurückzustehen ist nach U's Meinung mit Kosten verbunden. Aber auch X zu überflügeln bringt Kosten mit sich, denn die Ziele von U beim Rüstungswettkampf sind rein defensiv. Nach seiner Meinung trägt eine über den „Sicherheitsgrad" hinausgehende Aufrüstung zu seiner weiteren Sicherung nicht mehr bei und bringt nur unnötige Belastung mit sich — abgesehen vom Anreiz zur Aufrüstung, den sie auf seinen Gegner X ausüben muß.

Daher ist J eine Zielfunktion, die unter der Bedingung (5.13) minimiert werden muß; denn (5.13) ist ja die Zustandsgleichung der inneren Dynamik des Systems. Beachten wir, daß der Integrand in (5.14) zu jedem Zeitpunkt die Kosten *pro Zeiteinheit* angibt, so daß die Minimierung des *Integrals* über einem gegebenen Zeitintervall $(0, T)$ auf die Minimierung der Gesamt-„Kosten" über diesem Intervall hinausläuft. Die Endzeit T bezeichnet den „Horizont" von U.

Nun wollen wir das von U formulierte Problem der Rüstungskontrolle lösen.

1. Schritt:

$$H = [u(t) - qx(t)]^2 + c[u(t) + x(t)] + \lambda(au - mx + g), \tag{5.15}$$

Da das System durch eine einzige Differentialgleichung beschrieben ist, sind $x(t)$ und $\lambda(t)$ Skalare.

2. *Schritt:*

$$\partial H / \partial u = 2u - 2qx + c + \lambda a = 0. \tag{5.16}$$

Dabei ist

$$u = qx - \frac{1}{2}(c + \lambda a). \tag{5.17}$$

3. *Schritt:*

$$\dot{\lambda} = -\partial H / \partial x = 2q(u - qx) - c + m\lambda = \lambda(m - qa) - c(q + 1) \tag{5.18}$$

$$\dot{x} = au - mx + g. \tag{5.19}$$

Indem wir (5.17) in (5.19) einsetzen, erhalten wir

$$\dot{x} = (aq - m)x - \frac{1}{2}a(a\lambda + c) + g. \tag{5.20}$$

(5.18) und (5.20) stellen ein System von Differentialgleichungen dar, das unter den Randbedingungen $x(0) = x_0$ und $\lambda(T) = 0$ zu lösen ist.

4. *Schritt:* Bei der Betrachtung des Systems sehen wir, daß die Gleichung (5.18) x nicht enthält und deshalb direkt nach $\lambda(t)$ aufgelöst werden kann. Unter der Randbedingung $\lambda(T) = 0$ ist die Lösung von (5.18) gleich

$$\lambda(t) = \frac{c(q + 1)}{m - aq} [1 - \text{Exp}\{(T - t)(aq - m)\}]. \tag{5.21}$$

5. *Schritt:* Falls U das Rüstungsniveau $x(t)$ seines Gegners beobachten kann, können wir u sowohl als Funktion von x als auch von t ausdrücken. Demgemäß erhalten wir durch Einsetzen von (5.21) in (5.17) die Formel der optimalen Kontrolle

$$u^*(t) = qx(t) + \frac{ac(q + 1)}{2(aq - m)} [1 - \text{Exp}(T - t)(aq - m)] - \frac{1}{2}c. \tag{5.22}$$

Es ist bemerkenswert, daß sowohl der zweite als auch der dritte Ausdruck in der Gleichung (5.22) verschwinden würde, wenn U nicht das Gesamtniveau der globalen Rüstung beachten würde, d.h. wenn c gleich Null wäre. Das Kontrollproblem von U wäre dann trivial: er würde seine Rüstung einfach gleich qx setzen, und dadurch würden die Kosten (die jetzt durch $\int_0^T (u - qx)^2 dt$ dargestellt sind) auf Null reduziert. In diesem Fall würde die Beantwortung der Frage, ob sich die Aufrüstungshöhen stabilisieren oder nicht gänzlich davon abhängen, ob $(aq - m)$ negativ oder positiv ist.

Denn durch Substitution von $u = qx$ in (5.13) erhalten wir die Differentialgleichung

$$\dot{x} = (aq - m)x + g. \tag{5.23}$$

Wenn $aq < m$ ist, dann strebt $x(t)$ den asymptotischen Wert $g/(m - aq)$ an. Wenn aber $aq > m$, dann ist das System unstabil und $x(t)$ wird seinem absoluten Betrag nach unendlich groß mit nach unendlich strebendem t. Die Richtung der Trajektorie hängt von der Anfangsbedingung ab. Der Fall reduziert sich damit auf den von Richardson untersuchten.

Wenn $c > 0$ gilt, so ist die Situation etwas komplexer. Da uns vor allem die Kontrollfunktion $u(t)$ interessiert, wollen wir uns die Gleichung (5.22) genauer ansehen. Insbesondere wollen wir wissen, auf welche Weise U mit der Kontrolle von u d.h. dem Wert $u(0)$ beginnt. Die uns interessierende Quantität ist also das zweite Glied von (5.22). Indem wir $t = 0$ setzen, erhalten wir

$$u^*(0) = qx_0 + \left[\frac{ac(q + 1)}{2(aq - m)} \right] [1 - \text{Exp}\{T(aq - m)\}] - \frac{1}{2}c. \tag{5.24}$$

Betrachten wir zunächst den stabilen Fall, in dem $m > aq$ gilt. Der Exponent ist negativ, also ist der Ausdruck innerhalb der zweiten eckigen Klammer positiv. Andererseits ist der Koeffizient vor der Klammer negativ, und damit ist das zweite Glied negativ, und ebenso das dritte Glied, falls $c > 0$ ist. Wir sehen, daß in diesem Falle U seine Kontrolle mit $u(0) < qx(0)$ beginnen muß, d.h. er muß sein Rüstungsniveau unterhalb seines „Sicherheitsniveaus" ansetzen. Wenn t T erreicht, so wird zwar das Mittelglied von (5.24) verschwinden, doch u wird immer noch unterhalb von qx bleiben, wenn $c(U$'s Besorgnis um das Gesamtniveau der Rüstung) positiv ist.

Betrachten wir nun den unstabilen Fall, in dem $m < aq$ gilt. Der Exponent ist nunmehr positiv, so daß der Ausdruck innerhalb der Klammer negativ ist. Der Koeffizient der Klammer ist nun positiv, somit ist das Mittelglied wie im vorigen Falle negativ. Wieder muß U sein $u(0)$ unterhalb seines „Sicherheitsniveaus" $qx(0)$ ansetzen.

Der instabile Fall unterscheidet sich vom stabilen in einem wichtigen Punkt. Falls T ausreichend groß ist, d.h. wenn der „Horizont" von U weit, oder, anders gesagt, wenn er daran interessiert ist, seine „Kosten" *langfristig* zu minimieren, dann ist der absolute Wert des zweiten (negativen) Gliedes groß. Das bedeutet: der „weitsichtige" Aktor sollte im Falle der Instabilität sein Rüstungsniveau merklich unterhalb seines Sicherheitsniveaus ansetzen. Insbesondere, wenn c ausreichend groß ist, dann soll $u(0)$ gleich Null sein – also heißt es einseitig abzurüsten . . . Ob X abrüsten wird oder nicht, hängt vom Vorzeichen von g ab. Ist g positiv, wird X bei g/m stabilisieren. Falls g negativ ist, wird X abrüsten. Wird das Modell jedoch wie bei Richardson so erweitert, daß negative Werte von x und u zugelassen werden und ist der Horizont T von U genügend groß, dann kann im unstabilen Fall der Aufrüstungswettlauf immer umgekehrt werden.

Die Annahme, daß nur ein Aktor das System kontrolliert, ist natürlich höchst unrealistisch. Wenn angenommen wird, daß auch der andere Aktor in seiner bipolaren Situation Kontrolle ausübt, und wenn ihre Zielfunktionen unterschiedlich sind, kann die Situation als *Differentialspiel* modelliert werden.

Das System wird jetzt durch ein Paar von Differential-Vektorgleichungen dargestellt:

$$\dot{x} = f[x(t), y(t), u(t), v(t)] \tag{5.25}$$

$$\dot{y} = g[y(t), x(t), v(t), u(t)]. \tag{5.26}$$

Nun sind $x(t)$ und $y(t)$ die Zustandsvariablen, und $u(t)$ und $v(t)$ die Kontrollvariablen. Es wird angenommen, daß der Aktor X $u(t)$ kontrolliert und Y $v(t)$ kontrolliert:
Es existieren zwei Zielfunktionen:

$$J_1(u, v) = \int_0^T \varphi[x(t), y(t), u(t), v(t)] \, dt \tag{5.27}$$

$$J_2(v, u) = \int_0^T \psi[y(t), x(t), v(t), u(t)] \, dt \tag{5.28}$$

wobei X J_1 und Y J_2 zu minimieren suchen.

Die Lösung des Spiels erfordert die Bestimmung der beiden optimalen Kontrollfunktionen, die dem System der Zustandsgleichungen (5.25) und (5.26) gehorchen.

Ein Differentialspiel-Modell, das sowohl beide Rüstungsniveaus als auch von zwei Staaten geleistete fremde Militärhilfe enthält, wurde von *Gillespie/Zinnes/Tahim* [1975] ausgearbeitet. Die Kontrollfunktionen $u(t)$ und $v(t)$ beziehen sich auf Beiträge fremder Militärhilfe durch die Staaten X und Y. Es wird nicht angenommen, daß die Rüstungsniveaus $x(t)$ und $y(t)$ *direkt* kontrolliert werden. Da diese Variablen aber die Dynamik des Systems darstellen, werden sie automatisch bestimmt, nachdem $u(t)$ und $v(t)$ gewählt wurden.

Aus den von Gillespie/Zinnes/Tahim postulierten Zielfunktionen ergibt sich, daß jeder Staat folgende Kosten in Betracht zieht:

(i) Die Diskrepanz zwischen eigener Militärhilfe und der des anderen – die Sorge um die Störung des „Mächtegleichgewichts",

(ii) Die Diskrepanz zwischen dem eigenen Rüstungsniveau und dem des anderen – ebenfalls unter dem Aspekt des Machtgleichgewichts gesehen.

(iii) Die absoluten eigenen und des anderen Rüstungsniveaus, sowie die Ausmaße der fremden Militärhilfe (die entsprechend gewichtet werden), womit die Sorgen um die ökonomischen Lasten, die Gefahren der Eskalation usw. ausgedrückt werden.

Wie bei den vorhergehenden Modellen steht die Stabilität des Systems im Mittelpunkt des Interesses. Wenn das System stabil ist, ist die Lösung des Differentialspiels der Gleichgewichtslösung eines nicht-kooperativen Zwei-Personenspiels analog (vgl. S. 244).

Die Gleichgewichtslösung eines nichtkooperativen Spiels stellt ein anderes Problem, das wir im Kapitel 17 eingehender behandeln werden. Es ist durch den Umstand gegeben, daß die Gleichgewichtslösung nicht Pareto-optimal ist. Die *beiden* Spieler könnten in einem solchen Spiel günstiger abschneiden, wenn sie anstatt voneinander unabhängig nach der Maximierung der jeweiligen Zielfunktionen zu streben, diese stattdessen zusammenlegen würden und dann ihre Funktion gemeinsam zu maximieren suchten. Wir wollen diese Situation an einem einfachen hypothetischen Fall verdeutlichen.

Betrachten wir zwei Aktoren X und Y, die bestimmte Güter in den Quantitäten x bzw. y unter den folgenden Bedingungen produzieren: X behält den Anteil p des von ihm produzierten Gutes und gibt Y den Anteil $1 - p$. Ähnlich behält Y den Anteil p von y und übergibt X den Rest, also $(1 - p)y = qy$. Die entsprechenden Zielfunktionen der zwei Aktoren, die maximiert werden sollen werden durch

$$J_1 = \log_e(1 + px + qy) - bx \qquad (5.29)$$

resp.

$$J_2 = \log_e(1 + qx + py) - by \qquad (5.30)$$

dargestellt.

Diese Funktionen können wie folgt interpretiert werden: Die Quantitäten $(px + qy)$ und $(py + qx)$ stellen die von X und Y erhaltenen Gütermengen dar. Die Logarithmen spiegeln den abnehmenden Nutzenzuwachs dieser Beträge für die Aktoren wider. Die „1" wurde von Argumenten der Logarithmen dieser Größen hinzugefügt, um die Nutzen bei $x = y = 0$ verschwinden zu lassen. Der Koeffizient b stellt die Produktionskosten einer Gütereinheit dar. Daher sind J_1 und J_2 die netto Nutzenwerte für X bzw. Y.

Wir wollen nur nicht-negative Werte von x und y annehmen. Jeder Aktor kontrolliert den Umfang seiner Produktion. Betrachten wir nun was geschieht, wenn jeder Aktor seine Zielfunktion selbständig zu maximieren versucht.

Da X nur x kontrolliert, wird er J_1 zu maximieren versuchen, indem er die partielle Ableitung von J_1 nach x gleich Null setzt. Ähnlich wird Y versuchen J_2 zu maximieren, indem er $\partial J_2/\partial y = 0$ setzt. Durch Differentiation von J_1 und J_2 nach x bzw. y erhalten wir

$$\partial J_1/\partial x = \frac{p}{1 + px + qy} - b = 0 \qquad (5.31)$$

$$\partial J_2/\partial y = \frac{p}{1 + py + qx} - b = 0. \qquad (5.32)$$

Indem wir (5.31) und (5.32) gleichzeitig nach x und y auflösen, erhalten wir

$$x^0 = y^0 = p/b - 1 \qquad (5.33)$$

die scheinbar „optimalen" Werte von x bzw. y. Dabei gilt $x^0 > 0$ und $y^0 > 0$ dann und nur dann, wenn $p > b$ ist. Von nun an werden wir dies voraussetzen.

Nehmen wir nun an, daß X und Y übereinkommen x und y zu gleichen Mengen herzustellen. Indem wir in die Gleichungen (5.29) und (5.30) $x = y$ setzen, erhalten wir

$$J_1 = \log_e(1 + x) - bx \tag{5.34}$$

$$J_2 = \log_e(1 + y) - by. \tag{5.35}$$

Statt partieller Ableitungen erhalten wir somit einfache Ableitungen:

$$dJ_1/dx = \frac{1}{1 + x} - b = 0 \tag{5.36}$$

$$dJ_2/dy = \frac{1}{1 + y} - b = 0 \tag{5.37}$$

woraus folgt, daß

$$x^* = y^* = 1/b - 1. \tag{5.38}$$

Vergleichen wir (5.38) mit (5.33): Wenn x und y durch das „Abkommen" $x = y$ festgelegt sind, so produziert jeder mehr, wenn er seine jeweilige Zielfunktionen zu maximieren trachtet. Um zu sehen, ob beide unter diesen Bedingungen mehr *gewinnen*, vergleichen wir diese Werte der Zielfunktionen mit jenen, die sich bei unabhängigem Handeln ergeben.

Indem wir $x = y = p/b - 1$ in (5.29) und (5.30) einsetzen, erhalten wir

$$J^0 = J_1^0 = J_2^0 = \log_e(p/b) - p + b. \tag{5.39}$$

Wenn wir andererseits $x = y = 1/b - 1$ in (5.29) und (5.30) einsetzen, gilt für jeden Aktor

$$J^* = J_1^* = J_2^* = \log_e(1/b) - 1 + b \tag{5.40}$$

und also

$$J^* - J^0 = \log_e(1/p) - 1 + p. \tag{5.41}$$

Diese Differenz ist für alle Werte von p im Intervall $(0, 1)$ positiv.

An diesem Beispiel erkennen wir, daß sobald das Kontrollproblem mehr als einen Aktor enthält (und damit zum Problem dualer oder multipler Kontrolle wird), schwierige Fragen der Rationalitätskonzeption auftauchen. Die Unterscheidung zwischen *individueller Rationalität* und *kollektiver Rationalität* muß hier sorgfältig bedacht werden. Die Grundannahme der klassischen Laissez-faire-Ökonomie, daß die Summe der Bestrebungen nach Verwirklichung individueller Interessen dem kollektiven Interesse am besten diene, ist angesichts zahlreicher Umstände unhaltbar. Die Tatsache, daß diese Situation in Form eines sehr vereinfachten Modells dargestellt ist, tut ihrer grundlegenden strukturellen Ähnlichkeit mit vielen Situationen des wirklichen Lebens keinen Abbruch.

Im folgeden werden wir einige globale Modelle untersuchen, die von der Annahme ausgehen, daß *kollektive Kontrolle* der Systemvariablen im Interesse der Gemeinschaft (der Menschheit als Ganzes) zumindest denkbar ist.

In den globalen Weltmodellen entwickelte sich der Gedanke der Kontrolle als Reaktion auf Ergebnisse des Forrester'schen Modells (vgl. Kapitel 4). In diesem Modell war Kontrolle nicht vollständig ausgeschaltet. Wie wir gesehen haben, wurde eine Situation der „willentlichen" Veränderung eines Parameters betrachtet, als die Ausbeutungsrate nicht erneubarer natürlichen Ressourcen etwa als Folge der Bewußtwerdung einer drohenden Krise eingeschränkt wurde.

Eine solche Kontrolle wird jedoch nicht zur Optimierung einer wohldefinierten Zielfunktion angewendet, wie dies in der Kontrolltheorie geschieht. Die Kritik an Forresters Modell bezog sich auf eben diesen Punkt. Es wurde argumentiert, daß Gesellschaften dazu neigten, sich an Situationen anzupassen, und daß diese Anpassungen durch besser gegründete Prognosen eher geleistet werden können als durch verbale vernünftige Argumente.

Das in Kreisen von Zukunftforschern sogenannte „Bariloche-Modell" [*Mallman*] wurde ent-

wickelt, um eine optimale kontinuierliche Kontrolle auf das Weltsystem anzuwenden, wobei eine
bestimmte Zielfunktion vorgegeben war.

Im Gegensatz zur Definition der „Lebensqualität" durch Produktionsmittel, Überbevölkerung
und Umweltverschmutzung, wie sie in Forresters Modell gegeben wurde, gilt hier die durchschnittliche Lebenserwartung des Menschen als Indikator der Lebensqualität. Es kann natürlich eingewendet werden, daß die Lebenserwartung kein besserer Index für die Lebensqualität sei als Produktivität usw., und zwar schon allein deswegen, weil es nicht ohne weiteres einzusehen sei, weshalb ein
langes elendes Dasein einem kürzeren aber „glücklicheren" vorgezogen werden sollte.

Jedoch enthält die Lebenserwartung bestimmte Variablen, die sich auf Produktivität beziehen,
und sicherlich auf die Nahrungsmittelproduktion. Wie sehr die Lebenserwartung von anderen Faktoren abhängt, ist natürlich kaum mit hinreichender Genauigkeit zu sagen. Aber sie kann geschätzt
werden, indem man Lebenserwartungen in verschiedenen Weltteilen mit Indizes vergleicht, die für
diese Gebiete charakteristisch sind. Die Lebenserwartung ist die zu maximierende Zielfunktion des
Bariloche-Modells.

Das kontrollierte Modell beginnt im Jahre 1980. Es wird angenommen, daß von diesem Zeitpunkt an verschiedene Indizes des Weltsystems kontrolliert werden können. Danach wird die Kontrolle so ausgeübt, daß die Lebenserwartung auf der ganzen Welt von Jahr zu Jahr maximal zunimmt, wobei die postulierten einschränkenden Bedingungen des Systems eingehalten werden. Die
Einschränkungen umfassen − in Ergänzung zur postulierten Dynamik des Systems − auch die Forderung, daß der Betrag an Kalorien und Proteinen für jeden Menschen nicht unterhalb einer bestimmten Grenze liegen darf. Auch wird gefordert, daß jede Person mindestens über einen Lebens-
raum von $10 m^2$ städtischen Typs verfügen soll.

Es muß wohl betont werden, daß die im Bariloche-Modell abgeleiteten Prognosen gänzlich von
jenen des Forrester'schen Modells verschieden sind, da ihre zugrundeliegenden Annahmen voneinander entscheidend differieren. Beispielsweise lautet eine der Annahmen im Bariloche-Modell, daß
mit einer Verbesserung der Lebensbedingungen die Geburtsraten fallen. Es gibt nun einige empirische Evidenz für diese Beziehung, aber sie ist weit von einem schlüssigen Beweis entfernt. Ferner
gehen die Erschöpfung der natürlichen Ressourcen und die Zunahme der Umweltverschmutzung in
das Modell von Bariloche nicht ein, während sie in Forresters Modell zu den bedeutendsten Faktoren zählen. Diese Unterschiede reichen schon aus, um die sehr verschiedenen Trajektorien des Weltsystems der beiden Modelle zu verdeutlichen. Darüber hinaus gibt es noch eine dritte grundlegende
Differenz, nämlich die Einführung einer kontinuierlichen Kontrolle im Bariloche-Modell. Die Annahme stets fortschreitender Kontrolle gipfelt in der Annahme einer Weltautorität, die Ressourcen
verteilen, Arbeitskräfte mobilisieren usw. kann. Gegenwärtig existiert eine derartige Autorität
nicht, noch ist eine solche in absehbarer Zukunft zu erwarten. Aus diesem Grunde kann das opti-
mistische Bariloche-Modell in keiner Weise als Voraussage-Modell angesehen werden.

Genau so wie Richardsons Aufrüstungsgleichungen zeigen, was geschehen *kann*, „wenn die Menschen nicht nachdenken" zeigt das Bariloche-Modell was geschehen könnte, „wenn die Menschen
nachdenken würden" − und zwar in Übereinstimmung mit Werten, die sich aus dem Gedanken der
allgemein menschlichen Wohlfahrt ergeben, wie sie von den Autoren des Modells verstanden wird.
Dabei wird angenommen, daß die Systemdynamik die Realität hinreichend genau abbilde.

Es mag utopisch sein, eine fortschreitende rationale Kontrolle wie im Bariloche-Modell anzunehmen. Jedoch kann die soziale Anpassung an wechselnde Bedingungen von Zeit zu Zeit zunehmen. Die Gefahr besteht darin, daß eine solche Anpassung radikale Änderungen erfordern könnte.
Wenn dies eintritt, dürfte es bereits zu spät sein − wie im Falle bösartiger Geschwülste, die sich gewöhnlich erst „ankündigen" wenn die Zeit, etwas gegen sie zu unternehmen, vorbei ist. Diese Analogie ist möglicherweise die stärkste Rechtfertigung der Konstruktion von Weltmodellen. Sie können „Symptome" ankündigen, die beachtet werden müssen, solange sie sich noch im Anfangssta-
dium befinden, wenn anscheinend noch kein Grund besteht, alarmiert zu sein.

Das Problem der Ausübung rationaler Kontrolle bleibt in unseren Tagen natürlich ungelöst. Möglicherweise besteht eine weitere Rechtfertigung der Weltmodelle darin, daß sie das Problem der Kontrolle von der rhetorischen auf die analytische Ebene gehoben haben. Die Hilfsmittel der Analyse sind noch extrem unzulänglich. Deshalb müssen die Schlußfolgerungen der verschiedenen Weltmodelle noch gegen Denkgewohnheiten des „gesunden Menschenverstandes" verteidigt werden, die auf Vorurteilen, Untertanengeist oder einfach auf dem Unwillen beruhen, engagierten Gedanken zu folgen, ohne zu wissen, ob diese Gedankengänge auf gesichertem Wissen beruhen. Die bis jetzt vorgeschlagenen Modelle bedürfen sicher noch der Verfeinerung. Aber Verfeinerungen kann man erst vornehmen, wenn grobe Modelle zur Verfügung stehen.

Anmerkungen

[1]) In einem allgemeineren Kontrollproblem können die Funktionen f und das Funktional F auch explizite Funktionen von t sein, d.h. $f = f(x, u, t)$ und $J = \int_0^T \varphi(x(t), u(t), t) \, dt$. Wir haben unsere Formulierungen somit auf Fälle beschränkt, in denen Zeit nicht explizit in die Argumente von f und φ eingeht. Solche Systeme werden *autonom* genannt.

[2]) Auch das oben erwähnte Variationsproblem kann man in ähnlicher Weise formulieren:

Minimiere $\quad \int_0^{t_f} dt$

Unter den Bedingungen $\quad \dot{x}^0 = -\sqrt{2gy} \, \cos[u(t)]$

$$\dot{y} = -\sqrt{2gy} \, \sin[u(t)]$$

$$x(0) = y(0) = 0$$

$$x(t_f) = a, \, y(t_f) = b.$$

Hier ist t_f (die Dauer des Rutschens) nicht angegeben sondern zu minimieren, und $u(t)$ ist die Kontrollvariable, nämlich der Winkel zwischen der Richtung des Rutschens und der Horizontalen zum Zeitpunkt t.

[3]) Wenn der Systemzustand für $t = 0$ vorgeschrieben ist, aber in $t = T$ kein Wert für x gegeben ist, dann ist die Grenzbedingung für λ $\lambda(T) = 0$.

6. Mathematische Demographie

Die erfolgreichsten und auch methodisch fundiertesten Anwendungen der mathematischen Modellierung in den Sozialwissenschaften sind wahrscheinlich in der mathematischen Demographie vorgenommen worden. Die empirische Demographie befaßt sich mit der Verteilung und Zusammensetzung von Menschen – Populationen. Gewöhnlich sind die Kriterien dieser Zusammensetzung biologischer Art wie z.B. Geschlecht und Alter. Kriterien wie etwa Klassenangehörigkeit, Beschäftigung oder Religionsbekenntnis kommen aus der Soziologie. Eigentlich kann Demographie als Teilbereich der Soziologie angesehen werden, wobei besonders die biologische Zusammensetzung der Population betont wird.

Die vergleichsweise feste methodologische Grundlage demographischer mathematischer Modelle beruht darauf, daß die in Betracht gezogenen Variablen gewöhnlich direkt und eindeutig beobachtbar sind. Auch die Parameter der Modelle sind oft einer direkten Schätzung zugänglich. So ist man nicht gezwungen, eine große Anzahl freier Parameter einzuführen – was, wie wir gesehen haben, der theoretischen Fruchtbarkeit der mathematischen Modelle abträglich wäre. Schließlich wird die gewünschte Dynamik demographischer Prozesse durch die Art der Variablen selbst nahegelegt. Der Modellbauer ist dann nicht mehr gezwungen, seine Modelle aufgrund *ad hoc* gebildeter Hypothesen zu konstruieren, die kaum direkt theoretisch oder empirisch begründet werden können. Hier sei an die dominierende Rolle solcher Art von Hypothesen im Aufrüstungsmodell von Richardson erinnert – ebenso wie an Rashevskys Modell des nachahmenden Verhaltens.

Zwei Arten von Problemen werden in der Demographie unterschieden. Das erste behandelt nur die Personenanzahlen (verschiedener Kategorien von Menschen in einer gegebenen Region). Die entsprechenden Modelle werden gewöhnlich als Modelle der Komponentenveränderung bezeichnet. Die zweite Art von Problemen befaßt sich mit der Altersverteilung in einer bestimmten Population und mit zeitlichen Veränderungen dieser Verteilung. Die entsprechenden Modelle werden Kohorten-Überlebensmodelle genannt.

Die Komponenten der ersten Art von Modellen gehen auf drei und nur drei Faktoren zurück, nämlich Geburt, Tod und Migration. Da sich Kohorten-Überlebensmodelle anderseits mit den Altersverteilungen befassen, müssen die interessierenden Faktoren der Veränderung auf das Alter bezogen sein. Die Modelle werden komplexer, denn die Veränderungen in der Altersverteilung einer Population verursachen Veränderungen bei den Geburts- und Todesraten, möglicherweise auch bei den Migrationsraten.

Betrachten wir ein Modell der Bevölkerungsdynamik, bei dem die Geschlechter-Verteilung in der Population als relevanter Faktor berücksichtigt wird [*Goodman*]. Die Dynamik kann durch ein Paar von Differentialgleichungen dargestellt werden, falls die Migration außer Acht gelassen wird:

$$\frac{dm}{dt} = -am + q(m, f) \quad (a \geqslant 0) \tag{6.1}$$

$$\frac{df}{dt} = -bf + r(m, f). \quad (b \geqslant 0) \tag{6.2}$$

Dabei bedeuten $m(t)$ bzw. $f(t)$ die Anzahl von Männern resp. Frauen in der Population zum Zeitpunkt t, und a bzw. b werden die geschlechtsspezifischen Todesraten von Männern resp. Frauen bezeichnen. Es wird angenommen, daß die Todesraten konstant sind.

Die Funktionen $q(m, f)$ und $r(m, f)$ stellen die Zunahme der Anzahl von Männdern resp. Frauen dar und zwar in Anhängigkeit von der Anzahl der Männer bzw. Frauen zum Zeitpunkt t.

Nehmen wir zunächst an, diese Raten seien ausschließlich von der Anzahl der Frauen abhängig. Dies könnte annähernd der Fall sein, wenn die Frauen Ehe-dominant wären. Das heißt, daß Frauenmangel besteht, so daß jede Frau sicher einen Mann findet. Daher hängt die Anzahl der Geburten nur von der Anzahl der Frauen im gebärfähigen Alter ab. Wenn wir ferner annehmen, die Zuwächse an Söhnen und Töchtern seien einfach der Anzahl der Frauen proportional — wobei die Proportionalitätskonstanten (u und v genannt) geschlechtspezifisch sind — dann können wir die obigen Gleichungen wie folgt schreiben:

$$\frac{dm}{dt} = -am + uf \tag{6.3}$$

$$\frac{df}{dt} = -bf + vf = (v - b)f. \tag{6.4}$$

Die Lösung dieser Gleichungen lautet:

$$m(t) = \frac{uA}{v - b + a} e^{(v-b)t} + Be^{-at} \tag{6.5}$$

$$f(t) = Ae^{(v-b)t}, \tag{6.6}$$

wobei A und B aus der ursprünglichen Geschlechtsverteilung in der Population zu bestimmen sind.

Aus den Gleichungen (6.5) und (6.6) erhalten wir den *Geschlechtsquotienten*

$$s(t) = \frac{m(t)}{f(t)} = \frac{u}{v - b + a} + \frac{B}{A} e^{-(v-b+a)t}. \tag{6.7}$$

Wir unterscheiden vier Fälle:

(i) $v - b + a > 0; v > b.$

(ii) $v - b + a > 0; v < b.$

(iii) $v - b + a > 0; v = b.$

(iv) $v - b + a < 0.$

Die Gleichungen (6.5) bis (6.7) zeigen zeitliche Veränderungen bei der Population, so wie die Geschlechtsanteile in jedem der angeführten Fälle auch.

(i) Sowohl die männliche als auch die weibliche Bevölkerung wächst grenzenlos während der Geschlechtsquotient nach $u/(v - b + a)$ strebt.

(ii) Beide Populationen sterben aus, aber der Geschlechtsquotient strebt derselben Grenze wie im Falle (i) zu[1]).

(iii) Die weibliche Population bleibt konstant, aber die männliche wächst oder nimmt ab, je nach dem Vorzeichen von B, das von der Anfangsbedingung abhängt. Auf jeden Fall strebt der Geschlechtsquotient nach u/a.

(iv) Wenn $v - b + a < 0$ ist, dann ist sicherlich $v - b < 0$, und beide Populationen sterben aus. Jedoch steigt der Anteil der Männer gegenüber dem der Frauen weiter an. Dies kann man intuitiv aus der geringen Todesrate der männlichen Bevölkerung (a) erkennen. Daher sterben die Frauen zuerst aus – und danach natürlich auch die Männer. Wenn die letzte Frau stirbt, wird der Geschlechtsquotient unendlich.

Das Modell beruht auf der Voraussetzung, daß der Geschlechtsquotient groß bleibt (d.h. die Anzahl der Männer übersteigt die Anzahl der Frauen.) D.h.: In den Fällen (i) – (iii) wird die Geburtsrate von Männern größer als $(v - b + a)$ angenommen. Wenn dies nicht der Fall ist, werden schließlich die Frauen überhand nehmen und nicht länger Ehe dominant sein.

Der Fall, daß die Männer Ehe-dominant sind, kann analog behandelt werden. Jetzt sind die Männer relativ selten; nicht jede Frau kann heiraten, und die Geburten hängen von der Anzahl der Männer in der Population ab. Analoge Rechnungen geben den schließlich zustandekommenden Geschlechtsquotienten im folgenden Ausdruck wieder:

$$s(\infty) = \frac{u - a + b}{v}, \text{ falls } u - a + b > 0. \tag{6.8}$$

Falls $(u - a + b) \leqslant 0$, strebt der Geschlechtsquotient nach Null und – sobald der letzte Mann stirbt, müssen auch die Frauen schließlich aussterben.

Zuletzt betrachten wir den Fall, daß weder Frauen noch Männer Ehe-dominant sind, und die Geburten von der Größe der Population $(m + f)$ abhängen. Wenn die Stärken der Männer- und Frauenpopulationen ungefähr gleich sind, ist dies eine akzeptable Annahme.

Unser System wird nun durch die folgenden Differentialgleichungen beschrieben:

$$\frac{dm}{dt} = -am + \frac{1}{2} u(m + f) = cm + df \tag{6.9}$$

$$\frac{df}{dt} = -bf + \frac{1}{2} v(m + f) = gf + km, \tag{6.10}$$

wobei wir zur Vereinfachung $u/2$ und $v/2$ für die Geburtsraten von Männern und Frauen geschrieben haben – und ferner c für $(u/2 - a)$, g für $(v/2 - b)$, d für $u/2$ und k für $v/2$.

Die Lösung von (6.9) und (6.10) wird durch die folgenden Gleichungen gegeben:

$$m(t) = A \, \text{Exp} \left\{ \frac{(c + g + h)t}{2} \right\} + B \, \text{Exp} \left\{ \frac{(c + g - h)t}{2} \right\} \tag{6.11}$$

$$f(t) = A \left[\frac{-c+g+h}{2d} \right] \mathrm{Exp} \left\{ \frac{(c+g+h)t}{2} \right\} + B \left[\frac{-c+g-h}{2d} \right] \mathrm{Exp} \left\{ \frac{(c+g-h)t}{2} \right\}, \quad (6.12)$$

wobei wir h für $\sqrt{(c-g)^2 + 4dk}$ geschrieben haben, während A und B durch die Anfangsbedingungen festgelegt sind. Es gilt nämlich:

$$A + B = m(0); A\,(-c+g+h) + B(-c+g-h) = 2df(0). \quad (6.13)$$

Für den Geschlechtsquotienten ergibt sich demgemäß folgender Ausdruck:

$$s(t) = \frac{1 + Be^{-ht}/A}{(g-c+h)/2d + Be^{-ht}(g-c-h)/2Ad}. \quad (6.14)$$

Der endgültige Geschlechtsquotient lautet:

$$s(\infty) = \frac{2d}{g-c+h}, \quad (6.15)$$

oder – durch unsere ursprünglichen Parameter ausgedrückt:

$$s(\infty) = \frac{2u}{v - u + 2a - 2b + \sqrt{(u+v)^2 + 4(b-a)^2 + 4(u-v)(b-a)}} \quad (6.16)$$

Wenn $(c+g+h) > 0$ ist, dann wächst die Anzahl der Männer und der Frauen ohne Beschränkung. Wenn $(c+g+h) < 0$ ist, streben beide gegen Null. Wenn $(c+g+h) = 0$ ist, dann streben beide endliche Grenzen an, und der Geschlechtsquotient strebt nach $(2b-v)/v = u/(2a-u)$.

Das kritische Verhältnis zwischen den Konstanten bildet somit die Grenze zwischen dem Aussterben und der „Explosion" einer Bevölkerung:

$$c + g = -h \quad (6.17)$$

oder – ausgehend von der Definition von h –:

$$(c+g)^2 = (c-g)^2 + 4kd \quad (6.18)$$

was sich zu

$$cg = kd \quad (6.19)$$

vereinfachen läßt, oder – wenn wir es durch die ursprünglichen Parameter ausdrücken – wird es zu

$$(u-2a)\,(v-2b) = uv \quad (6.20)$$

Man sieht, daß diese Bedingung formal mit der Bedingung identisch ist, die die stabilisierte Aufrüstungs von der unstabilen unterscheidet (vgl. S. 55). Dies ist nicht überraschend, da die Gleichungen (6.9) und (6.10) dieselbe Gestalt haben, wie die Richardsonschen Gleichungen (4.15) und (4.16).

Nun werden wir das Kohorten-Überlebensmodell darstellen, in dem die Geburts- und die Todesraten altersspezifisch sind. Bei diesen Modellen interessiert nicht nur die Wachstumsrate der Population oder ihre Aufteilung nach Geschlechtern, sondern auch die Alterszuammensetzung der Population. Zweifellos hat diese Verteilung einen direkten Einfluß auf die Geburtenrate: Man eliminiere die Frauen gebährfähigen Alters, und die Population stirbt sicherlich aus.

Als nächstes betrachten wir also die Auswirkung von Veränderungen der Mortalität und Fertilität auf die Alterszusammensetzung der Population. Wir folgen den Ausführungen von *Coale* [1956]. Wir werden uns auf die Dichteverteilung der Lebensalter in einer Malthus-Population beschränken.

In den meisten menschlichen Populationen sind – abgesehen von besonderen Umständen (z.B. im Gefolge großer Kriege) – Frauen und Männer ungefähr gleich vertreten, obwohl die Häufigkeit von Mädchen- und Knabengeburten leicht differiert, und die Lebenserwartungen von Männern und Frauen of beträchtlich verschieden sind. Bei der Analyse der Dynamik einer normalen Population brauchen nur die Frauen in Betracht gezogen zu werden. Demgemäß wird die im Modell beschriebene Population ausschließlich aus Frauen bestehen und nur die Geburts- und Todesraten von Frauen enthalten.

Bevor wir die gestellten Probleme näher betrachten, werden wir eine grundlegende Formel der mathematischen Demographie erläutern, nämlich die der Dichteverteilung der Lebensalter in einer *Malthus-Population*. Es handelt sich um eine Population, die exponentielles Wachstum oder exponentielle Abnahme aufweist, weil ihre (pro Kopf) Geburten- und Sterberaten konstant sind. Wir führen die folgenden Bezeichnungen ein:

$N(t)$: Gesamtpopulation zum Zeitpunkt t.

$B(t)$: Anzahl der Lebendgeburten pro Jahr zum Zeitpunkt t.

$D(t)$: Anzahl der Todesfälle pro Jahr zum Zeitpunkt t.

$b(t) = B(t)/N(t)$: Geburten pro Kopf und Jahr zum Zeitpunkt t.

$d(t) = D(t)/N(t)$: Todesfälle pro Kopf und Jahr zum Zeitpunkt t.

$p(a)$: Die Wahrscheinlichkeit, daß eine zufällig ausgewählte Person mindestens das Alter a erreicht.

$c(a, t)$: Der relative Anteil von Personen zwischen dem Alter a und dem Alter $(a + da)$ zum Zeitpunkt t, also die Altersverteilung.

Wir suchen eine *stationäre* Altersverteilung, d.h. eine Formel mit der Eigenschaft $c(a, t) - c(a)$. In Hinblick auf die obigen Definitionen erhalten wir

$$N(t) = \int_0^\infty B(t-a)p(a)da. \tag{6.21}$$

Das heißt, die Anzahl der zum Zeitpunkt t lebenden Personen ergibt sich durch Summierung derjenigen Personen, die a Jahre vorher geboren wurden und zum Zeitpunkt t noch leben.

Für den relativen Anteil der Personen im Alter a, die zum Zeitpunkt t noch leben, gilt:

$$c(a, t) = \frac{B(t-a)p(a)}{N(t)}. \tag{6.22}$$

Da $c(a, t)$ eine Dichteverteilung ist, muß gelten

$$\int_0^\infty c(a, t)da = 1. \tag{6.23}$$

Wir setzen in (6.22) $a = 0$. Dann gilt

$$c(0, t) = \frac{B(t)p(0)}{N(t)}. \tag{6.24}$$

Da wir nur Lebendgeburten betrachten, gilt $p(0) = 1$, so daß weiterhin

$$c(0, t) = \frac{B(t)}{N(t)} = b(t) \tag{6.25}$$

gilt.

Ferner ist die Wahrscheinlichkeit, daß ein Individuum im Alter zwischen a und $(a + da)$ stirbt, $-(dp/da)da$. Das folgt aus dem Umstand, daß die Wahrscheinlichkeit für eine Person, weniger als a Jahre zu werden gleich $1 - p(a)$ ist; und die Ableitung dieser Wahrscheinlichkeit ergibt die Dichtefunktion für das Todesalter. Daher gilt

$$D(t) = -\int_0^\infty B(t-a)\frac{dp(a)}{da}da. \tag{6.26}$$

Man beachte, daß infolge des schwach-monotonen Abnehmens der Funktion $p(a)$ ihre Ableitung nach a nicht positiv ist, und deshalb das Integral auf der rechten Seite von (6.26) nicht negativ ist, was natürlich so sein muß.

Die rechte Seite von (6.26) stellt die Anzahl der Todesfälle pro Jahr in der Gesamtpopulation dar. Um $d(t)$ (die Todesrate pro Kopf) zu erhalten, müssen wir den Integranden durch die Population zum Zeitpunkt t dividieren. Daher gilt

$$d(t) = - \int\limits_0^\infty \frac{B(t-a)}{N(t)} \left(\frac{dp(a)}{da} \right) da. \tag{6.27}$$

Durch Einsetzen von (6.22) in (6.27) erhalten wir

$$d(t) = - \int\limits_0^\infty c(a, t) \frac{1}{p} \left(\frac{dp}{da} \right) da. \tag{6.28}$$

Nun gilt

$$\frac{1}{p} \frac{dp}{da} = \frac{d}{da} [\log_e p(a)]. \tag{6.29}$$

Daher ist

$$d(t) = - \int\limits_0^\infty c(a, t) \frac{d}{da} [\log_e p(a)] \, da. \tag{6.30}$$

Da wir weiterhin stationäre Altersverteilung angenommen haben, können wir $c(a, t) = c(a)$ schreiben. Demgemäß gilt $b(t) = b(0) = $ konst. (Geburtenrate pro Kopf) und $d(t) = d(0) = $ konst. (Todesrate pro Kopf).

Wir definieren $r = b - d$ und sehen, daß gilt:

$$r = \frac{1}{N} \frac{dN(t)}{dt}; \quad N(t) = N_0 e^{rt}. \tag{6.31}$$

Die Malthus-Population wächst (oder verringert sich) exponentiell. Sie wird durch den Wachstumsparameter r charakterisiert. Aus (6.31) erhalten wir sofort

$$B(t) = bN(t) = bN_0 e^{rt} = B_0 e^{rt} \tag{6.32}$$

$$c(a) = \frac{B(t-a)}{N(t)} p(a) = \frac{bN_0 e^{rt} e^{-ra} p(a)}{N_0 e^{rt}} = be^{-ra} p(a). \tag{6.33}$$

In Hinblick auf die Relation $\int\limits_0^\infty c(a) da = 1$ können wir auch die Gleichungen

$$1 = b \int\limits_0^\infty e^{-ra} p(a) da \tag{6.34}$$

$$b = \frac{1}{\int\limits_0^\infty e^{-ra} p(a) da} \tag{6.36}$$

ableiten.

Der Parameter b stellt die Anzahl der Geburten pro Kopf und Jahr dar. Natürlich verändert sich die Wahrscheinlichkeit dafür, daß eine zufällig ausgewählte Frau in einem bestimmten Lebensjahr gebärt, mit dem Alter der Frau. Es sei $m(a) da$ die Wahrscheinlichkeit dafür, daß eine Frau innerhalb des Altersintervalls $(a, a + da)$ gebärt. $m(a)$ ist eine Dichtefunktion, während $p(a)$ eine Wahrscheinlichkeit darstellt. Nun können wir b durch die Ausdrücke $c(a)$ und $m(a)$ erhalten:

$$b = \int\limits_0^\infty c(a) m(a) da. \tag{6.36}$$

Durch Substitution von (6.33) in (6.36) leiten wir auch die folgenden Beziehungen ab:

$$\int_0^\infty b e^{-ra} p(a) m(a) da = b \tag{6.37}$$

$$\int_0^\infty e^{-ra} p(a) m(a) \, da = 1. \tag{6.38}$$

Nun können die Auswirkungen von Mortalität und Fertilität, d.h. von $p(a)$ [2]) und $m(a)$ auf die Altersverteilung unter der Voraussetzung einer stationären Altersverteilung untersucht werden. Um zwei Populationen mit verschiedenen Angaben über Sterblichkeit und Geburten zu vergleichen, müssen wir den Quotienten ihrer Altersverteilung betrachten. c^1 (a) sei die Altersverteilung bei einer anderen Population mit der Geburtenrate b^1, der Mortalität $p^1(a)$ und der Wachstumsrate r^1. Dann erhalten wir

$$\frac{c^1(a)}{c(a)} = \frac{b^1}{b} \frac{p^1(a)}{p(a)} \frac{e^{-r^1 a}}{e^{-ra}} = \frac{b^1}{b} \frac{p^1(a)}{p(a)} e^{-\Delta ra}. \tag{6.39}$$

wobei Δr die Differenz der zwei Wachstumsraten ist. Wir wollen untersuchen, für welche Werte von a der Bruch (6.39) mit a zunimmt und für welche er (infolge verschiedener Mortalitäten und Geburtsraten) abnimmt. Zunächst wollen wir $p^1(a)$ und $p(a)$ als gleich annehmen und Altersverteilungen vergleichen, die sich nur in bezug auf die Fertilität unterscheiden.

Wenn $p^1(a) = p(a)$ ist, vereinfacht sich (6.39) folgendermaßen:

$$\frac{c^1(a)}{c(a)} = \frac{b^1}{b} e^{-\Delta ra}. \tag{6.40}$$

Mit $\Delta r > 0$ und der Altersverteilung im Gleichgewicht sinkt der Quotient der Verteilung stetig mit dem Alter. Er nimmt den Wert 1 beim Alter $\hat{a}$ an, der ungefähr dem Durchschnitt des mittleren Alters der zwei Populationen gleich ist. Daraus folgt, daß in Populationen mit größeren r, also einer größeren Geburtenrate, relativ mehr jüngere und relativ weniger ältere. Frauen vorhanden sein werden.

Als nächstes untersuchen wir die Beziehung zwischen Fertilität und Populationswachstum. Im allgemeinen ist die Ableitung der mathematischen Beziehung schwierig. Sie wird jedoch wesentlich vereinfacht, wenn die Fertilität einer Population zu der einen anderen einfach proportional ist — wenn also $m^1(a) = km(a)$ gilt. Wir wählen die Populationen so, daß $k > 1$ ist.

Sei T das durchschnittliche Zeitintervall zwischen zwei Generationen. Beide Populationen seien anfänglich gleich also $N(0) = N^1(0) = N_0$. Da eine Frau jeden Alters in der schneller wachsenden Population im Durchschnitt k mal so viele Kinder hat als eine Frau gleichen Alters in der langsamer wachsenden Population, und da die Mortalitätsraten gleich sind, wird in der nächsten Generation die schneller wachsende Population k mal größer als die andere. Andererseits gilt:

$$N(T) = N_0 e^{rT}; \quad N^1(T) = N_0 e^{r^1 T}. \tag{6.41}$$

Daher gilt auch

$$\frac{m^1(a)}{m(a)} = k \cong e^{\Delta rT}. \tag{6.42}$$

und wir können die Näherungsformel angeben:

$$\Delta r \cong \frac{1}{T} \log_e k. \tag{6.43}$$

Da $\hat{a}$ als dasjenige Alter definiert wurde, für das $c^1(\hat{a}) = c(\hat{a})$, folgt

$$1 = \frac{c^1(\hat{a})}{c(\hat{a})} = \frac{b^1}{b} e^{-\Delta r \hat{a}} \tag{6.44}$$

$$\frac{b^1}{b} = e^{\Delta r \hat{a}}.$$

(6.45)

Indem wir (6.43), (6.45) und (6.40) zusammenfassen, erhalten wir

$$\log_e \frac{b^1}{b} \cong \frac{\hat{a}}{T} \log_e \frac{m^1(a)}{m(a)}$$

(6.46)

$$\log_e \frac{c^1(a)}{c(a)} \cong \frac{\hat{a} - a}{T} \log_e \frac{m^1(a)}{m(a)}.$$

(6.47)

Die Gleichung (6.46) besagt, daß der Quotient der Geburtenrate größer oder kleiner als der Quotient der Fertilitäten ist, je nachdem ob $\hat{a}$ größer oder kleiner als T ist. Wenn $\hat{a} > T$, ist der Quotient der Geburten größer als der Quotient der Fertilitäten und umgekehrt. Intuitiv ist dieses Resultat aus folgender Überlegung klar: Wenn $\hat{a} > T$ gilt, so ist die hohe Fertilität mit einer „günstigeren" Altersverteilung verbunden und verursacht ein überproportionales Wachstum der Geburtenrate.

Wenn die zwei Populationen dieselbe Fertilität aber verschiedene Mortalitäten aufweisen, dann ist das Problem des Vergleiches der Altersverteilungen bei bestehendem Gleichgewicht schwieriger. Durch Logarithmieren beider Seiten von (6.39) erhalten wir

$$\log_e \frac{c^1(a)}{c(a)} = \log_e \frac{p^1(a)}{p(a)} - \left(\Delta ra - \log_e \frac{b^1}{b} \right).$$

(6.48)

Angesichts von (6.38) müssen wir erhalten

$$\int_0^\infty [e^{-r^1 a} p^1(a) m(a) - e^{-ra} p(a) m(a)] \, da = 0.$$

(6.49)

Da ferner $\int_0^\infty c(a) da = \int_0^\infty c^1(a) da$ gilt, erhalten wir nach der Substitution von (6.33)

$$\int_0^\infty [b^1 e^{-r^1 a} p^1(a) - b e^{-ra} p(a)] \, da = 0.$$

(6.50)

Nun gilt, daß für nahe bei 1 liegende Werte von x der Logarithmus $\log_e x$ durch $(x - 1)$ approximiert wird. Daher gilt für den Fall, daß $p^1(a)/p(a)$ hinreichend nahe bei 1 und Δr hinreichend klein ist, die folgende Näherung:

$$\log_e \frac{p^1(a) e^{-r^1 a}}{p(a) e^{-ra}} \cong [e^{-r^1 a} p^1(a) - e^{-ra} p(a)] \left[\frac{1}{e^{-ra} p(a)} \right].$$

(6.51)

Durch Substitution von (6.51) und (6.33) in (6.49) erhalten wir

$$\int_0^\infty \left[\log_e \frac{p^1(a)}{p(a)} - \Delta ra \right] c(a) m(a) da \cong 0.$$

(6.52)

Wir haben angenommen, daß $p(a)$, $p^1(a)$, $c(a)$ und $m(a) = m^1(a)$ alle bekannt sind. Wir wollen nun Δr bestimmen. Wir fangen mit der Substitution kleiner Werte von Δr in (6.52) an, wobei wir positive Integralwerte erhalten. (Wir bemerken, daß das Integral zwischen dem geringsten und dem höchsten gebärfähigen Alter, also etwa zwischen 15 und 45 genommen werden kann, da außerhalb dieser Grenzen $m(a)$ zu Null wird.) Mit der Erhöhung von Δr nimmt der Wert des Integrals ab. Wir erhöhen Δr so lange, bis das Integral den Wert Null annimmt. Damit haben wir Δr, also die Differenz der Wachstumsraten zweier Populationen bestimmt.

Nun gehen wir zur Schätzung von b^1/b über. Indem wir annehmen, daß die Altersverteilungen nicht allzu verschieden sind, führen wir die Approximierung

$$\log_e \frac{c^1(a)}{c(a)} \cong \left[\frac{c^1(a)}{c(a)} - 1 \right] \qquad (6.53)$$

ein. Daher erhalten wir im Rahmen unserer Näherung die folgenden Beziehungen:

$$\int_0^\infty \left[\log_e \frac{c^1(a)}{c(a)} \right] c(a)da \cong 0 \qquad (6.54)$$

oder

$$\int_0^\infty \left[\log_e \frac{p^1(a)}{p(a)} - \left(\Delta ra - \log_e \frac{b^1}{b} \right) \right] c(a)da \cong 0, \qquad (6.55)$$

Da wir Δr schon bestimmt haben, sind alle Quantitäten des Integranden außer dem $\log_e(b^1/b)$ bekannt. Wie wir weiter unten sehen werden, ist diese Quantität im allgemeinen negativ. Wenn wir daher mit der Substitution kleiner Werte von $\log_e(b^1/b)$ in (6.55) beginnen, werden die Werte des Integrals negativ sein. Wir erhöhen daher $\log_e(b^1/b)$ so lange, bis das Integral verschwindet. Auf diese Weise werden $\log_e(b^1/b)$ und damit b^1/b bestimmt.

So viel zur mathematischen Analyse. Wir wenden uns nun inhaltlichen Fragen zu. Im Laufe unseres Jahrhunderts erhöhte sich die Lebenserwartung des Menschen wesentlich. D.h. $p(a)$ ist jetzt für jedes a größer als es zu Beginn des Jahrhunderts war. (All diese Überlegungen beziehen sich natürlich auf industriell entwickelte Länder. Weiter unten wählen wir Schweden als Beispiel.)

Ein die Demographen interessierendes Problem besteht in der Bestimmung der Auswirkung dieser Veränderung auf die Geburtenrate (b) und auf die Wachstumsrate der Population (r). Gewisse Überlegungen können auch mit „gesundem Menschenverstand" angestellt werden. Wenn die allgemeine Langlebigkeit beispielsweise ausschließlich deshalb zunehmen würde, weil die Mortalität von Frauen jenseits des gebärfähigen Alters abnimmt, dann würden wir keine Zunahme der Wachstumsrate erwarten können. Es ist hingegen bekannt, daß der Hauptfaktor bei der Erhöhung der durchschnittlichen Lebenserwartung die Verringerung der Säuglingssterblichkeit und die einschneidende Verringerung der Sterbefälle bei Kinderkrankheiten sind.

Die Verringerung der Sterberate im 20. Jahrhundert kann im allgemeinen als Summe dreier Komponenten dargestellt werden. Die erste Komponente ist die drastische Verringerung der Säuglingssterblichkeit, die zweite das lineare Ansteigen des Logarithmus von $p^1(a)/p(a)$ und die dritte eine zusätzliche Zunahme der Langlebigkeit im höheren Lebensalter. Diese drei Komponenten werden in der Abbildung 6.1 angeführt.

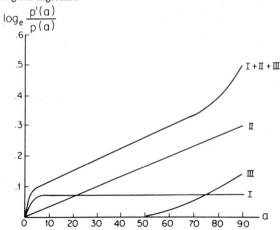

Abb. 6.1

Wir betrachten zunächst den Einfluß der linearen Komponente. Wenn $\log_e p^1(a)/p(a) = sa$ mit konstantem s gilt, dann erhalten wir $p^1(a) = p(a)e^{sa}$ und $\Delta r = s$. Daraus ergibt sich $b^1/b = 1$. Diese Komponente hat daher weder einen Einfluß auf die Geburtenrate noch auf die Altersverteilung. Wir betrachten ferner die Auswirkung der verringerten Säuglingssterblichkeit. Wenn sie nur Resultat der Erhaltung der Neugeborenen wäre, würde sie damit der Reduktion von Todgeburten im wesentlichen äquivalent sein, d.h. dem Anwachsen von Fertilität. Dabei würde die Auswirkung auf das Mortalitätsverhältnis für alle Altersklassen nach der Geburt konstant sein. Dann kann die Komponente der Säuglingssterblichkeit durch $p^1(a)/p(a) = k$ dargestellt werden, also durch eine von a unabhängige Konstante, wobei k eine kleine positive Zahl ist (vgl. Kurve I in der Abbildung 6.1). Durch Einsetzen in die Gleichung (6.38) erhalten wir

$$\int_0^\infty e^{-r^1 a} p^1(a) m(a) da = k \int_0^\infty e^{-r^1 a} p(a) m(a) da = 1. \tag{6.56}$$

Aber diese Gleichung würde sich ergeben, wenn wir $m^1(a) = km(a)$ setzen, was diesen Fall auf einen bereits analysierten zurückführt (vgl. S. 81).¹.

Mithin ergibt sich

$$\Delta r \cong \log_e \left[\frac{p^1(a)}{p(a)} \right] \frac{1}{T} \tag{6.57}$$

$$\log_e \frac{c^1(a)}{c(a)} \cong \frac{\hat{a}-a}{T} \log_e \frac{p^1(a)}{p(a)}. \tag{6.58}$$

Die Gleichungen (6.57) und (6.58) sind den Gleichungen (6.46) und (6.47) analog. Wenn die Veränderung der Altersverteilung (wie es in der Gleichung (6.58) zum Ausdruck kommt) auf eine Veränderung der Säuglingssterblichkeit zurückgeht, dann ist die Auswirkung der Allgemeinen Geburtenrate von der Wirkung einer Veränderung der Fertilität verschieden. Wegen (6.39) erhalten wir

$$\frac{c^1(\hat{a})}{c(\hat{a})} = 1 = \frac{b^1}{b} \frac{p^1(\hat{a})}{p(\hat{a})} e^{-r\hat{a}} \tag{6.59}$$

$$\log_e \frac{b^1}{b} = \Delta r\hat{a} - \log_e \frac{p^1(\hat{a})}{p(\hat{a})}. \tag{6.60}$$

Durch einen Vergleich von (6.60) mit (6.46) erkennen wir den Unterschied der beiden Einflüsse. Intuitiv kann dieser Unterschied folgendermaßen interpretiert werden: Nehmen wir der Einfachheit wegen an, daß $\hat{a} = T$ gelte, wobei T das durchschnittliche Alter einer Generation ist, d.h. das durchschnittliche Alter bis zur Geburt des ersten Kindes. Wenn die Veränderung durch einen Wechsel der Fertilität verursacht würde, so ist der Quotient der Geburtenraten dem Quotienten der Fertilitäten gleich. Wenn sich die Säuglingssterblichkeit veränderte, während die Fertilität gleich bliebe — dann würden die beiden Populationen gleiche Geburtenraten aufweisen. Die Wirkung auf das *Wachstum* infolge dieser beiden Veränderungen bleibt gleich. Aber in einem Falle geht die Veränderung auf eine größere Geburtenzahl zurück; während die Ursache im anderen Falle eine geringere Todesanzahl nach der Geburt ist.

Schließlich untersuchen wir die Auswirkung der Mortalitätsabnahme der älteren Bevölkerung. Das Wachstum wird nicht beeinflußt, da die Älteren keinen Beitrag zu den Geburten leisten und schließlich selbst sterben. Daher gilt in diesem Fall (bei $\Delta r = 0$);

$$\frac{c^1(a)}{c(a)} = \frac{b^1}{b} \frac{p^1(a)}{p(a)}. \tag{6.61}$$

Die Geburtenraten werden nur deshalb differieren, weil ein größerer Anteil alter Personen vorhanden sein wird (die an der Geburtenanzahl selbst nichts ändern). Bei der Schätzung des Quotienten der Geburtenrate machen wir von der folgenden Beziehung Gebrauch

$$\int_0^w \left[\frac{c^1(a)}{c(a)} - 1 \right] c(a)da = 0 \tag{6.62}$$

$$\int_0^w \left[\frac{b^1 p^1(a)}{bp(a)} - 1 \right] c(a)da = 0. \tag{6.63}$$

Dabei wird w als höchstes Lebensalter der oberen Integrationsgrenze gleich gesetzt. Angesichts der Approximation

$$\frac{b^1 p^1(a)}{bp(a)} - 1 \cong \log_e \frac{b^1}{b} + \log_e \frac{p^1(a)}{p(a)} \tag{6.64}$$

können wir jedoch schreiben

$$\int_0^w \log_e \left[\frac{p^1(a)}{p(a)} \right] c(a)da \cong \int_0^w \log_e \left[\frac{b}{b^1} \right] c(a)da. \tag{6.65}$$

Wenn die Verringerung der Mortalität der höheren Lebensalter bei $a = a^*$ beginnt, dann gilt $\log_e(p^1(a)/p(a)) > 0$ für $a > a^*$. Da $\int_0^\infty c(a)da = 1$ und $\log_e(b^1/b)$ konstant sind, wird die rechte Seite von (6.65) dem Ausdruck $\log_e(b^1/b)$ gleich. Da der Integrand auf der linken Seite von (6.65) bei $a < a^*$ verschwindet, können wir anderseits schreiben:

$$\log_e \frac{b^1}{b} \cong \int_{a^*}^w \log_e \left[\frac{p^1(\bar{a})}{p(\bar{a})} \right] c(a)da. \tag{6.66}$$

Aufgrund des Mittelwertsatzes der Integralgleichung[3]) muß es einen Wert $\bar{a}$ zwischen a^* und w geben, so daß gilt

$$\int_{a^*}^w \log_e \left[\frac{p^1(a)}{p(a)} \right] c(a)da = \log_e \frac{p^1(\bar{a})}{p(\bar{a})} \int_0^w c(a)da. \tag{6.67}$$

Für w (obere Grenze des erreichbaren Alters) kann 90 gesetzt werden. Wenn der Logarithmus des Quotienten der Überlebenswahrscheinlichkeit linear zunimmt, und $c(a)$ von a^* bis 90 linear abnimmt, dann würde $\bar{a}$ ungefähr am Ende des ersten Drittels des Intervalls $(a^*, 90)$ liegen. Wir erhalten damit die folgende Approximation:

$$\log_e \frac{b}{b^1} \cong \log_e \left[\frac{p^1(\bar{a})}{p(\bar{a})} \right] \tag{6.68}$$

wobei $\bar{a} = 2a^*/3 + 30$ ist.

Aus der Gleichung (6.68) ersehen wir die Auswirkung der verminderten Mortalität bei hohem Alter auf die Geburtenrate: Wie bereits intuitiv zu erwarten war, verringert sie sich. Wir haben schon gesehen, daß die lineare Komponenten der reduzierten Mortalität keine Wirkung auf die Geburtenrate hat. Auch infolge einer verringerten Säuglingssterblichkeit wird die Geburtenrate nicht verändert, falls das Durchschnittsalter beim Gebären mit dem Alter zusammenfällt, in dem sich die beiden Verteilungen schneiden. Die Gesamtwirkung der reduzierten Mortalität besteht daher u.U. in der Verringerung der Geburtenrate. Dieses Resultat wurde oben im Zusammenhang mit dem Verfahren zur Bestimmung b^1/b erwähnt.

Wir wollen nun dieses Modell mit Daten aus schwedischen Statistiken der ersten Hälfte unseres Jahrhunderts vergleichen. Im Zeitraum von 1896–1900 betrug die allgemeine Reproduktionsrate der schwedischen Bevölkerung 1,96 % und die durchschnittliche Lebenserwartung lag bei 53,6 Jahren. Im Jahre 1950 betrug die allgemeine Reproduktionsrate 1,1 % und die Lebenserwartung im

Zeitraum von 1946–1950 belief sich auf 71,6 Jahre. Vergleiche zwischen den Altersverteilungen sind in den folgenden Abbildungen dargestellt.

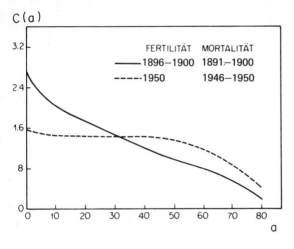

Abb. 6.2: Vergleich zweier Altersverteilungen in Schweden zu Beginn und in der Mitte des 20. Jahrhunderts [nach *Coale*, 1956]

In der Abbildung 6.2 sehen wir die Altersverteilungen zu Beginn des Jahrhunderts und zur Jahrhundersmitte. Sie entsprechen den Fertilitäts- und Mortalitätsverhältnissen in diesen Zeiten.

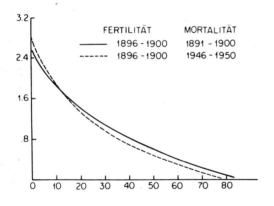

Abb. 6.3: Vergleich zwischen der früheren und einer hypothetischen Altersverteilung, bei der die Mortalitätsrate von 1946–1950 mit der Fertilität von 1896–1900 kombiniert wurde [nach *Coale*, 1956]

In der Abbildung 6.3 sehen wir die frühere Altersverteilung im Vergleich mit derjenigen Altersverteilung die sich ergeben hätte, wenn die Mortalität von 1946–1950 mit der Fertilität von 1896–1900 gekoppelt wäre. Wir erkennen, daß die höhere Lebenserwartung in der Zeit von 1946–1950 auf die Altersverteilung sehr wenig Wirkung gehabt hätte. Wenn überhaupt, würde sie die Population etwas „jünger" machen (Verschiebung des Anteils jüngerer Frauen). Dieses Resultat steht der weit verbreiteten Meinung entgegen, wonach eine höhere Lebenserwartung zu einer „älteren" Population führt. Der Grund für das tatsächliche Ergebnis ist leicht zu erkennen: Die erhöhte *durchschnittliche* Lebenserwartung ergibt sich aus der Verringerung der Säuglingssterblichkeit. Daher überleben die Kinder, die sonst gestorben wären, tragen zum Anteil der jüngeren bei und kompensieren damit die größere Überlebenswahrscheinlichkeit der Älteren.

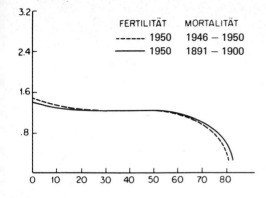

Abb. 6.4: Vergleich zwischen der späteren und einer hypothetischen Altersverteilung, bei der die Mortalität von 1896–1900 mit der Fertilität von 1950 kombiniert wurde [nach *Coale, 1956*]

Ferner wird in der Abbildung 6.4 die Altersveränderung gezeigt, die sich ergeben hätte, wenn die Mortalität von 1896–1900 mit der Fertilität von 1950 gekoppelt wäre. Wiederum ist der Effekt nur gering. Die sich ergebende Gleichgewichtspopulation würde nicht bedeutend „jünger" sein. Wenn überhaupt, würde sie etwas „älter" werden (da mehr Kinder gestorben sein würden).

Wir geben hier die Zusammenfassung der Auswirkungen der demographischen Veränderungen in der schwedischen Bevölkerung wieder, wie sie von Coale gemacht wurde [*Coale*, 1956, 95–96].

1. Die Abnahme der Fertilität wirkt auf das eigentliche Wachstum mehr als die Abnahme der Mortalität. Die Fertilität allein würde Δr um 1,7 % verkleinert haben. Eine Abnahme der Mortalität würde Δr um 0,82 % erhöht haben.
2. Die Zunahme der Wachstumsrate zusammen mit der linearen Komponente der veränderten Mortalität bewirkt 0,47 % der Veränderungen in Δr. Die Komponente der Säuglingssterblichkeit vergrößert Δr um ungefähr 0,36 %. Also hat der Abfall der Mortalität (obwohl er beinahe einen halb so großen Effekt auf das Wachstum hatte wie die Fertilität) eine kleinere Wirkung auf die Altersverteilung.
3. Die Auswirkung der verringerten Kindersterblichkeit auf die Altersverteilung ist äquivalent zur Auswirkung einer 12%-igen Zunahme der Fertilität (ausgenommen die Wirkung auf Lebensalter unter fünf Jahren).
4. Die Auswirkung derselben Abnahme der Kindersterblichkeit auf die Altersverteilung ist größer, wenn die Fertilität konstant gehalten wird (und zwar niedrig).
5. Trotz der Veränderung der Mortalität der Alten wird der Populationsanteil dieses Lebensalters durch eine reduzierte allgemeine Mortalität verringert und nicht vergrößert. Dies geschieht wegen der größeren Wirkung der verminderten Kindersterblichkeit in entgegengesetzter Richtung.

Daher ist die „Überalterung" der schwedischen Bevölkerung während der ersten Hälfte dieses Jahrhunderts gänzlich der reduzierten Fertilität zuzuschreiben, die den entgegengesetzten Effekt der reduzierten Mortalität auf den Anteil älterer Leute „überdeckte".

Bis jetzt haben wir die Altersverteilungen der sogenannten stabilen Population untersucht, d.h. der Malthus-Population, die stabil nicht im Sinne gleichbleibender Größe, sondern einer konstanten *Wachstumsrate* ist. Die Bestimmungen letztendlich stabiler Altersverteilungen wird komplizierter, wenn sich die Fertilität oder die Mortalität ändern. Der in einer Erweiterung der oben beschriebenen Methoden auf allgemeinere Situationen interessierte Leser sei auf *Coale* [1972, Kapitel 4] verwiesen.

In den ersten Jahrzehnten unseres Jahrhunderts schien es, als ob die Populationen von Europa und Nordamerika logistisch wachsen würden. Dies wurde aus der Tatsache geschlossen, daß die Geburtenrate schneller sank als die Todesrate. Heutzutage gilt dieses Modell für die Weltpopulation nicht. Die Wachstumsrate der Weltbevölkerung, also r, wächst weiter — wenn auch mit negativer Beschleunigung. Falls diese Tendenz so lange anhält, daß r schließlich in eine Konstante übergeht, wird die Population erst recht malthusianisch sein, d.h. „nur" exponentiell wachsen. Die Wichtigkeit des Problems macht das Verständnis der Populationsdynamik in ihrer ganzen Komplexität notwendig.

Anmerkungen

[1]) Eigentlich kann die Population nicht mehr als eine stetige Variable angesehen werden, wenn die Personenzahl klein ist. Ein stochastisches Modell wird in diesem Falle angemessener sein, denn es beinhaltet die Wahrscheinlichkeit, daß die Population zu einem bestimmten Zeitpunkt aussterben kann. [Vgl. *Parzen*, Kapitel 6].

[2]) Eigentlich ist $p(a)$ nicht die Mortalität, sondern die Überlebenswahrscheinlichketi. Aber $p(a)$ wird beim Vergleich von Populationen benutzt, die sich in der Mortalität unterscheiden.

[3]) Der Mittelwertsatz der Integralrechnung behauptet: Ist f eine im Intervall $[a_1, a_2]$ kontinuierliche Funktion so gibt es in diesem Intervall einen Punkt $\bar{a}$ so daß $\int_{a_1}^{a_2} f(a)\,da = \bar{a}(a_2 - a_1)$ ist. Sind f und g im Intervall $[a_1, a_2]$ kontinuierliche Funktionen und ändert f im $[a_1, a_2]$ das Vorzeichen nicht so gilt $\int_{a_1}^{a_2} g(a)f(a)\,da = g(\bar{a})\int_{a_1}^{a_2} f(a)\,da$, wobei $a_1 \leqslant \bar{a} \leqslant a_2$.

7. Anwendungen der Katastrophentheorie in Modellen internationaler Konflikte

Betrachten wir ein Richardsonsches System, das durch die Gleichungen (4.17) und (4.18) ausgedrückt ist, wobei $mn > ab$ gilt, d.h. die Bedingung der Stabilität erfüllt wird. Indem wir $dy/dx = dy/dt = 0$ setzen und nach x und y auflösen, erhalten wir

$$x^* = \frac{ah + gn}{mn - ab}; \quad y^* = \frac{bg + mh}{mn - ab}. \tag{7.1}$$

Einem Beobachter, der den Zustand des Systems nur von außen betrachtet, könnte es in diesem Punkt des $(x\text{-}y)$-Raumes als im Gleichgewicht befindlich erscheinen, da sich sein Zustand nicht ändert.

Nehmen wir an, die Parameter a, b, m, n, g und h veränderten sich, ohne daß jedoch der Gleichgewichtszustand des Systems dadurch verschoben werde. Beispielsweise könnten sich diese Parameter in der Weise verändern, daß die beiden sich schneidenden Linien von Abbildung 4.1 um ihren Schnittpunkt gedreht werden.

Die Parameter können nicht unmittelbar beobachtet werden, sondern lediglich der Gleichgewichtszustand (x^*, y^*). Falls die Lage des Gleichgewichtszustands konstant bleibt, dann wird unser Beobachter die Veränderungen der Parameter nicht wahrnehmen. Wir wissen jedoch (vgl. Gleichung (4.24)), daß die *Stabilität* des Systems von der Beziehung zwischen den Parametern a, b, m, und n abhängt. Falls die Ungleichung $mn > ab$ infolge der Veränderung dieser Parameter umgedreht wird, dann wird das System instabil. Es wird plötzlich „hochgehen", und zwar je nach der Richtung einer anfänglich geringen Störung entweder hin zu wachsenden Rüstungsniveaus oder zur Abrüstung. Wenn diese stabilitätsbedingenden Relationen des Systems dem Beobachter unbekannt sind, wird er die Ursache der plötzlichen Veränderung des Verhaltens des Systems nicht erklären können.

Nehmen wir allgemeiner an, daß die Veränderungen der Parameter die Position des Gleichgewichtspunkts (x^*, y^*) verschieben. Nun wird der Beobachter die Veränderungen des Systems wahrnehmen. Solange die Ungleichheit $mn > ab$ erfüllt ist, werden kleine Veränderungen der Parameter lediglich kleine Positionsveränderungen des Gleichgewichtspunktes verursachen. Sobald die Ungleichheit jedoch umgekehrt wird, wird dies nicht mehr der Fall sein – das Verhalten des Systems wird dann radikal verändert.

Stabilitätsbedingungen und ihre herausragende Bedeutung sind etwa Systemtechnikern wohlbekannt. Die Annahme, daß auch soziale Makrosysteme von der Stabilität oder Instabilität bestimmter Zustände entscheidend abhängen, muß ernsthaft untersucht werden. Im folgenden werden wir einen auf dieser Annahme beruhenden Ansatz zur Beschreibung sozialer Makrosysteme erörtern. Die mathematischen Hilfsmittel werden hierbei der klassischen Analysis entlehnt. Es handelt sich um die sogenannte Katastrophentheorie.

Die Katastrophentheorie hat deshalb die Aufmerksamkeit einiger Sozialwissenschaftler erregt, weil sie eine Möglichkeit zur Klärung plötzlicher Übergänge oder ,,Explosionen" des menschlichen Massenverhaltens an die Hand gibt. Mit Modellen, die ihrem Wesen nach kleine Veränderungen in den ,,Ergebnissen" mit geringen Veränderungen der ,,Ursachen" verbinden, sind solche Phänomene nicht zu erfassen. Zuweilen nehmen Sozialwissenschaftler bestimmte ,,Grenzen" an, um die beobachteten Diskontinuitäten zwischen ,,Ursachen" und ,,Wirkungen" zu berücksichtigen[1]). Es wird behauptet, daß, wenn die ,,Ursache" (d.h. die unabhängige Variable eines mathematischen Modells) innerhalb bestimmter Grenzen bleibe, das System nur einer bestimmten Art von ,,Gesetzen" gehorche, – sobald jedoch eine bestimmte Variable die gesetzte Grenze überschreite, werde das System nunmehr von einer anderen Art von ,,Gesetzen" beherrscht. Offensichtlich handelt es sich hierbei um bloße ad-hoc-Annahmen. Sie können beobachtetes Verhalten u.U. beschreiben, aber sie besagen über die Ursachen des Verhaltens überhaupt nichts. Die Katastrophentheorie stellt nun Mittel bereit, mit denen plötzliche Veränderungen im Systemverhalten ohne Rückgriff auf ad-hoc-Annahmen *abgeleitet* werden können.

Wir haben gesehen, daß Richardsons Modell des Rüstungswettlaufs ebenfalls eine Erklärung dieser Art ermöglicht. Rashevskys Modell des imitierenden Massenverhaltens ist ein anderes Beispiel. Wie wir gesehen haben, kann sich Rashevskys ,,Mob" (vgl. S. 47) entweder in einem einzigen stabilen Gleichgewichtszustand befinden, oder in einem von zwei stabilen Gleichgewichtszuständen – je nach der Richtung einer gewissen Ungleichheit. Die Abbildung 3.1 zeigt diese Ungleichheit in geometrischer Darstellung. Solange die Steigung der Geraden, die durch den Ursprung geht, groß bleibt, ist das Gleichgewicht bei $\psi = 0$ stabil, d.h. $X = Y$. Wenn die Steigung der Geraden aber soweit abnimmt, daß die Gerade die Kurve an drei Punkten schneidet, wird das Gleichgewicht zerstört. Eine leichte Störung in der einen oder anderen Richtung wird den Mob in das eine oder das andere der zwei neuen Gleichgewichtszustände ,,werfen". Ohne Kenntnis der Richtung der anfänglichen Störung können wir nicht wissen, wohin der Mob sich wenden wird. Aber das Modell erklärt den plötzlichen Umschwung.

Die Modelle von Richardson und Rashevsky hatten mit einer oder mehreren Differentialgleichungen begonnen. Im Prinzip stellen die Lösungen dieser Gleichungen in Form abhängiger Variablen als Funktionen der Zeit schon die vollständige Dynamik des Systems dar. Gleichgewichtszustände und ihre Stabilitätseigenschaften sind Nebenprodukte der Analyse. Die Katastrophentheorie dagegen berücksichtigt die detaillierten dynamischen Aspekte der Makrosysteme nicht. Sie lenkt die Aufmerksamkeit stattdessen auf die Gleichgewichtszustände *als Funktionen der Parameter des Systems.* Normalerweise durchläuft ein System mehrere Gleichgewichtszustände. Diese werden durch die sogenannte *kritische Mannigfaltigkeit* dargestellt. (Der Begriff wird weiter unten erklärt.) Die Parameter werden *Kontrollparameter* genannt. Sie bewegen sich im *Kontrollraum*. Sobald sie sich bewegen, bewegen sie die abhängige Variable (die einen möglichen beobachteten Gleichgewichtszustand des Systems darstellt) auf der kritischen Mannigfaltigkeit. Anschließend werden wir betrachten, auf welche Art und Weise die Bewegungen der Kontrollvariablen die Bewegung des beobachteten Systemzustandes bestimmen. Insbesondere werden wir die ,,Sprünge" der Zustandsvariablen durch die Geometrie der kritischen Mannigfaltigkeit zu erklären haben.

Das mathematische Grundmodell der elementaren Katastrophentheorie
Betrachten wir ein Polynom r-ten Grades ($r \geqslant 3$) in x:

$$f(x, a_1, a_2, \ldots, a_{r-2}) = x^r - a_{r-2} x^{r-2} - a_{r-3} x^{r-3} - \ldots a_1 x. \qquad (7.2)$$

N.b. sind das x^{r-1} enthaltende und das konstante Glied in (7.2) nicht enthalten. Dies bedeutet keinen Allgemeinheitsverlust, da das konstante Glied durch die Übertragung des Ursprungs von f und das x^{r-1} enthaltende Glied durch die Übertragung des Ursprungs von x eliminiert werden können. Die Wahl der „1" als Wert des führenden Koeffizienten bedeutet die Wahl einer Einheit für x. Diese Transformationen beeinflussen das System nicht *qualitativ*. So wird ein Polynom dritten Grades einen einzigen Parameter a_1 aufweisen, und allgemein wird ein Polynom r-ten Grades $r - 2$ Parameter enthalten, also $a_1, a_2, \ldots, a_{r-2}$. Es handelt sich um die Kontrollparameter.

Einen *kritischen Punkt* erreicht die durch (7.2) dargestellte Funktion mit demjenigen Wert von x, bei dem df/dx verschwindet. Damit kann ein Polynom dritten Grades zwei, einen oder keinen kritischen Punkt aufweisen. Dies ist leicht zu sehen, denn die Ableitung eines Polynoms dritten Grades ist ein quadratisches Polynom, das zwei reelle (in diesem Falle weist f zwei kritische Punkte x auf), zwei *koinzidente* (in diesem Falle gibt es einen kritischen Punkt) oder zwei imaginäre Wurzeln (in diesem Falle hat f keinen kritischen Punkt) haben kann. Diese Sachlage wird in der Abbildung 7.1 dargestellt.

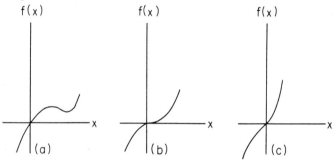

Abb. 7.1: a) $f(x)$ besitzt zwei kritische Punkte, ein Minimum und ein Maximum,
b) $f(x)$ besitzt einen kritischen Punkt, der weder ein Minimum noch ein Maximum ist,
c) $f(x)$ besitzt keinen kritischen Punkt.

Eine Grundannahme der Katastrophentheorie lautet, daß der Zustand des Systems immer ein Wert der Variable x ist, die ein *Minimum* von f bestimmt. Der Grund dieser Annahme liegt am Verhalten physikalischer Systeme. Beispielsweise streben mechanische Systeme einen Zustand an, in dem die potentielle Energie des Systems ein Minimum ist; geschlossene thermodynamische Systeme streben zu einem Zustand maximaler Entropie, d.h. minimaler freier Energie; ein durch verschiedene Medien mit verschiedenen Geschwindigkeiten dringender Lichtstrahl minimiert die Durchgangszeit zwischen zwei gegebenen Punkten usw. In der Wohlfahrtsökonomie wird der Gleichgewichtszustand durch das Maximieren einer Wohlfahrtsfunktion (wellfare function), d.h. durch das Minimieren ihres Negativen, der „Unwohlfahrtsfunktion" ("illfare function") bestimmt. Ob wir unsere Aufmerksamkeit nun auf das Minimum oder das Maximum lenken, ist offensichtlich unwichtig. So wird das Minimum durch Konvention gewählt.

Die nächste Annahme der Katastrophentheorie besagt, daß die Veränderungen in den Werten der Kontrollparameter von einer „langsamen Makrodynamik" bestimmt werden, während die Tendenz der Systemvariablen hin zum Gleichgewichtszustand durch „schnelle Mikrodynamik" gekennzeichnet sind. Wiederum können Beispiele dafür der Physik entnommen werden. Betrachten wir den Gasdruck in einem Zylinder mit einem beweglichen Ende. Es wird angenommen, daß mit dem

Anwachsen des Zylindervolumens der Druck entsprechend dem Gesetz von Boyle (PV = konst.) abnimmt. Aber diese Beziehung gilt nur, wenn sich ein gleichmäßiger Druck – nach den Verwirbelungen infolge der Expansion – wieder eingestellt hat. Genau gesagt gilt dieses Gesetz nur dann, wenn sich das Volumen „unendlich langsam" erhöht (langsame Makrodynamik), oder, äquivalent dazu, wenn das Gleichgewicht „unendlich schnell" (schnelle Mikrodynamik) wiederhergestellt wird.

Im sozialen Zusammenhang kann langsame Makrodynamik in den allmählichen historischen Veränderungen von Systemparametern erkannt werden, während die schnelle Mikrodynamik die Anpassung des Systems an Veränderungen ausdrückt, die beispielsweise durch soziale Aktionen oder Entscheidungen verursacht werden. Damit bleibt das System im wesentlichen zu allen Zeiten im Gleichgewicht, bedingt durch die jeweiligen Werte der Parameter.

Die Abbildung 7.1 kann entnommen werden, daß das Polynom dritten Grades $x^3 - a_1 x = 0$ dann und nur dann ein einziges lokales Minimum besitzt, wenn es zwei kritische Punkte hat, wobei einer von ihnen ein lokales Maximum ist. Die Lage des Minimums und seine Existenz überhaupt werden durch den Kontrollparameter a_1 bestimmt. Die Abbildung 7.2 stellt die Beziehung der Maxima und der Minima des Polynoms dritten Grades gegenüber a_1 dar.

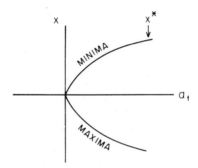

Abb. 7.2

Nun bewege sich a_1 von rechts nach links. Solange $a_1 > 0$ ist, wird sich das System im Minimumzustand x^* aufhalten. Wenn $a_1 = 0$ wird, dann erreicht auch x^* 0. Wenn a_1 negativ wird, dann ist der Gleichgewichtszustand von x^* „verschwunden". Es ist wichtig festzuhalten, daß x^* nicht deshalb verschwindet, weil es 0 erreicht hat. Der Ursprung der Zustandsvariablen x ist willkürlich definiert. Der „Grund" für das Verschwinden von x^* ist der, daß es bei $a < 0$ *keinen* Gleichgewichtszustand des Systems mehr gibt. Das System selbst kann weiter bestehen, aber es wird kein Gleichgewicht mehr finden, in dem es zur Ruhe kommen könnte. Die Situation ist der des Richardsonschen Wettrüstungsmodells analog. Sobald das System einmal instabil geworden ist, geht es in die eine oder andere Richtung „hoch". Da die Katastrophentheorie jedoch nur beobachtbare stabile Gleichgewichtssysteme betrachtet, gilt das System als nicht mehr „beobachtbar", falls solch ein Zustand nicht existiert. Die schnelle Mikrodynamik schafft es sozusagen unverzüglich „außer Sichtweite".

Betrachten wir nun ein durch ein Polynom vierten Grades dargestelltes System:

$$x^4 - a_2 x^2 - a_1 x. \tag{7.3}$$

Da die Ableitung von f nach x ein kubischer Polynom ist, besitzt sie mindestens eine reelle Wurzel, und sie kann drei unterschiedliche reelle Wurzeln, oder zwei koinzidierende und eine distinkte oder drei koinzidierende reelle Wurzeln enthalten. Da das führende Glied des Polynoms vierten Grades positiv und von gleichzahligem Grade ist, muß es zumindest ein Minimum geben.

Das Verhalten dieses Systems wird von der Bewegung der Kontrollparameter im Kontrollraum abhängen, der in diesem Falle eine Fläche mit den Koordinaten (a_1, a_2) ist.

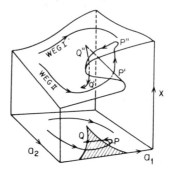

Abb. 7.3

Dieses Modell ist in der Abbildung 7.3 dargestellt. „Boden" ist der Kontrollraum. Sein Ursprung ist die Ecke in der äußersten Linken. Das „Dach" des Raumes wird durch eine teilweise gefaltete krumme Fläche dargestellt, so daß eine vom Boden ausgehende vertikale Gerade diese Fläche an einigen Orten nur an einem Punkt schneiden wird, und an anderen Orten an drei Punkten. Diese Fläche ist die kritische Mannigfaltigkeit. Die vertikale Koordinate x auf der kritischen Mannigfaltigkeit stellt einen kritischen Punkt des Systems dar, welcher dem Punkt (a_1, a_2) der Projektion des Punktes auf den „Boden", entspricht. Die Minima liegen auf der obersten oder untersten Fläche, oder auf der einzigen Fläche, wo das Dach nur aus einer Fläche besteht. Die Punkte auf der mittleren Fläche (wenn drei Flächen existieren) sind die Maxima von f, sie stellen also keine stabilen Gleichgewichtspunkte dar.

Also dort, wo eine vertikale Gerade die kritische Mannigfaltigkeit an nur einem Punkt schneidet, besitzt das System ein einzelnes Minimum; wo es drei Schnittpunkte gibt, befinden sich zwei Minima – das eine auf der obersten und das andere auf der untersten Fläche.

Auf dem „Boden" der Abbildung sehen wir einen „Schatten" (d.h. eine Projektion) des Raumgebiets, in dem die kritische Mannigfaltigkeit drei Flächen besitzt. Dieser Schatten bildet eine Spitze. Die Kontur des „Schattens" wird *Ort der Verzweigung* genannt. Sie enthält das Verzweigungsgebiet.

Nun wollen wir den Weg von x^* verfolgen, wenn der Punkt $a = (a_1, a_2)$ sich im Kontrollraum bewegt. Nehmen wir zunächst an, der Weg sei der, den der nach rechtsweisende Pfeil anzeigt (vgl. Abb. 7.3). Hier sind a_1 und a_2 anfangs klein, und zunächst wächst nur a_1, bis sich der Weg nach rechts wendet, worauf a_1 im wesentlichen konstant bleibt und a_2 anwächst. Die durch die Bewegung des Punktes a induzierte Bewegung von x^* wird auf der kritischen Mannigfaltigkeit als der Weg I angezeigt: x^* steigt zunächst „bergan" und wendet sich dann, dem oberen Teil des „Daches" folgend, nach rechts. Die durch kontinuierliche Veränderungen von a_1 und a_2 verursachte Veränderung von x^* ist ebenfalls kontinuierlich.

Nun sehen wir zu was geschieht, wenn sich der Punkt auf dem Bogen entlang der auf uns weisenden Richtung des Pfeils bewegt. Die entsprechende Bewegung von x^* auf der kritischen Mannigfaltigkeit ist der Weg II. Wenn der Punkt das Verzweigungsgebiet erreicht, befindet sich x^* immer noch auf dem unteren Teil der Fläche. Wenn a jedoch P erreicht, dann erreicht x^* die „Falte" in P'. Es kann die Fläche nicht verlassen. Nachdem also a das Verzweigungsgebiet nahe bei P verlassen hat, muß x^* auf die obere Fläche springen, nämlich nach P''.

Wir sehen, daß der Punkt a kurz danach umkehrt und das Verzweigungsgebiet wieder betritt. Nun bewegt sich x^* auf der oberen Fläche gegen Q'' zu. Er erreicht Q'' wenn a Q erreicht. Aber in Q'' verschwindet das Minimum wieder und x^* muß nach Q' auf der unteren Fläche springen.

Außer daß das Katastrophenmodell eine Erklärung dafür liefert, wie kontinuierliche Veränderungen unabhängiger Variablen (der Kontrollparameter) eines Systems plötzliche Veränderungen der abhängigen Variablen (des beobachteten Zustandes) verursachen, besitzt es auch noch eine andere, den Sozialwissenschaftler interessierende Eigenschaft. Um dies zu zeigen, nehmen wir an, der Punkt a befände sich im Verzweigungsgebiet des Spitzen-Modells[2]). Die Kenntnis allein dieser Tatsache sagt uns noch nicht, wo sich x^* auf der kritischen Mannigfaltigkeit befindet — es kann entweder auf der oberen oder der unteren Fläche sein. Um dies zu erfahren, müssen wir wissen, auf welche Weise a in diese Lage gekommen ist. Falls es das Verzweigungsgebiet von links erreicht hat (vgl. Abb. 7.3) während x^* den Weg II beschritt, dann wird sich x^* auf der unteren Fläche aufhalten; falls es das Verzweigungsgebiet aber von rechts erreichte, während sich x^* auf der oberen Fläche „bergab" bewegte, dann wird sich x^* immer noch auf der oberen Fläche befinden. Auf diese Weise stellt das Katastrophenmodell die Situation in der Weise dar, daß zur Kenntnis des Systemzustands die Kenntnis der Parameterwerte allein nicht ausreicht — man muß auch die Geschichte des Systems kennen.

Katastrophenmodell der Weltkriege

Im folgenden werden wir einige Aspekte internationaler Konflikte im Lichte des Katastrophenmodells untersuchen. Die metaphorische Bezeichnung vieler mathematischer Begriffe ist oft irreführend. Vom Gebrauch des Wortes „Katastrophe" her könnte vermutet werden, daß die Katastrophentheorie auf die Untersuchung von Kriegen angewendet werden könnte, da „Katastrophe" oft als Synonym für Unglück verstanden wird, und auch die Kriege selbst stellen Unglücksfälle dar. Eine „Katastrophe" im mathematischen Sinne hat mit einem solchen Unglücksfall nichts zu tun. Sie bezieht sich auf Diskontinuitäten im Verlaufe der Ereignisse. Daher könnte die Plötzlichkeit von Kriegsausbrüchen ein Aspekt internationaler Konflikte sein, der von der Katastrophentheorie erhellt werden könnte. Es zeigt sich, daß die Theorie aber nicht nur für die diskontinuierlichen Aspekte des Eintretens und Aufhörens von Kriegen Erklärungen anbieten kann, sondern auch für die relativ kontinuierlichen Veränderungen des Konfliktniveaus, die mit dem Einsetzen und dem Ausklang eines Krieges verbunden sein mögen.

Auf einen interessanten Unterschied des Verlaufs von Weltkrieg I und Weltkrieg II haben *Holt* u.a. [1978] hingewiesen. Der Erste Weltkrieg zeichnete sich durch einen plötzlichen Übergang vom Frieden zu intensiven Kämpfen und von diesen zu einer ebenso plötzlichen Einstellung der Feindseligkeit aus. Im Zweiten Weltkrieg gab es solche plötzlichen Übergänge kaum. Betrachten wir die beiden Situationen etwas näher.

Im nachhinein scheint Europa von 1914 relativ friedlich gewesen zu sein. Um genauer zu sein, stellte es ein Militärlager dar, und der Kriegsausbruch zwischen den Hauptmächten wurde allgemein erwartet. Aber es gab bis kurz vor der Explosion keine akuten kriegerischen Akte. Selbst die Ermordung des Österreichischen Kronprinzen am 28. Juni 1914 schuf noch keine unmittelbare Kriegsstimmung. Die Beziehungen zwischen den Mächten wurden innerhalb der Grenzen diplomatischer Gepflogenheiten fortgesetzt. Vor allem störten keine unvereinbaren Ideologien die internationale Politik. Erst das österreichische Ultimatum an Serbien machte deutlich, daß Europa sich am Rande eines Krieges befand, der dann auch innerhalb weniger Tage ausbrach. Die geballte Gewalt des Ersten Weltkrieges entlud sich unverzüglich. Die Verluste während der Monate August und September waren ungeheuer. Auch während der letzten deutschen Offensiven im Frühjahr 1918 waren die Verluste unverändert hoch. Im Herbst 1918 hörten die Feindseligkeiten ebenso plötzlich auf wie sie begonnen hatten.

Der zweite Weltkrieg nahm einen davon sehr verschiedenen Verlauf. Die Spannungen wuchsen über Jahre hinweg beginnend mit Hitlers Machtergreifung 1933. Darüber hinaus beruhigten sich die Kriegshandlungen nach dem Polenfeldzug für einige Monate. Die Intensität der Kriegshandlungen begann dann im Frühjahr 1940 wieder zuzunehmen, und sie wuchsen danach kontinuierlich bis sie in den Jahren 1942–43 in Rußland und im Pazifik ihren Höhepunkt erreichten. Dann scheint ihre Intensität wieder allmählich abgenommen zu haben. Der Sieg wurde von allen Alliierten stufenweise errungen, zuerst über Italien, dann über Deutschlands osteuropäische Satelliten, dann über Deutschland und schließlich über Japan.

Es stellt sich die Frage, ob der unterschiedliche Verlauf der beiden Weltkriege in einem einzigen mathematischen Modell dargestellt werden kann.

x^* stelle das „Konfliktniveau" im internationalen System dar. Da wir es hier eher mit einem analytisch-deskriptiven als mit einem prädiktiven Modell zu tun haben, werden operationale Definitionen der Variablen nicht unmittelbar notwendig. Man könnte x^* durch die Anzahl der Gefallenen (pro Zeiteinheit) darstellen, um so die Intensität der Kriegshandlungen zu erfassen. Wenn kein Krieg herrscht, so beträgt diese Gefallenenrate Null. Negative Werte von x^* sind allerdings schwieriger zu interpretieren. Wie wir wissen, hatte Richardson diese „negative Feindseligkeit" mit den internationalen Handelsvolumen identifiziert. Auch andere Interpretationen könnten denkbar sein. Auf jeden Fall aber brauchen wir uns bei der Ableitung rein qualitativer Konsequenzen aus dem Katastrophenmodell nicht auf bestimmte konkrete Variablen zu beziehen.

Wir werden annehmen, daß das Konfliktniveau von zwei Variablen abhängt: von a_1 als „Grad der Unvereinbarkeit" der Ziele der Staaten bzw. ihrer gegenseitigen Ansprüche, und von a_2 als „Festigkeit" der Allianzstrukturen.

Der Parameter a_1 drückt nicht so sehr das reine Niveau der Zielsetzungen (Macht, Prestige, Handelsvorteile) der Staaten aus, als vielmehr das Ausmaß, in dem diese Absichten aufeinandertreffen. So besaßen beispielsweise die imperialistischen Mächte im Europa des 18. und 19. Jahrhunderts gewaltigen Expansionsdrang. Aber solange es immer noch Völkerschaft gab, die man bekriegen und dem Kolonialjoch unterwerfen konnte, konnten Großbritannien, Frankreich, Belgien, die Niederlande u.a. ihre Imperien immer noch auf Kosten der Völker Asiens und Afrikas vergrößern ohne miteinander ernsthaft in Konflikt zu geraten[3]). Andererseits waren der Versuch Frankreichs, Elsaß-Lothringen nach 1871 wiederzugewinnen, und Deutschlands Entschlossenheit es zu behalten unvereinbar. Der Parameter a_1 ist ein *globales Maß*. Er bezieht sich auf gewisse Arten der Aggregation solcher Ziele, nicht auf die Ziele bestimmter Staaten.

Wenn die Allianzstruktur „lose" ist, so ist a_2 niedrig, also wenn es zwischen den verschiedenen Partnern viele Möglichkeiten gibt, Allianzen zu bilden. a_2 ist hoch, wenn die Allianzstruktur festgefügt ist.

Zu Beginn des 20. Jahrhunderts bildeten die europäischen Großmächte das sogenannte „internationale System". Nehmen wir an, das System sei von der „friedlichen" Ecke der Abbildung 7.3 mit kleinen a_1 und a_2 ausgegangen. Da die vertikale Koordinate das Konfliktniveau darstellt, wird der Kriegszustand durch die obersten Teile des „Daches" wiedergegeben.

Schließlich gelangt das System in die diagonal entgegengesetzte Ecke, d.h. in einen Kriegszustand mit wohlgefestigten Allianzen.

Nun kann das System aus seiner ursprünglichen Lage in die diagonal entgegengesetzte (unter anderem) auf zwei verschiedenen Wegen gelangen. Es kann zunächst a_1 bis zu einem Maximum erhöhen, und dann a_2 erhöhen, während a_1 groß bleibt. Oder aber es kann erst a_2 erhöhen und dann a_1. Falls es in der ersten Weise vorgeht, dann wird x^* „bergan" steigen, und auf der oberen Fläche der kritischen Mannigfaltigkeit verweilen. Falls es sich in der zweitgenannten Weise verhält, muß x^* oberhalb des Verzweigungsgebietes passieren und, wie wir gesehen haben, wird es sich auf der niedrigeren Fläche befinden während seine Projektion das Gebiet betritt, aber es wird auf die höhere Fläche springen, sobald seine Projektion dieses Gebiet wieder verläßt. Wenn also die „Unvereinbarkeit der Ziele" zuerst zunimmt, und die Festigung der Allianzen dem folgt, dann wird das hohe Niveau des Konflikts allmählich erreicht. Falls die Allianzen jedoch zuerst entstehen, und die Absichten erst dann zunehmend unvereinbar werden, dann wird sich der Übergang in den Zustand hohen Konfliktniveaus (bedeutender Kriegshandlungen) plötzlich vollziehen.

Auf diese Weise legt das Katastrophenmodell eine Hypothese nahe. Aufgrund der erwähnten Beobachtungen können wir vermuten, daß die Allianzen vor dem Ersten Weltkrieg fest waren, und die Absichten erst allmählich unvereinbarer wurden. Weiter unten werden wir einige historische Fakten zur Stützung dieser Hypothese anführen.

Der plötzliche Übergang von bedeutenden Kriegshandlungen zu ihrer Einstellung verlangt, daß das System abermals das Verzweigungsgebiet überschreite. Dies bedeutet, daß a_1 abnehmen muß, während a_2 hoch bleibt. Dies gibt wiederum zu einer Hypothese über das Ende des Ersten Weltkrieges Anlaß: Die Unvereinbarkeit der Ansprüche nahm ab, während die Allianzstruktur fest blieb. Auch diese Hypothese wollen wir historisch zu belegen suchen.

Der Verlauf des Zweiten Weltkrieges mit der allmählichen Zunahme der Kriegshandlungen und ihrem langsamen Abklingen läßt vermuten, daß in dieser Situation a_1 zuerst anstieg und erst dann a_2, und gegen Ende des Krieges nahm entsprechend zunächst a_2 ab und dann erst a_1. Diese Hypothesen sollen ebenfalls historisch gestützt werden.

Insoweit haben wir erst die einfachsten Katastrophenmodelle dargestellt, die einen oder zwei Parameter enthalten. Die Katastrophe mit einem Parameter wird Falte genannt, nach dem Bild eines gebogenen Drahtes, das die kritische Mannigfaltigkeit hier zeigt (vgl. Abb. 7.2). Die Katastrophe mit zwei Parametern wird nach ihrem Erscheinungsbild Verzweigungsgebiet Spitze genannt. Fortschreitend komplexere Katastrophen enthalten immer mehr Parameter.

Die nächste in der Reihe besitzt drei Parameter. Der Kontrollraum dieser Katastrophe ist dreidimensional und die Zustandsvariable wird als Funktion dieser Parameter durch eine Koordinate vierter Dimension dargestellt. Dieses Modell kann also nicht mehr bildlich dargestellt werden. Projektionen der multidimensionalen Verzweigungsgebiete auf die (a_1, a_2)-Ebene können jedoch bildlich dargestellt werden, und die Formen dieser Abbildungen haben den verschiedenen Katastrophentypen humorvolle Namen gegeben. Die Katastrophe mit drei Parametern wurde Schwalbenschwanz genannt, die mit vier Parametern Schmetterling, und die mit fünf Wigwam.

Der Schmetterling wurde von *Holt* u.a. [1978] zuerst als Modell des internationalen Systems mit der Intensität des Konflikts als der abhängigen Variablen dargestellt.

Die ersten beiden Parameter des Schmetterling-Modells sind mit denen des Spitzen-Modells identisch. a_1 stellt den wahrgenommenen Grad der Unvereinbarkeit der Absichten, a_2 die Festigkeit der Allianzen dar. Zusätzlich werden zwei andere Parameter eingeführt: a_3 ist das Niveau des Kriegspotentials (beispielsweise das globale Waffenarsenal oder die Vernichtungskraft der Waffen), und a_4 ist die Inverse der Entscheidungsgeschwindigkeit. (Wenn a_4 groß ist, werden Entscheidungen erst nach reiflicher Überlegung getroffen, ist es klein, dann kommen sie impulsiv.)

Um die topologische Bedeutung der Kontrollparameter zu unterscheiden, wäre es angebracht, zusätzlich noch ihre allgemeinen Eigenschaften anzugeben, die nicht vom sozialen Kontext abhingen. a_1 wird der Normalfaktor genannt, weil x^* normalerweise eine monoton wachsende Funktion von a_1 ist. a_2 wird der Spaltungsfaktor genannt. (Wir haben gesehen, wie sich ein einziges Minimum von f in zwei Minima aufteilt, wenn a_2 wächst.) Der Kontrollparameter a_3 wird Verschiebungsfaktor genannt. Er verändert die Lage und die Gestalt des Verzweigungsgebietes und hebt damit die Eigenarten von a_1 hervor. Er bewegt außerdem die kritische Mannigfaltigkeit aufwärts und abwärts. Der Kontrollparameter a_4 wird der Schmetterling-Faktor genannt. Wie Holt und andere erklären, bewirkt das Wachstum des Schmetterlings-Faktors, daß

„ . . . drei Spitzen am Knotenpunkt der Hauptspitze geschaffen werden, und diese eine dreieckige Tasche bilden, womit der bildliche Eindruck eines Schmetterlings entsteht. Auf der Mannigfaltigkeit oberhalb dieser Tasche befindet sich ein dreieckiges Gebiet einer Fläche zwischen den oberen und den unteren Flächen, die in der farbigen Sprache der Katastrophentheorie 'Tasche der Kompromisse' genannt wird." [*Holt* u.a., S. 189].

Die Angemessenheit dieser Bezeichnung im Kontext internationaler Konflikte ergibt sich aus den folgenden Eigenschaften des Schmetterlings: In einem bestimmten Gebiet des Kontrollraumes besitzt f drei Minima. Wenn der Kontrollpunkt, also $a = (a_1, a_2, a_3, a_4)$ in diesem Gebiet ist, so kann sich x^* auf jeder der drei Flächen der kritischen Mannigfaltigkeit befinden. Da x^* das Maß des Konfliktes ist, können seine Positionen auf der oberen Fläche als „Krieg", auf der unteren als „Frieden" und jene auf der mittleren als etwas dazwischenliegendes, also beispielsweise als „kalter Krieg" interpretiert werden. Dieses Gebiet wird daher „die Kompromißtasche" genannt.

Nun bleibt uns noch, die zum Ausbruch eines internationalen Konfliktes und seiner Beruhigung führenden Ereignisse anhand der Geschichte der beiden Weltkriege im Lichte des Schmetterlingmodells zu interpretieren. Wir folgen dabei den von Holt u.a. gemachten Vorschlägen.

Unter der Annahme, Europa sei um die Jahrhundertwende eine „relativ ruhige Gegend" gewesen, können die ersten Veränderungen der internationalen Atmosphäre mit der Festigung der Allianzstrukturen (Wachstum von a_2) in Zusammenhang gebracht werden. Obwohl die Dreierallianz (Deutschland, Österreich–Ungarn, Italien) schon bestand, war Italien ihr doch weniger verbunden, wie seine Neutralität zu Beginn des Weltkrieges und der schließliche Eintritt auf seiten der Alliierten anzeigen. Auf der anderen Seite bildete sich der antideutsche Block erst allmählich mit dem Anglo-Französischen Vertrag von 1904 und dem Anglo-Russischen von 1907. Mit der Entstehung der Dreierentente war Europa klar gespalten. Nach der Bosnischen Krise von 1908–1909 wurden Verschiebungen der Allianzenstrukturen (außer im Falle Italiens) höchst unwahrscheinlich.

Der Verschiebungsfaktor (Kriegspotential) wuchs ebenfalls ständig an. Das Maschinengewehr wurde erstmals im Russisch-Japanischen Krieg eingesetzt. Der Rüstungswettlauf zwischen den Blöcken begann um 1909 ernsthafte Formen anzunehmen. (Richardson).

Der Schmetterling-Faktor (Reaktionszeit) des Systems war während der Bosnischen Krise von 1910 und während der Balkankriege von 1912–1913 vermutlich schon recht kurz. Trotzdem gab es 1913 offenbar noch die „Tasche der Kompromisse", was sich in der Balkankonferenz vom Dezember 1912 bis zum August 1913 äußert. Während der dem Ausbruch des Weltkrieges vorausgehenden Krise sank offensichtlich der Schmetterling-Faktor und verschwand im Juli gänzlich. Die Wahl stand nun zwischen Frieden oder Krieg, und die Richtung der Krise hat für den Krieg entschieden.

Die Genese des Zweiten Weltkrieges scheint anders verlaufen zu sein. Während der frühen 20er Jahre begann der Normalfaktor (die Unvereinbarkeit der Ziele) schnell zu wachsen, was sich etwa in Frankreichs Reparationsforderungen gegenüber Deutschland niederschlägt. Der Spaltungsfaktor blieb jedoch gering (feste Allianzen hatten sich nicht gebildet). Beispielsweise haben noch im Sommer 1939 sowohl die Westmächte als auch Deutschland mit der Sowjetunion einen Pakt schließen wollen. Der Verschiebungsfaktor (Kriegspotential) begann erst in den späten 30er Jahren mit der Wiederaufrüstung Deutschlands rapide zu wachsen. Der Schmetterling-Faktor war hoch (langsame Entscheidungsvorgänge) bis etwa 1938 (Münchner Abkommen) und fiel dann ab. Zusammenfassend kann also gesagt werden, daß der Normalfaktor die anderen Kontrollfaktoren geleitet hat und damit eine allmähliche und keine plötzliche Verschärfung der Konfliktintensität verursachte.

Die unterschiedlichen Geschehnisse bei der Einstellung der Kriegshandlungen in den beiden Weltkriegen können ebenfalls den verschiedenen Veränderungsweisen der Kontrollparameter zugeschrieben werden. Nachdem die Frühjahrs- und Sommeroffensiven (1918) der Deutschen gescheitert waren, bemühte sich Deutschland aktiv um einen Verhandlungsfrieden (Abfall von a_1). Aber die Allianzstrukturen (außer im Falle Rußlands) blieben bestehen. Damit mußte der Kontrollparameter das Verzweigungsgebiet passieren, was laut Modell einen plötzlichen Übergang vom hohen

Konfliktniveau zur gänzlichen Einstellung der Kriegshandlungen bewirken mußte. Die Ereignisse von 1944 bis 1945 waren ganz anders gelagert. Bedingungslose Kapitulation blieb unveränderliches Ziel der Alliierten (a_1 blieb hoch). Die Allianzstruktur löste sich dagegen in den letzten Monaten des Krieges allmählich auf, als die Streitfragen des Kalten Krieges das gemeinsame Ziel des militärischen Sieges zu überschatten begannen. Wenn die Abnahme von a_2 der Abnahme von a_1 vorangeht, dann wird, wie wir gesehen haben, das Verzweigungsgebiet vermieden, und die abhängige Variable fällt allmählich.

In welchem Maße diese Interpretation ernst genommen werden können, bleibt dem Urteil jedes Einzelnen überlassen. Offensichtlich reichen sie jedoch viel weiter als die Vermutung von Richardson, der Erste Weltkrieg sei deshalb ausgebrochen, weil der Handel in den Vorkriegsjahren zwischen den Blöcken um 5 Millionen Pfund zu niedrig oder – äquivalent ausgedrückt – die gemeinsamen Rüstungsbudgets um eben diese 5 Millionen zu hoch lagen (vgl. S. 54). Trotzdem enthält das Richardsonsche Modell schon den Keim des Gedankens, der in der Katastrophentheorie enthalten ist und durch sie weiterentwickelt wurde: Die Stabilität oder Instabilität eines dynamischen Systems bestimmt über sein „Schicksal".

Die Katastrophentheorie enthält, anders als das Richardsonsche Modell, keine Systemdynamik. Es befaßt sich ausschließlich mit der Statik von Systemen. Indem sie die Schwierigkeiten eines komplexen nichtlinearen dynamischen Modells umgeht, kann sich die Katastrophentheorie auf die Komplikationen der Statik (genauer, der vergleichenden Statik) solcher Modelle konzentrieren. Alle dynamischen Modelle, die der Katastrophentheorie unterliegen, müssen wohlgemerkt nichtlinear sein. Beispielsweise könnte das Polynom f als zeitliche Ableitung einer unabhängigen Variablen angesehen werden. In diesem Falle haben wir es mit einer Differentialgleichung mindestens dritten Grades zu tun. Der Reichtum der Katastrophenmodelle stammt aus der Komplexität der nichtlinearen Dynamik. Die Vielheit an Parametern erlaubt es, mehrere Faktoren als Determinanten des Konfliktes gleichzeitig zu betrachten. Diese Parameter werden wiederum von den gegenwärtigen deskriptiven Theorien internationaler Systeme geliefert.

Solche Faktoren, wie die Unvereinbarkeit der Absichten, die Festigkeit der Allianzsysteme, das Niveau des Gewaltpotentials (Kriegstechnologie) oder die Impulsivität der Entscheidungen, wurden mit wechselnder Betonung in der entsprechenden Literatur diskutiert. Beispielsweise stellt die Hervorhebung der Unvereinbarkeit von Zielen die traditionelle „Clausewitzsche" Sichtweise der internationalen Politik als einen permanenten (ständigen) Ringen um Macht dar. Eine jüngere Konzeption streicht die Rolle von „Aggressorstaaten" hervor, die nach Eroberungen streben. Die altehrwürdige Theorie des „Mächtegleichgewichts" beinhaltet, daß „lose" Allianzstrukturen Kriegsentstehung verhindern, da ein schwankender Staat durch Allianzenwechsel die Balance wiederherstellen könne. Großbritannien hat eine solche Rolle während des 19. Jahrhunderts gespielt. Die Bedeutung des Rüstungswettlaufs wurde schon von Thukydides erkannt und spielte bei Richardsons Ansatz eine zentrale Rolle. Die Konzeption der Entscheidungsgeschwindigkeit wird durch die Betonung der individuellen Faktoren bei der Meisterung von Konflikten und Krisen in den Vordergrund gerückt. Ein großer Schmetterling-Faktor ist mit Bedächtigkeit, ein kleiner mit raschen Urteilen und unüberlegten Entscheidungen verbunden. Bemerkenswerterweise beherrscht dieser Faktor das „Kompromißgebiet", in dem Gleichgewichtszustände zwischen „Krieg" und „Frieden" vorhanden sind.

Eine Projektion des Schmetterling-Modells bei der Beschreibung intuitiv erfaßter oder vorgestellter Zustände internationaler Systeme wird in der Abbildung 7.4 angeführt.

Wie in der Abbildung 7.3 befinden sich der Ursprung der (a_1, a_2)-Fläche in der oberen linken Ecke. Die entsprechende Position in der kritischen Mannigfaltigkeit könnte als die „klassische Theorie des Mächtegleichgewichts" bezeichnet werden. D.h. die Einflußsphären sind klar abgesteckt, übertriebene Ansprüche werden nicht gestellt – da kein Staat ausreichend Macht besitzt, um die anderen zur Willfährigkeit zu zwingen. Wohlgemerkt bedeutet „Mächtegleichgewicht" in diesem

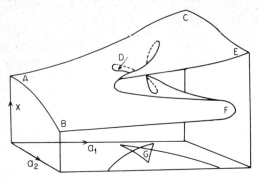

Abb. 7.4:   Das Katastrophenmodell des Schmetterlings
            A: klassisches Mächtegleichgewicht
            B: Weltföderation
            C: Krieg aller gegen alle
            D: Detente
            E: bipolarer Krieg
            F: Kalter Krieg
            G: Projektion der „Kompromissentasche" auf die (a_1, a_2)-Ebene.

Kontext keine polarisierte Welt. Die Allianzstruktur ist *lose*, nicht fest: es gibt die Möglichkeit, Allianzen zu wechseln, um das „Mächtegleichgewicht" zu erhalten. Das Niveau des internationalen Konflikts ist vergleichsweise niedrig.

In der unteren linken Ecke ist a_1 niedrig a_2 aber hoch. Es gibt hier — wenn überhaupt — wenige unvereinbare Ziele und jeder Staat ist mit jedem anderen alliert — eine Weltföderation regiert. An diesem Punkt ist das Konfliktniveau am niedrigsten.

Die obere rechte Ecke stellt große Unvereinbarkeit der Ziele und lose (oder nicht existierende) Allianzstrukturen dar — der Zustand des Hobbesschen Krieges aller gegen alle herrscht. Womöglich kann auch der ewige dreiseitige Krieg aus Orwells „1984" in diese Kategorie eingereiht werden. Wir erinnern uns, daß die Zweierallianz gegen den Dritten sich in diesem Kriege ständigt ändert — eine Karikatur des Ideals des „Mächtegleichgewichts", wobei das Ziel der Herstellung dieses Gleichgewichts nicht die Erhaltung des Friedens, sondern die Verewigung des Krieges ist.

Die untere rechte Ecke des Kontrollraumes (hohes a_1 und hohes a_2) stellt den Krieg zwischen zwei streng organisierten Blöcken dar, wie er während der 50er und 60er Jahre allgemein erwartet wurde, bevor die Herausbildung einer dritten Supermacht neue Möglichkeiten der Allianzbildung schuf.

Das Gebiet über dem Schwanz des Schmetterlings weist drei Flächen auf. Die untere Fläche wird als „Entspannung" interpretiert. Sie liegt unterhalb der Fläche, die als „Kalter Krieg" verstanden wird, und enthält ein relativ geringes Konfliktniveau. Der „Kalte Krieg" bildet die mittlere Fläche. So lange es die Tasche der Kompromisse gibt, braucht die Zunahme von a_1 auf dieser Fläche nicht in einen Krieg zu münden. Aber sobald der Schmetterling schrumpft oder gänzlich verschwindet, wird die Situation explosiv. Wie wir gesehen haben, hängen die Lage und die Größe dieser Kompromißtasche vom Gewaltpotential ab und von der Geschwindigkeit, mit der die globale Kriegsmaschinerie aktiviert werden kann.

Entscheidungsgeschwindigkeit kann auch als Geschwindigkeit bei der Aktivierung der Kriegsmaschinerie verstanden werden. Die Wichtigkeit dieses Faktors kann im Zeitalter der Knopfdruck-Kriege (des nuklearen Schlagabtauschs), wobei schon Minuten entscheidend sein können, kaum unterschätzt werden.

Abgesehen von dieser Möglichkeit der Behandlung der Vielfalt von Determinanten einer abhängigen Variable (in diesen Modellen des internationalen Konfliktes) kann die Katastrophentheorie dreierlei wichtige Aufgaben erfüllen: Erstens verbindet sie diese Faktoren zu einem engen System gegenseitiger Abhängigkeiten, womit sie die schwerwiegenden Beschränkungen der linearen Modelle mit ihrer Betonung wesentlich unabhängiger, additiver Wirkungen der vielfältigen Ursachen überwindet; zweitens deckt sie bis dahin verborgene systeminhärente Eigenschaften auf – etwa die Reihenfolge, in der die Determinanten eines beobachteten Systems ihre Werte verändern – womit sie wiederum Hypothesen nahelegt, die ohne sie, also nur aufgrund der bis dahin vorherrschenden Modelle, kaum jemand eingefallen wären; und drittens entfaltet sie die vieldiskutierten „Zustände" eines Systems als Positionen in einem geometrisch darstellbaren Raum. Obwohl die Vieldimensionalität dieses Raums (außer in den beiden einfachsten Fällen) seine volle diagrammatische Darstellung ausschließt, können Projektionen in den dreidimensionalen Unterraum sichtbar gemacht werden. Dies ist eine wichtige Hilfe zum „ganzheitlichen" Verständnis komplexer Prozesse.

Wie es schon früher bei der Einführung eines neuen Modelltyps in den Sozialwissenschaften der Fall war, führte auch das Katastrophenmodell zu breit gestreuten Anwendungsversuchen, von einem Modell für Auseinandersetzungen zwischen Hunden bis zu Einem Modell, welches plötzliche Änderungen der Geburtenrate beschreibt. Sonderausgaben von *Scientific American* [1976, 4] und *Behavioral Science* [1978, 3] wurden den Entwicklungen und Anwendungen der Katastrophentheorie gewidmet.

Anmerkungen

[1]) Bei der Computersimulation sozialer Prozesse werden solche Schwellen (Grenzen) oft in die Programme eingebaut.

[2]) Die Namen der verschiedenen Katastrophenmodelle leiten sich von ihrer Gestalt im Verzweigungsgebiet ab.

[3]) Es gab gewiß während der gesamten Ära der Kolonisierung Kolonialkriege, die auch auf den europäischen Kontinent nicht ohne Einfluß blieben. Solange es jedoch Raum zur weiteren Expansion gab, nahm die Intensität dieser Kriege bei weitem nicht die Ausmaße des Ersten Weltkrieges an.

Teil III. Stochastische Modelle

8. Anwendungen der Poisson-Verteilung und der Poisson-Prozesse

Stochastische Prozesse werden in den mathematischen Theorien der Sozialwissenschaften auf zweierlei Weisen angewendet: Ein Modell kann als ein stochastischer Prozeß formuliert werden, und daraus können probabilistische Vorhersagen über das zukünftige Verhalten eines Systems abgeleitet werden; oder aber bestimmte Häufigkeitsverteilungen werden beobachtet – beispielsweise die verschiedener Kategorien von Menschen oder von Ereignissen, von denen man annimmt, sie bildeten Äquilibriumsverteilungen eines zugrundeliegenden stochastischen Prozesses. Dann sucht man nach einem stochastischen Prozeß, der Ursache einer solchen beobachteten Häufigkeitsverteilung gewesen sein könnte. Damit ist der erste Ansatz vornehmlich auf eine prädiktive Theorie gerichtet. Der zweite Ansatz bemüht sich um eine erklärende Theorie.

Zunächst wollen wir einige Grundbegriffe der Theorie stochastischer Prozesse darstellen. Für diese Zwecke wird eine *Zufallsvariable* als eine reelle Variable definiert, die dem folgenden Wahrscheinlichkeitsgesetz gehorcht:

$$Pr[X \leqslant x] = F(x). \tag{8.1}$$

Die rechte Seite von (8.1) ist eine reelle Funktion von x. Sie gibt die Wahrscheinlichkeit dafür an, daß die Zufallsvariable X einen Wert annimmt, der nicht größer als eine bestimmte gegebene reelle Zahl x ist. $F(x)$ wird die Verteilungsfunktion von X genannt.

Wir wollen lediglich zwei Klassen solcher Funktionen betrachten.

(i) $F(x)$ ist eine kontinuierliche Funktion von x, die überall eine Ableitung hat, außer vielleicht bei einer finiten Anzahl von Punkten.

(ii) $F(x)$ besitzt bei einer abzählbaren Anzahl von Punkten Diskontinuitäten und ist zwischen diesen Punkten konstant. Solche Funktionen werden *Treppenfunktionen* genannt. Sie weisen bei angegebenen Werten von x plötzliche Wachstumssprünge auf.

Falls $F(x)$ kontinuierlich ist, soll X eine kontinuierliche Zufallsvariable genannt werden; falls $F(x)$ eine Treppenfunktion ist, soll X eine diskrete Zufallsvariable genannt werden.

Laut Definition von Wahrscheinlichkeit muß für alle x $0 \leqslant F(x) \leqslant 1$ gelten. Mehr noch – da das Ereignis $[X \leqslant x_1]$ das Ereignis $[X \leqslant x_2]$ immer dann *impliziert* wenn $x_1 \leqslant x_2$ gilt, gilt für $x_1 \leqslant x_2$ $F(x_1) \leqslant F(x_2)$. D.h. $F(x)$ ist eine nicht abnehmende Funktion von x. Schließlich erhalten wir laut Definition der von $F(x)$ die folgenden extremen Werte: $F(-\infty) = 0; F(+\infty) = 1$. Anders ausgedrückt, „beginnt" $F(x)$ mit dem Wert 0 bei $-\infty$ so wächst es entweder kontinuierlich, oder „springt" bis es 1 erreicht. $F(x)$ kann den Wert 1 noch bevor x infinit wird erreichen oder auch nicht. Sobald $F(x)$ zu 1 wird, behält die Funktion bei wachsendem x diesen Wert.

Falls $F(x)$ überall eine Ableitung besitzt, dann soll $f(x) = F'(x)$ die Dichtefunktion oder Häufigkeitsfunktion von X genannt werden. Angesichts dieser Definition gilt:

$$F(x) = \int_{-\infty}^{x} f(t)dt. \tag{8.2}$$

Falls X eine diskrete Zufallsvariable ist, nimmt sie bestimmte Werte mit endlichen (positiven) Wahrscheinlichkeiten an. In diesem Falle können wir die Wahrscheinlichkeitsverteilung $p(x)$ von X definieren:

$$p(x_i) = Pr[X = x_i] \quad (i = 1, 2, \ldots) \tag{8.3}$$

wobei die x_i die Punkte der Diskontinuität von $F(x)$ sind. Falls X diskret ist, gilt

$$F(x) = \Sigma p(x_i), \tag{8.4}$$

wobei die Summierung über die Punkte der Diskontinuität von $F(x)$ bis x (inklusive) geht.

Falls weiterhin x_{i-1} und x_i zwei aufeinanderfolgende Punkte der Diskontinuität sind, dann gilt:

$$p(x_i) = Pr[X = x_i] = F(x_i) - F(x_{i-1}). \tag{8.5}$$

Die Beziehung zwischen der Dichtefunktion einer kontinuierlichen Zufallsvariablen $f(x)$ und der Wahrscheinlichkeitsverteilung einer diskreten Zufallsvariablen $p(x)$ kann aus der folgenden Relation, die eine kontinuierliche Zufallsvariable X enthält, ersehen werden:

$$Pr[x \leqslant X \leqslant x + dx] = \int_{x}^{x+dx} f(t)dt = f(x)dx + o(dx) \tag{8.6}$$

wobei dx ein infinitesimaler Zuwachs von x ist[1]). Damit ist $f(x)dx$ eine Wahrscheinlichkeit wie $p(x_i)$. Es ist jedoch wichtig zu beachten, daß $f(x)$ *nicht* wie $f(x) \, dx$ eine Wahrscheinlichkeit ist. Die Wahrscheinlichkeit, daß X innerhalb eines kleinen Intervalls $(x, x + dx)$ liegt, ist $f(x)$ *proportional.* Laut Definition von $f(x)$, $p(x)$ und $F(x)$ folgt:

$$\int_{-\infty}^{\infty} f(x)dx = \sum_{x_i} p(x_i) = 1. \tag{8.7}$$

Stochastische Prozesse

Ein stochastischer Prozeß wird formal als eine *Familie* von Zufallsvariablen definiert, die entweder durch einen kontinuierlichen Parameter t oder durch einen diskreten Index n indiziert werden. Ein besonderer stochastischer Prozeß ist bestimmt, wenn sein Wahrscheinlichkeitsgesetz angegeben ist. Das Wahrscheinlichkeitsgesetz für einen Prozeß mit einem kontinuierlichen Parameter hat die Form

$$F_{X(t_1), X(t_2), \ldots, X(t_m)} (x_1, x_2, \ldots, x_m) =$$

$$= Pr[X(t_1) \leqslant x_1, X(t_2) \leqslant x_2, \ldots, X(t_m) \leqslant x_m]. \tag{8.8}$$

Diese Notation wird folgendermaßen interpretiert: Wähle m Werte des (kontinuierlichen) Parameters t. Diese Werte werden m Zufallsvariablen aus der Familie $X(t)$ bestimmen, und zwar $X(t_1)$, $X(t_2), \ldots, X(t_m)$. Die rechte Seite von (8.8) bezeichnet die gemeinsame Wahrscheinlichkeit dafür, daß die m Variablen sich innerhalb der angegebenen Bereiche befinden. Die linke Seite von (8.8) bezeichnet eine Funktion von m Variablen $(x_1, x_2, \ldots, x_m)$. Der untere Index von F spezifiziert die Funktion. Sobald also die $t_1, t_2, \ldots, t_m$ ausgewählt und damit die m Zufallsvariablen aus der Familie $X(t)$ bestimmt sind, ist eine Funktion von m reellen Variablen $x_1, x_2, \ldots, x_m$ *spezifiziert.* Dies muß für jede Wahl von m und von $t_1, \ldots, t_m$ der Fall sein.

Insbesondere sei $m = 1$. Dann reduziert sich (8.8) zu

$$F_{X(t)} (x) = Pr[X(t) \leqslant x]. \tag{8.9}$$

D.h. sobald ein t gewählt und damit eine Zufallsvariable aus der Familie bestimmt ist, muß ihr Wahrscheinlichkeitsgesetz, wie es durch (8.9) gegeben ist, spezifiziert werden. Aber dies reicht zur Bestimmung des stochastischen Prozesses nicht aus. Das gemeinsame Wahrscheinlichkeitsgesetz muß für jedes Paar von Zufallsvariablen aus der Familie spezifiziert werden – und ebenso für jedes Tripel, jedes Quadrupel usw.

Die Bestimmung des stochastischen Prozesses mit einem diskreten Index verläuft analog. Das Wahrscheinlichkeitsgesetz muß für jede Menge von Zufallsvariablen $(m = 1, 2, \ldots)$ aus der Familie $X(n)$ spezifiziert werden.

Eine Bestimmung dieser Art im allgemeinen Fall kommt offensichtlich nicht in Frage, da dies eine infinite Anzahl von Wahrscheinlichkeitsgesetzen erfordern würde. Aber viele mathematische Funktionen können ja in Einzelformeln gekleidet werden, die eine infinite Anzahl von Werten einer abhängigen Variablen enthalten, was einer infiniten Anzahl von Werten einer unabhängigen Variablen entspricht. Somit können auch einige stochastische Prozesse durch eine finite Anzahl funktionaler Ausdrücke bestimmt werden, oder gar durch einen einzigen Ausdruck. Dies sind die in den Anwendungen benutzten stochastischen Prozesse.

Im einfachsten Falle können alle diskreten Zufallsvariablen der Familie identisch (d.h. durch dasselbe Wahrscheinlichkeitsgesetz charakterisiert) und statistisch unabhängig sein. In diesem Falle haben wir es mit einer einzigen Zufallsvariablen X zu tun. Wir müssen nur noch ihr Wahrscheinlichkeitsgesetz $Pr[X \leqslant x] = F(x)$ bestimmen, um den gesamten stochastischen Prozeß zu spezifizieren. In diesem Falle ist die linke Seite von (8.8) gleich $[F(x)]^m$ für jede Wahl von $i_1, i_2, \ldots, i_m$. Der stochastische Prozeß, mit dem wir es zu tun haben werden, wird nur wenig komplizierter sein.

Ein nützliches Mittel bei der Untersuchung stochastischer Prozesse ist ihre *charakteristische Funktion*. Wenn m Zufallsvariablen der Familie $X(t_1), X(t_2), \ldots, X(t_m)$ gegeben sind, dann wird die charakteristische Funktion definiert durch:

$$\varphi_{X(t_1), X(t_2), \ldots, X(t_m)}(u_1, u_2, \ldots, u_m) = E[\text{Exp}\{i(u_1 X_1 + u_2 X_2 + \ldots + u_m X_m)\}], \tag{8.10}$$

wobei wir X_j für $X(t_j)$ geschrieben haben, für $j = 1, 2, \ldots, m$ und $i = \sqrt{-1}$. Die rechte Seite von (8.10) bezeichnet die statistische Erwartung der Zufallsvariablen, die im Ausdruck in den Klammern angegeben wird.

Unter allgemeinen Bedingungen bestimmt das Wahrscheinlichkeitsgesetz eines stochastischen Prozeßes die zugeordnete charakteristische Funktion und umgekehrt.

Die Begriffe der Diskretheit und der Kontinuität gehen von zwei verschiedenen Seiten her in die Theorie der stochastischen Prozesse ein. Es kann sich um diskrete oder um kontinuierliche Indizes handeln, die die Mitglieder einer Familie von Zufallsvariablen auszeichnen. Diese Zufallsvariablen können aber auch selbst schon entweder diskret oder kontinuierlich sein. Es kann sich um eine diskrete Familie diskreter Variablen handeln, oder um eine kontinuierliche Familie diskreter Variablen, oder um eine diskrete Familie kontinuierlicher Variablen oder aber um eine kontinuierliche Familie kontinuierlicher Variablen.

Der Poisson-Prozeß

Nun wollen wir einen stochastischen Prozeß von großer Anwendungsrelevanz untersuchen — den Poisson-Prozeß. Er ist schon für sich wichtig, da er vielen stochastischen Modellen zugrundeliegt und auch als „Baustein" bei der Konstruktion noch komplexerer stochastischer Prozesse dient.

Der Poisson-Prozeß $\{N(t), t \geqslant 0\}$ wird durch eine Familie diskreter Zufallsvariablen mit einem kontinuierlichen Parameter definiert. Die Notation $\{N(t), t \geqslant 0\}$ besagt, daß der Parameter t kontinuierlich ist und von 0 *ad infinitum* reicht. Sobald das Wahrscheinlichkeitsgesetz für die Zufallsvariable $N(t)$ definiert ist, kann das Wahrscheinlichkeitsgesetz des gesamten Prozesses vollständig bestimmt werden und zwar aufgrund der besonderen Eigenschaften des Poisson-Prozesses. Der Poisson-Prozeß ist nämlich ein *stationärer Prozeß* mit *unabhängigem Zuwachs*. Diese Eigenschaften werden durch die folgenden Beziehungen wiedergegeben. Betrachten wir zwei Werte der Parameter s und t, wobei $t > s$ ist. Da für feststehende s und t $N(t)$ und $N(s)$ bestimmte Zufallsvariable sind, so ist es auch $[N(t) - N(s)]$. Daß der Prozeß stationär ist, heißt, das Wahrscheinlichkeitsgesetz von $[N(t) - N(s)]$ hängt lediglich von $(t - s)$ ab und nicht von den besonderen Werten von t und s einzeln. Daß der Prozeß durch unabhängigen Zuwachs ausgezeichnet ist, bedeutet, daß bei zwei gegebenen nicht überlappenden Intervallen (s, t) und (u, v) die Zufallsvariablen $[N(t) - N(s)]$ und $[N(v) - N(u)]$ stochastisch unabhängig sind.

Der Poisson-Prozeß $\{N(t), t \geqslant 0\}$ kann nun wie folgt bestimmt werden:

(i) $Pr[N(0) = 0] = 1$ $\qquad\qquad\qquad\qquad\qquad\qquad\qquad\qquad\qquad\qquad$ (8.11)

(ii) $Pr[N(t) - N(s) = x] = \dfrac{[\nu(t-s)]^x}{x!} e^{-\nu(t-s)}$ $\qquad (x = 0, 1, \ldots)$ $\qquad\quad$ (8.12)

wobei ν ein Parameter ist.

Um einen stochastischen Prozeß zu bestimmen, müssen wir — wie schon gesagt — alle Gesetze der gemeinsamen Wahrscheinlichkeiten für alle m-Tupel von Zufallsvariablen einer Familie angeben. Man kann aber leicht sehen, daß das Gesetz die gemeinsame Wahrscheinlichkeit jedes m-Tupels von Zufallsvariablen $N(t)$ bestimmt, wenn der Parameter ν gegeben ist, so daß der stochastische Prozeß vollständig spezifiziert werden kann[2]).

Falls der Parameter t die Zeit ist, dann kann der Poisson-Prozeß als ein Modell der folgenden Situation betrachtet werden: Gegeben sei eine Folge von Ereignissen, die in der Zeitreihe $t_1, t_2, \ldots$ stattfinden; und die Wahrscheinlichkeiten, daß ein einziges Ereignis während der infinitesimalen Zeitintervalle $(t, t + dt)$ eintritt, sei νdt, wobei ν konstant ist, d.h. von t und dem Eintreten irgendwelcher Ereignisse in dieser Folge unabhängig ist. Der Parameter ν wird die *Intensität* des Prozesses genannt. Man kann zeigen, daß er der erwarteten (mittleren) Anzahl der Ereignisse pro Zeiteinheit gleicht[3]).

Situationen, die in vertretbarer Weise durch einen Poisson-Prozeß modelliert werden können, sind nicht ungewöhnlich. Betrachten wir z.B. Flugzeugabstürze. Wenn wir annehmen, daß sich diese Unglücksfälle unabhängig voneinander ereignen, und darüber hinaus, daß ein Absturz mit der gleichen Wahrscheinlichkeit innerhalb eines kurzen Zeitabschnitts geschehen kann, dann ist der Poisson-Prozeß ein geeignetes Modell dieser Situation.

Da der Poisson-Prozeß aus einigen Annahmen über die Unabhängigkeit und Gleichwahrscheinlichkeit von Ereignissen abgeleitet wurde, können diese *Annahmen* selbst durch den Vergleich von Beobachtungen mit Vorhersagen des Poisson-Prozesses getestet werden. Weil diese Vorhersagen lediglich probabilistisch sind, müssen die Beobachtungen sich über mehrere Zeitintervalle erstrecken; zudem müssen die Zeiteinheiten, in denen die Ereignisse gezählt werden, ausreichend groß sein, damit ein oder mehrere Ereignisse in einer ausreichenden Anzahl von Zeitintervallen enthalten sind. Falls wir in unserem Beispiel eine Stunde als Zeiteinheit gewählt hätten, würde der Parameter ν sehr klein sein (er wäre die mittlere Absturzzahl pro Stunde), so daß die meisten Stunden ohne Abstürze vergingen. Wenn wir jedoch Autounfälle in einem Land untersuchen, können wir wohl eine Stunde als Zeiteinheit wählen. Dann können wir in vielen hunderten von Stunden-Intervallen das Eintreten der Unfälle notieren. Auf diese Weise würden wir die Anteile der Stunden feststellen, in denen kein Unfall geschah oder in denen genau ein, zwei, usw. Unfälle auftraten.

Falls diese Anteile den Größen der rechten Seite von (8.12) entsprechen, wobei $t - s = 1$ und ν die durchschnittliche Anzahl von Unfällen pro Stunde sind, dann handelt es sich bei dieser Ereignisfolge um einen Poisson-Prozeß, d.h. die ihm zugrundeliegenden Annahmen sind bestätigt worden. Im allgemeinen würden wir keine Bestätigung des Modells erwarten, denn es ist bekannt, daß die Unfallhäufigkeit von der Tageszeit abhängt, vom Wochentag und von der Jahreszeit. Das Modell könnte jedoch sehr wohl bestätigt werden, wenn die gewählten Stunden einander so „ähnlich" wie möglich wären, etwa die gleiche Stunde am selben Wochentag. Dann könnte sich u.U. eine Poisson-Verteilung der Anzahl der Unfälle ergeben.

Anstatt die Zeiteinheiten zu unterscheiden, in denen die Ereignisse stattfinden, können wir die Zeitintervalle betrachten und die Anzahl der Individuen feststellen, die kein Ereignis, ein Ereignis, zwei Ereignisse usw. in dieser Zeit erlebt haben. Beispielsweise können wir im Falle der Autounfälle einen ausreichend langen Zeitraum nehmen, etwa zehn Jahre. Falls die „Unfallneigung" aller Fahrer gleich ist, und falls die Unfälle unabhängige Ereignisse sind, dann sollte die Zufallsvariable X, die die Anzahl der von einem willkürlich gewählten Fahrer erlebten Unfälle darstellt, Poisson-verteilt sein:

$$Pr[X = x] = p(x) = \frac{\lambda^x}{x!} e^{-\lambda} \quad (x = 0, 1, \ldots) \tag{8.13}$$

Dabei bedeutet λ die durchschnittliche Anzahl von Unfällen pro Individuum.

Falls die beobachtete Verteilung wiederum merklich von der Poisson-Verteilung abweicht, werden wir die Annahme unseres Modells abermals überdenken müssen. Wichtige Ursachen der Diskrepanz sind (i) die Heterogenität der Population und (ii) der „Infektions"-Effekt.

Heterogenität und „Infektion"

Im Zusammenhang mit der Unfallhäufigkeit kann die Heterogenität der Population durch unterschiedliche, die Individuen charakterisierende „Neigung" zu Unfällen bestimmt werden. Im stochastischen Modell wird diese Neigung mit der Definition der Intensität des Prozesses als Zufallsvariable Λ berücksichtigt. Diese Zufallsvariable besitzt ihre eigene Verteilung, die in die Berechnung der Unfallverteilung einbezogen werden muß. Folglich müssen einige Annahmen über die Verteilung Λ gemacht werden. Ob diese Annahme überhaupt als annehmbare Darstellung der Wirklichkeit angesehen werden können, wird vom Test des Modells abhängen. Also tut der Mathematiker recht daran, wenn er diese Annahme aufgrund seiner Erfahrungen mit der Mathematik macht: er wählt eine Verteilung, die mathematischer Behandlung zugänglich ist. Eine Klasse von Verteilungen, die diese Eigenschaften besitzt, sind die sogenannten *Gamma-Verteilungen*.

Die Häufigkeitsfunktion einer gamma-verteilten Zufallsvariablen ist gegeben durch

$$f(\lambda) = \frac{m^r \lambda^{r-1} e^{-m\lambda}}{\Gamma(r)} \quad , m, r, \lambda > 0 \tag{8.14}$$

wobei m und r Parameter der Verteilung sind[4]).

Betrachten wir nun die charakteristische Funktion der Zufallsvariablen X, deren Verteilung durch (8.13) gegeben ist:

$$\varphi_X(u) = E[e^{iuX}] = \sum_{j=0}^{\infty} \text{Exp}\{iuj\}p(j) = \sum_{j=0}^{\infty} e^{iuj}\frac{\lambda^j}{j!}e^{-\lambda} = \text{Exp}\{\lambda(e^{iu} - 1)\}. \tag{8.15}$$

Nehmen wir nun an, λ sei der Wert einer Zufallsvariablen Λ mit der Verteilungsfunktion $F(\lambda)$, der Dichtefunktion $f(\lambda)$ und der charakteristischen Funktion $\varphi_\Lambda(u)$. Für *feststehende* λ können wir schreiben:

$$E[e^{iuX}] = \text{Exp}\{\lambda(e^{iu} - 1)\}. \tag{8.16}$$

Also wird diese charakteristische Funktion als *bedingte* Erwartung ausgedrückt, wobei $\Lambda = \lambda$ *gilt*. Dann ist die charakteristische Funktion der Zufallsvariablen Y, die aus der Poisson-Variablen X und der Zufallsvariablen Λ *zusammengesetzt* ist, gegeben durch

$$\varphi_Y(u) = \int_{-\infty}^{\infty} \text{Exp}\{\lambda(e^{iu} - 1)\}f(\lambda)d\lambda = \varphi_\Lambda\left(\frac{e^{iu} - 1}{i}\right). \tag{8.17}$$

D.h. diese charakteristische Funktion wird die gleiche Form besitzen, wie die charakteristische Funktion von Λ (vgl. Gleichung (8.15)), außer daß $(e^{iu} - 1)/i$ nunmehr anstelle von u in $E[e^{iu\Lambda}]$ stehen wird[5]).

In unserem Falle haben wir angenommen, Λ sei gamma-verteilt. Die charakteristische Funktion einer jeden gamma-verteilten Λ ist

$$\varphi_\Lambda(u) = \left[1 - \frac{iu}{m}\right]^{-r}, \tag{8.18}$$

wobei m und r die Parameter der Verteilung sind.

Daher erhalten wir angesichts von (8.17)

$$\varphi_Y(u) = \left[1 - \frac{e^{iu} - 1}{m}\right]^{-r} = \left[\frac{m}{1 + m - e^{iu}}\right]^r = \left[\frac{p}{1 - qe^{iu}}\right]^r. \tag{8.19}$$

wobei $p = m/(1 + m)$ und $q = 1 - p$ sind.

Aber die rechte Seite von (8.19) ist die charakteristische Funktion einer *negativen Binominal-*

verteilung. Also besitzt Y eine negative Binominalverteilung[6]):

$$p(y) = \binom{y+r-1}{y} p^r q^y \qquad (y = 0, 1, 2, \ldots; \; r > 0).$$
(8.20)

Die Parameter r und p einer negativen Binominalverteilung, die eine Datenmenge beschreiben sollen, können aufgrund der folgenden Beziehungen geschätzt werden:

$$E[Y] = \frac{rq}{p}; \; \mathrm{Var}[Y] = \frac{rq}{p^2}.$$
(8.21)

Anhand dieser Schätzungen können wir die beobachteten Verteilungen mit der negativen Binominalverteilung vergleichen.

Die Tafel 8.1 zeigt die Häufigkeitsverteilung x der „Anzahl der Unfälle" in einer Fabrik, verglichen sowohl mit der Poisson-Verteilung als auch mit der negativen Binominalverteilung.

Anzahl von Unfällen y	Personen mit y Unfällen $n(y)$	Poisson $\lambda = 0{,}429$ $n(y)$	Negatives Binominal $r = 1{,}3$; $p = 0{,}752$ $n(y)$
0	200	188,2	199,0
1	64	80,7	64,9
2	17	17,4	18,7
3	6	2,5	5,1
4	2	0,3	1,4

Tafel 8.1: [nach *Hill/Trist*]

Die wesentlich bessere Übereinstimmung der Daten mit der negativen Binominalverteilung im Vergleich zur Poisson-Verteilung legt den Gedanken nahe, daß die Population nicht homogen ist, d.h. die „Unfallneigung" der Arbeiter ist unterschiedlich. Diese Folgerung stimmt mit der Alltagserfahrung überein und bestätigt, daß die Unfallquote verringert werden könnte, wenn man bei Arbeitsplatzbewerbern deren Unfallneigung berücksichtigt.

Die Effektivität einer solchen Auswahl hängt von zwei Bedingungen ab: (i) die Menschen unterscheiden sich tatsächlich durch Unfallneigung, und (ii) die Tests sind geeignet, diesbezügliche Unterschiede festzustellen. Aber es zeigt sich, daß die Diskrepanz zwischen der beobachteten Unfallverteilung und der Poisson-Verteilung eine inhärente Heterogenität der Population nicht endgültig nachweisen kann. Denn auch der sogenannte Infektionseffekt kann Ursache dieser Diskrepanz sein.

Nehmen wir an, die Population sei anfänglich homogen: jeder Arbeiter zeigt die gleiche anfängliche Unfallneigung. Aber die Unfälle seien nun nicht mehr voneinander unabhängig. Ein „positiver" Infektionseffekt könnte sich in einer erhöhten Unfallwahrscheinlichkeit nach einem Unfall äußern (beispielsweise wenn die Arbeiter nervös werden) ein „negativer" in einer verringerten Unfallwahrscheinlichkeit (die Arbeiter werden vorsichtiger).

Der „Zustand eines Arbeiters" sei durch die Anzahl i von Unfällen beschrieben, die er bis zur Zeit t erlitten hat, d.h. er befindet sich im Zustand i. Falls er zur Zeit t selbst einen Unfall hat, so geht er vom Zustand i in den Zustand $(i + 1)$ über. Wenn sich die Unfälle in Übereinstimmung mit einem Poisson-Prozeß ereignen, dann ist die Wahrscheinlichkeit, daß ein Arbeiter während des kurzen Zeitintervalls $(t, t + dt)$ einen Unfall hat, durch $v \, dt$ gegeben — wobei v von t und von der Anzahl von Unfällen, die der Arbeiter gehabt hat (d.h. von seinem Zustand) unabhängig ist. Nun sei $p_i(t)$ die Wahrscheinlichkeit, daß sich der Arbeiter zur Zeit t im Zustand i befindet. Insbesondere ist $p_0(t)$ die Wahrscheinlichkeit, daß er bis zum Zeitpunkt t unfallfrei war. Dann wird die Veränderungsrate von $p_0(t)$ gegeben durch

$$\frac{dp_0(t)}{dt} = - v p_0(t).$$
(8.22)

Somit ist

$$p_0(t) = p_0(0)e^{-vt}. \tag{8.23}$$

Falls wir für die Zeit, bis zu der noch kein Unfall geschah $t = 0$ setzen (also $p_0(0) = 1$ ist), dann gilt

$$p_0(t) = e^{-vt}. \tag{8.24}$$

Ähnlich erhalten wir für $i = 1, 2, \ldots$

$$\frac{dp_i(t)}{dt} = vp_{i-1}(t) - vp_i(t). \tag{8.25}$$

Das erste Glied auf der rechten Seite stellt einen Zuwachs von p_i durch den Übergang aus dem Zustand $(i - 1)$ in den Zustand i dar. Das zweite stellt eine Verringerung dar, die durch den Übergang vom Zustand i in den Zustand $(i + 1)$ verursacht wird. Für $i = 1$ wird (8.25) zu

$$\frac{dp_1(t)}{dt} = vp_0(t) - vp_1(t). \tag{8.26}$$

Durch Substitution von (8.24) in (8.26) erhalten wir

$$\frac{dp_1(t)}{dt} = ve^{-vt} - vp_1(t). \tag{8.27}$$

Die Lösung lautet dann

$$p_1(t) = vte^{-vt}. \tag{8.28}$$

Indem wir mit der iterativen Substitution fortfahren, erhalten wir

$$p_i(t) = (vt)^i \frac{e^{-vt}}{i!}. \tag{8.29}$$

Dies ist der Ausdruck für die Poisson-Verteilung.

Nun führen wir den Infektionsprozeß durch die Annahme ein, daß v mit jedem Ereignis um einen konstanten Betrag wächst. Somit sind $v_{01} = v; v_{12} = v + \beta; v_{23} = v + 2\beta$ und so fort. Die Indizes ij der v zeigen an, daß die aufeinanderfolgenden v mit dem Übergang des Systems aus dem Zustand i in den Zustand j zusammenhängen.

Unsere Differentialgleichung wird zu

$$\frac{dp_0}{dt} = -vp_0$$

$$\frac{dp_i}{dt} = [v + (i-1)\beta]p_{i-1} - (v + i\beta)p_i \quad (i = 1, 2, \ldots). \tag{8.30}$$

Die Lösung des Systems ist:

$$p_i = \left[\frac{v(v + \beta) \ldots [v + (i-1)\beta]}{i!\beta^i} \right] e^{-vt}(1 - e^{-\beta i})^i \quad \text{wenn } i > 0 \tag{8.31}$$

$$p_0 = e^{-vt}.$$

Dann kann der Ausdruck in den großen Klammern auf der rechten Seite von (8.31) folgendermaßen geschrieben werden:

$$\binom{v/\beta + i - 1}{i}. \tag{8.32}$$

Dies ist der Binominalkoeffizient in der negativen Binominalverteilung (vgl. (8.20)). Nun führen wir r und γ ein, die definiert werden durch

$$\gamma = \frac{e^{-\beta t}}{1 - e^{-\beta t}} \tag{8.33}$$

$$r = \frac{\nu}{\beta}. \tag{8.34}$$

Und ebenso gilt

$$e^{-\nu t} = \left[\frac{\gamma}{1 + \gamma} \right]^r. \tag{8.35}$$

Daher kann (8.31) auch folgendermaßen geschrieben werden:

$$p_i = \binom{r + i - 1}{i} \left[\frac{\gamma}{1 + \gamma} \right]^r \left[\frac{1}{1 + \gamma} \right]^i. \tag{8.36}$$

Hier hat r dieselbe Bedeutung wir in (8.20); $\gamma/(1 + \gamma)$ entspricht p in (8.20). Beachten wir, daß i in (8.36) y in (8.20) entspricht.

Die empirische Widerlegung des Modells des Poisson-Prozesses zeigt, daß eine oder mehrere Annahmen dieses Modells nicht gerechtfertigt sind. Aber *welche* Annahme auf welche Weise verletzt ist, kann in der Regel nicht unmittelbar festgestellt werden. So kann beispielsweise das negative Binominal durch beide Arten von Heterogenität erzeugt worden sein: durch *inhärente* Heterogenität, die schon zu Beginn des Prozesses in der Population enthalten war, und durch *entstehende* Heterogenität, die sich aus der Tatsache ergibt, daß sich die Unfallneigung während des Prozesses als Folge von Unfällen ändert. Bis zu welchem Umfang die beobachtete Verteilung dem einen oder dem anderen Effekt einer Kombination oder aber keinem von beiden zugeordnet werden kann ist eine Frage, die weitaus genauere Analysen des Prozesses erfordert[7]).

Auf Erneuerungsprozessen beruhende Modelle

Unsere Definition des Poisson-Prozesses beruhte auf einer diskreten Zufallsvariablen $N(t)$, die eine Poisson-Verteilung mit dem Mittelwert νt besitzt, wobei ν ein den Prozeß charakterisierender Parameter ist, und t ist ein kontinuierlicher Parameter — der Index der entsprechenden Familie von Zufallsvariablen.

Eine andere Definition des Poisson-Prozesses beruht auf den *Zwischenzeiten* $T_1, T_2, \ldots$, d.h. auf den Intervallen zwischen aufeinanderfolgenden Ereignissen. Jede Zwischenzeit ist eine kontinuierliche Zufallsvariable, die eine Exponentialverteilung mit gleichem Parameter besitzt:

$$F(t) = 1 - e^{-\nu t}, \quad t \geqslant 0. \tag{8.37}$$

Dabei sind die T_i statistisch voneinander unabhängig. Es kann gezeigt werden, daß die beiden Definitionen äquivalent sind [vgl. *Parzen*, S. 134].

Der Poisson-Prozeß ist ein Beispiel des *Zählvorganges* in dem Sinne, daß die Zufallsvariable $N(t)$, die Anzahl der Ereignisse bis zur Zeit t (einschließlich) „zählt". Somit kann der Poisson-Prozeß wie folgt geschrieben werden:

$$X(t) = \sum_{n=1}^{N(t)} (1), \tag{8.38}$$

wobei die obere Grenze der Summierung eine Poisson-verteilte Zufallsvariable mit dem Mittelwert νt ist.

Dieser Prozeß kann auf verschiedene Weise verallgemeinert werden, indem Funktionen einer anderen Zufallsvariablen Y für 1 in der obigen Summierung substituiert werden. Beispielsweise wird der *zusammengesetzte Poisson-Prozeß* $X(t)$ definiert durch

$$X(t) = \sum_{n=1}^{N(t)} Y_n, \tag{8.39}$$

wobei die Y_n identisch verteilte unabhängige Zufallsvariable sind.
Der *gefilterte Poisson-Prozeß* $X(t)$ wird definiert durch

$$X(t) = \sum_{n=1}^{N(t)} w(t, \tau_n, Y_n), \tag{8.40}$$

wobei die Y_n ebenfalls identisch verteilte unabhängige Zufallsvariable sind, und die τ_n gleichfalls Variable sind, die die Eintrittszeiten der Ereignisse im zugrundeliegenden Poisson-Prozeß $N(t)$ darstellen, während w eine bestimmte Funktion von drei Variablen ist.

Nun wollen wir eine Verallgemeinerung des Poisson-Prozesses in einer anderen Richtung betrachten, wobei die Zwischenzeiten $T_1, T_2, \ldots$ mit einbezogen werden (dabei ist $T_i = \tau_i - \tau_{i-1}$). Die Zwischenzeiten sollen unabhängige identisch verteilte positive Zufallsvariable wie im Poisson-Prozeß, jedoch nicht mehr notwendig exponentiell verteilt sein. Solche Prozesse werden *Erneuerungsprozesse* genannt. Wie bei den Poisson-Prozessen handelt es sich dabei um Zählvorgänge. Sie werden durch $\{N(t), t \geqslant 0\}$ bezeichnet, wobei $N(t)$ wie vorher eine Zufallsvariable ist, die die Anzahl der Ereignisse bis zum Zeitpunkt t angibt.

Die Theorie der Erneuerungsprozesse beruht auf einer Integralgleichung, die *Erneuerungsgleichung* genannt wird:

$$g(t) = h(t) + \int_0^t g(t - \tau) f(\tau) \, d\tau. \tag{8.41}$$

Hier werden $f(t)$ und $h(t)$ als gegeben angenommen, und $g(t)$ ist eine unbekannte, noch zu bestimmende Funktion. Diese Gleichung ist für die Erneuerungstheorie deshalb fundamental, weil viele in der Theorie interessierende Funktionen diese Gleichung erfüllen.

Beispielsweise könnten wir uns für $m(t)$, die *Mittelwertfunktion* eines Zählvorganges interessieren. Also ist $m(t) = E[N(t)]$ die Erwartung der Zufallsvariablen $N(t)$. Da $N(t)$ eine diskrete Zufallsvariable ist, besitzt sie eine Wahrscheinlichkeitsverteilung $p_{N(t)}(n)$ $(n = 0, 1, 2, \ldots)$. Damit gilt:

$$m(t) = \sum_{n=0}^{\infty} n p_{N(t)}(n). \tag{8.42}$$

Im Erneuerungsprozeß besitzen alle Zwischenzeiten $T_1, T_2, \ldots$ eine Dichtefunktion $f(t)$ und eine Verteilungsfunktion $F(t)$. Wir wollen nun zeigen, daß $m(t)$ in einem solchen Prozeß die folgende Integralgleichung erfüllt:

$$m(t) = F(t) + \int_0^t m(t - \tau) f(\tau) \, d\tau. \tag{8.43}$$

Sie ist formal der Gleichung (8.41) äquivalent, wobei $m(t)$ die Rolle von $g(t)$ übernommen hat, und $F(t)$ diejenige von $h(t)$.

Zunächst wollen wir zeigen, daß dies für einen Poisson-Prozeß zutrifft. Hier gilt: $m(t) = \nu t, F(t) = 1 - e^{-\nu t}, f(\tau) = \nu e^{-\nu \tau}$. Durch Substitution in (8.43) erhalten wir

$$\nu t = 1 - e^{-\nu t} + \int_0^t (\nu t - \nu \tau) \nu e^{-\nu \tau} d\tau. \tag{8.44}$$

Indem beide Seiten nach t differenziert werden, erhalten wir

$$\nu = \nu e^{-\nu t} + \int_0^t \nu^2 e^{-\nu \tau} \, d\tau = \nu e^{-\nu t} - \nu e^{-\nu t} + \nu = \nu. \tag{8.45}$$

In diesem Falle erfüllt $m(t)$ somit die Erneuerungsgleichung.

Im allgemeinen Fall können wir schreiben:

$$m(t) = \int\limits_0^\infty \{E[N(t)] \mid T_1 = \tau\} f_{T_1}(\tau)\, d\tau. \tag{8.46}$$

Der erste Faktor des Integranten stellt die bedingte Erwartung von $N(t)$ dar, wenn die erste Zwischenzeit einen bestimmten Wert τ hat. Multipliziert mit der Häufigkeitsfunktion von T_1 und über den Bereich von T_1 integriert, ergibt diese bedingte Erwartung die Erwartung von $N(t)$ nämlich $m(t)$.

Falls das *erste* Ereignis nun zur Zeit τ *nach* t eintritt, dann ist $N(t) = 0$. Daher ist $N(t) = 0$, wenn $\tau > t$ ist. Falls $\tau \leqslant t$ gilt, dann ist:

$$\{E[N(t)] \mid T_1 = \tau\} = 1 + m(t - \tau). \tag{8.47}$$

Wir erhalten die erwartete Anzahl von Ereignissen zur Zeit t unter der Bedingung, daß das erste Ereignis zur Zeit τ eintrat, indem wir dieses erste Ereignis zur erwarteten Anzahl von Ereignissen, die während des Zeitintervalls $(\tau, t]$ stattfanden, hinzuaddieren. Durch Substitution von (8.47) in (8.46) erhalten wir

$$m(t) = \int\limits_0^t f(\tau)\, d\tau + \int\limits_0^t m(t - \tau)\, d\tau = F(t) + \int\limits_0^t m(t - \tau) f(\tau)\, d\tau, \tag{8.48}$$

da der Integrand für $\tau > t$ verschwindet.

Da die Zwischenzeiten eines Erneuerungsprozesses identisch verteilte unabhängige Zufallsvariablen sind, bestimmt ihre gemeinsame Verteilungsfunktion $F(t)$ den Prozeß vollständig, d.h. sein Wahrscheinlichkeitsgesetz. Sobald die Verteilungsfunktion gegeben ist, kann $m(t)$ durch die Lösung der Erneuerungsgleichung bestimmt werden. Falls umgekehrt eine Mittelwertfunktion des Erneuerungsprozesses gegeben ist, dann können wir das Wahrscheinlichkeitsgesetz des Erneuerungsprozesses bestimmen.

Die Theorie der Erneuerungsprozesse kann bei der Planung des Rekrutierungsbedarfs einer Organisation zur Aufrechterhaltung einer konstanten Größe angewendet werden. Hier werden wir unter „Organisation" einfach eine Population von Individuen verstehen, die in einer Organisation arbeiten. Von Zeit zu Zeit verlassen die Individuen die Organisation. Im Hinblick auf einen bestimmten zeitlichen Anfang, ist die Verweildauer eines Individuums in der Organisation die Zufallsvariable T. Daher ist die Anzahl der Individuen, die die Organisation während des Zeitintervalls $(0, t]$ verlassen, ebenfalls eine Zufallsvariable. Eigentlich ist diese Zufallsvariable durch den Zählvorgang definiert, wobei die gezählten Ereignisse die aufeinanderfolgenden Austritte der Individuen aus der Organisation sind. Falls die Zeiten zwischen den Austritten identisch verteilte unabhängige Zufallsvariablen sind, dann haben wir es mit einem Erneuerungsprozeß zu tun.

Wenn die Organisation ihre Größe bewahren will, dann brauchen wir über die Anzahl der Austritte einige Informationen, die sich etwa auf das nächste Zeitintervall $(0, t]$ beziehen, um eine annähernd gleiche Anzahl von Individuen zu rekrutieren. Wir können gewiß nicht die genaue Anzahl der Austritte vorhersagen, da diese eine Zufallsvariable ist, aber wir können unsere Rekrutierungspläne auf die erwartete Anzahl von Austritten stützen. Dies ist die Mittelwertfunktion $m(t)$ des angenommenen Erneuerungsprozesses. Sie kann durch die Gleichung (8.48) ermittelt werden, sobald die Wahrscheinlichkeitsverteilung der Zeiten zwischen den Austritten bekannt ist.

Von praktischem Interesse ist auch die *Rekrutierungsdichte*, d.h. die Ableitung von $m(t)$ nach der Zeit. Durch Differenzierung von (8.48) nach der Zeit erhalten wir

$$m'(t) = f(t) + m(0) f(t) + \int\limits_0^t m'(t - \tau) f(\tau)\, d\tau$$
$$= f(t) + \int\limits_0^t m'(t - \tau) f(\tau)\, d\tau, \tag{8.49}$$

da $m(0) = 0$ ist. Somit erfüllt die Rekrutierungsdichte die gleiche Art von Integralgleichung wie die Mittelwertfunktion.

Um $m(t)$ oder $m'(t)$ zu bestimmen, müssen wir $F(t)$ kennen. Nun ist $F(t)$ die Wahrscheinlichkeit, daß ein willkürlich aus unserer Population gewähltes Individuum die Organisation nicht später als zum Zeitpunkt t verlassen wird. Diese Wahrscheinlichkeiten (die Neigung zum Austritt) können für verschiedene Individuen unterschiedlich sein. Wie erinnerlich, waren wir im Zusammenhang mit der Unfallverteilung dem gleichen Problem begegnet – dem Problem der Heterogenität. Beispielsweise kann die Verteilung von T (genannt VDZ, d.h. vollendete Dienstzeit) für jedes Individuum exponentiell, aber mit einem unterschiedlichen Parameter versehen sein. Dann wird die Wahrscheinlichkeit $F(t)$ nicht mehr exponentiell sein. Der Parameter einer exponentiell verteilten VDZ in der Population sei beispielsweise selbst eine Zufallsvariable Λ mit einer Dichtefunktion vom Gamma-Typus (vgl. Gleichung (8.14)). Dann wird die Dichtefunktion von T über der Gesamtpopulation gegeben sein durch

$$\int_0^\infty \frac{\lambda e^{-\lambda t} m^r \lambda^{r-1} e^{-\lambda m}}{\Gamma(r)} \, d\lambda = \frac{m^r}{\Gamma(r)} \int_0^\infty \lambda^r e^{-\lambda(m+t)} d\lambda$$

$$= \frac{rm^r}{(m+t)^{r+1}}. \tag{8.50}$$

Die durch (8.50) angegebene Dichtefunktion ist schräger als die exponentielle Dichtefunktion. D.h. für t kleiner und größer als der Mittelwert sind ihre Werte größer als die entsprechenden Werte einer exponentiellen Dichtefunktion mit dem gleichen Mittelwert.

Der gleiche Effekt kann sich aus der „Eingewöhnung" ergeben. Die exponentielle Verteilung bedeutet, daß die Wahrscheinlichkeit für das Verlassen der Organisation in jedem kurzen Zeitintervall $(t, t + dt)$ λdt ist, wobei λ sowohl von t unabhängig ist, als auch von der schon in der Organisation verbrachten Zeit. Grob gesprochen ist der Austritt eine „rein zufällige" Angelegenheit. In Wirklichkeit kann die Austrittswahrscheinlichkeit sehr wohl von der Verweildauer abhängen. Sie kann mit dieser zunehmen, falls ein Mensch es satt hat, immer die gleiche Arbeit zu verrichten; oder sie kann im Gegenteil abnehmen, wenn er um seine Rente besorgt ist, oder zunehmend an seine Arbeit oder an seinen Wohnort usw. gebunden wird. Unter beiden Bedingungen wird die Verteilung der individuellen vollendeten Dienstzeit (VDZ) nicht exponentiell sein. Somit kann die kollektive VDZ vom Exponential entweder wegen der Heterogenität abweichen, oder weil die Austrittswahrscheinlichkeit von der individuellen Verweildauer abhängt oder aber von beiden Faktoren. Das Problem der Unterscheidung individueller und kollektiver Determinanten der gesamten VDZ ist schon für sich genommen interessant. Vorläufig wollen wir die gesamte VDZ (also die $F(t)$) jedoch als gegeben voraussetzen. Wir interessieren uns für die Bestimmung von $m(t)$ oder $m'(t)$, d.h. für die Lösung der Erneuerungsgleichung. Um die Notationen zu vereinfachen, wollen wir $m'(t)$ als $h(t)$ schreiben.

Integralgleichungen der Form (8.49) können manchmal mit Hilfe der *Laplace-Transformationen* gelöst werden[8]). Indem wir auf beiden Seiten von (8.49) Laplace-Transformationen vornehmen, erhalten wir

$$h^*(s) = f^*(s) + h^*(s) f^*(s), \tag{8.51}$$

woraus folgt

$$h^*(s) = \frac{f^*(s)}{1 - f^*(s)}. \tag{8.52}$$

Da $f(t)$ als bekannt vorausgesetzt ist, ist es auch die Laplace-Transformation $f^*(s)$. Somit ist die Laplace-Transformation von $h(t)$ eine bekannte Funktion von s. Falls diese Funktion der Laplace-Transformation einer bekannten Funktion entspricht, dann können wir $h(t)$ als eine Funktion von

t bestimmen, womit das Problem gelöst wäre. Unglücklicherweise liegt die Inverse der Laplace-Transformation in die ursprüngliche Funktion nicht immer in geschlossener Form vor.

Als Spezialfall von $f(t)$ könnten wir den folgenden Ausdruck ansehen:

$$f(t) = p\lambda_1 e^{-\lambda_1 t} + (1-p)\lambda_2 e^{-\lambda_2 t}. \tag{8.53}$$

Dies entspricht einer Situation, in der die Population aus zwei Teilpopulationen im Verhältnis von p zu $(1-p)$ besteht, von denen jede durch eine exponentiale VDZ mit den entsprechenden Parametern dargestellt wird.

Für die Laplace-Transformation von $f(t)$ erhalten wir

$$f^*(s) = p\left(\frac{\lambda_1}{\lambda_1 + s}\right) + (1-p)\left(\frac{\lambda_2}{\lambda_2 + s}\right). \tag{8.54}$$

Durch Substitution von (8.54) in (8.52) erhalten wir

$$h^*(s) = \frac{p\lambda_1/(\lambda_1 + s) + (1-p)\lambda_2/(\lambda_2 + s)}{1 - p\lambda_1/(\lambda_1 + s) - (1-p)\lambda_2/(\lambda_2 + s)}. \tag{8.55}$$

Diese Laplace-Transformation ist „invertibel", da sie eine Laplace-Transformation ist von

$$h(t) = \mu^{-1} + [p\lambda_1 + (1-p)\lambda_2 - \mu^{-1}] \, \text{Exp} \, \{-[p\lambda_2 + (1-p)\lambda_1] \, t\}, \tag{8.56}$$

wobei $\mu = p/\lambda_1 + (1-p)/\lambda_2$ der Mittelwert von VDZ ist.

Beachte, daß $p\lambda_1 + (1-p)\lambda_2 \geqslant \mu^{-1}$ gilt. Damit ist das zweite Glied auf der rechten Seite von (8.56) nicht negativ (im allgemeinen positiv). Das zweite Glied nimmt jedoch exponentiell ab, so daß die Verlustrate $h(t)$ nach μ^{-1} strebt. Schließlich kann also das Gleichgewicht durch Angleichen der Rekrutierungsrate an die allgemeine Verlustrate erhalten bleiben. Bis es soweit ist, muß die Rekrutierung die Verlustrate im Gleichgewicht übersteigen, weil sich die „Altersverteilung" der Population beim Austritt der Individuen ändert. Diese Situation ist der Bevölkerungsdynamik analog. Wenn die gleichgewichtige Altersverteilung noch nicht erreicht ist, können wir nicht erwarten, daß die allgemeine Todesrate konstant bleiben werde, selbst wenn keine äußeren Faktoren sie beeinflussen. Sie ändert sich schon wegen der sich ändernden „Altersverteilung" der Population. Eine andere Möglichkeit, diese Situation zu betrachten, besteht in der Analogie zur natürlich Auslese. In der heterogenen Population werden zuerst die Individuen mit der größeren Neigung zum Austritt die Population verlassen, d.h. jene mit dem größeren λ. Jene mit kleinerem λ werden mit einer größeren Wahrscheinlichkeit dableiben, und ihre Austrittsrate wird geringer sein. Im Gleichgewicht ist diese Mischung „ausgeglichen", so daß die Austrittsrate dem reziproken Wert des Gesamtmittelwertes der VDZ entspricht.

Wie wir gesehen haben, kann die Erneuerungsgleichung in geschlossener Form lediglich für einige Spezialfälle gelöst werden. *Bartholomew* [1963] hat eine Näherungsgleichung vorgeschlagen, die in vielen interessierenden Fällen nahe der genauen Lösung liegen könnte. Er setzt

$$h^0(t) = f(t) + \frac{F^2(t)}{\int_0^t G(x)dx}, \tag{8.57}$$

wobei $G(t) = 1 - F(t)$ gilt. Diese Näherungslösung stimmt in bezug auf die folgenden Eigenschaften mit der exakten Lösung überein:

(i) Wenn $f(t) = \lambda e^{-\lambda t}$ ist, dann gilt $h^0(t) = h(t)$ für alle t; (D.h. falls die Gesamt-VDZ exponentiell ist, dann stimmt die Näherungslösung mit der exakten Lösung überein.)

(ii) $\lim_{t \to \infty} h^0(t) = \lim_{t \to \infty} h(t) = \mu^{-1}$;

(iii) $h^0(0) = h(0) = f(0)$;

(d.h. die Näherungslösung entspricht der exakten Lösung bei $t = 0$, und wenn sie asymptotisch ad infinitum geht.)

(iv) Sowohl die erste als auch die zweite Ableitung der Näherungslösung entsprechen diesen Ableitungen der exakten Lösung bei $t = 0$.

Bartholomew stellt die Anwendung der Annäherung für den Fall dar, daß $f(t)$ eine logarithmische Normalverteilung ist, d.h. wenn der natürliche Logarithmus von t normalverteilt mit Mittelwert $\omega = \log_e \mu - \sigma^2/2$ ist. Dann gilt

$$f(t) = \frac{1}{\sqrt{2\pi}\ \sigma t} \operatorname{Exp}\left\{ -\frac{(\log_e t - \omega)^2}{2\sigma^2} \right\} \tag{8.58}$$

und

$$F(t) = \Phi\left(\frac{\log_e t - \omega}{\sigma} \right). \tag{8.59}$$

Die Funktion Φ wird definiert durch

$$\Phi(x) = \int_{-\infty}^{x} \frac{1}{\sqrt{2\pi}}\ e^{-t^2/2} dt. \tag{8.60}$$

Für große Werte von x gilt die Annäherung

$$\Phi(x) = 1 - \frac{1}{\sqrt{2\pi}x}\ e^{-x^2/2}. \tag{8.61}$$

Durch Substitution von (8.61) in (8.57) erhalten wir den annähernden Ausdruck für $h(t)$:

$$h^0(t) \cong \left\{ \mu \left[1 - \frac{1}{\sqrt{2\pi}} \cdot \frac{\sigma}{z(z-\sigma)} \cdot e^{-(z-\sigma)^2/2} \right] \right\}^{-1} \tag{8.62}$$

wobei wir z für $(\log_e t - \omega)/\sigma$ geschrieben haben.

Falls $\sigma = 2$ und $z = 4$ sind, dann erhalten wir

$$h^0(t) = (1.02)\mu^{-1} \tag{8.63}$$

d.h. $h(t)$ befindet sich innerhalb der 2 % seines asymptotischen Wertes. Aber wenn $z = 4$, $t = e^{\omega+8}$, $\mu = e^{\omega+2}$ sind, dann gilt $t = \mu e^6 \cong 400\,\mu$. Die durchschnittliche VDZ wird sich erst nach 400 Zeitintervallen dem Gleichgewichtswert innerhalb einer 2 % Abweichung annähern.

Falls die mittleren VDZ von der Länge eines Jahres oder selbst eines Monats sind (ein sehr schneller Umschlag), dann wird klar, daß die Äquilibriumbedingung nur von sehr geringem praktischen Interesse sein kann. Aus diesem Grund interessieren an diesem Modell die Aspekte des Übergangs und nicht so sehr des endgültigen Gleichgewichts.

Anwendungen

Rice/Hill/Trist [1950] haben einige Daten über die Verteilung der VDZ veröffentlicht. Zwei dieser Verteilungen werden in der Tafel 8.2 gezeigt. Zudem wird eine exponentielle Verteilung mit einem einzigen Parameter und eine gemischte exponentielle auf der Gleichung (8.53) beruhenden Verteilung mit zwei Parametern dargestellt.

Die gemischte exponentielle Dichteverteilung entspricht den Beobachtungen bei Glacier Metal Co. sehr gut, und den bei Bibby & Sons Ltd. noch recht gut. Auf der Grundlage dieser VDZ-Verteilungen wurden Vorhersagen des Rekrutierungsbedarfs beider Unternehmen für die nächsten zehn Jahre gemacht. Da die Erneuerungsgleichung im Falle des gemischten Exponentials voll-

Glacier Metal Co. (1944–1947)			J. Bibby & Sons Ltd. (1950)		
VDZ	Anzahl ausziehender Personen	Exponentielle Verteilung	Gemischte Exponentielle Verteilung	Anzahl ausziehender Personen	Exponentielle Verteilung	Gemischte Exponentielle Verteilung

	Anzahl ausziehender Personen	Exponentielle Verteilung	Gemischte Exponentielle Verteilung	Anzahl ausziehender Personen	Exponentielle Verteilung	Gemischte Exponentielle Verteilung
Unter 3 Monaten	242	160,2	242,0*)	182	103,9	182,0*)
3 Monate	152	138,9	152,0*)	103	86,8	103,0*)
6 Monate	104	120,4	101,4	60	72,4	60,7
9 Monate	73	104,5	72,7	29	60,5	38,0
12 Monate	52	90,6	55,8	31	50,5	25,5
15 Monate	47	78,5	45,7	23	42,1	18,6
18 Monate	49	68,1	39,1	10	35,2	14,7
21 Monate und darüber	487	444,8	497,2	191	177,6	186,5
Insgesamt	1206	1206,0	1206,0	629	629,0	629,0

*) Diese Werte entsprechen der Daten genau, denn sie wurden zur Bestimmung der Parameter benutzt.

Tafel 8.2: [nach *Bartholomew*, 1967]

ständig gelöst werden kann, bestand die Gelegenheit, die Vorhersagen nach der exakten Lösung mit denen nach der Näherungslösung zu vergleichen. Die Ergebnisse werden in der Tafel 8.3 gezeigt.

	T (Jahre)								
	0	0,2	0,4	0,6	0,8	1,0	1,5	2,0	10,0
Glacier Metal Co. $p = 0,6513\, h(T)$ $\lambda_1 = 0,2684$	1,020	0,840	0,712	0,620	0,555	0,508	0,440	0,411	0,389	0,389
$\lambda_2 = 2,4228\, h^0(T)$	1,020	0,841	0,715	0,628	0,567	0,525	0,466	0,439	0,392	0,389
J. Bibby & Sons $p = 0,4363\, h(T)$ $\lambda_1 = 0,2339$	1,530	1,300	1,120	0,979	0,870	0,784	0,643	0,567	0,479	0,479
$\lambda_2 = 2,5335\, h^0(T)$	1,530	1,301	1,125	0,993	0,894	0,821	0,705	0,643	0,489	0,479

Tafel 8.3 [nach *Bartholomew*, 1967]: Vergleichung von $h(T)$ und $h^0(T)$ mit $\omega = 0$, $\sigma = 2$ für zwei gemischte Exponentialverteilungen.

Wie man sehen kann, ist die Übereinstimmung zwischen $h^0(t)$ und $h(t)$ für die ersten Monate und selbst nach einigen Jahren recht gut. Die größten Diskrepanzen treten zwischendurch auf. Um die Vorhersagen für mittelfristige Zeiträume zu verbessern, kann ein iteratives Verfahren angewendet werden. Mit $h^0(t)$ als Ausgangspunkt lösen wir die Gleichung

$$h^1(t) = f(t) + \int_0^t h^0(t - x)\, f(x)\, dx \qquad (8.64)$$

nach $h^1(t)$, um die erste Annäherung zu erhalten usw.

Um alle Möglichkeiten des stochastischen Modells auszuschöpfen, sollte man nicht nur die Erwartungswerte der erforderlichen Rekrutierung in der Zukunft ermitteln können, sondern auch die

volle Verteilung der Anzahl der erforderlichen Rekruten (als Zufallsvariable genommen) oder zumindest ihre Varianz (die eine Vorstellung über die Form der Verteilungsfunktion ermöglicht.)

$$E[N^2(t)] = m(t) + 2 \int_0^t m(t-x)\, h(x)\, dx. \tag{8.65}$$

Nachdem wir $m(t)$ und $h(t)$ nach den oben beschriebenen Methoden bestimmt haben, können wir
$E[N^2(t)]$ berechnen, und damit auch die Varianz von $N(t)$ angesichts von

$$\mathrm{Var}[N(t)] = E[N^2(t)] - [m(t)]^2. \tag{8.66}$$

Ähnliche Methoden können auch in Situationen angewendet werden, in denen die Bevölkerung
wächst oder sich in bekannter Weise verringert [vgl. dazu *Bartholomew*, 1967].

Anmerkungen

[1]) $o(dx)$ ist ein Infinitesimal höherer Ordnung als dx. Somit ist $f(x)dx$ eine erste Annäherung an den Wert
des Integrals $\int_x^{x+dx} f(t)dt$.

[2]) $N(s)$ und $N(t)$ seien zwei Zufallsvariable aus der Familie $N(t)$. Wir suchen das Wahrscheinlichkeitsgesetz
für das Paar $\{N(s), N(t)\}$, also $Pr[N(s) = x_1, N(t) = x_2]$. Nun sei $s \leqslant r \leqslant t$. Dann ist $Pr[N(s) = x_1, N(t) = x_2]$

$$= \sum_{k=0}^{x_2 - x_1} \{Pr[N(s) - N(0) = x_1, N(r) - N(s) = k, N(t) - N(r) = x_2 - k - x_1].\}$$

Angesichts der unabhängigen Zunahme kann diese gemeinsame Wahrscheinlichkeit wie folgt geschrieben werden:

$$\sum_{k=0}^{x_2 - x_1} \{Pr[N(s) - N(0) = x_1] \cdot Pr[N(r) - N(s) = k] \cdot Pr[N(t) - N(r) = x_2 - k - x_1].$$

Wenn das Wahrscheinlichkeitsgesetz von $N(t) - N(s)$ daher für alle s und alle t gegeben ist (d.h. für alle Werte von
$(t - s)$ beim stationären Verhalten), dann kann das Wahrscheinlichkeitsgesetz auch für alle Paare $\{N(s), N(t)\}$ gefunden werden. Setzen wir dieses Verfahren fort, so können wir die Wahrscheinlichkeitsgesetze aller finiten m-
Tupel $\{N(t_1), N(t_2), \ldots, N(t_m)\}$ finden.

[3]) Dies folgt aus der Relation $\sum_{x=0}^{\infty} \dfrac{x \nu^x e^{-\nu}}{x!} = \nu$.

[4]) Die Funktion $\Gamma(r)$ ist für $r > 0$ durch $\int_0^{\infty} x^{r-1} e^{-x} dx$ definiert. Wenn r eine positive ganze Zahl ist, dann gilt
$\Gamma(r) = (r-1)!$

[5]) Dies ist eine Konsequenz der folgenden Beziehungen: $Y = (X, \Lambda)$ sei eine aus X und Λ zusammengesetzte
Zufallsvariable. Die Erwartung von Y wird durch $\int_0^{\infty} E[X \mid \Lambda = \lambda] f(\lambda) d\lambda$ ausgedrückt. Die Erwartung von e^{iuY} ist
daher $\int_0^{\infty} E[e^{iuX} \mid \Lambda = \lambda] f(\lambda) d\lambda$, d.h. die linke Seite von (8.17).

[6]) Gewöhnlich wird die Bezeichnung „negative Binomialverteilung" nur gebraucht, wenn r eine positive
ganze Zahl ist. Die Formel (8.20) ist eine Verallgemeinerung dieser Verteilung für den Fall, daß r eine reelle positive Zahl ist. Dann gilt

$$\binom{r+y-1}{y} = \frac{r(r+1)(r+2)\ldots(r+y-1)}{y!}.$$

[7]) Das oben geschilderte Modell hätte zutreffender „Allergiemodell" und nicht Epidemiemodell genannt werden sollen, denn es wird ja angenommen, daß die veränderte Unfallneigung nur den Arbeiter betrifft, der den Unfall erlitten hat. Dasselbe Modell kann auf folgende Weise als ein Epidemiemodell interpretiert werden: Die Unfallwahrscheinlichkeit wächst nach jedem Unfall für jeden Arbeiter der Fabrik um den Betrag β. Dann ist p_i die
Wahrscheinlichkeit, daß sich innerhalb unseres Zeitintervalls in der Fabrik i Unfälle ereignet haben. In einer Population von *Fabriken* wird die Verteilung der Anzahl von Unfällen ausgedrückt durch (8.36).

Feller [1966] bemerkt bei seiner Darstellung der (verallgemeinerten) negativen Binominalverteilung folgendes: „Das [Epidemiemodell] hat sich großer Beliebtheit erfreut und . . . wurde auf verschiedene Erscheinungen empirisch angepaßt, wobei man annahm, daß eine gute Übereinstimmung *auf eine wirkliche Epidemie hinweise*. Zufällig wurde die gleiche Verteilung vorher schon von . . . M. Greenwood und G.U. Yule festgestellt, die meinten, daß eine gute Übereinstimmung das Vorhandensein einer Epidemie *widerlege* . . . Hier stehen wir vor der seltsamen Tatsache, daß eine gute Übereinstimmung auf zweierlei sowohl in ihrem Wesen als auch in ihrer praktischen Anwendbarkeit diametral entgegengesetzte Weise interpretiert wird. Dies sollte als Warnung gegen allzu voreilige Interpretationen statistischer Daten dienen." (S. 57)

In der Tat wurden die in der Tafel 8.1 angegebenen Daten ursprünglich einem Epidemiemodell (oder Allergiemodell) angepaßt. Wir haben sie bewußt durch ein Heterogenitätsmodell interpretiert, um den hier dargestellten Zusammenhang zu betonen.

[8]) Die Laplace-Transformation einer Funktion $f(t)$, welche für $t > 0$ definiert ist, wird gegeben durch

$$f^*(s) = \int\limits_{0}^{\infty} e^{-st} f(t)dt.$$

9. Gleichgewichtsverteilungen

Die Modelle der *Gleichgewichtsverteilungen* sind eine Erscheinung des Übergangs von den klassichen zu den stochastischen Modellen. Der zugrundeliegende Prozeß ist hier probabilistisch, die abgeleitete Vorhersage jedoch deterministisch. Es werden nämlich die *endgültigen* Gleichgewichts-Verteilungen der *Häufigkeiten* vorhergesagt, die sich auf Klassen von Dingen, Personen oder Ereignisse beziehen, welche zu Beobachtungszwecken erfaßt worden sind. Gewiß kann auch eine Verteilung der Häufigkeiten von Ereignissen als Wahrscheinlichkeitsverteilung angesehen werden. Die Verteilung besagt ja, daß die Zugehörigkeit willkürlich gewählter Gegenstände, Personen oder Ereignisse zu einer der vorgeschriebenen Kategorien probabilistisch festgestellt werden wird.

Den Berührungspunkt zwischen den klassischen und den stochastischen Modellen wollen wir durch die Anwendung beider Modelle bei der Ableitung des sogenannten *Zipfschen Gesetzes* der statistischen Linguistik verdeutlichen. Das klassische Modell verwendet keine Wahrscheinlichkeitsberechnungen. Das stochastische Modell benutzt sie zwar, aber führt sogleich auch Differenzengleichungen ein, um das Wachsen der Wahrscheinlichkeiten auszudrücken. Damit nimmt es eine „klassische" Form an. Trotzdem kann es stochastisch genannt werden, da es zu einer Wahrscheinlichkeitsverteilung führt.

Zipf [1949] hat eingehende Untersuchungen der sogenannten *Rang-Größen-Verteilungen* durchgeführt. Betrachten wir die Städte eines Landes in ihrer Bewertung durch die Bevölkerung. So wird z.B. New York in den USA der 1te Rang, Chicago der 2te usw. zugesprochen. Die Bevölkerung einer Stadt bilde die Ordinate und ihr Rang die Abszisse einer graphischen Darstellung dieser Beziehung. Laut Definition von Rang und Größe wird die letztere im allgemeinen eine monotone abnehmende Funktion der ersteren bilden, wie der Abbildung 9.1 entnommen werden kann.

Welche Art von Kurven, die durch eine mathematische Funktion definiert sind, entspricht nun dieser Relation? Zipf glaubte, daß die Gleichung

$$RS = \text{konst.} \tag{9.1}$$

auf eine breite Vielfalt von Situationen dieser Art anwendbar sei, wobei R den Rang und S die Größe bezeichnen. Beispielsweise können sowohl Unternehmen als auch Städte nach der Größe geordnet werden, nach Kapital, oder nach der Anzahl der Beschäftigten oder was auch immer. Zipf meinte, daß die Gleichung $RS = $ konstant auch auf Unternehmen anwendbar sei. Er hat enorm viele Daten der verschiedensten Art gesammelt und sah sein „Gesetz" immer wieder bestätigt.

Zipf war insbesondere davon beeindruckt, daß die Rang-Größen-Relation so gut auf die Häufigkeiten von Wörtern in großen Stichproben verbaler Äußerungen (genannt Korpus) angewendet wer-

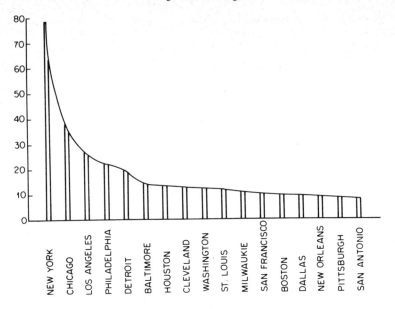

Abb. 9.1:   Ordinate: Bevölkerung in 100.000en von Einwohnern.

den konnten. Hier wird die „Größe" eines Wortes als die Häufigkeit seines Auftretens interpretiert. Im Englischen ist „the" beispielsweise das am häufigsten in einem beliebig großen Verband (sagen wir in einem Buch oder in mehreren Zeitungen) auftretende Wort. Diesem Wort wird entsprechend Rang 1 zugeordnet. Es folgen andere „schwergewichtige" Wörter wie „a", „that", „in" usw. Es erweist sich, daß die Beziehung zwischen der Häufigkeit des Auftretens und dem Rang wiederum die charakteristische Gestalt hat, die annähernd durch die Hyperbel RS = konstant wiedergegeben werden kann.

Zipfs Erklärung für diese offensichtliche Regelmäßigkeit ist verschwommen − ja sie grenzt so sehr ans Phantastische, daß gewöhnliche Maßstäbe wissenschaftlicher Bewertung oder Kritik auf sie nicht mehr angewendet werden können. Ich will sie aber trotzdem darstellen, da sie den Keim eines Gedankens enthält, der später Teil eines streng mathematischen Modells geworden ist.

Das Prinzip der geringsten Anstrengung

Das sogenannte „Prinzip der geringsten Anstrengung" (Principle of Least Effort) beherrscht laut Zipf das menschliche Verhalten, und er hielt es für ein Analogon der Verhaltensebene zum Prinzip der kleinsten Wirkung auf der Ebene der Physik. Nun ist „Wirkung" in der Physik, wie alle präzisen Begriffe, mathematisch definiert als das Integral der Energie über einem Zeitintervall. Es wird gezeigt, daß die Gesetze der klassischen Mechanik und der Optik durch die Extreme (ein Maximum oder ein Minimum) dieses Integrals formuliert werden können. Als solches ist das Prinzip der geringsten Wirkung lediglich ein komprimierter Ausdruck von Annahmen der ihm zugrundeliegenden klassischen Mechanik und Optik. Aber es besitzt eine „teleologische" Konnotation. So besagt beispielsweise eine seiner Implikationen, daß ein Lichtstrahl, der durch ein Medium wechselnder Dichte von einem Punkt zu einem anderen dringt, einem Weg folgen wird, der seine Laufzeit minimiert. Da die Geschwindigkeit des Lichts von der Dichte des Mediums abhängt, ist dieser Weg nicht notwendig eine gerade Linie. Es könnte scheinen, als ob das Licht den „effizientesten" Weg „wählt" − ähnlich einem Autofahrer, der sich nicht unbedingt für den direktesten, sondern aufgrund bekannter Straßen- und Verkehrsbedingungen „schnellsten" Weg entscheidet[1]).

Indem Zipf den genauen physikalischen Begriff der Wirkung mit dem verschwommenen, rein intuitiven Begriff „Anstrengung" vermengte, kam er zu der Überzeugung, daß er ein „Gesetz" des menschlichen Verhaltens entdeckt habe, mit dessen Hilfe nunmehr die vieldeutige Rang-Größen-Relation erklärt werden könne.

Das Problem der Kommunikation durch Sprache kann als gleichzeitige Behandlung der Probleme der Kodierung und der Dekodierung angesehen werden. Der Sprecher kodiert seine Gedanken in Wörter. Der Hörer dekodiert die Wörter, um ihre „Bedeutung" zu verstehen, d.h. die Gedanken des Sprechers.

Nun würde sich der Sprecher am wenigsten anstrengen, wenn er alle seine Gedanken in einem einzigen Wort kodieren würde. Der Hörer würde sich am wenigsten anzustrengen brauchen, wenn jedem Wort eindeutig eine einzige Bedeutung zugeordnet wäre. Offensichtlich wäre Kommunikation sinnentleert, falls der Sprecher „seine eigene Art" zu sprechen hätte, denn dann könnte die Bedeutung seiner Wörter überhaupt nicht dechiffriert werden. Andererseits wären die Kosten der Kodierung sehr hoch, falls jede Bedeutung durch ein eigenes Wort wiedergegeben werden müßte. Falls Sprache als „Abbildung" von Ideen auf Wörter angesehen wird, so kann sie als „Kompromiß" zwischen der „Ökonomie" der Anstrengung des Sprechers und den Bedürfnissen des Hörers konzipiert werden.

Jede Sprache besitzt Wörter, die viele Bedeutungen haben. Dies sind gewöhnlich kurze Wörter, die am häufigsten auftreten. Im Englischen sind es (abgesehen von den Artikeln, Präpositionen und Konjunktionen) solche Wörter wie „go", „keep", „do" usw.

Die obigen Überlegungen sprechen dafür, daß die „Minimierung der Anstrengung" womöglich doch eine gewisse Rolle bei der Gestaltung der an der Sprache beobachteten Rang-Größen-Verteilungen spielen könnte. *Mandelbrot* [1953] gelang es, ein mathematisches Modell zu konstruieren, das auf diesem Gedanken beruht. Dafür benötigte er einen genauen quantitativen Index für „Anstrengung". Er identifizierte die Anstrengung beim Hervorbringen des Wortes mit seiner Länge. Insbesondere sah er die Anzahl der Buchstaben im geschriebenen Wort als ein grobes Maß seiner „Produktionskosten" an. Folgerichtig verallgemeinerte er dieses Maß so, daß die verschiedenen Bestandteile eines Wortes (ob nun Buchstaben, oder Phoneme oder andere Einheiten) nunmehr durch unterschiedliche „Kosten" charakterisiert werden konnten.

Ableitung des Zipfschen Gesetzes aus einem Minimierungsmodell

Stellen wir uns vor, wir hätten vor, „eine Sprache zu konstruieren". Wir verfügten dabei über G Buchstaben. Falls wir danach trachteten, die „Kosten zu minimieren", würden wir alle G Buchstaben zur Herstellung von G Wörtern aus nur einem Buchstaben benutzen, da diese die „billigsten" wären. Nachdem wir alle Möglichkeiten der Herstellung einbuchstabiger Wörter erschöpft hätten, führen wir mit zweibuchstabigen Wörtern fort, von denen G^2 möglich sind, dann folgten die G^3 dreibuchstabigen Wörter usw. Dann stellten wir eine mit den „billigsten" Wörtern beginnende Rangordnung auf. Dem groben Maß entsprechend, kosten alle einbuchstabigen Wörter eine Einheit, alle zweibuchstabigen zwei Einheiten usw. Somit kosten Wörter der Ordnung 1 bis G eine Einheit, Wörter der Rangordnung $(G + 1)$ bis $(G + G^2)$ kosten 2 Einheiten, und im allgemeinen kosten Wörter der Rangordnung $(G + G^2 + \ldots + G^{n-1} + 1)$ bis $(G + G^2 + \ldots + G^n)$ n Einheiten. Somit erhalten wir die folgende annähernde Relation:

$$C = \log_G R, \qquad\qquad (9.2)$$

wobei C die Kosten eines Wortes der Ordnung R sind.

Die Wahrscheinlichkeit, mit der ein Wort vom Rang R in einer umfangreichen Stichprobe von Wörtern erscheint, sei $P(R)$. Dann werden die durchschnittlichen Kosten pro Wort in der Menge von N Wörtern ausgedrückt durch:

$$\sum_{R=1}^{N} P(R)\log_G R. \tag{9.3}$$

Der Sprecher wünscht, diese Durchschnittskosten zu minimieren. Er könnte dies erreichen, wenn er sich lediglich auf den Gebrauch der billigsten Wörter beschränken würde, von denen jedes mit vielen Bedeutungen versehen wäre. Im Extremfalle benützte solch ein Sprecher ausschließlich das billigste Wort, das alle möglichen Bedeutungen besäße (dies wäre ein einbuchstabiges Wort). Schließlich beschränkte der Sprecher seine Äußerungen auf Wiederholungen dieses einzigen Wortes. Wie wir gesehen haben, würde dieses Verfahren dem Sinn von Kommunikation widersprechen. In der Sprache der mathematischen Kommunikationstheorie wäre die durch ein Wort weitergegebene *Information* in diesem Falle gleich Null, da man schon im voraus wüßte, welches „Signal" der Sprecher senden wird.

Nun wird in der mathematischen Kommunikationstheorie das folgende Maß zur Bestimmung der durchschnittlichen *Informationsmenge H* benutzt, die pro Signal aus der Quelle übermittelt wird. Die Signale werden hier aus N möglichen unter der Annahme gewählt, daß jede Wahl in der Folge statistisch von der vorhergegangenen Folge unabhängig ist. Die Gleichung lautet dann:

$$H = -\sum_{i=1}^{N} p_i \log p_i, \tag{9.4}$$

wobei p_i die Wahrscheinlichkeit ist, daß das i-te Signal gewählt wird. Die Basis des Logarithmus bestimmt die Einheiten von H. Die Lösung des Problems hängt nicht von der Basis des Logarithmus ab.

Das Problem des ökonomischen Kodierens kann nun folgendermaßen formuliert werden:

$$\text{Minimiere } \sum_{i=1}^{N} P(R)\log_G R$$

unter der Bedingung, daß

$$-\sum_{R=1}^{N} P(R)\log P(R) \geqslant H > 0 \quad \text{(eine Konstante)} \tag{9.5}$$

und

$$\sum_{R=1}^{N} P(R) = 1 \tag{9.6}$$

gelten.

Die Bedingung (9.5) drückt die Forderung aus, daß die durchschnittliche Information pro Wort mit Prozeß der „Ökonomisierung" nicht auf Null reduziert werden soll (wie es der Fall wäre, falls alle Nachrichten durch das billigste Wort kodiert würden). Die Bedingung (9.6) drückt einfach die Tatsache aus, daß $P(R)$ Wahrscheinlichkeiten sind.

Ein Problem dieser Art kann durch die Methode der *Lagrange-Multiplikatoren* gelöst werden. Man bildet den Ausdruck

$$\Sigma P(R)\log R + \lambda \Sigma P(R)\log P(R) + \mu \Sigma P(R), \tag{9.7}$$

wobei λ und μ zu festzulegende Konstanten sind. Dann setzt man alle partiellen Ableitungen von (9.7) im Hinblick auf $P(R)$ $(R = 1, \ldots, N)$ gleich Null. Damit erhalten wir ein System von Gleichungen:

$$\log R + \lambda \log P(R) + \lambda + \mu = 0 \quad (R = 1, 2, \ldots, N). \tag{9.8}$$

Durch Bildung der Exponentiale erhalten wir:

$$\text{Exp}\{\log R + \lambda \log P(R) + \lambda + \mu\} = 1 \tag{9.9}$$

$$RP(R)^\lambda \, e^{\lambda + \mu} = 1 \tag{9.10}$$

$$RP(R)^\lambda = e^{-\lambda - \mu} = \text{konst.} \tag{9.11}$$

Durch Substitution von $\text{Exp}\{-\mu/\lambda - 1\}R^{-1/\lambda}$ für $P(R)$ in (9.5) und (9.6) können wir die Konstanten λ und μ bestimmen (die Lagrange-Multiplikatoren). Es sind Funktionen von N (dem Umfang des Vokabulars unserer Sprache) und H (der durchschnittlichen, durch ein Wort übermittelten Informationsmenge).

Die Formel (9.11) stimmt mit Zipfs Gesetz überein, wenn $\lambda = 1$ ist. Tatsächlich aber variiert λ von Stichprobe zu Stichprobe leicht. Es ist nahezu immer etwas kleiner als eins, oder nähert sich der Eins in Wortverbänden mit sehr reiche Vokabular stark. Solch ein Verband wird beispielsweise durch Joyces „Ulysses" dargestellt.

Das angeführte Argument hängt nicht von der Annahme ab, daß die konstituierenden Einheiten der Wörter Buchstaben sind, oder die Kosten jeder konstituierenden Einheit gleich sind. Wir benötigen lediglich die Annahme, daß die Kosten eines Wortes aus der Summe der Kosten seiner konstituierenden Einheiten bestehen. Aufgrund schwächerer Annahme erhalten wir den folgenden Ausdruck für die Anzahl der Wörter, die C Einheiten kosten:

$$N(C) = N(C - C_1) + N(C - C_2) + \ldots + N(C - C_G), \tag{9.12}$$

wobei C_i die Kosten der i-ten Buchstaben unseres Alphabets sind. Dem ist so, weil das erste Glied auf der rechten Seite der Gleichung die Anzahl der Wörter ausdrückt, die C kosten, wobei die Kosten des ersten Buchstaben C_1 sind, das zweite die Anzahl der Wörter darstellt, deren Gesamtkosten C sind, wobei der erste Buchstabe C_2 kostet usw. Somit stellt die Summe auf der rechten Seite die Gesamtzahl der Wörter dar, die C kosten.

Die erste Annäherung der Lösung von (9.12) ergibt die Relation $C(R) = \log_M R$, wobei M die Wurzel der folgenden Gleichung ist:

$$\sum_{i=1}^{G} M^{-C}i = 1. \tag{9.13}$$

Bei der nächsten Annäherung der Lösung von (9.12) erhalten wir

$$C(R) = \log_M (R + m)^\gamma, \tag{9.14}$$

wobei m und γ Konstanten sind. Durch Substitution von (9.14) für $\log R$ in (9.2) erhalten wir eine weitere Verallgemeinerung des Zipfschen Gesetzes:

$$P(R)(R + m)^\gamma = \text{konst.} \tag{9.15}$$

Falls $m = 0$ und $\gamma = 1$ sind, reduziert sich diese Gleichung auf das ursprüngliche Zipfsche Gesetz.

Es erweist sich, daß (9.15) bei nahezu allen beobachteten Rang-Größen-Verhältnissen, die große Stichproben enthalten, eine bessere Annäherung darstellt, als die ursprünglich von Zipf vorgeschlagene Formel. Die Konstante auf der rechten Seite von (9.15) wird durch den Umfang der Stichprobe bestimmt und ist somit kein freier Parameter. Die Parameter m und γ charakterisieren die Stichprobe.

Im Kontext der statistischen Linguistik erhält Mandelbrots Modell eine interessante Rechtfertigung. Es ist möglich, daß sich Sprachen in Richtung auf die Maximierung von Information pro Wort unter der Bedingung konstanter Kosten pro Wort entwickeln, oder auch in Richtung auf die Minimierung der Anstrengung unter der Bedingung konstanter durchschnittlicher Informationen pro Wort. So könnte das von Zipf vage formulierte sogenannte Prinzip der geringsten Anstrengung, einen gewissen theoretischen Sinn erhalten. Wie dieses Prinzip jedoch auf andere Rang-Größen-Relationen angewendet werden soll, bleibt unklar.

Aus einem stochastischen Modell abgeleitete Rang-Größen-Verteilung

Simon [1955] hat das Rang-Größen-Problem auf eine gänzlich andere Weise behandelt, und zwar über die Ableitung der Gleichgewichtsverteilung eines stochastischen Prozesses. Abermals untersuchen wir das Modell im Kontext der statistischen Linguistik. Wie wir jedoch sehen werden, ist die Beziehung zwischen den hier abgeleiteten Rang-Größen-Relationen und jenen, die in anderen Kontexten abgeleitet wurden, etwas leichter zu begreifen.

Anstelle der Rang-Größen-Relation werden wir die Größen-Häufigkeits-Relation untersuchen, die folgendermaßen definiert wird: Die ,,Größe" eines Wortes wird wie vordem die Häufigkeit seines Auftretens innerhalb eines Wortverbandes bezeichnen; mit dieser ,,Größe" ist die Anzahl der Wörter des Verbandes verbunden, die mit der gleichen Häufigkeit auftreten. Man beachte, daß bei der ,,Größen-Häufigkeit" der Begriff ,,Häufigkeit" nicht die Häufigkeit des Auftretens eines Wortes (diese wird durch die ,,Größe" bezeichnet) meint, sondern die Anzahl oder den Anteil von Wörtern einer bestimmten ,,Größe".

Bei der Behandlung des Verhältnisses von Größe und Häufigkeit werden wir die *Häufigkeit des Auftretens* (d.h. die ,,Größe" eines Wortes innerhalb der Stichprobe) als Abszisse eintragen und durch i bezeichnen. Die Anzahl der verschiedenen Wörter der ,,Größe" i soll durch $f(i)$ bezeichnet werden. Diese Kurve muß nicht monoton abnehmen, wie die Rang-Größen-Kurve, da es keinen *logischen* Grund dafür gibt, daß die meisten Wörter mit der geringsten Häufigkeit auftreten. Um dies zu erkennen, betrachten wir die folgende imaginäre Stichprobe, die aus sechs verschiedenen Wörtern a, b, c, d, e und f besteht: *aeebcebccddfff*. Lediglich das Wort ,,a" erscheint im Verband nur ein einziges Mal. Zwei Wörter ,,b" und ,,d" erscheinen zwei Mal, drei Wörter ,,e", ,,f" und ,,c" drei Mal. Also ist $f(1) = 1$, $f(2) = 2$, $f(3) = 3$, so daß $f(i)$ mit jedem i wächst. In wirklichen Wortstichproben beobachtet man jedoch ein Abnehmen von $f(i)$ mit i. An die Hälfte aller verschiedenen Wörter einer typischen Stichprobe erscheint lediglich ein Mal, ungefähr 1/6 erscheint zwei Mal usw.

Simon untersucht nun den Prozeß, durch den eine große Wörterstichprobe – sagen wir ein Buch – entsteht. Betrachten wir die aufeinanderfolgenden verschiedenen Wörter, wie sie im Prozeß des Lesens (oder Schreibens) eines Buches erscheinen und ordnen sie i Klassen zu ($i = 1, 2, \ldots$), wobei i wie oben definiert ist. D.h. sobald wir das k-te Wort des Buches erreicht haben, wurden $f(1)$ Wörter der Klasse 1 lediglich einmal aufgetretenen Wörter zugeordnet, $f(2)$ Wörter wurden der Klasse 2 zugeordnet usw. Nun fragen wir nach der Wahrscheinlichkeit dafür, daß das $(k + 1)$-te Wort der Klasse i angehört. Simons Modell beruht auf zwei diese Wahrscheinlichkeit berücksichtigenden Annahmen. Die erste Annahme besagt, daß diese Wahrscheinlichkeit der Anzahl der *Fälle* proportional ist, in denen der Klasse i zugeordnete Wörter bis zum k-ten Wort aufgetreten sind. Die andere Annahme lautet, daß es eine konstante Wahrscheinlichkeit dafür gibt, daß das $(k + 1)$-te Wort in der Stichprobe noch nicht aufgetreten ist.

Die erste Annahme wird auf die folgende Überlegung gestützt. Falls die Teilstichprobe, die durch die ersten k Wörter erzeugt wurde, ausreichend groß ist, so sollte die Verteilung der zu verschiedenen Klassen gehörenden Wörter ähnlich der entsprechenden Verteilung innerhalb der Gesamtstichprobe sein. Aber das $(k + 1)$-te Wort ist eine Stichprobe der Größe eins, die aus der Gesamtstichprobe genommen wird. Daher sollte die Wahrscheinlichkeit, daß es zur i-ten Klasse gehört, der Anzahl der Elemente in dieser Klasse proportional sein, d.h. $(i) f(i)$; zumal $f(i)$ die Anzahl der *verschiedenen* der Klasse i angehörenden Wörter darstellt, und jedes von ihnen i Male aufgetreten ist.

Alle diese Überlegungen beziehen sich auf die Sachlage, die wir beim k-ten Wort angetroffen haben. Daher hängen sowohl $f(i)$, als auch die Konstante der Proportionalität von k ab. Somit besagt die erste Annahme, daß die Wahrscheinlichkeit für die Zugehörigkeit des $(k + 1)$-ten Wortes zur Klasse i durch $K(k)$ $if(i, k)$ gegeben ist; wobei $f(i, k)$ die Anzahl verschiedener Wörter der Klasse i ist, wenn das k-te Wort erreicht wurde und $K(k)$ der Proportionalitätsfaktor ist, der von k aber nicht von i abhängt. Die Abhängigkeit des K von k wird weiter unten bestimmt.

Die zweite Annahme ist schwieriger zu rechtfertigen. Unter der Voraussetzung der Endlichkeit des Vokabulars des Autors unseres imaginären Buches, müssen wir folgern, daß die Wahrscheinlichkeit, ein noch nicht benutztes Wort anzutreffen, mit zunehmendem k abnimmt (da sein Vokabular zunehmend erschöpft wird). Dieser Einwand wird im Modell ignoriert. Anstatt dessen wird angenommen, daß das Gesamtvokabular eines Autors viel größer als das Gesamtvokabular der Stichprobe sei. Jetzt wird es interessant, die Konsequenzen aus dem so gefaßten Modell zu untersuchen. Eine Modifikation des Modells, wobei die Wahrscheinlichkeit für das Auftreten eines neuen Wortes abnimmt, ist von Simon ebenfalls vorgenommen worden, aber wir werden diese hier nicht weiter behandeln. Es wird also angenommen, daß die Wahrscheinlichkeit, daß das $(k + 1)$-te Wort neu sein und also zu $f(1)$ gehören wird, konstant sei. Sie wird mit α bezeichnet.

Das folgende System von Differenzgleichungen bildet das Modell von Simon:

$$f(1, k + 1) - f(1, k) = \alpha - K(k) f(1, k) \tag{9.16}$$

$$f(i, k + 1) - f(i, k) = K(k) \left[(i - 1) f(i - 1, k) - if(i, k) \right] \quad (i > 1). \tag{9.17}$$

Hier stellt $f(i, k)$ eher den *Erwartungswert* der Anzahl der Wörter in den verschiedenen Klassen als die wirkliche Anzahl dar[2]).

Nehmen wir nun an, das $(k + 1)$-te Wort sei neu. Dann wird die Klasse 1 durch ein Mitglied vergrößert, und die Wahrscheinlichkeit, daß dies geschieht ist α. Damit ist die *erwartete* Vergrößerung dieser Klasse α. Falls andererseits das $(k + 1)$-te Wort der Klasse 1 angehört (also bis zum k-ten Wort lediglich einmal aufgetreten war), wird die Klasse 1 durch ein Mitglied *verringert*, da dieses Wort nunmehr der Klasse 2 angehören wird. Die Wahrscheinlichkeit dieses Ereignisses ist $K(k) (1) f(1, k)$, und folglich ist die erwartete Abnahme der Klasse 1 ausgedrückt durch $K(k) f(1, k)$. Somit stellt die rechte Seite der Gleichung das erwartete Netto-Wachstum der Klasse 1 dar, und sie entspricht der linken Seite, die dasselbe ausdrückt.

Die Gleichung (9.17) kann analog interpretiert werden. Die Klasse i wird entweder einer Zunahme oder einer Abnahme unterworfen sein, und die Gleichung drückt den Erwartungswert des Nettowachstums (das positiv oder negativ sein mag) aus.

Die Poportionalitätskonstante $K(k)$ wird folgendermaßen bestimmt: Da $K(k)$ $if(i, k)$ die Wahrscheinlichkeit ist, daß das $(k + 1)$-te Wort vorher schon i mal auftrat (d.h. kein neues Wort ist), erhalten wir $\sum_i K(k)$ $if(i, k) = K(k) \sum_i if(i, k) = 1 - \alpha$. Aber es gilt $\sum_i if(i, k) = k$ und daher ist $K(k) = (1 - \alpha)/k$.

Betrachten wir nun einen „Gleichgewichtszustand", in dem alle Häufigkeiten proportional mit k zunehmen. Es ist gezeigt worden [*Simon*], daß die relativen Häufigkeiten $f^*(i)$ in diesem Gleichgewichtszustand durch eine Beta-Funktion gegeben[3]) sind (wobei die relativen Häufigkeiten nun von k unabhängig sind):

$$f^*(i) = f^*(1) B(i, \rho + 1) \tag{9.18}$$

dabei ist $\rho = 1/(1 - \alpha)$.

Die Summierung $\sum_i iB(i, \rho + 1)$ muß konvergieren, damit (9.18) eine echte Häufigkeitsverteilung darstellt. Für große Werte von i wird $B(i, \rho + 1)$ durch $i^{-(\rho+1)}$ approximiert und damit gilt $iB(i, \rho + 1) \cong i^{-\rho}$. Es ist nun bekannt, daß $\sum_{i=1}^{\infty} i^{-\rho}$ bei $\rho > 1$ konvergiert. Wegen der obigen Definition von ρ ist diese Bedingung erfüllt.

Nun muß noch die Verbindung zwischen den Beziehungen von Rang und Größe und von Größe und Häufigkeit untersucht werden. Da $f(i)$ die Anzahl von verschiedenen Wörtern ist, die im Verband i mal aufgetreten sind, folgt, daß der Rang R des i mal aufgetretenen Wortes annähernd

$\int\limits_{i}^{\infty} f(x)dx$ ist. Aber i (die Häufigkeit des Auftretens) ist laut Gleichung (9.15) proportional zu $P(R)$.

Damit erhalten wir $R \sim P(R)^{-\rho}$ oder als äquivalenten Ausdruck $P(R)R^{1/\rho} = $ konst, die eine mit der Mandelbrotschen Formel (9.15) bei $1/\rho = \gamma$, $m = 0$ identische Relation ist. Man beachte, daß λ in der Formel (9.11) $1/\gamma$ in der Formel (9.15) entspricht.

Zwischen den beiden Modellen besteht jedoch ein wichtiger Unterschied. Wie wir gesehen haben, gilt in Simons Modell $\rho > 1$. Daher kann sein Modell mit dem von Mandelbrot nur für γ weniger 1 übereinstimmen. Für Mandelbrots γ gibt es keine theoretischen Beschränkungen. Trotzdem wird beobachtet, daß in den meisten Verbänden, die mit der verallgemeinerten Fassung von Zipfs Gesetz übereinstimmen, γ geringfügig größer als 1 ist. Es könnte daher erscheinen, als sei die Ableitung des Zipfschen Gesetzes durch Mandelbrot derjenigen durch Simon um einiges überlegen.

In einer anderen Variante seines Modells nimmt Simon an, daß α mit dem Wachstum des Verbands monoton abnimmt. Damit wird die „Erschöpfung" des Vokabulars berücksichtigt (vgl. S. 121). In diesem Falle wird ρ mit einer Konstante kleiner als eins multipliziert. Falls ρ tatsächlich kleiner als eins ist, dann verschwindet die Diskrepanz zwischen den Modellen von Simon und Mandelbrot.

Aber die oben aufgestellte Konvergenzbedingung ist damit verletzt, so daß $f^*(i)$ keine Häufigkeitsverteilung mehr ist. Übrigens sind dies nur scheinbare Schwierigkeiten, weil die Summierung praktisch ohnehin nicht über infinite Intervalle gehen kann. Damit erscheint das Modell von Simon mit abnehmendem α zur Beschreibung der von Zipf angegebenen statistischen Struktur von Verbänden angemessen zu sein.

Das rein statistische Modell von Simon scheint in Kontexten, in denen es nicht um verbale Verbände geht, relevanter als das Mandelbrotsche zu sein, weil es schwer ist, in ihnen die Rolle informationstheoretischer Überlegungen zu begreifen, während die Annahmen von Simon, die lediglich Wachstumsraten von Klassen auf schon erreichte Größen beziehen, in vielen verschiedenen Fällen angewendet werden können. Modellen, die auf Annahmen über Wahrscheinlichkeiten von Größenzunahmen und -abnahmen beruhen, liegen zwei häufig beobachtete Verteilungen zugrunde. Die sogenannte logarithmische Normalverteilung [4]) wird aus der Annahme abgeleitet, daß Zunahmen und Abnahmen der Größe proportional sind, was man im Fall von Städten, Unternehmen usw. auch erwarten würde. Hier widerspiegelt die Gleichgewichtsverteilung lediglich statistische Gesetze, die vom Wesen der betrachteten Population unabhängig sind. Andererseits kann die Normalverteilung oft als Häufigkeitsverteilung verschiedenster Populationen – angefangen mit der Größe von Bohnen bis hin zu Intelligenzquotienten – aus der Annahme abgeleitet werden, daß die Änderung der „Größe" jedes Individuums unabhängig von dessen gegenwärtiger „Größe" ist. Die große Verschiedenartigkeit der Zusammenhänge, in denen viele der wohlbekannten Verteilungen beobachtet werden, verweist eher auf das Primat der statistischen Gesetze als auf den besonderen Inhalt als den bestimmenden Faktor. Aus diesem Grunde muß Zipfs Versuch, sein „Gesetz' mit psychologischen oder Verhaltensprinzipien in Beziehung zu setzen, als verfehlt angesehen werden.

Verteilungen von Gruppen-Größen

Betrachten wir nun Populationsgruppen verschiedener Größen $1, 2, \ldots$ Zu jedem Zeitpunkt kann eine Gruppe ein Mitglied verlieren oder ein neues hinzugewinnen. Immer wenn dies geschieht, wird sich die Verteilung der Gruppen nach Größen verändern.

Es sei $p = (p_1, p_2, \ldots)$ ein Wahrscheinlichkeitsvektor, wobei p_i die Wahrscheinlichkeit ist, daß eine·aus der Population willkürlich gewählte Gruppe die Größe i besitzt. Unter der Annahme, daß die Gruppe während eines genügend kleinen Zeitintervalls dt höchstens ein Mitglied verlieren oder hinzugewinnen kann, definieren wir ferner die folgenden Wahrscheinlichkeiten:

$Pr[i + 1, i; dt]$, – die Wahrscheinlichkeit, daß eine Gruppe der Größe $(i + 1)$ ein Mitglied verliert, d.h. zu einer Gruppe der Größe i wird.

$Pr[i - 1, i; dt]$, – die Wahrscheinlichkeit, daß eine Gruppe der Größe $(i - 1)$ ein Mitglied hinzugewinnt, d.h. zu einer Gruppe der Größe i wird.

$Pr[i, i - 1; dt]$, – die Wahrscheinlichkeit, daß eine Gruppe der Größe i zu einer Gruppe der Größe $(i - 1)$ wird.

$Pr[i, i + 1; dt]$, – die Wahrscheinlichkeit, daß eine Gruppe der Größe i zu einer Gruppe der Größe $(i + 1)$ wird.

Wir übersetzen nun diese Wahrscheinlichkeit in Bestandteile (Komponenten) des Differentials dp_i:

$$dp_i = Pr[i + 1, i; dt] + Pr[i - 1, i; dt] - Pr[i, i - 1; dt] - Pr[i, i + 1; dt]. \tag{9.19}$$

Die ersten beiden Glieder auf der rechten Seite stellen den Hinzugewinn der Bevölkerungsgruppen der Größe i dar, der auf einen Verlust einer Gruppe von der Größe $(i + 1)$ oder auf einen Hinzugewinn einer Gruppe von der Größe $(i - 1)$ zurückgeht. Die letzten beiden Glieder stellen das Abnehmen der Anzahl von Gruppen der Größe i dar, das entweder durch Verlust oder durch Hinzugewinn eines Mitglieds verursacht ist.

Nun müssen wir einige Annahmen über die Ursachen machen, aus denen die Individuen der Gruppen sich rekrutieren. Wir könnten sicher annehmen, daß sie aus anderen Gruppen infolge eines gewissen Interaktionsvorgangs hinzukommen. Wir wollen jedoch einen anderen Weg verfolgen und mit *Coleman* [1964] annehmen, daß ein Reservoir einzelner Individuen besteht, aus der sich die Gruppen auffüllen. Jedes dieser Individuen stellt eine Gruppe der Größe 1 dar.

Ferner müssen wir einige Annahmen über die Wahrscheinlichkeiten auf der rechten Seite von (9.19) machen. Das erste und dritte dieser Glieder beziehen sich auf das Ereignis, daß ein Individuum die Gruppe verläßt; das zweite und vierte, daß ein Individuum der Gruppe beitritt. Die einfachste Annahme ist die, daß die Wahrscheinlichkeit des Verlassens einer Gruppe innerhalb eines kurzen Zeitintervalls dt für jedes Individuum gleich ist, nämlich βdt; ebenso verhält es sich mit der Wahrscheinlichkeit des Beitritts, die dann αdt beträgt. Die positiven Beiträge zu p_i (die Anteile der Gruppen von der Größe i) werden dann zwei Komponenten aufweisen: die eine wird zur Anzahl der Individuen in Gruppen von der Größe $(i + 1)$ proportional sein, denn sie werden auf die Größe i verringert, wenn diese Individuen sie verlassen; die andere wird der Anzahl der ungebundenen Individuen proportional ein, die Gruppen von der Größe $(i - 1)$ beitreten, womit diese die Größe i erlangen. Die negativen Beiträge besitzen ebenfalls zwei Bestandteile: der eine ist der Anzahl der Individuen in Gruppen der Größe i proportional (die durch ihr Verlassen diese Gruppen auf die Größe $(i - 1)$ reduzieren); der andere ist der Anzahl jener ungebundenen Individuen proportional, die Gruppen der Größe i beitreten (womit diese die Größe $(i + 1)$ annehmen). Damit erhalten wir für die Austauschrate der Proportionen von Gruppen die Größe i den folgenden Ausdruck:

$$dp_i/dt = \beta(i + 1) p_{i+1} + \alpha n_1 p_{i-1} - \beta i p_i - \alpha n_1 p_i \quad (i = 2, 3, \ldots), \tag{9.20}$$

wobei n_1 die Anzahl der Einzelnen ist.

Die entsprechende Gleichung für p_1 muß gesondert betrachtet werden. Wenn nämlich ein Individuum eine Gruppe der Größe 2 verläßt, dann entstehen zwei ungebundene Individuen, d.h. zwei Gruppen der Größe eins. Auf ähnliche Weise verschwinden zwei „Gruppen", wenn sich zwei ungebundene Individuen zusammenfinden.

Indem wir diese Beiträge zusammen mit jenen von Gruppen der Größen $\geqslant 3$ nehmen (die durch das Verlassen von Individuen positiv und durch das Hinzukommen negativ beeinflußt werden) erhalten wir für die Veränderungsrate von p_1 den folgenden Ausdruck:

$$dp_1/dt = 4\beta p_2 + \sum_{i=3}^{\infty} \beta i p_i - \alpha n_1 \sum_{i=2}^{\infty} p_i - 2\alpha n_1 p_1. \tag{9.21}$$

Stellen wir uns nun vor, unsere Gruppen seien in eine Reihe von Haufen angeordnet — die Einzelindividuen im ersten Haufen, die Paare im zweiten, usw. Unser Prozeß kann nun als ein Fließen in zwei Richtungen betrachtet werden: einmal nach rechts, wenn eine Gruppe den i-ten Haufen verläßt, um sich dem $(i + 1)$-ten anzuschließen, und zum anderen nach links, wenn eine Gruppe den i-ten Haufen verläßt, um den $(i - 1)$-ten beizutreten. Betrachten wir nun die Nettorate der Bewegung nach rechts (die Anzahl von Gruppen pro Zeiteinheit). Diese wird gegeben durch

$$w_{i-1,i} = \alpha n_1 p_{i-1} - \beta i p_i \quad (i \geqslant 2).$$ (9.22)

Das erste Glied auf der rechten Seite stelle die erwartete Anzahl von Gruppen dar, die dem i-ten Haufen von links beitreten; das zweite stellt die erwartete Anzahl von Gruppen dar, die aus dem i-ten Haufen nach links übergehen. Indem wir diese Bewegung durch die erwarteten Anteile von Gruppen ausdrücken, teilen wir duch n die Gesamtzahl von Gruppen, die als konstant angenommen werden. Wir erhalten dann

$$\frac{w_{i-1,i}}{n} = \alpha p_1 p_{i-1} - \frac{\beta i p_i}{n}.$$ (9.23)

Wenn Gleichgewicht herrscht, ist der Fluß gleich Null. Durch die Lösung nach p_i erhalten wir die Rekursionsformel

$$p_i = \frac{\alpha n p_1 p_{i-1}}{\beta i}$$ (9.24)

und durch Induktion wiederum

$$p_i = \frac{p_1}{i!} \left[\frac{\alpha n p_1}{\beta} \right]^{i-1} \quad (i \geqslant 2).$$ (9.25)

Aber da $\sum_{i=1}^{\infty} p_i = 1$ ist, folgt $\sum_{i=2}^{\infty} p_i = 1 - p_1$. Somit gilt

$$1 = p_1 + \sum_{i=2}^{\infty} \frac{p_1}{i!} \left[\frac{\alpha n p_1}{\beta} \right]^{i-1}$$ (9.26)

was folgendermaßen geschrieben werden kann:

$$1 = \frac{\beta}{n\alpha} \sum_{i=1}^{\infty} \frac{1}{i!} \left[\frac{\alpha n p_1}{\beta} \right]^{i} = \frac{\beta}{n\alpha} (\text{Exp} \{\alpha n p_1 / \beta\} - 1).$$ (9.27)

$$p_1 = \frac{\beta}{n\alpha} \log_e \left[\frac{\alpha n}{\beta} + 1 \right].$$ (9.28)

Durch Substitution dieses Werts in (9.24) erhalten wir die gewünschte Gleichgewichtsverteilung:

$$p_i = \frac{k^i}{i! \, (e^k - 1)}$$ (9.29)

wobei wir k für $\log_e ((\alpha n)/\beta) + 1)$ geschrieben haben.

Die durch (9.29) dargestellte Verteilung wird die *abgestumpfte Poissonverteilung* genannt. Wie die Poissonverteilung ist auch die abgestumpfte Poissonverteilung durch einen einzigen Parameter k charakterisiert. Bevor wir Anwendungen dieses Modells auf Beobachtungen untersuchen, müssen wir die Bedeutung dieses Parameters interpretieren. Er nimmt mit n (der Anzahl der Gruppen) und mit α (der Rekrutierungsrate) zu und nimmt mit β (der Verlustrate) ab. Daher ist k (für dasselbe n) groß, falls mehr Neigung besteht, sich einer Gruppe anzuschließen, als sich von ihr zu trennen, und es ist klein im umgekehrten Falle. Aber n verändert sich ja von einer Situation zu anderen. Daher muß diese Veränderung noch vor der Bildung eines soziopsychologischen Indexes, der mit einer gegebenen Situation verbunden ist, berücksichtigt werden.

Betrachten wir den Durchschnitt der Verteilung, wie er durch (9.29) dargestellt wird, d.h. die durchschnittliche Größe einer Gruppe innerhalb unserer Population von n Gruppen. Er ist gegeben durch

$$\mu = \sum_{i=1}^{\infty} ip_i = p_1 + \sum_{i=2}^{\infty} ip_i. \tag{9.30}$$

Durch Substitution der linken Seite von (9.24) für p_i erhalten wir:

$$\mu = p_1 + \sum_{i=2}^{\infty} ip_{i-1} \frac{\alpha np_1}{\beta_i} \tag{9.31}$$

$$= p_1 + \frac{\alpha np_1}{\beta} \sum_{i=1}^{\infty} p_i \tag{9.32}$$

$$= p_1 + \frac{\alpha np_1}{\beta}. \tag{9.33}$$

Durch Substitution der rechten Seite von (9.28) für p_1 erhalten wir:

$$\mu = p_1 + \log_e \left[\frac{\alpha n}{\beta} + 1 \right] \tag{9.34}$$

und damit

$$\mu = p_1 + k; \quad k = \mu - p_1. \tag{9.35}$$

Die durchschnittliche Größe einer Gruppe und der Anteil der ungebundenen p_1 können unmittelbar anhand von Beobachtungen geschätzt werden. Also besitzen wir auch eine Schätzung von k. Die Gesamtzahl der Individuen aller Gruppen sei N. Dann ist $N = \mu n$. Ferner erhalten wir aus (9.28) $p_1 = k/(e^k - 1)$. Daher gilt:

$$\frac{\alpha}{\beta} N = ke^k. \tag{9.36}$$

Nachdem wir k geschätzt und N unmittelbar beobachtet haben, können wir auch α/β abschätzen. Dies ist der gewünschte sozio-psychologische Index, das Verhältnis von „Angliederung" und „Ausgliederung".

James [1953] hat eine große Anzahl von Beobachtungen an Menschengruppen in verschiedenen Situationen gemacht. Von den 21 beobachteten Situationen entsprachen 18 den verkürzten Poissonverteilungen sehr gut. Dies bestätigt die Hypothese, daß die Gruppen den sogenannten „frei bildenden" Typen angehören, denen die Individuen zufällig beitreten, und die sie ebenso wieder verlassen. Die Situationen waren etwa Spielgruppen von Kindern, auf Einkaufsstraßen flanierende Leute, Badende in einer Schwimmanstalt, Menschen in Eisenbahnstationen usw. Einige Beobachtungen wurden in einer kleinen Stadt gemacht (Eugene, Oregon, Einwohnerzahl 35.000), einige in Städten mittlerer Größe (Portland, Oregon, Einwohnerzahl 370.000) und einige in Seoul, Korea.

Vergleiche zwischen Modell und Beobachtungen werden in den Tafeln 9.1 und 9.2 angestellt. Aufgrund des Vergleichs der α/β-Verhältnisse, könnte es scheinen, daß größere Kinder relativ zu ihrer Tendenz zur „Ausgliederung" eher zur „Angliederung" neigen als jüngere Kinder. Dies entspricht alltäglichen Beobachtungen. Jedoch muß man beim Vergleich dieser Verhältnisse vorsichtig sein, da man die Rolle der Gesamtzahl der beobachteten Individuen N in diesem Prozeß berücksichtigen sollte. Aber nicht die Anzahl, sondern die Dichte, also die Anzahl pro Raumeinheit ist der relevante Parameter. Bei gleicher Neigung zum Beitritt zu einer Gruppe könnte die Anzahl der „Beitritte" der Dichte der Individuen im beobachteten Raum proportional sein. Ohne die Kenntnis der relativen Dichte der Kinder auf den Spielplätzen können wir die Verhältnisse von „Angliederung" und „Ausgliederung" nicht wirklich vergleichen.

Gruppengrößen	Beobachtet	Nach Gleichung (9.29)
1	570	590,0
2	435	410,0
3	203	190,0
4	57	66,0
5	11	18,4
6	1	4,3

$\alpha/\beta = 2,4 \times 10^{-3}$; $k = 1,39$.

Tafel 9.1 [nach *Coleman*]: Spielende Schulkinder Gruppen
(Eugene, Oregon)

Gruppengrößen	Beobachtet	Nach Gleichung (9.29)
1	383	377,0
2	93	104,0
3	19	19,2
4	6	2,7
5	1	0,3
6	1	0,0

$\alpha/\beta = 1,5 \times 10^{-3}$; $k = 0,554$.

Tafel 9.2 [nach *Coleman*]: Spielende Kindergartengruppen
(Eugene, Oregon)

Solch ein Vergleich könnte in einer anderen Situation sinnvoller sein. Die in der Tafel 9.3 wiedergegebenen Beobachtungen wurden an Fußgängern gemacht, die an einem bestimmten Punkt einer gemischten Wohngegend in Seoul, Korea, eine Meile vom Zentrum der Stadt entfernt gemacht wurden. Es handelt sich um die gezählten Gruppen, die von 16 bis 17 Uhr 30 im März des Jahres 1955 in einer Richtung vorübergingen.

Gruppengrößen	Beobachtet	Nach Gleichung (9.29)
1	818	813,0
2	194	205,0
3	38	34,4
4	6	4,3
.5	1	0,4

$\alpha/\beta = 0,93 \times 10^{-3}$; $k = 0,506$

Tafel 9.3 [*Coleman*]: Passantengruppen (Seoul, Korea)

Die Anzahl der Personen pro Stunde, die die Stelle passiert hatte, betrug etwa 900. Auf dieser Schätzung von N pro „Raumeinheit" basierend sollte der α/β zugeordnete Wert $0,93 \times 10^{-3}$ betragen.

Die in der Tafel 9.4 wiedergegebenen Beobachtungen wurden ebenfalls in Seoul drei Häuserblöcke vom Stadtzentrum entfernt eine Woche später zwischen 15 und 16 Uhr gemacht.

Diese Beobachtungen enthalten in *beide* Richtungen gehende Passanten. Um die Situation der vorhergegangenen vergleichbar zu gestalten, muß man folglich $N = 1548/2 = 774$ Personen pro Stunde setzen. Mit diesem Wert wird α/β zu $1,23 \times 10^{-3}$.

Die zwei so erhaltenen Werte von α/β sind nicht allzu verschieden. Eine Interpretation des Unterschieds zwischen den beiden Werten (falls sie statistisch signifikant ist) ist trotzdem nicht leicht.

Gruppengrößen	Beobachtet	Nach Gleichung (9.29)
1	897	899,0
2	252	245,0
3	38	44,6
4	7	6,1
5	1	0,7

$\alpha/\beta = 1,23 \times 10^{-3}$; $k = 0,549$

Tafel 9.4 [nach *Coleman*]

Auch ist nicht klar, ob die Dynamik der Gruppenbildung bei der Vielfalt der beobachteten Situationen auf demselben zugrundeliegenden Vorgang beruht. Man kann sich leicht vorstellen, daß sich Kinder Spielgruppen mehr oder weniger zufällig anschließen oder sie verlassen. Aber es ist sehr unwahrscheinlich, daß sich die Paare, Tripel, Quadrupel usw. von Fußgängern auf einer Straße, im Einkaufszentrum oder in Eisenbahnstationen (um einige der Situationen zu erwähnen, die in den Beobachtungen angestellt wurden) ebenfalls so zufällig bilden. Vielmehr wird es sich hier um Gruppen handeln, die aus einem bestimmten Grunde entstanden sind, um irgendwohin zusammen hinzugehen. Auch lösen sich diese Gruppen nicht bloß „zufällig" auf. Trotzdem ist es interessant, diese Resultate mit jenen zu vergleichen, die auf ein Modell mit einer anderen zugrundeliegenden Dynamik der Gruppenbildung zurückgehen.

Größen von Kriegsallianzen

Horvath/Foster [1963] haben ein internationales System betrachtet, das mehrere Nationen umfaßte, wobei es um die Verteilung der Größen von Kriegsallianzen ging. Ihrem Modell folgend nehmen wir an, daß kleine Nationen dem System mit einer konstanten Rate r hinzugefügt worden sind[5]. Jede beitretende Nation besitzt die konstante Wahrscheinlichkeit α, daß sie sich einer Allianz fernhalten und eine Wahrscheinlichkeit von $(1 - \alpha)$, daß sie sich einer Allianz anschließen wird. Ferner nehmen wir an, daß die Wahrscheinlichkeit, daß eine Nation einer Allianz von einer bestimmten Größe beitreten wird, der Anzahl der Nationen proportional sei, die einer Allianz dieser Größe bereits angehören[6]. Beim Auflösen einer Allianz verlassen alle Mitglieder das System. Aber jede Nation kann dem System wieder als eine „neue", noch ungebundene Nation beitreten. Wie im vorangegangenen Modell interessieren wir uns für die Gleichgewichtsverteilung der Nationen in Allianz verschiedener Größen, d.h. für die n_1 alleinstehenden Nationen, n_2 für die Nationen in Zweierallianzen usw. Die Gesamtzahl der Allianzen wird durch $A = \Sigma n_i$ wiedergegeben, wobei n_1 die Anzahl der nicht-alliierten Nationen, n_2 die der Allianzen von zwei Nationen usw. sind. Da wir angenommen haben, daß jede dem System beitretende Nation eine neue (aus einem Mitglied bestehende) „Allianz" mit der Wahrscheinlichkeit α bildet, folgt, daß $A = \alpha N$, wobei N die Anzahl der Nationen im System sind.

Der Methode folgend, die wir bei den „frei gebildeten Gruppen" angewendet hatten, bestimmen wir die reine Veränderung der Anzahl der Allianzen der Größe i pro Zeiteinheit.

Die Anzahl der Nationen, die während einer Zeiteinheit dem System beigetreten sind, ist r, der erwartete Anteil jener, die schon bestehenden Allianzen beigetreten sind ist $(1 - \alpha)$. Der Anteil von Nationen, die schon Allianzen der Größe $(i - 1)$ angehören, beträgt $(i - 1)n_{i-1}/N$. Ferner folgt aus der Annahme, daß die Rate, mit der neue Nationen Allianzen von bestimmter Größe beitreten, der Anzahl der bereits den Allianzen dieser Größe angehörenden Nationen proportional ist, durch $(1/N)\,[r(1 - \alpha)\,(i - 1)n_{i-1}]$ gegeben ist. Dies ist die Zunahmerate der Allianzen der Größe i. Wenn neue Nationen Allianzen der Größe i beitreten, so verwandeln sich diese in Allianzen der Größe $(i + 1)$. Entsprechend erhalten wir eine Abnahmerate der Allianzen der Größe i, die durch $r(1 - \alpha)\,in_i/N$ ausgedrückt ist. Schließlich nehmen wir an, daß Allianzen sich mit einer konstanten

Rate q (die von der Größe unabhängig ist) auflösen. Somit ergibt sich die folgende Differentialgleichung in n_i:

$$dn_i/dt = \frac{1}{N}[r(1-\alpha)(i-1)n_{i-1} - r(1-\alpha)in_i] - qn_i. \tag{9.37}$$

Im Äquilibrium ist die rechte Seite von (9.37) gleich Null. Ferner muß die Anzahl der dem System beitretenden Nationen im Gleichgewicht gleich der Anzahl der austretenden Nationen sein. Nach unserer Definition von q, ist die erwartete Anzahl der Allianzen der Größe i, die das System pro Zeiteinheit verlassen, gleich qn_i. Also ist die Anzahl der Nationen, die das System pro Zeiteinheit verlassen, gleich $q \Sigma in_i = qN$. Somit erhalten wir im Gleichgewicht die Gleichung $qN = r$.

Durch Substitution in (9.37) und Gleichsetzung der rechten Seite mit Null erhalten wir

$$(1-\alpha)(i-1)n_{i-1} = n_i[i(1-\alpha)+1] \tag{9.38}$$

oder

$$\frac{n_i}{n_{i-1}} = \frac{(1-\alpha)(i-1)}{(1-\alpha)i+1}. \tag{9.39}$$

Schließlich müssen wir noch n_1 berechnen. Falls wir in der Gleichung (9.37) $i = 1$ setzen, stellt der erste Ausdruck die Rate der Zunahme von „unabhängigen" Nationen dar. Die Unabhängigen sind die neuen, dem System beitretenden Nationen, die keiner Allianz beitreten. Also ist das erste Glied in den Klammern von (9.37) r, falls $i = 1$ ist. Somit erhalten wir beim Gleichgewicht

$$\frac{dn_1}{dt} = 0 = \alpha r - (1-\alpha)rn_1/N - qn_1 \tag{9.40}$$

$$\alpha = n_1(2-\alpha)/N \tag{9.41}$$

$$n_1 = \frac{\alpha N}{2-\alpha} = \frac{A}{2-\alpha}. \tag{9.42}$$

Die Gleichung (9.39) und (9.42) stellen die Gleichgewichtsverteilung der Allianzen dar. Diese Verteilung wird die Yule-Verteilung genannt.

Ein Vergleich dieses Modells mit tatsächlich während der Jahre 1820 bis 1939 beobachteten Allianzbildungen wird in der Tafel 9.5 gezeigt.

Anzahl der Nationen in der Allianz	1	2	3	4	5	6	7	8+
Anzahl der beobachteten Allianzen	124	34	8	7	4	1	2	2
Vorhersagen durch die Yule-Verteilung	129	29	11	5	3	2	1	2

Tafel 9.5 [nach *Horvath/Foster*]

Die Annahmen, die der Ableitung der Yule-Verteilung zugrundeliegen, können meiner Meinung nach sehr viel weniger als Modell der Allianzbildung akzeptiert werden, als jene, die der abgestumpften Poisson-Verteilung als Modell frei gebildeter Gruppen zugrundeliegen. Die Annahmen der letzteren enthalten lediglich Zufallsereignisse. Die einzige Abweichung dieses Modells vom Poisson-Prozeß (der als Nullhypothese vieler beobachteter Prozesse dient) ist die unvermeidliche Annahme, daß eine „leere" Gruppe der Beobachtung nicht zugänglich sei.

Anders als das Modell frei gebildeter Gruppen, beruht das Modell der Allianzenbildung auf verschiedenen zusätzlichen Annahmen, die sich auf die „Rekrutierung" der Nationen in das „System", die Benachteiligung zwischen schon bestehenden Allianzen und auf die Forderung beziehen, daß eine Nation keine Allianz verläßt, *solange diese sich nicht gänzlich auflöst.*

Was die empirischen Tests der beiden Modelle angeht, so scheinen sie das erste Modell wesentlich überzeugender zu bestätigen als das zweite. Frei gebildete Gruppen wurden in Situationen mit hunderten, ja selbst tausenden von Personen bei verschiedenen Gelegenheiten und an vielen Orten beobachtet. Die grundlegende Ähnlichkeit der beobachteten Verteilungen verweist stark auf das Wirken eines und desselben statistischen „Gesetzes". Da das Modell lediglich reine Zufallsereignisse berücksichtigt, ist seine Bestätigung zugleich Bestätigung einer Nullhypothese. Welche Einflüsse neben dem Zufall auch immer für die Verteilung der Größen kleiner Gruppen von Menschen in Zufallssituationen verantwortlich sind, so sind sie vermutlich zu schwach, um bemerkt werden zu können.

Im Gegensatz dazu wurde hier der Test der Yule-Verteilung lediglich in einem einzigen Kontext durchgeführt. Er umfaßte nicht Tausende, sondern nur Dutzende von Einheiten. Bei solch kleinen Populationen ist die Zulässigkeit deterministischer Annäherungen stochastischer Prozesse fraglich. Vielmehr noch: die Annahmen des Modells geben eine Struktur des Prozesses an, die dem reinen Zufallsprozeß übergestülpt wird. Von diesem Standpunkt aus betrachtet, ist dieses Modell interessanter als das der Nullhypothese – es ist aber auch schwieriger zu rechtfertigen.

Trotzdem entbehrt die Gegenüberstellung der beiden Modelle nicht eines theoretischen Interesses, wenn wir diese aus historischer Perspektive betrachten.

Richardson [1960a] begann sich bei seinen Untersuchungen der Kriege und anderer Äußerungen menschlicher Gewalttätigkeiten für die Verteilung der Größen von Gruppen zu interessieren, als er eine Ähnlichkeit zwischen den beobachteten Verteilungen dieser Art und den (beobachteten) Verteilungen der „Umfänge von Streitigkeiten mit tödlichem Ausgang" bemerkte. Für Richardson (der ein pazifistischer Quäker war) bedeuten alle „tödlichen Streitigkeiten" Äußerungen derselben Art von Ereignissen. Daher hat er solche „Streitigkeiten" nach ihrer Größe klassifiziert, die als Logarithmus über der Zehnerbasis der Anzahl der Toten definiert wurde. Beispielsweise bedeutete ein Mord für Richardson eine „tödliche Streitigkeit" von der Größe 0 (da log (1) = 0 ist); ein Krawall, der mit zehn Toten endete, eine tödliche Streitigkeit von der Größe 1; ein größerer Aufstand mit 100 Opfern erhielt die Größe 2 usw., über die „kleinen Kriege" (Größen 3 – 4), bis hin zu den zwei Weltkriegen mit den Größen 7 bis 8. Ein Krieg von der Größe 9 – 10 würde die Menschheit vernichten.

Richardson sammelte alle ihm zugänglichen Daten über Morde und Kriege und übertrug die Häufigkeiten ihres Eintretens auf die Größen. Bei dieser Sammlung fehlten zuverlässige Daten über tödliche Streitigkeiten der mittleren Größen 2 – 4. Es gab jedoch eine Datenquelle, die diese Lücke unter der Voraussetzung von Richardson, daß alle Gewalttätigkeiten derselben Dynamik entspringt, füllen konnte. Diese Daten bezogen sich auf Angaben über die Anzahl der Opfer der Banditenüberfälle auf Dörfer in der Mandschurei während der japanischen Okupation in den 30er Jahren.

Aus der Verteilung dieser Zahlen hat Richardson Vermutungen über die Verteilung der Größen der plündernden Banden aufgestellt. Ferner hat er Polizeiangaben über die geschätzten Größen der Gangsterbanden während der Prohibitionszeit in Chicago ausgewertet. Er fand heraus, daß die Verteilung (einschließlich dem Wert des Parameters) mit der vermuteten Verteilung der Größen Mandschurischer Banditengruppen praktisch identisch war. Dies führte ihn zu Spekulationen über eine angeblich grundlegende Dynamik einer „Organisation zur Aggression".

Ob es eine solche grundlegende Dynamik gibt, und auf welche Ereignisfelder sie sich bezieht, muß sicherlich eine offene Frage bleiben. Aber es gibt einen Aspekt der Yule-Verteilung, der mit unserem intuitiven Begriff der „Organisation zur Aggression" wie etwa von Gangs, Banditenhaufen, und – wie manche meinen würden – auch militärischer Allianzen übereinstimmt. Es ist nämlich leichter, einer solchen Gruppe beizutreten, als sie zu verlassen. Bekanntermaßen trifft dies auf kriminelle Gangs sowohl aus psychologischen Gründen zu, als auch wegen der Strafen, die auf Verrat stehen. Es ist ebenfalls bemerkenswert, daß Nationen militärischen Allianzen einzeln beitreten, sie aber selten alleine verlassen, solange diese nicht militärisch geschlagen sind. Solche Niederlagen stellen oft den Anfang des Niedergangs der gesamten Allianz dar. Aber auch eine siegreiche Allianz bricht auseinander. Somit neigen individuelle Nationen dazu, Allianzen nur bei ihrem Zusammenbruch zu verlassen. Dies ist genau jene Annahme, die im Horvath-Foster-Modell der Kriegsallianzen im Unterschied zum Modell frei gebildeter Gruppen mit berücksichtigt wurde. Auf diese Weise erfährt dieses Modell eine gewisse Rechtfertigung.

Zusammenfassend kann gesagt werden, daß Modelle, durch die beobachtete Verteilungen durch die ihnen zugrundeliegenden Prozesse (die im Gleichgewicht diese Verteilungen hervorbringen) erklärt werden sollen, zwei Aufgaben dienen: 1. Sie bilden Komponenten einer Theorie, die die Entstehung der Verteilungen erklären soll. 2. Sie bringen Indizes hervor, die den angenommenen den beobachteten Verteilungen zugrundeliegenden dynamischen Prozessen zugeschrieben werden. In dem Maße wie die Modelle bestimmte Aspekte der realen Geschichte einer beobachteten Situation widerspiegeln, können diese Indizes unbeobachtbare, den Phänomenen zugrundeliegende Besonderheiten erklären. In diesem Kapitel erörterte Parameter der Formierung von Gruppen sind Beispiele solcher Indizes.

Anmerkungen

[1]) Vgl. die Erörterung der Extreme von Funktionalen im Kapitel 5.

[2]) In Wirklichkeit ist $f(i, k)$ eine Zufallsvariable. Durch Ersetzung des erwarteten Wertes anstelle ihres Zufallswertes wird das stochastische Modell zu einem „klassischen". Dieses Verfahren ist angesichts der sehr großen Population voll gerechtfertigt.

[3]) Die Beta-Funktion (eine Funktion zweier Variablen) ist definiert als $B(x, y) = \int_0^1 t^{x-1}(1 - t)^{y-1} dt$ $(x, y > 0)$, oder äquivalent dazu durch $B(x, y) = \dfrac{\Gamma(x)\,\Gamma(y)}{\Gamma(x + y)}$. Die Definition von $\Gamma(x)$ wird in der Anmerkung von Kapitel 8 gegeben.

[4]) Die logarithmische Normalverteilung ist durch die Gleichung (8.58) definiert.

[5]) Unter das „internationale System" subsumieren wir hier eine Menge von Staaten, die während der untersuchten Geschichtsperiode (1820 – 1939) an Kriegen teilgenommen haben.

[6]) Diese Annahme widerspiegelt die *Zufälligkeit* bei der Wahl eines Allianzpartners. Wenn das internationale System in Klassen nach der Größe von Allianzen aufgeteilt ist, denen die Staaten angehören, dann impliziert diese Annahme lediglich die Wahrscheinlichkeit für die Wahl eines Partners aus einer gegebenen Allianz (Klasse), die natürlich der Anzahl der Staaten in dieser Klasse proportional ist. Damit ergibt die zufällige Wahl von *Partnern* die Wahrscheinlichkeit dafür, daß eine Allianz ein neues Mitglied erwirbt, die der Größe der Allianz proportional ist. Andererseits ergibt die zufällige Wahl einer *Gruppe* um ihr beizutreten, eine von der Gruppengröße unabhängige Wahrscheinlichkeit dafür, daß diese Gruppe ein Mitglied erwirbt.

Ebenso kann der Verlust eines Mitglieds auf zwei verschiedene Arten behandelt werden: Falls die Mitglieder eine Gruppe frei verlassen können, dann wird die Wahrscheinlichkeit für den Verlust eines Mitglieds proportional zur Größe der betreffenden Gruppe sein. Andererseits gibt es Gruppen, aus denen man nicht frei austreten kann, ehe die Gruppe sich nicht ganz auflöst.

Aufgrund solcher Überlegungen haben Horvath/Foster eine zweigliedrige Klassifizierung der Distribution von Gruppengrößen vorgeschlagen. Sie wird in der Tafel 9.6 angegeben.

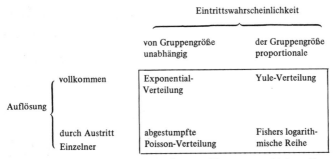

	Eintrittswahrscheinlichkeit	
	von Gruppengröße unabhängig	der Gruppengröße proportionale
Auflösung vollkommen	Exponential-Verteilung	Yule-Verteilung
Auflösung durch Austritt Einzelner	abgestumpfte Poisson-Verteilung	Fishers logarithmische Reihe

Tafel 9.6: Gleichgewichtsverteilungen der Gruppengrößen unter verschiedenen Voraussetzungen über die Formation und Auflösung von Gruppen

10. Markov-Ketten-Modell der sozialen Mobilität

Bei der Erörterung stochastischer Modelle der Verteilung von Gruppengrößen haben wir den „Zustand" einer Gruppe durch die Anzahl ihrer Individuen definiert. In einem gegebenen Zeitintervall kann die Gruppe ein Mitglied (oder mehrere) hinzugewinnen, oder verlieren oder weder hinzugewinnen noch verlieren. Nehmen wir der Einfachheit halber an, eine Gruppe könne gleichzeitig höchstens ein Mitglied hinzugewinnen oder verlieren. Wir wählen deshalb ein ausreichend kurzes Zeitintervall. Dann wird eine Gruppe mit i Mitgliedern (d.h. im „Zustand" i) in diesem Intervall entweder im Zustand i bleiben oder in die Zustände $(i + 1)$ bzw. $(i - 1)$ übergehen.

Nun verallgemeinern wir diese Situation. Stellen wir uns ein System vor, das sich zu jedem Zeitpunkt in irgendeinem Zustand aus der Zustandmenge $s_1, s_2, \ldots, s_q$ befinden kann. Nehmen wir ferner an, die Zustandsveränderungen können sich nur zu bestimmten Zeitpunkten $n = 1, 2, \ldots$ ereignen. Ferner seien die bedingten Wahrscheinlichkeiten des Übergangs von einem Zustand in einen anderen gegeben, d.h. falls sich das System zur Zeit n im Zustand s_i befindet, so ist die Wahrscheinlichkeit, daß es sich zur Zeit $(n + 1)$ im Zustand s_j befinden wird, für alle Zustände i, j gegeben. Diese Wahrscheinlichkeiten werden mit r_{ij} gekennzeichnet und *Übergangswahrscheinlichkeiten* genannt, und das resultierende stochastische Modell eine *stationäre Markov Kette*.

Eine stationäre Markov-Kette kann durch eine Matrix dargestellt werden:

$$
R = (r_{ij}) = \quad
\begin{array}{c}
\\ s_1 \\ s_2 \\ \\ s_i \\ \\ s_q
\end{array}
\begin{array}{cccc}
s_1 \quad s_2 \cdots s_j \cdots s_q \\
\left(\begin{array}{cccc}
r_{11} & r_{12} & \cdots\cdots\cdots & r_{1q} \\
r_{21} & r_{22} & \cdots\cdots\cdots & r_{2q} \\
\\
r_{i1} & \cdots\cdots & r_{ij} \cdots & r_{iq} \\
\\
r_{q1} & \cdots\cdots\cdots\cdots & & r_{qq}
\end{array}\right)
\end{array}
$$

Matrix 10.1

Die Zeilen von R stellen die möglichen Zustände des Systems zur Zeit n dar; die Spalten die möglichen Zustände des Systems (die gleiche Menge von Zuständen) zur Zeit $(n + 1)$. Die Eingänge sind die entsprechenden Übergangswahrscheinlichkeiten. Die „Stationarität" der Markov-Kette wird durch die Annahme ausgedrückt, daß die r_{ij} von n unabhängig sind.

Nun sei das System zur Zeit n im Zustand s_i. Kann es sich zu einem bestimmten zukünftigen Zeitpunkt $(n + m)$ in einem bestimmten Zustand s_j befinden? Die Frage ist also, ob es einen Weg gibt, auf dem das System einige zwischenliegende Zustände in den Zeitpunkten $(n + 1)$ $(n + 2), \ldots, (n + m - 1)$ durchlaufen kann, um s_j genau zur Zeit $(n + m)$ zu erreichen. Wenn nun $m = 1$ ist, dann kann das System von s_i nach s_j in einem Schritt übergehen, falls $r_{ij} > 0$ ist. Im allgemeinen kann es auch von s_i nach s_j in genau m Schritten gelangen, falls es $(m - 1)$ (nicht notwendige unterschiedene) Zustände $s_{k1}, s_{k2}, \ldots, s_{k(m-1)}$ gibt, so daß $(r_{i(k1)}) (r_{(k1)(k2)}) \cdots (r_{k(m-1)j}) > 0$ gilt. Dann kann das System „diesen Weg beschreiten". (Es können mehrere solche Wege existieren, aber einer reicht aus, um zu gewährleisten, daß das System von s_i nach s_j in genau m Schritten übergehen *kann*[1]).

Falls das System in einer bestimmten Anzahl von Schritten von s_i nach s_j übergehen kann, dann ist s_j von s_i aus *erreichbar*. Hier werden wir nun Markov-Ketten betrachten, in denen jeder Zustand von jedem beliebigen aus erreichbar ist.

Die Übergangswahrscheinlichkeit r_{ij} kann 1 betragen. Dies ist der Fall, wenn das System immer direkt von s_i nach s_j übergeht. Eine Markov-Kette kann Zyklen enthalten, etwa wenn $r_{ij} = r_{jk} = r_{ki} = 1$ ist. Falls solch ein System den Zustand s_i erreicht, dann wird es auf ewig von s_i

nach s_j, von s_j nach s_k und zurück von s_k nach s_i rotieren. Falls eine Menge von Zuständen, die einen Zyklus bilden, eine echte Teilmenge der gesamten Zustandsmenge darstellt, dann können die Zustände innerhalb des Zyklus nicht in jene außerhalb übergehen. Falls die gesamte Zustandsmenge einen Zyklus bildet, dann können alle Zustände von jedem anderen aus erreicht werden, aber in diesem Falle verhält sich das System eher deterministisch als probabilistisch.

Eine Markov-Kette ohne Zyklen wird *aperiodisch* genannt. Eine aperiodische stationäre Markov-Kette, in der jeder Zustand s_j von jedem anderen Zustand s_i erreichbar ist, wird *ergodisch* genannt. Im folgenden werden wir Modelle betrachten, die durch ergodische Markov-Ketten darstellbar sind.

R^2 sei eine Matrix, die durch Multiplikation von R mit sich selbst gebildet wurde. Nach den Regeln der Matrizenmultiplikation sind die Elemente $r_{ij}^{(2)}$ von R^2 durch $\sum_{k=1}^{q} r_{ik} r_{kj}$ gegeben.

Aber $r_{ik} r_{kj}$ ist die Wahrscheinlichkeit des zusammengesetzten Ereignisses, daß das System in einem Schritt von s_i nach s_k und dann in einem Schritt von s_k nach s_j übergeht. Die über allen k summierten Wahrscheinlichkeiten ergeben die Wahrscheinlichkeit, daß das System in genau zwei Schritten von s_i nach s_j übergeht.

Durch Induktion erhalten wir die Wahrscheinlichkeiten $r_{ij}^{(m)}$ (die Elemente von R^m sind) dafür, daß das System in genau m Schritten von s_i nach s_j übergeht.

Ein anderes wichtiges Resultat bezieht sich auf den Grenzwert von R^n, wenn n ins Infinite geht. Falls R ergodisch ist, kann gezeigt werden[2]), daß

$$\lim_{n \to \infty} R^n = R^* \tag{10.1}$$

gilt, wobei R^* die Matrix mit identischen Zeilen $r^* = (r_1^*, r_2^*, \ldots, r_q^*)$ ist.

Nehmen wir an, anfänglich (bei $n = 0$) sei das System in einem der q möglichen Zustände, aber wir wüßten nicht in welchem. Uns sei lediglich der Wahrscheinlichkeitsvektor $r(0) = (r_1(0), r_2(0), \ldots, r_q(0))$ bekannt, dessen Komponenten $r_i(0)$ die Wahrscheinlichkeiten dafür sind, daß sich das System zum Zeitpunkt 0 im Zustand s_i befindet. Sobald R bekannt ist, können wir den Wahrscheinlichkeitsvektor für $n = 1$ ermitteln, d.h. die Wahrscheinlichkeiten dafür, daß sich das System zur Zeit $n = 1$ im Zustand s_i befinden wird ($i = 1, 2, \ldots, q$). Dieser Wahrscheinlichkeitsvektor ist gegeben durch

$$r(1) = r(0) R. \tag{10.2}$$

Der Vektor $r(0)$ ist eine Matrix mit 1 Zeilen und q Spalten. Nach der Regel der Matrizenmultiplikation erhalten wir für die Eingänge der rechten Seite von (10.2) (sie ist wie $r(0)$ ein Zeilenvektor) den folgenden Ausdruck:

$$r_j(1) = \sum_{k=1}^{q} r_k(0) r_{kj}. \tag{10.3}$$

Jedes Glied der Summe stellt die Wahrscheinlichkeit des Ereignisses dar, daß das System bei $n = 0$ im Zustand s_k war und von s_k nach s_j übergegangen ist. Daher stellt die Summierung die Wahrscheinlichkeit dafür dar, daß das System sich bei $n = 1$ in s_j befinden wird.

Durch Induktion erhalten wir

$$r(n) = r(0) R^n. \tag{10.4}$$

Betrachten wir nun den Wahrscheinlichkeitsvektor r^*, d.h. den Vektor der (identischen) Zeilen von R^*. Wir erhalten dann:

$$r^* R^* = (\sum_{k=1}^{q} r_k^* r_1^*, \sum_{k=1}^{q} r_k^* r_2^*, \ldots, \sum_{k=1}^{q} r_k^* r_q^*). \tag{10.5}$$

Aber $\sum_{k=1}^{q} r_k^* = 1$ und $(r_1^*, r_2^*, \ldots, r_q^*) = r^*$. Also ist $r^* R^* = r^*$, d.h. r^* bleibt bei einer Multiplika-

tion mit R^* invariant. R^* wird die *Gleichgewichtsmatrix* der durch R definierten ergodischen Markov-Kette genannt. Für jeden Wahrscheinlichkeitsvektor r gilt nun

$$rR^* = r^*. \tag{10.6}$$

Da $R^* = \lim_{n \to \infty} R^n$ gilt, sehen wir, daß unabhängig von der ursprünglichen Wahrscheinlichkeitsver-

teilung der möglichen Zustände des Systems (in der Darstellung durch eine ergodische Markov-Kette), die Wahrscheinlichkeitsverteilung nach r^* streben wird. Der Vektor r^* wird die *Gleichgewichtsverteilung* der Markov-Kette genannt. Er ist offensichtlich von der ursprünglichen Distribution unabhängig. Er hängt lediglich von der Struktur der Matrix R ab.

Ein Modell der sozialen Mobilität

Nehmen wir an, eine Gesellschaft bestehe aus s unterscheidbaren Klassen $(C_1, \ldots, C_s)$. Um konkret zu werden, beschränken wir uns auf die männliche Bevölkerung, und die Zeitintervalle sollen durch Generationen dargestellt werden. Betrachten wir eine aus Männer der 0-ten Generation bestehende Stichprobe. Der Anteil der Männer, die in der Stichprobe zur Klasse C_i gehören, kann als Schätzung der Wahrscheinlichkeit angesehen werden, daß ein beliebig aus der Bevölkerung ausgewählter Mann dieser Klasse angehören wird. Nun warten wir so lange, bis alle Söhne der Männer aus unserer Stichprobe erwachsen werden, und untersuchen dann ihre Verteilung über die s Klassen. Diese Anteile können als Schätzungen angesehen werden, daß ein willkürlich ausgewählter Mann der 1-ten Generation einer dieser Klassen angehört. Damit erhalten wir Schätzungen der Wahrscheinlichkeitsvektoren $r(0)$ und $r(1)$.

Besonders interessiert uns die Matrix R, die die $r(0)$ in die $r(1)$ mittels der Gleichung $r(1) = r(0)R$ (vgl. (10.2)) transformiert, denn die Elemente von R sind Schätzungen der Wahrscheinlichkeiten, daß der Sohn des Mannes der Klasse C_i in die Klasse C_j überwechselt.

Die Matrix R kann folgendermaßen gebildet werden: Nehmen wir eine Stichprobe aus Paaren von Vätern und Söhnen. In dieser Stichprobe wird n_{ij} die Anzahl derjenigen *Paare* bezeichnen, in denen der Vater zur Klasse C_i und der Sohn zur Klasse C_j gehören. Die n_{ij} können zur Matrix $N = (n_{ij})$ geordnet werden, deren Elemente sie sind. Die Matrix N wird die *Umwandlungsmatrix* genannt. Die Zeilensummen von N werden durch $n_{i.}$ gekennzeichnet, wobei der Punkt wie üblich besagt, daß die Elemente der Zeile i über den zweiten (Spalten-) Index summiert werden. Offenbar stellen die Zeilensummen $n_{i.}$ die Anzahl jener Vater-Sohn-Paare dar, deren Väter der Klasse C_i angehörten. Analog stellen die Spaltensummen $n_{.j}$ die Anzahl jener Vater-Sohn-Paare dar, deren Söhne der Klasse C_j angehören. Man sollte beachten, daß $n_{i.}$ nicht unbedingt die Anzahl der Väter in C_i zu bedeuten braucht, weil ein Vater verschiedenen Klassen angehörende Söhne haben kann und somit bei der Summierung mehr als einmal gezählt wird. Andererseits stellt $n_{.j}$ tatsächlich die Summe der Söhne dar, da jeder nur einen Vater besitzt.

Nun sei N die Gesamtzahl der Paare einer Stichprobe[3]. Dann stellt $p_{ij} = n_{ij}/N$ den Anteil der Vater-Sohn-Paare mit Vätern, in C_i und Söhnen in C_j dar. Wie die n_{ij} können die p_{ij} durch die Matrix $P = (p_{ij})$ dargestellt werden.

Die Matrix P wird die Anteilumwandlungs-Matrix genannt. Diese Matrix entspricht wohlgemerkt nicht der Matrix der Übergangswahrscheinlichkeit einer Markov-Kette. In der letzteren sind die Eingänge *bedingte* Wahrscheinlichkeiten, nämlich Wahrscheinlichkeiten dafür, daß ein im Zustand i befindliches System im nächsten Schritt in den Zustand j übergehen wird. Die Eingänge von P andererseits sind *gemeinsame* Wahrscheinlichkeiten, daß ein willkürlich gewähltes Vater-Sohn-Paar einen Vater in C_i und einen Sohn in C_j haben wird. Die Zeilensummen einer Matrix von Übergangswahrscheinlichkeiten sind alle gleich 1. Die i-te Zeilensumme von P ist eine Schätzung der Wahrscheinlichkeit, daß ein willkürlich gewähltes Vater-Sohn-Paar einen Vater in C_i haben wird.

Es ist jedoch lediglich ein Schritt von P zu R, also zur Matrix, die der Matrix der Übergangswahrscheinlichkeiten entspricht. Die Elemente dieser Matrix werden aus jenen von P dadurch gebildet, daß sie durch die entsprechenden Zeilensummen dividiert werden. Damit ist

$$r_{ij} = \frac{p_{ij}}{p_{i.}}. \tag{10.7}$$

Sobald R geschätzt worden ist, entsteht die Frage, ob sie über Generationen hinweg konstant bleiben wird, d.h. ob ihre Elemente von n unabhängig sind. Falls sie es sind, dann können wir die Wahrscheinlichkeit dafür vorhersagen, daß ein aus der n-ten Generation willkürlich ausgewählter Mann der Klasse C_i angehören wird, und diese Vorhersagen können getestet werden, da die Wahrscheinlichkeiten durch die entsprechenden Anteile geschätzt werden können. Falls innerhalb des Fluktuationsirrtums $r(1) = r(0)$ ist, dann können wir darüber hinaus (unter der Annahme, daß die Markov-Kette stationär ist) schließen, daß die anfänglich beobachtete Verteilung andauern wird.

Um die Unveränderlichkeit von R zu testen, sind jedoch Beobachtungen über einige Generationen hinweg notwendig. Deshalb ist dieses Herangehen an die gestellte Problematik kaum praktikabel. Der Soziologe fragt nach einem Maß der „sozialen Mobilität", das auf gleichzeitigen Beobachtungen von nicht mehr als zwei Generationen beruht und durch eine Stichprobe von Vater-Sohn-Paaren dargestellt werden kann. Im folgenden wollen wir eine Anzahl solcher Indizes untersuchen.

Intuitiv können wir „vollständige Mobilität" als eine Situation definieren, in der die Klasse, der der Sohn angehört, unabhängig von jener ist, die sein Vater angehört oder angehört hat. Bei der Definition „vollständiger Mobilität" sollte eigentlich noch festgelegt sein, daß die Klasse eines Mannes unabhängig von jenen Klassen ist, zu denen seine Vorfahren gehört hatten. Da wir aber bereits angenommen hatten, daß die Markov-Kette ein adäquates Modell der sozialen Mobilität sei, müssen wir nun annehmen, daß die Klasse des Sohnes höchstens von der Klasse des Vaters abhängt. (Dies ist wohlgemerkt auch bei den nichtstationären Markov-Ketten der Fall. Die entscheidende Eigenschaft einer Markov-Kette ist, daß die Wahrscheinlichkeiten von Zuständen *auf einer gegebenen Stufe* lediglich von den unmittelbar vorangehenden und von der mit *dieser Stufe* verbundenen Übergangsmatrix abhängen).

Die Bedingung der Unabhängigkeit der Klassenherkunft wird erfüllt sein, falls die Elemente von P der folgenden Gleichung gehorchen:

$$p_{ij} = (\sum_{j=1}^{q} p_{ij}) (\sum_{i=1}^{q} p_{ij}). \tag{10.8}$$

Man beachte, daß $\sum_{j=1}^{s} p_{ij} = p_i(0)$ den Anteil der Männer in C_i angibt, die Väter der Söhne in der 0-ten Generation sind, und $\sum_{i=1}^{s} p_{ij} = p_j(1)$ ist der Anteil der Söhne in C_j von Vätern der 0-ten Generation. Daher können wir für die „vollständige Mobilität" der Anteile wie folgt schreiben:

$$P^{**} = (p_{ij}^{**}) = (p_i(0) \, p_j(1)). \tag{10.9}$$

Es sei $D_0 = \text{diag} \, (p_i(0))$, d.h. D_0 ist eine Matrix, deren diagonalliegende Elemente die $p_i(0)$ und alle anderen Null sind, und wir nehmen an, es gelte $p_i(0) \neq 0$, $i = 1, \ldots, s$. (Diese Annahme ist unschädlich, da die Klassen so definiert sind, daß keine leer ist.) Dann besitzt D_0 eine Inverse D_0^{-1}. Nun definieren wir

$$R^{**} = D_0^{-1} P^{**} = (p_j(1)). \tag{10.10}$$

D.h. das ij-te Element von R^{**} ist die j-te Komponente des Vektors, der aus der ersten Iteration folgen würde, wenn P eine Matrix mit vollständiger Mobilität wäre[4]. Dem ist so, denn in diesem Falle wäre die Wahrscheinlichkeit des Übergangs in eine beliebige andere Klasse von der Herkunft unabhängig, und folglich würde die erste Iterationsmatrix identische Zeilen aufweisen.

Der Mobilitätsindex, den wir nun bestimmen wollen, stellt eine leichte Abwandlung desjenigen Index dar, der von *Prais* [1955] aufgestellt wurde. Er beruht auf der hypothetischen Erwartung der Anzahl von Generationen, daß eine Familie in einer bestimmten Klasse verbleiben wird, falls die geschätzte Matrix R über Generationen hinweg konstant bliebe.

Diese Annahme vorausgesetzt, betrachten wir die zu C_i gehörenden Familien. Bei gegebener Übergangsmatrix R, wird der Teil r_{ii} dieser Familien auch in der nächsten Generation in C_i verbleiben, und der Teil $(1 - r_{ii})$ in andere Klassen überwechseln. Diese Annahme ignoriert die unterschiedliche Geburtsrate und setzt die Anzahl der Vater-Sohn-Paare der Anzahl der Väter gleich, d.h. sie postuliert, daß jede Familie nur einen Sohn haben wird − wobei die Tatsache, daß Töchter überhaupt nicht berücksichtigt werden u.a. noch gar nicht erwähnt ist. All diese Vereinfachungen sind Unzulänglichkeiten des Modells als einer prädiktiven Theorie. Wie jedoch schon betont wurde, beruht der theoretische Wert stochastischer Modelle nicht in ihrem prädiktiven Vermögen, sondern in ihrer Behandlung der einem System zugrundeliegenden Strukturen.

Indem wir $R = (r_{ij})$ aus $N = (n_{ij})$ ableiten, sehen wir, daß der Anteil der Familien in C_i, die genau eine Generation lang in C_i verbleiben und sie dann verlassen, $(1 - r_{ii})$ ist; der Anteil jener Familien, die genau zwei Generationen in ihr verbleiben und sie dann verlassen ist $r_{ii}(1 - r_{ii})$ usw. Als Wahrscheinlichkeiten interpretiert, erzeugen diese Anteile eine geometrische Verteilung. Die erwartete Anzahl von Generationen, die in einer gegebenen Klasse verbleiben, wird ausgedrückt durch:

$$v_i = \sum_{n=1}^{\infty} n r_{ii}^{n-1} (1 - r_{ii}) = (1 - r_{ii})^{-1}. \qquad (10.11)$$

Damit wird der Vektor $v = (v_1, v_2, \ldots, v_s)$ durch R determiniert. Dieser bildet eine strukturelle Eigenschaft von R ab, indem er die Erwartungen des Verbleibs in jeder Klasse differentiell ausdrückt.

Um ein Maß der Mobilität der Klasse C_i zu erhalten, gebraucht man den auf den Vektor v^{**} bezogenen Vektor w^{**}, wobei v^{**} unter der Annahme vollständiger Mobilität gewonnen wird.

Wegen (10.10) ist $r_{ii}^* = p_i(1)$ und daher gilt

$$v_i^{**} = [1 - p_i(1)]^{-1}. \qquad (10.12)$$

Wir definieren $w_i^{**} = v_i / v_i^{**}$. Damit ist

$$w_i^{**} = \frac{(1 - r_{ii})^{-1}}{(1 - p_i(1))^{-1}} = \frac{1 - p_i(1)}{1 - r_{ii}}. \qquad (10.13)$$

Ad hoc-Indizes der Mobilität

Die rechte Seite von (10.13) ist die Reziproke eines von *Glass* [1954] vorgeschlagenen Indexes sozialer Mobilität. Angesichts der Definition von v ist w^{**} genau genommen ein Index der *Immobilität*, so daß die Reziproke als ein Index der Mobilität angesehen werden kann (der mit wachsender Mobilität zunimmt). Der Immobilitätsindex von Glass ist zu seinem Index der *Mobilität* komplementär. Er beruht auf dem folgenden Gedankengang: Nehmen wir der Einfachheit wegen an, es gäbe nur zwei Klassen, eine „niedere Klasse" C_1 und eine „höhere Klasse" C_2. Die Wahrscheinlichkeit dafür, daß sowohl Vater als auch Sohn in C_1 sind, ist p_{11}. Falls diese Wahrscheinlichkeit einfach ein Produkt der Wahrscheinlichkeit $p_{1.}$, daß der Vater in C_1 ist und der Wahrscheinlichkeit $p_{.1}$, daß auch der Sohn in C_1 ist, darstellt, dann sind diese beiden Ereignisse statistisch voneinander unabhängig. In diesem Falle gilt

$$\frac{p_{11}}{p_{1.} p_{.1}} = 1. \qquad (10.14)$$

Falls anderseits $p_{11} > p_{1.} \, p_{.1}$ ist, dann ist der Anteil der Söhne in C_1 größer, wenn der Vater ebenfalls in C_1 ist. Also ist der durch die linke Seite von (10.14) dargestellte Index I_G umso größer, je größer die Immobilität dieser Gesellschaft ist.

Nun kann I_G als $Nn_{11}/n_{1.} \, n_{.1}$ geschrieben werden. Wir definieren:

$$M_G = \frac{Nn_{12}}{n_{1.} \, n_{.2}} \tag{10.15}$$

und beachten dabei, daß M_G komplementär zu I_G in dem Sinne ist, daß $n_{11} + n_{12} = n_{1.}$ die Anzahl der Vater-Sohn-Paare ist, deren Väter C_1 angehören. M_G ist der Mobilitätsindex von *Glass* [1954]. Bei $i = 1$ entspricht er mit der Reziproke von (10.13).

Der Wert eines Indexes für die Konstruktion von Theorien hängt von zwei Eigenschaften ab. Erstens: Da ein Index im wesentlichen eine „Operationalisierung" gewisser intuitiv erfaßter Charakteristiken ist, sollte er einige Aspekte dieser Charakteristiken widerspiegeln, d.h. sein operationaler Sinn sollte seine intuitive Bedeutung so gut wie möglich darstellen. Zweitens sollte er auf dem Hintergrund von Veränderungen einige Invarianten wiedergeben. Beispielsweise können sich in einer mobilen Gesellschaft die Proportionen der verschiedenen Klassen oder Kategorien von Menschen mit der Zeit ändern, aber ein „guter" Mobilitätsindex sollte *Parameter* einer Gleichung sein, die diese Veränderungen beschreibt, d.h. eine Quantität, die unter feststehenden Bedingungen unverändert bleibt. Ob die verschiedenen Mobilitätsindizes (die unten diskutiert werden sollen) die zweite Bedingung erfüllen, muß aufgrund der Analyse entsprechender Daten festgestellt werden. Ob ein Index die erste Bedingung erfüllt, kann bei der Untersuchung fiktiver Situationen geklärt werden.

Nehmen wir zwei hypothetische Gesellschaften S_1 und S_2, deren Struktur durch die Matrizen 10.2 und 10.3 angegeben ist.

	C_1	C_2			C_1	C_2	
S_1: C_1	80	0	80	S_2: C_1	80	20	100
C_2	100	20	120	C_2	20	80	100
	180	20	200		100	100	200

Matrix 10.2: Spalten: Klasse der Söhne   Matrix 10.3: Spalten: Klasse der Söhne
Zeilen: Klasse der Väter [nach *Boudon*]   Zeilen: Klasse der Väter [nach *Boudon*]

Intuitiv können wir vermuten, S_1 sei maximal immobil, denn *alle* Söhne von Vätern in C_1 bleiben in C_1. In S_2 kann dagegen eine gewisse Mobilität festgestellt werden. Aber es zeigt sich, daß der für S_1 bestimmte I_G 1,11 beträgt, während der für S_2 berechnete Immobilitätsindex 1,60 ergibt. Dies widerspricht der intuitiv gemachten Wahrnehmung schon in der Richtung.

Die Ursache der Schwierigkeiten kann leicht schon durch die Untersuchung der Ränder der beiden Matrizen festgestellt werden. Diese Ränder stellen die soziale Zusammensetzung der beiden Generationen in jeder Situation dar. Wir sehen, daß in der Generation der Väter S_1 80 Individuen in C_1 und 120 in C_2 waren, aber in der Generation der Söhne waren 180 in C_1 und 20 in C_2. Die soziale Zusammensetzung hat sich in S_2 von der ersten bis zur zweiten Generation dagegen nicht geändert.

Die Schwierigkeiten beim Index von Glass ist die, daß dieser Index zwei Komponenten der Mobilität enthält. Eine Komponente bezieht sich auf die Veränderung der Verteilung der Population auf die Klassen, die andere bezieht sich auf den Wechsel der Menschen von einer Klasse in eine andere – über den die Redistribution beeinflussenden Wechsel hinaus. Bei der Ableitung von w^{**} waren wir von Überlegungen ausgegangen, die sich auf die Wahrscheinlichkeiten des Übergangs von einer Klasse in die andere bezogen, und hatten einen Index erhalten, der von den Rändern der Übergangsmatrizen unabhängig sein sollte. Aber dieses Verfahren hat uns gerade zur Verallgemeinerung des Glass'schen Indexes geführt, der, wie wir nun wissen, eben doch von den Rändern abhängt.

Angesichts dieser Erörterungen erkennen wir gewisse Schwierigkeiten bei der Wahl eines „guten" Indexes der sozialen Mobilität. Dasselbe könnte von nahezu jedem Index gesagt werden, der bestimmte Eigenschaften sozialer Strukturen oder sozialer Dynamik charakterisieren soll. Da die meisten Indizes sowohl erwünschte als auch unerwünschte Eigenschaften aufweisen, wurde schon eine Menge verschiedener Indizes der sozialen Mobilität vorgeschlagen. Eine detaillierte Analyse dieser Indizes mag der interessierte Leser bei *Boudon* [1973] finden. Hier wollen wir die Art von Problemen erörtern, deren sich quanitativ interessierte Soziologen bei ihrer Beschäftigung mit der sozialen Mobilität bewußt wurden, und wie sie mit ihnen fertig zu werden versuchten.

Hervorhebung der strukturellen Mobilität

Eine Klasse von Problemen behandelt die Hervorhebung sogenannter *struktureller* Komponenten der sozialen Mobilität. Angesichts der durch Arbeitsteilung bestimmten Klassenstruktur nehmen wir an, daß diese Struktur sich mit der Weiterentwicklung der Technologie radikal verändern könnte. Diese Berufsstruktur der westlichen Gesellschaften hat während weniger Generationen bemerkenswerte Veränderungen erlebt. Beispielsweise hat der Anteil der Bauern in der Bevölkerung stark abgenommen, auch der Anteil der Arbeiter ist zurückgegangen, der der Angestellten dagegen gewachsen usw.

Um die Veränderungen der Bevölkerungsstruktur zu erfassen, könnten wir uns die Gesamtmobilität einer Gesellschaft als die Summe zweier Komponenten denken: der *strukturellen Mobilität,* die sich auf strukturelle Änderungen des Arbeitsmarktes bezieht; und der *reinen Mobilität* als dem Rest, also den nicht auf strukturelle Mobilität zurückführbaren Veränderungen. Der Einfachheit halber nehmen wir abermals zwei Klassen C_1 und C_2 an, und definieren die Gesamtmobilität durch

$$M_T = n_{12} = n_1. - n_{11},\tag{10.16}$$

d.h. die Gesamtzahl von Paaren mit Vätern in C_1 und Söhnen in C_2. Ferner definieren wir

$$M_S = n_1. - \min(n_1., n._1).\tag{10.17}$$

D.h. $M_S = 0$, wenn $n._1 > n_1.$ ist. Wenn also die Anzahl von Paaren mit Söhnen in C_1 die Anzahl von Paaren mit Vätern in C_1 übersteigt, dann wurden den Söhnen keine „neuen Gelegenheiten" gegeben, nach C_2 aufzusteigen. Im entgegengesetzten Falle ist

$$M_S = n_1. - n._1.\tag{10.18}$$

Diese Differenz widerspiegelt die „Gelegenheiten" die die Söhne haben, um nach C_2 zu gelangen. Nach dieser Begriffsbestimmung ist reine Mobilität ausgedrückt durch

$$M = M_T - M_S = n_1. - n_{11} - n_1. + \min(n_1., n._1) = \min(n_1., n._1) - n_{11}.\tag{10.19}$$

Um einen von Randverteilungen unabhängigen Index zu konstruieren, hat *Yasuda* [1964] M auf die theoretische reine Mobilität bezogen, die aufgrund der gleichen Randverteilungen unter der Bedingung der vollständigen Mobilität entstanden wäre, nämlich $\min(n_1., n._1) - n_1. n._1/N$. Damit sieht Yasudas Index folgendermaßen aus:

$$M_Y = \frac{\min(n_1., n._1) - n_{11}}{\min(n_1., n._1) - (n_1. n._1/N)}.\tag{10.20}$$

Der Immobilitätsindex ist zu M_Y komplementär:

$$I_Y = 1 - M_Y = \frac{n_{11} - (n_1. n._1/N)}{\min(n_1., n._1) - (n_1. n._1/N)}.\tag{10.21}$$

Indem wir uns wieder unseren hypothetischen Gesellschaften S_1 und S_2 zuwenden, sehen wir, daß $I_Y = 1$ für S_1 und $I_Y = 0,60$ für S_2 gelten. Aufgrund dieses Indexes erscheint S_2 — in Übereinstimmung mit unserem intuitiven Urteil — als die mobilere Gesellschaft.

Für eine Gesellschaft mit s Klassen kann Yasudas Immobilitätsindex für die Klasse C_i zum folgenden Ausdruck verallgemeinert werden:

$$I_y(s) = \frac{\sum\limits_{i=1}^{s} n_{ii} - \sum\limits_{i=1}^{s} (n_i. \, n_{.i}/N)}{\sum\limits_{i=1}^{s} \min(n_i. \, n_{.i}) - \sum\limits_{i=1}^{s} (n_i. \, n_{.i}/N)} \tag{10.22}$$

Nach unseren oben gemachten Überlegungen sollte klar sein, daß die Anwendbarkeit unseres Indexes sozialer Mobilität davon abhängt, was wir messen wollen. Der Index von Glass stellt ein Maß der „Gesamtmobilität" dar; Yasudas Index mißt die „reine Mobilität" (wenn die aufgrund von Veränderungen der Sozialstrukturen, etwa der Beschäftigungsstruktur entstandene Mobilität ausgesondert worden ist). Deswegen überrascht es uns nicht, daß die Anwendung dieser beiden Methoden bei der Messung sozialer Mobilität oft völlig verschiedene Resultate zeitigt. Beispielsweise hat *Yasuda* [1964] gezeigt, daß sein Index ein Bild der Mobilität verschiedener Schichten der japanischen Gesellschaft liefert, das sehr verschieden ist von jenem Bild, das durch die Anwendung des Glass'schen Indexes entsteht. Man könnte diese Differenzen aber auch schon erwartet haben, wenn man die bedeutenden Veränderungen in der Beschäftigungsstruktur Japans seit 1950 berücksichtigt. Ein anderes Beispiel unterschiedlicher Ansichten zur Mobilität wird durch die Resultate deutlich, die von *Lipset/Bendix* [1960] einerseits und durch den Index von Yasuda andererseits für einige westliche Gesellschaften gewonnen wurden. Im ersten Falle erschien der Mobilitätsindex für die meisten Gesellschaften bemerkenswert konstant zu sein, während der von Yasuda große Unterschiede aufzeigte.

Das Problem des auferlegten Zwanges

Soziale Mobilität wird häufig in einen Zusammenhang mit Demokratie gebracht. Dieser Gedanke war besonders in den Vereinigten Staaten verbreitet, als dieses Land noch ein Paradies für Immigranten vorwiegend aus den „unteren" sozialen Schichten Europas war. Viele dieser Immigranten haben ihren sozialen Status verbessern können oder zumindest den ihrer Kinder. Dies wurde auch deshalb möglich, weil Herkunft in dieser Gesellschaft noch nicht der entscheidende Faktor bei der Bestimmung des sozialen Status einer Person war.

Aber nicht alle Aspekte sozialer Mobilität können durch die Gelegenheiten bestimmt werden, die unternehmensfähigen Personen geboten werden. Im Ottomanenreich wurden die Janitscharen beispielsweise vorwiegend aus christlichen Familien rekrutiert. Da der soziale Status der Christen geringer war als derjenige der Janitscharen, so hätte die Rekrutierung einen Schritt nach „oben" bedeuten müssen. Trotzdem unterschied sich dieser Vorgang von jenem, durch den einige Immigrantensöhne in Amerika in die Klasse der Unternehmer oder der Selbständigen aufstiegen. Die Rekrutierung der Janitscharen war ein Akt der Regierungsgewalt, sie wurde durch Quoten bestimmt und nicht durch den freien Wettbewerb auf dem Markt der „unbegrenzten Möglichkeiten".

Im gewissen Sinne wird die Zuordnung des sozialen Status in den „demokratischen" Gesellschaften ebenfalls durch Quotenbeschränkungen beherrscht. Dies geschieht beispielsweise durch die Zugänglichkeit zu Ausbildungsstätten, wenn Kosten der Ausbildung als eine Komponente der Nicht-Verfügbarkeit gilt. Auch wenn die Autoritäten nicht darüber entscheiden *wer* die Gelegenheit erhält, werden die bestehenden institutionellen Strukturen doch darüber bestimmen, *wie vielen* sie geboten werden.

Boudon [1973] konstruiert sein Maß der sozialen Mobilität unter Berücksichtigung solcher Einschränkungen. Sein Modell beruht auf den folgenden Annahmen. (Wie früher wird auch hier von einer Zwei-Klassen-Gesellschaft ausgegangen, wobei C_1 die untere und C_2 die oberen Klassen sind.)

1. Eine Behörde teilt die verfügbaren sozialen Positionen auf.
2. Etwas „freie" soziale Mobilität ist erlaubt.
3. Die Ränder der Umwandlungsmatrix, d.h. die Größen der Klassen in der Generation der Väter und der Söhne werden nicht von der Behörde kontrolliert.

Um zu sehen, wie die Behörde die Umwandlungsmatrix bestimmt, stellen wir uns zwei Gesellschaften vor, deren soziale Zusammensetzung in der Generation der Väter und der Söhne in den Matrizen 10.4 und 10.5 gezeigt werden.

$$N_1: \quad \begin{matrix} & C_1 & C_2 & \\ C_1 & \begin{pmatrix} 280 & 120 \\ 20 & 80 \end{pmatrix} & & \begin{matrix} 400 \\ 100 \end{matrix} \\ C_2 & & & \\ & 300 & 200 & 500 \end{matrix} \qquad N_2: \quad \begin{matrix} & C_1 & C_2 & \\ C_1 & \begin{pmatrix} 280 & 20 \\ 120 & 80 \end{pmatrix} & & \begin{matrix} 300 \\ 200 \end{matrix} \\ C_2 & & & \\ & 400 & 100 & 500 \end{matrix}$$

Matrix 10.4 [nach *Boudon*]   Matrix 10.5 [nach *Boudon*]

In jedem Falle hat die Behörde 80 Söhne von Vätern aus C_2 in C_2 untergebracht, d.h. sie hat $n_{22} = 80$ festgesetzt. Dadurch sind die anderen Eingänge von N_1 und N_2 bestimmt, da die Ränder ja bekannt sind. Aber die durch N_1 und N_2 dargestellten Situationen sind trotzdem unterschiedlich. In N_1 gibt es 100 Väter in C_2, deren 100 Söhne (ein Vater hat ja je einen Sohn) 200 Positionen in C_2 zur Verfügung stehen. Die Behörde bringt nun 80 von den 100 Söhnen in Positionen von C_2. In N_2 stehen den 200 Söhnen von Vätern in C_2 lediglich 100 Positionen in C_2 zur Verfügung. Und die Behörde teilt 80 dieser *Positionen* Söhnen der Väter in C_2 zu. In jedem Falle wird die *Handlungsweise* der Behörde durch den folgenden Bruch bestimmt:

$$x = \frac{n_{22}}{\min(n_{2.}, n_{.2})}. \tag{10.23}$$

Gewiß könnte die Behörde eine Handlungsregel zur Bestimmung von n_{11} aufstellen, d.h. zur „Festsetzung" bestimmter Quoten von Söhnen der Väter der unteren Klasse auf Positionen der unteren Klasse. Wir nehmen jedoch an, daß sich ihre Handlungsregel nur auf die Reservierung von Positionen der höheren Klasse für Söhne der höheren Klasse und der entsprechenden Rekrutierungsregeln bezieht, d.h. auf die Festsetzung von n_{22}.

Offenbar ist 1 der maximale Wert von x. Sein Minimum hängt jedoch von den Rändern der Matrix ab. Betrachten wir die folgende Matrix:

$$\begin{matrix} & C_1 & C_2 & \\ C_1 & \begin{pmatrix} -40 & 240 \\ 240 & 60 \end{pmatrix} & & \begin{matrix} 200 \\ 300 \end{matrix} \\ C_2 & & & \\ & 200 & 300 & 500 \end{matrix}$$

Matrix 10.6 [nach *Boudon*]

Hier hat sich die Behörde für die Handlungsregel $x = 0.20$ entschieden, d.h. n_{22} wurde auf 60 festgesetzt. Aber diese Handlungsregel kann nicht durchgesetzt werden, denn dann müßte n_{11} negativ sein (die verbleibenden Eingänge werden durch die Ränder bestimmt), was unmöglich ist.

Wir sehen leicht, daß die untere Grenze von x im Falle von zwei Klassen gegeben ist durch

$$x_{\min} = \frac{\max\left[(n_{.2} - n_{1.}), 0\right]}{\min(n_{2.}, n_{.2})}. \tag{10.24}$$

Boudons Immobilitätsindex wird definiert durch:

$$I_B = \frac{n_{22}/\min(n_{2.}, n_{.2}) - x_{\min}}{1 - x_{\min}}. \tag{10.25}$$

Es kann leicht gezeigt werden, daß (10.25) sich reduziert auf [vgl. *Boudon*]:

$$I_B = \frac{n_{22}}{\min(n_{2.}, n_{.2})} \quad \text{wenn } n_{.2} \leqslant n_{1.}$$

$$= \frac{n_{22} - (n_{.2} - n_{1.})}{\min(n_{2.}, n_{.2}) - (n_{.2} - n_{1.})} \quad \text{andernfalls.} \tag{10.26}$$

Oder, kürzer ausgedrückt, gilt:

$$I_B = \frac{n_{ii}}{\min(n_{i.}, n_{.i})}, \tag{10.27}$$

wobei $i = 1$ falls $n_{1.} \leqslant n_{.2}$, und $i = 2$ andernfalls.

Wenn mehrere Klassen existieren, dann besitzt die Behörde mehrere Freiheitsgrade. Tatsächlich können bei s Klassen $(s - 1)^2$ Elemente der Umwandlungsmatrix festgesetzt werden (unter der Bedingung, daß bei gegebenen Rändern kein Eingang eines Elements negativ ist). Die Behörde kann ihre Freiheitsgrade ausnutzen oder auch nicht. Beispielsweise könnte die Behörde bei $s = 3$ ihre vier Freiheitsgrade nicht anwenden, sondern stattdessen eine einzige Handlungsregel einführen, durch die die Festsetzung von vier Eingängen nach folgenden Regeln bestimmt wäre:

$$n_{33} = x \min(n_{3.}, n_{.3}) \tag{10.28}$$

$$n_{23} = x \min(n_{2.}, (n_{.3} - n_{33})) \tag{10.29}$$

$$n_{32} = x \min(n_{.2}, (n_{3.} - n_{33})) \tag{10.30}$$

$$n_{22} = x \min((n_{2.} - n_{23}), (n_{.2} - n_{32})). \tag{10.31}$$

D.h. die Behörde beginnt damit, daß sie einen festgesetzten Anteil x der Söhne von Vätern aus C_3 auf Positionen in C_3 setzt (oder, sie reserviert einen Anteil x der Positionen in C_3 für Söhne der Väter in C_3), dann fährt sie mit der Festsetzung von n_{23} nach einer ähnlichen Regel fort, indem sie dabei die Beschränkung durch die festgelegten n_{33} berücksichtigt usw.

Wenn sie zwei Freiheitsgrade benutzt, könnte die Behörde einen Anteil x_1 bestimmen, um n_{33} und n_{23} festzusetzen. Dann könnte sie einen Anteil x_2 bestimmen, um n_{32} und n_{22} festzusetzen. Auf ähnliche Weise könnte die Behörde auch drei oder alle vier Freiheitsgrade anwenden, d.h. drei oder vier Werte von x.

Nun kann die Matrix N bei einer gegebenen Menge von x_i, die die Einschränkungen ihrer Größen durch die Ränder berücksichtigen, bestimmt werden. Aber der Soziologe wird sich eher für das inverse Problem interessieren: wie kann aus einer gegebenen Umwandlungsmatrix N (die durch die Daten dargestellt wird) die Menge derjenigen x_i abgeleitet werden, die sie produziert haben. Angenommen, die folgende Umwandlungsmatrix sei gegeben:

$$
\begin{array}{c}
\begin{array}{ccc} C_1 & C_2 & C_3 \end{array} \\
\begin{array}{c} C_1 \\ C_2 \\ C_3 \end{array}
\left(\begin{array}{ccc}
172 & 88 & 40 \\
8 & 32 & 160 \\
20 & 80 & 400
\end{array}\right)
\begin{array}{c} 300 \\ 200 \\ 500 \end{array} \\
\begin{array}{ccc} 200 & 200 & 600 \end{array} \quad 1000
\end{array}
$$

Matrix 10.7 [nach *Boudon*]

Dann reproduziert die auf n_{33}, n_{23}, n_{32} und n_{22} (wie bei den Gleichungen (10.31) – (10.34)) angewendete Handlungsregel $x = 0{,}80$ diese Matrix. Andererseits kann die folgende Matrix

$$
\begin{array}{c}
\begin{array}{ccc} C_1 & C_2 & C_3 \end{array} \\
\begin{array}{c} C_1 \\ C_2 \\ C_3 \end{array}
\left(\begin{array}{ccc}
144 & 116 & 40 \\
16 & 24 & 160 \\
40 & 60 & 400
\end{array}\right)
\begin{array}{c} 300 \\ 200 \\ 500 \end{array} \\
\begin{array}{ccc} 200 & 200 & 600 \end{array} \quad 1000
\end{array}
$$

Matrix 10.8 [nach *Boudon*]

nicht durch eine Handlungsregel mit nur einem Freiheitsgrad hergestellt werden. Sie kann aber durch die Anwendung zweier Freiheitsgrade gewonnen werden, nämlich mit $x_1 = 0{,}80$ angewendet auf n_{33} und n_{23}, und $x_2 = 0{,}60$ angewendet auf n_{32} und n_{22}.

Im Prinzip gibt das Boudonsche Modell die Mittel in die Hand, aus einer ermittelten Umwandlungsmatrix die Einschränkungen der sozialen Mobilität abzuleiten. Die „Behörde" muß gewiß nicht explizit genannt sein – sie kann sich als Tradition äußern, als Vorurteil, das die Zuordnung der Berufsgruppen zum sozialen Status festschreibt usw. Zuweilen sind explizite Zwangsmaßnahmen erkennbar, etwa wenn es darum geht, Mitgliedern von Minoritäten den Zugang zu bestimmten sozialen Klassen, Berufen oder zur Ausbildung zu beschränken oder im Gegenteil zu ermöglichen.

Probleme der Heterogenität

Wir haben im Kapitel 8 gesehen, daß die Anzahl der Personen, die 1, 2, . . . usw. Unfälle innerhalb eines gegebenen Zeitintervalls erleiden, nicht Poisson-verteilt sein wird – auch wenn sie für jede Person durch einen einfachen Poisson-Prozeß bestimmt ist –, falls die Intensität des Prozesses von einer zur anderen Person variiert. Diese Diskrepanzen sind Ergebnis der Heterogenität der Population. Wir haben ebenfalls gesehen, daß die Diskrepanz zwischen der beobachteten und der Poisson-Verteilung alternativ durch einen „Infektionseffekt" erklärt werden kann.

Ähnliche Effekte ergeben sich aus den Markov-Ketten-Modellen der sozialen Mobilität. Angenommen, die Gesellschaft bestehe aus s Klassen, und jede Klasse bestehe aus zwei Teilklassen von Familien – die „Unbeweglichen" und die „Beweglichen". Die Kinder aus unbeweglichen Familien verlassen ihre Klasse nicht. Die Kinder aus beweglichen Familien bewegen sich entsprechend der „vollständigen Mobilität".

m_{ij} sei die Anzahl der Beweglichen, die von C_i nach C_j überwechselten, $m_i(0)$ die Anzahl derjenigen beweglichen Söhne, deren Väter C_i angehören, und $m_j(0)$ die Anzahl der Beweglichen unter den Söhnen, die gegenwärtig in C_j sind. Dann erhalten wir den folgenden Ausdruck:

$$n_{ii} = m_{ii} + [n_i(0) - m_i(0)]. \tag{10.32}$$

Die linke Seite stellt die beobachtete Anzahl von Vater-Sohn-Paaren dar, in denen Väter und Söhne derselben Klasse C_i angehören. Das erste Glied auf der rechten Seite ist die Anzahl von Beweglichen, die *zufällig* in C_i *geblieben* sind; das zweite Glied ist die Anzahl der Unbeweglichen in C_i, die sich als Differenz zwischen der Gesamtzahl der Söhne und der Anzahl der beweglichen Söhne darstellt.

Unter Berücksichtigung der Bedingung vollständiger Mobilität erhalten wir

$$m_{ij} = \frac{m_i(0)\, m_j(1)}{M}. \tag{10.33}$$

wobei der Zähler auf der rechten Seite das Produkt der Ränder der Umwandlungsmatrix der Beweglichen ist, und M die Gesamtzahl der Beweglichen.

Aus (10.32) und (10.33) erhalten wir ein System quadratischer Gleichungen:

$$n_{ii} = \frac{m_i(0)[m_i(0) - n_i(0) + n_i(1)]}{M} + n_i(0) - m_i(0), \quad (i = 1, 2, \ldots, s) \tag{10.34}$$

wobei $M = \sum\limits_{i=1}^{s} m_i(0)$ ist. Uns interessiert die Zusammensetzung einer jeden Klasse, d.h. die Anzahl der Beweglichen $m_i(0)$ in jeder Klasse. Wir bestimmen diese Quantitäten durch die Lösung der Gleichung (10.34) nach $m_i(0)$ ($i = 1, 2, \ldots, s$). Damit jede Gleichung in (10.34) reelle Wurzeln besitze, muß die folgende Ungleichung erfüllt sein:

$$[M + n_i(0) - n_i(1)]^2 - 4\, (n_i(0) - n_{ii}) \quad M > 0 \quad (i = 1, 2, \ldots, s). \tag{10.35}$$

Falls (10.35) nicht erfüllt ist, gilt das Modell offensichtlich nicht. Falls die Lösung von (10.34) annehmbare Werte von $m_i(0)$ ergibt, so bleibt noch die Frage, ob die resultierende Umwandlungsmatrix den Daten entspricht, d.h. den nicht-diagonalen Eingängen der Umwandlungsmatrix. Wenn dies der Fall ist, und das Modell soweit bestätigt ist, dann kann für jede Klasse ein Immobilitätsmaß von der Form

$$I_W(i) = 1 - m_i(0)/n_i(0), \tag{10.36}$$

aufgestellt werden. Es wurde von *White* [1970] vorgeschlagen. White nennt diesen Index „Erbanteil". Damit wird auf den akzeptierten vererbten Stand der unbeweglichen Familien verwiesen. White hat sein Modell von „Beweglichen-Unbeweglichen" anhand der Daten von *Blau/Duncan* [1967] recht gut belegen können. Aber er war nicht in der Lage, dieses Modell auch mit den britischen und dänischen Daten, die drei Klassen enthielten [*White*, 1970a], zu vereinbaren.

Wie wir in Kapitel 8 gesehen haben, steht das Problem der Heterogenität im engen Zusammenhang mit dem der „Infektion" in der Unfallstatistik. Im Kontext sozialer Mobilität ist es aber mit den individuellen Biographien verknüpft.

Anstelle der sozialen Mobilität zwischen Generationen betrachten wir nun die Beschäftigungsmobilität innerhalb der Generationen. Hier können wir anstatt der Generationen als Übergangsschritte dreimonatige Perioden nehmen und somit mehrere Verteilungsvektoren beobachten.

Die einstufige Übergangsmatrix R kann direkt aus den Daten ermittelt werden. Dann wird r_{ij} den Anteil von Personen darstellen, die im 1-ten Quartal die Tätigkeit j ausgeübt haben, wenn sie im 0-ten Quartal im Beruf i beschäftigt waren. Falls die Berufsmobilität durch eine stationäre Markov-Kette dargestellt werden kann, dann können wir durch die Beobachtung des Vektors $r(0)$ den Vektor $r(t)$ vorhersagen, und zwar anhand der Gleichung:

$$r(t) = r(0)R^t, \tag{10.37}$$

wobei R^t die t-te Potenz von R ist. Anderseits kann die Übergangsmatrix vom Quartal 0 zum Quartal t direkt den Daten entnommen werden. Nennen wir diese Übergangsmatrix $R^{(t)}$. Die Eingänge $r_{ij}^{(t')}$ von $R^{(t)}$ sind die Anteile von Individuen, die während des 0-ten Quartals die Tätigkeit i, wenn sie während des t-ten die Tätigkeit j ausgeübt haben. Durch den Vergleich von $R^{(t)}$ und R^t kann das auf stationären Markov-Ketten beruhende Modell getestet werden. Im Allgemeinen zeigt sich, daß die diagonalen Elemente von $R^{(t)}$ größer sind als jene von R^t. Diese Diskrepanz kann durch die Heterogenität der Population erklärt werden. Angenommen, in jedem Beruf seien einige Personen „unbeweglich" und andere „beweglich". Dann machen sich die „Unbeweglichen" in den diagonalen Eingängen der *wirklichen* zweistufigen Übergangsmatrix positiv bemerkbar, indem sie diese größer als die Diagonaleingänge von R^2 machen. Dieser Vorgang modifiziert die aufeinanderfolgenden vielstufigen Übergangsmatrizen $R^{(t)}$ weiter in der gleichen Richtung. Aber es gibt auch eine andere Möglichkeit diese Diskrepanz zur stationären Markov-Kette zu erklären.

Angenommen, eine Person wird ihren Arbeitsplatz umso weniger wahrscheinlich wechseln, je länger sie ihn einnimmt — etwa wegen der Alterszulagen oder der Eingewöhnung in der Wohngegend oder dergleichen. Damit hängt ihr Wechsel vom Arbeitsplatz i zum Arbeitsplatz j nicht nur vom gegenwärtigen Arbeitsplatz ab (diese Annahme liegt dem stationären Markov-Ketten-Modell zugrunde), sondern auch von ihrer gesamten Biographie und insbesondere von der Beschäftigungsdauer im gegenwärtigen Arbeitsplatz. Die Berücksichtigung individueller Biographien erschwert die Berechnung der aufeinanderfolgenden Übergangswahrscheinlichkeiten beträchtlich, da die Anzahl der möglichen „Zustände" mit jedem Schritt wächst — wenn wir unter „Zustand" nunmehr die mögliche individuelle Biographie verstehen. Wir können jedoch mit Sicherheit annehmen, daß die Von-Arbeitsplatz-zu-Arbeitsplatz-Übergangsmatrizen zweier oder mehrerer Schritte größere diagonale Elemente enthalten werden, als die aufeinanderfolgenden Potenzen der einstufigen Übergangsmatrizen, wenn die Wahrscheinlichkeit des Verbleibens an einem Arbeitsplatz mit der Verweildauer selbst zunimmt. Dieser Effekt ist derselbe, wie bei einer heterogenen Population[5]).

Eigentlich ist der Effekt der „individuellen Biographie" ebenfalls eine Form von Heterogenität. Der Unterschied zwischen den Modellen der individuellen Biographie und der Heterogenität besteht in der Annahme, daß im letzteren die Population *in sich* heterogen ist, und im ersten Falle die Population erst durch die individuellen Biographien heterogen *wird* — wobei sich diese bei jedem Schritt „verzweigen" je nachdem, ob die Person sich bewegt hat oder ob sie geblieben ist. Eine ähnliche Situation werden wir in den stochastischen Lernmodellen kennenlernen.

Grundlegende Annahmen der Theorien sozialer Mobilität

Im Interesse der Formulierung eines behandelbaren Problems muß sich der mathematische Modellbauer auf eine geringe Anzahl der auf die fragliche Dynamik des Systems bezogenen Parameter beschränken. Der seine Theorien verbal darstellende Soziologe ist solchen Einschränkungen nicht unterworfen. Er kann seine Theorie mit so vielen Faktoren beladen, wie er sich vorstellen kann, um etwa der Kritik vorzubeugen, er habe dieses oder jenes nicht berücksichtigt. Unglücklicherweise ist eine Theorie umso schwieriger zu testen, je „vollständiger" sie ist. Boudon führt eine Anzahl von Annahmen über soziale Mobilität auf, die er in der theoretischen Soziologie, beispielsweise von *Sorokin* [1927] vorgefunden hat:

1. Die Individuen jeder Kohorte befinden sich im Wettbewerb.
2. In jeder Zeiteinheit passieren sie eine Orientierungsstelle, die ihnen u.U. einen neuen Status zuweist.
3. Die Position, die sie am Ende einer Zeiteinheit erreichen, hängt von ihrer Position zu anfang dieser Zeiteinheit ab, da die Orientierungsstellen nicht egalitär sind.
4. Eine Kohorte vom Alter i zur Zeit t und eine Kohorte vom Alter i etwa zur Zeit $(t + 1)$ könnten u.U. veränderte strukturelle Bedingungen vorfinden, da die Verteilung der vorhandenen Positionen sich am Ende der Zeiteinheit verändert haben kann.
5. Eine Kohorte vom Alter i zur Zeit t könnte nicht die gleichen Bedingungen antreffen, wie eine Kohorte vom Alter i zur Zeit $(t + 1)$, da die Verteilung dieser Kohorten nach ihrem Status zu Beginn der Zeitperiode verschieden ist.

Wie wir gesehen haben, sind die Annahmen 1., 2. und 3. im Boudon'schen Modell formalisiert, in dem die Behörde die Rolle der „Orientierungsstelle" spielt. In anderen Modellen wird diese Orientierungsstelle mit Erziehungsinstitutionen identifiziert, deren Zugang zumindest teilweise vom

Status der Bewerber bestimmt ist. Eine Übergangsmatrix, die keine Matrix der vollständigen Mobilität ist, stellt ebenfalls eine Formalisierung der Annahme 3. dar. Die Annahme 4. bezieht sich auf strukturelle Mobilität (Verfügbarkeit der Möglichkeiten in aufeinanderfolgenden Generationen, oder – allgemeiner – in verschiedenen Kohorten). Die Annahme 5. kann sich auf differentielle Geburtenraten in verschiedenen Klassen beziehen. Dieser Faktor wurde hier nicht diskutiert, aber er ist in komplexeren Modellen enthalten. Der Leser sei auf *Boudon* [1973, Kapitel 4] verwiesen.

Man muß stets dessen eingedenk sein, daß der Ausgleich zwischen „Realitätsnähe" und theoretischer Darstellbarkeit in den mathematischen Modellen immer eine Ursache ihrer Begrenztheit sein wird. Die einfachsten Modelle besitzen keine prädiktive Kraft. Ihr Zweck ist es, als Brückenkopf der künftigen Entwicklung einer ernsthaften Theorie zu dienen.

Anmerkungen

[1]) Nach dem Multiplikationsgesetz für Wahrscheinlichkeiten ist das angegebene Produkt die Wahrscheinlichkeit dafür, daß das System den angegebenen Weg einschlagen wird.

[2]) Vgl. z.B. *Parzen* [1962, Kapitel 6].

[3]) Die gleichlautende Bezeichnung der Matrix N und der Anzahl von Paaren N wird nicht weiter verwirrend sein, da ihre Bedeutung jeweils aus dem Kontext hervorgeht.

[4]) Um dies zu erkennen, betrachte die Anteilsübergangsmatrix der vollständigen Mobilität:

$$p^{**} = \begin{pmatrix} p_1 . p_{.1} & p_1 . p_{.2} \\ p_2 . p_{.1} & p_2 . p_{.2} \end{pmatrix} = \begin{pmatrix} p_1(0)p_1(1) & p_1(0)p_2(1) \\ p_2(0)p_1(1) & p_2(0)p_2(1) \end{pmatrix}$$

Dann ist $\begin{pmatrix} p_1(0)^{-1} & 0 \\ 0 & p_2(0)^{-1} \end{pmatrix} p^{**} = \begin{pmatrix} p_1(1) & p_2(1) \\ p_1(1) & p_2(1) \end{pmatrix}$.

[5]) Die gleichen Überlegungen gelten für jede Kohorte. Wenn wir beispielsweise eine Kohorte verheirateter Paare über einige Jahre hinweg folgen, wird sie sich durch Todesfälle und Scheidungen allmählich auflösen. Der Einfachheit halber betrachten wir nur die Auswirkungen von Scheidungen. Falls Scheidungen vollkommen zufällige Ereignisse eines Poisson-Prozesses sind, dann wird die Kohorte verheirateter Paare exponentiell abnehmen. Falls die Paare unterschiedliche Neigungen zur Scheidung aufweisen, dann wird die Anzahl der „überlebenden" Paare größer sein, als die durch das negative Exponential vorhergesagte. Dies ist ein Effekt der Heterogenität. Falls die Wahrscheinlichkeit für das Zusammenbleiben mit den Jahren des Verheiratetseins zunimmt, dann wird die Anzahl der „überlebenden" Paare ebenfalls größer sein als erwartet. Dies ist der sogenannte „Sucht-Effekt" (addiction effect), der formal der wachsenden Abneigung gegen Arbeitsplatzwechsel mit der wachsenden Anzahl der Arbeitsjahre an einer Arbeitsstelle gleicht.

11. Matrixmethoden in der Demographie

Die stationäre Markov-Kette bildet eine Art stochastischer Prozesse (vgl. S.   ), bei denen die Zufallsvariablen der Familie $X(n)$ alle diskret sind. Der Index n für die Werte 0, 1, 2, . . . ist ebenfalls diskret. D.h. sowohl der Zustandsraum als auch der Indexraum der Familie sind diskret.

Bei vielen Anwendungen des Markov-Ketten-Modells sind die „Werte" der Zufallsvariablen der Familie $X(n)$ keine Zahlen, sondern qualitativ unterscheidbare „Zustände". Dies war beim Markov-Ketten-Modell der sozialen Mobilität (Kapitel 10) der Fall. Die Zufallsvariable war als eine Kategorie (Klasse, Schicht, Beruf usw.) gegeben, der ein zufällig aus der Population gewähltes Individuum angehören konnte. Die stochastischen Eigenschaften des Modells äußerten sich durch die Transformationen dieser Wahrscheinlichkeiten in der Übergangsmatrix R. Damit wurde bei einer gegebenen anfänglichen Wahrscheinlichkeitsverteilung der Kategorien $C_1, C_2, . . . , C_s$ zur Zeit $t = 0$ die Wahrscheinlichkeitsverteilung für eine beliebige Zeit n in der Zukunft im Modell vorhergesagt.

Bei der Anwendung des Modells auf Daten, müssen Wahrscheinlichkeiten in Häufigkeiten übersetzt werden, da Wahrscheinlichkeiten nicht direkt beobachtet werden können: sie werden aufgrund beobachteter Häufigkeiten geschätzt. Die Substitution von Häufigkeiten für Wahrscheinlichkeiten wurde durch die Umwandlungsmatrix $N = (n_{ij})$ ermöglicht, wobei die n_{ij} empirische Daten über Vater-Sohn-Paare waren. Damit gingen aber die stochastischen Eigenschaften des Modells verloren (die Elemente von N waren keine Wahrscheinlichkeiten mehr). Trotzdem war diese Methode durch den Gebrauch der Matrizenalgebra und einige Resultate der Theorie der Markov-Ketten (z.B. durch den Begriff des asymptotisch angenäherten Äquilibriums) mit dem Konzept stochastischer Prozesse verbunden, und daher haben wir das auf Matrixoperationen beruhende Modell als „stochastisches Modell" klassifiziert. Es kam ja nicht so sehr auf die Hypothesen über probabilistische Ereignisse an, als auf jene charakteristischen Eigenschaften des Modells, die von der Matrixalgebra einen analogen Gebrauch machen, wie die Markov-Ketten-Modelle.

Im folgenden werden die Matrizen nicht notwendig Übergangsmatrizen von Wahrscheinlichkeiten sein. Wir werden uns auf sie immer noch als auf „Übergangsmatrizen" beziehen, wenn sie zur Transformation von Häufigkeiten der Verteilungsvektoren gebraucht werden. Aber es werden sich neue Eigenschaften ergeben, wenn die Annahme einer konstanten Population fallen gelassen wird. Wir werden uns immer noch für die Äquilibriumverteilung der Population unter den genannten Kategorien interessieren. Diese asymptotische Verteilung wird sich jedoch nicht auf konstante Zahlen von Einheiten in jeder Kategorie, sondern eher auf Proportionen in den verschiedenen Kategorien beziehen – selbst wenn die Population wächst. Dieses Problem hatten wir bei der Ableitung einer Gleichgewichtsaltersverteilung in einer exponentiell wachsenden (Malthusianischen) Population behandelt. Die Theorie der Markov-Ketten wird in die Ableitung der Äquilibriumverteilungen und der sog. „Migrationsdistanzen" eingehen. Wir folgen der Darstellung von *Rogers* [1968].

Der Wachstumsoperator

In den mathematischen Modellen der Bevölkerungsdynamik von Kapitel 6 wurde die Migration nicht berücksichtigt. Da jedoch die Bevölkerungsverteilung auf geographische Regionen demographisch von zentraler Bedeutung ist, sollte dieser Aspekt der Populationsdynamik ebenfalls analysiert werden. Wie zu vermuten, sind Migrationsmodelle eng mit Modellen sozialer Mobilität verwandt; sie behandeln nämlich geographische Mobilität.

Die Größe der Population zur Zeit t sei durch $w(t)$ bezeichnet. Dann muß die Population zur Zeit $(t + 1)$ den Wert

$$w(t + 1) = w(t) + b(t) - d(t) + n(t) \tag{11.1}$$

annehmen, wobei $b(t)$ die Geburtenzahl zwischen t und $t + 1$ darstellt, $d(t)$ die entsprechende Anzahl der Todesfälle[1]) und $n(t)$ die Anzahl der Migranten in die von unserer Population eingenommene Region (dabei mag $n(t)$ entweder positiv oder negativ sein). Wenn wir nun die allgemeine Geburtenrate, die Todesrate (Sterberate) und die Migrationsrate respektive durch β, σ und η bezeichnen, und $(1 + \beta - \sigma + \eta)$ durch g, dann können wir (11.1) als

$$w(t + 1) = gw(t) \tag{10.2}$$

schreiben, wobei g ein „Wachstumsmultiplikator" ist. Falls es m Regionen gibt, dann können wir das entsprechende Gleichungssystem durch die folgende Matrizengleichung darstellen:

$$w(t + 1) = (I + B - D + N)\,w(t) = Gw(t). \tag{11.3} -$$

Dabei sind w ein n-Vektor, I die Identitätsmatrix, B, D und N sind Diagonalmatrizen, deren Elemente grob Geburten-, Sterbe- und Migrationsraten der m Regionen darstellen, und $G = (I + B - D + N)$ ist eine *Wachstumsoperator* genannte Matrix.

Betrachten wir den Fall, bei dem es auch innerhalb der Regionen Wanderungen gibt. Dazu führen wir die Übergangsmatrix $R = (r_{ij})$ ein. Ihre Elemente spezifizieren die Anteile der aus der Region i in die Region j während einer Zeiteinheit migrierenden Menschen. Die Transponierte R^T von R kann $(I + N)$ in der Gleichung (11.3) ersetzen und wir erhalten die äquivalente Gleichung

$$w(t + 1) = (B - D + R^T)\, w(t) = Gw(t). \tag{11.4}$$

Nun führen wir *Kohorten* ein, d.h. Gruppen von Menschen, die in gegebenen Zeitintervallen geboren sind. Auf die Einzelregion bezogen definieren wir den Vektor $w(t)$ so um, daß seine Komponenten nunmehr durch die Anzahl von Menschen der r-ten Altersgruppe gebildet werden. Ferner definieren wir eine Matrix n-ter Ordnung:

$$S = \begin{pmatrix} 0 & 0 & 0 \dots & b_1 & b_2 & \dots & b_u & \dots & 0 & \dots & 0 \\ {}_1d_2 & 0 & 0 & \dots & & & & & & & 0 \\ 0 & {}_2d_3 & 0 & \dots & & & & & & & 0 \\ 0 & 0 & {}_3d_4 & \dots & & & & & & & 0 \\ & & & \dots & & & & & & & 0 \\ & & & \dots & & & & & & & 0 \\ 0 & 0 & 0 & \dots & & & & & {}_{n-1}d_n & & 0 \end{pmatrix}$$

Matrix 11.1

Die Eingänge von $S(n \times n)$ werden wie folgt definiert: b_r ist der Anteil der im r-ten gebärfähigen Alter geborenen Personen, die eine Zeiteinheit überleben; $_rd_{r+1}$ ist der Anteil von Personen der r-ten Altersgruppe, die die Altersgruppe $(r + 1)$ erreichen, wobei $(r = 1, 2, \dots, u)$ die gebärfähigen Altersgruppen bezeichnen. Dann gilt:

$$w(t + 1) = Sw(t) + n(t), \tag{11.5}$$

wobei $n(t)$ nunmehr ein Vektor ist, dessen n Komponenten den n Altersgruppen entsprechen, und der den Beitrag der reinen Migration in die Region während des Intervalls $(t, t + 1)$ bezeichnet.

Schließlich definieren wir einen Migrationsoperator M, so daß

$$n(t) = Mw(t). \tag{11.6}$$

erfüllt ist.

Die Matrix $M(n \times n)$ hat die folgende Gestalt:

$$M = \begin{pmatrix} 0 & 0 & 0 \dots & & & 0 \\ m_1 & 0 & 0 \dots & & & 0 \\ 0 & m_2 & 0 \dots & & & 0 \\ & & \dots & & & 0 \\ & & \dots & & & 0 \\ 0 & 0 & 0 \dots & & m_{n-1} & 0 \end{pmatrix}$$

Matrix 11.2

Indem wir die Auswirkungen von Überleben und reiner Migration kombinieren, d.h. indem wir $G = S + M$ schreiben, transformieren wir (11.5) in

$$w(t + 1) = Gw(t). \tag{11.7}$$

Um die Wirkungen der Migration in ein Überlebensmodell von Kohorten einzubeziehen, muß man berücksichtigen, daß die Wirkung des „Alterns" zum Einfluß der Migration hinzukommt. D.h. Menschen ziehen nicht nur von einer Region in eine andere, sondern durchlaufen auch eine Folge von Altersgruppen. Für jede Altersgruppe konstruieren wir eine *interregionale Übergangsmatrix.*

$$
_r p_{r+1} = \begin{pmatrix}
_{r,1}p_{r+1,1} & _{r,1}p_{r+1,2} & \cdots\cdots\cdots & _{r,1}p_{r+1,m} \\
_{r,2}p_{r+1,1} & _{r,2}p_{r+1,2} & \cdots\cdots\cdots & _{r,2}p_{r+1,m} \\
_{r,3}p_{r+1,1} & \cdots\cdots\cdots\cdots\cdots\cdots\cdots & & \\
\cdots\cdots\cdots\cdots\cdots\cdots\cdots\cdots & & & \\
\cdots\cdots\cdots\cdots\cdots\cdots\cdots\cdots & & & \\
_{r,m}p_{r+1,1} & _{r,m}p_{r+1,2} & \cdots\cdots\cdots & _{r,m}p_{r+1,m}
\end{pmatrix}
$$

Matrix 11.3

Jeder Eingang dieser Matrix ($m \times m$) spezifiziert den Anteil jener Menschen der r-ten Altersgruppe in der Region i, die während eines spezifizierten Zeitintervalls in die ($r + 1$)-te Altersgruppe der Region j überwechseln. (So sind diese Menschen nicht nur umgesiedelt, sondern auch gealtert.)

Nachdem wir eine solche Übergangsmatrix für je eine Altersgruppe besitzen, können wir eine Übergangsmatrix M_{ij} konstruieren, die die Gleichung

$$k_{ij} = M_{ij} w_i(t) \tag{11.8}$$

befriedigt. Dabei ist k_{ij} ein n-Vektor:

$$k_{ij} = (0, {_2}k_{ij}, {_3}k_{ij}, \ldots, {_n}k_{ij}). \tag{11.9}$$

Die r-te Komponente von k_{ij} bezeichnet die Anzahl von Immigranten der r-ten Altersgruppe aus der Region i in die Region j. Die erste Komponente von k_{ij} ist 0, da die erste Altersgruppe von den Neugeborenen gebildet wird, die durch Geburt und nicht durch Migration „angekommen" sind. Angesichts der Definition der Eingänge in $_r p_{r+1}$ (vgl. Matrix 11.3) muß M_{ij} durch die folgende Matrix gegeben sein:

$$
M_{ij} = \begin{pmatrix}
0 & 0 & 0 & \cdots\cdots\cdots\cdots\cdots\cdots & 0 \\
_{1,i}p_{2,j} & 0 & 0 & \cdots\cdots\cdots\cdots\cdots\cdots & 0 \\
0 & _{2,i}p_{3,j} & 0 & \cdots\cdots\cdots\cdots\cdots\cdots & 0 \\
\cdots\cdots\cdots\cdots\cdots\cdots\cdots\cdots & & & & 0 \\
\cdots\cdots\cdots\cdots\cdots\cdots\cdots\cdots & & & & 0 \\
0 & 0 & 0 & \cdots\cdots\cdots\cdots\cdots _{n-1,i}p_{n,j} & 0
\end{pmatrix}
$$

Matrix 11.4

Die Zahlen-Indizes vor und hinter den Eingängen M_{ij} beziehen sich auf Altersgruppen, die Buchstaben-Indizes auf Regionen. Somit stellt jeder Eingang den Anteil von Personen dar, die aus der Region i in die Region j migrieren und die nächste Altersgruppe erreichen.

Indem wir die Immigranten aller Ursprungsregionen i summieren, erhalten wir die Gesamtimmigration der Altersgruppe r in die Region j:

$$_r k_{\cdot j} = \underset{i}{\Sigma}\, _r k_{ij} \quad (r = 1, 2, \ldots, n). \tag{11.10}$$

Wenn wir zusammengesetzte Matrizen einführen, d.h. Matrizen, deren Eingänge Teilmatrizen sind, erhalten wir die folgende Matrizengleichung:

$$
\begin{pmatrix} k_{.1} \\ k_{.2} \\ .. \\ .. \\ k_{.m} \end{pmatrix} = \begin{pmatrix} 0 & M_{21} & M_{31} & \cdots & M_{m1} \\ M_{12} & 0 & M_{32} & \cdots & M_{m2} \\ \cdot & \cdot & \cdot & \cdot & \cdot \\ \cdot & \cdot & \cdot & \cdot & \cdot \\ M_{1m} & M_{2m} & M_{3m} & \cdots & \end{pmatrix} \begin{pmatrix} w_1(t) \\ w_2(t) \\ \cdots \\ \cdots \\ w_m(t) \end{pmatrix} \tag{11.11}
$$

Wenn wir den Überlebensoperator S mit dem Operator der Gesamtmigration M kombinieren, erhalten wir die Matrix des Gesamtwachstums:

$$
G = \begin{pmatrix} S_1 & M_{21} & M_{31} & \cdots\cdots & M_{m1} \\ M_{12} & S_2 & M_{32} & \cdots\cdots & M_{m2} \\ M_{13} & M_{23} & S_3 & \cdots\cdots & M_{m3} \\ \cdots & & & & \\ \cdots & & & & \\ M_{1m} & M_{2m} & \cdots\cdots & & S_m \end{pmatrix}
$$

Matrix 11.5

Diese Matrix operiert über dem gesamten $m \times n$ – Vektor $w(t)$, nämlich

$$
w(t) = (w_1(t), w_2(t), \ldots, w_m(t)). \tag{11.12}
$$

Hier sind die „Komponenten" von $w(t)$ selbst n-Vektoren, wobei jeder ein auf eine Region bezogener Altersgruppen-Vektor ist.

Beispiel:

Zur Erläuterung wollen wir das Modell der Alters-Komponenten auf die Bevölkerung von Kalifornien und den Rest der Vereinigten Staaten in den Jahren 1955–1960 anwenden, und es dann mit dem detaillierten Modell des Überlebens von Kohorten vergleichen.

Die tabellarische Erfassung von Geburten, Sterbefällen und Migrationen nach Kalifornien aus dem Rest der USA (und umgekehrt) bestimmt die Übergangsmatrix der Migration im Intervall 1955–1960, und den Wachstumsoperator G, womit auch der Vektor $w(t)$ gegeben ist. Die Übergangsmatrix der Migration ist die folgende:

	Kalifornien	Rest der USA
Kalifornien	0.9373	0.0627
Rest der USA	0.0127	0.9873

Matrix 11.6

Der Wachstumsoperator ist:

$$
G = \begin{pmatrix} 1.0215 & 0.0127 \\ & \\ 0.0627 & 1.0667 \end{pmatrix}
$$

Matrix 11.7

Der Vektor $w(1955)$ in Tausenden ist:

Kalifornien $\quad\begin{pmatrix} 12.988 \\ 152.082 \end{pmatrix}$.
Rest der USA

Indem G mit $w(1955)$ multipliziert wird, erhalten wir $w(1960)$:

Kalifornien $\quad\begin{pmatrix} 15.199 \\ 163.040 \end{pmatrix}$.
Rest der USA

Dieses Resultat stellt natürlich nichts weiter als ein „rechnerisches" Ergebnis dar, das mit den Beobachtungen übereinstimmen muß, falls die „Ausgangsdaten" korrekt waren.

Ferner wollen wir die detailliertere tabellarische Darstellung nach Kohorten angeben. In der Matrixgleichung (11.7) stellt nun der linke Vektor die 1960-er Bevölkerung in 10-jährigen Altersgruppen gegliedert dar. Seine obere Hälfte bezieht sich auf Kalifornien, die untere auf den Rest der USA. Hier hat $w(t+1)$ 18 Komponenten. Der rechte Vektor ist der entsprechende für 1950. Die mittlere Matrix besitzt vier (9×9)-Teilmatrizen. Die obere linke Teilmatrix ist $S_{Kal} = G_{11}$, also die Überlebensmatrix für Kalifornien; die untere linke ist $S_{US} = G_{22}$, also die Überlebensmatrix für den Rest der Staaten. Die obere rechte und die untere linke Teilmatrizen stellen die Migration dar. Diese Teilmatrizen werden unten als Matrizen 11.8 – 11.11 angegeben.

$$S_{Kal} = \begin{pmatrix}
0 & .3375 & 1.1861 & .4789 & .0424 & 0 & 0 & 0 & 0 \\
.8731 & 0 & 0 & 0 & 0 & 0 & 0 & 0 & 0 \\
0 & .9228 & 0 & 0 & 0 & 0 & 0 & 0 & 0 \\
0 & 0 & .7821 & 0 & 0 & 0 & 0 & 0 & 0 \\
0 & 0 & 0 & .7891 & 0 & 0 & 0 & 0 & 0 \\
0 & 0 & 0 & 0 & .6905 & 0 & 0 & 0 & 0 \\
0 & 0 & 0 & 0 & 0 & .7938 & 0 & 0 & 0 \\
0 & 0 & 0 & 0 & 0 & 0 & .6288 & 0 & 0 \\
0 & 0 & 0 & 0 & 0 & 0 & 0 & .3540 & 0
\end{pmatrix} = G_{11}$$

Matrix 11.8

$$M_{US,KAL} = \begin{pmatrix}
0 & 0 & 0 & 0 & 0 & 0 & 0 & 0 & 0 \\
.0297 & 0 & 0 & 0 & 0 & 0 & 0 & 0 & 0 \\
0 & .0399 & 0 & 0 & 0 & 0 & 0 & 0 & 0 \\
0 & 0 & .0450 & 0 & 0 & 0 & 0 & 0 & 0 \\
0 & 0 & 0 & .0316 & 0 & 0 & 0 & 0 & 0 \\
0 & 0 & 0 & 0 & .0300 & 0 & 0 & 0 & 0 \\
0 & 0 & 0 & 0 & 0 & .0145 & 0 & 0 & 0 \\
0 & 0 & 0 & 0 & 0 & 0 & .0137 & 0 & 0 \\
0 & 0 & 0 & 0 & 0 & 0 & 0 & .0126 & 0
\end{pmatrix} = G_{12}$$

Matrix 11.9

$$
M_{\text{KAL,US}} =
\begin{pmatrix}
0 & 0 & 0 & 0 & 0 & 0 & 0 & 0 & 0 \\
1682 & 0 & 0 & 0 & 0 & 0 & 0 & 0 & 0 \\
0 & .1503 & 0 & 0 & 0 & 0 & 0 & 0 & 0 \\
0 & 0 & .2356 & 0 & 0 & 0 & 0 & 0 & 0 \\
0 & 0 & 0 & .1565 & 0 & 0 & 0 & 0 & 0 \\
0 & 0 & 0 & 0 & .0988 & 0 & 0 & 0 & 0 \\
0 & 0 & 0 & 0 & 0 & .0670 & 0 & 0 & 0 \\
0 & 0 & 0 & 0 & 0 & 0 & .0583 & 0 & 0 \\
0 & 0 & 0 & 0 & 0 & 0 & 0 & .0560 & 0
\end{pmatrix}
= G_{21}
$$

Matrix 11.10

$$
S_{\text{US}} =
\begin{pmatrix}
0 & .2257 & .9746 & .4252 & .0364 & 0 & 0 & 0 & 0 \\
.9903 & 0 & 0 & 0 & 0 & 0 & 0 & 0 & 0 \\
0 & .9523 & 0 & 0 & 0 & 0 & 0 & 0 & 0 \\
0 & 0 & .9843 & 0 & 0 & 0 & 0 & 0 & 0 \\
0 & 0 & 0 & .9594 & 0 & 0 & 0 & 0 & 0 \\
0 & 0 & 0 & 0 & .9176 & 0 & 0 & 0 & 0 \\
0 & 0 & 0 & 0 & 0 & .8499 & 0 & 0 & 0 \\
0 & 0 & 0 & 0 & 0 & 0 & .7171 & 0 & 0 \\
0 & 0 & 0 & 0 & 0 & 0 & 0 & .3921 & 0
\end{pmatrix}
= G_{22}
$$

Matrix 11.11

Falls wir zu der Annahme berechtigt sind, daß die beobachteten Tendenzen sich über einen Zeitraum fortsetzen werden, d.h. daß unsere Übergangsmatrizen stationär sind, so können wir unsere Vorhersagen aufgrund des stationären Markov-Ketten-Modells treffen. Probleme entstehen jedoch, falls die Daten über längere Zeiträume hinweg aggregiert worden sind, und wir unsere Vorhersage ⟨ für eine kurze Periode machen wollen. Beispielsweise betrug die Zeiteinheit in unserem Modell überlebender Kohorten fünf Jahre. Da wir jedoch eine Vorhersage für das nächste Jahr machen wollen, müssen wir eine *einjährige* Übergangsmatrize aufgrund der fünfjährigen Übergangsmatrize schätzen. Dieses Problem wird das Problem des *Schätzens aufgrund zeitlicher Dekomposition* genannt. In anderen Fällen könnten uns Daten über Geburten, Sterbefälle und Migrationen fehlen. Wir verfügten etwa lediglich über aufeinanderfolgende Vektoren der Bevölkerungsverteilung für eine Anzahl von Regionen. Aus diesen Verteilungen wollen wir nun Daten über Geburten, Todesfälle und Migration ermitteln. Dies ist das Problem der *Schätzung aufgrund von Verteilungsdaten*. Wir wenden uns zunächst dem Problem der zeitlichen Dekomposition zu.

Angenommen G sei uns für ein Intervall von n Zeiteinheiten gegeben. Falls wir einen stationären zugrundeliegenden Prozeß annehmen, können wir $G = R^n$ setzen, wobei R die Übergangsmatrix für eine Zeiteinheit ist. Aus der Matrizentheorie ist bekannt, daß wir eine nicht-singuläre[2]) Matrix N finden können, für die $N^{-1}GN = D$ gilt, wobei D eine Diagonalmatrix ist. Nachdem wir N gefunden haben, können wir G^2 als $(NDN^{-1})(NDN^{-2}) = ND^2N^{-1}$ ausdrücken. Im allgemeinen können wir für jede positive Potenz von G $f(G)$ schreiben:

$$f(G) = Nf(D)\,N^{-1}. \tag{11.13}$$

Insbesondere erhalten wir:

$$G^{1/n} = ND^{1/n}N^{-1} = R. \tag{11.14}$$

Somit ist unser Problem gelöst, sobald wir N und D gefunden haben, denn die Elemente von $D^{1/n}$ sind einfach die n-ten Wurzeln der Elemente von D. Die Elemente von D sind die Eigenwerte von G. Falls sie alle distinkt sind, dann sind die Spalten der Matrix N die Eigenvektoren, die diesen Eigenwerten entsprechen. Diese Methode wollen wir durch die Dekomposition einer Fünfjahres-Matrix G (eines Wachstumsoperator einer fünfjährigen Periode) in ein Produkt von fünf identischen Einjahres-Matrizen erläutern. G sei durch die Matrix 11.7 gegeben.

Die Eigenwerte von G werden bestimmt, indem die Determinante $| G - Ix | = 0$ gesetzt und nach x gelöst wird:

$$(1{,}0215 - x)\,(1{,}0667 - x) - (0{,}0127)\,(0{,}0627) = 0. \tag{11.15}$$

Die beiden Wurzeln dieser Gleichung sind $x_1 = 1{,}0802$ und $x_2 = 1{,}0080$. Also ist

$$D = \begin{pmatrix} 1.0802 & 0 \\ 0 & 1.0080 \end{pmatrix}$$

Matrix 11.12

Die Eingänge der ersten Spalte von N sind die zwei Kofaktoren der ersten Zeile der Matrix 11.13

$$G - x_1 I = \begin{pmatrix} 1.0215 & 0.0127 \\ 0.0627 & 1.0667 \end{pmatrix} - \begin{pmatrix} 1.0802 & 0 \\ 0 & 1.0802 \end{pmatrix} = \begin{pmatrix} -0.0587 & 0.0217 \\ 0.0627 & -0.0135 \end{pmatrix}$$

Matrix 11.13

Damit sind $n_{11} = -0{,}0135$ und $n_{21} = -0{,}0627$. Die Eingänge der zweiten Spalte von N sind die zwei Kofaktoren der ersten Zeile der Matrix 11.14.

$$G - x_2 I = \begin{pmatrix} 1.0215 & 0.0127 \\ 0.0627 & 1.0667 \end{pmatrix} - \begin{pmatrix} 1.0080 & 0 \\ 0 & 1.0080 \end{pmatrix} = \begin{pmatrix} 0.0135 & 0.0127 \\ 0.0627 & 0.0587 \end{pmatrix}$$

Matrix 11.14

Damit haben wir N erhalten und als Matrix 11.15 ausgedrückt. Seine Inverse N^{-1} wird in der Matrix 11.16 gezeigt:

$$N = \begin{pmatrix} -0.0135 & 0.0587 \\ -0.0627 & -0.0627 \end{pmatrix} \qquad N^{-1} = \begin{pmatrix} -13.8504 & -12.9668 \\ 13.8504 & -2.9821 \end{pmatrix}$$

Matrix 11.15   Matrix 11.16

Die Eingänge von D sind die fünften Wurzeln der Eingänge von D. Somit erhalten wir die Matrix 11.17.

$$D^{1/5} = \begin{pmatrix} 1.0155 & 0 \\ 0 & 1.0016 \end{pmatrix}$$

Matrix 11.17

Nun können wir $P = G^{1/5}$ bestimmen:

$$P = G^{1/5} = ND^{1/5}N^{-1} = \begin{pmatrix} 1.0042 & 0.0024 \\ 0.0121 & 1.0129 \end{pmatrix}$$

Matrix 11.18

Aufgrund von P können wir die interregionale Verteilung für die aufeinanderfolgenden Jahre schätzen, wenn wir nur über Daten verfügen, die jeweils um einige Jahre auseinanderliegen.

Ein anderes Schätzproblem entsteht, wenn uns die Vektoren $w(t)$, $w(t + 1)$, ..., $w(t + k)$ bekannt sind, und wir das Wachstum des Operators G ermitteln wollen, der diese Vektoren erzeugt, d.h. die folgende Matrixgleichungen erfüllt:

$$w(t + 1) = Gw(t)$$
$$w(t + 2) = Gw(t + 1) \tag{11.16}$$
$$\cdots\cdots\cdots\cdots\cdots$$
$$\cdots\cdots\cdots\cdots\cdots$$
$$w(t + k) = Gw(t + k - 1).$$

Nun stellen die Komponenten eines jeden Vektors $w = (w_1, w_2, \ldots, w_m)$ Populationen der Regionen dar. Damit ist jeder Vektor w eine $m \times 1$-Matrix und G ist entsprechend eine $m \times m$-Matrix. Die Gleichungen (11.16) können als folgende Matrixgleichung umgeschrieben werden:

$$y = Xg, \tag{11.17}$$

wobei y, X und g die Matrizen 11.19, 11.20 und 11.21 sind.

$$y = \begin{matrix} w_1(t + 1) \\ w_1(t + 2) \\ \cdots\cdots \\ \cdots\cdots \\ w_1(t + k) \\ w_2(t + 1) \\ \\ \cdots\cdots \\ w_2(t + k) \\ \cdots\cdots \\ \cdots\cdots \\ \cdots\cdots \\ w_m(t + 1) \\ \cdots\cdots \\ \cdots\cdots \\ w_m(t + k) \end{matrix}$$

Matrix 11.19 (km $\times$ 1)

Die Matrixgleichung (11.17) stellt ein System von mk linearen Gleichungen mit m^2 Unbekannten (die Elemente des unbekannten Wachstumsoperators G) dar. Falls $k > m$, d.h. falls $mk > m^2$ ist, dann könnte das System ohne Lösung sein. Wenn wir daher einen konstanten Wachstumsoperator annehmen, vermuten wir, daß die Komponenten von y mit „Irrtümern" behaftet sind. Wir schreiben entsprechend

$$y = Xg + \epsilon, \tag{11.18}$$

wobei ϵ ein Irrtumsvektor aus mk Komponenten ist. Wir suchen nach dem Vektor g, der ϵ irgendwie minimieren soll. Es handelt sich hierbei um das Schätzproblem aufgrund der Verteilungsdaten.

$$
W(t) =
\begin{matrix}
W(t) & 0 & 0 \ldots\ldots\ldots, 0 \\
0 & W(t) & 0 \ldots\ldots\ldots 0 \\
& & \ldots\ldots\ldots\ldots\ldots\ldots 0 \\
& & \ldots\ldots\ldots\ldots\ldots\ldots 0 \\
0 & & \ldots\ldots\ldots\ldots\ldots W(t)
\end{matrix}
\qquad
\begin{matrix}
w_1(t) \ldots\ldots\ldots\ldots\ldots w_m(t) \\
w_1(t+1) \ldots\ldots\ldots\ldots w_m(t+1) \\
\ldots\ldots\ldots\ldots\ldots\ldots\ldots\ldots\ldots \\
w_1(t+k-1) \ldots\ldots w_m(t+k-1)
\end{matrix}
\qquad
\begin{matrix}
g_{11} \\
g_{21} \\
\ldots \\
g_{m1} \\
g_{12} \\
\ldots \\
g_{m2} \\
\ldots \\
g_{mm}
\end{matrix}
$$

Matrix 11.20 (km × m²)   Matrix 11.21 (m² × 1)

Hier sind weder Daten über Geburten, noch über Todesfälle, noch über die Migration bekannt. Wir versuchen diese Daten aufgrund einer Veränderung des Populationsprofils zu schätzen.

Es gibt einige Methoden, um dieses Problem zu lösen, die formal dem Problem der Schätzung der multiplen Regressionskoeffizienten äquivalent sind. Die dabei am häufigsten angewendete Methode ist die der kleinsten Quadrate. In unserem Kontext könnte diese Methode jedoch unanwendbar sein, weil sie negative Eingänge von G ergeben könnte, was nicht geschehen kann. Diese Schwierigkeit wird durch die Methode der Minimierung der Summe der absoluten Abweichungen (anstelle der Summe der quadratischen Abweichungen) zwischen „theoretischen" und beobachteten Werten von y behoben. Diese Methode führt zu einem Problem der linearen Programmierung, nämlich:

$$\text{Minimiere } \sum_{i=1}^{mk} (u_i + v_i)$$

unter der Bedingung, daß

$$y = Xg + (I, -I)\binom{u}{v}$$
$$g, u, v \geqslant 0. \tag{11.19}$$

Hier sind u und v mk-Vektoren, I ist die $(mk \times mk)$ Identitätsmatrix und es gilt $u - v = \epsilon$.

Stabile Verteilungen

Bei unserer Behandlung der stochastischen Modelle haben wir darauf hingewiesen, daß eine ergodische, probabilistische Übergangsmatrix zu einem Limes tendiert, wenn sie zur n-ten Potenz ($n \to \infty$) genommen wird – und zwar wird sie zu einer Matrix mit identischen Zeilen. (Seine Transponierte tendiert daher zu einem Limes mit identischen Spalten.) Unsere Wachstumsmatrix G ist keine probabilistische Übergangsmatrix, da ihre Eingänge keine Wahrscheinlichkeiten darstellen.

Trotzdem besitzt sie in dem Sinne analoge Eigenschaften als die Matrix, deren Elemente Verhältnisse von Elementen aufeinanderfolgender Potenzen von G sind, zu einem Limes mit identischen Zeilen *und Spalten* tendiert. Betrachten wir etwa die Wachstumsmatrix G (vgl. Matrix 11.7) in unserem Beispiel, und definieren L^n als eine Matrix, deren Elemente Verhältnisse der Elemente von G^n zu denen von G^{n-1} sind, dann können wir L^{61} ermitteln als

$$
L^{61} = \begin{pmatrix} 1{,}0757 & 1{,}0814 \\ 1{,}0814 & 1{,}0800 \end{pmatrix}
$$

Matrix 11.22

Wie wir sehen, sind alle Elemente von L^{61} nahezu gleich. D.h. auf lange Sicht werden die Elemente von w im gleichen Maße wachsen, oder anders ausgedrückt: jede Region wird einen konstanten Anteil an der Gesamtpopulation erhalten. Diese Allokation der Population auf die Regionen wird *stabile interregionale Verteilung* genannt. Sie wird durch einen konstanten Verteilungsvektor $v(t + 1) = v(t)$ bezeichnet.

Wir wenden uns wieder den Eigenwerten unserer Wachstumsmatrix zu. Da sie Wurzeln eines Polynoms darstellen, deren Grad der Ordnung der Matrix entspricht, können sie negativ oder komplex sein. In der Matrizentheorie ist jedoch gezeigt worden, daß die charakteristischen Wurzeln (d.h. die Eigenwerte) einer positiven Matrix von höchstem absoluten Wert, reell und positiv sind [*Perron*][3]). Es ist ebenfalls gezeigt worden, daß dieses Resultat auch für nichtnegative Matrizen gilt, und mehr noch, daß der entsprechende Eigenvektor[4]) eindeutig ist und nur positive Komponenten besitzt [*Frobenius*]. Diese Resultate können auf das Problem der stabilen interregionalen Population angewendet werden.

Gegeben sei eine nicht-negative Matrix G und ein nichtnegativer Skalar λ, so daß

$$
Gw = \lambda w, \tag{11.20}
$$

gilt, wobei w ein nicht-negativer reeller Vektor ist. Die Matrizengleichung

$$
(G - \lambda I)\, w = 0 \tag{11.21}
$$

stellt eine Menge von n homogenen linearen Gleichungen dar. Wenn das System eine nicht triviale Lösung besitzt, muß die Determinante der Koeffizienten gleich Null sein, d.h. wir müssen die folgende Gleichung erhalten:

$$
\mid G - \lambda I \mid = 0. \tag{11.22}
$$

Die für λ gelöste Gleichung (11.22) erzeugt n Wurzeln, und wir wissen durch das Theorem von Perron-Frobenius, daß zumindest eine von ihnen nicht-negativ mit dem größten absoluten Wert sein muß. Das Theorem begründet zudem die Existenz eines assoziierten Eigenvektors w, dessen Komponenten alle nicht-negativ sind. Dies liefert die Komponenten von v also den stabilen interregionalen Vektor als folgenden Ausdruck:

$$
v_i = \frac{w_i}{\sum_i w_i}. \tag{11.23}
$$

In unserem Beispiel war der Eigenwert von G mit dem größeren absoluten Wert $x_1 = 1{,}0802$. Durch Substitution dieses Werts in die Gleichung

$$
Gw = x_1 w \tag{11.24}
$$

und nach Auflösung für w, lösen wir nach v über (11.23) auf und erhalten

$$
v_1 = 0{,}1772; \quad v_2 = 0{,}8228. \tag{11.25}
$$

Dies ist unsere langfristige Prognose (insofern wir sie angeben). Falls die gegenwärtige Tendenz anhält, werden nahezu 18 % der Bevölkerung der USA in Kalifornien leben.

Die vorgeführte Methode kann auch auf die erweiterte Wachstumsmatrix mit Altersverteilungen angewendet werden. Hier führt sie ebenfalls zu einer stabilen Verteilung, die sowohl Regionen als auch Altersgruppen enthält. „Stabile Verteilung" bedeutet jedoch wohlgemerkt nicht notwendig, daß das Bevölkerungswachstum Null ist. Unsere Bevölkerung könnte wachsen oder abnehmen. „Stabile Verteilung" bezieht sich lediglich auf die konstanten Anteile der Personen an den verschiedenen Altersgruppen. Damit führt die Matrizenmethode zu Ergebnissen, die jenen des Modells der kontinuierlichen Variablen im Kapitel 6 völlig analog sind. Die auf Übergangsmatrizen beruhende Methode verfolgt die Veränderung in diskreten Schritten und kategorisiert die Bevölkerung nach diskreten Gruppen. Die „klassische" Methode verfolgt die Veränderungen in einer kontinuierlichen Zeit und kategorisiert die Bevölkerung nach kontinuierlichen Variablen[5]).

Migrationskorrelate

Ein anderes Interssengebiet der mathematischen Demographie ist die Analyse der Migration. eine Klasse von Untersuchungen konzentriert sich auf Migrationsströme, d.h. auf Umfang und Richtung der Bewegungen von Region zu Region. Ihr Ziel ist es, die Umweltbeeinflussung auf diese Veränderungen hin zu erforschen. Eine andere Klasse von Untersuchungen wiederum analysiert die Migrationsströme nach demographischen Gesichtspunkten wie etwa Alter, Geschlecht, Beschäftigung, ökonomische Lage usw. Beim ersten Ansatz stehen die Ursachen der Migration im Mittelpunkt des Interesses; im zweiten wurden die Migrationsströme nach Populationskategorien differenziert. Das Ziel ist hier die Untersuchung der Unterschiede innerhalb der Bevölkerung als Folge der Migration[6]).

Betrachten wir m_{ij}, die Anzahl der Migranten aus der Region i in die Region j. Man könnte annehmen, daß diese Zahl (1.) mit u_i, dem Anteil der Arbeitslosen der Region i und (2.) mit w_j, dem Stundenlohn in der Region j positiv korreliert sei. Darüber hinaus könnte man annehmen, daß m_{ij} (3.) mit dem Anteil der Arbeitslosen in der Region j und mit dem Stundenlohn in der Region i negativ korreliert sei. Da m_{ij} Personenzahlen sind, können wir ihre positive Korrelation mit dem Produkt der Populationen p_i resp. p_j der Regionen i und j und eine negative mit der Entfernung zwischen den beiden Regionen[7]) annehmen.

Das einfachste alle diese Relationen ausdrückende Modell ist die multiple Regressiongleichung, die in bezug auf die beteiligten Quantitäten in den Logarithmen linear[8]) ist:

$$\log_e m_{ij} = \beta_0 + \beta_1 \log_e u_i + \beta_2 \log_e u_j + \beta_3 \log_e w_i + \beta_4 \log_e w_j + \\ + \beta_5 \log_e p_i + \beta_6 \log_e p_j + \beta_7 \log_e d_{ij} + \epsilon_{ij}. \tag{11.26}$$

Hier sind u_i und u_j Anteile der Arbeitslosen in den Regionen i resp. j; w_i und w_j sind Löhne; p_i und p_j die Populationen; d_{ij} ist die Entfernung zwischen i und j und ϵ_{ij} ist eine Fehlergröße. Die β_i sind die zu bestimmenden Koeffizienten. Sie werden sich entsprechend der positiven oder negativen Korrelation zwischen der abhängigen und den jeweiligen unabhängigen Variablen entweder als positiv oder als negativ herausstellen.

In Matrizenform kann (11.26) wie folgt geschrieben werden:

$$y = X\beta + \epsilon, \tag{11.27}$$

wobei y ein Spaltenvektor mit $m(m-1)$ Komponenten, β ein Spaltenvektor mit 9 Komponenten, X eine $m(m-1) \times 9$-Matrix und ϵ ein Spaltenvektor mit $m(m-1)$ Komponenten sind.

In der Theorie der multiplen Regression ist gezeigt worden, daß der Schätzwert von β, der die quadratischen Abweichungen minimiert:

$$\hat{\beta} = (X^T X)^{-1} X^T y \tag{11.28}$$

ist.

Für jede durch den Vektor y und die Matrix X dargestellte Datenmenge können wir den Vektor der Koeffizienten schätzen. Diese Koeffizienten sind Maße der „Einflüsse" die den entsprechenden unabhängigen Variablen zugeschrieben werden. Die Zeichen der Koeffizienten sind qualitative Tests der Annahmen über die Richtungen der Einflüsse. Die Tafel 11.1 stellt die Resultate der Anwendung dieses Regressionsmodells auf Migrationen zwischen verschiedenen Regionen Kaliforniens von 1955 bis 1960 dar.

Variable	Koeffizient	Partielle Korrelation
Konstante	$-11,5133$	
$\log_e u_i$	$-0,58726$	$-0,11730$
$\log_e u_j$	$1,16108$	$0,22742$
$\log_e w_i$	$-1,15274$	$-0,08949$
$\log_e w_j$	$5,08408^*$	$0,36842$
$\log_e p_i$	$0,79578^{***}$	$0,87806$
$\log_e p_j$	$0,73608^{***}$	$0,86157$
$\log_e d_{ij}$	$-0,70688^{***}$	$-0,78583$

$$R^2 = 0,90680$$

Tafel 11.1 [nach *Rogers*, 1968] $^*p < 0,1$; $^{***}p < 0,001$

Aus der Tafel entnehmen wir, daß das Modell zumindest teilweise qualitativ bestätigt ist. Die Vorzeichen der Koeffizienten, die sich signifikant von Null unterscheiden entsprechen den Erwartungen. (Die mit u_i und u_j zusammenhängenden Vorzeichen der Koeffizienten sind zwar umgekehrt, aber diese Koeffizienten sind nicht signifikant von Null verschieden.) Tatsächlich werden über 90 % der Varianz vom Regressionsmodell selbst erzeugt.

Trotzdem ist die Anwendung dieses Modells bei Voraussagen problematisch. Wir können nämlich nicht erwarten, daß bei unabhängigen Variablen, die etwa die Arbeitslosenraten oder die Lohnraten über Jahre hinweg unverändert bleiben. Die Demographie liefert keine Methoden zur Schätzung der zukünftigen Werte. Dies ist Aufgabe der Ökonomie. Es bestehen jedoch kaum Zweifel daran, daß die in der Demographie und die in der Ökonomie untersuchten Bedingungen miteinander in Zusammenhang stehen. Der Zustrom von Arbeitern kann Arbeitslosigkeit erhöhen, oder die Löhne drücken oder die Bedingungen auf eine andere – möglicherweise komplexere – Art verändern[9]). Damit wird eine gewisse Integration demographischer und ökonomischer Theorien bei der Formulierung von Modellen der genannten Entwicklungen notwendig. Die Korrelationen – und damit die im Modell erfaßte Breite der Erscheinungen – können durch verschiedene Verfeinerungen und alternative Definitionen der determinierenden Variablen verbessert werden.

Ein im wesentlichen gleichartiges Modell kann bei der Analyse der Migrationsflüsse verschiedener Kohorten angewendet werden. Als Ergebnis einer von *Rogers* [1965] durchgeführten Untersuchung können folgende qualitative Folgerungen gezogen werden:

1. Junge Erwachsene bilden den mobilsten Teil der Bevölkerung.
2. Männer tendieren häufiger zur Migration als Frauen.
3. Arbeitslose werden wahrscheinlich eher umziehen als Beschäftigte.
4. Weiße ziehen eher um als Nicht-Weiße.
5. Fachkräfte zählen zu den mobilsten Teilen der Bevölkerung.

Die ersten drei Folgerungen hätten von jedermann gezogen werden können, der einigermaßen mit den Verhältnissen in den Vereinigten Staaten vertraut ist. Die letzten beiden sind weniger offensichtlich, wobei die letzte womöglich die überraschendste ist – aber nicht mehr dann, wenn die große Anzahl von Hochschullehrern berücksichtigt wird. Es ist ermittelt worden, daß ein Hochschullehrer an einem amerikanischen College oder einer Universität durchschnittlich vier Jahre verweilt. Unabhängig davon, ob die Resultate nun etwas Unerwartetes ergeben, oder lediglich schon allgemein bekannte Tendenzen bestätigen, liegt die Wichtigkeit dieser Untersuchungen nicht so sehr in der Schaffung neuer Erkenntnisse als vielmehr in der Entwicklung von Modellen, die fortlaufend verbessert werden können. Übrigens sind bei weitem nicht alle Resultate offensichtlich. Wir haben beispielsweise entdeckt, daß die relativen Anteile an Arbeitslosen in zwei Regionen keine merkbare Wirkung auf die Gesamtmigration zwischen ihnen hatten. Möglicherweise könnte solch eine Wirkung in einem genaueren Modell festgestellt werden, in dem auch Kategorien von Migranten berücksichtigt wären.

Kohortenmodelle

Wir wenden uns wieder der Migrationsanalyse nach Kohorten zu. Eine Kohorte in diesem Kontext soll Personen zusammenfassen, die sich im Hinblick auf die Migration „in gleicher Weise" verhalten. Dies bedeutet nicht, daß alle zur gleichen Kohorte gehörenden Personen immer das gleiche, sondern lediglich, daß sie alles mit der gleichen Wahrscheinlichkeit tun. Dies könnte beispielsweise heißen, daß jedes willkürlich aus einer Kohorte ausgewählte Mitglied mit der gleichen Wahrscheinlichkeit von der Region i in die Region j ziehen wird. Trotzdem agiert jedes Mitglied der Kohorte von den anderen unabhängig, so daß die Wahrscheinlichkeit, daß es umzieht, nicht davon abhängt, ob ein anderes Mitglied tatsächlich umgezogen ist oder nicht. Allerdings ist diese Annahme in gewissen Zusammenhängen nicht realistisch. Beispielsweise ziehen Mitglieder der gleichen Kernfamilie oft gemeinsam um. Um dies zu berücksichtigen, sind Modifikationen des Modells erforderlich. Solche sind auch tatsächlich vorgenommen worden. Vorläufig wollen wir jedoch annehmen, daß die Mitglieder einer Kohorte unabhängig voneinander umziehen.

Nun sei $_r k_{ij}$ die Anzahl jener Personen einer Kohorte r, die innerhalb eines bestimmten Zeitraums aus der Region i in die Region j gezogen sind. Dann bezeichnet $\sum\limits_{j} {}_r k_{ij}$ die Anzahl der Personen in der Kohorte r, die zu Beginn der Periode in der Region i waren, und

$$_r p_{ij} = \frac{_r k_{ij}}{\sum\limits_{j=1}^{m} {}_r k_{ij}} \tag{11.29}$$

ist der Anteil jener Personen der Kohorte r in der Region i, die innerhalb der angegebenen Periode in die Region j gezogen sind. Für jede Gruppe r erhalten wir dann eine Übergangsmatrix $P_r = (_r p_{ij})$. (Wohlgemerkt haben wir unsere Notation etwas geändert. Gewöhnlich bezeichneten wir Anteilumwandlungsmatrizen mit P und probabilistische Übergangsmatrizen mit $R = (r_{ij})$. Hier ersetzen wir R durch P, um Verwechslungen zwischen einem generischen Index einer Kohorte und einem Element von R zu vermeiden.)

Bei n Kohorten haben wir n solcher Matrizen. Die beobachteten Proportionen können als Schätzungen der entsprechenden Wahrscheinlichkeiten dienen.

Die mit einer gegebenen Kohorte verbundene Übergangsmatrix vermittelt gewisse unmittelbar ersichtliche Informationen über die Migrationseigenschaften der Kohorte. Insbesondere sagen die diagonalen Elemente der Matrix etwas über die Mobilität der Kohorte aus: sie bezeichnen die Proportionen jener Personen der Kohorte jeder Region, die *nicht* umgezogen sind. Diese Interpretation ist der Interpretation des Modells der sozialen Mobilität direkt analog.

Kohorten-Differenzierung

Die Regressionsanalyse kann dazu benutzt werden, die Unterschiede zwischen zwei oder mehreren Kohorten in bezug auf ihre Abhängigkeit von ökonomischen oder demographischen Faktoren herauszuarbeiten. Das vorhin vorgestellte Modell soll insofern modifiziert werden, als die Anzahl der Migranten nun nur mehr abhängen soll von w_i und w_j (den Lohnniveaus in den Regionen i und j, von p_i und p_j (der Anzahl der Arbeitskräfte in den beiden Regionen) und d_{ij} (den Entfernungen zwischen i und j). Die Resultate der multiplen Regressionsanalyse werden in der Tafel 11.2 vorgeführt.

Migrationsströme der Weißen			Migrationsströme der Nicht-Weißen		
Variable	Koeffizient	Partielle Korrelation	Variable	Koeffizient	Partielle Korrelation
Konstante	− 6,16275		Konstante	− 30,6021	
$\log_e p_i$	0,77124***	0,67062	$\log_e p_i$	2,63083***	0,29365
$\log_e p_j$	0,67496***	0,62046	$\log_e p_j$	1,83355***	0,20935
$\log_e d_{ij}$	− 0,80346***	− 0,65721	$\log_e d_{ij}$	− 2,55513***	− 0,26627
$\log_e w_j$	0,28624	0,06989	$\log_e w_j$	− 1,65939	− 0,04043
$\log_e w_i$	− 0,28436	− 0,06944	$\log_e w_i$	0,45730	0,01115
	$R^2 = 0,79983$			$R^2 = 0,26841$	

Tafel 11.2 [nach *Rogers*, 1968]   ***$p < 0,001$

Wie man der Tafel unmittelbar entnehmen kann, ist die Abhängigkeit der Migration von ökonomischen und demographischen Faktoren in der nicht-weißen Bevölkerung von Kalifornien wesentlich geringer als in der weißen. Die Regression ist lediglich für 27 % der Varianz innerhalb der nichtweißen Bevölkerung verantwortlich, während diese Zahl bei der weißen bei 80 % liegt. Offensichtlich kann die Analyse nicht die Gründe für diese bedeutenden Unterschiede erklären. Aber sie lenkt die Aufmerksamkeit auf sie und setzt dem Soziologen ein Ziel − nämlich Hypothesen über die Ursachen dieser Unterschiede aufzustellen und Wege zu ihrer Überprüfung vorzuschlagen.

Ähnliche auf Alters- und Geschlechtskohorten bezogene Analysen liefern weitergehende Informationen. Erwartungsgemäß sind die Jungen mobiler als die Alten. Ökonomische Faktoren berücksichtigende Regressionsanalysen haben ergeben, daß die Jungen gegenüber diesen Faktoren auch empfindlicher reagieren. Die intuitive Vermutung, daß Frauen auf ökonomische Faktoren schwächer reagieren als Männer wird ebenfalls bestätigt. Zudem sind sie weniger mobil als Männer. Im großen und ganzen scheint es, als ob die mobileren Klassen auch auf ökonomische Gegebenheiten sensibler reagieren.

Man muß nicht gleich behaupten, die in der Mitte unseres Jahrhunderts für Kalifornien geltenden Resultate gälten anderswo und zu anderen Zeiten ebenso. Dieser Mangel an Allgemeinheit kann nur jene enttäuschen, die danach streben, in den Sozialwissenschaften „Gesetze" aufzustellen.

Es mag aber auch eine Herausforderung bedeuten. Wenn die Bedingungen in einzelnen Regionen und Zeitläufen verschieden sind, kann man vermuten, daß es zwischen ihnen geographische, soziale oder historische Unterschiede gäbe. Somit führt uns die Analyse nicht zu einer Theorie, sondern eher zum Ausgangspunkt für weitere theoretische Untersuchungen. Ihr Zweck ist es gewesen, auf einige Fakten aufmerksam zu machen. Zuweilen kann dies nur durch subtile mathematische Analysen erreicht werden, die mit einem Instrument wie dem Mikroskop verglichen werden können.

Migrationsdistanzen

Von besonderem Interesse bei den Markov-Ketten-Modellen ist die Wahrscheinlichkeit, daß ein im Zustand s_i befindliches System *zum ersten Mal* auf dem n-ten Schritt in den Zustand s_j übergeht. Diese Wahrscheinlichkeiten gehen in die Bestimmung der durchschnittlichen Zeiten des ersten Übergangs ein, d.h. die Erwartung jener Anzahl von Schritten, die das System durchläuft, um von s_i nach s_j zu gelangen.

Die durchschnittliche Zeit des ersten Übergangs von s_i zu s_j sei durch m_{ij} bezeichnet und die Übergangsmatrix der Wahrscheinlichkeiten durch $P = (p_{ij})$. Dann erfüllt m_{ij} die folgende Rekursionsgleichung:

$$m_{ij} = 1 + \sum_k p_{ik} m_{kj} \qquad (11.30)$$

wobei die Summanten über $k \neq j$ geht.

Die durchschnittliche Zeit des ersten Übergangs m_{ij} mit $j \neq i$ liefert uns ein Maß der „Migrationsdistanz" zwischen Paaren von Regionen. Falls m_{ij} groß ist, bedeutet dies, daß durchschnittlich eine lange Zeit vergeht, bis die Person aus der Region i die Region j zum ersten Mal besucht, d.h. also j „weit weg" von i ist; falls m_{ij} dagegen klein ist, bedeutet dies, daß j auf der Skala der Migrationsdistanzen nahe bei i liegt.

Ebenso wie die gewöhnliche geographische Distanz durch die Zeit ausgedrückt werden kann, die man benötigt, um von einem Ort zum anderen zu gelangen, so kann auch die Migrationsdistanz in Zeiteinheiten gemessen werden. Aber die Migrationsdistanz ist nicht notwendig symmetrisch: die so definierte „Distanz" von i nach j ist nicht notwendig gleich der Distanz von j nach i.

Man könnte aber annehmen, die Migrationsdistanz stehe in einer bestimmten Beziehung zur geographischen Entfernung. Diese Hypothese können wir durch die Untersuchung der Korrelationen zwischen Migrationsdistanzen, wie sie aufgrund der Übergangsmatrix mit der Gleichung (11.30) bestimmt wurden, und den geographischen Entfernungen der entsprechenden Regionen testen. Wiederum beziehen sich unsere Daten auf Kalifornien. Interregionale Entfernungen wurden durch Autobahnmeilen zwischen den Bezirkshauptstädten (für fünf Bezirke) gemessen. Die kürzeste Entfernung betrug 48 Meilen; die längste 522. Jede Korrelation wird für zwei Perioden, zwei Kohorten nach der Rassenzugehörigkeit und zwei Kohorten nach Altersgruppen gezeigt:

Periode	R
1935–1940	0,024
1955–1960	− 0,012
Rasse	
Weiße	− 0,015
Nicht-Weiße	− 0,047
Alter	
20–24 jährige	− 0,014
65–69 jährige	− 0,005

Tafel 11.3 [nach *Rogers*, 1968]: Korrelationen zwischen Migrationsdistanzen und geographischen Entfernungen

Die Hypothese der Beziehung zwischen Migrationsdistanzen und geographischen Entfernungen wird durch diese Daten offensichtlich nicht bestätigt. Wenn jemand in Kalifornien umzieht, so ist die Wahl eines weit entfernten Ortes ebenso wahrscheinlich wie die eines naheliegenden. Zweifelsohne wird hier der Einfluß der Automobile auf die Mobilität besonders deutlich widergespiegelt.

Wie wir gesehen haben, geht die geographische Entfernung als bedeutender Faktor in die Bestimmung der interregionalen Migration ein. Die Tatsache, daß die Migrationsdistanzen in der untersuchten Situation mit der geographischen Entfernung im wesentlichen unkorreliert sind, legt den Gedanken eines Maßes der „Attraktivität" eines Ortes nahe.

Es wird erwartet, daß Migrationsdistanzen sich mit der Zeit verändern, und daß sie bei einem gegebenen Paar von Ortschaften für verschiedene Teilpopulationen verschieden sein können. *Rogers* [1968] hat Migrationsdistanzen (die er Migrationsdaten entnommen hatte) zwischen fünf Regionen Kaliforniens, für Kalifornien als ganzer und dem Rest der Vereinigten Staaten in den Jahre 1935–1940 und 1955–1960 getrennt nach Weißen und Nicht-weißen, und nach jungen

(20 bis 24 Jahre) und alten (65 bis 69 Jahren) Teilpopulationen bestimmt. Aufgrund dieser Vergleiche ergeben sich mehrere interessante Resultate.

Wie erwartet, sind die Migrationsdistanzen in der späteren Periode wesentlich geringer als in der früheren. Damit wird das Anwachsen der geographischen Mobilität bei der Population über 20 Jahre widergespiegelt. Bemerkenswert sind die disproportionierten Veränderungen einiger Migrationsdistanzen. In der früheren Periode war z.B. die Migrationsdistanz von Los Angeles nach San José vier Mal größer als jene von Los Angeles nach San Francisco. 1955–1960 verringerte sich das Verhältnis dieser Distanzen aus 1:2. Noch bemerkenswerter sind die Migrationsdistanzen der nichtweißen Population. Rogers schreibt: „Die Migrationsdistanz der Nicht-weißen ist beispielsweise zwischen San Francisco und San José neun Mal größer als die Distanz zwischen San Francisco und Los Angeles. Dies könnte die Rassendiskriminierung auf dem Wohnungsmarkt von San José wiedergeben." [*Rogers*, 1968, 98–101].

Wie erwartet, sind Migrationsdistanzen der Gruppe der Älteren wesentlich größer als diejenige der Jüngeren. Aber relativ gesehen sind die Distanzen ähnlich, womit die höhere Mobilität der Jüngeren bei nahezu gleichen Bewegungsstrukturen ausgedrückt wird.

Zusammenfassend kann gesagt werden, daß die Matrizenanalyse demographischer Daten sowohl für prädiktive als auch analytisch-deskriptive Zwecke genutzt werden kann. Der Wachstumsoperator ist ein Mittel zur Prognose der Größe und der Zusammensetzung einer Population, wobei sowohl demographische Statistiken (Geburten und Todesfälle) als auch Migrationsbewegungen berücksichtigt werden können. Sicherlich müssen diese Prognosen mit aller vernünftigen Vorsicht getroffen werden, denn es handelt sich bei ihnen wesentlich um Extrapolationen beobachteter Tendenzen, deren Dynamik sich mit der Zeit verändern kann. Im Zusammenhang einer analytischdeskriptiven Theorie dient die Matrixanalyse dazu, Indizes der beobachteten Populationsveränderungen zu konstruieren. Migrationsgrößen allein ergeben kein klares Bild, da sie von der Größe der Population und den geographischen Entfernungen abhängen, wie dies durch die Regressionsanalyse aufgedeckt wurde. Migrationsdistanzen scheinen einen grundlegenderen Parameter zu berühren, nämlich die „Attraktivität", die eine Region auf die Population einer anderen ausübt.

Schließlich können Matrixmethoden auch im Zusammenhang einer normativen Theorie genutzt werden. Es kann gezeigt werden, auf welche Weise Eingriffe in Migrationsbewegungen die Äquilibriumverteilungen der Populationskategorien beeinflussen können. (Der interessierte Leser sei hier auf *Rogers* [1968, Kapitel 6] verwiesen.)

Anmerkungen

[1]) $b(t)$ und $d(t)$ in diesem Kapitel entsprechen $B(t)$ bzw. $D(t)$ vom Kapitel 6.

[2]) Eine nichtsinguläre Matrix ist eine quadratische Matrix, deren Determinante nicht Null ist.

[3]) Die Eigenwerte einer Matrix G sind die Wurzeln des Polynoms, das die Determinante der Matrix $(G - xI)$ ist.

[4]) Falls λ ein Eigenwert von G ist, dann ist der entsprechende Eigenvektor ein Vektor v, der die Gleichung $Gv = \lambda v$ erfüllt.

[5]) Bei der Darstellung der „klassischen" Methode haben wir die volle Dynamik der Altersverteilung nicht wirklich behandelt, denn die Resultate bezogen sich lediglich auf die Gleichgewichtsverteilungen. Die dynamische Theorie wurde von *Lotka* [1939] ausgearbeitet und von Coale weiterentwickelt [vgl. *Coale*, 1972, Kapitel 3]

[6]) In den von *Rogers* [1968] untersuchten Modellen werden die unabhängigen Variablen wie etwa „nichtagrarische Arbeiterpopulation" usw. explizit definiert. Zudem unterscheiden sich die Definitionen in den verschiedenen Modellen: zuweilen werden die Gehälter der Angestellten bei Arbeitnehmerlöhnen berücksichtigt, zuweilen auch nicht. Wir vernachlässigen diese Details, da wir uns nur für die allgemeine Form des Modells interessieren.

[7]) *Stewart* [1948], ein früher Vertreter mathematischer Modelle von Wechselwirkungen zwischen Populationen hat eine Formel für den „Betrag von Interaktion" zwischen zwei Populationen vorgeschlagen, und gemeint, sie sei dem Newtonschen Gravitationsgesetz analog (vgl. Gl. (1.12)):

$$I_{ij} = \frac{p_i p_j}{d_{ij}^{\gamma}},$$

wobei γ zwischen 1 und 2 konstant ist. I_{ij} kann in diesem Modell als Migrationsrate zwischen i und j interpretiert werden.

[8]) Falls m_{ij} dem Produkt der Potenzen der unabhängigen Variablen proportional ist, dann ist $\log_e m_{ij}$ eine lineare Funktion ihrer Logarithmen.

[9]) Erinnert sei an die Kritik der linearen Modelle in den Kapiteln 4 und 7. Im multiplen Regressionsmodell wurde angenommen, daß die Löhne und das Niveau der Arbeitslosigkeit die Migrationsraten beeinflussen, aber der „Rückkopplungseffekt", d.h. der Einfluß der Migrationsraten auf die angenommenen ursachlichen Faktoren wird außer acht gelassen. In den globalen Modellen werden solche Effekte häufig berücksichtigt. Dies bewirkt jedoch, daß die mathematischen Modelle schwer zu handhaben sind. Deshalb wird bei der globalen Modellierung Computersimulierung unentbehrlich.

12. Individuelles Wahlverhalten

In vielen Modellen, die auf individuellen Präferenzen zwischen Alternativen beruhen, wird angenommen, diese Präferenzen blieben zumindest während der in Rede stehenden Zeit unverändert. Dies muß sicherlich nicht immer der Fall sein. Die Antwort auf die Frage „Ziehen Sie x oder y vor?" könnte bei jeder Wiederholung während des Experimentes anders ausfallen, also nicht konsistent sein.

Diese Situation kommt auch bei Untersuchungen über Unterscheidungen von Stimuli vor. In bezug auf Datengewinnung ist die Frage „Ist x oder y größer (heller, schwerer)?" formal identisch mit der Frage „Ziehen Sie x oder y vor?" Bei der Unterscheidung von Stimuli können Inkonsistenzen auch auftreten, falls sich die Stimuli lediglich um kleine Beträge unterscheiden. Die Inkonsistenz der Antworten kann bei der Konstruktion einer operationalen Definition der „kaum unterscheidbaren Differenzen" (jnd – just noticeable difference) benutzt werden, um für die betreffende Person eine subjektive Skala zu konstruieren. Die Skala soll die subjektiv wahrgenommenen Größen der Stimuli widerspiegeln[1]). Es erscheint zweckmäßig, einige Eigenschaften der Unterscheidungsmodelle auf Präferenzmodelle zu übertragen.

Es zeigt sich jedoch, daß bei der Konstruktion mathematischer Präferenzmodelle Schwierigkeiten entstehen, die bei Unterscheidungsmodellen gewöhnlich nicht auftreten. Die Ursache für diese Differenz liegt darin, daß die bei Unterscheidungsexperimenten benutzten Stimuli gewöhnlich auf einer *objektiven* Größenskala liegen, während dies bei Präferenzexperimenten oft nicht der Fall ist.

Im typischen Unterscheidungsexperiment wird die Person mit aufeinanderfolgenden Stimuluspaaren konfrontiert, wobei je ein Standardstimulus und ein variabler Stimulus gegeben werden. Sie sollen miteinander verglichen werden. Es wird angenommen, daß der zweite Stimulus umso öfter als „größer" beurteilt wird, je größer die *wirkliche* Differenz zwischen seiner Größe und der Größe des Standardstimulus ist. So kann aufgrund der Häufigkeit, mit der er als größer beurteilt wurde, jedem Stimulus eine „subjektive Größe" beigeordnet werden. Man kann annehmen, daß diese subjektive Größe eine monoton wachsende Funktion der physikalischen Größe sein wird.

Bei Präferenzexperimenten fehlt häufig eine solche zugrundeliegende objektive Größenskala. Beispielsweise kann eine Person gefragt werden, welche von zwei geometrischen Figuren ihr besser gefalle. Es wäre wünschenswert, jedem Stimulus einen „subjektiven Wert" beizuordnen, wobei die Häufigkeit, mit der x y vorgezogen wurde, die Differenz zwischen diesen subjektiven Werten ausdrücken sollte. Ebenso wäre zu wünschen, daß diese subjektiven Werte auf einer möglichst starken

Skala ausgedrückt würde. Bevor wir dies zu tun versuchen, sollten wir der Frage nachgehen, ob eine solche Skala überhaupt so bestimmt werden kann, daß sie einige minimale Konsistenzbedingungen erfüllt.

Bei einem Präferenzexperiment, das die Frage nach der Existenz einer subjektiven Skala beantworten soll, sind die Karten oft gleichsam *zuungunsten* der affirmativen Antwort gemischt. Falls sich dessenungeachtet eine positive Antwort ergibt, so wäre sie wahrscheinlich ebenso ausgefallen, wenn die Umstände günstiger gewesen wären.

Um dies zu verdeutlichen, nehmen wir an, wir wollten die Präferenzen einer Person zwischen 10 Gesichtsphotographien in bezug auf die Schönheit untersuchen. Wir könnten sie einfach auffordern, diese Photographien in einer Reihe vom anziehendsten bis zum abstoßendsten Gesicht anzuordnen. Durch dieses Verfahren wäre eine Ordinalskala hergestellt. Aber diese Ordnung besagt sehr wenig, denn bei einer anderen Gelegenheit könnte die Person die Photographien anders anordnen. Falls wir daraus folgerten, die Ursachen ihrer Präferenzen oder ihre Vergleichstandards hätten sich geändert, so behaupteten wir lediglich etwas, was in der Beobachtung selbst enthalten wäre. Wir hätten die „wirkliche" Präferenzskala der Person nicht aufgedeckt. Aber gerade diese könnte ihren Entscheidungen zugrunde liegen, obwohl sie sich wegen zufälliger Verschiebungen oder Fehler in ihren Antworten nicht klar zeigt.

Andererseits sagt uns auch eine bei mehreren verschiedenen Gelegenheiten konsistent gebliebene Ordnung der Photographien noch wenig, da dies lediglich die Tatsache wiedergeben könnte, daß die Person sich an ihre erste Entscheidung erinnert und diese wiederholt, um nicht inkonsequent zu erscheinen. Aber die zuerst aufgestellte Ordnung brauch ihre „wirklichen" Präferenzen nicht wiederzugeben. Diese kann durch Fehler zustandegekommen sein, die dann in den nachfolgenden Ordnungen wiederholt und verewigt werden.

Eine oft benutzte Methode bei Präferenzexperimenten ist die der *paarweisen Vergleiche*. Bei gegebener Stimulusmenge werden der Person alle (oder ausreichend viele) Paare dieser Menge zum Vergleich angeboten. Es könnte geschehen, daß die Person bei zeitlich genügend weit auseinanderliegenden Vergleichen inkonsistent wird. Aber in den Häufigkeiten, mit denen sie einige Photographien besser beurteilt als andere, könnte sie trotzdem Konsistenz beweisen. Die Formulierung von Bedingungen, die unter inkonsistenten Antworten (wie bei den wiederholten paarweisen Vergleichen) begünstigenden Umständen erfüllt werden sollen, bedeutet, daß die Karten zuungunsten der Entstehung von Präferenzskalen „gemischt" werden.

Hier muß das mathematische Problem der Bestimmung notwendiger und hinreichender Bedingungen für die Häufigkeiten von Antworten der Form „x wird y vorgezogen" gelöst werden, um die Schlußfolgerung auf die Existenz einer subjektiven Präferenzenskala zu rechtfertigen. Erst wenn diese Bedingungen erfüllt sind, können wir die Konstruktion einer solchen Skala angehen.

Das Auswahlaxiom

Die Situation, mit der wir es zu tun haben wird *Auswahlexperiment* genannt. Der Person werden verschiedene Alternativmengen angeboten, und sie soll jedesmal eine von ihnen als die „am meisten vorgezogene" auswählen. Wir bemerken, daß die Methode des paarweisen Vergleichs ein Spezialfall des oben genannten Verfahrens darstellt, wobei alle Mengen als Paare angeboten werden.

Wir führen folgende Bezeichnungen ein: Die Menge aller im Experiment auftretenden Alternativen soll T heißen. Jede Präsentation soll eine gewisse Teilmenge A von T beinhalten. Ein Experiment wird aus vielen solchen Präsentationen bestehen. Dieselbe Teilmenge A kann viele Male präsentiert werden. Es wird angenommen, die Person werde in ihren Wahlverhalten *nicht* konsistent sein. Bei der Präsentation derselben Alternativenmenge A wird sie einmal die eine, ein andermal eine andere Alternative vorziehen. Aufgrund der relativen Häufigkeiten der Wahl der Alternative x aus der Teilmenge A können wir die bedingte Wahrscheinlichkeit $p_A(x)$ schätzen, d.h. die Wahrscheinlichkeit dafür, daß bei der Präsentation von A x (eine der Alternativen von A) gewählt wird.

Sodann definieren wir $p_T(A)$ als die Wahrscheinlichkeit dafür, daß die gewählte Alternative aus der Teilmenge A kommt, sobald die Gesamtmenge T präsentiert wurde:

$$p_T(A) = \sum_{x \in A} p_T(x), \tag{12.1}$$

d.h. diese Wahrscheinlichkeit ist die Summe der Wahrscheinlichkeiten, daß x gewählt wird, sobald T präsentiert wird, wobei x über die Alternativen in A geht.

Die Gleichung (12.1) ist lediglich eine Umformulierung des wahrscheinlichkeitstheoretischen Gesetzes der Addition. Wenn A ein *Ereignis* ist, das aus einer Menge von Elementarereignissen x, y usw. gebildet wurde, so gleicht die Wahrscheinlichkeit von A der Summe der Wahrscheinlichkeiten von Elementarereignissen, aus denen A besteht.

A und B seien zwei Teilmengen von T und $A \cap B$ sei ihr Durchschnitt – d.h. die Menge von Ereignissen, die sowohl zu A als auch zu B gehören. Dann können wir die *bedingte Wahrscheinlichkeit* definieren:

$$p_T(B \mid A) = \frac{p_T(B \cap A)}{p_T(A)} . \tag{12.2}$$

In unserem Auswahlexperiment stellt die linke Seite von (12.2) die Wahrscheinlichkeit dafür dar, daß bei der Präsentation von T die gewählte Alternative immer dann aus B stammen wird, wenn diese sich in A befindet.

Das Auswahlaxiom[2]) lautet:

$$p_T(x \mid A) = p_A(x). \tag{12.3}$$

Die linke Seite von (12.3) bezeichnet das Verhältnis der Anzahl von Fällen, in denen x (eine Alternative in A) bei der Präsentation von T gewählt wurde zur Anzahl von Fällen, in denen irgendeine Alternative von A gewählt wurde. Die rechte Seite bezeichnet das Verhältnis der Anzahl der Fälle, in denen x bei der Präsentation von A gewählt wurde zur Anzahl von Fällen, in denen A präsentiert wurde.

Das Auswahlaxiom beinhaltet eine Anzahl von Folgerungen:

(i) $p_T(x) \neq 0 \Rightarrow p_A(x) \neq 0$.
(ii) $p_T(x) = 0, p_A(A) \neq 0 \Rightarrow p_A(x) = 0$.
(iii) $p_T(y) = 0, y \neq x \Rightarrow p_T(x) = p_{T-\{y\}}(x)$.
(iv) Falls $p_T(y) \neq 0$ für alle y gilt, dann ist
$$p_T(x) = p_A(x) \, p_T(A).$$

Diese Resultate formulieren auf den ersten Blick selbstverständlich scheinende Sachverhalte. Trotzdem stellen sie keine Tautologien dar und können experimentell widerlegt werden. Beispielsweise behauptet (i): Falls x bei der Präsentation von T zuweilen gewählt wird, dann wird es manchmal auch gewählt, wenn die Teilmenge A präsentiert wird, deren Element x ist. Es ist jedoch denkbar, daß eine Person manchmal x wählt, wenn sich irgendeine andere (nicht in A befindliche) Alternative unter den angebotenen befindet, daß sie jedoch x niemals ohne diese Alternative wählt.

(iii) behauptet: Wenn eine Alternative y bei der Präsentation von T niemals gewählt wird, dann werden die Wahrscheinlichkeiten, mit denen die anderen Alternativen gewählt werden nicht verändert, falls diese Alternative ganz verschwindet. Dies wird, wie wir wissen, nicht immer der Fall sein. Beispielsweise kann eine Wahl als ein Ordnen von Präferenzen zwischen Kandidaten oder Parteien aufgefaßt werden. Die Alternativen x und y sollen nun „gemäßigte" und z eine „extreme" Partei darstellen. Die Präferenz des Wählers schwankt zwischen x und y, wenn dies die einzigen Parteien auf dem Stimmzettel sind. Wenn $T = \{x, y, z\}$ und $A = \{x, y\}$, können wir schreiben $A = T - \{z\}$. Wenn A präsentiert ist, dann wählt die Person x mit einer Wahrscheinlichkeit $p_A(x) < 1$. Wenn auf dem Stimmzettel jedoch auch die „extremistische" Partei z auftaucht, dann könnte sie *immer* für x stimmen. Obwohl also in diesem Falle $p_T(z) = 0$ ist, gilt doch $p_{T-\{z\}}(x) < 1 \neq p_T(x) = 1$, was (iii) widerspricht.

Falls A lediglich zwei Alternativen x und y enthält, dann soll $p_A(x)$ durch $p(x, y)$ dargestellt werden. D.h. $p(x, y)$ ist die Wahrscheinlichkeit, daß x bei einem paarweisen Vergleich y vorgezogen wird.

Die wichtigste Folgerung aus dem Auswahlaxiom ergibt sich beim Übergang zur Formulierung einer notwendigen und hinreichenden Bedingung der Existenz einer Präferenzskala mit gewissen einfachen Eigenschaften.

Es sei $p_T(x) \neq 0$ für alle x in T, und das Auswahlaxiom gelte für alle x und für alle A (Teilmengen von T). Dann ist

(i)　　$$p(x, z) = \frac{p(x, y)\, p(y, z)}{p(x, y)\, p(y, z) + p(z, y)\, p(y, x)} \qquad (12.4)$$

(ii)　　$$p_T(x) = \frac{1}{1 + \Sigma p(y, x) / p(x, y)}, \qquad (12.5)$$

wobei über alle y in T, $y \neq x$ summiert wird.

Beweis: Die Folgerung (iv) aus dem Auswahlaxiom ist

$$p_A(x) = \frac{p_T(x)}{p_T(A)}. \qquad (12.6)$$

Falls A lediglich aus x und y besteht, gilt $p_A(x) = p(x, y)$. Wir erhalten durch Substitution in (12.6)

$$p(x, y) = \frac{p_T(x)}{p_T(A)} \qquad (12.7)$$

$$p(y, x) = \frac{p_T(y)}{p_T(A)}. \qquad (12.8)$$

Folglich ist

$$\frac{p(x, y)}{p(y, x)} = \frac{p_T(x)}{p_T(y)}. \qquad (12.9)$$

Ferner gilt die Identität

$$1 = \frac{p_T(x)\, p_T(y)\, p_T(z)}{p_T(y)\, p_T(z)\, p_T(x)}. \qquad (12.10)$$

was angesichts der Gleichung (12.9) wie folgt geschrieben werden kann:

$$1 = \frac{p(x, y)\, p(y, z)\, p(z, x)}{p(y, x)\, p(z, y)\, p(x, z)}. \qquad (12.11)$$

Indem wir $1 - p(x, z)$ für $p(z, x)$ in (12.11) substituieren und nach $p(x, z)$ auflösen, erhalten wir die Gleichung (12.4).

Um (12.5) zu beweisen, können wir wegen (12.9) schreiben:

$$1 + \Sigma \frac{p(y, x)}{p(x, y)} = \frac{p_T(x)}{p_T(x)} + \Sigma \frac{p_T(y)}{p_T(x)}, \qquad (12.12)$$

wobei die Summierung über alle y in T für $y \neq x$ geht. Die rechte Seite von (12.12) kann auch folgendermaßen geschrieben werden:

$$\frac{1}{p_T(x)} \Sigma p_T(y) = \frac{1}{p_T(x)}, \tag{12.13}$$

wobei die Summe diesmal über alle y in T geht und folglich 1 ergibt.

Durch Substitution von (12.13) in (12.12) und Auflösung nach $p_T(x)$ erhalten wir (12.5).

Aus (12.11) ergibt sich

$$\frac{p(x,y)\,p(y,z)}{p(y,x)\,p(z,y)} = \frac{p(x,z)}{p(z,x)}. \tag{12.14}$$

Falls (12.14) für alle x, y und z in T gilt, dann kann eine Präferenzskala auf der Grundlage paarweiser Vergleiche konstruiert werden. Es sei $u(s) = k$, wobei s eine willkürlich bestimmte Alternative in T und k eine willkürliche Konstante sind. Wir setzen

$$u(x) = \frac{kp(x,s)}{p(s,x)}. \tag{12.15}$$

Dann erhalten wir wegen (12.14) und (12.15)

$$\frac{u(x)}{u(y)} = \frac{kp(x,s)\,p(s,y)}{p(s,x)\,kp(y,s)} = \frac{p(x,y)}{1 - p(x,y)}, \tag{12.16}$$

wobei wir $1 - p(x,y)$ für $p(y,x)$ substituiert hatten. Durch Auflösung nach $p(x,y)$ erhalten wir

$$p(x,y) = \frac{u(x)}{u(x) + u(y)}. \tag{12.17}$$

Bei der Definition von $u(x)$ haben wir im wesentlichen jeder Alternative in T einen „Wert" u zugeordnet. Für beliebige zwei Alternativen, x, y ist $u(x) \geqslant u(y)$ dann und nur dann, $p(x,y) \geqslant p(y,x)$ gilt, d.h. dann und nur dann, wenn beim paarweisen Vergleich x öfter vorgezogen wird als y. Ferner gilt $u(x) > u(z)$ falls $u(x) > u(y)$ und $u(y) > u(z)$ gelten. D.h. $u(x)$ gibt die transitive Präferenzrelation wieder und damit eine bona fide Ordnung der Alternativen. Zudem ist diese Skala stärker als eine Ordinalskala. Sie ist eine *Verhältnisskala*, da sie nur eine Ähnlichkeitstransformation $u' = au$ erlaubt, wobei a eine durch eine willkürlich gewählte Einheit bestimmte Konstante ist.

Sobald die Präferenzenskala $u(x)$ aufgrund paarweiser Vergleiche aufgestellt ist, kann die Wahrscheinlichkeit für die Wahl der Alternative x aus der Gesamtmenge T bestimmt werden. Sie ist gegeben durch

$$p_T(x) = \frac{u(x)}{\underset{y \in T}{\Sigma}\, u(y)}. \tag{12.18}$$

Nun können die beobachteten Häufigkeiten über Wahl der Alternativen x aus der Gesamtmenge verglichen werden mit der durch (12.18) vorhergesagten. Damit wird das Auswahlaxiom getestet.

Ferner muß betont werden, daß das Axiom nur auf Situationen mit ausreichender Ambivalenz angewendet werden kann, d.h. wenn keine der Alternativen mit Sicherheit ständig abgelehnt wird, d.g. wenn $0 < p(x) < 1$ für alle x in T gilt. Auf diese Weise wird die Inkonsistenz der Individuen bei Wahlexperimenten eher zu einem Vorteil als zum Nachteil. Denn falls jemand immer mit Sicherheit wählt, dann kann aufgrund der Daten lediglich eine Ordinalskala gebildet werden, falls die Präferenzen aber allein auf der Basis von Wahlhäufigkeiten gebildet wurden und das Auswahlaxiom gilt, dann kann die Präferenzenordnung auf einer Verhältnisskala festgehalten werden[3]). Weiter unten werden wir Fälle untersuchen, in denen das Auswahlaxiom deutlich verletzt wird.

Rangordnung von Alternativen

Wenden wir uns nun Situationen zu, in denen die Person für die gesamte Alternativmenge eine Rangordnung ihrer Präferenzen aufstellt. Dadurch gibt sie mehr Information als durch die Wahl nur einer Alternative. Die Bestimmung einer Ordnung kann als Bestimmung der besten Alternative interpretiert werden, *und* der zweitbesten (also der nächstbesten, wenn die beste fehlt), *und* der drittbesten (also der besten, wenn die beiden ersten fehlen) usw.

Dadurch kann eine probabilistische Folgerung begründet werden. Die Rangordnung der n Alternativen in T sei durch ρ dargestellt, d.h. $\rho = (\rho_1, \rho_2, \ldots, \rho_n)$ wobei ρ_i die Alternative vom i-ten Rang ist. Wir nehmen an:

$$p(\rho) = p_T(\rho_1) p_{T'}(\rho_2) p_{T''}(\rho_3) \ldots p(\rho_{n-1}, \rho_n), \qquad (12.19)$$

wobei $T' = T - \{\rho_1\}$, $T'' = T - \{\rho_1, \rho_2\}$ usw.

Die linke Seite von (12.19) ist die Wahrscheinlichkeit, daß eine Person die Rangordnung ρ herstellen wird. Der erste Faktor auf der rechten Seite ist die Wahrscheinlichkeit dafür, daß sie die Alternative ρ_1 aus der Gesamtmenge T wählen wird, der zweite, daß sie ρ_2 wählen wird, falls ρ_1 aus T ausgeschlossen wurde usw.

Wie die im Auswahlaxiom enthaltene Relation (12.3) mag auch (12.19) empirisch bestätigt werden oder auch nicht.

Nun wollen wir eine mögliche Beziehung zwischen den Auswahlwahrscheinlichkeiten bei paarweisen Vergleichen und den Wahrscheinlichkeiten der Rangordnungen untersuchen.

Konkret nehmen wir an, die Alternativenmenge sei $\{x, y, z\}$. $p(xyz), p(yzx)$, usw. bezeichnen die Wahrscheinlichkeiten der sechs möglichen Rangordnungen. Nun ist die Wahrscheinlichkeit, daß x innerhalb einer Rangordnung y vorangeht laut Definition:

$$p(x; y) = p(xyz) + p(xzy) + p(zxy). \qquad (12.20)$$

Aufgrund eines Wahlexperiments können wir eine Schätzung von $p(x, y)$ erhalten, also die Wahrscheinlichkeit, daß bei einem paarweisen Vergleich x y vorgezogen wird. Wir könnten annehmen, daß $p(x, y) = p(x; y)$ gilt. Empirisch mögen jedoch die Häufigkeiten, aufgrund derer $p(x; y)$ und $p(x, y)$ geschätzt wurden, signifikant verschieden sein. Diese Diskrepanz braucht nicht auf Inkonsistenzen des Individuums zu beruhen. Um dies zu erkennen, nehmen wir an, das Individuum verfahre bei der Bestimmung der Rangordnung zwischen den Alternativen x, y und z folgendermaßen: Zunächst wählt es willkürlich ein Alternativpaar, d.h. jedes Paar mit der Wahrscheinlichkeit 1/3. Dann ordnet es mit den entsprechenden Wahrscheinlichkeiten diese Alternativen durch paarweisen Vergleich. Aus diesem Paar wählt es eine Alternative willkürlich, also mit der Wahrscheinlichkeit 1/2 und vergleicht sie mit der dritten Alternative. Dies kann zu einer Rangordnung führen oder auch nicht. Nehmen wir an, das Paar (x, y) sei als erstes gewählt worden, und x wurde y vorgezogen. Falls y aus diesem Paar gewählt und y z vorgezogen wurde, dann ist dadurch die Rangordnung (xyz) hergestellt. Falls jedoch x ausgewählt und z vorgezogen wurde, dann erhalten wir $x \gg y$ und $x \gg z$, aber die Präferenzrelation zwischen y und z ist nicht angegeben. In diesem Falle müssen z und y noch verglichen werden. Falls $y \gg z$ gilt, dann ist (xyz) gegeben. Falls $z \gg y$, dann ist (xzy) gegeben, da wir schon $x \gg z$ hatten.

Durch dieses Verfahren kann die Wahrscheinlichkeit jeder Rangordnung durch paarweisen Vergleich der Präferenzwahrscheinlichkeiten ausgedrückt werden und umgekehrt. Es zeigt sich, daß

$$p(x, y) = \frac{p(xyz) - p(zxy)}{p(xyz) - p(zxy) + p(yxz) - p(zyx)}, \qquad (12.21)$$

gilt, was nicht mit der rechten Seite von (12.20) übereinstimmt. So sehen wir, daß die Relationen zwischen Präferenzwahrscheinlichkeiten des paarweisen Vergleichs und Wahrscheinlichkeiten der Rangordnung von den Verfahren abhängen, die bei der Bestimmung der Rangordnungen auf der Basis paarweiser Vergleiche angewendet wurden. Dasselbe gilt für Relationen zwischen den Wahrscheinlichkeiten der Auswahl einzelner Alternativen aus einer angebotenen Menge und den Wahrscheinlichkeiten der Rangordnungen. Trotzdem scheint die folgende Relation „natürlich" zu sein:

$$p_A(x) = \sum_{R(x,A)} p(\rho). \tag{12.22}$$

Die linke Seite der Gleichung (12.22) ist die Wahrscheinlichkeit, daß x gewählt wird, sobald die Teilmenge A von T präsentiert ist. Die rechte Seite ist die Summe der Wahrscheinlichkeiten all jener Rangordnungen der Menge T, in denen x alle anderen Alternativen der Menge A „überragt". Offensichtlich stellt (12.22) eine Verallgemeinerung von (12.20) dar. Nun entsteht die Frage, unter welchen Bedingungen die „natürliche" Relation (12.22) befriedigt ist? Anders ausgedrückt, welches Modell des Wahlverhaltens impliziert die Gültigkeit von (12.22) und/oder ist selbst davon impliziert?

Ein Modell des Wahlverhaltens haben wir schon diskutiert. Es beruht auf der Annahme, daß alle Alternativen, zwischen denen das Individuum wählen soll, feste Nutzen besitzen. Sie werden durch $u(x)$ angegeben (wobei x ein beliebiges Element der Alternativmenge T ist). Die Inkonsistenzen des Individuums bei der Wahl der Alternativen aus einer angebotenen Menge wurden probabilistisch bestimmten „Urteilsirrtümern" zugeschrieben. Dieses Modell wurde *striktes Nutzenmodell* genannt, womit auf die festgelegten Werte der „realen" oder „latenten" Nutzen verwiesen wurde.

Im Gegensatz dazu nimmt das *Zufallsmodell des Nutzens* statistische Fluktuationen der *Nutzen selbst* an, so daß der Nutzen einer Alternative x zu jedem Zeitpunkt eine Zufallsvariable $U(x)$ ist, und die geordnete Menge dieser Zufallsvariablen $U = (U(x), U(y) \ldots U(z))$ eine mehrdimensionale Zufallsvariable, *Zufallsvektor* genannt bildet. Die Veränderungen der Komponenten dieses Vektors induzieren in Übereinstimmung mit einem bestimmten Wahrscheinlichkeitsgesetz die Wahrscheinlichkeit $Pr[U(x) \leqslant x, U(y) \leqslant y \ldots U(z) \leqslant z]$. Bei dieser Definition eines Zufallsmodells der Nutzen wird über die Abhängigkeit oder Unabhängigkeit der Komponenten von U nichts gesagt.

Sei $y \in Y \subset T$. Die Wahrscheinlichkeit, daß der momentane Nutzen von x bei der Präsentation von T nicht kleiner als alle $y \in Y$ sein wird, kann nunmehr wie folgt ausgedrückt werden:

$$Pr[U(x) \geqslant U(y), y \in Y] = \int_{-\infty}^{\infty} Pr[U(x) = t, U(y) \leqslant t, y \in Y] \, dt. \tag{12.23}$$

Falls die Komponenten von U unabhängige Zufallsvariablen sind, dann wird die rechte Seite von (12.23) zu dem Ausdruck

$$\int_{-\infty}^{\infty} Pr[U(x) = t] \, \Pi \, Pr[U(y) \leqslant t] \, dt. \tag{12.24}$$

wobei das Produkt über alle Elemente $y \in Y$, $y \neq x$ geht.

Macht es überhaupt einen Unterschied ob man die Inkonsistenz der Veränderungen von Nutzenwerten zuschreibt, oder sie – unter der Annahme festen Nutzen – auf seiten der Urteile und Entscheidungsirrtümer des Individuums sucht? Ein Unterschied ist gegeben, denn ein striktes Nutzenmodell kann immer durch ein Zufallsmodell der Nutzen mit unabhängigen Komponenten dargestellt werden, aber im allgemeinen nicht umgekehrt. Somit bilden die Zufallsmodelle des Nutzens eine wesentlich allgemeinere Klasse von Entscheidungsmodellen als das strikte Nutzenmodell. Die strikten Nutzenmodelle sind nämlich diejenigen Zufallsmodelle, die sowohl Gleichung (12.19) als auch (12.22) befriedigen.

Nun wollen wir ein „paradoxes" Ergebnis ableiten, das die Notwendigkeit sorgfältiger Überprüfung der axiomatischen Grundlagen eines jeden stochastischen Modells der Präferenzbildung vor Augen führen soll. Angenommen, wir besitzen ein Zufallsmodell der Nutzen beim Wahlverhalten. Eine durch dieses Modell charakterisierte Person wird über einer gegebenen Alternativenmenge eine Rangordnung mit der Wahrscheinlichkeit

$$Pr(\rho) = Pr[U(\rho_1) > U(\rho_2) > \ldots > U(\rho_n)] \tag{12.25}$$

herstellen, wobei ρ_i wie vorher die Alternative i-ten Ranges in der Rangfolge ist.

Nehmen wir ferner an, bei der Rangordnung der Alternativen von der am *wenigsten* bis zur am *meisten* vorgezogenen Alternative liege *dasselbe* Zufallsmodell der Nutzen wie bei der Rangordnung von der am meisten bis zur am wenigsten vorgezogenen. Wenn dann $p^*(\rho)$ die Wahrscheinlichkeit der Rangordnung darstellt, die ein „Spiegelbild" von ρ ist, so erhalten wir den Ausdruck

$$p^*(\rho) = Pr[U(\rho_1) < U(\rho_2) < \ldots < U(\rho_n)]. \tag{12.26}$$

Ferner definieren wir ρ^* als die spiegelbildliche Ordnung von ρ. Somit gilt

$$\rho_1^* = \rho_n; \rho_2^* = \rho_{n-1}, \ldots, \rho_n^* = \rho_1. \tag{12.27}$$

Die Gleichungen (12.26) und (12.27) implizieren

$$p^*(\rho^*) = p(\rho). \tag{12.28}$$

Für den Spezialfall zweier Alternativen erhalten wir die Gleichung

$$p(x, y) = p^*(y, x). \tag{12.29}$$

Schließlich nehmen wir an, daß die Person charakterisierende Zufallsmodell der Nutzen sei gleichzeitig ein Modell des strikten Nutzens. Dies ist der Fall, falls (12.19) und (12.22) erfüllt sind. Mehr noch – die Annahme, dasselbe Zufallsmodell der Nutzen liege beiden Rangordnungen (vom Besten bis zum Schlechtesten und vom Schlechtesten bis zum Besten) zugrunde impliziert, daß (12.19) sowohl für die Wahrscheinlichkeiten mit als auch für die ohne Stern gilt. Somit erhalten wir

$$p(\rho) = p_T(\rho_1) p_{T'}(\rho_2) \ldots p(\rho_{n-1}, \rho_n) \tag{12.30}$$

$$p^*(\rho) = p_T^*(\rho_1) p_{T'}^*(\rho_2) \ldots p^*(\rho_{n-1}, \rho_n), \tag{12.31}$$

wobei T' usw. dasselbe bedeutet wie in der Gleichung (12.19).

Da angenommen wird, es handle sich um ein Modell des strikten Nutzens, so existiert eine Nutzenfunktion $u(x)$ der Alternativen in T. Da die Einheit dieses Nutzenmaßes willkürlich gewählt werden kann, können wir ohne Verlust an Allgemeinheit annehmen, daß $\Sigma u(x) = 1$ gelte.

Wählen wir nun beliebige x, y aus T, und ρ sei die Rangfolge von T, wobei $x = \rho_1$ und $y = \rho_2$ sind. σ sei die Rangfolge, in der $\rho_1 = y$ und $\rho_2 = x$, während für $i = 3, \ldots, n$ $\sigma_i = \rho_i$ ist. D.h. σ ergibt sich aus ρ durch Wechsel der Ränge von x und y. Dann erhalten wir aufgrund von (12.30),

$$\frac{p(\rho)}{p(\sigma)} = \frac{p_T(x) p_{T'}(y) p_{T''}(\rho_3) \ldots}{p_T(y) p_{T'}(x) p_{T''}(\rho_3) \ldots}, \tag{12.32}$$

wobei im Zähler auf der rechten Seite $T' = T - \{x\}$, $T'' = T - \{x, y\}$ usw. und im Nenner $T' = T - \{y\}$, $T'' = T - \{y, x\}$ usw. sind.

Indem wir die ähnlichen Faktoren im Zähler und Nenner auf der rechten Seite von (12.32) streichen, erhalten wir aufgrund unserer Annahme, es handle sich um ein striktes Nutzenmodell die folgende Gleichung

$$\frac{p(\rho)}{p(\sigma)} = \frac{u(x) u(y)/[\Sigma u(z)] [\Sigma u(z)]}{u(y) u(x)/[\Sigma u(z)] [\Sigma' u(z)]}, \tag{12.33}$$

wobei die Summierung Σ über alle z in T geht, die Summierung Σ' im Zähler über alle $z \neq x$ und die Summierung Σ' im Nenner über alle $z \neq y$. Aber wir hatten unsere Nutzeneinheit so gewählt, daß $\Sigma u(z) = 1$ ist, also ist $\Sigma' u(z) = 1 - u(x)$ im Zähler und $1 - u(y)$ im Nenner. Damit reduziert sich die rechte Seite von (12.32) zu

$$\frac{1 - u(y)}{1 - u(x)}. \tag{12.34}$$

Nun wenden wir dieses Verfahren auch auf ρ^* und σ^* an:

$$\frac{p^*(\rho^*)}{p^*(\sigma^*)} = \frac{p_T^*(\rho_1^*)\, p_{T'}^*(\rho_2^*)\ldots p^*(\rho_{n-1}^*,\rho_n^*)}{p_T^*(\sigma_1^*)\, p_{T'}^*(\sigma_2^*)\ldots p^*(\sigma_{n-1}^*,\sigma_n^*)}, \tag{12.35}$$

wobei im Zähler gilt: $T' = T - \{\rho_1^*\}$, $T'' = T - \{\rho_1^*,\rho_2^*\}$ usw., und im Nenner $T' = T - \{\sigma_1^*\}$ usw., Aber $\rho_1^* = \rho_n$, $\rho_2^* = \rho_{n-1}$ usw., $\sigma_1^* = \sigma_n$, $\sigma_2^* = \sigma_{n-1}$ usw.

Also kann die rechte Seite von (12.35) folgendermaßen geschrieben werden:

$$\frac{p_T^*(\rho_n)\, p_{T'}^*(\rho_{n-1})\ldots p^*(y,x)}{p_T^*(\sigma_n)\, p_{T'}^*(\sigma_{n-1})\ldots p^*(x,y)}, \tag{12.36}$$

wobei im Zähler nunmehr $T' = T - \{\rho_n\}$, $T'' = \{\rho_n,\rho_{n-1}\}$ usw. und im Nenner $T' = T - \{\sigma_n\}$ usw. sind. Indem wir gleiche Faktoren streichen, reduzieren wir (12.36) zum folgenden Ausdruck:

$$\frac{p^*(y,x)}{p^*(x,y)} = \frac{p(x,y)}{p(y,x)} = \frac{u(x)}{u(y)}. \tag{12.37}$$

Indem wir (12.28) auf ρ^* und auf σ^* anwenden, erhalten wir

$$\frac{1-u(y)}{1-u(x)} = \frac{u(x)}{u(y)} \tag{12.38}$$

oder

$$[1-u(y)]\,u(y) = [1-u(x)]\,u(x). \tag{12.39}$$

Die linke Seite von (12.39) ist von x unabhängig, und die rechte Seite von y. Also gilt $u(x) =$ konstant für alle x.

Unsere Annahmen haben zu einer Folgerung geführt, deren empirische Bestätigung wir mit Sicherheit nicht erwarten dürfen: die Person soll aus jeder ihr dargebotenen Alternativenmenge jede Alternative mit gleicher Wahrscheinlichkeit wählen! *Block/Marschak* [1960], die dieses Resultat zuerst abgeleitet haben, haben es als starke Widerlegung des Modells der strikten Nutzen interpretiert. Wie jedoch *Luce/Suppes* [1965, S. 358] bemerkten, haben Block/Marschak die Annahme, daß dasselbe Zufallsmodell der Nutzen beiden Randordnungen ρ und ρ^* zugrunde liegt, nicht explizit formuliert. Wir werden uns diese Annahme daher genauer ansehen.

Um eine mögliche Fehlinterpretation auszuschließen, müssen wir daran denken, daß die obigen stochastischen Modelle nicht auf Situationen angewendet werden können, in denen die Auswahlentscheidungen sicher sind. Wenn x und y beispielsweise verschiedene Geldbeträge sind, dann können wir annehmen, daß (zumindest in unserer Gesellschaft) fast jedermann die Beträge vom größten zum kleinsten hin in eine Rangfolge bringen wird, die der Ordnung vom am meisten zum wenigsten vorgezogenen Betrag entspricht. In dieser Situation wird die Person bei allen ihren Auswahlentscheidungen konsistent verfahren. Aber solche Situationen sicherer Präferenzen waren ja bei der Konstruktion des Modells der strikten Nutzen explizit ausgeschlossen. Wir müssen daher unsere Aufmerksamkeit auf Situationen lenken, in denen alle Auswahlentscheidungen und Ordnungen mit Wahrscheinlichkeiten kleiner als 1 versehen sind.

Der schwächste Punkt des genannten Modells scheint die Annahme zu sein, daß sowohl der Ordnung vom Besten zum Schlechtesten als auch vom Schlechtesten zum Besten dasselbe Zufallsmodell der Nutzen zugrundeliegt. Denn während die Rangfolge vom Besten zum Schlechtesten ohne weiteres interpretierbar ist, kann die umgekehrte Rangfolge zumindestens dann nicht leicht gedeutet werden, wenn die Gleichung (12.19) erfüllt werden soll. Die Interpretation der erstgenannten Rangfolge lautet: „Falls ich aus der gesamten Menge T wählen kann, werde ich ρ_1 wählen; falls ich ρ_1 nicht haben kann, werde ich ρ_2 wählen usw."

Kann nun die Rangordnung ρ^* vom Schlechtesten zum Besten ebenso interpretiert werden?

Wie kann man die Nennung der „schlechtesten" Alternative auf eine *Wahl* beziehen? Die folgende Interpretation könnte dafür gegeben werden: die *n* Alternativen seien *n* mögliche Strafen, denen die Person unterworfen werden *kann*, wobei die zu realisierenden Strafen zuerst alle als gleich-wahrscheinlich angegeben sind. Die Person darf eine der Strafen ablehnen. Sie wird wohl jene Strafe ablehnen, die ihr im Augenblick als die härteste erscheint, d.h. „schlechteste" Alternative. Um die Strafe zu bestimmen, die die Person als die „zweit-schlechteste" ansieht, kann der Experimentator auf zweierlei Weise verfahren:

1. kann er erklären, die „schlimmste" Strafe werde auf keinen Fall angewendet, und die Person könnte daher eine andere Strafe ablehnen; oder
2. er kann der Person sagen, daß die „schlimmste" Strafe ohnehin *nicht* ausgeschlossen werden *kann*, so daß sie eine andere Strafe nennen muß, die aus der Menge zu eliminieren sei.

Hier handelt es sich offensichtlich um zwei wohlunterschiedene Operationalisierungen der Rang-folge vom Schlechtesten zum Besten, aber keine von ihnen ist mit der Operationalisierung der Rangfolge vom Besten zum Schlechtesten äquivalent. Aus diesem Grunde kann der Formalismus, dessen Annahmen durch die Gleichungen (12.30) und (12.31) ausgedrückt sind (welche wiederum auf Annahmen desselben Zufallsmodells der Nutzen zurückgehen), nicht gerechtfertigt werden.

Vorläufig hat also das Modell der strikten Nutzen die Anschuldigung, es könne die „Realität" nicht wiedergeben, an andere ihm in der Strukturanalyse stillschweigend vorangehende Annahmen weitergegeben. In einem anderen Kontext wird das Ungenügen des Modells der strikten Nutzen überzeugender verdeutlicht.

Die Unterscheidbarkeit von Alternativen

Nehmen wir an, ein Musikliebhaber schätze den Nutzen von *x* (der Schallplatte mit der Eroica von Beethoven) und von *z* (der Schallplatte mit La Mer von Debussy) gleich ein. Das Modell der strikten Nutzen sagt voraus, daß die Person zwischen den zwei Alternativen mit gleicher Wahr-scheinlichkeit wählen werde. Nun nehmen wir an, sie habe die Wahl zwischen drei Schallplatten *x*, *y* und *z*, wobei *x* und *y* zwei identische Eroica-Aufnahmen sind. Da $u(x) = u(y) = u(z)$ gilt, sollte sie nach dem Auswahlaxiom jede der drei Alternativen mit der Wahrscheinlichkeit 1/3 wäh-len. Man wird jedoch vernünftigerweise annehmen können, daß die Person zunächst mit gleicher Wahrscheinlichkeit zwischen Beethoven und Debussy wählt. Falls die Wahl auf Debussy fällt, ak-zeptiert sie *z*, falls die Wahl auf Beethoven fällt, wählt sie weiterhin mit gleicher Wahrscheinlichkeit zwischen den beiden identischen Aufnahmen. Bei diesem Vorgehen wird Debussy mit der Wahr-scheinlichkeit 1/2 gewählt und jede der Beethoven-Aufnahmen mit der Wahrscheinlichkeit 1/4. Dies widerspricht der Voraussage, die unter der Annahme des Auswahlaxioms gemacht wurde.

Um Situationen dieser Art zu berücksichtigen, muß dem Modell des Wahlverhaltens ein neuer Begriff hinzugefügt werden, nämlich Unterscheidbarkeit. Ununterscheidbare Alternativen wer-den zu einer einzigen Alternative zusammengefaßt und die Wahrscheinlichkeit der Wahl dieser Al-ternative aus einer so reduzierten Menge wird unter die ununterscheidbaren Alternativen aufgeteilt. Allgemeiner gesagt, geht der Grad der Unterscheidbarkeit in die Bestimmung der Auswahlwahr-scheinlichkeiten ein.

Einfache Skalierbarkeit

Ein wesentlicher dem Auswahlaxiom zugrundeliegender Gedanke ist die *einfache Skalierbarkeit* [*Krantz*, 1964]. Das Auswahlaxiom führt bekanntlich zur Zuordnung von Nutzen $u(x)$ zu jeder Alternative aus der Menge *T*. Die Wahrscheinlichkeit der Wahl von *x* bei gegebenem *A* — einer Teil-menge von *T* — kann ausgedrückt werden durch

$$p_A(x) = \frac{u(x)}{\sum\limits_{y \in A} u(y)}. \tag{12.40}$$

Dieses Modell ist ein Spezialfall einer Klasse von Modellen, die zu den Auswahlwahrscheinlichkeiten

$$p_A(x) = F_A[u(x), \ldots, u(z)]. \tag{12.41}$$

führen, wobei $x, \ldots, z$ Elemente von A sind, und F_A in seinem ersten Argument strikt monoton wächst und in den übrigen strikt monoton abnimmt. Falls also der Nutzen von x zunimmt, während die Nutzen der anderen Alternativen in A gleich bleiben, dann sollte die Wahrscheinlichkeit für die Wahl von x zunehmen. Falls andererseits die Nutzen irgendeiner anderen Alternative in A außer x anwächst, während die übrigen Nutzen gleich bleiben, sollte die Wahrscheinlichkeit der Wahl von x abnehmen. Es ist leicht zu sehen, daß (12.40) ein Spezialfall (12.41) ist, weil die rechte Seite von (12.40) die Definition von F_A erfüllt.

Angesichts dessen überzeugt die Beziehung zwischen den Nutzen und den Wahrscheinlichkeiten intuitiv recht gut. Falls keine weitere Annahmen zur Funktion F_A gemacht werden, so kann man sich nur schwer vorstellen, wie diese Relation systematisch widerlegt werden sollte. Trotzdem sind unsere Erwartungen, die wir an das hypothetische Experiment mit den Schallplatten knüpfen, mit dem einfachen Skalierbarkeitsmodell – wie wir nun zeigen wollen – unvereinbar.

Trotz seiner Allgemeinheit führt das einfache Skalierbarkeitsmodell zu starken Folgerungen. Beispielsweise seien x und y zwei beliebige Alternative in A. Dann ist die Gültigkeit von $p(x, y) \geqslant 1/2$, falls $p_A(x) \geqslant p_A(y)$ eine Konsequenz des einfachen Skalierbarkeitsmodells und umgekehrt – vorausgesetzt daß $p_A(y) \neq 0$ ist. Wir bemerken, daß A eine beliebige Teilmenge von T ist. Daher muß die Präferenzenordnung von x und y von der angebotenen Menge, deren Mitglieder sie sind, unabhängig sein. Dies ist das Prinzip der *Unabhängigkeit von irrelevanten Alternativen*. Wir werden Spielarten dieses Prinzips auch in anderen Zusammenhängen antreffen. In unserem Beispiel mit den Schallplatten haben wir gesehen, daß dieses Prinzip verletzt werden kann. Wenn alle drei Schallplatten angeboten werden, dann wird jede Beethovenschallplatte mit der Wahrscheinlichkeit 1/4 gewählt, während sie mit der Wahrscheinlichkeit 1/2 gewählt wird, wenn nur sie und die Debussyschallplatte im Angebot sind. Also ist $p_T(z) > p_T(x)$, während $p(x, z) = 1/2$ ist, was der Vorhersage des einfachen Skalierbarkeitsmodells widerspricht.

Eliminierung nach Aspekten

Im folgenden wird das Modell der Eliminierung nach Aspekten oder ENA vorgestellt, das kein einfaches Skalierungsmodell ist. Es wurde aufgestellt, um den Einfluß des Ähnlichkeitsgrades zwischen Alternativen auf die Wahrscheinlichkeit, mit der sie gewählt werden, zu berücksichtigen [vgl. *Tversky*].

Betrachten wir die folgende Methode der Alternativenwahl: Die Alternativen seien Bewerber auf eine Stelle, und der gewählte Kandidat soll gewissen Kriterien genügen. Beispielsweise soll er zwischen 30 und 40 Jahre alt sein, verheiratet, mindestens zwei Jahre Berufserfahrung besitzen usw. Ein mögliches Vorgehen bestünde darin, alle Kandidaten, die nicht alle Kriterien erfüllen, auszuscheiden. Das Verfahren kann zu einem der drei Ergebnisse führen: (i) Es gibt genau einen Kandidaten, der alle Kriterien erfüllt, (ii) es gibt mehrere Kandidaten, die alle Kriterien erfüllen und (iii) es gibt keinen Kandidaten, der alle Kriterien erfüllt.

Nur im ersten Falls ist die Entscheidung klar. Im zweiten Falle könnte die Entscheidung durch Los getroffen werden. Im dritten Falle kann die Stelle nicht besetzt werden. Falls die Besetzung der Stelle wichtig ist, dann können ein oder mehrere Kriterien in der Hoffnung fallengelassen werden, einen Bewerber zu finden, der wenigstens die übrigen Kriterien erfüllt. Dieses Verfahren stellt das Problem, die Kriterien nach ihrer Wichtigkeit zu ordnen, denn sobald sie geordnet sind, kann das unwichtigste Kriterium zuerst fallengelassen werden. Falls es auch dann noch keinen qualifizierten Bewerber gibt, kann das nächste unwichtigste Kriterium fallengelassen werden usw.

Die Rangordnung der Kriterien ist der Grundgedanke des Modells der Eliminierung nach Aspekten. Das definierende Verfahren dieses Modells unterscheidet sich etwas von dem eben beschriebenen. Anstelle der Kriterien werden die Bewerber eliminiert. Ferner werden die beim Aussonderungsverfahren angewandten Kriterien probabilistisch gewählt. Die Wahrscheinlichkeit der Anwendung eines bestimmten Kriteriums wird in Übereinstimmung mit seiner Wichtigkeit *gewichtet*.

Um diese Methode zu erläutern, seien x, y und z die drei Bewerber auf eine Stelle. Angenommen, es gäbe einige Kriterien, die den Bewerber qualifizieren. Sie werden im folgenden nach ihrer Wichtigkeit geordnet aufgeführt:

α: Erfahrung

β: Persönlichkeit

γ: Reisewilligkeit

δ: formaler Ausbildungsgrad

ϵ: Gesundheitszustand

ζ: Erscheinung

θ: Familienstand

Bei einem deterministischen Ausscheidungsverfahren wird man zunächst all jene Bewerber ausschließen, die nicht über die erforderliche Erfahrung verfügen. Von den übriggebliebenen Bewerbern wird man jene ausscheiden, deren Persönlichkeit nicht die erwartete Reife aufweist usw. Bei einem stochastischen Verfahren wählt man dagegen jedes folgende Kriterium nach einem Zufallsmechanismus, dessen Auswahlwahrscheinlichkeit für ein gegebenes Kriterium seiner Wichtigkeit proportional ist.

Nehmen wir an, daß von unseren drei Bewerbern lediglich x die erforderliche Erfahrung besitzen, lediglich y die erwartete Persönlichkeit darstelle und lediglich z zu reisen gewillt sei. Ferner besitzen x und y den erwarteten Ausbildungsgrad, nicht aber z; x und z sind beide gesund, nicht aber y; y und z sehen beide gut aus, aber nicht x, und schließlich seien alle drei verheiratet. Diese Situation wird folgendermaßen dargestellt:

$$x' = (\alpha, \delta, \epsilon, \theta)$$
$$y' = (\beta, \delta, \zeta, \theta) \qquad\qquad (12.42)$$
$$z' = (\gamma, \epsilon, \zeta, \theta).$$

Hier bezeichnen x', y' und z' die Kriterienmengen, die von x, y und z resp. erfüllt werden.

Wir bemerken, daß das Kriterium des Familienstandes θ in diesem Falle keine Rolle spielt, da die drei Bewerber sich hierin nicht unterscheiden. Daher wird θ bei der weiteren Entwicklung des Modells nicht berücksichtigt.

Die Wahl des Kandidaten hängt — wie schon gesagt wurde — von den angewendeten Kriterien ab. Diese werden probabilistisch gewählt. Falls nun α zufällig zuerst angewendet wird, dann scheiden y und z aus (da sie α nicht erfüllen) und es wird x angenommen. Falls dagegen β zuerst angewendet wird, wird y angenommen — und falls γ, dann z.

Wenn nun δ zuerst angewendet wird, dann wird lediglich z ausscheiden. Nun muß die Entscheidung zwischen x und y noch fallen. Die Kriterien, die zwischen diesen beiden zu unterscheiden erlauben, sind α, ϵ, β und ζ. Um eines dieser Kriterien zu wählen, werden Lose gezogen (mit der entsprechenden Wahrscheinlichkeit). Falls α oder ϵ gezogen werden, gewinnt x, andernfalls erhält y die Stelle.

Sobald den Kriterien relative Gewichte zugeordnet worden sind, können die Wahrscheinlichkeiten der Wahl eines jeden Bewerbers bestimmt werden.

Diese Gewichte seien durch $u(\alpha)$, $u(\beta) \ldots u(\zeta)$ dargestellt. Nun kann x auf dreierlei Weise gewählt werden: (i) falls zuerst α angewendet wird, wird x sofort ausgewählt, (ii) falls δ zuerst angewendet wird, wird er an y gemessen und dann gewählt, wenn α oder ϵ anschließend angewendet werden, und (iii) falls ϵ zuerst angewendet wird, wird er mit z verglichen und gewählt, wenn α und δ anschließend angewendet werden. Somit erhalten wir

$$p_T(x) = \frac{u(\alpha) + u(\delta)\, p(x, y) + u(\epsilon)\, p(x, z)}{K}, \tag{12.43}$$

wobei $K = u(\alpha) + u(\beta) + \ldots + u(\zeta)$ gilt.

Nun müssen wir noch $p(x, y)$ und $p(x, z)$ bestimmen. Da beim Vergleich von x mit y die unterscheidenden Kriterien α, β, ϵ und ζ sind, und da x gewählt wird, wenn α oder ϵ angewendet werden, so sehen wir, daß gilt:

$$p(x, y) = \frac{u(\alpha) + u(\epsilon)}{u(\alpha) + u(\beta) + u(\epsilon) + u(\zeta)}. \tag{12.44}$$

Die Bestimmung von $p(x, z)$ verläuft analog:

$$p(x, z) = \frac{u(\alpha) + u(\delta)}{u(\alpha) + u(\gamma) + u(\delta) + u(\zeta)}. \tag{12.45}$$

Durch Substitution von (12.44) in (12.43) erhalten wir

$$p_T(x) = \frac{1}{K}\left[u(\alpha) + \frac{u(\delta)\,[u(\alpha) + u(\epsilon)]}{u(\alpha) + u(\beta) + u(\epsilon) + u(\zeta)} \right. $$
$$\left. + \frac{u(\epsilon)\,[u(\alpha) + u(\delta)]}{u(\alpha) + u(\gamma) + u(\delta) + u(\zeta)} \right]. \tag{12.46}$$

Intuitiv beurteilen wir den Ähnlichkeitsgrad zweier Alternativen nach der Anzahl der ihnen gemeinsamen Aspekte. Das ENA-Modell ordnet den Aspekten Gewichte zu, die additiv sein sollen. Somit kann einer Alternativenmenge ein auf dem Gesamtgewicht dieser Aspekte beruhendes Maß zugeordnet werden, welches die Menge eindeutig auszeichnet. Insbesondere sei A eine echte Teilmenge von T. Dann wird $\widetilde{A}$ die Menge der *Aspekte* bezeichnen, die jeder Alternative in A zukommt und keiner Alternative in Nicht-A. Beachte die Unterscheidung zwischen A und $\widetilde{A}$. A ist die Menge der Alternativen x, y, $\ldots$ usw. $\widetilde{A}$ ist die Menge der Aspekte α_1, α_2, usw., die die Menge A eindeutig auszeichnen.

Nun wird $U(\widetilde{A})$ durch $\Sigma u(\alpha_i)$ definiert, wobei $u(\alpha_i)$ die den α_i von $\widetilde{A}$ zugeordneten Gewichte sind. Damit ist $U(\widetilde{A})$ eine Art Nutzen, der jedoch nicht die Nutzen der Alternativen in A bezeichnet (in das ENA-Modell gehen diese überhaupt nicht ein). $U(\widetilde{A})$ verweist auf die relative Wichtigkeit der Menge $\widetilde{A}$, also die Wichtigkeit der die Menge A eindeutig charakterisierenden Aspekte.

In unserem Beispiel sind $U(\{x\}) = u(\alpha)$; $U(\{x,\widetilde{y}\}) = u(\delta)$ usw. Nun können wir (12.43) folgendermaßen umschreiben:

$$p_T(x) = \frac{U(\{\widetilde{x}\}) + U(\{x\widetilde{y}\}) \cdot p(x, y) + U(\{x,\widetilde{z}\})\,p(x, z)}{U(\{\widetilde{x}\}) + U(\{\widetilde{y}\}) + U(\{x,\widetilde{z}\}) + U(\{y,\widetilde{z}\})}. \tag{12.47}$$

Folglich können wir (12.44) folgendermaßen umschreiben:

$$p(x, y) = \frac{U(\{\widetilde{x}\}) + U(\{x,\widetilde{z}\})}{U(\{\widetilde{x}\}) + U(\{\widetilde{y}\}) + U(\{x,\widetilde{z}\}) + U(\{z,\widetilde{y}\})} \tag{12.48}$$

und (12.45) folgendermaßen

$$p(x, z) = \frac{U(\{\widetilde{x}\}) + U(\{x,\widetilde{y}\})}{U(\{\widetilde{x}\}) + U(\{\widetilde{z}\}) + U(\{x,\widetilde{y}\}) + U(\{z,\widetilde{y}\})}. \tag{12.49}$$

Durch Substitution von (12.48) und (12.49) und (12.47) erhalten wir einen Ausdruck für $p_T(x)$, in dem die besonderen, die Alternativen charakterisierenden Aspekte nicht erscheinen. Die Auswahlwahrscheinlichkeit wird nur durch Gewichte ausgedrückt, die *beliebige*, nur die Teilmengen von T charakterisierenden Aspekte darstellen. Bei der Anwendung des ENA-Modells auf eine experimentelle Situation werden diese Gewichte zu Parametern des Modells, die den Daten entnommen werden können. Diese Methode kann für jede Anzahl von Alternativen und Aspekten verallgemeinert werden.

Kehren wir zu unserem Beispiel mit den Schallplatten zurück und nehmen nunmehr an, die beiden Aufnahmen der Eroica seien verschieden. Eine Aufnahme würde von Ozawa dirigiert, die andere von Karajan. Unserem Musikliebhaber gefallen die beiden Aufnahmen gleich gut, und damit sind die ihnen zugeordneten Nutzen gleich groß. Die beiden Schallplatten sind nunmehr unterscheidbar, aber einander offensichtlich ähnlicher, als der Debussy-Schallplatte. Der Einfachheit halber können wir annehmen, daß die beiden Beethoven-Schallplatten einige Aspekte gemeinsam hätten, aber es beständen keine Gemeinsamkeiten zwischen diesen beiden und der Debussy-Schallplatte. Nun seien $U(\{\widetilde{x}\}) = U(\{\widetilde{y}\}) = a$. Dies heißt die jenen Aspekten zugeordneten Gewichte sind gleich, welche die Ozawa- und die Karajan-Aufnahmen als jeweils einzigartige charakterisieren. Ferner sei $U(\{x,\widetilde{y}\}) = b$, also das kombinierte Gewicht derjenigen Aspekte, die den beiden Beethoven-Aufnahmen gemeinsam sind, aber nicht auf die Debussy-Aufnahme zutreffen. Wenn nun *eine* der Beethoven-Schallplatten mit der Debussy-Schallplatte verglichen wird, dann muß der nur jene charakterisierende Aspekt $a + b$ sein, weil sie alle Aspekte mit den Gewichten a und b besitzt, diese aber keinen. Laut Annahme ist unsere Person bei einem paarweisen Vergleich zwischen Beethoven und Debussy indifferent. Folglich muß das den einzig Debussy zukommenden Aspekten zugeordnete Gewicht das gleiche sein. Also gilt $U(\{\widetilde{z}\}) = a + b$.

Bei der Anwendung des ENA-Modells erhalten wir damit

$$p(x, y) = a/2a = 1/2$$
$$p(z, x) = p(z, y) = (a + b)/2\,(a + b) = 1/2. \tag{12.50}$$

Die Gleichungen (12.50) geben die Indifferenz des Individuums bei allen paarweisen Vergleichen wieder. Angesichts von (12.47) erhalten wir bei ihrer Anwendung auf $p_T(x), p_T(y)$ und $p_T(z)$:

$$p_T(z) = \frac{a + b}{3a + 2b} > \frac{a + b(a/2a)}{3a + 2b} = p_T(x) = p_T(y). \tag{12.51}$$

Wenn daher alle drei Schallplatten angeboten werden, ist die Wahrscheinlichkeit Debussy zu wählen größer als diejenige, Beethoven zu wählen. Darüber hinaus hängt diese Wahrscheinlichkeit vom Ähnlichkeitsgrad zwischen den beiden Beethovenaufnahmen ab. Falls diese beiden Schallplatten ununterscheidbar sind, dann ist $a = 0$ (da a die Wichtigkeit der *einzigartigen* Eigenschaft jeder Aufnahme im Vergleich mit der anderen bezeichnet). In diesem Falle ist $p_T(z) = 1/2$, wie wir bei unserer ursprünglichen intuitiven Formulierung des Experiments vorausgeahnt haben. Anderseits ist $b = 0$ und $p_T(z) = 1/3$, falls die beiden Alternativen x und y maximal unterscheidbar sind, d.h. keinen gemeinsamen Aspekt besitzen. Dies wurde vom Auswahlaxiom auch verlangt.

Ein experimenteller Test des ENA-Modells

Insoweit haben wir lediglich ein Gedankenexperiment erörtert. Nun wenden wir uns einem wirklichen Experiment zu, das unternommen wurde, um das ENA-Modell zu testen [vgl. *Tversky*].

Die Versuchspersonen waren israelische Oberschüler von 16 bis 18 Jahren. Drei Wahlversuche wurden vorgenommen. Beim ersten Versuch waren die Alternativen drei Figuren mit zufälligen Punktmustern unterschieden nach Fläche und Dichte der Punkte. Die Aufgabe bestand darin, die Figur mit der subjektiv geschätzten größten Punktezahl zu wählen. Der zweite Versuch bestand aus drei Spielen der Form (p, x), wobei x den mit der Wahrscheinlichkeit p zu gewinnenden Geldbetrag darstellte. Die Aufgabe bestand in der Wahl des attraktivsten Spiels. Im dritten Versuch waren die Alternativen drei verschieden intelligente und unterschiedlich motivierte Hochschulbewerber. Der geeignetste Bewerber war zu bestimmen. Bei jedem Versuch waren die Alternativen x und y einander recht ähnlich, wogegen sich z merklich von ihnen abhob.

Die acht Schüler nahmen an allen drei Versuchen in 12 einstündigen Sitzungen teil, wobei jeder Versuch mehrfach wiederholt wurde, und die Reihenfolge der Präsentationen zufällig war. Somit hatte jedes Individuum bei mehreren Präsentationen desselben Versuchs mehrere Wahlentscheidungen getroffen. Die spezifischen Parameter einer jeden Präsentation wurden verändert, um den Einfluß des Gedächtnisses zu verringern. Zwischen den Alternativen sollte sowohl durch paarweisen Vergleich gewählt werden, als auch durch Entscheidung aus angebotenen Tripeln. Dabei ergaben sich die Wahlhäufigkeiten in beiden Wahlarten.

Nun sagt das Auswahlaxiom die folgenden Beziehungen zwischen den Auswahlwahrscheinlichkeiten voraus:

$$p(x, z) = \frac{p_T(x)}{p_T(x) + p_T(z)} \tag{12.52}$$

$$p(y, z) = \frac{p_T(y)}{p_T(y) + p_T(z)}. \tag{12.53}$$

Andererseits impliziert das ENA-Modell, daß die linken Seiten von (12.52) und (12.53) größer als die rechten sein sollten, da die Addition von y (ähnlich von x) zum Paar $\{x, y\}$ oder die Addition von x (ähnlich von y) zum Paar $\{y, z\}$ die Chancen der ähnlichen Alternativen verringern.

Die Ergebnisse des Experiments haben gezeigt, daß die gewonnenen Werte von $p(x, z)$ und $p(y, z)$ tatsächlich signifikant größer als jene von $p_T(x)/[p_T(x) + p_T(z)]$ und $p_T(y)/[p_T(y) + p_T(z)]$ bei den Versuchen 2 bzw. 3 waren; beim Versuch 1 waren die Unterschiede jedoch nicht signifikant.

Sowohl das positive als auch das negative Resultat sind interessant. Sie legen die Vermutung nahe, daß beim Spiel und beim Bewerbungsexperiment ein gewisses Verfahren der Eliminierung nach Aspekten stattfinden konnte, jedoch nicht im Falle der Punktmuster. Dafür bietet sich eine einleuchtende Erklärung: bei einem Vergleich der Spiele werden ihre hervorstechenden Aspekte, nämlich die Preise und ihre Gewinnwahrscheinlichkeiten miteinander verglichen. Welcher Aspekt mit höherer Wahrscheinlichkeit gewählt wird, hängt beim ENA-Modell von dem ihm zugeschriebenen Gewicht ab. Gierige Optimisten mögen dazu neigen, zuerst auf den Preis zu achten und das Spiel mit dem höheren Preis zu wählen; vorsichtige Pessimisten könnten zunächst ihre Chancen vergleichen und das Spiel mit der besseren Gewinnchance wählen. Ähnliche Überlegungen gelten bei der Bewertung des Schulbewerbers: Intelligenz und Motivation sind offensichtlich relevante Aspekte.

Weit weniger wahrscheinlich ist dagegen, daß das Individuum bei der Schätzung der Punktezahl auf der Zufallsfigur besonders auf die Fläche der Figur oder die Dichte der Punkte achtet. Diese Aspekte stellen keine offensichtlichen Elementarbestandteile der Anzahl dar. Viel wahrscheinlicher wird die Anzahl direkt geschätzt. Tversky vermutet, daß das einfache Skalierungsmodell häufiger auf Alternativen mit einem einzigen hervorragenden Aspekt angewendet wird, das ENA-Modell jedoch bei Alternativen mit mehreren Aspekten.

Wir haben gesehen, daß die Ergebnisse des Experiments von Tversky das Auswahlaxiom in zwei von drei Versuchen widerlegt haben. Nun wollen wir uns ansehen, wie das ENA-Modell dazu paßt.

Die einfachste Annahme, die von diesem Modell nahegelegt wird ist die, daß x und y einige Aspekte gemeinsam haben, mit z aber keinen. Unsere Annahmen implizieren $U(\{\widetilde{x}\}) = a; U(\{\widetilde{y}\}) = b;$ $U(\{\widetilde{z}\}) = c; U(\{x, \widetilde{z}\}) = U(\{y, \widetilde{z}\}) = 0; U(\{x, \widetilde{y}\}) = d$. a, b, c und d sind die Parameter des Modells. Eines von ihnen, sagen wir c, kann willkürlich gesetzt werden. Also gibt es drei freie Parameter a, b und d, die aufgrund von fünf Beobachtungen über jede Person geschätzt werden können. Dem Modell gemäß gelten:

$$p(x, y) = a/(a + b); p(y, z) = (b + d)/(b + d + c); \tag{12.54}$$
$$p(x, z) = (a + d)/(a + d + c)$$

$$p_T(x) = \frac{1}{K}\left[a + d\,\frac{a}{a + b}\right]; p_T(z) = \frac{c}{K}, \tag{12.55}$$

wobei $K = a + b + c + d$. (Wenn $p_T(x)$, und $p_T(z)$ gegeben sind, dann ist $p_T(y)$ bestimmt.)
   Der Grad der Übereinstimmung des Modells mit den Beobachtungen wird durch die quadratische chi-Statistik gemessen. Signifikant große Werte dieser Statistik berechtigen die Ablehnung des Modells. Von besonderem Interesse ist der Parameter d als Ähnlichkeitsmaß zwischen dem Stimulus x und dem Stimulus y bei jedem Versuch. Die Tafel 12.1 zeigt geschätzte Werte von d für jede Person und jeden Versuch zusammen mit den entsprechenden Wert derjenigen chi-Statistik, die durch den Vergleich der beobachteten Wahlhäufigkeiten mit den anhand der geschätzten Werte der drei Parameter gemachten Vorhersagen gewonnen wurde.

	Versuche					
	Punkte		Spiele		Bewerber	
Versuchspersonen	d	Chi^2	d	Chi^2	d	Chi^2
1	0,29	0,133	0,46	0,040	0,14	2,179
2	0,89	3,025	0,58	0,001	0,92	1,634
3	0	0,849	0,14	2,022	1,18	0,159
4	0	5,551*	1,56	1,053	0,51	6,863*
5	0	0,951	0	0,887	1,23	0,428
6	0	0,401	1,18	0,157	0,42	0,405
7	0	3,740	1,00	0,304	0	0,083
8	0	4,112	1,44	1,241	0,37	0,038

Zwei Freiheitsgrade
*$p = 0,1$.

Tafel 12.1 [nach *Tversky*]

   Der Tafel entnehmen wir, daß die chi-quadrat-Statistik lediglich in zwei von 24 Fällen ausreichend groß ist, um eine Ablehnung des Modells zu rechtfertigen. Wenn dies eine ausreichende Rechtfertigung für die Gültigkeit dieses Modells ist, dann können wir aus dem Experiment einige „psychologische" Folgerungen ableiten, die auf den geschätzten Größen von d beruhen. Da d auf einer starken (Verhältnis-)Skala mit gleichen Einheiten für alle Versuche und alle Individuen gegeben ist, können wir sowohl intrapersonelle Vergleiche in bezug auf die verschiedenen Versuche als auch interpersonelle Vergleiche in bezug auf denselben Versuch anstellen. So können wir etwa folgern, daß der Person 3 die Bewerber x und y ähnlicher schienen, als die Spiele x und y, während die Person 6 die Spiele als ähnlicher ansah. Oder wir können folgern, daß während Person 5 die Bewerber x und y eher als ähnlich empfunden hat ($d = 1,23$), die sie nach Meinung der Person 7 überhaupt nicht ähnlich sind ($d = 0$).
   Daraus soll nicht gleich gefolgert werden diese Resultate seien stichhaltig. Sie sollten vielmehr als Hypothesen gesehen werden, die durch weitere besonders für die Zwecke der Untersuchung ähnlicher Situationen aufgestellte Experimente noch getestet werden.
   Auf diesem eher verworrenen Wege sind wir zu einer Methode des Messens psychologischer Phänomene gelangt. Dies kann nunmehr mit größerer Genauigkeit geschehen, als durch eine direkte Methode. Gewiß kann man eine Person auch direkt „Welche Alternativen sind einander ähnlicher, x und y oder y und z?" fragen, und eine Antwort erhalten. Aber ein solches Verfahren besitzt zwei Schwächen: Erstens ergeben Antworten dieser Art gewöhnlich Skalen, die nicht stärker als die ordinale sind. Zweitens können direkte Fragen irrelevante Faktoren dadurch hineinbringen, daß die Wörter in unerwarteten Konnotationen stehen, daß die Person zwar ihre eigenen Vorstellungen besitzt, aber den Erwartungen des Experimentators entsprechen möchte usw. Die oben beschriebenen Methoden vermeiden diese Gefahren. Die Ähnlichkeitswahrnehmungen der Person werden in

einer Situation – ohne Ähnlichkeit überhaupt zu erwähnen – aus dem erschlossen, was sie wirklich tut, und nicht aus dem, was sie über die Ähnlichkeit sagt. Taten sagen mehr als Worte.

In diesen Untersuchungen erkennen wir das Zusammenspiel von strukturellen und prädiktiven Modellen. Die Einwände, die von Block/Marschak gegen das Modell der strikten Nutzen gemacht wurden, beruhten nicht auf falsifizierender empirischer Evidenz, sondern auf der theoretischen Folgerung von Konsequenzen aus dem Modell, die lediglich aus Gründen des gesunden Menschenverstandes nicht annehmbar sind. Weitere Überlegungen hatten gezeigt, daß das von Block/Marschak bewiesene „Unmöglichkeitstheorem" stillschweigende Annahmen enthielt, die im Modell der strikten Nutzen nicht enthalten waren. Folglich wurde ein „rivalisierendes" Modell entwickelt, und beide wurden als prädiktive Modelle „gegeneinander gehalten".

Schließlich muß noch angemerkt werden, daß die im ENA-Modell angenommenen „Aspekte" überhaupt keinen empirischen Bezug zu haben brauchen. Es handelt sich um rein theoretische Konstruktionen, die den vom Experimentator den Alternativen beigeordneten Aspekten gar nicht entsprechen müssen. Eigentlich gehen weder die Inhalte der Aspekte noch ihre wirkliche Anzahl in das ENA-Modell als solches ein. Wichtig sind beim prädiktiven Modell allein die Parameter, die die Gewichtungen der einzigartigen und der gemeinsamen Aspekte darstellen. Die Parameter werden aufgrund eines Teils der Daten geschätzt. Sobald diese ermittelt sind, erzeugt das Modell Vorhersagen. Falls die Vorhersagen bestätigt werden, können die Parameter „psychologisch" interpretiert werden.

Anmerkungen

[1]) $x\,(3/4)$ sei die objektive Größe eines Stimulus, den die Person mit einer Wahrscheinlichkeit von 0,75 für größer als den Standardsimulus s hält; $x\,(1/4)$ wird mit der Wahrscheinlichkeit 0,25 für größer gehalten. Dann wird $(1/2)\,(x\,(3/4) - x\,(1/4))$ die jnd (s) genannt, also die mit s verbundene „just noticeable difference" (kaum wahrnehmbare Differenz). Die subjektive Größe des Stimulus kann dann durch jene Anzahl der jnd gemessen werden, durch die sie vom jeweiligen Standardstimulus s abweicht. Dies ist der Grundgedanke des sogenannten Weber-Fechnerschen Gesetzes, nach dem die subjektive Größe vieler physikalischer Simuli als logarithmische Funktion ihrer objektiven Größen ausgedrückt werden kann. Eine ausführliche Darstellung von Problemen der Errichtung subjektiver Skalen wird in *Luce/Bush/Galanter* [1963–1965] gegeben.

[2]) Das von *Luce* [1959a] vorgeschlagene Auswahlaxiom (Choice Axiom) hat mit dem Auswahlaxiom der Mengenlehre (Axiom of Choice) nichts zu tun.

[3]) Erinnern wir uns an das in Kapitel 2 dargestellte Verfahren der Konstruktion einer Intervallskala der Nutzen, wobei lediglich ordinale Präferenzen zwischen Alternativen gegeben sind. Dabei wurde Unsicherheit vom Experimentator durch die Präsentation von Lotterien eingeführt. In der hier erläuterten Situation wird bei der Konstruktion starker Skalen die Präferenzunsicherheit der Person selbst ausgenützt.

13. Stochastische Lernmodelle

Klassische Modelle enthalten zwei Arten von Quantitäten: Variablen und Parameter. Beim Testen dieser Modelle im Hinblick auf ihren prädiktiven Aspekt müßten die Variablen üblicherweise *beobachtet* und die Parameter *geschätzt* werden. Diese sind also nicht unbedingt beobachtbare Größen, ihnen werden bestimmte Werte und passende Einheiten beigeordnet, um die Vorhersagen des Modells an beobachtete Tatsachen anzugleichen. Beobachtungen von Variablen sind der wirkliche Test des Modells. Dabei entstehen zuweilen schwerwiegende Probleme der Quantifizierungsprobleme.

Es stellt sich die Frage, was überhaupt beobachtet werden soll. Dieses Problem kann mit der „Operationalisierung" der Variablen angegangen werden, d.h. durch die Konzeption von Indizes, die im gegebenen Kontext als Interpretationen der interessierenden Quantitäten gelten. So haben beispielsweise in Richardsons Modell des Wettrüstens die Rüstungsbudgets und die Handelsvolumen als Indizes von „Feindseligkeit" resp. „gutem Willen" gedient. In jüngeren Modellen bestimmen die

Vernichtungspotentiale der Waffen das „Rüstungsniveau". In Modellen der Weltdynamik mußte der sicherlich schwer definierbare Begriff der „Lebensqualität" auf solche beobachtbare Größen wie die durchschnittliche Lebenserwartung, oder aber aus mehreren Indizes, wie der Produktivität, der „Überbevölkerung" oder der Umweltverschmutzung usw., zusammengesetzt werden.

Das Problem der Quantifizierung wird umgangen, wenn die beobachtbaren Größen selbst einfach Zahlen darstellen. So waren in den Epidemiemodellen relevante Quantitäten beispielsweise die Anzahl der infizierten Menschen oder die Anzahl derjenigen Individuen, die die eine oder die andere von zwei Aktionen tätigen. Die Bestimmung dieser Zahlen könnte auf praktische Schwierigkeiten stoßen, aber dies sind zumindest nicht theoretisch konzeptionelle Probleme des Definierens dieser Quantitäten. Aus diesen Gründen wurde bei der Mathematisierung der Sozialwissenschaften oft gerade dieser Weg beschritten.

Die Anwendung der Methoden der klassischen Mathematik auf Zahlen stellt jedoch ein Problem: zählbare Zahlen sind diskret, während die Methoden der klassischen Mathematik (z.B. in Differentialrechnung) auf der Annahme eines zugrundeliegenden Kontinuums beruhen, in dem die Variablen sich nur durch infinitesimale Größen verändern. Wenn wir es jedoch mit sehr großen Zahlen zu tun haben — etwa mit großen Populationen — dann kann das aus einer oder wenigen Einheiten bestehende Wachstum für praktische Zwecke als „infinitesimal" angesehen werden.

Die Variablen eines Modells von Populationen werden häufig durch Wahrscheinlichkeiten dargestellt. Beispielsweise wird im Epidemiemodell das Ereignis, daß ein Individuum angesteckt wird und damit zum infizierten Teil der Population gehört, von der *Wahrscheinlichkeit* des Kontakts und/oder der Infektion durch Kontakt abhängig gemacht. Da Wahrscheinlichkeit eine reelle Zahl im kontinuierlichen Intervall [0, 1] ist, sind die statistisch erwarteten Zuwächse eher reelle als ganze Zahlen. Somit können die Wahrscheinlichkeiten schon zu Beginn der Modellkonstruktion in Erwartungen übersetzt werden. Dann kann das Modell mit klassischen Methoden unter Anwendung infinitesimalen Wachstums und seiner Ableitungen weiterentwickelt werden. Wir nennen diese Modelle *pseudo-stochastisch*, um sie von echten stochastischen Modellen zu unterscheiden, die durchgehend von probabilistischen Überlegungen gekennzeichnet sind.

Ein Lernexperiment

Betrachten wir das folgende Experiment. Eine Ratte wird wiederholt einem Stimulus ausgesetzt, auf den sie in zweierlei Weise reagieren kann. Eine Reaktion ist „richtig" und wird belohnt, die andere ist „falsch" und wird bestraft. Ein früher Konstrukteur mathematischer Lernmodelle war Landahl. Angeregt durch *Rashevsky* [1938] nahm er [1941] an, daß die Reaktionen (responses) der Ratte durch Erregungsdifferenzen der neuronalen Synapsen verursacht werden, und entsprechend richtig bzw. falsch ausfallen. Zu Beginn ist die zur richtigen Reaktion führende „Erregungsgröße" ϵ_{0c} und die zur falschen Reaktion führende Größe ϵ_{0w}. Mit fortschreitendem Lernen verändert sich die Größe in folgender Weise: Nach einer Anzahl von Versuchen werden die Erregungsgrößen durch die Variablen ϵ_c und ϵ_w angegeben, die beide von der Anzahl schon gegebener richtiger und falscher Reaktionen abhängen. Die Neigung, auf die eine oder andere Weise zu reagieren, wird durch Wahrscheinlichkeiten ausgedrückt, um die zufälligen Fluktuationen der Erregungsschwellen zu berücksichtigen. Die Wahrscheinlichkeit einer falschen Reaktion kann folgendermaßen ausgedrückt werden:

$$P_w = \frac{1}{2} e^{-k(\epsilon_c - \epsilon_w)}. \tag{13.1}$$

(immer dann, wenn $\epsilon_c \geqslant \epsilon_w$ gilt). Wenn also die Erregungsbeträge an den Synapsen, die zu richtigen resp. falschen Reaktionen führen, gleich sind, ist die Wahrscheinlichkeit einer falschen Reaktion 1/2. Wenn ϵ_c größer wird, dann nimmt die Wahrscheinlichkeit der falschen Reaktion P_w ab.

Die Abhängigkeit der ϵ_c und ϵ_w von c, der Anzahl der richtigen Reaktionen, und von w, der Anzahl der falschen Reaktionen, ist nach n Versuchen gegeben durch

$$\epsilon_c = \epsilon_{0c} + bc \tag{13.2}$$

$$\epsilon_w = \epsilon_{0w} - \beta w \tag{13.3}$$

wobei $c + w = n$ und b und β Konstanten sind. D.h. es gibt ein positives Wachstum b in Richtung auf ϵ_c nach jeder richtigen Reaktion und ein negatives Wachstum β in Richtung auf ϵ_w nach jeder falschen Reaktion.

Falls die Anzahl der Versuche groß ist, dann kann die ganzzahlig bewertete Variable n durch eine kontinuierliche Variable angenähert werden, die wir ebenfalls n nennen können. P_w wird dann die erwartete Anzahl der falschen Reaktionen, die beim n-ten Versuch zur Anzahl schon gegebener falscher Reaktionen hinzuaddiert wird. Falls ein einzelner Versuch als ein infinitesimales Anwachsen von n angesehen wird, dann kann P_w durch dw/dn ausgedrückt werden. Diese Substitution erlaubt es uns, die Gleichungen (13.1), (13.2) und (13.3) miteinander zu einer Differentialgleichung mit n als unabhängiger und w als abhängiger Variablen zusammenzufassen. Somit erhalten wir

$$dw/dn = \frac{1}{2} e^{-k\Delta} e^{-k(bc+\beta w)} = \frac{1}{2} e^{-k\Delta} e^{-k(bn-bw+\beta w)} \tag{13.4}$$

oder

$$e^{k(\beta-b)w} dw = \frac{1}{2} e^{-k\Delta} e^{-kbn} dn. \tag{13.5}$$

wobei wir Δ für $\epsilon_{0c} - \epsilon_{0w}$ geschrieben haben.

Durch Integration beider Seiten von (13.5) erhalten wir

$$\frac{1}{k(\beta-b)} e^{k(\beta-b)w} = \frac{-1}{2kb} e^{-k\Delta} e^{-kbn} + K, \tag{13.6}$$

wobei K eine Integrationskonstante ist. Wir bemerken, daß $w = 0$ ist, wenn $n = 0$ gilt, da es vor dem ersten Versuch natürlich keine falschen Reaktionen gegeben hatte. Diese Anfangsbedingung ergibt

$$K = \frac{1}{k(\beta - b)} + \frac{1}{2kb} e^{-k\Delta}. \tag{13.7}$$

Durch Substitution von (13.7) in (13.6) erhalten wir

$$wk(\beta - b) = \log_e \frac{2b - (b - \beta) e^{-k\Delta}(1 - e^{-kbn})}{2b}. \tag{13.8}$$

Indem wir die Vorzeichen umkehren und beide Seiten von (13.8) durch $k(b - \beta)$ dividieren, erhalten wir schließlich eine Formel für w:

$$w = \frac{1}{k(b - \beta)} \log_e \frac{2be^{k\Delta}}{2be^{k\Delta} - (b - \beta)(1 - e^{-kbn})}. \tag{13.9}$$

Diese Formel sagt die kumulative Anzahl falscher Reaktionen als Funktion der Anzahl von Versuchen voraus. Da beide Variablen direkt beobachtbar sind, kann das Modell empirisch vollständig getestet werden. Sie enthält jedoch auch vier freie Parameter, nämlich b, β, k und Δ. Eine vergleichsweise glatte Kurve, insbesondere eine monoton anwachsende, kann gewöhnlich leicht den Daten angepaßt werden, wenn so viele freie Parameter gegeben sind. Daher kann auch eine sehr gute Übereinstimmung nicht als ein starker Beweis der Gültigkeit dieses Modells gelten. Zwei Beispiele solcher Übereinstimmungen zwischen den Voraussagen des Landahlschen Modells und von *Gulliksen* [1934] ermittelten Daten werden in der Abbildung 13.1 gezeigt.

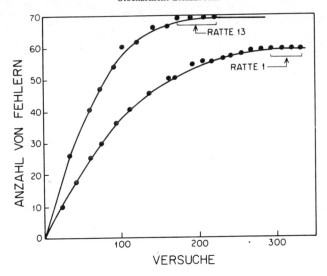

Abb. 13.1: Akkumulierte Fehler zweier Ratten im Lernexperiment [nach *Gulliksen*]

Aufgrund der Interpretation der Parameter besitzt das Modell trotzdem einige theoretische Potenz. Wie erinnerlich bedeutet b wesentlich die Wirkung der Belohnung für eine richtige Reaktion, während β die Wirkung der Bestrafung für eine falsche Reaktion kennzeichnet. Beide Parameter beeinflussen die Zunahme der Wahrscheinlichkeit einer richtigen Reaktion, aber vermutlich unterschiedlich stark. Da die Werte dieser Parameter durch die Angleichung der Formel (13.9) an Daten gewonnen werden, erhalten wir einen Hinweis auf die relative Effizienz von Belohnungen und Bestrafung von Reaktionen in dieser Situation. Voraussetzung dafür ist allerdings, daß wir dem Modell vertrauen können. Aus der Erklärung zur Abbildung 13.1 [vgl. *Gulliksen*, 1934] ersehen wir, daß für beide Kurven $\beta = 0$ gilt. Dies würde bedeuten, daß Bestrafung überhaupt *keinen* Einfluß auf die Lernsituation hat. Nur Belohnung hat positive Verstärkung (reinforcement) zur Folge.

Ferner kann $\epsilon_{0c} - \epsilon_{0w}$ als die anfängliche Neigung (bias) bei der Wahl der Reaktionen interpretiert werden. Falls $\epsilon_{0c} - \epsilon_{0w} > 0$ ist, so wird eine anfängliche Neigung zur richtigen Reaktion bestehen; falls $\epsilon_{0c} - \epsilon_{0w} < 0$ ist, so besteht die entgegengesetzte Tendenz. Wir sehen, daß die Ratte Nr. 1 keine anfängliche Neigung besitzt, während die Ratte Nr. 13 durch die anfängliche Neigung zur falschen Reaktion „behindert" war, was durch die höhere Akkumulationsrate von Irrtümern in der Kurve dieser Ratte zum Ausdruck kommt. Aber die Ratte Nr. 13 war trotzdem , „klüger" als die Ratte Nr. 1, denn ihr Wert von kb ist nahezu doppelt so hoch wie derjenige der Ratte Nr. 1.

Die Beziehung von b zur „Intelligenz" ist offensichtlich, da b die Effizienz der Belohnung bei der Erhöhung von Wahrscheinlichkeiten richtiger Reaktionen mißt (vgl. Gl.(13.2)). Die Beziehung von k zur „Intelligenz" ist weniger offensichtlich. Ein hoher Wert von k bedeutet, daß die Varianzbreite der Schwankungen von synaptischen Schwellen, die zu den Reaktionsauslösern führt, klein ist. Dies heißt wiederum, daß selbst ein geringes akkumuliertes Übergewicht von ϵ_c gegenüber ϵ_w bei diesen Synapsen mit nach Eins strebender Wahrscheinlichkeit eine richtige Reaktion produzieren wird. Wenn wir wiederum die Leistung der Ratte Nr. 13 betrachten, sehen wir, daß diese, obwohl sie ursprünglich im Nachteil war, das gesetzte Kriterium (viele aufeinanderfolgende richtige Reaktionen) eher erfüllt hat als Nr. 1. Dies könnte entweder durch eine höhere Lernrate (ein größeres b) oder durch eine kleinere Fluktuation der synaptischen Schwellen (größere k) erklärt werden.

Aus dieser Interpretation des Modells folgen durch weitere Experimente testbare Hypothesen. Beispielsweise stellt sich die Frage, ob die anfängliche Neigung eine ständige Eigenschaft des Verhaltens einer Ratte ist – z.B. eine einseitige Präferenz, die Präferenz von weiß gegenüber schwarz – oder welche Unterscheidungsmerkmale der Stimuli auch immer entscheidend sind. Wird die Vermutung, Ratte Nr. 13 sei „klüger" als Ratte Nr. 1 auch bei anderen Lernzielen bestätigt? Ist es möglich, die Wirkungen von k und b zu trennen? usw.

Ein auf Epidemieeffekten beruhendes Lernmodell

Nun wollen wir ein anderes, zum gleichen Resultat führendes Modell im besonderen Falle von $\Delta = \epsilon_{0c} - \epsilon_{0w} = 0$ vorstellen [*Rapoport*, 1956]. Das Gehirn sei durch eine große Population von Elementen dargestellt. Diese Elemente können als neuronale Leitungswege verstanden werden, die jeweils zu bestimmten Reaktionen führen. Die Leitungswege können für bestimmte Reaktionen konditioniert werden. Anfänglich beträgt der Anteil der zur richtigen Reaktion konditionierten (oder natürlich verbundenen) Leitungswege x_0. Im Lernprozeß nimmt die Anzahl der zur richtigen Reaktion konditionierten Elemente aufgrund eines einfachen Epidemieprozesses zu. Falls x somit der Anteil der zur richtigen Reaktion konditionierten Elemente zur Zeit t ist, dann haben wir es mit einem Epidemieprozeß zu tun, der durch die Differentialgleichung

$$dx/dt = ax(1-x) \tag{13.10}$$

bestimmt wird.

Die Lösung von (13.10) ergibt die Anzahl der zur richtigen Reaktion konditionierten Elemente als eine Funktion von t:

$$x(t) = \frac{x_0 e^{at}}{1 - x_0(1 - e^{at})}. \tag{13.11}$$

Wenn bei jedem Versuch ein neuronaler Leitweg zufällig gewählt wird, dann bezeichnet (13.11) auch die Wahrscheinlichkeit der richtigen Reaktion. Daher ist die Wahrscheinlichkeit einer falschen Reaktion gegeben durch:

$$1 - x(t) = 1 - \frac{x_0 e^{at}}{1 - x_0 + x_0 e^{at}}. \tag{13.12}$$

Dies können wir mit dw/dt des vorangegangenen Modells gleichsetzen. Folglich wird die Gesamtzahl der (erwarteten) falschen Reaktionen bis zum Zeitpunkt t gegeben durch

$$w(t) = \int_0^t \left[1 - \frac{x_0 e^{at}}{1 - x_0 + x_0 e^{at}} \right] dt = t - \frac{1}{a} \log_e (1 - x_0 + x_0 e^{at}). \tag{13.13}$$

Nun kann t als $(1/a) \log_e (e^{at})$ geschrieben werden. Durch Substitution in (13.13) und nach der Annahme, anfänglich richtige und falsche Reaktionen seien gleichwahrscheinlich $(x_0 = 1 - x_0 = 1/2)$, erhalten wir

$$w(t) = \frac{1}{a} \log_e \frac{2e^{at}}{1 + e^{at}} = \frac{1}{a} \log_e \frac{2}{1 + e^{-at}}. \tag{13.14}$$

Die Gleichung (13.14) ist formal mit (13.9) identisch, wenn $\beta = 0$, $\Delta = 0$, $kb = a$ und $n = t$ sind.

Gewiß stellen sich hier, wie auch beim vorangegangenen Modell, Fragen nach einer „physiologischen" oder „neurologischen" Interpretation der zugrundeliegenden Annahmen. Es besteht kaum Aussicht, solche Interpretationen in irgendeinem realistischen Sinne zu testen. Im besten Falle können diese Interpretationen also zum Nachdenken anregen. Beispielsweise legt das Epidemiemodell die Frage nahe, ob einige „Epidemieprozesse" während des Lernvorgangs stattfinden, wobei die schon zur richtigen Reaktion konditionierten Leitwege ihrerseits andere Leitwege zu dieser Reaktion konditionieren. Kann beispielsweise ein häufig beobachtetes Phänomen der Generalisierung einer bedingten Reaktion auf Stimuli, die mit dem ursprünglich konditionierenden Stimulus nicht „identisch", sondern lediglich ähnlich sind, etwas mit solch einem Epidemieprozeß zu tun haben?

Der echt stochastische Ansatz

Wie schon betont worden ist, kann der Übergang zum Limes in den „pseudo-stochastischen" Modellen (durch den diskrete Versuche und Irrtümer als kontinuierliche Variable behandelt werden) so lange nicht gerechtfertigt werden, als die Anzahl dieser Versuche und Irrtümer nicht sehr groß ist. Die Lernkurven des Landahlschen Modells stellten akkumulierte Anzahlen von Irrtümern und nicht etwa die Anzahlen von Irrtümern (oder richtigen Reaktionen) in aufeinanderfolgenden Versuchsreihen dar. Durch dieses Verfahren könnten aber die Zufallsstreuungen sehr viel deutlicher aufgezeigt werden. Der Rückgriff auf akkumulierte Irrtümer diente dazu, die Lernkurve zu glätten und somit gegenüber den Zufallsereignissen richtiger und falscher Antworten unempfindlicher zu gestalten. *Weil* solch eine glatte Kurve einer kleinen Anzahl freier Parameter leicht angepaßt werden kann, ist sie von relativ geringem theoretischen Interesse.

Um diese Schwächen zu beseitigen, wurden die stochastischen Lernmodelle konzipiert. Die Wahrscheinlichkeiten bleiben während der gesamten Entwicklung Variablen dieser Modelle. Gelegentlich müssen diese Wahrscheinlichkeiten allerdings als Häufigkeiten interpretiert werden, denn nur Häufigkeiten können ja beobachtet werden. Aber die Aggregation der Daten zu Statistiken z.B. Mittelwert und Varianz, findet erst nach der Untersuchung der Eigenschaften des echt statistischen Modells statt. Die Tests eines stochastischen Modells können – anders als die im „pseudo-stochastischen" Modell durchgeführten – recht streng sein; eine größere Anzahl durch das Modell erzeugter Statistiken können mit empirischen Daten verglichen werden.

Die Grundlage für die Analyse eines stochastischen Lernmodells ist ein *Protokoll*. Dabei werden für jeden Versuch spaltenweise die dem Probanden präsentierten Stimuli, die dazugehörigen Reaktionen und die daraus resultierenden Ergebnisse vermerkt.

Ein Proband soll z.B. die „richtigen" Entsprechungen zwischen jedem Stimulus einer Menge Stimuli a, b und c und jeder Reaktion einer Menge Reaktionen 1 und 2 erlernen. Die „richtigen" Entsprechungen seien $a \rightarrow 1$, $b \rightarrow 1$ und $c \rightarrow 2$. Die möglichen Ergebnisse sind dann „richtig" und „falsch".

Im einfachsten Fall kann der Stimulus immer der gleiche sein: An einer T-Kreuzung kann man sich entweder nach links oder rechts wenden. Die richtige Reaktion sei „links". In solchen Fällen kann im Protokoll eine Stimulus-Spalte ganz weggelassen werden. „Links" in der Reaktionsspalte ergibt „richtig" in der Ergebnis-Spalte.

Üblicherweise werden die Ergebnisse „richtig" und „falsch" mit solchen Belohnungen und Bestrafungen assoziiert, die den Rezeptoren und Lernmechanismen des Probanden angepaßt sind. Falls es sich um einen Menschen handelt, so können schon die vom Experimentator gegebenen Signale „richtig" und „falsch" als Belohnung resp. Bestrafung aufgefaßt werden. Versuchstiere können durch Elektroschocks bestraft und durch Futter belohnt werden. Oder aber: wenn Schocks zur Bestrafung dienen, kann ihr Fehlen die Belohnung sein; wenn Futter zur Belohnung dient, sein Fehlen die Strafe.

Die Assoziationen zwischen den Reaktionen einerseits und Belohnung und Bestrafung andererseits können auch probabilistisch und nicht deterministisch gestaltet werden. Beispielsweise kann das Linksabbiegen in einer T-Kreuzung mit der Wahrscheinlichkeit π_1 belohnt und mit der Wahrscheinlichkeit $1 - \pi_1$ bestraft werden; das Rechtsabbiegen kann mit der Wahrscheinlichkeit π_2 belohnt und mit der Wahrscheinlichkeit $1 - \pi_2$ bestraft werden.

Viele stochastische Lernmodelle beruhen auf der Annahme, daß Lernen durch langsam fortschreitende Prozesse gekennzeichnet sei. Es wird angenommen, daß ein Individuum bei einem gegebenen Versuch mit einer gewissen Wahrscheinlichkeit eine von zwei möglichen Reaktionen wählt. Bedingt durch das Versuchsergebnis wird die Wahrscheinlichkeit der einen Reaktion erhöht und folglich wird die Wahrscheinlichkeit der anderen Reaktion abnehmen. Die langsame Zunahme der Wahrscheinlichkeit stellt einen Prozeß der fortschreitenden (graduellen) Konditionierung der einen oder anderen Reaktion durch den Stimulus dar.

Die Eigenart des langsamen Fortschreitens dieser Art von Lernen wird durch die große Anzahl der „Neuralelemente" erklärt, die dabei verändert werden. Es wird angenommen, daß die Wahrscheinlichkeit einer bestimmten Reaktion durch den Anteil der großen Population von Elementen bestimmt wird, die zu dieser Reaktion konditioniert wurden. Eine Darstellung des auf Denken begründeten Prozesses der Informationsverarbeitung, die das menschliche Lernen weitgehend charakterisiert, fehlt in dieser Art von Modellen vollkommen. Beispielsweise wird eine Person, die weiß, daß einer von zwei Schlüsseln eine Tür öffnen kann, nur einen Schlüssel benützen, und dann wissen, welcher Schlüssel zum Schloß paßt, d.h. der „richtige" ist. Ein Wurm, der durch einen Gang mit einer Gabelung nach links und einer nach rechts kriecht, wird über kurz oder lang lernen, daß der eine Gang in ein bequemes feuchtes „Zimmerchen" führt, während der andere mit Sandpapier ausgelegt ist. Aber der Wurm könnte hunderte von Versuchen benötigen, um die „falschen" Reaktionen zu eliminieren und die „richtigen" festzuhalten.

Auch bei Menschen kann langsam fortschreitendes Lernen beobachtet werden – selbst in Situationen mit nur zwei Reaktionen. Beispielsweise könnte in einer Versuchsserie eine Person gefragt werden, ob ein rotes oder ein grünes Licht eingeschaltet werden wird. Daraufhin wird unabhängig von der Schätzung der Person eines der beiden Lichter mit einer bestimmten Wahrscheinlichkeit eingeschaltet (dementsprechend das andere mit der komplementären). Zunächst gibt es also keine Möglichkeit zu schließen, welches der beiden Lichter eingeschaltet wird. Falls jedoch eines der Lichter häufiger, d.h. mit größerer Wahrscheinlichkeit aufleuchtet, so wird die Versuchsperson mit zunehmender Wahrscheinlichkeit auf dieses „tippen".

In dem eben beschriebenen Experiment wird das jedem Versuch folgende Ereignis vollständig vom Experimentator kontrolliert – es ist von der Schätzung der Versuchspersonen unabhängig. Es gibt auch Situationen, die durch *Versuchsperson-kontrollierte* Ereignisse gekennzeichnet sind – d.h. das Ergebnis hängt vollständig vom Handeln der Versuchsperson ab. In wieder anderen Situationen können die Ergebnisse sowohl vom Experimentator als auch von der Versuchsperson kontrolliert werden. Die Unterscheidung zwischen experimentatorkontrollierten, versuchspersonkontrollierten und experimentator- und versuchspersonkontrollierten Ereignissen ist methodologisch wichtig, da jede dieser Situationen unterschiedliche Probleme bei der Schätzung der Parameter des mathematischen Modells mit sich bringt. Anders als in den „pseudo-stochastischen" Lernmodellen (wie dem von Landahl (vgl. S. 178)), verlangen die stochastischen Modelle nach fortgeschrittenen Methoden der Parameterschätzung. Infolgedessen kann den Daten — wie wir sehen werden — mit Hilfe stochastischer Modelle auch viel mehr Information entnommen werden.

Das lineare stochastische Modell

Das im folgenden dargestellte stochastische Lernmodell ist *linear*, da jedes Ergebnis eines Versuchs eine Veränderung der Wahrscheinlichkeit der Reaktion bewirkt, die als lineare Funktion von Wahrscheinlichkeit ausgedrückt werden kann. Wenn $p(n)$ die Wahrscheinlichkeit einer bestimmten Reaktion im Versuch n ist, dann sei die Differenz $p(n+1) - p(n) = (\alpha - 1) p(n) + a$, wobei α und a Konstanten sind, die im Intervall $[0, 1]$ liegen.

Je nach Ergebnis besitzen die Parameter α und a andere Werte. Jedes Wertepaar ist ein *Operator*, der die Reaktionswahrscheinlichkeiten entsprechend verändert. Damit können wir schreiben:

$$p(n+1) = Q_1 p(n) = \alpha_1 p(n) + a_1 \tag{13.15}$$

oder

$$p(n+1) = Q_2 p(n) = \alpha_2 p(n) + a_2 \tag{13.16}$$

— je nach Ergebnis. Die Anwendung des Operators Q_i ($i = 1, 2$) transformiert $p(n)$ definitionsgemäß in den entsprechenden Ausdruck der rechten Seite.

Mit $\lambda_i = a_i/(1 - \alpha_i)$, wobei $i = 1, 2$ ist, führen wir eine Änderung der Notation ein.

Die Formeln (13.15) und (13.16) sind rekursiv. Aus ihnen können wir $p(n)$ als Funktion von $p(0)$ und der Parameter ableiten, wenn die Folge der Versuchsergebnisse $1, 2, \ldots, (n - 1)$ gegeben ist. Es ist insbesondere leicht zu zeigen, daß

$$p(n) = \alpha_1^n \, p(0) + (1 - \alpha_1^n) \, \lambda_1 \tag{13.17}$$

gilt, wenn alle Ergebnisse mit Q_1 assoziiert wären. Folglich gilt $\lim\limits_{n \to \infty} Q_1^n \, p(0) = \lambda_1$, wenn $\alpha < 1$ ist.

Ähnlich gilt $\lim\limits_{n \to \infty} Q_2^n \, p(0) = \lambda_2$. Damit sind λ_1 und λ_2 asymptotische Wahrscheinlichkeiten von $p(n)$, die bei wiederholter Anwendung von Q_1 resp. Q_2 angenähert werden. Wenn wir ferner annehmen, die richtige Reaktion werde fortschreitend reinforciert, bis sie schließlich feststeht, dann können wir $\lambda_1 = \lambda_2 = 1$ setzen. Indem wir $q = 1 - p$ setzen, können wir die Operatoren Q_1 und Q_2 durch die Operatoren $\widetilde{Q}_1$ oder $\widetilde{Q}_2$ resp. ersetzen, die über q operieren. Wenn $\lambda_1 = \lambda_2 = 1$ gilt, nehmen die Gleichungen (13.15) und (13.16) eine entsprechend einfachere Form an:

$$\widetilde{Q}_1 \, q(n) = \alpha_1 \, q(n) \tag{13.18}$$

und

$$\widetilde{Q}_2 \, q(n) = \alpha_2 \, q(n). \tag{13.19}$$

Ein Test des linearen Modells

Die Anwendung des linearen Modells soll anhand der Analyse eines von *Solomon/Wynn* [1953] durchgeführten Experiments zur Vermeidung von Schocks vorgeführt werden.

30 Hunde waren die Versuchstiere. Jeder Hund wurde in einen Käfig gesetzt, über dessen Trennwand er leicht springen kann. Der Stimulus wurde durch das Ausschalten einer Lichtquelle über dem Käfig erzeugt. Einige Sekunden danach wurde der Boden des Käfigs unter Strom gesetzt. Der Hund sollte über die Trennwand zu springen lernen, nachdem das Signal gegeben wurde und bevor der Schock einsetzte. Wenn ein Hund nicht rechtzeitig sprang, wurde er geschockt. Wenn er geschockt wurde, sprang er über die Trennwand, um diesem zu entgehen. Es gab also zwei mögliche Reaktionen: die richtige Reaktion (*Vermeidung*) bestand im Sprung über die Trennwand bevor der Schock einsetzte; die falsche Reaktion (*Flucht*) bestand im Springen nach dem Schock. Die Wahrscheinlichkeit des Vermeidens beim n-ten Versuch ist $p(n)$, die Wahrscheinlichkeit der Flucht ist dazu komplementär, also $q(n) = 1 - p(n)$. Über kurz oder lang haben alle Hunde gelernt, den Schock zu vermeiden. Daher können wir $\lambda_1 = \lambda_2 = 1$ setzen, so daß die Gleichung (13.18) die Transformation von q von Versuch zu Versuch kennzeichnet, wenn das Ergebnis „Vermeiden" ist, und die Gleichung (13.19) stellt die Transformation entsprechend dem Ergebnis „Flucht" dar.

Die Operatoren Q_i der Gleichungen (13.15) und (13.16) kommutieren im allgemeinen nicht, d.h. der Effekt der sukzessiven Anwendung von Q_1 und Q_2 hängt von der Reihenfolge der Anwendung ab. Aber die Operatoren kommutieren in der besonderen Form von (13.18) und (13.19) — was leicht erkennbar ist. Wenn also ein Hund beim n-ten Versuch k mal mit Vermeidung reagiert hatte (und folglich $(n - k)$ mal mit Flucht), dann wird sein q nach dem n-ten Versuch durch

$$q(n, k) = Q_1^k \, Q_2^{n-k} q_0 = \alpha_1^k \, \alpha_2^{n-k} q_0, \tag{13.20}$$

angegeben, wobei q_0 die anfängliche Fluchtwahrscheinlichkeit ist. Da kein Hund, als das Signal zum ersten Mal gegeben wurde, über die Trennwand sprang („er wußte nicht, was geschehen würde"), können wir sicherlich $q_0 = 1$ setzen.

Um das Modell zu testen, müssen die Parameter α_1 und α_2 geschätzt werden. Ehe wir einige Methoden dieser Schätzung erörtern, wollen wir überlegen, wodurch solche Modelle getestet werden können. Angenommen, beide Parameter seien geschätzt worden. Dann ist für jedes $q(n, k)$ ein Wert gegeben. Diese Quantität ist jedoch eine Wahrscheinlichkeit, die nicht direkt beobachtet werden kann. Wenn wir genügend „identische" Hunde besäßen, könnte diese abgeleitete Wahrscheinlichkeit für jeden Wert von k mit dem Anteil derjenigen Hunde verglichen werden, die nach $n - k$ Schockerlebnissen bei n Versuchen noch immer nicht gesprungen waren. Wenn wir lediglich 30 Hunde zur Verfügung haben, wird uns ein solcher Vergleich sehr wenig sagen. Nehmen wir etwa an, einige Hunde seien nach 10 Versuchen lediglich einmal geschockt worden, d.h. sie haben auf alle Versuche nach dem ersten Schock mit Vermeiden geantwortet; einige waren zweimal geschockt worden usw. . . . und einige alle zehn mal. Wenn mehrere dieser Kategorien nicht leer sind, dann wird die Anzahl der Hunde in jeder von ihnen klein sein. Unabhängig davon, welcher Anteil an Hunden aus einer bestimmten Kategorie beim 11-ten Versuch nicht springen wird, wird es schwerfallen festzustellen, ob der „genaue" abgeleitete Wert von $q(n, k)$ an Hand dieses Anteils als bestätigt gelten kann oder nicht. Folglich ist eine Übersetzung der vorhergesagten Werte von $q(n, k)$, in Häufigkeiten nicht praktikabel. Trotzdem kann eine große Anzahl statistischer Angaben aus der Verteilung von $q(n, k)$, die als Zufallsvariable gilt, abgeleitet und dann mit den Daten verglichen werden.

Wie gesagt, jeder Hund hat schließlich den Schock zu vermeiden gelernt. Daher konnte festgestellt werden, bei welchem Versuch jeder Hund das letzte Mal geschockt wurde. Anhand dieser Aufzeichnungen kann die durchschnittliche Anzahl der Versuche bis zur letzten falschen Reaktion bestimmt werden. Dies ist eine Statistik und die Varianz der Anzahl ebenfalls. Gleiches gilt für die durchschnittliche Anzahl der Versuche, nach denen die erste richtige Reaktion erfolgte, nach denen die zweite richtige Reaktion erfolgte usw. Jede dieser Statistiken ist eine Funktion der Schätzungen beider freien Parameter des Modells. Der Bestätigungsgrad des Modells wird durch den Übereinstimmungsgrad zwischen allen beobachteten Werten der Statistiken und den entsprechenden Ausdrücken (sie enthalten die geschätzten Parameter) bestimmt. In diesem Sinne kann ein stochastisches Modell einem strengen Test unterzogen werden. Falls es solch einen Test besteht, d.h. falls viele Statistiken richtig vorhergesagt wurden, dann können wir der „Realitätsnähe" der Parameter vertrauen und sie psychologisch zu interpretieren suchen.

Schätzung von Parametern

Kehren wir zum Problem der Schätzmethoden der Parameter im stochastischen Lernmodell zurück. Eine grobe und schnelle Schätzung von α_2 kann aufgrund des Anteils derjenigen Hunde gemacht werden, die beim zweiten Versuch nicht gesprungen sind. Da alle Hunde beim ersten Versuch einen Schock erlebt haben, nehmen wir an, daß $q_0 = 1$ bei allen von ihnen durch Q_2 transformiert wurde, d.h. daß

$$q(1, 0) = \hat{\alpha}_2 \tag{13.21}$$

gilt. Bei dem Test mögen drei Hunde schon beim zweiten Versuch richtig reagiert haben, während 27 mit Flucht reagierten. Daher ist $27/30 = 0,900$ die Schätzung von α_2.

Nachdem die 27 Hunde nach den Versuchen 1 und 2 zweimal geschockt wurden, ist

$$q(2, 0) = \hat{\alpha}_2^2 \tag{13.22}$$

nach dem zweiten Versuch. Von diesen 27 Hunden sollen 24 auch beim 3. Versuch nicht den Schock zu vermeiden gewußt haben. Damit wäre $\sqrt{24/27} = 0,943$ ebenfalls eine Schätzung von α_2. Die Übereinstimmung zwischen diesen beiden Schätzungen ist nicht sonderlich eindrucksvoll, aber es gibt auch andere Schätzungen.

Wir haben eine Erhebung der Durchschnittszahl von Versuchen vor der ersten richtigen Reaktion erwähnt. Der mathematische Ausdruck dieser Statistik kann bestimmt werden. Als eine Funktion von α_2 kann sie auch zur Schätzung dieses Parameters herangezogen werden. Auf diese Weise erhalten wir für den Parameter α_2 eine Schätzung von 0,923. Dieser Wert liegt zwischen den beiden vorhin gewonnenen. Welche dieser drei Schätzungen ist nun die „beste"?

Um diese Frage zu beantworten, benutzen wir den Ausdruck für die Varianz der Versuchsanzahl vor der ersten richtigen Reaktion, der ebenfalls eine Funktion von α_2 ist. Um diese Varianz zu schätzen, können wir also jeden der geschätzten Werte von α_2 benutzen. Wir können dann diesen Wert mit der *beobachteten* Varianz dieses Ereignisses vergleichen und denjenigen Wert als unsere Schätzung wählen, der die beste Übereinstimmung zeigt. Es erweist sich, daß der geschätzte Wert 0,92 – der bis auf 0,02 genau mit einer der vorangegangenen Schätzungen übereinstimmt – die beste Übereinstimmung zwischen dem geschätzten und dem beobachteten Wert der Varianz ergibt.

Es gibt noch weitere Methoden der Schätzung von α_2. Indem wir sie zum Vergleich heranziehen, können wir schließlich zu einer zuverlässigen Schätzung gelangen. In unserem Falle ist sie 0,92. Da verschiedene Schätzungen aus unterschiedlichen Statistiken abgeleitet wurden, müssen wir annehmen, daß die Vorhersagen der beobachteten statistischen Werte nicht genau sein werden, wenn in allen Fällen eine und dieselbe Schätzung angewendet wird. Aber bei jedem teilweise statistisch bestimmten Prozeß müssen ja Zufallsvarianzen erwartet werden. Unser Vertrauen in die „Realitätsnähe" der Parameter eines Modells hängt von dem Grade ab, in dem diese Fluktuationen dem Zufall zugeschrieben werden *können*. Grob gesagt ist dies dann der Fall, wenn die Streuungen der verschiedenen Schätzungen relativ gering sind.

Ähnliche Verfahren werden bei der Schätzung von α_1 angewendet. Es hat sich herausgestellt, daß dieser mit der Erleichterung des Lernvorganges durch „Belohnung" (Abwesenheit von Schocks) verknüpfte Parameter den Wert 0,8 hat. Dies zeigt, daß in dieser Situation Belohnung effektiver war als Bestrafung[1]).

Lebende Hunde und Computerhunde

Unsere Schätzungen der zwei Parameter bestimmen die explizite Form des linearen stochastischen Modells für das Experiment von Solomon/Wynne. Die Gleichungen (13.17) und (13.18) werden nun zu

$$Q_1 p = 0,80\, p + 0,20 \tag{13.23}$$

resp.

$$Q_2 p = 0,92\, p + 0,08. \tag{13.24}$$

Nun können wir eine Menge von Daten gewinnen, die andernfalls von den durch die Parameter $\alpha_1 = 0,80$ und $\alpha_2 = 0,92$ charakterisierten Hunde geliefert worden wären. Wir können den postulierten stochastischen Prozeß also mit einem Computer simulieren. Ein Vergleich zwischen der simulierten „Lernkurve" der *Computerhunde* und der Lernkurve der lebenden Hunde wird in der Abbildung 13.2 veranschaulicht.

Die gestrichelte Linie stellt hierbei denjenigen Anteil der lebenden Hunde dar, die bei aufeinanderfolgenden Versuchen einen Schock vermieden haben. Die gepunktete Linie stellt den entsprechenden Anteil der Computerhunde dar. Die glatte durchgehende Linie stellt die erwartete Anzahl derjenigen Hunde dar, die dem theoretischen Modell gemäß „vermieden" haben, also die theoretische Lernkurve. Es scheint als entspräche diese theoretische Lernkurve den Leistungen der lebenden Hunde ebensogut wie denen der Computerhunde. Auch die statistischen Abweichungen sind in beiden Fällen recht ähnlich.

Die Abbildung 13.3 zeigt auch die akkumulierte Anzahl der Irrtümer der Hunde im Solomon/Wynne-Experiment (Zirkel) im Vergleich zu der theoretisch erwarteten Anzahl. Diese Kurve entspricht der Kurve der akkumulierten Irrtümer in Landahls pseudo-stochastischem Modell. Wie erinnerlich, hatte diese Kurve den von Ratten produzierten Daten ebenfalls gut entsprochen. Wir haben schon einmal betont, daß die Übereinstimmung zwischen der Kurve akkumulierter Irrtümer und den Beobachtungen *allein* nicht annähernd eine so starke Bestätigung eines Modells liefern kann, wie die große Anzahl von Übereinstimmungen zwischen theoretisch abgeleiteten Statistiken und vom statistischen Modell produzierten Daten.

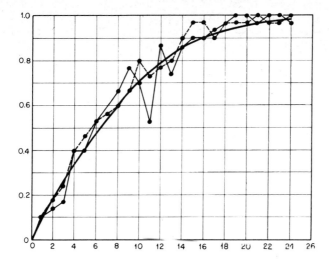

Abb. 13.2: Abszisse: Anzahl der Versuche.
Ordinate: −.−.−.−.−. Mittlere Häufigkeit der Reaktion „Vermeiden" bei lebenden Hunden.
°....°....°....° Mittlere Häufigkeit der Reaktion „Vermeiden" bei Computerhunden.
─────Theoretische Lernkurve [nach *Bush/Mosteller*].

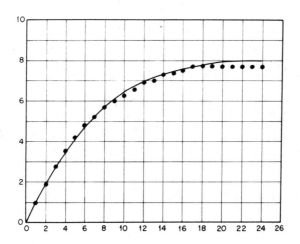

Abb. 13.3: Abszisse: Anzahl der Versuche.
Ordinate: Mittelwert der kumulativen Anzahl von Fehlern
.... beobachtet
───── Gleichung (13.30).

Es ist interessant, die mathematischen Formen der aus diesen Modellen abgeleiteten Lernkurven zu vergleichen. Die erwartete Wahrscheinlichkeit einer richtigen Reaktion beim n-ten Versuch, wenn $\lambda_1 = \lambda_2 = \lambda$ ist, ist für das obere lineare Modell annähernd durch die Formel

$$P_c = \frac{1}{2}\left[(\lambda + \mu) + (\lambda - \mu)\frac{(p_0 - \mu)e^{\rho n} + (p_0 - \lambda)}{(p_0 - \mu)e^{\rho n} - (p_0 - \lambda)}\right], \tag{13.25}$$

ausdrückbar, wobei

$$\mu = \frac{1 - \alpha_2}{\alpha_1 - \alpha_2}; \quad \rho = (1 - \alpha_2) - (\alpha_1 - \alpha_2)\lambda \tag{13.26}$$

gilt.

In unserem Falle sind $\lambda = 1$ und $p_0 = 0$. Also reduziert sich (13.25) zu

$$P_c = \frac{1}{2}\left[(1 + \mu) + (1 - \mu)\frac{-\mu e^{\rho n} - 1}{-\mu e^{\rho n} + 1}\right]. \tag{13.27}$$

Dann beträgt die Wahrscheinlichkeit einer falschen Reaktion

$$P_w = 1 - P_c = \frac{1}{2}(1 - \mu) - \frac{1}{2}(1 - \mu)\left[\frac{-\mu e^{\rho n} - 1}{-\mu e^{\rho n} + 1}\right], \tag{13.28}$$

was sich nach der Umstellung auf den folgenden Ausdruck reduziert:

$$P_w = \frac{-1 + \mu}{e^{\rho n} - 1}. \tag{13.29}$$

Die akkumulierte Anzahl der falschen Reaktionen $w\,(n)$ wird durch Integration der rechten Seite von (13.29) und die Berücksichtigung der Bedingung $w(0) = 0$ ermittelt und ergibt

$$w(n) = \frac{1 - \mu}{\rho}\log_e\frac{1 - \mu}{(1 - \mu) - (1 - e^{-\rho n})}. \tag{13.30}$$

Beim Vergleich von (13.30) und (13.9) erkennen wir, daß sie dieselbe Form behalten, wenn wir $2be^{k\Delta} = (1 - \mu)$, $(b - \beta) = 1$ und $kb = \rho$ setzen. Die Transformation nach $(b - \beta) = 1$ ist gerechtfertigt, da b und β beide von gleicher Dimension sind wie die „Höhe der Erregung" (vgl. S. 178). (Wir können die Einheiten dieser Dimension frei wählen.) Um jedoch (13.30) auf (13.9) reduzieren zu können, muß $2be^{k\Delta} = b$ gelten, d.h. $e^{k\Delta} = 1/2$ sein. Die Dimension von k ist die Reziproke von Δ (vgl. die Gleichung (13.1)). Da die Einheiten von k schon festgelegt worden sind, bestehen für die numerischen Werte von k und Δ Einschränkungen, wenn (13.30) und (13.9) äquivalent sein soll. Qualitativ entsprechen diese Einschränkungen der Bedeutung der Parameter. Wie erinnerlich, stellt $\epsilon_{0c} - \epsilon_{0w}$ die anfängliche Neigung zur einen oder anderen Reaktion dar. Wenn $e^{k\Delta} = 1/2$ ist, dann muß Δ negativ sein (denn $k > 0$). Damit wird die anfängliche Neigung zur *falschen* Reaktion ausgedrückt. Aber beim Experiment von Solomon/Wynne bestand die falsche Reaktion darin, dem Schock *nicht* auszuweichen (entgehen), und keiner der 30 Hunde hat den Schock beim ersten Versuch vermeiden können. Also gab es eine anfängliche Neigung zur falschen Reaktion. Daher können wir schließen, daß Landahls pseudo-stochastisches Modell im Hinblick auf die *Erwartungswerte* der Wahrscheinlichkeiten der Reaktionen dem linearen stochastischen Modell im wesentlichen entspricht.

Paarweise assoziiertes Lernen

Bis jetzt haben wir Lernsituationen untersucht, in denen die Bedingungen eines jeden Versuchs gleich waren — zumindest vom Standpunkt des Experimentators aus gesehen. Beispielsweise konnte eine Ratte immer zwischen zwei Alternativen wählen, einer richtigen und einer falschen Reaktion. Die richtige Alternative eines Versuchs kann bei einem anderen Versuch zur falschen werden, aber dies äußert sich bei der *Präsentation* der Alternativen nicht.

Betrachten wir nunmehr eine Situation, in der bei jedem Versuch ein verschiedener Reiz präsentiert wird. Das Ziel des Subjektes ist es, eine der verschiedenen möglichen Reaktionen mit dem Stimulus zu assoziieren. Falls die Stimuli und die Reaktionen in einer eineindeutigen Beziehung zueinander stehen, dann wird die Situation eine paarweise assoziierte Lernsituation genannt. Wir werden ein Experiment diskutieren, bei dem jeder Versuch ein reinforcierter Versuch ist. Welche Reaktion das Subjekt auch immer auf einen Stimulus wählt, die richtige Reaktion wird vom Experimentator stets genannt. Falls das Subjekt sich perfekt erinnert (ein vollkommenes Gedächtnis hat), dann wird es die Entsprechungen zwischen den Stimuli und den richtigen Reaktionen schon nach einer Präsentation eines jeden Stimulus gelernt haben. Falls aber die Menge der Stimuli groß ist, so kann es sich nicht immer an die richtigen Reaktionen erinnern. Somit werden die Stimuli auf die richtigen Reaktionen nur probabilistisch konditioniert. Die einfachste Annahme ist, daß die Wahrscheinlichkeit einer solchen Konditionierung eine Konstante θ ist. Ein darauf beruhendes stochastisches Lernmodell wurde von *Bower* [1961, 1962] vorgeschlagen. Es wird *Einzelelement*-Modell genannt, da jeder Stimulus als ein einzelnes Element dargestellt wird, und so auf die richtige Reaktion konditioniert werden muß. Die formalen Annahmen des Modells sind die folgenden:

(i)   Ein Element kann sich in einem der beiden Zustände befinden – konditioniert oder unkonditioniert.

(ii) Die Wahrscheinlichkeit, daß ein unkonditioniertes Element zu einem konditionierten wird, ist nach jedem Versuch θ. Ein konditioniertes Element bleibt konditioniert.

(iii) Bei der Präsentation eines entsprechenden Stimulus ist die Wahrscheinlichkeit der richtigen Reaktion $1/N$ falls das Element unkonditioniert ist, wobei N die Gesamtzahl der möglichen Reaktionen ist. Falls ein Element konditioniert ist, dann ist die Wahrscheinlichkeit einer richtigen Reaktion 1.

Ein auffallender Unterschied zwischen diesem Modell und dem oben dargestellten stochastischen Lernmodell ist, daß Lernen hier nicht durch „kleine Fortschritte" im Anwachsen der Wahrscheinlichkeit der richtigen Reaktion vor sich geht. Eine richtige Reaktion wird entweder erlernt oder nicht, und sobald sie erlernt ist, bleibt sie bekannt. Zufall spielt hier nur bei der Bestimmung eine Rolle, *ob* eine richtige Reaktion bei einem bestimmten Versuch erlernt werden wird oder nicht. Wir bemerken ferner, daß nach einer nicht richtig erlernten Reaktion alle Reaktionen gleichwahrscheinlich sind. Dadurch wird die alles-oder-nichts-Eigenschaft dieses Modells ebenfalls deutlich.

Ein Modell des Gebrauchs von Begriffen

Das Modell der paarweisen Assoziierung kann auf verschiedene Weise verallgemeinert werden. Beispielsweise kann eine Wahrscheinlichkeit der „Entkonditionierung" (Vergessen) eingeführt werden, oder es kann angenommen werden, daß das Erraten gerichtet und nicht gleichwahrscheinlich ist usw. Wir wollen eine solche Verallgemeinerung untersuchen, die zu einem Modell des Gebrauchs von Begriffen führt, wobei die „Begriffsbildung" Teil des Lernprozesses ist.

Nehmen wir an, die Anzahl der möglichen Reaktionen sei kleiner als die Anzahl der Stimuli, d.h. die Reaktion kann für mehr als einen Stimulus richtig sein. Ferner sollen die mit derselben Reaktion assoziierten Stimuli einige gemeinsame Eigenschaften besitzen, die den mit anderen Reaktionen zu verbindenden Stimuli nicht eigen sind. Indem es die Eigenschaften, die diese Stimuli gemeinsam auszeichnen, identifiziert, lernt das Individuum die richtige Reaktion auf einen gegebenen Stimulus. Betrachten wir die folgenden Stimuli:

Großes rotes Quadrat, großer roter Kreis, großes grünes Quadrat, großer grüner Kreis, kleines rotes Qudrat, kleiner roter Kreis, kleines grünes Quadrat, kleiner grüner Kreis. Vier dieser Stimuli haben die „Quadratgestalt", vier die „Kreisgestalt" gemeinsam, zwei sind „groß" *und* „kreisgestaltig", sechs „groß" *oder* „kreisgestaltig" usw. Die Stimuli unterscheiden sich in drei *Dimensionen*, nämlich nach Größe, Farbe und Gestalt. Jede Dimension wird durch zwei *Werte* dargestellt, z.B. klein und groß, grün und rot usw.

In diesem Kontext wird ein Versuch Reinforcierungsversuch genannt, wenn der Experimentator die Reaktionen des Subjekts entweder mit „richtig" oder mit „falsch" benotet. Beispielsweise kann der Experimentator eine Reaktion richtig nennen, wenn sie beim Stimulus „groß" immer R_1 lautet, und bei „klein" R_2. Andernfalls nennt er die Reaktionen falsch. Offensichtlich wird durch diesen Reinforcierungsprozeß Größe als die *relevante* Dimension ausgezeichnet, und die beiden anderen als *irrelevante*. Die Eigenschaften „groß", „klein", „rot" usw. werden *Merkmale* genannt. In unserem Beispiel gibt es sechs Merkmale. Durch das Vorgehen des Experimentators werden ferner die Merkmale „groß" und „klein" als die relevanten ausgezeichnet, alle anderen sind damit irrelevant. Im allgemeinen gilt: Wenn eine bestimmte Reaktion auf ein Merkmal entweder immer richtig oder immer falsch ist, dann ist es relevant. Merkmale sind irrelevant, wenn bestimmte Reaktionen auf sie sowohl richtig als auch falsch sein können.

Wenn ein Individuum die richtigen Reaktionen mit den Stimuli zu assoziieren lernt, wird es wahrscheinlich auf die relevanten Merkmale zu achten und auf die irrelevanten nicht zu achten lernen. Auf diese Weise werden die irrelevanten Merkmale *adaptiert*. Die relevanten Merkmale werden *konditioniert*, d.h. mit den entsprechenden Stimuli assoziiert.

Ein Modell des Gebrauchs von Begriffen wurde von *Bourne/Restle* [1959] vorgeschlagen. Es beruht auf den folgenden Annahmen:

(i)   Bei jedem reinforcierten Versuch wird ein konstanter Anteil nichtadaptierter unkonditionierter Merkmale konditioniert. Ein einmal konditioniertes Merkmal bleibt konditioniert.

(ii) Bei jedem reinforcierten Versuch wird ein konstanter Anteil unadaptierter irrelevanter Merkmale adaptiert. Schon adaptierte irrelevante Merkmale bleiben adaptiert.

(iii) Die Wahrscheinlichkeit einer Reaktion ist der Anteil unadaptierter Merkmale, die auf diese Reaktion konditioniert sind.

Obwohl wir Merkmale durch bewußt gewählte Eigenschaften von Stimuli (Kreisgestalt, rote Farbe usw.) exemplifiziert haben, hängt das Modell nicht von solchen bestimmten Merkmalmengen ab. Das Subjekt kann auch andere Merkmale benutzen, als die vom Experimentator bewußt angeführten. Auf jeden Fall werden einige vom Subjekt benutzten Merkmale relevant sein, andere irrelevant. Diese Unterscheidung wird schließlich davon abhängen, welche Reaktionen der Experimentator als richtig und welche er als falsch bezeichnet. Wir können also annehmen, daß die Stichwortmenge K in zwei Klassen aufgeteilt wurde.

Falls k ein beliebiges Merkmal der Menge K ist, so gilt angesichts von (i) die folgende Differenzgleichung für die Wahrscheinlichkeit C, daß ein willkürlich gewähltes Stichwort beim n-ten Versuch konditioniert wird:

$$C(k, n + 1) = C(k, n) + \theta [1 - C(k, n)], \tag{13.31}$$

wobei bei diesem Versuch der Anteil θ der unkonditionierten Merkmale konditioniert wurde. Das erste Glied auf der rechten Seite drückt die Annahme „einmal konditioniert immer konditioniert" aus; das zweite stellt die Wahrscheinlichkeit der Konditionierung eines unkonditionierten Merkmals beim n-ten Versuch aus.

Für die Wahrscheinlichkeit A der Adaption eines irrelevanten Merkmals k' beim n-ten Versuch erhalten wir entsprechend die Differenzgleichung

$$A(k', n + 1) = A(k', n) + \theta [1 - A(k', n)], \tag{13.32}$$

wobei θ der Anteil unadaptierter Merkmale ist, die beim n-ten Versuch adaptiert werden. Bourne/ Restle machen die vereinfachende Annahme, daß θ auch dem Anteil von neu konditionierten Merkmalen gleich ist.

Die Lösung von (13.31) nach $C(k, 1)$ lautet:

$$C(k, n) = (1 - \theta)^{n-1} C(k, 1) + [1 - (1 - \theta)^{n-1}]. \tag{13.33}$$

Die Lösung von (13.32) nach $A(k', 1)$ lautet:

$$A(k', n) = (1 - \theta)^{n-1} A(k', 1) + [1 - (1 - \theta)^{n-1}]. \tag{13.34}$$

Nun können wir die Wahrscheinlichkeit einer richtigen Reaktion beim n-ten Versuch ableiten. Angesichts der Annahme (iii) gilt dabei

$$p_n = \frac{\text{Anzahl der nicht-adaptierten konditionierten Merkmale}}{\text{Anzahl der nicht-adaptierten Merkmale}}. \tag{13.35}$$

Da die Menge K unbestimmt war, ist die Gesamtzahl der Merkmale unbekannt. Wie groß sie auch immer sei, können wir doch p_n durch Wahrscheinlichkeiten ausdrücken, wenn wir den Zähler und den Nenner der rechten Seite von (13.35) durch diese Zahl dividieren:

$$p_n = \frac{Pr[\text{Ein Merkmal ist nicht adaptiert und konditioniert}]}{Pr[\text{Ein Merkmal ist nicht-adaptiert}]}. \tag{13.36}$$

Nun gibt es zwei Arten unadaptierter Merkmale: die relevanten, die nicht adaptiert werden können, und die irrelevanten, die nicht adaptiert wurden. Der Anteil der relevanten Merkmale in K (K ist in dieser Situation konstant) sei r, und folglich wäre der Anteil der irrelevanten Merkmale $(1 - r)$. Dann ist der Zähler der rechten Seite von (13.36) gegeben durch

$$rC(k, n) + (1 - r) [1 - A(k', n)] C(k', n), \tag{13.37}$$

wobei $C(k', n)$ die Wahrscheinlichkeit der Konditionierung eines irrelevanten Merkmals beim n-ten Versuch ist. Der Nenner ist gegeben durch

$$r + (1 - r) [1 - A(k', n)]. \tag{13.38}$$

Damit gilt

$$p_n = \frac{rC(k, n) + (1 - r) [1 - A(k', n)] C(k', n)}{r + (1 - r) [1 - A(k', n)]}. \tag{13.39}$$

Um (13.39) bei der Vorhersage von Beobachtungen benutzen zu können, müssen wir $C(k, n)$, $A(k', n)$ und $C(k', n)$ kennen. In einer Situation mit zwei Reaktionen können wir einige Annahmen machen, um diese Wahrscheinlichkeiten abzuleiten. Wir können annehmen, ein irrelevantes Merkmal k' werde bei jedem Versuch mit der Wahrscheinlichkeit $1/2$ konditioniert. Bei Abwesenheit der Neigung zu bestimmten Reaktionen können wir ferner annehmen, daß $C(k, 1) = 1/2$ sei. Unter der Annahme, daß anfänglich keines der irrelevanten Merkmale adaptiert werde (da das Subjekt nicht weiß, daß sie irrelevant sind), erhalten wir schließlich $A(k', 1) = 0$. Nun können wir $C(k, 1) = 1/2$ und $A(k', 1) = 0$ setzen. Indem wir sie zusammen mit $C(k', n) = 1/2$ in (13.39) substituieren, erhalten wir nach einigen Umstellungen

$$p_n = 1 - \frac{\frac{1}{2} (1 - \theta)^{n-1}}{r + (1 - r) (1 - \theta)^{n-1}}. \tag{13.40}$$

Die Annahme $\theta = r$ impliziert, daß der Lernprozeß umso schneller voranschreitet, je mehr relevante Merkmale bei der Aufgabenstellung der Begriffsbildung angegeben sind. Eine Möglichkeit r zu erhöhen, ohne die Anzahl relevanter Dimensionen auszudehnen, besteht in der Hinzufügung *redundanter* Dimensionen. Beispielsweise können in unserer Aufgabe bei der großflächige Stimuli nach der Antwort R_1 verlangen, diese Stimuli zusätzlich durch einen Punkt im Zentrum der Figur charakterisiert werden. Dieses Merkmal ist redundant, da es immer mit Größe und ausschließlich mit Größe assoziiert ist. Aber das Subjekt wird seine Aufgabe durch diesen zusätzlichen Punkt schneller erlernen, denn er wird ein relevantes Merkmal wählen, ob er es nun mit dem Punkt oder mit der Größe assoziiert. Damit ist seine Aussicht bei der Suche nach einem relevanten Merkmal verbessert.

Wenn R die Anzahl der relevanten redundanten Dimensionen ist, dann gilt

$$r = \frac{cR}{a + bR} \qquad (13.41)$$

wobei cR die Anzahl der relevanten Merkmale (die R proportional sein sollen), bR die Anzahl der relevanten und irrelevanten Merkmale der redundanten relevanten Dimension und a die Anzahl der Merkmale der irrelevanten Dimensionen sind.

Um r schätzen zu können, müssen a, b und c geschätzt werden. Wenn wir nun annehmen, daß die Anzahl der redundanten und irrelevanten Merkmale, die durch die R redundanten Dimensionen gegeben sind R ist, d.h. wenn $b = 1$ gilt, dann brauchen nur noch die Zahlen a und c geschätzt werden, um eine Schätzung für r zu erhalten.

Aufgrund der Gleichung (13.40) kann nun die erwartete Gesamtzahl der Irrtümer als eine Funktion der Anzahl redundanter Dimensionen R und der Anzahl irrelevanter Dimensionen I (beides manipulierbare Variable) bestimmt und vorhergesagt werden.

Die Abbildung 13.4 zeigt einen Vergleich zwischen der beobachteten und der vorhergesagten mittleren (durchschnittlichen) Anzahl von Irrtümern in einem Experiment des Begriffsgebrauchs mit zwei Personen [*Bourne/Restle*].

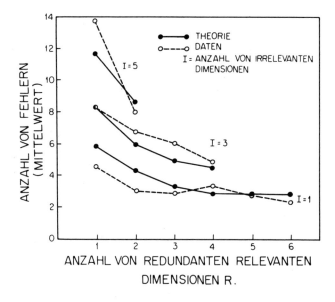

Abb. 13.4

Anmerkung

[1]) Aus den Gleichungen (13.18) und (13.19) ersieht man, daß das Lernen desto schneller geht je kleiner der entsprechende Parameter ist.

Teil IV. Strukturelle Modelle

14. Die Sprache der Struktur

In seiner vernichtenden Kritik der gegenwärtigen Entwicklung in den Sozialwissenschaften verweist *Andreski* [1977] darauf, daß „Struktur" und „Rolle" zu prestigegeladenen Wörtern geworden sind, mit denen die Trivialität und Banalität jener umfangreichen Schriften bemäntelt werden soll, die lediglich vorgeben, von Theorien sozialer Strukturen und menschlichen Verhaltens zu handeln. Mathematisierung kann den Theoretiker vor solchen Wortrausch bewahren. Sobald ein mathematisches Modell vorgibt, eine Struktur darzustellen, muß es sie in mathematisch strengen Begriffen entfalten. Dies geschieht mit Hilfe einer speziellen mathematischen Sprache, der *Mengenlehre*.

Mengentheoretische Terminologie

Die fundamentalen Kategorien der Mengenlehre sind *Elemente, Mengen von Elementen* und *Relationen*. Elemente und Mengen sind einfache Begriffe, sie können nicht weiter analysiert werden. Relationen können jedoch formal durch Element und Menge definiert werden.

Ein „Element" ist jedes Etwas, das als es „selbst" erkannt und damit von jedem Anderen unterschieden werden kann. Personen, Zahlen und Punkte im Raum können in entsprechenden Zusammenhängen als Elemente betrachtet werden. Als Mitglied einer bestimmten Menge ist ein Element „atomar", d.h. nicht weiter teilbar oder analysierbar. In anderen Zusammenhängen kann ein Element einer Menge selbst eine Menge sein und somit aus Elementen bestehen. Beispielsweise kann eine Person in Kontext eines Diskurses – etwa als Mitglied einer Gesellschaft – Element sein, in einem anderen Kontext dagegen – etwa als aus Zellen bestehender Organismus – kann sie aus einer Ansammlung von Elementen bestehen.

Eine Menge ist eine Ansammlung von Elementen, die mit einer ausreichenden Genauigkeit bestimmt ist, um entscheiden zu können, ob ein gegebenes Etwas zu der Ansammlung gehört oder nicht. Beispielsweise bilden alle geraden, nicht negativen Zahlen eine Menge, zu der „2", „28" und „0" gehören, „7" und „– 4" dagegen nicht.

In der Mathematik stellen Elemente und Mengen ideelle Konstrukte dar, deren Definition keinen Raum für Mehrdeutigkeit lassen. Wenn wir es mit Dingen und Ansammlungen von Dingen der „realen Welt" zu tun haben, dann können Mehrdeutigkeiten immer entstehen, unabhängig davon, wie sorgfältig definiert wurde. Wenn ich die Menge „alle am 1. Januar 1978 in Wien lebende Frauen" definiere, muß ich mit Unbestimmtheiten rechnen, wie mit Hermaphroditen, den ungenauen Grenzen Wiens, mit Personen, die um Mitternacht „klinisch" jedoch nicht „physiologisch" tot sind usw. Meist erzeugen solche Unbestimmtheiten keine Probleme; manchmal jedoch tun sie es, was z.B. Justiz- und Verwaltungsbeamten, die den Gesetzen entsprechende Entscheidungen treffen müssen, wohl bewußt sein dürfte.

Elemente sollen hier vorwiegend mit kleinen lateinischen Buchstaben und Mengen mit großen lateinischen Buchstaben bezeichnet werden. Der Ausdruck $a \in A$ soll „a ist ein Element der Menge A" und $a \notin A$ soll „a ist nicht Element der Menge A" bedeuten. Falls G die Menge aller nicht negativer gerader Zahlen ist, so können wir $2 \in G$ und $3 \notin G$ schreiben.

Eine Menge kann auf zweierlei Weisen bestimmt werden: entweder (i) durch die Bestimmung derjenigen Eigenschaften ihrer Elemente, die sie von den Eigenschaften anderer Mengen unterscheiden, oder (ii) durch die Aufzählung aller ihrer Elemente[3]. Falls die Anzahl der Elemente infinit ist, so kann die zweite Methode selbstverständlich nicht angewendet werden. Sie ist jedoch dann angemessen, wenn die Anzahl der Elemente nicht sehr groß und wenn es schwierig ist, die unterscheidenden Eigenschaften der Elemente genau zu definieren. Diese Methode verhindert eher fruchtlose Auseinandersetzungen darüber, was zu einer gegebenen Menge gehören „sollte" und was nicht. Nehmen wir an, ich wollte beispielsweise über „die Länder Europas" sprechen. Es ist nicht von vornherein klar, ob ich hier auch die Türkei, die UdSSR und Dänemark (der größte Teil ihrer Gebiete liegt nicht innerhalb Europas) oder Monaco (das nach der Meinung einiger Leute kein Land darstellt) mit einbeziehen will. Auch ist nicht von vornherein klar, ob ich Deutschland, oder das Vereinigte Königreich als „ein Land" oder als mehrere ansehe, usw. Nur wenn ich alle Einheiten, die ich in der folgenden Diskussion als „Länder Europas" betrachten will, einfach aufzähle, werden diese Mehrdeutigkeiten nicht entstehen.

Definitionen von Mengen sollen hier in geschwungene Klammern { }, gesetzt werden, in die entweder die definierenden Eigenschaften der Elemente oder ihre Aufzählung gesetzt werden.

Beispiele:

(i) $X = \{x : x$ ist eine nicht-negative gerade Zahl$\}$

(ii) $(1 \leqslant x < 2) = \{x : 1 \leqslant x < 2\}$ (lies, „die Menge reeller Zahlen gleich oder größer als 1 und kleiner als 2")

(iii) $A = \{x, y, z, w\}$ (lies, „die Menge, die aus den Elementen x, y, z und w besteht").

Falls alle Elemente der Menge A auch Elemente der Menge B sind, so wollen wir $A \subset B$ oder $B \supset A$ schreiben (lies: „A ist in B enthalten", oder „B enthält A", oder „A ist eine Teilmenge von B"). Falls beides, $A \subset B$ und $B \supset A$ gilt, so folgt, daß die Elemente einer dieser Mengen gleichzeitig Elemente der anderen sind, und wir werden dafür $A = B$ schreiben; d.h. A und B sind ein und dieselbe Menge. Die Bedeutungen von $A \not\subset B$, $A \neq B$ usw. sind evident. Falls $A \subset B$ und $A \neq B$, dann wird A eine *echte* Teilmenge von B genannt.

Die *Vereinigung* zweier Mengen A und B, geschrieben $A \cup B$, ist diejenige Menge, die aus entweder zu A oder zu B (und möglicherweise zu beiden) gehörenden Elementen besteht.

Beispiel:

Falls A die Menge aller Kinder und B die Menge aller Männer sind, dann enthält $A \cup B$ alle männlichen Personen und kleine Mädchen.

Bemerkung: Angesichts unserer Definition von „$\cup$" ist es leicht zu sehen, daß $A \subset B$ $A \cup B = B$ impliziert.

Der *Durchschnitt* zweier Mengen A und B, geschrieben $A \cap B$, ist diejenige Menge, die aus allen Elementen besteht, welche sowohl Mitglieder von A als auch von B sind.

Beispiel:

Falls A die Menge aller Kinder und B die Menge aller männlichen Personen sind, so enthält $A \cap B$ alle kleinen Jungen.

Bemerkung: Falls $A \subset B$, dann $A \cap B = A$.

In unserem vorangegangenen Beispiel, in dem A die Menge aller Kinder und B die Menge aller Männer waren, enthielt der Durchschnitt $A \cap B$ keine Elemente. Die Menge, die keine Elemente enthält, wird *leere* Menge oder *Nullmenge* genannt und durch $\emptyset$ bezeichnet. Alle Mengen, deren paarweise Durchschnitte leer sind, werden *disjunkte* (oder elemente-fremde) Mengen genannt. Eine Vereinigung der disjunkten Teilmengen der Menge A wird eine *Teilung* von A genannt.

Vereinigung und Durchschnitt können ebenso als binäre Operationen über Mengen angesehen werden, wie „plus" und „mal" binäre Operationen über Zahlen sind. D.h. zwei Mengen (oder zwei Zahlen), die durch „$\cup$" oder „$\cap$" (oder durch „$+$" oder „$\cdot$") verbunden sind, bestimmen eine andere Menge (oder Zahl). Diese Analogie kann auf verschiedene Eigenschaften dieser Operationen ausgeweitet werden. Beispielsweise sind „$\cup$" und „$\cap$" ebenso wie „$+$" und „$\cdot$" assoziativ und kommutativ:

$$A \cup (B \cup C) = (A \cup B) \cup C, \text{ wie } x + (y + z) = (x + y) + z;$$

$$A \cup B = B \cup A, \text{ wie } x + y = y + x;$$

$$A \cap (B \cap C) = (A \cap B) \cap C, \text{ wie } x \cdot (y \cdot z) = (x \cdot y) \cdot z;$$

$$A \cap B = B \cap A, \text{ wie } x \cdot y = y \cdot x.$$

Ferner: so wie „·" in bezug auf „+" distributiv ist, so ist es „∩" in bezug auf „∪":

$$A \cap (B \cup C) = (A \cap B) \cup (A \cup C), \text{ wie } x \cdot (y + z) = (x \cdot y) + (x \cdot z).$$

Ferner: „∪" ist in Hinblick auf „∩" distributiv:

$$A \cup (B \cap C) = (A \cup B) \cap (A \cup C).$$

Eine solche Eigenschaft gilt in der Arithmetik jedoch nicht, falls „∪" als analog zu „+" und „∩" als analog zu „·" betrachtet werden.

Die Analogie zwischen $\emptyset$ und Null ist aus den folgenden Relationen ersichtlich (wobei X eine beliebige Menge ist):

$$X \cup \emptyset = X, \text{ wie } x + 0 = x;$$

$$X \cup \emptyset = \emptyset, \text{ wie } x \cdot 0 = 0.$$

In jedem beliebigen Kontext ist es üblich, eine „universale" Menge U zu definieren, die alle in diesem Kontext möglicherweise betrachteten Elemente enthält. Mit Hilfe von U können wir nun das Komplement $\bar{X}$ einer Menge von X (die in U enthalten ist) definieren als diejenige Menge, die aus allen Elementen von U besteht, die nicht Elemente von X sind:

$$\bar{X} = \{y : y \subset U \text{ und } y \notin X\}.$$

Das Komplement von X in U kann ebenfalls $U - X$ oder $U \setminus X$ geschrieben werden. Die Operation „−", die zur Substraktion in der Arithmetik analog ist, kann auf jedes Mengenpaar ausgedehnt werden. Für die Mengen X und Y:

$$X - Y = \{x : x \in X \text{ und } x \notin Y\}.$$

Freilich können nur jene Elemente von Y, die auch Elemente von X sind, in dieser Operation „subtrahiert" werden. Es folgt, daß falls X und Y disjunkt sind $X - Y = X$ ist. Andererseits, falls $X = Y$, so $X - Y = \emptyset$.

Der Leser mag die folgenden Komplemente enthaltenden Relationen selbst nachprüfen:

$$\bar{\bar{X}} = X \quad \text{(Das Komplement des Kompements von } X \text{ ist } X\text{)};$$

$$\overline{(X \cup Y)} = \bar{X} \cap \bar{Y} \text{ (das Komplement der Vereinigung zweier Mengen ist der Durchschnitt ihrer Komplemente)};$$

$$\overline{(X \cap Y} = \bar{X} \cup \bar{Y} \text{ (das Komplement des Durchschnitts zweier Mengen ist die Vereinigung ihrer Komplemente).}$$

Der nächste wichtige Begriff der Mengenlehre ist die *Produktmenge*. Betrachte zwei Mengen X und Y, die nicht notwendig disjunkt, und möglicherweise nicht distinkt sind. Die Menge aller geordneten Paare $\{(x, y) : x \in X \text{ und } y \in Y\}$ wird das Produkt (oder das Cartesische Produkt) von X und Y genannt. Es wird $X \times Y$ geschrieben.

Beispiele:

(i) M sei die Menge aller Männer und W die Menge aller Frauen. Dann ist $M \times W$ die Menge aller möglichen Paare (m, w), wobei $m \in M$ einen Mann und $w \in W$ eine Frau darstellen.

(ii) **R** sei die Menge aller reellen Zahlen. Dann ist **R** × **R** (auch $\mathbf{R}^2$ geschrieben) die Menge aller geordneten Paare der reellen Zahlen (x, y). Diese Menge kann als die Darstellung einer Cartesischen Fläche verstanden werden (daher der Name „Cartesisches Produkt"). Der Begriff der Produktmenge kann auf jede endliche Zahl von Mengen ausgedehnt werden, wobei die Elemente zu Tripeln, Quadrupeln usw. geordnet werden. Natürlich kann das Cartesische Produkt selbst als eine Menge angesehen werden, was im folgenden auch geschehen soll.

Relationen

Bei gegebener Menge Y und dem Cartesischen Produkt von Y mit sich selbst, d.h. $Y \times Y$, wird eine *Relation R* (genauer: binäre Relation) über Y als eine Teilmenge dieses Cartesischen Produkts definiert, so daß

$$R \subset Y \times Y, \text{ wobei } Y \times Y = \{(y_1, y_2) : y_1 \in Y, y_2 \in Y\}.$$

Die Beziehung zwischen dieser Definition einer „Relation" und dem alltäglichen Verständnis von „Verwandtschaft" (auf Englisch relation = Verwandtschaft) kann wie folgt gesehen werden. Offensichtlich kann der Begriff der binären Relation auf beliebige Cartesische Produkte $X \times Y$ erweitert werden.

Y sei eine Menge von Menschen, und wir betrachten die Menge geordneter Paare (y_1, y_2) von Menschen, die zu Y gehören, in der y_1 Vater von y_2 ist. Offensichtlich ist diese Menge Teilmenge der Menge *aller* geordneten Paare (y_1, y_2), d.h. Teilmenge von $Y \times Y$. Diese Teilmenge ist als die Relation F („ist Vater von") definiert. Nun können wir $y_1 F y_2$ schreiben (lies: y_1 ist Vater von y_2), oder – äquivalent – $(y_1, y_2) \in F \subset Y \times Y$ (lies: das geordnete Paar (y_1, y_2) gehört zur Menge F geordneter Paare, die zu $Y \times Y$ gehören, wann immer y_1 Vater von y_2 ist). Dies scheint eine etwas umständliche Art zu sein, etwas einfaches wie „y_1 ist Vater von y_2" zu sagen, aber sie erleichtert formale Deduktionen in denen Relationen vorkommen. Wenn wir eine Relation als Menge definieren, so können wir die üblichen Mengenoperationen mit ihr vornehmen, z.B. ihr Komplement bilden, ihre Teilmengen betrachten, Vereinigungen und Durchschnitte bilden usw. Die Bedeutung von $y_1 \not{F} y_2$ is evident: $\not{F}$ stellt die zu F komplementäre Relation in $Y \times Y$ dar.

Bemerkung: Die obige Relation F kann die leere Menge sein, was der Fall ist, wenn niemand in Y Vater von irgendjemand in Y ist.

Eine Relation R in der Menge Y wird *vollständig* genannt, falls $y_1 R y_2$ für alle y_1 und y_2 in Y (einschließlich des Falls $y_1 = y_2$) gilt. Es ist klar, daß wir in diesem Falle $R = Y \times Y$ schreiben können.

Beispiel:
Y sei eine Menge von Personen, und jede Person in Y kenne den Namen jeder anderen Person in Y einschließlich ihres eigenen Namens. Dann ist die Relation N in Y, die „kennt den Namen von" ausdrückt, vollständig.

Eine Relation R über eine Menge X wird *verbunden* genannt, falls für jedes x und y in X entweder xRy oder yRx gelten; sie ist schwach verbunden, falls für jedes $x \neq y$ in X xRy oder yRx gelten.

Beispiele:
Die Relation „gleich oder größer als" ist über der Menge reeller Zahlen verbunden. Die Relation „größer als" ist über derselben Menge schwach verbunden.

Eine Relation R wird dann und nur dann *symmetrisch* genannt, wenn $y_1 R y_2$ $y_2 R y_1$ impliziert.

Beispiel:
Y sei eine Menge von Frauen, und S sei die Relation „ist Schwester von". Dann ist S symmetrisch.

Bemerkung: Falls Y eine Menge von Personen ist, dann ist S nicht notwendig symmetrisch, da $y_1 S y_2$ (y_1 ist Schwester von y_2) gelten mag und $y_2 \not{S} y_1$ (y_2 ist nicht Schwester sondern Bruder von y_1). Wenn jedoch S für „ist Geschwister von" steht, dann ist S symmetrisch.

Eine Relation wird dann und nur dann *asymmetrisch* genannt, wenn $y_1 R y_2$ $y_2 \not{R} y_1$ impliziert. In unserem obigen Beispiel war F asymmetrisch. Auch die folgenden Relationen sind asymmetrisch: „ist älter als", „ist größer als" usw.

Eine Relation wird dann und nur dann *reflexiv* genannt, wenn yRy für jedes y in Y gilt. In unserem obigen Beispiel in dem N „kennt den Namen von" bezeichnet, war N eine reflexive Relation, falls wir annehmen, daß jede Person ihren Namen kennt (ungeachtet dessen, ob sie sonst noch den Namen von irgend jemand kennt).

Eine Relation wird *transitiv* genannt, wenn $y_1 R y_2$ und $y_2 R y_3$ $y_1 R y_3$ implizieren.

Beispiele:

„ist älter als", „ist ein Vorfahr von", „ist gleich", „ist teilbar durch" usw. Offensichtlich ist „Vater von" nicht transitiv, ebensowenig wie „Bruder von" (da ich selbst Bruder meines Bruders bin).

Betrachten wir eine Relation in Y die reflexiv, symmetrisch und transitiv sei. Der Leser kann feststellen, daß diese Relation die Elemente von Y so in Teilmengen *teilt*, daß innerhalb jeder Teilmenge alle Elemente zueinander in der Relation R stehen, und kein Element einer Teilmenge in der Relation zu irgendeinem Element einer anderen Teilmenge steht. Eine solche Relation wird *Äquivalenzrelation* genannt.

Beispiel:

N sei die Menge aller ganzen Zahlen und R eine Teilmenge von $R \times R$ die wie folgt definiert ist:

$$R = \{(y_1, y_2): y_1 \in N, y_2 \in N \text{ und } y_1 - y_2 \text{ ist durch 7 teilbar}\}.$$

Betrachten wir die sieben Teilmengen von N. Jede besteht aus all jenen Zahlen, die nach der Teilung durch 7 die Restzahlen 0, 1, 2, . . ., 6 übriglassen. Die Vereinigung dieser Zahlen ist offensichtlich die Gesamtmenge der ganzen Zahlen. (Dies erklärt die Bedeutung des Begriffs der Teilung.) Falls nun $y_1 - y_2$ durch 7 teilbar ist (d.h. $y_1 R y_2$), dann ist es auch $y_2 - y_1$ (d.h. $y_2 R y_1$). Folglich ist R symmetrisch. Ferner ist $y - y = 0$, was durch jede Zahl teilbar ist. Also gilt yRy für alle Zahlen. Schließlich ist $y_1 - y_2 = 7k$, wenn $y_1 R y_2$, wobei k eine ganze Zahl ist. Falls $y_2 R y_3$, dann ist $y_2 - y_2 = 7m$, wobei m eine ganze Zahl ist; und $y_1 - y_3 = y_1 - y_2 + y_2 - y_3 = 7(k + m)$, was ebenfalls ein Vielfaches von 7 ist. Also ist R transitiv. Damit ist R eine Äquivalenzrelation.

Ordnungen

Eine asymmetrische Relation über einer Menge kann eine *Ordnung* über die Menge induzieren. Es gibt einige Typen von Ordnungen verschiedener „Stärke", wie wir gleich sehen werden. Intuitiv stellen wir uns eine Menge geordnet vor, wenn wir entscheiden können, welches von zwei Elementen dem anderen „vorangeht". Beispielsweise stellen wir uns das Alphabet geordnet vor — eine Konzeption, die Wörterbücher und Telephonbücher möglich macht. Das Alphabet ist ein Beispiel einer *linearen Ordnung*. Formal gesprochen ist eine lineare Ordnung eine binäre asymmetrische Relation P über einer Menge X, die schwach verbunden und transitiv ist. „Linear" verweist auf eine graphische Darstellung einer linearen Ordnung. Beispielsweise kann das Alphabet wie in der folgenden Abbildung 14.1 angegeben werden.

Abb. 14.1

Immer wenn ein Buchstabe in diesem Diagramm über einem anderen steht, geht das erste dem zweiten im Alphabet voran, z.B. cPq.

Es ist nützlich, Ordnungen zu definieren, die „schwächer" als die lineare sind. Dies kann durch das Fallenlassen der schwach Verbundenheits und/oder Transitivitätsbedingungen geschehen. Wenn wir nicht verlangen, daß eine asymmetrische Relation P schwach verbunden sei, so erhalten wir für jedes Elementepaar entweder xPy oder yPx oder ($y\bar{P}x$ und $y\bar{P}x$). Beispielsweise sei X die Menge der Objekte und P die asymmetrische Relation „wird vorgezogen". Wir nehmen an, daß diese Relation transitiv ist, aber sie braucht nicht schwach verbunden zu sein. Falls denn $x\bar{P}y$ und $y\bar{P}x$ gelten, so können wir sagen, daß „x indifferent gegenüber y" ist. (Dies ist nur eine andere Weise neu auszudrücken, daß eine nach ihrer Präferenz befragte Person zwischen x und y indifferent ist.) Wir bezeichnen die Relation „ist indifferent gegenüber" durch den Buchstaben I. Man kann sehen, daß diese Relation durch die asymmetrische Relation P induziert ist. I ist offensichtlich symmetrisch: falls xIy, dann yIx. Aber wir haben nichts über ihre Transitivität ausgesagt: Wir haben nicht verlangt, daß xIy und yIz xIz implizieren sollen. Falls wir dies aber verlangen, dann bestimmt unsere asymmetrische Relation P eine *schwache Ordnung* über X.

Formal wird eine schwache Ordnung über X wie folgt definiert:

(i)   Es gibt eine asymmetrische transitive Relation P über X.
(ii)   Die symmetrische Relation I wird durch „xIy" dann und nur dann, wenn $x\bar{P}y$ und $y\bar{P}x$ definiert.
(iii) I ist transitiv: xIy und yIz implizieren xIz.

Eine schwache Ordnung wird graphisch in der Abbildung 14.2 dargestellt.

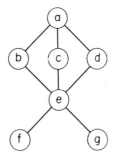

Abb. 14.2

Falls ein Element x auf einer „höheren Ebene" als y ist, dann gilt xPy. Falls x und y auf einer gleichen Ebene stehen, dann gilt xIy.

Wir können unsere Konzeption von Ordnung noch weiter dadurch „abschwächen", daß wir die Forderung nach der Transitivität von I fallen lassen, während wir die Forderung nach der Transitivität von P aufrecht erhalten. In diesem Fall determiniert P eine *strikte partielle Ordnung*. Strikte partielle Ordnungen werden in mathematischen Modellen der Stimulusunterscheidung häufig angewandt. Angenommen einer Person wird eine Reihe von Musiktönen verschiedener Frequenzen vorgespielt. xPy sei dann gegeben, wenn die Person den Ton x „höher" als den Ton y einschätzt. Wir erwarten, daß diese Relation asymmetrisch und transitiv sei. Aber falls die Person nicht zwischen den Frequenzen x und y unterscheiden kann, so können wir xIy konstatieren und erwarten, daß diese Relation symmetrisch sei. Aber wir können nicht annehmen, daß I transitiv sei, weil es geschehen kann, daß die Person nicht zwischen den Tönen x und y unterscheiden kann, weil sie nur leicht in der Frequenz differieren, und aus demselben Grunde auch zwischen den Tönen y und z nicht unterscheidet; aber sie könnte sehr wohl zwischen x und z unterscheiden, weil diese Töne ausreichend weit auseinander liegen.

Eine graphische Darstellung einer strikten partiellen Ordnung wird in der Abbildung 14.3 gezeigt. Hier gilt xPy dann und nur dann, wenn es von x zu y einen abwärts entlang den Pfeilen weisenden Weg gibt.

Abb. 14.3

Schließlich können wir auch die Transitivitätsforderung für P fallen lassen. Um jedoch eine minimale „Ordnung" zu erhalten, müssen wir darauf achten, daß P keine „Zyklen" produziert. Wir können also nicht xPy, yPx und zPx zulassen. Die Eigenschaft der Nichtzyklizität wird durch Transitivität impliziert, aber Nichtzyklizität impliziert nicht Transitivität.

Um die Bedeutung der Forderung nach „Nichtzyklizität" zu erläutern, nahmen wir an, P heiße „wird vorgezogen". Wir könnten nicht sagen, daß eine Menge von Objekten den Präferenzen einer Person entsprechend geordnet sei, wenn sie x y, y z und gleichzeitig z x vorzieht. Beispiele solcher zyklischen Präferenzen werden in der Praxis nicht selten beobachtet, und sie bringen besondere Probleme bei der Modellierung des Auswahlverhaltens mit sich. Wir schließen sie hier aus, weil wir nur asymmetrische Relationen behandeln, die Ordnungen über Elementmengen herstellen. Nichtzyklizität ist das mindeste, was wir von einer solchen Relation „erwarten" können.

Eine Ordnung, die durch eine lediglich die Forderung nach Nichtzyklizität erfüllende asymmetrische Relation bestimmt ist, wird Unterordnung (suborder) genannt. Sie ist graphisch durch die Abbildung 14.4 dargestellt.

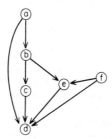

Abb. 14.4

Hier gilt xPy dann und nur dann, wenn ein Pfeil von x nach y geht. Wie man sehen kann, enthält die Figur keine Pfeilzyklen, aber P ist nicht transitiv, weil es einen Pfeil von a nach b und einen von b nach c, jedoch keinen von a nach c gibt.

Bemerkung: Eine lineare Ordnung ist in dem Sinne ebenfalls eine „schwache Ordnung", als sie ihre Bedingungen erfüllt. Diese Terminologie könnte einigermaßen verwirrend sein, da wir gewohnt sind anzunehmen, daß, wenn etwas „stark" ist (wie die lineare Ordnung), es nicht „schwach" genannt werden könne. Solche Terminologie ist jedoch in der Mathematik üblich:: „Starke" Eigenschaften sind gewöhnlich so definiert, daß sie „schwache" Eigenschaften implizieren, weil sie die Bedingungen der letzteren erfüllen. Andererseits implizieren „schwache" Eigenschaften in der Regel keine „starken". In diesem Sinn sind schwache Ordnungen notwendig auch strikte partielle Ordnungen, obwohl strikte partielle Ordnungen keine schwachen Ordnungen zu sein brauchen. Strikte partielle Ordnungen sind notwendig auch Unterordnungen. Wenn wir daher von schwachen *Ordnungen* sprechen, meinen wir *zumindest* eine schwache Ordnung, wenn nichts anderes bestimmt wird.

Unterscheidungen zwischen Ordnungen verschiedener „Stärke" werden in der formalen Theorie sozialer Entscheidungen getroffen [vgl. *Fishburn*].

Funktionen

Der grundliegende mathematische Begriff einer *Funktion* kann als ein besonderer Fall einer Relation definiert werden. X und Y seien Mengen und $X \times Y$ die Produktmenge. Betrachte nun eine Teilmenge R von $X \times Y$, d.h. eine Relation mit den folgenden Eigenschaften:

(i) Für jedes x X gibt es ein geordnetes Paar (x, y) in R.
(ii) $(x_1, y_1), (x_1, y_2) \in R$ impliziert $y_1 = y_2$.

(i) besagt, daß jedes x in X in Relation R zu *irgendeinem* y in Y besteht.
(i) und (ii) besagen, daß jedes x in X in Relation R zu *genau einem* y in Y steht.

Eine Relation $R \subset X \times Y$, die (i) und (ii) befriedigt, wird eine *Funktion* oder eine *Abbildung* von X auf Y genannt. In Zeichen:

$$R = f : X \to Y, \text{ oder } f(x) = y \quad {}^2).$$

Die Menge X wird der *Bereich* von F genannt. Die Menge Y wird *Mitbereich* (oder Bildbereich) genannt. Falls $f(x) = y$, so wird y *Abbild* von x genannt. Die Menge der Elemente von Y, die Abbilder der Elemente von X sind, wird *Wertevorrat* von f genannt.

Die obige Definition impliziert *nicht*, daß für jedes y in Y ein x in X existierte, so daß es zu y in der Relation R stünde, d.h. daß xRy. Auch impliziert die Definition nicht, daß nur ein x in X existiere, das zu einem gegebenen y in der Relation R stehe, d.h. $(x_1, y_1) \in R$ und $(x_2, y_1) \in R$ implizieren nicht notwendig $x_1 = x_2$. Falls die beiden obigen Bedingungen befriedigt *sind*, so sagt man, daß die Abbildung $f : X \to Y$ *eineindeutig* sei.

Beispiel:

X sei eine Menge von Jungen und Y eine Menge von Mädchen. Die Relation $R \subset X \times Y$ bedeute „geht mit", so daß $(x, y) \in R$ dann und nur dann gilt, wenn der Junge x mit dem Mädchen y geht. R ist auch dann eine Relation, wenn einige Jungen aus X mit keinem Mädchen aus Y gehen. R ist eine Funktion oder eine Abbildung dann und nur dann, wenn jeder Junge aus X mit genau einem Mädchen aus Y geht. Ferner ist R auch dann eine Abbildung, falls einige Mädchen aus Y mit keinem Jungen aus X gehen. Es ist auch dann noch eine Abbildung, falls mehr als ein Junge mit dem gleichen Mädchen aus Y geht. Aber die Relation ist keine Abbildung von X über Y falls irgendein Junge mit mehr als einem Mädchen ausgeht. R ist nur dann eine eineindeutige Abbildung, wenn jeder Junge mit genau einem Mädchen und jedes Mädchen mit genau einem Jungen geht. Offensichtlich muß in diesem Falle die Anzahl der Jungen in X der Anzahl der Mädchen in Y gleich sein.

Die Beziehung dieser Definition von Funktion mit ihrer üblichen Bedeutung in der Mathematik kann wie folgt gesehen werden: X und Y sollen beide die Menge aller rationalen Zahlen Q darstellen. R bedeute „ist Quadrat von", d.h. $(x, y) \in R$ oder yRx dann und nur dann, wenn $y = x^2$. Dann hat jedes x genau ein Abbild in Q. Wir können schreiben:

$$f : Q \to Q; f(x) = y = x^2.$$

Wir bemerken, daß nicht jedes $y \in Q$ Abbild irgendeines $x \in Q$ ist, beispielsweise 3 und -4 sind es nicht. In diesem Falle ist Q sowohl der Bereich als auch der Mitbereich von f; aber der Wertevorrat von f ist die Menge aller rationalen Zahlen der Form m^2 / n^2, wobei m und n ganze Zahlen sind und $n \neq 0$ ist.

$R \in X \times Y$ sei eine eineindeutige Funktion $f : X \to Y$. Die inverse Relation R^{-1} von R ist

$$R^{-1} = \{(y, x) : y \in Y, x \in X, xRy\}.$$

Damit ist R^{-1} auch eineindeutig, also eine Funktion $f^{-1} : Y \to X$ oder $f^{-1}(y) = x$. Das Element x X wird das *inverse Abbild* von y in Bezug auf f genannt.

Beispiel:

X und Y sollen beide die Menge aller positiven reellen Zahlen **R** darstellen, und $f(x) = y = x^2$. f ist eineindeutig und $f^{-1}(y) = \sqrt{x}$.

Kompositionen

X, Y und Z seien Mengen, R und S seien Relationen – nämlich $R \subset X \times Y$ und $S \subset Y \times Z$. Wir können eine binäre Operation über Relationen definieren, die *Komposition* genannt wird; z.B. $R \oplus S = T$, wobei $T \subset X \times Z$ wie folgt definiert ist:
$T = \{(x, z); x \in X, z \in z, \text{und es gibt ein } y \in Y \text{ so daß } xRy \text{ und } ySz\}$.

Beispiel:

X, Y und Z stellen die gleiche Menge von Personen dar. F bedeute die Relation „ist Vater von", S die Relation „ist Schwester von" und T die Relation „ist Tante ersten Grades von". Dann kann $T = S \oplus F$ wie folgt interpretiert werden: xTz oder $x(S \oplus F)z$ dann und nur dann, wenn x die Schwester des Vaters von z ist, d.h. die Tante ersten Grades von z.

Im allgemeinen gilt offensichtlich $F \oplus S \neq S \oplus F$. Im obigen Beispiel ist $x(F \oplus S)z$ falls x der Vater der Schwester von z ist, d.h. der Vater von z (möglicherweise nicht blutsverwandt, falls auch „Halbschwester" unter „Schwester" subsumiert wird). In jedem Falle ist x nicht Tante ersten Grades von z.

Eine Verallgemeinerung von Kompositionen zur Verkettung von Folgen von Relationen ist folgerichtig.

Falls R und S Funktionen sind, dann ist ihre Komposition als Komposition entsprechender Relationen definiert.

Beispiel:

Es sei $f(x) = x^2$, $g(x) = x + a$. Dann ist

$$[g \oplus f](x) = x^2 + a;$$
$$[f \oplus g](x) = x^2 + 2ax + x^2.$$

Wir bemerken, daß $f \oplus f^{-1} = f^{-1} \oplus f = I$, d.h. die *Identitätsfunktion* ist, welche durch $I(x) = x$ definiert wird. Offensichtlich ist die Komposition von Funktionen im allgemeinen nicht kommutativ[3]).

Kompositionen von Abbildungen (d.h. Funktionen) können bequem durch Permutationen finiter Elementmengen illustriert werden. Betrachte eine endliche Menge N von Objekten: $N = \{1, 2, \ldots, n\}$ und die Menge aller möglichen *geordneten* N-Tupel von diesen Objekten. Jedes n-Tupel ist eine *Permutation*. Eine Permutation kann ebenfalls als eine eineindeutige Funktion $p_i : N \to N$ gedeutet werden. Beispielsweise, falls $N = \{1, 2, 3, 4\}$ ist, dann kann das geordnete Quadrupel $(3, 2, 4, 1)$ als die Funktion p_i betrachtet werden, wobei $p_i(1) = 3$, $p_i(2) = 2$, $p_i(3) = 4$ und $p_i(4) = 1$ sind. Da 24 Permutationen von vier Objekten möglich sind, gibt es eine Menge von 24 solchen Funktionen $P = \{p_1, p_2, \ldots, p_{24}\}$. Die Elemente von P sind Permutationen oder geordnete Quadrupel der vier Objekte oder Funktionen $p_i : N \to N$; sie sind *nicht* Elemente der ursprünglichen Menge N. Wenn ein p_i als ein geordnetes Quadrupel dargestellt wird, dann ist das Element in der j-ten Position im Quadrupel das Abbild aus der Abbildung p_i des Elements j von N ($j = 1, \ldots, 4$).

Nun können wir die Komposition von Permutationen untersuchen. Es seien $p_i = (2, 3, 1, 4)$ und $p_j = (1, 2, 4, 3)$. Dann ist $p_j \oplus p_i = (2, 4, 1, 3)$, da p_i „1" auf „2" und p_j „2" auf „2" abbilden; folglich bildet $p_j \oplus p_i$ „1" auf „2" ab. Da p_i „2" auf „3" und p_j „3" auf „4" abbilden, bildet ferner $p_j \oplus p_i$ „2" auf „4" ab usw.

Die Permutation $p_1 = (1, 2, 3, 4)$ wird *Identitätspermutation* genannt. Sie bildet jedes Element von N auf sich selbst ab; d.h. $p_1(x) = x$ ($x = 1, 2, 3,$ oder 4). Jede Permutation hat eine Inverse. Beispielsweise ist p_i^{-1}, die Inverse von p_i oben, $(3, 1, 2, 4)$ weil p_i „1" auf „2" abbildet; folglich bildet p_i^{-1} „2" auf „1" ab, was aus der Tatsache ersichtlich ist, daß „1" in der zweiten Position in p_i^{-1} steht usw.

Der Leser kann ferner bestätigen, daß die Operation der Komposition „$\oplus$" assoziativ ist, wenn sie auf Permutationen angewendet wird; h.h. $p_i \oplus (p_j \oplus p_k) = (p_i \oplus p_j) \oplus p_k$ für jedes p_i, p_j, p_k in P.

Aber „$\oplus$" ist nicht allgemein kommutativ, obwohl für einige p_i, p_j, $p_i \oplus p_j = p_j \oplus p_i$ gilt. Z.B.:
$(1, 2, 4, 3) \oplus (2, 1, 3, 4) = (2, 1, 3, 4) \oplus (1, 2, 4, 3) = (2, 1, 4, 3)$.

Gruppen

Eine Menge $G = \{x, y, \ldots\}$ bildet zusammen mit der binären Operation „$\oplus$" (d.h. einer Komposition der Elemente) eine *Gruppe*, wenn folgende Bedingungen erfüllt sind:

(i) $\oplus$ ist *geschlossen*, d.h. für jedes x, $y \in G$ ist $x \oplus y = z \in G$.

(ii) $\oplus$ ist assoziativ, d.h. für jedes x, y, z in G gilt $x \oplus (y \oplus z) = (x \oplus y) \oplus z$.

(iii) Es gibt ein Element $e \in G$, so daß $e \oplus x = x \oplus e = x$. Dieses Element wird das *Identitätselement* (oder neutrales Element) von G genannt.

(iv) Jedes Element x von G hat ein Inverses $x^{-1} \in G$, d.h. $x \oplus x^{-1} = x^{-1} \oplus x = e$.

Es ist sehr leicht zu bestätigen, daß die Menge der Permutationen von n Objekten zusammen mit der Kompositionsoperation von Permutationen eine Gruppe bilden.

Andere Beispiele von Gruppen:

(i)   Die Menge der Zahlen N zusammen mit der Addition. Das Element „0" ist das Identitätselement dieser Gruppe.

(ii)   Die Menge der positiven rationalen Zahlen zusammen mit der Multiplikation. Das Element „1" ist hier das Identitätselement der Gruppe. Die Inverse jeder positiven rationalen Zahl ist ihr reziprok.

(iii) Die Menge der Drehungen eines Kubus um $90°$ um jede seiner drei Hauptachsen zusammen mit deren Kompositionen, wobei jede zwei solcher Drehungen eine Komposition dieser zwei Drehungen bilden, wenn sie nacheinander durchgeführt werden.

Der Leser mag bestätigen, daß die Kompositionen in den beiden ersten Beispielen kommutativ sind, im dritten jedoch nicht. Es ist ebenfalls offensichtlich, daß die obigen Beispiele (i) und (ii) Gruppen mit infiniten Elementmengen darstellen, während (iii) eine Gruppe mit einer endlichen Anzahl von Elementen ist, – denn nur eine endliche Anzahl von Orientierungen des Kubus durch alle möglichen Kombinationen der angezeigten Drehungen erzeugt werden kann.

Eine endliche Gruppe kann durch eine „Multiplikationstafel" dargestellt werden, also durch eine Matrix, deren Zeile und Spalten den Elementen der Gruppe (in der gleichen Ordnung) entsprechen und deren ij-ter Eingang Produkt der Elemente i und j ist – und zwar in dieser Reihenfolge, denn die binäre Operation der Gruppe (hier „Multiplikation" genannt) ist nicht notwendig kommutativ.

Falls a ein Element einer endlichen Gruppe mit n Elementen ist, dann erhalten wir für eine bestimmte ganze Zahl p $(1 \leqslant p \leqslant n)$ $a^p = e$. p wird die *Ordnung* von a und n die Ordnung der Gruppe genannt. Hier bedeutet a^p $a \oplus a \oplus \ldots \oplus a$ p mal.

Eine Gruppe wird durch einige ihrer Elemente in dem Sinne *erzeugt*, daß jedes Element der Gruppe als „Produkt" dieser erzeugenden Elemente dargestellt werden kann.

In einem einfachen Beispiel werde eine Gruppe n-ter Ordnung von den beiden Elementen W und C erzeugt. Ihre „Multiplikationstafel" wird durch die Matrix 14.1 angezeigt.

	I	C	W	WC
I	I	C	W	WC
C	C	I	WC	W
W	W	WC	I	C
WC	WC	W	C	I

Matrix 14.1

Offensichtlich ist die Ordnung sowohl von W als auch von C 2, und die „Multiplikation" ist in dieser Gruppe kommutativ. Die Matrix 14.2 zeigt einen anderen Typus einer Gruppe mit fünf Elementen. Sie wird ebenfalls durch die Elemente W und C erzeugt.

$$
\begin{array}{c c c c c}
 & I & C & W & W^2 & WC \\
I & I & C & W & W^2 & WC \\
C & C & W & WC & I & W^2 \\
W & W & WC & W^2 & C & I \\
W^2 & W^2 & I & C & WC & W \\
WC & WC & W^2 & I & W & C
\end{array}
$$

Matrix 14.2

In dieser Gruppe der 5-ten Ordnung haben beide erzeugenden Elemente die Ordnung 5. Die „Multiplikation" ist kommutativ, und es gilt $W = C^2$. Der Leser mag die Eingänge der Matrix bestätigen.

Unten werden wir zeigen, wie dieser Formalismus bei der Darstellung von Strukturen auf Verwandtschaftsbeziehungen beruhender Gesellschaften angewendet wird.

X und Y seien zwei Mengen, die in einer eineindeutigen Beziehung zueinander stehen; d.h. eine eineindeutige Abbildung $f: X \to Y$ existiert und daher auch ihre Inverse $f^{-1}: Y \to X$.

Ferner sei R eine binäre Relation über X und S eine binäre Relation über Y. Die folgende Bedingung sei erfüllt: für jedes x_1, x_2 in X und für eine eineindeutige $f: X \to Y$ $x_1 R x_2$ impliziert $y_1 S y_2$, wobei $y_1 = f(x_1)$, $y_2 = f(x_2)$. Diese Eigenschaft gelte analog für f^{-1}. Dann heißt das Paar oder System $\langle X, R \rangle$ in bezug nach f *isomorph* zum Paar (oder System) $\langle Y, S \rangle$.

Beispiel:
X sei die Menge aller Zahlen, Y die gleiche Menge, R die Relation „ist größer als", S die Relation „ist kleiner als", f die Funktion $f(x) = y = -2x$. Dann ist $-2x_1 < -2x_2$ wenn $x_1 > x_2$. Daher ist die Isomorphiebedingung erfüllt.

Isomorphie kann in bezug auf Komposition definiert werden. X sei eine Menge und „$\oplus$" eine Kompositionsoperation über ihren Elementen; Y sei eine andere Menge in eineindeutiger Korrespondenz zu X und „$*$" sei eine Kompositionsoperation über ihren Elementen. Dann ist das System $\langle X, \oplus \rangle$ gegenüber $\langle X, * \rangle$ in bezug auf die eineindeutige Abbildung $f: X \to Y$ dann und nur dann isomorph, wenn $f(x_1 \oplus x_2) = (y_1 * y_2)$, wobei $f(x_1) = y_1$, $f(x_2) = y_2$.

Der Isomorphiebegriff ist auch auf Gruppen anwendbar. Betrachten wir eine Gruppe $G = \langle N, \oplus \rangle$ (wobei N eine Menge von Elementen und $\oplus$ eine binäre Operation sind) und eine Gruppe $G' = \langle N', \oplus' \rangle$. Angenommen es bestehe eine eineindeutige Abbildung $f: N \to N'$, so daß $f(a \oplus b) = a' \oplus' b'$ gilt, wobei $f(a) = a'$ und $f(b) = b'$ gilt. Dann sind diese beiden Gruppen in bezug auf f isomorph.

Beispiel:
X sei die Menge aller positiven reellen Zahlen und Y die Menge aller reellen Zahlen. „$\cdot$" stelle die Multiplikation und „$+$" die Addition dar. Schließlich sei $f(x) = y = \log(x)$. Dann ist $\log(x_1 x_2) = \log(x_1) + \log(x_2)$ und unsere Isomorphiebedingung ist erfüllt: $\langle X, \cdot \rangle$ ist in bezug auf f zu $\langle Y, + \rangle$ isomorph. Beachte, daß die Exponentialfunktion $g(x) = y = a^x$ (wobei a die Basis des Logarithmus ist) die Inverse von $f(x)$ ist. Ihr Bereich ist die Menge aller reellen Zahlen und ihr Wertevorrat ist die Menge aller positiven reellen Zahlen.

Die Struktur eines Heiratssystems

Wir wollen nun den Gebrauch der Abbildungsterminologie bei der Beschreibung gewisser Typen sozialer Strukturen, die vorgeschriebene Heiratssysteme genannt werden, erläutern.

Stellen wir uns eine Gesellschaft vor, deren Mitglieder alle in eine Anzahl von Clans aufgeteilt sind, so daß jedes Individuum zu einem und nur einem Clan gehört. Diese Aufteilung wird durch die Äquivalenzrelation „gehört zu demselben Clan wie" erzeugt. Ferner muß jeder Mann bei der Heirat eine Frau aus einem bestimmten Clan wählen, aber nicht aus seinem eigenen, so daß zwei Männer, die zum gleichen Clan gehören, eine Frau aus demselben Clan wählen müssen, der nicht der ihre ist. Männer von verschiedenen Clans können nicht Frauen aus dem gleichen Clan wählen.

Betrachte die Menge $S = \{a, b, \ldots\}$ deren Elemente die Clans sind, in die die Gesellschaft aufgeteilt ist. Die oben erwähnte Heiratsregel kann als eine Abbildung dargestellt werden, die durch $W: S \to S$ ausgedrückt wird. Falls a ein Clan ist, dann ist $W(a)$ der Clan, aus dem die Männer von a ihre Frauen wählen müssen. Da Männer aus verschiedenen Clans keine Frauen aus demselben Clan wählen können, ist die Abbildung eineindeutig, und sie hat daher eine Inverse $W^{-1}: S \to S$. Wenn a ein Clan ist, dann ist $W^{-1}(a)$ ebenfalls ein Clan, und zwar derjenige, zu dem Männer, die Frauen aus a heiraten, gehören müssen; oder, äquivalent: wenn eine Frau zum Clan a gehört, so muß sie ihren Ehemann aus dem Clan $W^{-1}(a)$ wählen.

In einem *vorgeschriebenen Heiratssystem* gibt es auch Regeln, die die Clanzugehörigkeit der Kinder bestimmen. Sie hängt nur von der Clanmitgliedschaft des Vaters oder der Mutter ab und nicht davon, wer diese Personen innerhalb des Clans sind.

Da nun der Clan, zu dem der Ehemann gehört, den Clan bestimmt, zu dem die Ehefrau gehört, kann die Regel, welche die Clanzugehörigkeit der Kinder festlegt, als Abbildung $C: S \to S$ dargestellt werden. Diese Abbildung ist ebenfalls eineindeutig, d.h. Kinder von Vätern verschiedener Clanzugehörigkeit können nicht dem gleichen Clan angehören. Somit hat C als Inverse C^{-1}. Wenn a ein Clan in S ist, dann ist C^{-1} der Clan, zu dem die Väter der Personen in a gehören. Wir sehen, daß W und C beide als Permutationen von S betrachtet werden können.

Wir fassen die genannten Regeln in vier Axiomen zusammen, die jedes vorgeschriebene Heiratssystem definieren:

A_1. S ist eine Teilung der Gesellschaft (definiert durch die Äquivalenzrelation „gehört zum gleichen Clan wie").

A_2. W ist eine Permutation von S.

A_3. C ist eine Permutation von S.

A_4. $W(a) \neq a$. Ein Ehemann kann keine Frau aus einem eigenen Clan wählen.

A_4 kann so interpretiert werden, daß alle Personen, die zum gleichen Clan gehören „Geschwister" sind. In fast allen Gesellschaften sind Heiraten zwischen (biologischen) Geschwistern verboten. In einer Gesellschaft mit einem vorgeschriebenen Heiratssystem des hier beschriebenen Typus wird der Begriff „Geschwister" auf „Mitglieder desselben Clans" ausgedehnt. Nachdem wir den Begriff „Geschwister" verallgemeinert haben, können wir auch verallgemeinerte Begriffe anderer Verwandtschaften ableiten. Z.B. kann „Onkel" einen Mann betreffen, der zum gleichen Clan gehört, wie jemandes Vater (oder Mutter); „Vettern" sind Personen, deren entsprechende Eltern beiderlei Geschlechts „Geschwister" sind usw.

Von Anthropologen erforschte Gesellschaften mit vorgeschriebenen Heiratssystemen besitzen gewöhnlich zusätzlich Regeln.

A_5.   Einige Kombinationen von Abbildungen W und C setzen alle a und $b \in S$ in Verwandtschaftsbeziehungen zueinander.

In den meisten Gesellschaften werden solche Beziehungen entweder als Verhältnisse von Geburt (Blutsverwandtschaften), oder von Heirat (Gatten) oder von Kombinationen aus Heirat und Geburt (Onkel durch Heirat, Schwager usw.) bestimmt. In den meisten europäischen Gesellschaften werden nur einige durch Heirat entstandenen Beziehungen als „Verwandtschaften" angesehen. Beispielsweise wird der Bruder eines Angeheirateten gewöhnlich nicht als „Verwandter" angesehen.

Andererseits ist es möglich, alle durch Blutsverwandtschaft oder Heirat zustandegekommenen Beziehungen als „Verwandtschaften" zu betrachten. In diesem Sinne schreibt A_5 vor, daß alle Clans „verwandt" sind. Diese Regel sieht einige Restriktionen für Permutationen aus W und C vor. Um dies zu sehen, betrachten wir das folgende System vorgeschriebener Heiraten:

$$
\begin{array}{lcccc}
 & \text{Clans} & & & \\
x: & a, & b, & c, & d \\
W(x): & b, & a, & d, & c \\
C(x): & a, & b, & c, & d \\
\end{array}
$$

Die Regeln $A_1 - A_4$ sind hier alle erfüllt. A_5 wird jedoch verletzt. Die Clans a und b wählen ihre Gatten gegenseitig, und ihre Kinder gehören ebenfalls zu a oder zu b. Das gleiche gilt für die Clans c und d. Daraus folgt, daß die Clans a und c weder durch Geburt noch durch Heirat „verwandt" sind, was auch für die Clans a und d, b und c und b und d gilt. A_5 verhindert, daß diese Situation eintritt. Möglicherweise dient diese Regel zusammen mit einigen anderen auf verschiedene Arten von „Verwandtschaften" bezogenen Regelungen dazu, die gesamte Gesellschaft zusammenzuhalten.

Nun wollen wir Verwandtschaften als Kompositionen aus Blut- und Heiratsbeziehungen betrachten. Die Abbildungen W und C und ihre Inverse werden auf Clans angewendet. In diesem Kontext bedeutet C^{-1} den „Clan zu dem mein Vater gehört". Wird W auf diesen Clan bezogen, so erhalten wir den Clan WC^{-1}, aus dem mein Vater seine Frau gewählt haben muß, d.h. den Clan, aus dem meine Mutter stammt. Wird C auf diesen Clan bezogen, so erhalten wir den Clan, zu dem die legitimen Kinder der *Männer* des Clans meiner Mutter gehören. Alle Männer dieses Clans sind „Brüder" meiner Mutter. Also enthält der Clan CWC^{-1} meine Vettern, oder genauer, die Kinder der „Brüder" meiner Mutter. Solche „Vettern" werden alle kreuzweise *Vettern mütterlicherseits* genannt.

In europäischen Gesellschaften werden Unterscheidungen zwischen verschiedenen Arten von Vettern selten getroffen (obwohl Großeltern oder Onkel und Tanten mütterlicher- und väterlicherseits manchmal unterschieden werden). In Gesellschaften mit vorgeschriebenen Heiratssystemen werden mindestens vier Arten von Vettern unterschieden.

A_6. Ob zwei durch Heirat oder Geburt verwandte Personen dem gleichen Clan angehören, hängt nur von der Art der Verwandtschaften ab und nicht von den Clans, zu denen jede von ihnen gehört.

Angenommen, die vorgeschriebene Heiratsregel impliziere, daß eine durch gewisse Kombinationen von Geburt und Heirat hergestellte Beziehung zwei Personen demselben (oder verschiedenen) Clan zuordne. Dann müssen die Regeln so sein, daß biologisch verwandte Individuen lediglich in Abhängigkeit von ihren Verwandtschaften durch Geburt oder Heirat gleichen (verschiedenen) Clans angehören.

Ist die Permutation W gegeben, so ist es leicht festzustellen, ob ein bestimmtes Paar heiraten darf oder nicht. Es darf heiraten, falls das Mädchen dem Clan angehört, aus dem der junge Mann seine Frau wählen darf und sonst nicht. Trotzdem ergibt sich hier eine allgemeinere Frage: Unter welchen Bedingungen dürfen zwei durch die Kombination von Geburt und Heirat zugeordnete Personen heiraten? Diese Frage kann durch Anwendung von Abbildungen beantwortet werden. Insbesondere werden wir zeigen, daß in einem durch die Regeln $A_1 - A_6$ bestimmten System vorgeschriebener Heiraten gewisse Arten von Vettern niemals heiraten dürfen, andere jedoch unter bestimmten Bedingungen.

Vier Arten von Vetternschaft (im biologischen Sinn) zwischen einem Mädchen und einem Jungen können unterschieden werden:

Parallele Vettern väterlicherseits (Väter sind Brüder);
Parallele Vettern mütterlicherseits (Mütter sind Schwestern);
Kreuzweise Vettern väterlicherseits (der Vater des Jungen ist der Bruder der Mutter des Mädchens);

Kreuzweise Vettern mütterlicherseits (die Mutter des Jungen ist die Schwester des Vaters des Mädchens).

Betrachte nun einen Jungen und ein Mädchen, die parallele Vettern väterlicherseits sind. Ihre Väter, die Brüder sind, müssen Söhne entweder derselben Mutter oder desselben Vaters sein. In beiden Fällen gehören die Väter zu dem gleichen Clan. Daher gehören die parallelen Vettern väterlicherseits nach Abbildung C zum gleichen Clan und sind folglich „Geschwister" im Sinne der Clanmitgliedschaft. Also können sie nicht heiraten. Aus dem gleichen Grund können parallele Vettern mütterlicherseits ebenfalls nicht heiraten.

Betrachten wir nun kreuzweise Vettern mütterlicherseits. Die Mutter des Jungen ist die Schwester des Vaters des Mädchens. Damit sind beide Eltern Geschwister und deshalb im gleichen Clan, ob sie nun Kinder desselben Vaters oder derselben Mutter sind. Weil sie jedoch dem gleichen Clan angehören, kann die Mutter des Jungen nicht einen Mann aus dem Clan vom Vater des Mädchens (d.h. aus ihrem eigenen) geheiratet haben. Somit gehören kreuzweise Vettern mütterlicherseits zu verschiedenen Clans. Sie können heiraten, *vorausgesetzt* das Mädchen gehört zu einem Clan, aus dem der Junge seine Frau wählen muß. Angenommen, der Junge gehört zum Clan a. Dann gehört sein Vater zum Clan $C^{-1}(a)$. Seine Mutter gehört zum Clan $WC^{-1}(a)$, zu dem auch der Vater des Mädchens (der Bruder seiner Schwester) gehört. Das Mädchen gehört angesichts der Abbildung C zum Clan $CWC^{-1}(a)$. Der Junge kann sie heiraten, falls dies der Clan ist, aus dem er seine Frau wählen kann (d.h. muß). D.h. falls der Clan des Jungen a und der des Mädchens b ist und sie kreuzweise Vettern mütterlicherseits sind, kann er sie heiraten, wenn die folgende Gleichung erfüllt ist:

$$b = W(a) = CWC^{-1}(a) \tag{14.1}$$

oder, da dieselbe Regel für alle Clans gilt, wenn

$$W = CWC^{-1} \text{ oder } WC = CW, \tag{14.2}$$

d.h. falls die Komposition von W und C kommutativ ist.

Durch ähnliche Überlegungen kann gezeigt werden, daß kreuzweise Vetter väterlicherseits heiraten können, wenn

$$W = CW^{-1}C^{-1} \text{ oder } WC = CW^{-1}. \tag{14.3}$$

Und allgemein gelten dieselben Heiratsregeln für alle Systeme, die als einander isomorphe Gruppen dargestellt werden können.

Definitionen von „Inzest" unterscheiden sich in verschiedenen Gesellschaften stark voneinander. Im vorrevolutionären Rußland war es einem Mann nicht erlaubt, die Schwester des Gatten seiner Schwester zu heiraten. Erinnert sei an die Situation in Tolstoys *„Krieg und Frieden"* als Nataschas Mutter zur Verlobung ihrer Tochter mit Prinz Bolkonsky starke Bedenken hat, obwohl dies eine gute Partie wäre, weil sie ihren Sohn Nikolai an Andreis Schwester Mary verheiraten möchte, was eine höchst profitable Partie wäre. Ebenso durften die Pateneltern eines Kindes einander nicht heiraten. Heiratsregeln, besonders Verbote, können recht kompliziert werden. In der Tat können sie offensichtlich so komplex werden, daß niemand mehr irgend jemanden heiraten dürfte.

Tatsächlich würde eine Situation dieser Art dem oben geschilderten System vorgeschriebener Heiratsbeziehungen nicht entsprechen. Falls jedermann weiß, zu welchem Clan er gehört, so ist die Menge der Frauen, aus denen ein Mann seine Gattin wählen kann (ja muß) klar definiert, und dies gilt auch für die Menge der Männer, aus denen eine Frau ihren Gatten wählt. Es kann nun geschehen, daß bei Völkerschaften, in denen die sozialen Rollen vollständig durch Verwandtschaftsbeziehungen festgelegt ist, die Clans nicht explizit definiert, oder durch Namen unterschieden werden. Aufgrund von Heiratsvorschriften können die Clans auch von einem auswärtigen Beobachter – gewöhnlich einem Anthropologen – voneinander unterschieden werden, falls diese Vorschriften ausreichend einfach gehalten sind. Falls sie jedoch kompliziert sind, wird dieses Unterfangen schwierig. So schreibt beispielsweise White über den Stamm der Arunta (in Australien): „Die Arunta selbst haben sich ihr Verwandtschaftssystem aus acht ‚Gliederungen' bestehend gedacht. . . Personen werden von einem Stammesangehörigen der Arunta nicht allein durch Mitgliedschaft in der Gliederung und durch seinen persönlichen Namen unterschieden. Es gab eine ganze Menge klassifikatorischer Verwandtschaftsbegriffe. Eine große Anzahl von Modfikatoren wurde zusammen mit den Grundbezeichnungen gebraucht, die auf eine eher flexible Weise Geburtsordnung und Geschlecht anzeigten." [*White*, 1963, S. 107].

White betont jedoch, daß ein Modell von acht Clans die tatsächlichen Verhältnisse der Gattenwahl nicht ausreichend beschreibt. Stattdessen hat er zur Kennzeichnung bestimmter Tabus, die aus jenem Modell nicht abgeleitet werden können, ein Modell von *sechzehn* Clans vorgeschlagen. Er schreibt:

„. . . nur . . . dieses Modell kann erklären, weshalb alle Personen einer gewissen klassifikatorischen Verwandtschaftsbeziehung von jeder Heirat ausgeschlossen sind, gleich, ob es sich bei ihnen um „nahe" oder ferne Verwandte handelt, und selbst wenn sie der gleichen Teilgliederung der erlaubten Verlobten angehören" [*White*, 1963, S. 177].

Die Gruppentheorie stellt ein nützliches Instrument der Klassifikation von Gesellschaften dar, die auf Verwandtschaftsbeziehungen beruhen. Betrachten wir eine Gruppe, die von den Elementen W und C erzeugt wird. Diese können, wie wir gesehen haben, Permutationen einer Menge von Clans in einem vorgeschriebenen Heiratssystem darstellen. Es ist gezeigt worden [vgl. *White*, 1963, Kapitel 2], daß die Gruppe von Permutationen, die ein solches die Axiome $A_1 - A_6$ erfüllendes System darstellen, die Ordnung n haben muß, wobei n die Anzahl von Clans ist.

Zwei Gesellschaften, deren Heiratssysteme durch einander isomorphe Gruppen dargestellt werden können, werden als strukturell identisch angesehen. Damit stellen verschiedene Gruppen mit n Elementen verschiedene Typen von Verwandtschaftssystemen dar und legen eine Taxonomie dieser System nahe. Beispielsweise stellt die Matrix 14.1 ein sogenanntes bilaterales Heiratssystem, das durch $W^2 = I$ und $WC = CW$ charakterisiert wird. Für ein matrilaterales Heiratssystem gilt $WC = CW$ aber $W^2 \neq I$. Die Matrix 14.2 stellt ein solches System dar. Andere Typen sind patrilaterales Heiraten ($WC = CW^{-1}$. $W^2 \neq I$) und andere paarweise verbundene Clans ($W^2 = I$. $WC \neq CW$). Wann immer $W^2 = I$ ist, tauschen Clanpaare Heiratspartner untereinander.

Die Axiome $A_1 - A_6$ legen schwerwiegende Beschränkungen der vorgeschriebenen Heiratssysteme fest. Einige Heiratssysteme, die diese Axiome erfüllen, werden häufig beobachtet, andere seltener. Solche Beobachtungen legen Vermutungen über die Evolution von Heiratssystemen nahe und über die Faktoren, die gewisse Arten von Verwandtschaftssystemen begünstigen oder nicht begünstigen.

Selbstverständlich sind Heiratsregeln nicht der einzige Kontext, in dem mathematische Strukturmodelle vorteilhaft eingesetzt werden können. Sie können offensichtlich auf die komplizierten Regeln angewendet werden, die Verträge, Beziehungen von Regierungen, Erbschaftsangelegenheiten, Steuergesetze mit ihren zahlreichen bedingten Ausnahmen und Erlassungen usw. bestimmen.

Matrizendarstellung einer binären Relation

$R \subset N \times N$ sei eine binäre Relation über $N = \{1, 2, \ldots, n\}$. Die Matrix M, deren n Zeilen und n Spalten Elemente von N sind, kann eine Darstellung von R sein, falls $m_{ij} = 1$ immer wenn $(i, j) \in R$, und $m_{ij} = 0$ andernfalls gelten. Falls R reflexiv ist, haben wir $m_{ii} = 1$ ($i = 1, 2, \ldots, n$). Falls R symmetrisch ist, so ist M eine symmetrische Matrix, d.h. $m_{ij} = m_{ji}$. Falls R asymmetrisch ist, so haben wir $m_{ii} = 0$ und $m_{ij} m_{ji} = 0$.

Ferner kann M^2 als eine Darstellung von $R \oplus R$ angesehen werden, also als Komposition von R mit sich selbst im folgenden Sinne: das Element $m_{ij}^{(2)}$ von M^2 ist dann und nur dann positiv, wenn $(i, j) \in R \oplus R \subset N \times N$. Beachte dabei, daß angesichts der Regel der Matrizenmultiplikation

$$m_{ij}^{(2)} = \sum_k m_{ik} m_{kj} \tag{14.4}$$

gilt. Die rechte Seite von (14.4) ist dann und nur dann positiv, wenn für einige k $m_{ik}m_{kj} = 1$ gilt, d.h. wenn $m_{ik} = m_{kj} = 1$. Aber angesichts unserer Definition der Elemente von M, bedeutet dies, daß $(i, k) \in R$ und $(k, j) \in R$, was wiederum $(i, j) \in R \oplus R$ impliziert.

Dieses Resultat kann leicht verallgemeinert werden. $R^{(k)} = R \oplus R \oplus R \oplus \ldots \oplus R$ sei eine k-fältige Verkettung von R mit sich selbst. Dann ist das Element $m_{ij}^{(k)}$ von M^k dann und nur dann positiv, wenn $(i, j) \in R^{(k)}$ ist. Einige wichtige strukturelle Aspekte von Kommunikationsnetzen können durch dieses Modell bequem dargestellt werden, falls die n Elemente von N Personen oder Orte sind, und falls die Relation R über N als „kann mit . . . kommunizieren" interpretiert wird. Dann bedeutet $m_{ij} = 1$, daß i eine Nachricht direkt an j übermitteln kann. Falls $m_{ij} = 0$ ist, dann kann i keine Nachricht direkt an j übermitteln. Falls jedoch $m_{ij}^{(2)} > 0$ ist, dann wissen wir, daß es mindestens ein k gibt, an das i eine Nachricht übermitteln kann, das wiederum eine Nachricht an j übermitteln könnte. Falls $m_{ij}^{(2)} > 0$ ist, dann kann also i mit j über ein Zwischenglied kommunizieren. Allgemein ausgedrückt, heiße $m_{ij}^{(r)} > 0$ daher, daß i mit j kommunizieren kann: denn in diesem Falle gibt es mindestens einen „Weg" von i nach j unter den Kommunikationswegen der Länge $(r - 1)$.

Wenn nun i mit j überhaupt kommunizieren kann (direkt oder indirekt), dann muß es imstande sein, dies im Höchstfalle über $(n - 2)$ Zwischenglieder zu tun, da es nur $(n - 2)$ Punkte in N außer i und j gibt. Falls daher i mit j kommunizieren kann, so muß es imstande sein, dies entweder direkt, oder über zwei, über drei, . . . oder über $(n - 2)$ Zwischenglieder zu tun. Daraus folgt, daß die Summe der Matrizen $M + M^2 + \ldots + M^{(n-1)}$ eine vollständige Information darüber gibt, wer mit wem im Kommunikationsnetz M kommunizieren kann.

Aufdeckung von Cliquen

Die Matrizendarstellung einer binären Relation legt eine Definition der *sozialen Clique* nahe. Die Matrix M stelle die Relation „nennt als Freund" dar. Z sei die Menge der Zeilen von M und S die Menge seiner Spalten. Ferner sei $Z' \subset Z$ und $S' \subset S$. Eine Matrix M' mit Z' als Menge der Zeilen und S' als Menge der Spalten wird eine Teilmatrix von M genannt, falls nach dem Streichen der nicht zu Z' bzw. S' gehörenden Zeilen bzw. Spalten von M die Matrix M' übrig bleibt. Eine Teilmatrix M' von M, deren Hauptdiagonalen-Eingänge auch Hauptdiagonalen-Eingänge von M sind, wird eine Haupt-Teilmatrix von M genannt. Falls M eine binäre Relation über eine beliebige Menge N darstellt, so stellt offensichtlich die Haupt-Teilmatrix $M' \subset M$ dieselbe binäre Relation dar, die auf die Teilmenge N' von N *beschränkt* ist.

Luce/Perry [1949] folgend, wollen wir $N' \subset N$ eine *Clique* 1-ter Ordnung nennen, falls $m_{ij}' = 1$ für alle $i \in Z', j \in S'$, und falls keine Haupt-Teilmatrix $N'' \supset N'$ (wobei N'' eine Haupt-Teilmatrix ist) diese Eigenschaft besitzt. Mit anderen Worten nennt jedes Individuum in der Clique N' 1-ter Ordnung jedes andere Individuum in N' als seinen Freund, und N' stellt eine *maximale* Haupt-Teilmatrix von N mit dieser Eigenschaft.

Betrachte nun die Haupt-Teilmatrizen von M^2 mit allen positiven Eingängen. Die maximalen Teilmatrizen dieser Art stellen Cliquen 2-ter Ordnung dar. In der Clique 2-ter Ordnung ist jedermann entweder ein Freund oder ein „Freund eines Freundes". Cliquen höherer Ordnung werden rekursiv definiert.

In der Analyse sozialer Strukturen, die durch eine Freundschaftsrelation zustandegekommen sind, sind „exklusive" Cliquen von besonderem Interesse. Die Mitglieder einer exklusiven Clique nennen niemanden außerhalb ihrer Clique als Freunde. Die Matrix 14.3 stellt eine Gruppe von 9 Individuen dar, die in drei gegenseitig exklusive Cliquen 1-ter Ordnung aufgeteilt ist[4]).

```
        1 2 3 4 5 6 7 8 9

  1  |  1 0 1 0 0 1 0 0 0
  2  |  0 1 0 0 1 0 0 0 0
  3  |  1 0 1 0 0 1 0 0 0
  4  |  0 0 0 1 0 0 1 1 1
  5  |  0 1 0 0 1 0 0 0 0
  6  |  1 0 1 0 0 1 0 0 0
  7  |  0 0 0 1 0 0 1 1 1
  8  |  0 0 0 1 0 0 1 1 1
  9  |  0 0 0 1 0 0 1 1 1
```

Matrix 14.3

In der Matrix 14.3 dürfte die Cliquenstruktur nicht unmittelbar ersichtlich sein. Sie wird erst sichtbar, wenn die Individuen wie in der Matrix 14.4 umgruppiert werden:

```
        1 3 6  2 5  4 7 8 9

  1  |  1 1 1 | 0 0 | 0 0 0 0
  3  |  1 1 1 | 0 0 | 0 0 0 0
  6  |  1 1 1 | 0 0 | 0 0 0 0
  2  |  0 0 0 | 1 1 | 0 0 0 0
  5  |  0 0 0 | 1 1 | 0 0 0 0
  4  |  0 0 0 | 0 0 | 1 1 1 1
  7  |  0 0 0 | 0 0 | 1 1 1 1
  8  |  0 0 0 | 0 0 | 1 1 1 1
  9  |  0 0 0 | 0 0 | 1 1 1 1
```

Matrix 14.4

Die drei Cliquen können in den entsprechenden Untermengen (1, 3, 6), (2, 5) und (4, 7, 8, 9) leicht erkannt werden. Cliquen können als Teilmatrizen mit ausschließlich positiven Eingängen dargestellt werden; oder aber als Teilmatrizen mit hohen „Dichtigkeiten" der positiven Eingänge, falls die Kriterien der Clique etwas lockerer sind. In der jüngsten Entwicklung der mathematischen soziometrischen Modelle wurde besondere Aufmerksamkeit auf Teilmatrizen (nicht notwendige Hauptteilmatrizen) gelenkt, die ausschließlich aus Nullen bestehen, oder allgemeiner auf Teilmatrizen mit recht geringen Dichtigkeiten der positiven Eingänge. Diese „leeren" oder doch nahezu leeren Teilmatrizen werden im sogenannten *Nullblock-Modell* der sozialen Struktur hervorgehoben. (Diesen Ansatz werden wir im nächsten Kapitel erörtern.)

Auch in der sog. „Mathematischen Praxiologie" wurden Matrizen angewendet – also bei einem formal strukturellen Ansatz der Arbeitsorganisation. Ein Ziel, das aus mehreren Teilzielen besteht, soll von einer Anzahl von Personen anteilig verwirklicht werden. Diese Teilziele sollen bei ihrer Verwirklichung „zusammengefaßt" und koordiniert werden, um das Gesamtziel zu erreichen. Koordination verlangt nach Transport- und Informationskanälen. Die Gesamtheit gerichteter Strecken, die Paare von Punkten verbinden, bildet eine binäre Relation, die ihrerseits durch eine Matrix dargestellt werden kann. Der Vorteil der Matrixdarstellung ist, daß sie (durch die Matrizenmultiplikation) einen einfachen Algorithmus für die Aufdeckung zusammengesetzter Beziehungen liefert. Matrizen können nicht bloß Beziehungen zwischen Individuen (z.B. wer mit wem kommunizieren kann) darstellen, sondern auch zwischen Teilzielen und Individuen, oder zwischen Informationsinhalten und den über sie verfügenden Individuen, oder zwischen Teilzielen und Informationsinhalten, die zu ihrer Erfüllung erforderlich sind usw. Auf diese Weise kann die Organisation einer bestimmten Aufgabenlösung formal durch eine Menge von Matrizen dargestellt werden, und ihre Funktionsweise durch Produkte dieser Matrizen, die den Fluß der Gegenstände und/oder der Informationen darstellen. (Eine interessante Formulierung von Modellen dieser Art und eine Erörterung von Experimenten mit Gruppenleistungen als Funktion der Zielorganisierung wird von *Flament* [1963] gegeben.)

Durch Graphen dargestellte Strukturen

Wie wir gesehen haben, kann eine binäre Relation über eine Menge durch eine Matrix mit den Eingängen „0" und „1" dargestellt werden. Diese Darstellungsweise ist deshalb bequem, weil sie einen Algorithmus zur Aufdeckung von Kompositionen oder zur Verkettung binärer Relation enthalten.

Formal gesprochen wird ein Graph (*G*) durch ein Paar ⟨*N, V*⟩ definiert, wobei *N* eine Menge von Elementen und *V* eine binäre Relation über diese Menge sind. Eine bildliche Darstellung eines Graphen wird in der Abbildung 14.5 gezeigt.

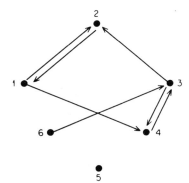

Abb. 14.5

In der Abbildung ist eine Menge von Punkten *N* = {1, 2, . . . , 6} dargestellt, wobei einige Punkte durch Pfeile verbunden sind. Die Menge der geordneten Paare {(*i, j*)} mit von *i* nach *j* weisenden Pfeilen ist offensichtlich eine Teilmenge der Menge aller geordneten Paare (*i, j*) in *N* X *N*. Diese Teilmenge ist die Relation *V*.

Die Graphendarstellung einer Relation über einer Menge ist deshalb vorteilhaft, weil durch sie häufig verborgene Struktureigenschaften dieser Relation *sichtbar* gemacht werden können, die in bestimmten Zusammenhängen wichtig werden. Beispielsweise könnten wir nach der Existenz von *Zyklen* (*aVb, bVc,* . . . , *kVa*) fragen. Sie erscheinen in der bildlichen Darstellung sehr deutlich.

Man unterscheidet zwischen einem *gerichteten Graphen* (oder *Digraph*) und einem linearen Graphen. Der letztere stellt eine symmetrische Relation dar. Hier verlaufen die Pfeile (nun *Kanten* genannt) immer in beiden Richtungen, und somit können diese Verbindungen zwischen den Punkten (Knoten) ohne Pfeilspitzen dargestellt werden.

Eine wichtige Eigenschaft eines Graphen ist die *Verbundenheit*. Ein Graph ist verbunden, falls es den Pfeilen oder Kanten folgend möglich ist, von einem beliebigen Punkt zu einem jeden anderen Punkt zu gelangen. Der *Grad der Verbundenheit* eines Graphen kann verschieden definiert werden, beispielsweise durch die Bestimmung der Mindestanzahl von Punkten, zusammen mit von ihnen ausgehenden Pfeilen oder Kanten, die aus einem verbundenen Graphen entfernt werden müssen, um ihn zu einem unverbundenen zu machen; oder durch die Bestimmung der Mindestanzahl von Pfeilen oder Kanten, die „durchgeschnitten" werden müssen, um den Graph unverbunden zu machen. Der Grad der Verbundenheit kann offensichtlich als Maß des „Sicherheitsgrades" eines Kommunikationssystems interpretiert werden. Auch diese Eigenschaft kann durch eine bildliche Darstellung in einem Graph leichter erfaßt werden.

Im folgenden werden wir die Begriffe der *Balance* oder des *Balancegrades* erörtern, die auf besondere gleich zu definierende Arten von Graphen angewendet werden und die bei gewissen mathematischen Modellen sozialer Strukturen eine Rolle spielen.

Ein linearer Graph wird ein *algebraischer Graph* genannt, falls mit jeder seiner Kanten eine von zwei reellen Zahlen verbunden ist. Ohne Verlust an Allgemeinheit können diese Zahlen durch + 1 und − 1 dargestellt werden. Ein *vollständiger algebraischer Graph* ist ein *vollständig verbundener algebraischer Graph*, d.h. eine mit „plus" oder „minus" bezeichnete Kante verbindet jedes Punktepaar des Graphen. *N* sei eine Menge von Personen, und eine der beiden folgenden Behauptungen (aber nicht beide) sei für jedes Paar (*x*, *y*) der *N* Personen wahr: „*x* und *y* sind Freunde" oder „*x* und *y* sind Feinde". Solch eine soziale Struktur kann durch einen vollständigen algebraischen Graphen dargestellt werden.

Im folgenden werden wir unter einem *Weg* in einem vollständigen algebraischen Graphen eine Folge von Kanten verstehen, die durch keinen Punkt öfter als einmal gehen. Unter einem *Zyklus* verstehen wir einen Weg, der an seinem Ursprung endet, und keinen anderen Zyklus enthält.

Das *Zeichen* eines Weges in einem algebraischen Graph ist das Zeichen des „Produkts" der Zeichen seiner Kanten in dem Sinne, daß („plus") · („plus") = („minus") · („minus") = „plus" und („plus") · („ minus") = („minus") · („plus") = „minus" sind.

Ein algebraischer Graph ist *balanciert*, wenn alle seine Zyklen „positiv" sind, d.h. wenn alle seine Zyklen eine grade Zahl „negativer" Kanten enthalten. Es kann gezeigt werden, daß ein vollständiger algebraischer Graph dann und nur dann balanciert ist, wenn alle seine Drei-Punkte-Zyklen positiv sind.

Eine anthropologische Beobachtung

In gewissen vorindustriellen Gesellschaften besteht die sogenannte Kernfamilie vor allem aus vier Personen: Vater, Mutter, Sohn und Onkel mütterlicherseits. Der letztere übernimmt oft Aufgaben, die in europäischen Gesellschaften vom Vater erfüllt werden, etwa die Anleitung und Disziplinierung des Jungen.

Levi-Strauss [1958] hat einige dieser Kernfamilien in Begriffen „positiver" und „negativer" Beziehung beschrieben, die normalerweise zwischen Vater und Mutter, Vater und Sohn, Sohn und Onkel und Onkel und Mutter bestehen. Beziehungen, die zwischen Mutter und Sohn und zwischen Vater und seinem Schwager bestehen, hat er nicht erwähnt. Es wird jedoch angenommen [*Flament*], daß die Mutter-Sohn Beziehung gewöhnlich positiv ist, während die Vater-Onkel Beziehung ins Negative tendiert.

Wenn diese zwei Beziehungen fixiert sind, so ist es möglich, 16 verschiedene vollständige algebraische Graphen mit vier die vier Mitglieder der Kernfamilie darstellenden Knoten zu konstruieren. Nur sechs davon werden jedoch von Levi-Strauss erwähnt. Sie werden in der Abbildung 14.6 gezeigt.

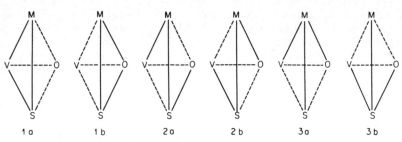

Abb. 14.6: M: Mutter, S: Sohn, V: Vater, O: Onkel
———————— positives Verhältnis
– – – – – – negatives Verhältnis.

Die sechs Graphen wurden in drei Typen gruppiert. Die Graphen vom Typus (1) werden ineinander durch das Auswechseln von Vater und Onkel im Hinblick auf ihre Beziehung zur Mutter transformiert; die Graphen vom Typus (2) durch das Auswechseln von Vater und Onkel im Hinblick auf ihre Beziehung zum Sohn; jene vom Typus (3) durch das Auswechseln von Mutter und Sohn.

Wir bemerken, daß alle „Dreiecke" im Graph vom Typus (1) balanciert (d.h. positiv) sind. Folglich sind diese Graphen balanciert. Die Graphen vom Typus (2) sind nicht balanciert. Beispielsweise ist das Dreieck Mutter-Vater-Sohn in keinem von ihnen balanciert. Diese Graphen können jedoch zu balancierten werden, wenn nur das Vorzeichen der Kante Mutter-Sohn gewechselt würde. Auch die Graphen vom Typus (3) sind nicht balanciert. Hier müssen die Zeichen *zweier* Kanten gewechselt werden, um sie zu balancieren: entweder Mutter-Sohn und Vater-Onkel, oder Mutter-Onkel und Vater-Sohn.

Laut *Levi-Strauss* [1958] werden Konstellationen vom Typ (1) in der Realität häufig angetroffen; jene vom Typ (2) werden ebenfalls ziemlich häufig beobachtet, jedoch sind oft nur „lose" (wir nehmen an, daß dies nicht stabil fixierte Beziehungen sind); während Kernfamilien vom Typ (3) sehr selten sind. Dies legt die Vermutung nahe, daß der „Grad der Balance" (der durch jene Mindestzahl von Kanten bestimmt ist, die ihre Vorzeichen wechseln müssen, um den Graphen zu einem balancierten zu machen) gewisse Beziehungen zur „Stabilität" der entsprechenden Strukturen aufweist.

Eine grundlegende Hypothese der Theorie inter-personeller Beziehungen, für die algebraische Graphen als Modell dienen, ist, daß ein unbalanciertes Dreieck Spannungen erzeugt. Betrachten wir die folgenden vereinfachenden, aber oft beobachteten Kriterien zur Kategorisierung anderer Personen in Beziehung auf sich selbst:

Der Freund meines Freundes ist mein Freund;
Der Feind meines Freundes ist mein Feind;
Der Freund meines Feindes ist mein Feind;
Der Feind meines Feindes ist mein Freund.

Jedes dieser Kriterien wird durch ein balanciertes Dreieck dargestellt. Im unbalancierten Dreieck mag eine Person jemanden nicht, den ihr Freund mag oder sie mag jemanden, den ihr Freund nicht mag; oder aber sie mag zwei Menschen, die einander nicht leiden mögen. Es wird vermutet, daß in allen diesen Fällen Druck zur „Veränderung der Vorzeichen einer Kante" ausgeübt wird – etwa um dem Feind des Freundes die Freundschaft aufzukündigen; oder dem Freund des Freundes Freundschaft anzubieten; oder es wird versucht, zwei einander feindliche Freunde zu versöhnen; oder dem Feind seines Feindes Freundschaft anzubieten – alles Vorgänge, die auf dem Felde internationaler Beziehungen ebenfalls häufig beobachtet werden können.

Es kann leicht gezeigt werden, daß ein vollständiger balancierter algebraischer Graph in zwei

Teilgraphen aufgeteilt werden kann [vgl. *Harary* et al.] (von denen einer leer sein kann), so daß in jedem Teilgraphen alle Kanten positiv sind, und alle Kanten, die in verschiedenen Teilgraphen liegende Knoten verbinden, negativ sind. D.h. falls kein Teilgraph leer ist, dann ist die durch einen balancierten Graphen dargestellte „Gesellschaft" in zwei einander feindliche Lager gespalten.

Betrachte die Graphen des Typus (1) in der Abbildung 14.6. Alle seine Dreiecke sind balanciert. Im Graphen (1a) bilden Vater, Mutter und Sohn eine „Allianz". Der Onkel ist ein „Außenseiter". Im Graphen (1b) ist der Vater der „Außenseiter". Die Situation ist in dem Sinne stabil, daß keines der oben genannten einfachen Kriterien verletzt ist.

Im Graph (2a) könnte die Mutter auf den Sohn Druck ausüben, damit er dem Vater gegenüber „netter" sei; oder der Sohn könnte der Mutter gegenüber Feindschaft entwickeln, weil sie mit dem Vater „alliiert" ist. Ähnliche Spannungen könnten in der durch den Graph 2b dargestellten Kernfamilie herrschen.

Beachte, daß in den Graphen des Typus (3) *kein* Dreieck balanciert ist. Die in diesen Strukturtypen herrschenden Spannungen könnten beachtlich werden, was die Seltenheit ihres Bestehens erklären könnte.

Wie schon gesagt wurde, ist eine durch einen vollständigen balancierten Graph dargestellte „Gesellschaft" entweder „vollständig integriert" (wobei alle Kanten positiv sind) oder „polarisiert" (in feindliche Lager gespalten). Es wurden Versuche unternommen, die „Polarisierung" des internationalen Systems auf die Häufigkeit oder Schwere von Kriegen in diesen Systemen zu beziehen.

Die Anwendung von Graphenmodellen mit Balancegraden auf das internationale System stößt auf eine Anzahl von Schwierigkeiten. Zunächst kann man nicht erwarten, das vollständige algebraische Graphenmodell könne das System beschreiben, da viele Paare von Staaten weder als „Alliierte" noch als „potentielle Feinde" klassifiziert werden können. Während ferner eine Allianz zwischen zwei Staaten gewöhnlich dokumentarisch belegt werden kann, trifft dies für die entgegengesetzte Beziehung nicht zu — selbst wenn sie offenbar ist. Wenn somit einige Aspekte dieser Strukturen auf „harten Tatsachen" beruhen, kann man es von anderen nicht behaupten. Und schließlich — auch wenn das System vollständig oder nahezu vollständig polarisiert wäre, so würde immer noch die Stärke (oder „Größe") der beiden Blöcke gleichermaßen entscheidend sein, wenn der Spannungsgrad der Polarisation bestimmt werden soll. Wenn die Blöcke annähernd gleiche Stärke besitzen, können wir von einem „Mächtegleichgewicht" sprechen. Wenn sie sich in ihrer Stärke sehr unterscheiden, können wir es nicht. Auf diese Weise wird der Begriff des „Mächtegleichgewichts" leicht mit dem Begriff des „Balancegrades" verwechselt.

Diese Schwierigkeiten wollten einige Konstrukteure von Modellen internationaler Beziehungen dadurch umgehen, daß sie die Begriffe „Mächtegleichgewicht" und des „Polarisationsgrades" auf verschiedene Weise umzudefinieren versuchten. (Der interessierte Leser sei auf *Rosencrance* [1966] und *Singer/Small* [1966] verwiesen.)

Anmerkungen

[1]) Zwar können nicht „alle" Mengen auf einer dieser beiden Weisen bestimmt werden. Dies ist aber eher ein Problem der Philosophie der Mathematik.

[2]) Streng genommen bezeichnen „$f: X \rightarrow Y$" und „$f(x) = y$" zwei verschiedene Dinge. Der erste Ausdruck bezeichnet den Bereich und den Mitbereich der Funktion; der zweite sagt, daß das durch f induzierte Abbild von x y ist. Welche der beiden Notationen gebraucht wird, ergibt sich aus dem Kontext.

[3]) Die Operationen der zusammengesetzten Funktionen werden von rechts nach links gelesen. So besagt etwa $[g \circ f](x)$, daß x zunächst durch $f: f(x) = x^2$ transformiert wird, und daraufhin wird das resultierende Abbild von x durch $g: g(x^2) = x^2 + a$ transformiert.

[4]) Der Einfachheit halber nehmen wir an, jede Person nenne sich selbst als ihren „Freund".

15. Reduktion der Komplexität von Strukturen

Die Definition einer binären Relation als Teilmenge eines Cartesischen Produkts zweier Mengen (distinkt oder identisch) legt auf direktem Wege eine Verallgemeinerung zu Teilmengen von zwei-faktoren-, dreifaktoren- usw. Cartesischen Produkten nahe. Diese können wiederum ternäre, quartäre usw. Relationen definieren. Wir können auch unäre Relationen angeben, die nach der obigen Definition auf die Teilmengen der ursprünglichen Menge reduzieren würden. Unäre Relationen werden dadurch gekennzeichnet, daß durch sie eine Teilmenge von Elementen ausgezeichnet wird, die eine bestimmte Eigenschaft ausdrücken. Kurz gesagt ist der Begriff der Relation äußerst flexibel und breit.

Der Strukturbegriff kann mathematisch genau als eine Konfiguration definiert werden, die aus einer Menge und Relationen verschiedener Ordnungen besteht. Wir werden eine soziale Struktur genau so verstehen.

Offensichtlich würde eine explizite Beschreibung einer Struktur durch einfache Aufzählung aller Elementeteilmengen, Elementepaare usw. die mittels der verschiedenen Relationen zustandgekommen sind, weder praktikabel noch besonders erkenntnisfördernd sein. Es ist deshalb Aufgabe der Strukturtheorie, eine „ökonomische" Beschreibung einer gegebenen Struktur zu liefern. Eine solche Beschreibung wird im allgemeinen mit Informationsverlust verbunden sein, andererseits jedoch wesentliche Eigenschaften der Strukturen aufdecken und so die Grundlage sowohl für einen Vergleich zwischen den Strukturen, als auch für ihre Taxonomie abgeben.

Als einfachste soziale Struktur betrachten wir eine Menge von Personen N und eine Relation über diese Menge F, die definiert ist durch „iFj: „i nennt j als Freund". Falls N nicht allzugroß ist, kann der F wiedergebende Digraph als Ganzes dargestellt werden, und aus seiner Gestalt können schon einige Folgerungen und Vermutungen abgeleitet werden — beispielsweise über die Freundes-cliquen, über die „Ausgestoßenen", die von niemand als Freund genannt wurden usw. Falls N dagegen sehr groß ist (etwa $|N| = 1000$) so wird das Erscheinungsbild eines solchen Graphen eher verwirrend als erkenntnisfördernd sein. Hier sind sicherlich „ökonomischere" Beschreibungs- und Darstellungsweisen vonnöten.

Beiläufig bemerken wir, daß binäre Relationen — durch die unsere Strukturen vollständig bestimmt wurden — auch Relationen anderer Ordnungen induzieren, etwa unäre, ternäre oder Relationen höherer Ordnungen. So bestehe eine Teilmenge von N aus jenen Personen, die genau k mal als „Freunde" genannt wurden. Diese Teilmenge ist durch die binäre Relation vollständig bestimmt. Andererseits stellt sie selbst eine unäre Relation dar. Betrachten wir nun die Menge aller geordneten Tripel (x, y, z) der Personen in N, von denen $x y$, $y z$ und $z x$ als Freund nennen. Da diese Menge eine Teilmenge aller Tripel in $N \times N \times N$ ist, ist sie eine partikuläre ternäre Relation über N. Diese Relation ist ebenfalls vollständig bestimmt, sobald F gegeben ist.

Unter einer „ökonomischen" Beschreibung einer Struktur verstehen wir ihre Charakterisierung mithilfe einer geringen Anzahl von Parametern. Wir werden zwei solcher Charakterisierungsarten ableiten. Die eine wird durch induzierte Mengen unärer Relationen (Individuenklassen), die andere durch eine Gesamtheit von Relationen höherer Ordnungen gewonnen.

N sei groß (z.B. $n = |N| = 1000$) und jede Person nennt genau a Freunde. Wir beginnen mit einer Nullhypothese, die besagt, daß jede Person ihre a Freunde aus der Menge N durch Zufallsentscheidung wählt.

Die Relation F kann durch einen Digraph mit genau a Pfeilen aus jedem Punkt dargestellt werden. Die Anzahl von Pfeilen, die von einem Knotenpunkt eines Digraphen ausgehen, nennen wir *Ausgangsgrad* des Knotens. Wenn alle Knoten den gleichen Ausgangsgrad besitzen, dann wird diese Zahl der Ausgangsgrad des Graphen genannt. Hier handelt es sich also um einen Digraphen mit dem Ausgangsgrad a. Die Anzahl der auf einen Knoten zulaufenden Pfeile wird *Eingangsgrad* des Knotens genannt. Offensichtlich wird der *Mittelwert* der Eingangsgrade unserem Graphen ebenfalls *a* sein, aber wegen der Zufallsentscheidungen wird der individuelle Eingangsgrad der Knoten variieren. Es kann gezeigt werden, daß bei großem *n* (im Vergleich zu *a*) die die Eingangsgrade eines Knotens bezeichnende Zufallsvariable in unserem Graphen, d.h. die Anzahl der von einer Person erhaltenen Stimmen nahezu Poisson-verteilt sein wird. Wenn *X* die Anzahl der erhaltenen Stimmen ist, dann gilt

$$Pr[X = x] = a^x e^{-a}/x!$$ (15.1)

wobei *a* der Ausgangsgrad ist.

Wenn die Entscheidungen (Wahlen) nun vollkommen zufällig sind, dann wird ein zufällig innerhalb des Graphen gewählter Pfeil mit der Wahrscheinlichkeit $(n - 1)^{-1}$ auf einen bestimmten Knoten weisen. Wir können diese Wahrscheinlichkeits-,,Verteilung" als eine ,,entartete" (degenerierte) Zufallsvariable *Y* ansehen, deren Verteilung ganz auf einen Punkt konzentriert ist, nämlich auf

$$Pr[Y = (n - 1)^{-1}] = 1.$$ (15.2)

Nun ist *Y* die Wahrscheinlichkeit von einem Pfeil ,,getroffen" zu werden, d.h. ein Maß der ,,Popularität". Im allgemeinen wird diese Wahrscheinlichkeit innerhalb der Population nicht konstant sein. Damit wird *Y* mit einer positiven Varianz verteilt sein.

Falls die Wahlen nicht gleichwahrscheinliche, aber immer noch unabhängige Ereignisse sind, dann wird die Verteilung der erhaltenen Stimmenzahlen ,,flacher" als die Poisson-Verteilung sein. Die Häufigkeiten an den Extremen (sehr wenige oder sehr viele erhaltene Stimmen) werden größer als bei der Nullhypothese sein (gleichwahrscheinliche Stimmen), und die Häufigkeiten um den Mittelwert herum werden geringer sein. Wenn das obenerwähnte ,,Popularitätsmaß" beispielsweise innerhalb der Population gamma-verteilt wäre (vgl. S. 104), dann wäre die Anzahl der erhaltenen Stimmen negativ binominal damit mathematisch der Verteilung der Unfälle in einer heterogenen Population (sie wurde im Kapitel 8 erörtert (vgl. S. 105)) identisch.

Nun ist der Durchschnitt der ,,Popularitätsverteilung" definitionsgemäß auf *a* festgelegt. Aber ihre Varianz ist ein freier Parameter und stellt ein Maß des Differenzierungsgrades der Personen innerhalb der Populationsdimension dar. Diese Varianz wird sich im beobachtbaren Parameter der zusammengesetzten Verteilung widerspiegeln. Dementsprechend besitzen wir also ein Differenzierungsmaß im Hinblick auf die Popularität – einen Index, der eine bestimmte Eigenschaft der Struktur wiedergibt (charakterisiert). Die konkrete Manifestation dieser Eigenschaft zeigt sich in der Anzahl der Personen in jeder Teilmenge von *N* (eine unäre Relation), die durch 0, 1, 2, . . . erhaltene Stimmen gekennzeichnet sind. Die Parameter dieser Verteilung widerspiegeln u.a. den Grad der individuellen Differenzierung (nach der ,,Popularität") innerhalb der Population[2].

Die obige Charakterisierung ergibt sich aus den Besonderheiten des Individuums selbst. Wir werden nunmehr eine Charakterisierung anführen, die Resultat von Relationen *zwischen* Personen ist.

Betrachten wir abermals einen Zufallsdigraphen des Ausgangsgrades *a*, der durch zufällige Bestimmung der Eingangsknoten der Pfeile zustandegekommen ist. Nun wollen wir einen Suchvorgang (tracing procedure) folgendermaßen definieren: Beginne mit einem willkürlich gewählten Knoten, der einen Anteil $P_0 = 1/n$ der *n* Knoten darstellt. Die aus diesem einzigen Knoten bestehende Menge wird durch $\{P_0\}$ gekennzeichnet. Daraufhin bestimme die Knotenmenge, die von den *a* von $\{P_0\}$ ausgehenden Pfeilen getroffen wird. Diese Menge wird $\{P_1\}$ genannt. Sie enthält höchstens *a* Knoten, und möglicherweise auch weniger, da mehr als ein von $\{P_0\}$ ausgehender Pfeil zufällig beim selben Knoten enden kann. Die Mengen $\{P_k\}$ ($k = 1, 2, . . .$) werden rekursiv definiert. Die Menge $\{P_{k+1}\}$ ist jene Menge von Knoten, auf die die Pfeile von $\{P_k\}$ weisen und die zu keiner der Mengen $\{P_i\}$ ($i = 0, 1, . . . , k$) gehören. Anders ausgedrückt ist $\{P_k\}$ diejenige Knotenmenge, die auf der *k*-ten Stufe des Suchvorgangs *zum ersten Male* erreicht wird. Daraus folgt, daß die Mengen $\{P_k\}$ paarweise disjunkt sind. Die Menge $\{X_k\}$ ist als $\{P_0\} \cup \{P_1\} \cup . . . \cup \{P_k\}$ definiert.

Falls P_k der Anteil von Knoten in $\{P_k\}$ ist, dann wird der Gesamtanteil aller auf der *k*-ten Stufe erreichten Knoten durch $X_k = \sum\limits_{i=0}^{k} P_i$ ausgedrückt. Da P_k für $k > 0$ eine Zufallsvariable ist, so ist es auch X_k. Darüber hinaus gilt bei finiten n: $P_r = 0$ für einen bestimmten Wert von r, $P_k = 0$ für $k > r$ und $X_r = X_{r+1} = \ldots = X_\infty$.

Wir interessieren uns für die Erwartungswerte von X_∞, die durch $E[X_\infty] = \gamma$ bezeichnet wird. Diese Quantität ist der erwartete Anteil von Knoten, zu denen ausgehend von einem willkürlich gewählten Knoten ein Weg existiert. Offensichtlich hängt dieser Anteil vom Ausgangsgrad unseres Graphen ab, so daß $\gamma = \gamma(a)$ gilt.

Falls die Wahlentscheidungen *nicht* unabhängig sind, dann hängt $\gamma(a)$ auch von einigen Aspekten der Struktur des Graphen ab. Um dies zu erkennen, bestimmen wir zunächst $\gamma(a)$ unter der Nullhypothese, daß die Wahlentscheidungen gleichwahrscheinlich und unabhängig gemacht werden. Insbesondere ist die Wahrscheinlichkeit dafür, daß ein vom Knoten x ausgehender Pfeil beim Knoten y endet, gleich $1/(n-1)$, wenn ein von y ausgehender Pfeil bei x endet. Dies ist zugleich die unbedingte Wahrscheinlichkeit dafür, daß ein von x ausgehender Pfeil bei y endet.

Betrachten wir die k-te Stufe unseres Suchvorgangs. Die erwartete Anzahl der von $\{P_{k-1}\}$ ausgehenden Pfeile ist anP_{k-1}. Diese Erwartung ist eine Zufallsvariable, da P_{k-1} eine Zufallsvariable ist, aber in den rekursiven Formeln weiter unten wird sie als eine gewöhnliche Variable behandelt. (Zur Rechtfertigung dessen vgl. *Landau* [1952]).

Die Wahrscheinlichkeit dafür, daß ein willkürlich bestimmter Knoten keinen dieser anP_{k-1} Pfeile erhält, ist unter der Annahme unabhängiger Wahlentscheidungen $[1 - 1/(n-1)]^{anP_{k-1}}$. Für große Werte von n kann dies durch $e^{-aP_{k-1}}$ approximiert werden.

Daher ist die Wahrscheinlichkeit dafür, daß ein Knoten auf der k-ten Stufe des Suchvorgangs mindestens von einem von P_{k-1} ausgehenden Pfeil berührt wird $[1 - e^{-aP_{k-1}}]$.

Folglich ist die Wahrscheinlichkeit dafür, auf der k-ten Stufe *zum ersten Mal* berührt zu werden und damit zur Menge $\{P_k\}$ zu gehören, gegeben durch

$$P_k = (1 - X_{k-1})(1 - e^{-aP_{k-1}}), \tag{15.3}$$

wobei $(1 - X_{k-1})$ die Wahrscheinlichkeit dafür ist, daß der Knoten auf keiner der k-1 vorangehenden Stufen berührt wurde.

Da $X_j = \sum\limits_{i=0}^{j} P_i$ und also $X_j - X_{j-1} = P_j$ sind erhalten wir durch Substitution in (15.3)

$$X_k - X_{k-1} = [1 - X_{k-1}][1 - \mathrm{Exp}\{-a(X_{k-1} - X_{k-2})\}], \tag{15.4}$$

oder

$$(1 - X_k) e^{aX_{k-1}} = (1 - X_{k-1}) e^{aX_{k-2}}. \tag{15.5}$$

Aber die linke Seite von (15.5) ergab sich aus der rechten durch Indexverschiebung, daher ist

$$(1 - X_k) e^{aX_{k-1}} = \text{konst.} \tag{15.6}$$

Indem wir $k = \infty$ setzen, erhalten wir

$$(1 - \gamma) e^{a\gamma} = \text{konst.} \tag{15.7}$$

Um diese Konstante zu bewerten, setzen wir $k = 1$. Wir erinnern daran, daß $X_0 = P_0 = 1/n$ und $X_1 \leq a/n$ sind. Daher ist die rechte Seite von (15.6) für (im Vergleich zu a) sehr große n sehr nahe bei 1, und wir können mit guter Näherung schreiben:

$$\gamma = 1 - e^{-a\gamma}. \tag{15.8}$$

Diese Gleichung ist mit der Gleichung (3.23) von Kapitel 3 identisch (bei $z_0 \cong 0$), wo sie den höchsten Infektionsanteil der Population in einer Epidemie ausgedrückt hatte. Die Analogie zwischen den beiden Modellen ist evident, da unser Suchverfahren formal im wesentlichen ein Infektionsprozeß ist.

Um die Beziehung zwischen γ und a zu erhalten, bedienen wir uns der graphischen Methode. Eine Auftragung von γ gegen a wird in der Abbildung 15.1 gezeigt.

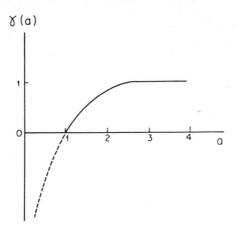

Abb. 15.1

Wir bemerken, daß $\gamma \equiv 0$ die Gleichung (15.8) erfüllt. Diese Lösung ist jedoch uninteressant. Eine andere Menge von Werten von γ, die den Werten von $a > 1$ entsprechen, wird von der durchgehenden Kurve in der Abbildung 15.1 dargestellt[2]. Die nichtganzen Werte von a können als durchschnittliche Ausgangsgrade interpretiert werden, da die Ableitung der Gleichung ausschließlich auf den Erwartungen von P_i und X_i beruhten, und keine Annahme über die Gleichheit aller Ausgangswerte aller Knoten enthielten. Aus der Abbildung können wir die Erwartungen von $\gamma(a) = X_\infty(a)$ ablesen, d.h. den Gesamtanteil von Knoten, die beim Suchvorgang erreichbar sind, wobei dieser den verschiedenen mittleren Ausgangsgraden eines zufällig konstruierten Graphen entspricht (wenn die Anzahl der Knoten sehr groß ist und falls beispielsweise $a = 2$ ist, dann ist dieser erwartete Anteil 0,8).

Wenn die Wahlentscheidungen voneinander nicht unabhängig sind, gilt die obige Ableitung nicht. Beispielsweise kann dann die Wahrscheinlichkeit auf der rechten Seite von (15.3) nicht mehr als Produkt der beiden Wahrscheinlichkeiten von der rechten Seite ausgedrückt werden. Für einige Arten voneinander abhängiger Wahlentscheidungen können wir die Richtung schätzen, in der sich der Suchvorgang verschieben wird. Angenommen, Wahlentscheidungen seien in gewissem Grade reziprok, d.h. die Wahrscheinlichkeit, daß y x wählen wird ist größer als die unbedingte Wahrscheinlichkeit dafür, wenn x vorher schon y gewählt hatte. Wir können vermuten, daß unter dieser Bedingung die Werte von P_i und daher auch von X_i kleiner als die entsprechenden Werte der Nullhypothese sein werden. Sobald nämlich y auf der i-ten Stufe x in Erwiderung seiner Wahl ebenfalls wählt, trägt dies nicht zur Zunahme von P_i bei, denn es wurde angenommen, daß x zu $\{X_{i-1}\}$ gehört und somit nicht zu $\{P_i\}$ gehören kann.

Ähnliche Überlegungen gelten auch für andere Wahlneigungen, die eine gewisse „Enge" in der Beziehung „x wählt y" wiedergeben. Nehmen wir etwa die Freundschaftsbeziehung: Die Person a nenne b und c als Freunde; die Wahrscheinlichkeit, daß b c oder c b (oder beide) als Freunde nennen, wird vermutlich größer sein, als wenn die Wahlentscheidungen vollkommen unabhängig wären. Aber b und c wurden bereits von a genannt, falls daher b c oder c b nennen, dann erhöht sich auf der nächsten Stufe die Anzahl neu genannter Personen nicht weiter.

Somit hängt der Anteil γ nicht nur vom Charakter der binären Relation ab, die den Digraph definiert, sondern ebenso von ternären und wohl auch Relationen höherer Ordnungen. Diese werden ja durch die binäre Relation induziert. Grob gesprochen hängt γ vom Grad der Struktur des Graphen ab. (Wir nehmen an, ein völlig zufällig zustandegekommener Graph besitze im Sinne der „Organisiertheit" überhaupt keine „Struktur".)

Die Vermutung, die beobachteten Werte von γ würden in realen Soziogrammen beträchtlich kleiner sein, als die aufgrund der Nullhypothese zu erwartenden, wurde von *Rapoport/Horvath* [1961] getestet. Die Population bestand aus etwa 900 high-school-Schülern in Ann Arbor, Michigan. Jeder Schüler sollte acht Schüler derselben Schule als Freunde nennen und nach der Enge der Beziehung ordnen, d.h. „bester Freund", „zweitbester", usw. Falls diese Anweisungen richtig befolgt würden und es keine Ausfälle gäbe, hätte man einen Digraphen vom Ausgangsgrad 8 erhalten müssen. Wegen der Irrtümer und Fehler belief sich der wirkliche durchschnittliche Ausgangsgrad auf 6.

Dieser Digraph konnte in Digraphen kleinerer Ausgangsgrade zerlegt werden. Wenn beispielsweise Namen außer zwei auf der Liste gestrichen worden wären, hätte man unter vollkommenen Bedingungen einen Digraphen vom Ausgangsgrad 2 erhalten müssen. Wie sich erwies, besaßen solche Digraphen einen durchschnittlichen Ausgangsgrad von 1,75.

Einige Suchvorgänge mit nur zwei Wahlen wurden ermittelt. In einem Falle wurden nur die beiden ersten Namen („bester Freund" und „zweitbester Freund") benutzt, in einem anderen nur der zweite und der dritte Name usw. und schließlich die beiden letzten Namen der Liste.

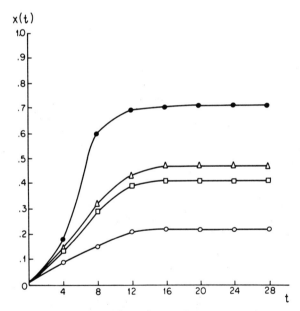

Abb. 15.2: Anteil von Kindern, die im Suchverfahren mit Freundschaftsbeziehungen verschiedener „Stärken" kontaktiert wurden

Die Abbildung 15.2 zeigt die Suchvorgänge für die ersten und zweiten, dritten und vierten und siebten und achten Freunde. Die asymptotischen Werte von X werden offensichtlich größer, sobald die Freundschaftsrelationen schwächer werden. Die Suchvorgänge ähneln immer mehr den Suchvorgängen mit unabhängigen Wahlentscheidungen (die oberste Kurve).

In einem gegeben wirklichen sozialen Netzwerk können die Suchvorgänge mit verschiedenen

Werten durchschnittlicher Ausgangsgrade durchgeführt werden. Die entsprechenden Werte von γ können dann mit denjenigen eines Zufallsgraphen verglichen werden. Die Abweichungen der ersteren von den letzteren würden uns etwas über die Gesamtstruktur des Netzwerks vermitteln.

Soziometrie kleiner Gruppen

Sozialpsychologen in den USA haben die Beziehungen zwischen Individuen innerhalb kleiner Gruppen mit besonderer Aufmerksamkeit untersucht. Familien und Arbeitsteams sind solche Gruppen. Die Art der interpersonellen Beziehungen in ihnen bestimmt sicherlich das Funktionieren dieser Gruppen, sowohl auf der Ebene der Affekte und Einstellungen als auch auf der Ebene zielgerichteter Leistung (task performance). Wir haben bereits Untersuchungen über Kernfamilien (vgl. S. 211) dargestellt. Arbeitsgruppen werden oft künstlich geschaffen, um unter kontrollierten Bedingungen erforscht zu werden. „Wirkliche" Arbeitsgruppen, wie z.B. U-Bootmannschaften, wurden ebenfalls untersucht, um Informationen über den Einfluß persönlicher Attitüden und Einstellungen auf die Leistung zu erhalten. Schon Jahre bevor die USA bemannte Raumschiffe gestartet haben, wurden Gruppen von drei bis fünf Männern im engen Kontakt zueinander und unter verschiedenen Stressbedingungen getestet, um Kenntnisse über die psychologischen Probleme zu erwerben, die bei solchen Unternehmen entstehen können. Der Anstoß zu solchen Untersuchungen wurde von *Homans* [1950] mit seinem Buch „The Human Group" gegeben, in dessen Nachfolge ein ganzer Wissenschaftszweig, genannt *Gruppendynamik*, entstand.

Bei den Untersuchungen wurden weitgehend soziometrische Methoden angewendet. Dabei wurden von Mitgliedern natürlicher oder experimenteller Gruppen vorwiegend in Form binärer Relationen gelieferte Daten benutzt: jedes Gruppenmitglied nennt oder ordnet einige oder alle anderen Gruppenmitglieder nach bestimmten Kriterien, wie etwa den Graden des „Mögens", der Wünschbarkeit als Arbeitspartner, als Partner für Erholungsaktivitäten usw.

Ein umfangreiches Projekt zur Erforschung des Entstehens sozialer Strukturen (definiert durch Affektbeziehungen) wurde von *Newcomb* [1961] verwirklicht. Insbesondere wurden zwei aus je 17 jungen Männern bestehende Gruppen untersucht, die an der Universität von Michigan studierten und folgendermaßen ausgesucht wurden:

Ein Wohnheim wurde zur Verfügung gestellt, und die Studenten wurden eingeladen, darin ein Jahr lang mietfrei unter der Bedingung zu wohnen, daß sie am Projekt teilnehmen, d.h. die erforderlichen soziometrischen Daten liefern.

Die beiden Gruppen entsprechen den zwei Jahren, in denen das Projekt durchgeführt wurde, wobei im zweiten die Versuche des ersten Jahres wiederholt wurden. Auf diese Weise war ein angemessen langer Zeitraum für den Kontakt der Studenten sichergestellt, so daß sie als eine „natürliche" und nicht mehr als eine ad hoc für Laborexperimente zusammengewürfelte Gruppe angesehen werden konnten. Gleichzeitig war es möglich, „harte Daten" über die interpersonellen Beziehungen über einen langen Zeitraum hinweg mit Hilfe bestimmter Vereinbarungen (wie in einem Laborexperiment) zu gewinnen. Diese Daten waren Rangordnungen, die jedes Gruppenmitglied über jedes der anderen sechzehn Personen auf einer Skala von „mag am besten" bis „mag am wenigsten" anzugeben hatte. Diese Daten wurden wöchentlich sechzehn Wochen lang (Woche 0 bis Woche 15) in jeder der beiden Gruppen gesammelt. Somit konnten alle Daten des Experiments in 32 17×17 Matrizen geordnet werden. In jeder Matrix bezeichnete der ij-te Eingang den Rang („mag am meisten" war durch „1", „mag am wenigsten" durch „16" dargestellt), den das Individuum i dem Individuum j zusprach.

Die Forscher standen vor dem Problem, diese Daten so zu handhaben, daß sie ein kohärentes Bild der „sozioaffektiven" Struktur der Gruppe ergaben und möglichst einige Trends in der Entwicklung dieser Strukturen aufdecken.

Die Analyse scheint von keinem einheitlichen theoretischen Schema geleitet worden zu sein. Anstatt dessen wurde eine enorme Anzahl von Indizes, von denen jede möglicherweise mit irgendeinem Aspekt der Struktur verbunden war, hervorgehoben.

Eine der untersuchten Eigenschaften war die Verteilung der Wahlen von verschiedenen erhaltenen Rangordnungen von Präferenzen. Diese Verteilung wurde mit der Null-Hypothese, die durch Zufallswahlen bestimmt ist, verglichen, und ihre Abweichungen von dieser wurden als „Popularitätsmaß" interpretiert. Beispielsweise ist der Erwartungswert der auf der Basis zufälliger Wahlen entstehenden Anzahl derjenigen Individuen, die 5 bis 11 mal auf die Ränge 1 bis 9 genannt werden, 15,70; die Erwartungswerte dafür, daß sie 0 bis 4 oder 12 bis 16 mal so eingeordnet werden, sind jeweils nur 0,65.

Anzahl erwarteter Wahlen vom Rang 1 – 8	Erwartete Anzahl von Personen	Beobachtet im 1. Jahr Woche 0	Woche 1	Woche 15	Beobachtet im 2. Jahr Woche 0	Woche 1	Woche 15
0 – 4	0,65	4	3	3	2	3	5
5 – 11	15,70	10	12	13	11	11	8
12 – 16	0,65	3	2	1	4	3	4

Tafel 15.1 [nach *Newcomb*]

Die Tafel 15.1 zeigt die erwarteten und die beobachteten Verteilungen. Die Überzahl der Individuen an den Extremen, also jener, die sehr wenige oder sehr viele Präferenzen erhielten, weist auf ein „Popularitäts"-Parameter in der Population hin: einige Individuen besitzen eine höhere als die *a priori* Wahrscheinlichkeit, daß sie auf einen der ersten acht Ränge gewählt werden als andere, und einige besitzen eine geringere Wahrscheinlichkeit.

Dies sollte man aus gewöhnlichen Alltagserwägungen auch erwarten. Die interessante Frage ist, ob es eine Tendenz zur größeren Differenzierung oder zur Gleichstellung der Individuen gibt; im ersteren Falle müßte die Verteilung „flacher", im letzteren Fall „schärfer" werden.

Die Tafel 15.1 zeigt keine überzeugende Evidenz für eine solche Tendenz. Man könnte wie die Forscher selbst vermuten, daß „die ersten Eindrücke" schon im frühen Stadium des Zusammenlebens stark fixiert wurden. Diese Vermutung berücksichtigt jedoch einen anderen Trend nicht, für den genügend Evidenz gefunden wurde, und der den Trend zur größeren Differenzierung „verdeckt" haben könnte. Dies ist der Trend zur größeren Gegenseitigkeit der Wahlen.

Betrachten wir ein bestimmtes Individuenpaar. Jedes Individuum ordnet das andere von 1 bis 16 ein. Die Differenz in den Rängen, die sie einander zusprechen, ist ein Maß der Gegenseitigkeit ihrer Bewertung. Je kleiner diese Differenz, desto größer ist die Gegenseitigkeit.

Rang Differenz	Woche 0 (beide Jahre) Beobachtet	Erwartet	Woche 15 (beide Jahre) Beobachtet	Erwartet
0 – 3	110	99	149	106
4 – 15	144	155	123	166
	$Chi^2 = 1,82$		$Chi^2 = 27,92$	

Tafel 15.2 [nach *Newcomb*]

Die Tafel 15.2 zeigt die Anzahl der Paare in den hohen und niedrigen Rängen der Gegenseitigkeit. Wir bemerken, daß in der Woche 0 diese Zahlen nicht signifikant von den unter der Annahme der Null-Hypothese erwarteten abweichen. In der 15. Woche gibt es jedoch einen bemerkenswerten Zuwachs von Paaren mit hoher Gegenseitigkeit auf Kosten der Paare mit geringer Gegenseitigkeit.

Nun wollen wir uns ansehen, was mit der Verteilung von Wahlen unter der Bedingung einer vollkommenen Gegenseitigkeit geschehen würde. Der Einfachheit halber nehmen wir ein Soziogramm an, in dem jedes Individuum nur eine Wahl trifft. Falls jede Wahl gegenseitig beantwortet wird, dann wird jedes Individuum ebenfalls je einmal gewählt, so daß die Verteilung der Eingangsgrade vollständig auf einen Punkt konzentriert ist – auf die erwartete Zahl der erhaltenen Wahlen (also 1). (Die Varianz der Verteilung ist Null.) Falls jedes Individuum zweimal wählt und beide Wahlen ebenso beantwortet werden, so ist die Verteilung ebenfalls auf einen einzigen Punkt (2) konzentriert.

Allgemein kann gezeigt werden [vgl. *Rapoport*, 1958], daß – sobald die Wahrscheinlichkeit gegenseitiger Wahlen wächst – die Varianz der Verteilung erhaltener Wahlen kleiner wird; d.h. die Verteilung wird näher am Mittel konzentriert. Anderseits hat diese Verteilung, wie wir gesehen haben, die Neigung „flacher" zu werden, sobald die Varianz der Popularitätsverteilung wächst, d.h. wenn die Individuen im Hinblick auf die Wahrscheinlichkeit des Erhaltens von Präferenzen differenziert werden. Daraus folgt, daß die beiden Trends der wachsenden Differenzierung und der wachsenden Gegenseitigkeit der Wahl auf die Verteilung der erhaltenen Präferenzen einen entgegengesetzten Effekt haben. Folglich könnte die scheinbare Abwesenheit des Trends zur Differenzierung auf die Tatsache zurückzuführen sein, daß dieser Trend durch den entgegengesetzten Trend zur wachsenden Gegenseitigkeit verdeckt wurde.

Die oben gegebene Analyse illustriert die Interdependenz der verschiedenen Strukturindizes. Eine Schwäche des empirischen Verfahrens, bei dem die Indizes unabhängig voneinander nacheinander untersucht werden, liegt eben in seinem Unvermögen, gerade ihre Abhängigkeiten aufzudecken.

Auch mit den „topologischen" Eigenschaften der Struktur sind die Indizes eng verknüpft. Betrachten wir abermals ein Soziogramm mit dem konstanten Ausgangsgrad 2. Falls die Gegenseitigkeit vollkommen ist, so muß der dieses Soziogramm darstellende Graph in Dreiecke zerfallen[3]). Im allgemeinen wird ein Soziogramm mit vollkommener Gegenseitigkeit auch dazu neigen, in verschiedene, miteinander nicht verbundene Komponenten „zerstückelt" zu werden. Somit gibt es eine Beziehung zwischen dem „Grad der Verbundenheit" und dem „Grad der Gegenseitigkeit" in einem Soziogramm. Die Indizes der „Verbundenheit" und der „Gegenseitigkeit" können ebenso wie jene der „Transitivität" „Zyklizität" und viele andere auf verschiedene Weise definiert werden. Die mathematischen Beziehungen zwischen ihnen sind von enormer Komplexität.

Übrigens ist über diese Beziehungen so gut wie überhaupt nichts bekannt. Das Problem der Konstruktion einer „einleuchtenden" Beschreibung sozialer Strukturen mit Hilfe von Indizes bleibt ungelöst, wenn wir unter „einleuchtender" Beschreibung meinen, daß sie wesentlichen Eigenschaften einer Struktur erfaßt und gleichzeitig wenig Redundanz im Sinne einer Vielfalt hoch korrelierter Indizes enthält. Eine der Schwierigkeiten bei der Konstruktion „effizienter" Indexmengen ist die, daß man niemals genau wissen kann, wie viel zusätzliche Information man für jeden zusätzlichen Index erhalten kann.

Diese Schwierigkeiten haben die soziometrischen Methoden anwendenden Forscher genötigt, zur intuitiven Analyse sozialer Strukturen Zuflucht zu suchen. Ad hoc konstruierte Indizes (wie im obigen Beispiel) werden zur Skizzierung des Strukturrahmens benutzt. Dann versucht man, aus dem Bild, das das Netzwerk auf dem Papier bietet, jene Eigenschaften zu beschreiben, die demnach wichtig erscheinen.

So haben Newcomb und seine Mitarbeiter die *Attraktivität*, die ein Individuum für ein anderes empfindet, als das Reziproke der Rangstellung definiert, die das eine dem anderen einräumt. Sie haben eine *Einheit hoher Attraktivität* als Einheit definiert, in der die addierte Attraktivität der Individuen füreinander mindestens 95 % der maximal für eine Gruppe dieser Größe möglichen Attraktivität ist. Ein Soziogramm für das Jahr I in der 15. Woche, das auf Einheiten hoher Attraktivität beruht, wird in Abbildung 15.3 gezeigt.

Bei der Interpretation dieses Soziogramms muß bedacht werden, daß eine jede Teilmenge von Individuen, die einen verbundenen Teilgraph bilden, nicht notwendig eine Einheit hoher Attraktivität darstellt. Lediglich Teilmengen, die einen *vollständig* verbundenen Teilgraph bilden, sind Ein-

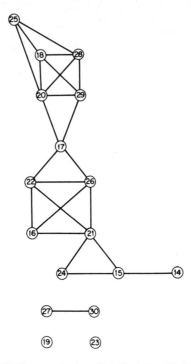

Abb. 15.3: Nach *Newcomb* [1961]. Ein aus verbundenen Einheiten hoher Attraktivität konstruiertes Soziogramm

heiten hoher Attraktivität. So sehen wir in der Abbildung 15.3 zwei Einheiten hoher Attraktivität, jede bestehend aus vier Individuen, nämlich {18, 20, 28, 29} und (16, 21, 22, 26). Zwei durch eine Kante verbundene Individuen bilden eine Einheit hoher Attraktivität. Obwohl also die verbundenen Komponenten des Soziogramms keine solche Einheiten sein müssen, bestehen sie doch aus Einheiten hoher Attraktivität, die durch „Zwischenglieder" verbunden sind.

Die visuelle Erscheinung eines so konstruierten Soziogramms zeigt etwa von dem „Grad der Integration" der sozialen Gruppe in einem bestimmten Stadium, des „Vertrautheitsprozesses". Beispielsweise sehen wir im Soziogramm der Abbildung 15.3 eine große Komponente, ein isoliertes Paar hoher Attraktivität und zwei isolierte Individuen.

Auch Tendenzen können unterschieden werden. Die Abbildungen 15.4 und 15.5 zeigen die entsprechenden Soziogramme für die Wochen 0 und 15 des Jahres II. Die verschiedenen Komponenten des früheren Soziogramms scheinen in einer einzigen großen Komponente aufgegangen zu sein, wobei vier „Isolierte" beiseitegelassen sind und der Eindruck einer fortschreitenden „Integration" der Mehrheit entsteht.

Auch die Position einiger Individuen ist interessant. Betrachten wir beispielsweise das Individuum 17 in der Abbildung 15.3. Es scheint das Verbindungsglied zwischen zwei Teilgruppen einer großen integrierten Gruppe zu sein. Wenn dieses Individuum herausgenommen würde, so würden die beiden Teilgruppen, zwischen denen es eine „Brücke" bildet, unverbunden bleiben. Wenn wir uns die „Popularitäts"-Wertung dieses Individuums ansehen, so stellen wir fest, daß es in den Wochen 0 und 1 am höchsten rangierte, in der 15. Woche jedoch nicht mehr unter den ersten vier zu

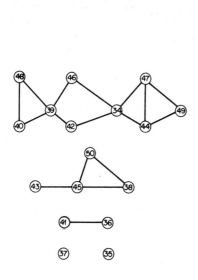

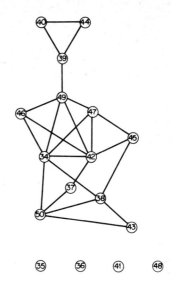

Abb. 15.4: Nach *Newcomb* [1961].

Abb. 15.5: Nach *Newcomb* [1961].

finden ist. Man ist versucht, eine Beziehung zwischen diesem Popularitätsverlust und der Rolle, als einziges Individuum zwischen den zwei Gruppen zu stehen, anzunehmen, was „geteilte Loyalität" und sie begleitende Spannungen involvieren mag.

Blockmodelle

Bei der durch die bildliche Darstellungen der Soziogramme bedingten Hypothesenbildung haben wir uns weit von Methoden der Strukturanalyse entfernt, die auf genau definierten Parametern gründen. Die Schwierigkeit mit den streng definierten Strukturindizes liegt in ihrer unendlichen Vermehrbarkeit, ohne daß ihre Gesamtheit schon eine wohlgestaltete strukturelle Theorie sozialer Netzwerke bildete. Eine erfolgversprechendere Richtung wurde mit der Methode der sogenannten Blockmodelle der sozialen Netze eingeschlagen, der wir nun unsere Aufmerksamkeit widmen wollen.

Ein soziales Netzwerk soll nun als eine Individuenmenge verstanden werden, in der eine Menge binärer Relationen über ihr definiert werden. Beispielsweise sind „mag" und „mag nicht" zwei verschiedene Relationen. Andere Relationen können bestimmte Aspekte der Organisation einer Gruppe reflektieren, beispielsweise „ist Untergebener von", „beaufsichtigt", „erhält Informationen von" usw. Noch andere Relationen können aus Relationen bestehen, beispielsweise „Ist ein Freund des Feindes von" „ist Bruder der Frau von" usw. Solche zusammengesetzten Relationen können beliebig komplex sein. *Bennet/Alker* [1977] erwähnen in ihrem Modell eines internationalen Systems als sozialer Gruppe (wobei Staaten die Individuen sind) die Relation „ist kein Verbündeter eines Feindes seiner wichtigsten Importquellen".

Solch ein soziales Netzwerk kann durch eine *Menge* von Digraphen oder − äquivalent dazu − durch Matrizen dargestellt werden, wobei jede für eine der bestimmenden binären Relation steht. Der Grundgedanke der Methode der Blockmodelle ist es, (falls möglich) die Menge der Individuen in der Weise in disjunkte Teilmengen zu zerlegen, daß die *Abwesenheit* von Beziehungen zwischen einem zum eigenen Block gehörenden Individuum und jedem zu einem anderen Block gehörenden Individuum hervorgehoben wird. Wir müssen jedoch bemerken, daß diese Zerlegung keineswegs nur solche disjunkte Teilmengeñ hervorheben muß, bei denen alle Beziehungen in jeder Teilmenge „nach innen" aber keine „nach außen" gerichtet sind. Solch eine Struktur wäre nur ein besonderer Fall. Es wird lediglich verlangt, daß die Darstellung der sozialen Struktur äußerst deutlich die *Abwesenheit* von Verbindungen offenbare. Falls eine Relation als Matrix dargestellt wird, so sucht man eine Permutation von solchen Zeilen und den entsprechenden Spalten herzustellen, die Teilmatrizen von nur aus Nullen bestehenden benachbarten Zeilen und benachbarten Spalten ergeben.

Das Verfahren kann am bequemsten an einem konkreten Beispiel erklärt werden. Die Individuen eines sozialen Netzes seien von 1 bis 8 gekennzeichnet, und die Matrix 15.1 stelle eine binäre Relation über dieser Menge – sagen wir „nennt als Freund" – dar. In der Matrix 15.2 sind die Zeilen und die entsprechenden Spalten schon permutiert worden. Dabei wird die Blockstruktur offensichtlich. Die acht Individuen können in drei Blöcke aufgeteilt werden, nämlich $B_1 = \{1, 4, 6\}$ $B_2 = \{2, 5, 8\}$ und $B_3 = \{3, 7\}$.

	1	2	3	4	5	6	7	8
1	0	0	0	1	0	0	0	0
2	1	0	0	1	0	1	0	0
3	0	0	0	0	0	0	1	0
4	1	0	0	0	0	1	0	0
5	1	0	0	1	0	1	0	0
6	1	0	0	1	0	0	0	0
7	0	0	1	0	0	0	0	0
8	1	0	0	0	0	1	0	0

Matrix 15.1

	1	4	6	2	5	8	3	7
1	0	1	0	0	0	0	0	0
4	1	0	1	0	0	0	0	0
6	1	1	0	0	0	0	0	0
2	1	1	1	0	0	0	0	0
5	1	1	1	0	0	0	0	0
8	1	0	1	0	0	0	0	0
3	0	0	0	0	0	0	0	1
7	0	0	0	0	0	0	1	0

Matrix 15.2

Wir bemerken, daß die Gruppenmitglieder von B_1 und B_3 Freunde nur innerhalb des eigenen Blocks nennen. Die Mitglieder von B_2 nennen jedoch als Freund nur Mitglieder aus Block B_1. Während also die Blöcke B_1 und B_3 Freundschaftscliquen ähneln, scheint der Block B_2 aus „Anhängern" von B_1 zu bestehen. Sie nennen Individuen aus B_1 als Freunde, werden von diesen jedoch nicht so genannt.

Während die zwei Individuen von B_3 eine Luce-Perry-Clique erster Ordnung bilden[4]) (vgl. S. 208), ist dies bei jenen von B_1 nicht der Fall, weil der diesen Block darstellende Teilgraph nicht vollständig verbunden ist[5]). (Daher sagen wir, daß Block B_1 einer Freundschaftsclique ähnelt.) Im allgemeinen müssen die im Blockmodell hervorgehobenen Blöcke überhaupt keine internen Beziehungen haben, wie dies z.B. in B_2 der Fall ist. Das Blockmodell hebt nur die *Anwesenheit* oder die *Abwesenheit* von Beziehungen zwischen Mitgliedern von Blöcken in bezug auf die Beziehungen innerhalb und außerhalb der Blöcke hervor. Sobald die Blöcke hergestellt sind, wird das Blockmodell einer sozialen Struktur im Hinblick auf jede der sie definierenden Relationen durch eine reduzierte Matrix dargestellt, in der die Zeilen und Spalten *Blöcke* repräsentieren. Der Eingang „1" in der i-ten Zeile und der j-ten Spalte der reduzierten Matrix bedeutet die Anwesenheit etwaiger Bindungen von Mitgliedern des i-ten Blocks zu Mitgliedern des j-ten Blocks. Insbesondere weist eine „1" auf der Hauptdiagonalen darauf hin, daß der entsprechende Block einige interne Beziehungen besitzt. Das Blockmodell in unserem Beispiel eines sozialen Netzes wird in der Matrix 15.3 gezeigt.

$$
\begin{array}{c|ccc}
 & B_1 & B_2 & B_3 \\
\hline
B_1 & 1 & 0 & 0 \\
B_2 & 1 & 0 & 0 \\
B_3 & 0 & 0 & 1 \\
\end{array}
$$

Matrix 15.3

Jede das soziale Netzwerk definierende Relation wird durch ein eigenes Blockmodell dargestellt. Vereinfachung wird durch Reduktion der Ordnung der ursprünglichen Matrizen von der Zahl der Individuen auf die Zahl der Blöcke erreicht.

Betrachten wir nun alle möglichen Matrizen zweiter Ordnung mit nur aus 0 und 1 bestehenden Eingängen. Offensichtlich gibt es sechzehn unterschiedliche Matrizen dieser Art. Da jedoch die Kennzeichnung der Zeilen und der entsprechenden Spalten willkürlich ist, gibt es lediglich zehn distinkte Strukturen sozialer Netzwerke. Jede Struktur wird durch eine einzige Relation bestimmt. Jede Zeile und die entsprechende Spalte stellen dabei einen Block dar. Die zehn Strukturtypen werden in der Tafel 15.3 zusammen mit ihren Interpretationen gezeigt. Um dies zu verdeutlichen, wollen wir die Relation durch „nennt als gewünschten Geschlechtspartner" interpretieren. In Modellen III – X stellt die obere Zeile die Männer, die untere die Frauen dar. Sowohl die Bezeichnungen als auch die Rollen der Blöcke können vertauscht werden, ohne die vom Modell bestimmte Struktur zu ändern.

Typus	Modell		Interpretation
I	0	0	Eine Zölibatgesellschaft
	0	0	
II	1	0	B_1 stellt die Erwachsene, B_2 Kinder dar, keine Päderastie
	0	0	
III	0	1	B_1 stellt Männer, B_2 Frauen dar: alle Männer heterosexuell, alle Frauen frigide
	0	0	
IV	1	0	Eine vollständig homosexuelle Gruppe
	0	1	
V	0	1	Eine vollständig heterosexuelle Gruppe
	1	0	
VI	1	1	Männer sowohl heterosexuell als auch homosexuell, Frauen frigide
	0	0	
VII	1	0	Alle Männer homosexuell, Frauen heterosexuell
	1	0	
VIII	1	1	Männer sowohl homo- als heterosexuell, Frauen heterosexuell
	1	0	
IX	1	0	Aller Männer homosexuell, Frauen sowohl hetero- als auch homosexuell
	1	1	
X	1	1	Eine Gesellschaft mit Homosexuellen und Heterosexuellen bei beiden Geschlechtern
	1	1	

Tafel 15.3

Eine andere Interpretation des Typus VIII wäre das Verhältnis von Zentrum und Vorstadt. Denken wir an ein zentralisiertes Transportnetz in einer Stadt mit Vorstädten. Die zentralen Teile sind mit einem Transportnetz versorgt und mit allen Teilen der Vorstadt verbunden. Die Vorstädte jedoch sind miteinander nicht direkt verbunden; um von einer Vorstadt in eine andere zu gelangen,

muß man durch das Zentrum fahren. Ein Nervensystem mit einem Gehirn und päripheren Nerven-
strängen besitzt eine analoge Struktur.

Typ IX kann eine Hierarchie genannt werden. Die entsprechende Relation sei eine schwache
Ordnung, z.B. „hat einen Status nicht höher als". Dann stellt eine Struktur vom Typ IX diese Relation dar, falls der Status von B_1 höher ist als von B_2.

Allerdings wächst die Anzahl der Strukturtypen mit der Anzahl der Blöcke sehr schnell, und eine
Interpretation für jeden Strukturtypus im Falle von auch nur drei Blöcken zu versuchen, wäre schon
ein langwieriges Unterfangen. Es kann jedoch sein, daß nur wenige Strukturtypen reale soziale Netzwerke darstellen. Dies ist eine empirische Frage, die in einer Theorie sozialer Strukturen von Interesse ist.

Die Analyse von Netzstrukturen des eben beschriebenen Typus wird gegenwärtig mit Hilfe zweier Algorithmen in Computerprogrammen durchgeführt. Der eine, genannt BLOCKER, wird zum
Testen der Hypothese benutzt, daß ein Netzwerk als ein spezielles hypothetisch angenommenes
Blockmodell darstellbar sei. Das Endergebnis dieses Algorithmus besteht in der Auflistung aller
Zerlegungen von Individuenmengen (N.B.: wenn welche bestehen), die die Reduktion einer bestimmten Relation auf ein hypothetisch angenommenes Blockmodell möglich machen. Somit beantwortet BLOCKER die Frage, ob ein Netzwerk überhaupt als ein bestimmtes Blockmodell dargestellt werden kann, und, falls dies der Fall ist, nennt er alle Möglichkeiten dies zu tun. Wenn wir
beispielsweise hypothetisch ein Blockmodell vom Typ IV für das durch die Matrix 15.1 dargestellte
Netzwerk angenommen hätten, so würde BLOCKER zwei aus (1, 2, 4, 5, 6, 8) und (3, 7) bestehende Blöcke herausgestellt haben. Falls wir andererseits hypothetisch eine diagonale Matrix 3-ter
Ordnung angenommen hätten (drei disjunkte unverbundene Cliquen), so würde der Blocker mit
„nein" geantwortet haben.

Daraus folgt, daß BLOCKER dann anwendbar ist, wenn der Forscher schon eine Vorstellung davon hat, wie die sozialen Strukturen aussehen könnten. Die Anwendung von BLOCKER sagt ihm,
ob seine Vermutung richtig war, und wenn dies zutrifft, dann identifiziert er alle entsprechenden
Aufteilungen der Individuen auf Blöcke. Falls der Forscher von vornherein keine Vorstellung von
der untersuchten sozialen Struktur hat, dann kann er zu einem anderen, CONCOR genannten Algorithmus, greifen.

CONCOR beantwortet die Frage, welcher Typus von Blockmodellen eine gegebene soziale Struktur am besten beschreibt. „Am besten" bezieht sich hier auf den Annäherungsgrad eines Blockmodells an ein soziales Netzwerk. Im Gegensatz zum BLOCKER, der jeweils ein Blockmodell im Hinblick auf nur eine Relation testet, sucht CONCOR nach solchen Zerlegungen in Blöcke, die auf alle
das Netzwerk definierenden Relationen gleichzeitig anwendbar sind. Jede Relation kann durch einen verschiedenen Strukturtypus dargestellt werden, aber es wird nach einer solchen Aufteilung
der Individuen in Blöcke gesucht, die sich allen Relationen anpaßt. Im allgemeinen kann eine triviale Aufteilung und ein entsprechendes Blockmodell immer entdeckt werden, beispielsweise eines,
in dem jedes Individuum ein „Block" ist oder alle Individuen zusammen einen einzigen Block bilden. Offensichtlich ist nach solchen trivialen Antworten nicht gefragt. Um eine wirkliche Reduktion zu erhalten, muß man gewöhnlich die „Reinheit" des Blockmodells opfern. D.h. der Eingang
„0" in der i-ten Zeile und der j-ten Spalte des Blockmodells, die einer gegebenen Relation entspricht, muß nicht mehr die Bedeutung haben, daß es von Block i zum Block j keine Verbindung
gäbe. Er kann bedeuten, daß die Anzahl oder der Anteil der positiven Eingänge in der entsprechenden Teilmatrix lediglich eine gewisse Toleranzgrenze nicht überschreitet.

Der Input eines CONCOR-Algorithmus besteht aus einer $n \times m$-Matrix M_0 (sie ist im soziometrischen Kontext normalerweise eine Matrix mit den Eingängen „0" und „1"). M_0 besteht aus m Spal-
tenvektoren mit jeweils n Komponenten. Die Korrelationen r_{ij} zwischen dem Vektor i und dem
Vektor j ($i, j = 1, 2, \ldots, m$) sind die Elemente der $m \times m$-Matrix M_1. Durch Iteration dieses Verfahrens bestimmen wir die Elemente der Matrix M_k ($k = 2, 3, \ldots$) als die Korrelation zwischen den

Vektorpaaren, die die Spalten der Matrix M_{k-1} bilden. Außer in einigen seltenen Fällen führt dieses Verfahren zu einer Konvergenz der Matrizen M_k in eine Matrix M, in der alle Eingänge entweder + 1 oder − 1 sind. Durch eine geeignete Permutation der Zeilen und der entsprechenden Spalten kann M die folgende Form annehmen:

$$
\begin{array}{ccc}
B_1 & +1 & -1 \\
B_2 & -1 & +1
\end{array}
$$

Die Eingänge „− 1" und „+ 1" in der Matrix sind (nicht notwendig quadratische) Matrizen, die lediglich aus den − 1 und den + 1 resp. bestehen. Auf diese Weise werden die m Zeilen von M in zwei Blöcke B_1 und B_2 zerlegt.

Die $(n \times m)$-Inputmatrix M_0 mit $n = mr$ wird durch „Aufschichtung" der r $(m \times m)$-Matrizen übereinander gebildet. Diese stellen r distinkte binäre Relationen über der Menge der m Individuen dar. Somit zerlegt CONCOR die Menge der m Individuen in zwei Blöcke im Hinblick auf alle r Relationen.

Im allgemeinen wird diese Zerlegung keine reinen Null-Teilmatrizen ergeben, aber sie wird Teilmatrizen mit geringer Dichte von „1"-Eingängen für jede der r Relationen zeitigen. Grob gesprochen maximiert der Algorithmus den Kontrast zwischen den Korrelationen innerhalb der Blöcke und zwischen den Blöcken.

Nachdem die Blöcke hergestellt sind, kann der Algorithmus auf jeden von ihnen wieder angewendet werden, um feinere Zerlegungen zu erhalten. Dieser Verfeinerungsprozeß kann so lange fortgesetzt werden, bis die „beinahe-Nullmatrizen" die Toleranzkriterien für die Dichte der Nullen nicht länger erfüllen.

Anwendungen der Blockmodelle

Die Daten des oben beschriebenen Experiments gemeinschaftlichen Zusammenlebens wurden sowohl mit Hilfe des BLOCKER- als auch der CONCOR-Algorithmen analysiert. [*White/Boorman/ Breiger*]. Wie erinnerlich, setzt BLOCKER eine bestimmte Blockstruktur voraus und versucht dann die Population (sofern dies möglich ist) so in Teilmengen zu zerlegen, daß die Relationen innerhalb der Blöcke und über sie hinweg die angenommene Struktur bestätigen. Die Untersuchung der am Ende des Jahres II erstellten Soziogramme hat die Vermutung nahegelegt, daß es eine Spitzengruppe gab, deren Mitglieder alle anderen „verachteten". Die Zwei-Blöcke-Struktur vom Typ IX wurde als Modell der Beziehung des „Mögens" gewählt. Daß das Individuum a b „mag" wurde dadurch definiert, daß es b entweder an den ersten oder den zweiten Platz seiner Präferenzenliste setzte. Wie sich herausgestellt hat, wurde die Struktur dieses Typus bestätigt, wenn die Individuen 13, 9, 17, 1, 8 und 4 dem Spitzenblock zugeordnet wurden. Sie haben also ihre ersten und zweiten Wahlen ausschließlich untereinander getroffen. Auch einige andere Individuen haben ihre erst- und zweitbesten Freunde unter den Mitgliedern dieses Blocks genannt. Dies wird durch die „1" im unteren linken Kasten des Strukturtypus IX angezeigt. Der Eingang „1" unten rechts weist darauf hin, daß Mitglieder dieses unteren Blocks auch gegenseitige Beziehungen des „Mögens" entwickelten.

Bei der Relation des „Nicht-Mögens" wurde die Zuordnung der beiden letzten Ränge als Kriterium genommen. Dieser Relation entsprechend wurde der Typus VIII behauptet und ebenfalls anhand von Daten bestätigt. Keines der Individuen im obersten Block hat ein anderes Individuum aus seinem eigenen Block an den beiden letzten Stellen genannt. Aber die Mitglieder des untersten Blocks haben auch einander schlecht bewertet.

Das Modell konnte weiterhin zu einem Drei-Block-Modell verfeinert werden, wie in den Matrizen 15.4 und 15.5 gezeigt wird.

Der Matrix 15.4 entnehmen wir, daß die Mitglieder des unteren Blocks die „Mißachteten" sind: niemand von ihnen wird von Außenstehenden (außerhalb ihres Blocks befindlichen) Personen an erster oder zweiter Stelle genannt. Die Matrix 15.5 zeigt, daß Mitglieder des zweiten Blocks Mitglieder des ersten und untersten Blocks nicht mögen, jedoch niemanden aus dem eigenen Block. Die

B_1	1	0	0	B_1	0	0	1
B_2	1	1	0	B_2	1	0	1
B_3	1	1	1	B_3	1	1	1

Matrix 15.4: Relation: „Mögen"   Matrix 15.5: Relation: „Nicht-mögen"

„Mißachteten" dagegen werden von Mitgliedern der beiden anderen Blöcke nicht gemocht. Die Anwendung des CONCOR-Algorithmus ergibt dieselben drei Blöcke. Wohlgemerkt liegt diesem Algorithmus keine a priori Annahme über irgendwelche Blockstrukturen zugrunde.

Schließlich können diese Ergebnisse mit einer Interpretation soziometrischer Daten auf der Basis der Korrelationen von Rangordnungen verglichen werden. So hat *Nordlie* [1958] bestimmte, gegen Ende des Jahres II entstandene Cluster ausgemacht. Diese bestanden aus den folgenden Individuenmengen: {1, 5, 6, 8, 13}; {2, 14, 17}; {7, 11, 12}; {3, 14}; {15, 16} und die Individuen 9 und 10 gehörten zu keinem Cluster. Es hat sich herausgestellt, daß jeder dieser Cluster in einem der drei oben bestimmten Blöcke enthalten ist, wenn die Individuen 2 und 5 allen Blöcken angehören dürfen. Diese beiden Individuen, die von *White/Boorman/Breiger* [1976] die „schwankenden" (floaters) genannt werden, spielen auch im Blockmodell eine mehrdeutige Rolle. Sie können jedem der drei Blöcke zugeordnet werden, ohne damit die Nullmatrizen durcheinanderzubringen. Abgesehen von dieser Mehrdeutigkeit besitzen die beiden postulierten Blockmodelle im Sinne der Zerlegung einer Population eindeutige Lösungen. Daher kann man bei der Beschreibung einiger Aspekte der sozialen Realität auf sie zurückgreifen[6]).

In einem anderen Falle wurden Blockmodelle zur Aufdeckung grober soziometrischer Strukturen in einer Gruppe von Wissenschaftlern angewendet, die auf dem Gebiet der Biochemie arbeiteten [*Breiger*]. Die Liste der Wissenschaftler wurde aufgrund von Zeitschriftenartikeln auf diesem Gebiet aufgestellt. Jeder Wissenschaftler erhielt nun diese Liste und sollte die „Enge" seiner Verbindungen mit jedem Individuum auf der Liste angeben. Die Bewertungen rangierten von „enger Mitarbeiter" bis hin zur „Unkenntnis der Person oder seiner Arbeit". Drei binäre Relationen wurden bei der Konstruktion der Blockmodelle angewendet: „gegenseitiger Kontakt", „einseitige Unkenntnis" (*aRb*, wenn *a* die Arbeit von *b* nicht kennt, aber *b* die Arbeit von *a* kennt) und „gegenseitige Unkenntnis". Der BLOCKER-Algorithmus wurde benutzt, um die intuitiv plausiblen Modelle (dargestellt in den Matrizen 15.6 bis 15.8) mit den drei oben erwähnten Relationen zu testen.

B_1	1	1	1	0	B_1	0	1	1	1	B_1	0	0	1	1
B_2	1	1	1	0	B_2	0	0	1	1	B_2	0	0	1	1
B_3	1	1	0	0	B_3	0	1	1	1	B_3	1	1	1	1
B_4	0	0	0	0	B_4	0	1	1	1	B_4	1	1	1	1

Matrix 15.6   Matrix 15.7   Matrix 15.8

Jedes Blockmodell wurde bei einer Zufallsstichprobe von 28 Wissenschaftlern voll bestätigt. White/Boorman/Breiger haben die vier in den Matrizen gezeigten Blöcke in Begriffen des Status interpretiert. In bezug auf gegenseitigen Kontakt sind die beiden unteren Blöcke weder intern noch miteinander verbunden (vgl. Matrix 15.6). Der unterste Block besitzt überhaupt keine Verbindungen – noch nicht einmal in sich selbst.

Sehen wir uns den obersten Block an, so bemerken wir, daß kein Block in bezug auf ihn eine asymmetrische Unkenntnisrelation aufweist (vgl. Matrix 15.7). Anders ausgedrückt, von keinem Wissenschaftler kann gesagt werden, er kenne jemanden im obersten Block nicht, während dieser ihn kennt. Wir bemerken weiter (vgl. Matrix 15.8), daß es zwischen den Mitgliedern der beiden oberen Blöcke keine „gegenseitige Unkenntnis" gibt. Im Gegenteil entnehmen wir der Matrix 15.6, daß diese Wissenschaftler sich gegenseitig kennen. Auch zwischen ihnen und Wissenschaftlern aus dem Block 3 gibt es einige Bekanntschaften, jedoch keine *innerhalb* von Block 3. Die Statusunterschiede zwischen diesen Blöcken werden damit augenscheinlich.

Die Anwendung des CONCOR-Algorithmus ergab ein sehr ähnliches Bild, und es wurde mit einer anderen Stichprobe von Wissenschaftlern erzielt.

White/Boorman/Breiger stellen fest, daß weder diese Blöcke noch die Gesamtstruktur der Relationen des sozialen Netzwerks durch frühere soziometrische Methoden, wie etwa durch das Messen des „Popularitätsranges" eines jeden Wissenschaftlers (gemessen durch die Häufigkeit, mit der seine Werke zitiert werden) oder durch die traditionelle Cliquenanalyse herauskristallisiert werden konnten.

Anmerkungen

[1]) Für große Soziogramme ($n \cong 900$), die von *Rapoport/Horvath* [1961] untersucht wurden, hat das negative Binominal gut mit den Wahlverteilungen übereingestimmt.

[2]) Die negativen Werte von γ, die Werten von $a < 1$ entsprechen (gepunktete Kurve in der Abbildung 15.1) haben in diesem Kontext keinen Sinn. Daher setzen wir $\gamma = 0$ für $0 \leqslant a \leqslant 1$, was der Lösung $\gamma = 0$ der Gleichung (15.8) entspricht. Wir interpretieren dieses Resultat folgendermaßen: Für $a < 1$ ist der Anteil von Knotenpunkte, die beim Suchvorgang erreicht werden, infinitesimal verglichen mit dem infinit großen n. Für $a > 1$ ist γ positiv, selbst wenn n infinit ist.

[3]) Wenn die Population infinit wäre, dann könnten die Soziogramme mit vollständiger Reziprozität zweier Wahlentscheidungen auch durch eine Kette dargestellt werden, in der jedes Individuum seine beiden Nachbarn wählt und von ihnen gewählt wird. Falls jedoch die Population finit ist, können die beiden Individuen an den Enden der Kette nur je eine Wahlentscheidung treffen und erhalten.

[4]) Bei diesem Soziogramm nehmen wir an, daß niemand sich selbst als „Freund" nenne. Deshalb sind alle diagonale Eingänge Null. Falls wir (wie im Kapitel 14) vereinbaren würden, daß jedes Individuum sich selbst als „Freund" nennen soll, dann würden die Luce-Perry-Cliquen Hauptteilmatrizen darstellen, deren alle Eingänge „1" wären.

[5]) Ein vollständig verbundener Graph stellt eine vollständige binäre Relation dar (vgl. S. 196).

[6]) Unglücklicherweise entsprechen die von White/Boorman/Breiger den Individuen zugeordneten Zahlen nicht jenen von *Newcomb* [1961]. Daher können wir nicht erkennen, wie die in unserem Modell ausgezeichneten Blöcke sich im Soziogramm darstellen, das auf Einheiten hoher Attraktivität beruht (wie in den Abbildungen 15.3, 15.4, und 15.5 gezeigt wurde.).

16. Raummodelle

Bis jetzt haben wir uns Struktur als eine endliche Menge binärer Relationen vorgestellt, die über einer endlichen Elementemenge definiert sind. Die Struktur eines geometrischen Raumes kann als eine infinite Menge räumlicher Relationen gefaßt werden, die über einer infiniten Elementmenge definiert sind. Betrachten wir eine Fläche und einen auf ihr ausgezeichneten Punkt, den wir Ursprung nennen. Ferner betrachten wir eine Menge von Punkten P, die sich vom Ursprung 0 in der Distanz r befinden, d.h. sie liegen alle auf einem Kreis mit dem Radius r um den Ursprung als Mittelpunkt herum. Nun bilden wir das cartesische Produkt $\mathbf{R}^2 \times \{0\}$, wobei die $\mathbf{R}^2$ Menge aller Punkte auf der Fläche und $\{0\}$ die nur aus dem Ursprung bestehende Menge sind. Nun definieren wir die (symmetrische) binäre Relation D wie folgt: $PD0$ dann und nur dann, wenn $d(P, 0) = r$, wobei $d(P, 0)$ die Distanz zwischen einem Punkt P aus $\mathbf{R}^2$ und 0 bezeichnet. Offensichtlich definiert diese Relation für jedes r einen Kreis mit dem Radius r und Mittelpunkt 0. Da r jede reelle Zahl sein kann, enthält die Menge aller Kreise mit allen möglichen Radien r ($0 \leqslant r < \infty$) alle Punkte der Fläche. Durch die Definition dieser Punkte als eine bestimmte Familie von Relationen haben wir unserer Fläche eine Struktur gegeben, d.h. wir haben sie auf eine bestimmte Weise begrifflich bestimmt, und zwar als eine Menge konzentrischer Kreise.

Unsere Begriffsbestimmung beruhte wohlgemerkt auf einer stillschweigend vorausgesetzten Definition von „Distanz" zwischen zwei Punkten, nämlich auf der sog. Euklidischen Distanz, wobei die Distanz jedes Punktes (x, y) der Fläche vom Ursprung als $\sqrt{x^2 + y^2}$ definiert war. Distanzen können aber auch anders definiert werden. Beispielsweise wird die Distanz zwischen zwei Orten einer Stadt, deren Straßenführung wesentlich nach einem quadratischen Muster verläuft (was in den Vereinigten Staaten zumeist der Fall ist), *in der Praxis* z.b. in Form von Kosten für eine Taxifahrt als Summe der absoluten Differenzen ihrer entsprechenden Koordinaten ausgedrückt – eben weil man sich auf den Straßen bewegt. Hier muß die Distanz eines Punktes (x, y) vom Ursprung durch $|x| + |y|$ definiert werden. Die Menge aller Punkte mit der Distanz r vom Ursprung wird nun nicht mehr einen Kreis bilden, sondern einen um den Ursprung verlaufenden Rhombus.

Es gibt viele andere mögliche Definitionen von „Distanz". Um jedoch unsere intuitiven Vorstellungen von „Distanz" zu verwirklichen, werden wir verlangen, daß solche Definitionen einige Bedingungen erfüllen. Die folgenden Axiome stellen solche Forderungen dar.

M_1. $d(x, y) \geqslant 0$. Die Distanz zwischen beliebigen zwei Punkten soll nicht negativ sein. (Wir wollen uns Distanz nicht als eine gerichtete oder algebraische Quantität vorstellen. D.h. wir denken an eine Distanz *zwischen* zwei Punkten, nicht von einem Punkt zum anderen.)

M_2. $d(x, y) = d(y, x)$. Diese Symmetrieforderung widerspiegelt ebenfalls unser Verständnis von Distanz als einer Relation *zwischen* zwei Punkten ohne Berücksichtigung ihrer Ordnung.

M_3. $d(x, x) = 0; d(x, y) > 0$ falls $x \neq y$. Die Distanz eines jeden Punktes zu sich selbst ist gleich Null; aber die Distanz eines jeden Punktes zu jedem anderen ist positiv.

M_4. $d(x, y) + d(y, z) \geqslant d(x, z)$. Dieses Axiom behauptet die sogenannte Dreiecksungleichheit. Falls man sich von x zu z „direkt" begibt, dann sollte die zurückgelegte Distanz nicht größer sein, als wenn man durch einen beliebigen anderen Punkt y geht. Dies entspricht dem Axiom der Euklidischen Geometrie, die Gerade sei der kürzeste Weg zwischen zwei Punkten.

Jede Funktion $d(x, y)$, die M_1 bis M_4 erfüllt, wird eine *Metrik* genannt. Es kann leicht gezeigt werden, daß die gewöhnliche Euklidische Distanz eine Metrik ist. Es gibt jedoch andere Metriken, d.h. Definitionen von Distanzen, die die vier Forderungen ebenfalls erfüllen. Die oben erwähnte „Taximeterdistanz" ist ein Beispiel dafür. Allgemeiner wird eine Metrik durch jede Funktion

$$d(x, y) = \left[\sum_{i=1}^{n} |x_i - y_i|^p\right]^{1/p}, \tag{16.1}$$

definiert, wobei x_i und y_i die i-ten Koordinaten der zwei Punkte in einem n-dimensionalen Raum sind, und p eine beliebige reelle Zahl gleich oder größer als Eins ist. Die gewöhnliche Euklidische Distanz erscheint in einem n-dimensionalen Raum als ein Spezialfall mit $p = 2$. Bei der „Taximeterdistanz" ist $p = 1$. Interessant ist auch der Fall von $p = \infty$. Hier ist die Distanz zwischen zwei Punkten die größte absolute Differenz von Werten der entsprechenden Koordinaten[1]. Durch diese Definition von Distanz wird eine Fläche als eine Familie von Quadraten gefaßt, deren Seiten parallel zu den Koordinatenaxen verlaufen und deren gemeinsamer Mittelpunkt der Ursprung ist.

Somit kann ein geometrischer Raum durch zwei Kategorien beschrieben werden, nämlich als eine Zahl von Dimensionen und als eine Metrik. Beispielsweise ist die Oberfläche einer Kugel ein zweidimensionaler Raum, weil jeder Punkt auf ihr durch zwei reelle Zahlen, nämlich „Länge" und „Breite" dargestellt werden kann. Die Metrik dieses Raumes ist nicht euklidisch, da die auf der Oberfläche bestimmte Distanz zwischen zwei Punkten nicht die Länge einer Geraden ist, sondern die Länge des kürzeren Bogens eines Großkreises, der durch die beiden Punkte geht. Auf der sphärischen Fläche gilt der Satz von Pythagoras nicht.

Das Hauptproblem bei der Konstruktion eines Raummodells für bestimmte Situationen ist das folgende: Angenommen, eine Menge von n Elementen und bestimmte Informationen über „Distanzen" zwischen Paaren dieser Elemente seien gegeben. Es geht nun darum, die Elemente in einem

k-dimensionalen Raum darzustellen. Dabei müssen die durch eine bestimmte Metrik definierten Distanzen zwischen diesen Elementepaaren mit den gegebenen Informationen übereinstimmen. Falls dies möglich ist, so fragen wir weiter: Welches ist die kleinste Anzahl von Dimensionen des Raums in dem alle Punkte im oben genannten Sinne eingebettet werden können?

Die n Elemente seien beispielsweise n Personen, und uns sei eine Information über die „sozialen Distanzen" (die auf irgendeine Art operational definiert seien) zwischen Paaren dieser Personen gegeben. Können wir jeder Person innerhalb eines bestimmten Raumes mit möglichst wenigen Dimensionen eine Position und diesem Raum eine Metrik zuschreiben, so daß die geometrischen Distanzen zwischen so definierten Paaren von Positionen mit der von vornherein gegeben Information konsistent ist? Falls dies der Fall ist, so hätten wir ja ein Raummodell einer „sozialen Struktur". Verschiedene soziale Strukturen können dann miteinander verglichen werden. Oder eine soziale Struktur kann zeitlich verfolgt werden, womit sich etwa eine dynamische Theorie anbietet.

Ob es möglich ist, ein Raummodell auf der Basis der Information über Distanzen zwischen Elementen zu konstruieren hängt von der Gesamtheit dieser Information ab. Falls diese Information vollständig und genau ist, d.h. falls jede der $n(n-1)/2$ Distanzen ebenso wie eine Metrik genau spezifiziert sind, dann könnte eine „Einbettung" dieser Menge von n Punkten in einen Raum unmöglich werden – unabhängig davon wie viele Dimensionen er enthält. Beispielsweise sei die Menge der Punkte $\{x, y, z, w\}$, die Metrik euklidisch und die sechs Distanzen seien gegeben durch

$$d(x, y) = d(y, z) = d(z, x) = 1 \tag{16.2}$$

$$d(x, w) = d(y, w) = d(z, w) = 1/2. \tag{16.3}$$

Die ersten drei vorgeschriebenen Distanzen verlangen, daß x, y und z auf den Ecken eines gleichschenkeligen Dreiecks liegen. Die letzten drei vorgeschriebenen Distanzen verlangen, daß w in der Mitte des durch x, y und z gebildeten gleichschenkeligen Dreiecks gelegen ist, so wird eine Distanz von jedem dieser Punkte $\sqrt{3}/3 > 1/2$ betragen. Um die Gleichheit der drei Distanzen zu erhalten, muß w auf einer Linie liegen, die senkrecht zur Fläche des Dreiecks steht und durch seinen Mittelpunkt geht. Aber falls sich w irgendwo auf dieser Linie befindet, dann wird seine Distanz von x, y und z nicht kleiner als $\sqrt{3}/3$ sein. Daher können die vorgeschriebenen Bedingungen nicht erfüllt werden.

Falls die Information über die Distanzen weniger vollständig wäre, könnten die Bedingungen erfüllt werden. Falls wir beispielsweise lediglich verlangen, daß w von x, y und z gleich weit entfernt sein soll, während die Distanzen zwischen den letzteren alle 1 betragen, dann können wir die vier Punkte in drei Dimensionen einbetten, wobei x, y und z ein gleichschenkeliges Dreieck bilden und w irgendwo auf der oben definierten Linie liegen wird[2]).

Raummodelle sozialer und psychologischer Situationen kann man gewöhnlich deshalb konstruieren, weil die Information über die Distanzen zwischen Elementepaaren üblicherweise weniger als vollständig sind. Beispielsweise können diese Distanzen lediglich auf einer ordinalen Skala gegeben sein. Oder es gibt keine Information über Distanzen zwischen Paaren von Punkten, sondern über Winkel zwischen die Punkte mit dem Ursprung verbindenden Geraden gegeben. Die Faktoranalyse beruht auf dieser Art von Informationen.

Die Literatur über Faktorenanalyse und ihre Implikationen in den Sozialwissenschaften ist sehr umfangreich. Hier werden wir sie nur sehr kurz darstellen, um zu zeigen, wie sie dem Schema der Raummodelle entspricht.

Diese Methode beruht auf der Aufarbeitung von Daten durch *Varianzanalyse*. Betrachten wir ein psychologisches Experiment, bei dem k Gruppen von Personen k verschiedenen Situationen ausgesetzt sind (z.B. k verschiedenen experimentellen Bedingungen) und dementsprechende quantifizierbare Reaktionen auf die Stimuli produzieren. Beispielsweise können die Situationen durch verschiedene Darstellung von Inhalten gegeben werden, an die man sich erinnern soll. Die Reaktionen können als Wiedergaben der Inhalte nach dem Umfang des Erinnerten quantifiziert werden. Eine interessante Frage ist hier, ob die Situationen auf diesen Umfang einen bestimmenden Einfluß besitzen.

Eine Möglichkeit, die Resultate der Situationen zu vergleichen besteht darin, die von verschiedenen Personengruppen erinnerten Inhalte nach ihrem mittleren Umfang zu beurteilen. Im allgemeinen werden diese Mittelwerte verschieden sein, aber dies allein reicht nicht aus, um die Verschiedenheit der Resultate durch die Verschiedenheit der Situationen zu erklären. Diese Unterschiede könnten ja auch lediglich statistische Fluktuationen wiedergeben, die auf individuelle Unterschiede zwischen den Personen oder andere externe Faktoren zurückgehen. Die Methode der Varianzanalyse erlaubt es dem Forscher, die beiden Quellen der Variationen zu unterscheiden, nämlich die Variation innerhalb der Personengruppen und die Variation zwischen den Gruppen, die den verschiedenen Situationen zugeschrieben werden können. Der Forscher wendet dann statistische Tests an, um zu entscheiden, ob der Variationsbetrag zwischen den Gruppen ausreichend größer als derjenige innerhalb der Gruppen ist, um die Zurückweisung der „Nullhypothese" zu rechtfertigen, daß die Situationen keine unterschiedlichen Effekte erzeugen.

Die Methode kann sehr gut auf Situationen ausgedehnt werden, in denen verschiedene „Faktoren" einen Einfluß auf die Beobachtungen ausüben. Indem wir zu einem soziologischen Kontext übergehen nehmen wir zunächst an, wir interessierten uns für die verschiedenen Auswirkungen (a) des Bildungsniveaus, (b) des ethnischen Ursprungs und (c) der religiösen Bekenntnis auf die Verdienstmöglichkeiten. Beispielsweise können die Bildungsniveaus in Nordamerika elementar, sekundär und höher sein; die ethnischen Ursprünge können in Südeuropa, Osteuropa, Nordwesteuropa, Asien, Lateinamerika oder Afrika liegen; die religiösen Bekenntnisse können katholisch, protestantisch, jüdisch, buddhistisch usw. sein. Die Gesamtvariation der Einkommen können nach ihrer Entstehung durch verschiedene Faktoren gegliedert werden, aber auch nach ihren Interaktionen und den Varianzen innerhalb der Gruppen. Infolgedessen können die Wirkungen der verschiedenen Faktoren und ihrer Interaktionen als signifikant oder aber unsignifikant beurteilt werden. Von hier aus ist es nur noch ein Schritt bis zum Vergleich der relativen Größen der verschiedenen Wirkungen, die sich in den Proportionen der von jedem Faktor verursachten Gesamtvarianz zur Gesamtvarianz überhaupt ausdrücken.

Die Methode der Faktorenanalyse hat sich auf diesem Wege als nächste entwickelt. Kehren wir zum psychologischen Kontext zurück und nehmen an, wir besäßen Leistungsdaten einer großen Anzahl von Personen bei einem zusammengesetzten Test, sagen wir einem „Intelligenztest", der den I.Q. ermitteln soll. Der Test besitzt mehrere Komponenten, von denen einige formales Denken beinhalten, einige den Umfang des Vokabulars, einige das Gedächtnis, einige Raumwahrnehmungen usw. Falls „Intelligenz" nun ein Vermögen wäre, das bei jeder Komponente des Tests gleich relevant wäre, dann würden wir eine hohe Korrelation zwischen den nach den verschiedenen Komponenten gemessenen Leistungen der Personen erwarten. Jene Leistungen, die nach einer Komponente hoch bewertet waren, würden auch nach allen anderen hoch bewertet werden; und entsprechendes gälte für die niedrig bewerteten. Dann könnte „Intelligenz" durch *jede* beliebige Komponente *allein* gemessen werden. Wenn „Intelligenz" jedoch eine Anzahl verschiedener unabhängiger Fähigkeiten beinhaltete, wie etwa Denkfähigkeit, räumliche Wahrnehmung, Gedächtnis usw., dann wären die partiellen Bewertungen nicht notwendig korreliert, d.h. eine Person könnte gutes Gedächtnis aber schlechtes Denkvermögen besitzen oder umgekehrt. Im vorliegenden Falle könnten die Leistungen bei einigen Tests zu der Leistung bei gewissen anderen gut korreliert sein und zu anderen wiederum kaum. So könnte sich zeigen, daß Personen, die beim formalen Denkvermögen gute Leistungen gebracht haben, mit mathematischen Problemen leicht fertig werden, aber nicht notwendig auch über ein umfangreiches Vokabular verfügen. Das Ziel der Faktorenanalyse ist es, *so wenige Faktoren wie möglich* auszuzeichnen, mit denen die ermittelten Leistungswerte beschrieben werden. Auf diese Weise wäre die Gesamtleistung einer Person beim Test die gewichtete Summe der Größe aller Faktoren.

Die Beziehung dieser Methode zur Konstruktion eines strukturellen Raummodells ist klar. Wir hatten einige angenommene Fähigkeiten erwähnt, die „Intelligenz" bestimmen sollen. Die bei der Konstruktion des Tests ausgezeichneten Fähigkeiten geben unser intuitives Verständnis der Struktur von Intelligenz wieder. Dieses Verständnis kann jedoch falsch sein, oder wir könnten bestrebt sein, ohne vorgefaßte Begriffsbildungen bei unserer Untersuchung zu beginnen. Das Ziel der Faktorenanalyse ist es, jene Faktoren *aufzudecken*, die auf der Basis einer bestimmten Methode der Datenbearbeitung für die allgemeine Leistung relevant erscheinen, und voneinander relativ unabhängig sind; oder aber – um die Terminologie der Faktorenanalyse zu benutzen –, die zueinander *orthogonal* sind. Falls eine kleine Anzahl dieser Faktoren k ausgezeichnet werden kann, so daß sie einen ausreichenden Teil der Gesamtvarianz erklären, dann kann jede Punktewertung (score) in einem Raum von k Dimensionen eingebettet werden. In ihm stellt die Koordinate jeder Dimension eine bestimmte Punktewertung nach jedem der ausgezeichneten Faktoren dar. Das Endprodukt dieser Analyse ist ein Raummodell der „Intelligenzstruktur".

Die Faktorenanalyse kann folgendermaßen als Raummodell interpretiert werden: Wie wir gesehen haben, stellen die durch Faktorenanalyse bearbeiteten Daten Korrelationen zwischen Paaren von Testergebnissen einer Menge von Personen dar. Da eine Korrelation eine Zahl zwischen -1 und $+1$ ist, kann sie den Cosinus eines Winkels darstellen. Ein Korrelationskoeffizient $+1$ stellt einen Winkel von Null Grad dar, ein Korrelationskoeffizient von 0 entspricht einem Winkel von 90°, einer von -1 einem von 180°. Falls somit die Punktewertungen zweier Tests vollständig korreliert sind, dann können die Tests im geometrischen Raum durch zwei kolineare Vektoren dargestellt werden. Ein Testpaar mit vollständig unkorrelierten Punktewertungen kann durch ein Paar orthogonaler Vektoren dargestellt werden usw.

Wenn nun die Gesamtmenge der Korrelationen zwischen allen Wertungspaaren gegeben ist, können wir nach der minimalen Anzahl der Dimensionen fragen, die ein geometrischer Raum besitzen muß, um die korrespondierenden Vektoren einzubetten. Offensichtlich können zwei Tests immer in zwei Dimensionen untergebracht werden, indem man den Winkel zwischen den Vektoren (die die Testergebnisse darstellen) so gestaltet, daß sein Cosinus der Korrelation zwischen ihnen entspricht. Es könnte unmöglich sein, drei Tests in zwei Dimensionen unterzubringen, weil zwei Winkel auf zwei Dimensionen die dritte determinieren werden. Aber eine dritte Dimension stellt einen zusätzlichen Freiheitsgrad zur Verfügung, der zur Darstellung dreier Tests erforderlich ist. Somit können n Tests immer in n Dimensionen untergebracht werden. Das Ziel der Faktorenanalyse ist es, nachzusehen, ob n Tests in *weniger* als n Dimensionen untergebracht werden können. Je weniger Dimensionen sich ergeben, desto leichter ist im allgemeinen die theoretische Interpretation dieser Dimensionen.

Da sie eine direkte und einfache Technik darstellt, wurde die Faktorenanalyse bei einer großen Anzahl empirischer Untersuchungen manchmal zurecht, zuweilen aber auch mit zweifelhafter Berechtigung angewendet. Um eine Situation anzuführen, die für behavioristisch orientierte Politikwissenschaften relevant wäre, betrachten wir einen Fragebogen, der an eine zufällig ausgewählte Stichprobe von Personen in den Vereinigten Staaten verschickt wurde. Der Fragebogen besteht aus einer großen Anzahl von Behauptungen, die der Befragte auf einer Skala von „stimme völlig überein" bis zu „mißbillige vollkommen" bewerten soll. Beispiele solcher Behauptungen:

1. Die Gewerkschaften sollten verboten werden.
2. Die Vereinigten Staaten sollten einseitig abrüsten.
3. Die Rassenintegration sollte gewaltsam durchgesetzt werden – falls notwendig durch „bussing".
4. Ein Hausbesitzer sollte das Recht haben, die Wohnungen nach seinem Belieben zu vermieten.
5. Die Sowjetunion stellt eine ständige Bedrohung der Vereinigten Staaten dar.
6. Abtreibung sollte gesetzlich nicht beschränkt werden. usw.

Jeder Befragte kann jede der Behauptungen auf einer Skala von, sagen wir, − 3 (überhaupt nicht einverstanden), bis + 3 (sehr einverstanden) bewerten. Man wird erwarten können, daß die Bewertungen einiger Behauptungen streng korreliert sein wird. Beispielsweise werden jene, die mit der Behauptung 5 sehr übereinstimmen, mit der Behauptung 2 überhaupt nicht einverstanden sein, und umgekehrt, so daß zwischen den Bewertungen dieser Behauptungen eine starke negative Korrelation zu erwarten ist.

Intuitiv erkennen wir, daß Grade von Übereinstimmung oder Mißbilligung der Behauptungen durch die Bestimmtheit der Meinungen über gewisse Probleme beeinflußt sind. Die Menschen können ihren Meinungen entsprechend entlang der „Falken − Tauben"-Axe (von einer streng militaristischen Position bis zur pazifistischen) angeordnet werden. In bezug auf die Rassenfrage nehmen sie alle Positionen vom Integrationismus bis zum Segregationismus ein. Sie können ebenfalls nach ihren Ansichten zum „Sexismus" und anderen breit diskutierten Problemen geordnet werden. Die Faktorenanalyse kann diese und andere, unserer Aufmerksamkeit womöglich entgangenen Problemstellungen aufdecken. Auf diese Weise könnte die gesamte Palette politischer Meinungen durch ein strukturelles Raummodell dargestellt werden.

Zuweilen haben wir keine Ahnung davon, welche grundlegenden Faktoren gewisse Meinungen hervorbringen. Anfang der vierziger Jahre wurde eine mehrere Kulturen vergleichende Studie über die „Lebensphilosophie" der Menschen gemacht [*Morris*]. Die Faktorenanalyse hat dabei Komponenten aufgedeckt, die man entsprechend auf einer „Mystizismus-Rationalismus"-, einer „aktiv-passiv"- und einer „Individualismus-Kollektivismus"-Skala anordnen konnte.

Eine andere Folge von Untersuchungen hat schlüssig eine Dekomposition affektgeladener Begriffe auf einer Dimension von „gut−schlecht", einer Dimension von „stark−schwach" und einer von „aktiv−passiv" ergeben [*Osgood/Suci/Tannenbaum*]. Dabei kann jedem Begriff aus der Menge der Stimuluswörter, die schon wegen ihrer stark affektgeladenen Bedeutung ausgesucht worden sind (wie z.B. Ich selbst, Ehegatte, Liebe, Arbeit, Tod usw.), eine Position im „semantischen Raum" der Person auf der Grundlage ihrer Bewertung des Wortes in allen drei Dimensionen zugeordnet werden. Beispielsweise könnte die Person bei einer Skalierung von + 3 bis − 3 das Wort „ich selbst" mit + 2 auf der gut−schlecht-Skala bewerten (einordnen), mit − 1 auf der aktiv−passiv-Skala und mit − 3 auf der stark−schwach-Skala. Dann würde das Wort „ich selbst" im „semantischen Raum" der Person als der Punkt (2, − 1, − 3) bestimmt werden. Die so erhaltene räumliche Konfiguration der Stimuluswörter könnte visuell nach Hinweisen untersucht werden, die sie über die Persönlichkeit oder den gegenwärtigen Gemüts- und Geisteszustand des Individuums enthält. Insbesondere könnten Konfigurationen verglichen werden, die von verschiedenen Individuen oder von demselben Individuum zu verschiedenen Zeiten stammen.

Dieses Verfahren wurde bei der klinischen Untersuchung einer jungen Frau angewendet, die angeblich zwischen drei verschiedenen, in ihrem Bewußtsein voneinander vollständig getrennten „Identitäten" schwankte.

Es muß nicht weiter betont werden, daß die Anwendbarkeit dieser Methode bei der Analyse des „semantischen Raums" von Personen sehr schwer bewertet werden kann. So ist darauf verwiesen worden, daß die sogenannte „gespaltene Persönlichkeit" nichts genuines zu sein braucht, sondern etwa Täuschungsversuchen, oder Autosuggestion oder aber durch den Therapeuten verursachten hypnotischen Effekten zugeschrieben werden könnte. Das „semantische Differential" (semantic differential) − wie die Methode der Konstruktion eines konnotativen Raums genannt worden ist − kann als ein Versuch angesehen werden, nahezu rein intuitive klinische Praktiken auf ein objektives Verfahren zurückzuführen.

„Objektive Verfahren" wie die Faktorenanalyse oder das semantische Differential sind sehr beliebt geworden. Welche mathematischen oder psychologischen Einsichten bei der Anwendung dieser Methoden sich auch immer ergaben − ihr Gebrauch wurde häufig zur reinen Routine. Ein großer Teil minderwertiger Untersuchungen in den Sozialwissenschaften ist durch solche Standardtechniken verschuldet. Fehlanwendungen dieser Techniken und Mißinterpretation ihrer Resultate sind sehr häufig.

Als Beispiel können wir eine Untersuchung im politischen Kontext anführen [*Osgood/Suci/ Tannenbaum*]. Während der Kampagne zur Präsidentschaftswahl in den Vereinigten Staaten im Jahre 1952 waren an den „Primaries" die Kandidaten Adlai Stevenson (ein Demokrat) und Dwight Eisenhower neben Robert Taft (Republikaner) beteiligt. Die Namen dieser Kandidaten ebenso wie einige affektgeladene Schlagwörter wie „Sozialismus" wurden als Stimuluswörter bei Untersuchungen mit Personen benutzt, die durch erklärte Präferenzen für die Kandidaten unterschieden waren. Es hat sich gezeigt, daß im „semantischen Raum" sowohl der Anhänger von Eisenhower als auch von Stevenson „Taft" in die Nähe von „Sozialismus" gerückt war. Dieses Resultat erscheint befremdlich, denn die streng konservativen Ansichten von Taft waren oft publiziert worden und also öffentlich wohlbekannt. Es ist leicht zu sehen, daß dieses Resultat einfach ein Ergebnis der Methode war. Im ländlichen Illinois, wo die Studie durchgeführt wurde, erzeugt „Sozialismus" selbst bei „liberalen" Wählern negative Assoziationen. Dies war auch bei Taft der Fall. Eben dies hat dann die Positionen der beiden Stimuli „Taft" und „Sozialismus" eng zueinander gebracht. Es sollte deutlich sein, daß die Struktur des „semantischen Raums" einer Person zumeist seine emotionalen Konnotationen widerspiegeln und nicht den semantischen Inhalt der Wörter selbst. Es wäre aufschlußreich, die Struktur eines *denotativen* (als Gegensatz zum konnotativen) semantischen Raums zu untersuchen. Es ist jedoch sehr unwahrscheinlich, daß sich der denotative Raum auf eine Anzahl von Dimensionen reduzieren läßt[3]).

Die Anwendungen struktur-analytischer Verfahren, die auf der Faktoranalyse beruhen, gründen auf zwei Annahmen. Zum einen müssen die quantifizierten Daten (z.B. Punktewertungen, Wertungen auf vorgegebenen Skalen usw.) zumindest auf einer Intervallskala gegeben sein. Zum anderen wird angenommen, daß die Verteilungen dieser Quantitäten innerhalb der Population normal seien. In der Praxis könnte sich herausstellen, daß keine der beiden Annahmen zutreffend ist. Dies beschränkt den Anwendungsbereich der Faktorenanalyse oder verzerrt die Resultate, falls diese Methode undifferenziert angewendet wird. Andere Arten von Raummodellen setzen weder eine Intervallskala für die Daten noch eine Normalverteilung voraus. Sie können daher breiter angewendet werden. Wir wollen zwei dieser Verfahren erwähnen, und zwar die *multidimensionale Skalierung* und *Entfaltungsmodelle*

Multidimensionale Skalierung

Üblicherweise stellen „Distanzen" zwischen Punktepaaren jene Daten dar, die multidimensional skaliert werden. Diese Distanzen können entweder subjektiv geschätzt oder *ad hoc* definiert sein. Nehmen wir beispielsweise an, in einem psychologischen Experiment seien die Stimuli farbige Kreise, die in der Farbe, der Helligkeit und der Sättigung variieren. Die Stimuli können einer Person als Tripel oder Quadrupel präsentiert werden. Falls ein Tripel (x, y, z) vorgelegt wird, dann wird die Person gefragt, ob y „näher" an x als an z sei oder umgekehrt. Falls ein Quadrupel vorgelegt wird, dann wird die Person gefragt, ob x und y oder z und w einander „näher" seien. Wenn die Antworten ausreichend konsistent sind, dann hat die Person die Distanzen zwischen den Paaren auf einer Ordinalskala geordnet. In deren Kontexten seien Unternehmen die uns interessierenden Objekte. Die „Distanz" zwischen zwei Unternehmen sei auf einer ordinalen Skala durch die Anzahl derjenigen Direktoren definiert, die beiden Unternehmen angehören. Je größer diese Anzahl ist, desto „näher" stehen sich die Unternehmen. Hier wurden „Distanzen" objektiv, d.h. in Übereinstimmung mit harten Tatsachen definiert, aber gleichzeitig auch ad hoc, d.h. so, wie man es in diesem Kontext angemessen hält.

Die Frage, die durch multidimensionale Skalierung beantwortet werden soll, ist die folgende: Welches ist die geringste Anzahl von Dimensionen, in die die Stimuli (oder Objekte) so eingebettet werden können, daß die gegebene Rangordnung der Distanzen zwischen Paaren bewahrt bleibt?

Diese Analyse ist der Faktorenanalyse analog, mit der Annahme, daß die „Winkel" des durch die Faktorenanalyse dargestellten Raummodells bei der multidimensionalen Skalierung durch „Distanzen" ersetzt wurden.

Multidimensionale Skalierung beginnt mit einer Anordnung der Stimuli oder Objekte darstellenden „Punkte", so daß alle Distanzen gleich sind. Falls es N Punkte gibt, können sie auf diese Weise immer in $N - 1$ Dimensionen untergebracht werden. Beispielsweise können drei Punkte immer als die Ecken eines gleichseitigen Dreiecks auf einer Fläche dargestellt werden. Vier Punkte können Ecken eines regelmäßigen Tetraeders im dreidimensionalen Raum sein usw. Nun kann jeder Punkt leicht verschoben werden, um die durch die Daten gegebene Rangordnung herzustellen. Uns interessiert, ob wir die Anzahl der Dimensionen reduzieren können, ohne die Rangordnung der Distanzen zu verändern. Um den Vorgang zu verdeutlichen, nehmen wir an, wir hätten vier Punkte. Anfänglich befänden sie sich an den Ecken eines regelmäßigen Tetraeders. Dann würde jeder Punkt leicht verschoben, gemäß der Forderung nach Wiedergabe der Rangordnung der sechs Distanzen. Wir haben immer noch ein Tetraeder. Nun wollen wir wissen, was geschieht, wenn wir dieses Tetraeder „abflachen" würden, woraufhin die vier Punkte auf einer Fläche zu liegen kämen. Falls die Rangordnung der Distanzen durch dieses „Abflachen" nicht verändert würde, wären wir bei der Reduktion der Anzahl der Dimensionen von drei auf zwei erfolgreich gewesen, wobei die Übereinstimmung zwischen dem Raummodell und den Daten erhalten bliebe.

Sehen wir, was beim Prozeß der „Abflachung" einer Konfiguration geschieht. Stellen wir uns eine Kugel mit einigen Punkten auf der Oberfläche vor. Wenn die Kugel in eine zweidimensionale Fläche verflacht wird, dann erhöht sich die *Varianz* der Distanzen: weiter voneinander entfernte Punkte werden durch die Ausdehnung noch weiter voneinander versetzt. Dies legt eine Möglichkeit der „Abflachung" unserer ursprünglichen Konfiguration nahe: erhöhen wir die Distanzen zwischen weit entfernten Punkten und verringern sie für nahe beieinander liegende Punkte. Falls dieses Verfahren in sehr kleinen Schritten vorgenommen wird, dann kann die „korrekte" Rangordnung eine Zeitlang bewahrt werden. Gelegentlich kann dies jedoch Verzerrungen in Form von Umkehrungen der Rangordnung verursachen. Sobald eine solche Verletzung beobachtet wird, wird eine „entgegengesetzte" korrigierende Versetzung vorgenommen. Falls die Distanz zwischen zwei Punkten größer als die (durch die Rangordnung) vorgeschriebene ist, dann werden diese zwei Punkte näher zueinander gebracht; falls sie kleiner ist, werden sie auseinandergebracht. Durch den Wechsel zwischen den Verfahren der „Abflachung" und der „Korrektur" gelangen wir schließlich zu einer Stufe, auf der keine weitere Abflachung mehr möglich ist, da die Ordnung verletzt würde, sobald man es versuchte. Sobald die Ordnung wiederhergestellt wird, ist die Abflachung selbst „neutralisiert".

Auf diese Weise erhalten wir einen maximal abgeflachten Raum. Aber die Koordinaten sind immer noch Komponenten eines $(n - 1)$-dimensionalen Vektors. Das Problem liegt nunmehr in der Drehung der Achsen unseres Raumes, um die „überflüssigen" Dimensionen zu eliminieren. Als Beispiel betrachten wir drei Punkte in zwei Dimensionen mit den Koordinaten $(0, 0)$, $(1, 1)$ und $(2, 2)$. Obwohl jeder Punkt durch zwei Koordinaten bestimmt ist, ist klar, daß die drei Punkte auf einer Geraden liegen. Durch die Drehung der Achsen um $45°$ können wir die drei Punkte auf eine Hauptachse, sagen wir die X-Achse verlegen, so daß ihre neuen Koordinaten nunmehr $(0, 0)$, $(\sqrt{2}, 0)$ und $(\sqrt{8}, 0)$ sein werden. Nun ist die Y-Koordinate überflüssig, und wir haben unsere drei Punkte auf einer einzigen Dimension untergebracht. Die Drehung der Achsen in einem mehrdimensionalen Raum verläuft analog.

Dieses Verfahren erbringt uns „theoretische Dividende". Wir hatten mit unseren lediglich durch eine Ordinalskala beschriebenen Daten begonnen, nämlich mit der Rangordnung von Distanzen zwischen Punktepaaren. Nachdem wir unsere Punkte in einen Raum mit einer minimalen Anzahl von Dimensionen „hineingezwungen" hatten, könnten wir über diese Distanzen gewisse *metrische* Informationen erlangen – denn nun waren die Punkte ja (innerhalb bestimmter Toleranzgrenzen) durch kardinale Koordinaten bestimmt. Damit erhalten wir mehr als wir hineingelegt hatten, und zwar zusätzliche Informationen über die relativen Größen der Distanzen zwischen den Punkten nicht nur im Hinblick darauf, welche größer sind, sondern bis zu einem gewissen Grade auch darauf, um wievieles einige größer als andere sind. Eine Interpretation dieser Entdeckung könnte theoretisches Interesse besitzen.

Erinnern wir uns an das Soziogramm (vgl. S. 221). Um es multidimensional zu skalieren, ordnen wir einfach die „Distanzen" zwischen den Personenpaaren entsprechend der Anzahl der sie trennenden Verbindungen. Die Metrik dieser Distanz legen wir nicht im voraus fest. Nach der Datentransformation durch multidimensionale Skalierung, können wir eine Konfiguration mit wenigen Dimensionen erhalten, sagen wir zwei oder drei. Diese Dimensionen könnten sich einer einleuchtenden Interpretation anbieten. Beispielsweise können Distanzen zwischen Personen (es handelt sich hier um „soziale" Distanzen) durch die Ungleichheit ihrer Einkommen, ihres sozialen Status und ihrer Neigung bestimmt sein. Darüber hinaus werden wir über einige Informationen über die Veränderungen der kardinalen Distanzen in Abhängigkeit von der Anzahl der die Personen trennenden Verbindungen verfügen – beispielsweise ob die Differenz zwischen zwei und drei Verbindungen als „soziale" Distanz größer ist, als die Differenz zwischen drei und vier Verbindungen.

Falls die Daten als „Distanzen" zwischen Stimuli gegeben sind, dann wirft die multidimensionale Skalierung einiges Licht auf das Grundproblem der Psychophysik – die „Abbildung" physikalischer auf subjektiv wahrgenommene Größen. Für viele Arten physikalischer Stimuli können subjektive Beurteilungen von Distanzen nur schwer auf einer Skala angeordnet werden, die stärker als die ordinale Differenzskala ist [4]. Beispielsweise könnte eine Person zwar imstande sein zu bestimmen, daß die „Distanz" zwischen dem Kreis x und dem Kreis y, die sich in Farbe und Sättigung unterscheiden, größer ist als die zwischen dem Kreis y und dem Kreis z, aber nicht um wieviel. Die Rangordnung von Differenzen reicht für eine multidimensionale Skalierung aus. Nehmen wir an, das Verfahren decke die zwei Dimensionen Farbe und Sättigung auf. Gleichzeitig erhalten wir auch metrische Informationen über jede Dimension, also gewisse Hinweise darauf, wie die physikalischen Maße der Farbe (Lichtfrequenz) und der Sättigung auf die subjektiven Wahrnehmungen dieser Quantitäten „abgebildet" werden. Der interessierte Leser sei auf *Shepard* [1962a, 1962b] verwiesen, sofern er nach weiteren Beispielen und technischen Einzelheiten fragt.

Entfaltungsmodelle

Die im Entfaltungsmodell verarbeiteten Daten bestehen aus zwei verschiedenen Mengen. Bei psychologischen Experimenten beziehen sich diese gewöhnlich auf eine Menge von Subjekten und eine Menge von Objekten. Jedes Subjekt ordnet die Menge der Objekte nach einem Kriterium, etwa der Präferenz. Somit erhalten wir für jedes Subjekt eine ordinale Skala. Solche Skalen werden I-Skalen genannt. Die zu beantwortende Frage ist (wie bei der multidimensionalen Skalierung) die folgende: welches ist die geringste Anzahl von Dimensionen, in denen sowohl die Subjekte als auch die Objekte untergebracht werden können, und zwar mit solchen Distanzen von jedem Subjekt zu jedem Objekt, die den zugeordneten Präferenzenordnungen entsprechen, wobei das bevorzugteste Objekt das nächste ist?

Betrachten wir einige Fälle. Nehmen wir an, wir hätten zwei Subjekte und drei Objekte, die wir 1 und 2 resp. x, y und z nenen wollen. Da die Bezeichnungen willkürlich sind, nehmen wir an, daß das Subjekt 1 die Objekte nach der Ordnung (xyz) präferiert. Dann gibt es sechs mögliche Präferenzenordnungen, die das Subjekt 2 aufstellen kann, die den sechs Permutationen von x, y, z entsprechen. In jedem dieser Fälle können wir die beiden Subjekte und die drei Objekte auf einer geraden Linie so anordnen, daß die Distanzen zwischen jedem Subjekt und den drei Objekten die Präferenzen wiedergeben. Diese Anordnungen werden in der Tafel 16.1 gezeigt.

Jede Anordnung wird eine J-Skala genannt. Im allgemeinen stellt eine J-Skala eine Zusammenlegung aller I-Skalen dar. Im obigen Beispiel ist die J-Skala ein eindimensionaler Raum.

Im folgenden Beispiel existiert eine solche eindimensionale J-Skala jedoch nicht. Gegeben seien drei Subjekte und drei Objekte. Die Präferenzenordnungen der drei Subjekte seien (xyz), (zyx)

J-Skala

x	y	z	$1.2...x...y.z$
y	z	x	$1.x...y.2...z$
z	x	y	$y.x.1.....z.2$
z	y	x	$1.x...y...z.2$
y	x	z	$z...x.1...y.2$
x	z	y	$y...1.x.2...z$

Tafel 16.1

und (zxy). Man kann leicht erkennen, daß keine Anordnung von Subjekten und Objekten auf einer einzigen Linie diese Präferenzenordnungen als Distanzen zwischen Subjekten und Objekten wiedergeben kann. Andererseits *kann* diese Konfiguration durch einen *zwei*dimensionalen Raum dargestellt werden. So können wir beispielsweise x an den Ausgangspunkt $(0, 0)$ setzen, y an den Punkt $(1, 0)$ z an $(0, 3)$; das Subjekt 1 an $(0, -1)$, das Subjekt 2 an $(1, 3)$ und das Subjekt 3 an $(0, 2)$. Dann wird die Distanz zwischen 1 und x 1 betragen, zwischen ihm und y $\sqrt{2}$, zwischen ihm und z 4. Dadurch ist seine Präferenzenordnung wiedergegeben. Die Distanz zwischen dem Subjekt 2 und den Objekten wird entsprechend $\sqrt{10}$, 3 und 1 betragen; die Distanz zwischen Subjekt 3 und den Objekten 2, $\sqrt{5}$ und 1.

Natürlich entsteht die Frage nach den notwendigen und ausreichenden Bedingungen für die Menge der Präferenzenordnung (die *I*-Skalen), so daß die Konstruktion einer *J*-Skala mit einer gegebenen Anzahl von Dimensionen möglich ist. Die Frage führt den mathematischen Psychologen auf rein mathematische Untersuchungen. Mit dem Anwachsen der Anzahl vorgeschriebener Dimensionen, wird ihre Lösung fortschreitend schwieriger. Um bei der praktischen Arbeit behilflich zu sein, wurden Computerprogramme entwickelt, die solche *J*-Skalen mit der geringsten Anzahl von Dimensionen ermitteln, die die Daten noch darstellen können[5]. Der Nutzen dieser Methode wird im folgenden Beispiel gezeigt.

Das Entfaltungsmodell wurde von *Levine* [1972] bei einer Studie über mehreren Unternehmen angehörende Direktoren verschiedener amerikanischer Banken angewendet. Vierzehn Banken und siebzig Unternehmen wurden untersucht. Von den letzteren gehörten jeweils ein oder mehrere Direktoren zu einer oder mehreren Banken. Die „Distanz" wurde auf einer ordinalen Skala durch die Anzahl von Direktoren definiert, die einer Bank und einem Unternehmen zugleich angehörten. So wurde angenommen, daß derjenige Konzern, der mit einer Bank durch die höchste Anzahl von Direktoren verbunden war, ihr am nächsten steht, und jener Konzern, dessen Direktoren alle nicht Direktoren der Bank waren, wurde als am weitesten distanziert betrachtet. Falls die Banken „Subjekte" darstellen, die Unternehmen „Objekte" und die Distanzen „Präferenzgrade", dann erhalten wir eine *I*-Skala für jede Bank. Das Problem besteht in der Konstruktion einer *J*-Skala, d.h. eines Raummodells, in dem sowohl die Banken als auch die Unternehmen als Punkte erscheinen, so daß die Distanzen zwischen jeder Bank und jedem Unternehmen den durch die Anzahl der gemeinsamen Direktoren definierten Distanzen ordinal korrespondieren.

Es hat sich gezeigt, daß solch eine *J*-Skala in einem dreidimensionalen Raum dargestellt werden kann. Mehr noch – die Banken und die Unternehmen können auf der Oberfläche zweier konzentrierter Kugeln verteilt werden, wobei die Unternehmen auf der inneren, und die Banken auf der äußeren liegen. Obwohl die Daten lediglich Distanzen auf einer Ordinalskala angaben, hat das Entfaltungsverfahren auf diese Weise einige metrische Informationen über diese Distanzen ergeben, insbesondere über solche *zwischen* Banken und *zwischen* Unternehmen, die nicht direkt in den ursprünglichen Daten enthalten waren. Ursprünglich waren die Daten durch eine Matrix mit 70 Zeilen und 14 Spalten mit Eingängen dargestellt, die die Anzahl der gemeinsamen Direktoren jeder Bank und jeden Unternehmens angaben. Diese Matrix besitzt auf „den ersten Blick" keine deutliche Struktur. Erst das Raummodell stellt eine deutlich erkennbare Struktur her. Zusammenballungen (cluster) von Banken und Unternehmen erschienen auf den jeweiligen Kugeloberflächen. Eine solche Zusammenballung enthielt First National Bank of Chicago, den Northern Trust, die American National Bank und die Continental Illinois Bank. Alle sind sie Banken mit Sitz in Chicago. Somit deckt die im Entfaltungsmodell erschienene Zusammenballung eine geographische Zusammenballung auf. Aber die Banken waren weder durch die ursprünglichen Daten, noch im die Entfaltung durchführenden Computerprogramm durch geographische Beziehungen bestimmt. Das Programm sollte lediglich „soziale" Zusammenballungen aufdecken. Die Tatsache, daß die so aufgedeckten sozialen Zusammenhänge auch geographischen Zusammenballungen entsprechen (was auch für andere untersuchte Städte zutraf), macht die Annahme glaubwürdig, daß das Modell einen Aspekt der „Realität" wiedergibt – denn wir erwarten ja, daß *Unternehmen* mit Banken ihrer unmittelbaren geographischen Umgebung enger verbunden sind, und daß die geographische Umgebung der Unternehmen (und durch sie der Banken) auch ihre „soziale" Umgebung reflektiert.

Insofern hat die Entfaltung lediglich das aufgedeckt, was ohnehin intuitiv erwartet worden war. Nachdem unser Vertrauen in das Modell jedoch bestätigt wurde, können wir die erhaltenen Muster nach mehr Information abfragen, beispielsweise nach der metrischen (zusätzlich zur ordinalen) Information über die Distanzen, auf deren Grundlage mit den Banken verbundene „Einflußsphären" und „Sektoren" abgeleitet werden können. Erfreut weist Levine darauf hin, daß Begriffe, die in der Öffentlichkeit oft im metaphorischen Sinne gebraucht werden („Einflußsphären"), im Modellkontext einen „wörtlichen" Sinn erhalten.

Die nahe Beziehung zwischen geographischer und „sozialer" Nähe, die sich in dieser Untersuchung gezeigt hat, muß nicht allgemein gelten. In unserem Zeitalter der unbegrenzten Mobilität und unverzüglichen Kommunikation hat die geographische Nähe viel von ihrer Wichtigkeit als Determinante sozialer Verbindungen verloren. Es wird entsprechend wichtiger, Bilder „sozialer Landkarten" zu erhalten, aus denen durch alle möglichen Beziehungen bedingte Zusammenhänge abgeleitet werden können. Die Konstruktion von Raummodellen sozialer Strukturen wurde zum Teil von diesem Erfordernis diktiert.

Anmerkungen

[1]) Wenn p grenzenlos zunimmt, dann erhalten wir

$$\underset{p \to \infty}{\text{Lim}} \left[\sum_{i=1}^{n} |x_i - y_i|^p \right]^{1/p} = \underset{i}{\text{Max}} \left(|x_i - y_i| \right).$$

[2]) Eigentlich reichen zwei Dimensionen aus, da 2 im Mittelpunkt des Dreiecks hingesetzt werden kann. Wenn noch mehr Information gegeben ist, z.B. $d(w, x) = d(w, y) = d(w, z) > d(x, y)$, dann werden drei Dimensionen benötigt.

[3]) Ein Versuch der Konstruktion eines denotativen semantischen Raums wurde von *Rapoport/Rapoport/ Livant* [1966] gemacht.

[4]) Eine ordinale Differenzskala ist eine Skala, auf der die Differenzen zwischen Elementpaaren ordinal gegeben sind. Sie ist stärker als eine ordinale Skala aber schwächer als eine Intervallskala.

[5]) Eine ausführliche Darstellung des Entfaltungsmodells wird von *Coombs* [1965] gegeben.

17. Die Entscheidungstheorie im Überblick

Von ihrer normativen Seite her befaßt sich die Entscheidungstheorie mit Problemen der Orientierung. Es geht darum, Aktionsverläufe zu finden, die zum „besten" Ergebnis in einer Situation führen, oder zumindest zu Ergebnissen, die akzeptabler sind als andere. Wie in allen Bereichen erfordert der Gebrauch der mathematischen Analyse auch hier bei den Definitionen und beim deduktiven Folgern absolute logische Strenge. Bevor ein Problem mit mathematischen Methoden angegangen werden kann, muß es daher in mathematisch akzeptierbare Begriffe gefaßt werden.

Insbesondere muß die Menge der möglichen Aktionsverläufe bestimmt werden. Ähnliches gilt für die Ausarbeitung von Bewertungskriterien zur Beurteilung der relativen Werte der Ergebnisse von Aktionen. Ferner muß die Datenmenge ermittelt werden, auf deren Grundlage die „optimalen"

Aktionen gefunden werden könnten. Falls die Daten quantifiziert werden sollen, so müssen noch die entsprechenden Meßverfahren und die entsprechenden Skalen angegeben werden, da diese die Zulässigkeit mathematischer Operationen mit Daten erst determinieren. Falls schließlich die Lösung eines Optimierungsproblems eine Vorschrift ist, müssen der Aktor oder die Menge der Aktoren, die sie befolgen sollen, angegeben werden. (Wie wir sehen werden, wird dieser Aspekt oft vernachlässigt.)

Daraus folgt, daß ein wesentlicher Teil der formalen Entscheidungstheorie der Strukturanalyse von Entscheidungsproblemen gewidmet sein muß. Das Ziel dieser Analyse ist die *Formulierung* von Problemen oder Klassen von Problemen. Sobald dieses Ziel erreicht ist, wird die aktuale Lösung des Problems zur Angelegenheit der Anwendung geeigneter mathematischer Verfahren. Diese Verfahren sind jedoch vom Gegenstand der Sozialwissenschaften relativ unabhängig. Daher muß die Diskussion jener Aspekte der Entscheidungstheorie, die als für die Sozialwissenschaft relevant angesehen werden *können*, sich vor allem auf analytisch-deskriptive Theorien konzentrieren. Wir werden die Entscheidungstheorie in diesem Sinne darstellen. In diesem Kapitel werden wir eine Taxonomie der Entscheidungsprobleme erläutern.

Die erste grundlegende Dichotomie in dieser Taxonomie besteht zwischen den lediglich einen Aktor enthaltenden Entscheidungssituationen und jenen mit mehr als einem Aktor. Ein Aktor wird nicht durch seinen ontologischen Status, sondern durch die spezifische Menge seiner Interessen charakterisiert. Er kann ein Individuum, eine Gruppe von Individuen, eine Institution oder ein Staat sein — also etwas, dem erkennbare Aktionen zugeordnet werden können, und von dem angenommen werden kann, daß es von Zielvorstellungen, Wünschen, Präferenzen u.ä. geleitet wird.

Ein *rationaler Aktor* ist jemand, der die ihm zur Verfügung stehende Information benutzt, um seine Aktionen auf die resultierenden Ergebnisse zu beziehen, d.h. jemand, der seine Aktionen von den erwarteten Konsequenzen leiten läßt. Daraus folgt, daß ein rationaler Aktor eine Relation über der Konsequenzmenge herstellt — und zwar eine asymmetrische Präferenzrelation. Dieser Begriff von Rationalität beinhaltet gewöhnlich die Annahme, daß die Präferenzrelation zumindest eine Unterordnung (vgl. S. 199), sei, d.h. keine Zyklen enthalte. In der Regel werden strengere Ordnungsrelationen angenommen. Falls es lediglich einen Aktor gibt, so nehmen wir an, seine Präferenzenordnung über den Ergebnissen würde in gewisser Weise seine Präferenzenordnung der Aktionen beeinflussen. Die Lösung eines Entscheidungsproblems bedeutet dann die Auswahl einer Aktion (oder einer Aktionenmenge), der keine andere Aktion vorgezogen wird. Die Einfachheit dieser Definition von Lösung ergibt sich aus der Konfliktlosigkeit der Interessen *zwischen* Aktoren. Damit ist die oben erwähnte Dichotomie gerechtfertigt.

Innerhalb der Klasse von Entscheidungsproblemen mit einem Aktor können weitere taxonomische Einteilungen gemacht werden. Insbesondere werden drei Arten von Entscheidungsproblemen unterschieden: Entscheidungen unter Sicherheit, unter Unsicherheit und unter Risiko.

Für Entscheidungen unter Sicherheit kann eine eineindeutige Abbildung zwischen Aktionen und Ergebnissen hergestellt werden. Die Lösung des Entscheidungsproblems besteht dann in der Wahl jener Aktion, die dem am meisten vorgezogenen Ergebnis (oder den am meisten vorgezogenen Ergebnissen) entspricht.

Vom Standpunkt der Entscheidungstheorie aus gesehen, ist diese Lösung trivial. Gewiß mag es im Zusammenhang mit dem *Auffinden* von Aktionen zur Erlangung des am meisten vorgezogenen Ergebnisses bedeutende Probleme geben. Die Methoden zur Lösung dieser Probleme werden jedoch auf anderen Gebieten der angewandten Mathematik, wie z.B. der linearen und nicht-linearen Programmierung, der Kontrolltheorie usw. entwickelt. Sie haben auf die strukturelle Entscheidungstheorie als solche keinen Einfluß.

Bei Entscheidungen unter Unsicherheit kommt die strukturelle Entscheidungstheorie zur Entfaltung. Die erste Aufgabe besteht in der Darstellung des Problems. Falls die Anzahl der alternativen Aktionsverläufe endlich ist, so können sie durch die Zeilen einer Matrix dargestellt werden. Die

Spalten der Matrix sind die sogenannten „Weltzustände". Der ij-te Eingang in der Matrix stellt das Ergebnis dar, das sich einstellt, wenn der Aktor die Aktion i wählt und der Weltzustand j eintrifft.

Das alltägliche Entscheidungsproblem „Soll ich heute einen Regenschirm mitnehmen oder nicht?" verdeutlicht die Situation. Die beiden relevanten Weltzustände sind „Regen" und „Sonnenschein". Die vier Ergebnisse werden in der Matrix 17.1 gezeigt.

	R (Regen)	S (Sonnenschein)
U Regenschirm mitnehmen	relative trocken	trocken, durch Regenschirm belastet
V ihn zuhause lassen	naß	trocken, unbelastet

Matrix 17.1

Nehmen wir an, daß der Aktor die Ergebnisse in der folgenden Reihenfolge bevorzugt: trocken ohne Regenschirm ≫ relativ trocken ≫ trocken belastet ≫ naß. Ohne Kenntnis des bevorstehenden Weltzustands ist es nicht möglich, den Aktoren allgemeingültige Präferenzen zuzuschreiben. Denn falls es regnet, wird U vorgezogen, falls aber nicht, so wird V bevorzugt. Es ist möglich, ein rational begründbares *Entscheidungsprinzip* anzugeben: beispielsweise das *Maximin*-Prinzip. Dies ist ein „konservatives" oder „pessimistisches" Aktionsprinzip. Es beruht auf der Annahme, daß der wirkliche Weltzustand im Hinblick auf die zu unternehmende Aktion der ungünstigste sein wird. Das Maximin-Prinzip garantiert das „beste" aller „schlechtesten" aus jeder Aktion folgenden Ergebnisse. Da das schlechteste mit U verbundene Ergebnis (trocken aber belastet) dem schlechtesten mit V verbundenen Ergebnis (naß) vorgezogen wird, schreibt das Maximin-Prinzip in diesem Falle U (Regenschirm mitnehmen) vor.

Gegen die im Maximin-Prinzip implizierte „pessimistische" Annahme könnte man einwenden, daß die Devise „immer mit dem Schlechtesten rechnen" nicht das Wesen der Rationalität erfaßt. Allerdings ist das Maximin-Prinzip nicht das einzige, das zur Entscheidungsfindung unter Unsicherheit vorgeschlagen worden ist. Das sogenannte Prinzip des *Minimax*-Bedauerns, das von *Savage* [1951] postuliert wurde, strebt nach Minimierung desjenigen maximalen Bedauerns, das durch nachträgliche Kenntnis der Ereignisse hervorgerufen wird. Nach der Wahl der Aktion tritt ein Ergebnis ein, das vom jeweils relevanten Weltzustand abhängt. Hätte der Aktor gewußt, welcher Weltzustand seine Aktion begleiten würde, dann hätte er eine Aktion gewählt, die seinen Nutzen unter diesen Gegebenheiten maximiert hätte. Wenn die Nutzen der Ergebnisse numerisch gegeben sind, so kann das mit einem Ergebnis verbundene „Bedauern" als die Differenz zwischen dem „besten" und dem tatsächlich realisierten Ergebnis in der Spalte definiert werden. In symbolischer Schreibweise:

$$r_{ij} = \underset{i}{\text{Max}}\ (u_{ij}) - u_{ij} \tag{17.1}$$

wobei r_{ij} das Bedauern ist und u_{ij} der Nutzen des ij-ten Ergebnisses. Die Matrix (r_{ij}) ist die Matrix des Bedauerns. Das Prinzip des Minimax-Bedauerns schreibt jene Aktion vor, die das geringste der größten Bedauern enthält.

Um den Unterschied zwischen den Prinzipien des Maximin- und des Minimax-Bedauerns zu illustrieren, betrachten wir das durch die Matrix 17.2 dargestellte Entscheidungsproblem, wobei den Ergebnissen nunmehr numerische Nutzen zugeordnet wurden.

	s_1	s_2	s_3	s_4
A_1	1	−3	3	3
A_2	3	1	−2	3
A_3	5	0	3	−3

Matrix 17.2

Die Maximin-Entscheidung ist hier A_2.
Die Matrix 17.3 ist die aus der Matrix 17.2 abgeleitete Matrix des Bedauerns.

	s_1	s_2	s_3	s_4
A_1	4	4	0	0
A_2	2	0	5	0
A_3	0	1	0	6

Matrix 17.3

Da das Minimum der Zeilenmaxima in dieser Matrix 4 ist, schreibt das Prinzip des Minimax-Bedauerns A_1 vor.

Im Gegensatz zum Maximin-Prinzip schreibt das *Maximax*-Prinzip die Aktion mit den am meisten vorgezogenen Ergebnis vor. Entsprechend schreibt dieses Prinzip im obigen Entscheidungsproblem A_3 vor. Offensichtlich ist dieses Prinzip extrem „optimistisch".

Ein Kompromiß zwischen dem Maximin- und dem Maximax-Prinzip wird mit dem sogenannten Hurwicz-α vorgeschlagen. Man wählt eine Zahl α $(0 \leqslant \alpha \leqslant 1)$ und errechnet $\alpha \operatorname*{Min}_{j}(u_{ij}) + (1 - \alpha) \operatorname*{Max}_{j}(u_{ij})$ für jede Zeile i. Dann wählt man diejenige Aktion, die diese Quantität maximiert. Die Wahl von α charakterisiert den Grad des Pessimismus (oder Optimismus), der dem Entscheidenden eigen ist; denn falls $\alpha = 1$ ist, so reduziert sich das Hurwicz-α zum Maximin-Prinzip, und falls $\alpha = 0$ ist, so reduziert es sich zum Maximax-Prinzip. Ein Aktor mit $\alpha = 1/2$ würde im obigen Fall A_3, einer mit $\alpha = 3/4$ A_2 wählen.

Schließlich beruht das von Laplace vorgeschlagene sogenannte „Prinzip des unzureichenden Grundes" auf der folgenden Überlegung: Wenn kein Grund dafür bekannt ist, weshalb ein Weltzustand eher eintreten sollte als ein anderer, muß man dann annehmen, alle Weltzustände seien gleichwahrscheinlich. Man hat dann wieder so zu wählen, daß der erwartete Nutzen maximiert wird. Solch ein Aktor würde zwischen A_2 und A_3 in der Matrix 17.2 indifferent sein.

Diese Überlegung legt die Erkenntnis nahe, daß es für Entscheidungen unter Unsicherheit nicht nur ein Kriterium der „rationalen Entscheidung" gibt. Die Bevorzugung des einen oder anderen Prinzips kann etwa durch die Neigung des Entscheidenden zum Pessimismus oder zum Optimismus beeinflußt werden. Aber auch formale Überlegungen können hierbei berücksichtigt werden. Falls die Nutzen nur auf einer Ordinalskala gegeben sind, kann entweder das Maximin- oder das Maximax-Prinzip angewendet werden; denn die Eigenschaften „am meisten vorgezogen" oder „am wenigsten vorgezogen" sind gegenüber ordnungsbewahrenden Transformationen der Nutzen invariant (vgl. S. 32). Dies kann von den anderen Prinzipien nicht behauptet werden. So ist beispielsweise das Prinzip des Minimax-Bedauerns nur dann anwendbar, wenn Nutzen*differenzen* berechnet und nach ihrer Größe geordnet werden können. Diese Operation verlangt nach einer Skala, die stärker als die ordinale ist. Die Prinzipien von Laplace und nach Hurwicz-α erfordern eine Intervallskala, die nur gegenüber positiven linearen Transformationen invariant ist (vgl. S. 33). Daher gibt es nur begrenzte Auswahlmöglichkeiten zwischen Entscheidungsprinzipien in Situationen, für die nur schwache Nutzenskalen angegeben werden können.

Neben diesen könnte man auch andere Prinzipien der Entscheidung unter Unsicherheit berücksichtigen. Eine mathematisch strenge Formulierung solcher Anforderungen läuft auf einen axiomatischen Ansatz einer formalen Theorie der Entscheidungen unter Unsicherheit hinaus[1]).

Die dritte Kategorie von Entscheidungssituationen mit einem einzigen Aktor beinhaltet *Entscheidungen unter Risiko*. Dabei werden die Wahrscheinlichkeiten der Weltzustände als bekannt vorausgesetzt. Falls die Nutzen auf einer Intervallskala gegeben sind, so kann der *erwartete Nutzen* jeder Aktion berechnet werden. Als natürliches Auswahlprinzip bietet sich hier die Wahl jener Aktion an, die den erwarteten Nutzen maximiert.

Probleme der Entscheidungen unter Risiko haben zahlreiche Untersuchungen in Operations Research angeregt, zumal sie etwas mit der Bewertung des Nutzens von Informationen zu tun haben. Der interessierte Leser sei auf *Schlaifer/Raiffa* [1961] verwiesen, bei dem er eine detaillierte Erläuterung dieser Methoden finden wird.

Wir kehren zum anderen Zweig der ersten Dichotomie zurück — den Entscheidungssituationen, die mehr als ein Aktor und damit im allgemeinen auch Interessenkonflikte beinhalten.

Eine nächste wichtige Unterscheidung kann hier zwischen Situationen gemacht werden, die genau zwei, und jenen, die mehr als zwei Aktore umfassen. Die Situation mit zwei Aktoren ist als Ausgangspunkt der Spieltheorie wichtig. Die Spieltheorie ist der mathematisch am weitesten entwickelte und in gewisser Weise anspruchsvollste Zweig der formalen Entscheidungstheorie. Spiele, die unzählbare Mengen möglicher Entscheidungen (Strategien) für jeden Spieler enthalten, werden kontinuierlich genannt. Beispielsweise dafür sind *Zeitplan*-Spiele, bei denen jeder Spieler über die Zeitpunkte seiner Aktionen entscheiden muß. Andere Beispiele wären *Differentialspiele* oder verallgemeinerte Kontrollprobleme (vgl. Kap. 5) — wobei die Strategien Trajektorien, also gewöhnlich Funktionen der Zeit sind[2]).

Ein Zwei-Personen-Matrixspiel kann durch eine Matrix dargestellt werden, deren Zeilen Aktionen (Strategien) des einen Spielers (genannt „Zeile") und deren Spalten Aktionen des anderen Spielers (genannt „Spalte") sind. Eine gleichzeitige oder unabhängige Wahl einer Strategie durch jeden Spieler bestimmt das *Ergebnis* eines Spiels. Der entsprechende Eingang der Spielmatrix ist ein Paar von Auszahlungen, je eine für einen Spieler.

Eine wichtige Unterscheidung wird zwischen Zweipersonen-Konstantsummenspielen und Zweipersonen-nicht-Konstantsummenspielen getroffen. Beim ersten Spiel ist die Auszahlungssumme in jedem Kasten einer Spielematrix gleich. Daraus folgt, daß je größer die Auszahlung an einen Spieler ist, desto kleiner die Auszahlung des anderen sein wird. Damit sind die Interessen der beiden Spieler diametral entgegengesetzt. Bei Nicht-Konstantsummenspielen ist dies im allgemeinen nicht der Fall. Da die Auszahlungen in der Spieltheorie gewöhnlich auf einer Intervallskala angegeben werden, kann die konstante Auszahlungssumme in einem Konstantsummenspiel ohne Verlust an Allgemeinheit als Null angenommen werden. Aus diesem Grunde werden sie oft Nullsummenspiele genannt. Diese beiden Begriffe sind also äquivalent.

Die normative Theorie der Zweipersonen-Konstantsummenspiele ist in dem Sinne vollständig, daß man beiden Spielern unabhängig voneinander eine optimale Strategie vorschreiben kann. Zur Bestimmung dieser optimalen Strategien gibt es einen Algorithmus.

Die einfachste Klasse von Zweipersonen-Konstantsummenspielen sind Spiele mit einem *Sattelpunkt*. Ein Sattelpunkt ist ein Kasten in der Matrix in dem die Auszahlung an Zeile in der Zeile minimal und in der Spalte maximal ist. Falls beide Spieler eines Nullsummenspiels eine Strategie wählen, die einen Sattelpunkt enthält, so wird das Ergebnis immer ein Sattelpunkt sein (dies ist bei Nicht-Nullsummenspielen nicht allgemein der Fall). Falls die Spieler so verfahren, kann sich jeder von ihnen eine gewisse minimale Auszahlung *sichern* und (da es sich um ein Konstantsummenspiel handelt) den anderen Spieler daran hindern, mehr als eine bestimmte maximale Auszahlung zu erhalten. In diesem Sinne ist die einen Sattelpunkt enthaltende Strategie bei diesen Spielen „rational".

Bei Zweipersonen-Konstantsummenspielen ohne Sattelpunkt kann sich jeder Spieler eine maximale *erwartete* Auszahlung sichern und gleichzeitig den anderen daran hindern, mehr als eine maximal erwartete Auszahlung zu erhalten. Damit können die entsprechenden Strategien ebenfalls optimal genannt werden. Aber es handelt sich dabei um *gemischte* Strategien. Dies bedeutet, daß die Strategien probabilistisch gewählt werden. Die den verschiedenen verfügbaren Strategien zugeordneten Wahrscheinlichkeiten werden durch die Auszahlungsstruktur des Matrixspiels bestimmt.

Die rationalen Ergebnisse von Zweipersonen-Nullsummenspielen sind in dem Sinne Gleichgewichtspunkte, daß kein Spieler etwas besseres tun kann, als eine „reine" oder gemischte Strategie zu wählen, die ein Gleichgewichtsergebnis enthält, wenn der andere Spieler genauso handelt. Aus zwei Gründen kann jedem Spieler gleichzeitig und unabhängig geraten werden, eine Strategie mit einem Gleichgewichtspunkt zu wählen: Erstens, selbst wenn ein Spiel mehrere Gleichgewichtspunkte enthält, werden sich zwei einen Gleichgewichtspunkt enthaltende Strategien immer an einem Gleichgewichtspunkt schneiden. Zweitens sind die Auszahlungspaare für alle Gleichgewichtsergebnisse gleich. Gleichgewichtspunkte mit der ersten Eigenschaft werden austauschbar genannt, jene mit der zweiten Eigenschaft heißen äquivalent. Somit sind alle Gleichgewichtspunkte eines Zweipersonen-Nullsummenspiels äquivalent und austauschbar. Der Begriff des Gleichgewichtspunkts ist auch auf Nicht-Konstantsummenspiele anwendbar. Wenn ein solches Spiel jedoch mehr als einen Gleichgewichtspunkt besitzt, dann sind sie nicht notwendig äquivalent oder austauschbar. Ein Beispiel dafür wird mit der Matrix 17.4 eines sogenannten „Chicken"-Spiels gegeben.

	S_2	T_2
S_1	1 1	10 -10
T_1	-10 10	-1000 -1000

Matrix 17.4: In jedem Kasten ist die Zahl unten links die Auszahlung für Zeile, die Zahl oben rechts die Auszahlung für Spalte.

In diesem Spiel sind beide Ergebnisse $T_1 S_2$ und $S_1 T_2$ Gleichgewichtspunkte in dem Sinne, daß beide Spieler von keinem dieser Ergebnisse „abweichen" können, ohne ihre Auszahlungen zu verringern, falls der andere Spieler nicht abweicht. Trotzdem resultiert das Ergebnis $T_1 T_2$ wenn Zeile T_1 und Spalte T_2 gewählt wird. Dies ist kein Gleichgewichtspunkt und darüber hinaus das schlechteste Ergebnis für beide Spieler.

Nicht-austauschbare und nicht-äquivalente Gleichgewichtspunkte charakterisieren viele Nicht-Konstantsummenspiele. Deshalb ist das Vorschreiben rationaler Strategien bei solchen Spielen problematisch. *Harsanyi* [1977] hat eine Möglichkeit zur Lösung dieser Probleme aufgezeigt und damit den Begriff rationaler Entscheidungen auf Nicht-Konstantsummenspiele ausgedehnt. Um dies zu erreichen, mußte er jedoch den Begriff der individuellen Rationalität noch weiter verkomplizieren. Das Problem der nicht-austauschbaren oder nicht-äquivalenten Gleichgewichtspunkte entsteht nicht, wenn ein Nicht-Konstantsummenspiel lediglich einen Gleichgewichtspunkt besitzt. Ein Beispiel solch eines Spiels, Gefangenendilemma genannt, wird in der Matrix 17.5 angeführt.

Der einzige Gleichgewichtspunkt in diesem Spiel ist das Ergebnis $S_1 S_2$. Darüber hinaus ist die Wahl von S beiden Spielern durch das Dominanzprinzip („sure-thing" principle) vorgeschrieben, daß

$$S_2 \qquad T_2$$

	S_2	T_2
S_1	-1 $\quad -1$	-10 $\quad 10$
T_1	10 $\quad -10$	1 $\quad 1$

Matrix 17.5

S dem Spieler *unabhängig* von der Wahl des anderen Spielers eine größere Auszahlung sichert. Trotzdem muß das Ergebnis $S_1 S_2$ unbefriedigend bleiben, da *beide* Spieler zweifellos $T_1 T_2$ vorziehen. Man kann also sagen, daß das durch individuelle Rationalität vorgeschriebene Ergebnis $S_1 S_2$ in der Matrix 17.5 die *kollektive Rationalität* verletzt. Das Ergebnis $T_1 T_2$ ist kollektiv rational, aber seine Verwirklichung erfordert bestimmte durchsetzbare Übereinkommen zwischen den Spielern.

Die Einführung des Begriffs durchsetzbarer Übereinkommen bedingt eine weitere Unterscheidung und zwar zwischen *nicht-kooperativen* und *kooperativen* Spielen. Bis jetzt haben wir lediglich nicht-kooperative Spiele betrachtet, bei denen die Spieler ihre Strategien unabhängig voneinander wählen. Bei einem kooperativen Spiel haben sie die Möglichkeit, ihre Strategien zu *koordinieren* und durchsetzbare Übereinkommen zur Durchführung dieser Strategien zu treffen.

Die Lösungen kooperativer Spiele werden aufgrund von Axiomen abgeleitet, die die „gewünschten Eigenschaften" der Lösung festlegen. Mehrere verschiedene Lösungen wurden vorgeschlagen. Der interessierte Leser sei hier auf *Nash* [1953], *Raiffa* [1953] und *Braithwaite* [1955] verwiesen.

Nicht-kooperative *n*-Personenspiele wurden als Modelle in einer normativen Theorie des Wählens angewendet [vgl. *Farquharson*]. Ein Großteil der Theorien der *n*-Personenspiele ($n > 2$) befaßt sich mit kooperativen Spielen, in denen Teilmengen von Spielern zur Durchsetzung ihrer kollektiven Interessen Koalitionen bilden können. D.h. die Mitglieder einer Koalition können ihre Strategien koordinieren und verbindliche Übereinkünfte über ihre Durchführung treffen. In den meisten Ansätzen können die Koalitionsmitglieder einander gegenüber auch *Seitenzahlungen* leisten, d.h. die gemeinsamen Auszahlungen untereinander aufteilen. Dies verlangt nach einem Begriff von Nutzen als einem *übertragbaren* Gut (etwa wie Geld).

Gewöhnlich wird ein kooperatives *n*-Personenspiel in der Form einer *charakteristischen Funktion* ausgedrückt. Die charakteristische Funktion bezeichnet die minimale Auszahlung, die sich eine Koalition von Spielern sichern kann. Ein Ergebnis des Spiels wird als Aufteilung der Auszahlungen unter die Spieler dargestellt. Falls die Summe der Auszahlungen dem Betrag gleicht, den die *große Koalition* (die Koalition aller *n* Spieler) durch die Koordination ihrer Strategien erhalten kann, und falls jede individuelle Auszahlung nicht kleiner ist als der Betrag, den sich jeder Spieler sichern kann, wenn er allein (als aus einem Mitglied bestehende Koalition) gegen alle anderen spielt, dann widerspiegelt dieses Ergebnis sowohl die individuelle Rationalität eines jeden Spielers als auch die kollektive Rationalität aller Spieler (aber nicht unbedingt die kollektive Rationalität einer jeden Teilmenge von Spielern). Ein solches Ergebnis wird *Imputation* genannt.

Einige Begriffe von Lösungen sind vorgeschlagen worden [vgl. *von Neumann/Morgenstern; Aumann/Maschler*]. Jeder Lösungsbegriff beruht auf bestimmten Gründen, d.h. auf Eigenschaften, die die individuelle Rationalität eines jeden Spielers voraussetzen, und entweder die kollektive Rationalität aller Spieler (wenn Lösungen Imputationen sind) oder die kollektive Rationalität von Spielern in den verschiedenen Koalitionen beinhaltet.

Da die Lösungen der kooperativen *n*-Personenspiele Mittel der Konfliktlösung bedeuten, sind in

ihnen zusätzlich einige (explizit oder implizit) auf Begriffe wir Fairness oder Gerechtigkeit beruhende Überlegungen enthalten. Bemerkenswerterweise ist in der Theorie der kooperativen n-Personen-
spiele das ursprüngliche Hauptproblem der Spieltheorie — die Bestimmung optimaler Strategien in
Konfliktsituationen — aus dem Blickfeld gerückt. Zum Hauptproblem wurde die Bestimmung der
kollektiven Entscheidung, die einige im voraus festgesetzte Kriterien erfüllt.

Das gleiche Problem ist in den anderen Hauptzweigen der Entscheidungstheorie zentral geworden, insbesondere in der Theorie sozialer Entscheidungen. Hier wird die Autonomie der Aktoren
nicht mehr durch die Wahl von Strategien oder Aktionsverläufen charakterisiert, sondern dadurch,
daß jeder Aktor einer Schiedstelle seine Präferenzenordnung über eine Alternativenmenge vorlegen
kann. Die Schiedstelle (die „Gesellschaft") steht dann vor dem Problem auf derselben Alternativenmenge eine Präferenzordnung festzulegen. Dabei muß die Entscheidungsregel einigen vorher
festgelegten „wünschbaren" Kriterien genügen.

Wieder bietet sich eine wichtige Unterscheidung an, nämlich die zwischen Situationen mit nur
zwei und mit mehreren Alternativen. Bei zwei Alternativen können einige Regeln sozialer Entscheidungen aufgestellt werden, die vorherbestimmte intuitiv akzeptierbare Kriterien erfüllen. Die Vielzahl dieser Regeln verlangt nach einer weiteren Klassifikation. Man kann die Eigenschaften der einfachen Majoritätsregel untersuchen (wobei die Enthaltungen und die Abwesenden nicht mitgezählt
werden), die strenge Majoritätsregel, oder Regeln mit einem Quorum, gewichtete Mehrheitsregeln,
die Konsequenzen der Einführung des Vetorechts, die Struktur repräsentativer Systeme usw.

Bei mehr als zwei Alternativen wird die Theorie sozialer Entscheidungen durch das sogenannte
Unmöglichkeitstheorem eingeschränkt. Dieses Theorem ist in gewissem Sinne die Antithese zum
Fundamentalsatz der Spieltheorie. Das letztere behauptet, jedes endliche Zweipersonen-Nullsum-
menspiel besitze eine „Lösung", die gewisse Kriterien der individuellen Rationalität erfüllt. Es war

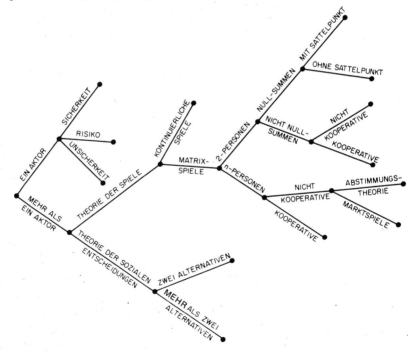

Abb. 17.1: Eine Baumdarstellung der Entscheidungstheorie

Ausgangspunkt der Entwicklung der Spieltheorie überhaupt. Das Unmöglichkeitstheorem in der Theorie sozialer Entscheidungen behauptet im Gegenteil, daß es eine solche — bestimmte Kriterienmenge erfüllende — soziale Entscheidungsregel nicht gibt, falls die Alternativenmenge mehr als zwei Elemente enthält. Trotzdem war das Unmöglichkeitstheorem Ausgangspunkt bei der Entwicklung der Theorie sozialer Entscheidungen. Es hat die Untersuchung der strukturellen Eigenschaften einiger Typen sozialer Entscheidungsregel angeregt, die zwar nicht alle Kriterien erfüllen (was sie auch nicht können), die aber trotzdem „vernünftig" zu sein scheinen. Gewiß, *irgendwelche* soziale Entscheidungsregeln sind in jedem formalisierten demokratischen Verfahren enthalten — also in einem Verfahren, bei dem die Präferenzen der einzelnen Mitglieder einer Körperschaft die von der Gesellschaft getroffenen Entscheidungen auf irgendeine Weise beeinflussen.

Der eben gegebene Überblick wird in der Abbildung 17.1 schematisch dargestellt. Das Schema kann weiter verfeinert werden. Dies dürfte jedoch nur noch Spezialisten interessieren. Im folgenden werden wir die Theorie sozialer Entscheidungen mit mehr als zwei Alternative (Kapitel 18) näher untersuchen, desgleichen Anwendungen spieltheoretischer Konzeptionen in der Politologie (Kapitel 19) sowie in der experimentellen Sozialpsychologie (Kapitel 20).

Anmerkungen

[1]) Eine Axiomatisierung der Entscheidungsprinzipien bei Unsicherheit wird von *Luce/Raiffa* [1957, Kapitel 13] und von *Milnor* [1954] gegeben.

[2]) Der interessierte Leser wird eine ausführliche Darstellung von kontinuierlichen Spielen bei *Karlin* [1959] und von Differentialspielen bei *Isaacs* [1956] finden.

18. Die Theorie der sozialen Entscheidungen

Jede soziale Organisationsform zwingt die Individuen dazu, gewissen sozialen Entscheidungen Folge zu leisten, selbst wenn diese den Interessen, Neigungen und Wünschen der Individuen selbst widersprechen. In autokratischen Organisationsformen werden die für alle verbindlichen Entscheidungen durch den Autokraten getroffen. In allen anderen Formen findet ein gewisser Prozeß kollektiver Entscheidungen statt. Explizite, diesen Prozeß bestimmende Regeln werden zweifellos niedergelegt, um teure Verzögerungen oder zersetzende Kontroversen, paralysierende Entscheidungslosigkeit oder Kämpfe um Macht und Einfluß einzuschränken, die andernfalls durch die Verschiedenheit der Ansichten und Interessen hervorgerufen würden. In der Tat werden explizite Regeln kollektiver Entscheidungen schon dann erforderlich, wenn eine große Anzahl von Individuen, die einander fremd sind, am Entscheidungsprozeß teilnehmen. Deshalb sind formale Verfassungen, Gesetze und ähnliches immer in nicht-autokratischen Organisationsformen wenigstens impliziert. Im wesentlichen handelt es sich dabei um Vereinbarungen, die im abstrakten (und daher neutralen) Kontext festgelegt wurden, um im konkreten (und daher parteiisch interpretierten) Kontext entscheiden zu können, wie Unstimmigkeiten zu lösen sind.

Die „Majoritätsregel" wird für gewöhnlich als das Charateristikum demokratischer Entscheidungsfindung angesehen. Solch ein Vorgehen war schon bei den Entscheidungen üblich, die die wahlberechtigten Bürger beziehungsweise regierenden Körperschaften der griechischen Stadtstaaten und der Römischen Republik gefällt haben. Dieses Prinzip überlebte selbst während der Zeit des Imperiums — zumindest im Senat bei Angelegenheiten, die seiner Jurisdiktion unterlagen. Es ist daher aufschlußreich zu beobachten, daß schon seit dem zweiten Jahrhundert Probleme der Majoritätsregel bewußt wurden.

Ein Entscheidungsproblem aus dem Altertum

Wir beziehen uns hier auf einen bemerkenswerten Brief des Senators Plinius des Jüngeren an seinen Freund Titus Aristo, offenbar einen Experten in juristischen Angelegenheiten, in dem jener sich über den Abstimmungsvorgang in einem dem Senat vorliegenden Fall beklagt[1]).

Es scheint, daß der Konsul Africanus Dexter tot aufgefunden wurde und seine Freigelassenen vor Gericht gestellt wurden. Es könnten drei mögliche Sprüche gefällt werden:

(i) Selbstmord, worauf Freispruch erfolgen müßte;

(ii) Durch die Freigelassenen auf sein eigenes Verlangen getötet, in welchem Falle diese zu verbannen waren;
     oder

(iii) Mord, worauf für die Beschuldigten die Todesstrafe stand.

Aus Plinius' Brief geht hervor, daß der anfängliche Antrag auf Freispruch nicht durchgebracht wurde, woraufhin der Senat für Bestrafung plädierte und schließlich auf Verbannung erkannt hat. Nach Meinung Plinius' war der Abstimmungsvorgang nicht fair, weil die Befürworter der Todesstrafe und die Befürworter der Verbannung in der ersten Abstimmungsrunde eine Koalition gebildet hatten, obwohl, wie Plinius darlegt, ihre Ansichten „weiter auseinander" lagen (wegen der Unumkehrbarkeit der Todesstrafe) als die Ansichten der Anhänger der Verbannung und die des Freispruchs. Jedenfalls haben die Anhänger des Freispruchs verloren, obwohl sie die größte Gruppe bildeten. Offensichtlich hat Plinius eine Entscheidung durch *relative Mehrheit* befürwortet, denn er schreibt: „Ich wünschte, daß die drei verschiedenen Meinungen zahlenmäßig festgehalten werden könnten, und daß die zwei Parteien, die einen zeitweiligen Bund geschlossen hatten, getrennt werden . . ."

Aber wenn die Anhänger des Freispruchs gewonnen hätten – so hätte man einwenden können wäre dies noch unfairer gewesen, weil die Majorität ja *gegen* Freispruch war. In jeder Situation, die drei Wahlmöglichkeiten enthält, von denen keine von der Majorität bevorzugt wird, kann es offenbar geschehen, daß die von den wenigsten Abstimmungsberechtigten bevorzugte Alternative in einem Wahlvorgang mit zwei Stufen gewinnen kann. Probleme dieser (und anderer) Art können immer dann auftauchen, wenn kollektive Entscheidungen eine Wahl zwischen mehr als zwei Alternativen beinhalten.

Die struktur-analytische Behandlung von Problemen sozialer Entscheidung wurde schon in den letzten Jahrzehnten des achtzehnten Jahrhunderts versucht, als demokratische Ideen sich verbreiteten. Ein implizites (und zeitweise explizites) Ziel dieser Analyse war es, einen „fairen" Prozeß der kolletiven Entscheidungen zu konstruieren, d.h. im wesentlichen die Konzeption des „größtmöglichen Wohls für die größtmögliche Anzahl" zu operationalisieren. Einige dieser Analysen beinhalten – wie wir sehen werden – nicht nur Überlegungen darüber, wie viele Menschen eine gegebene Alternative bevorzugten, sondern auch darüber, wie stark sie die eine der anderen Alternative vorzogen. Wir bemerken, daß auch Plinius diese Frage gestellt hatte, als er argumentierte, daß die Ansichten der Befürworter der Verbannung „näher" zu jenen der Befürworter des Freispruchs waren, als jenen der Anhänger der Todesstrafe. Er schreibt: „Welche Übereinstimmung kann es zwischen einem Todesurteil und der Verbannung geben? Sie kann keinesfalls größer sein, als zwischen den Urteilen auf Verbannung und auf Freispruch. Die beiden letzteren sind jedoch etwas näher beieinander als die beiden ersteren. In beiden der letzteren Fälle wird das Leben gerettet, im ersten wird es genommen".

Die mathematisch formulierte Entscheidungsregel

Heutzutage besitzen wir eine Vielzahl von eher komplizierten Abstimmungsprozeduren, wie z.B. das Hare-System, das Australische Stimmzettelverfahren usw., wobei einige von ihnen Versuche darstellen, sowohl die Stärken der Präferenzen als auch die Anzahl der Proponenten als „Gewichte" bei der Herstellung einer kollektiven Entscheidung zu berücksichtigen.

Ein Meilenstein in der Entwicklung der Theorie kollektiver Entscheidungen war das sogenannte Unmöglichkeitstheorem von *Arrow* [1951]. Wir werden uns mit ihm und seinen gedanklichen „Verwicklungen" später befassen, nachdem wir die begriffliche Grundlage für eine mathematisch stringente strukturelle Theorie sozialer Wahlen dargelegt haben.

Das Problem des sozialen Entscheidens kann folgendermaßen formuliert werden. Es gibt eine endliche Menge $N = \{1, 2, \ldots, n\}$ von *Wählern* und eine endliche Menge $X = \{x, y, \ldots, z\}$ von *Alternativen*. Jeder Wähler ist durch eine gewisse asymmetrische binäre Relation über der Menge der Alternativen charakterisiert. Die Relation des Wählers i, die wir mit D_i bezeichnen, bedeute „wird vorgezogen". Wir wollen annehmen, daß jeder Wähler zumindest insofern „rational" ist, als D_i wenigstens eine Unterordnung darstellt (vgl. S. 199); d.h. keine Zyklen entstehen, wobei ein Wähler x y und y z und ebenfalls z x vorzieht. (Wir könnten ebenfalls fordern, daß D_i stärker als eine Unterordnung, d.h. z.B. transitiv sei, womit es zu einer strikten partiellen Ordnung würde, oder daß es eine transitive Indifferenzrelation induziere, womit es eine schwache Ordnung würde, oder sogar daß es eine lineare Ordnung darstelle.)

Um eine soziale Entscheidung zwischen gegebenen Alternativen zu erreichen, fordert die Gesellschaft jedes Individuum i auf, sein D_i bekannt zu geben, und aus dieser Liste $D = (D_1, D_2, \ldots, D_n)$, die *Präferenzenprofil* genannt wird, wählt die Gesellschaft eine Teilmenge von Alternativen in Übereinstimmung mit einer vorher vereinbarten Regel. Diese Teilmenge wird die Entscheidungsmenge oder die *soziale Entscheidung* genannt. Sie kann sicherlich aus einer einzigen Alternative bestehen, muß es jedoch nicht.

Wir erkennen leicht, daß diese allgemeine Formulierung einige wohlbekannte Spezialfälle der sozialen Entscheidung enthält. Betrachten wir die Wahl zweier Kandidaten. Hier besteht X aus zwei Elementen, $X = \{x, y\}$, wobei x und y die Kandidaten repräsentieren. Jeder Wähler wird aufgefordert, seine D_i über die Menge $\{x, y\}$ zu legen. Nun sind die aus $\{x, y\}$ gebildeten geordneten Paare (x, x), (x, y), (y, x) und (y, y). Es gibt 16 Teilmengen dieser Menge von vier Paaren. Da jedoch jedes D_i asymmetrisch ist, kann sie lediglich aus den folgenden einzelnen Teilmengen bestehen: $\{(x, y)\}$, $\{(y, x)\}$ oder $\emptyset$. Falls der Wähler i $D_i = \{(x, y)\}$ angibt, hat er sich für x entschieden, falls er $\{(y, x)\}$ angibt, für y, falls aber $D_i = \emptyset$ ist, so hat er sich enthalten.

Eine Möglichkeit über die Wahl zu entscheiden, besteht in der Angabe einer besonderen Regel: x immer dann zum Gewinner zu erklären, wenn mehr Wähler (x, y) genannt haben als (y, x), und andernfalls y zum Gewinner zu erklären, wobei möglicherweise einige Vorkehrungen getroffen werden, um im Falle von Stimmengleichheit entscheiden zu können. Bei diesem Vorgehen werden Stimmenthaltungen ignoriert. Diese Regel wird Regel der *einfachen Majorität* genannt. Eine andere Regel könnte vorschreiben, daß der Kandidat x nur dann gewählt ist, wenn die Mehrheit *aller* Wähler (x, y) genannt hat. Es gibt viele andere mögliche Regeln. Beispielsweise könnten den Wählern verschiedene „Gewichte" zugesprochen werden, so daß die D_i des einen Wählers mehr zählen als die eines anderen. Es könnte sogar eine Regel existieren, die x zum Gewinner erklärt *unabhängig* davon, wie die Wähler entschieden haben. Eine Regel, die soziale Entscheidungen bestimmt, braucht nicht „demokratisch" oder „fair" zu sein. Von ihr wird lediglich verlangt, daß sie eine nicht leere Teilmenge der Alternativen bestimme, wenn alle durch die Wähler genannten D_i bekannt sind.

Nun hatten wir angenommen, die Präferenzen eines jeden Wählers stellten zu Anfang eine asymmetrische Relation über der gesamten Menge der Alternativen dar. In wirklichen sozialen Entscheidungssituationen (z.B. bei Wahlen) kann dem Wählenden jedoch lediglich eine Teilmenge Y von X dargeboten werden, die sogenannte Teilmenge *verfügbarer* Alternativen. Eine soziale Entscheidungsfunktion ist so definiert, daß sie bei gegebener vollständiger Menge von Präferenzrelationen über X und beliebiger nicht leerer Menge von verfügbaren Alternativen $Y \subset X$ eine nicht leere Teilmenge von Y als „soziale Entscheidung" bestimmt. Die formale Definition bestimmt neben X, Y und N zwei andere Teilmengen, nämlich

(i) Die Menge X der nicht leeren Teilmengen von X, so daß, falls $Y \subset X$, $Y \neq 0$, $Y \in X$ folgt. Gewöhnlich wird X als $2^X - \emptyset$ angenommen.

(ii) Eine Menge $\mathcal{D}$ geordneter n-Tupel $(D_1, D_2, \ldots, D_n)$.

Gewöhnlich umfaßt D die gesamte Menge dieser n-Tupel. So daß falls D ein n-Tupel $(D_1, D_2, \ldots, D_n)$ ist, $D \in D$ gilt.

Eine soziale Entscheidungsfunktion kann nun formal als eine Abbildung definiert werden: $F: X \times D \to X$, so daß $F(Y, D) \subset Y$, $F(Y, D) \neq \emptyset$.

Halten wir fest, daß der Bereich von F das Cartesische Produkt darstellt, dessen Elemente die geordneten Paare (D, Y) mit $D \in D$, $Y \in X$ sind. Die Elemente seines Mit-Bereichs sind Teilmengen von Y. Ist ein Paar (D, Y), d.h. eine bestimmte Präferenzmenge der Wähler und eine Teilmenge verfügbarer Alternativen gegeben, so bestimmt die Funktion eine „soziale Entscheidung" in der Form einer nicht leeren Teilmenge aus der verfügbaren Menge.

Diese allgemeine Definition enthält keine solchen Eigenschaften einer sozialen Entscheidungsfunktion, wie man sie ihr auf der Grundlage solcher Begriffe wie „Fairness", „Demokratisches Verfahren" oder auch nur der Konsistenzbedingung gerne zuschreiben möchte. Wir könnten durchaus eine soziale Entscheidungsfunktion erhalten, die auf der Grundlage eines gegebenen Präferenzprofils über $X = \{x, y, z\}$, immer dann x wählt, wenn $Y = \{x, z\}$ und ebenfalls wenn $Y = \{x, y\}$, jedoch immer dann y wählt, wenn $Y = \{x, y, z\}$. Oder man könnte eine soziale Entscheidungsfunktion wählen, die auf der Grundlage einiger D die x aus $\{x, y\}$, die y aus $\{y, z\}$ und die z aus $\{x, z\}$ wählt, womit die „Intransitivität der Präferenzen" offenbar wird. Tatsächlich kann dies geschehen, falls die soziale Entscheidungsfunktion eine Majoritätsregel bei paarweisem Gegebensein der Alternativen darstellt.

Betrachten wir den oben diskutierten Fall von Dexter, und nehmen wir der Einfachheit halber an, der Römische Senat bestehe lediglich aus den drei Senatoren Primus, Secundus und Tertius. Jeder nennt eine lineare Ordnung für die drei Alternativen, x („Freispruch"), y („Verbannung") und z („Todesstrafe"). Die Präferenzenordnung von Primus ist (xyz). D.h. er wünscht Freispruch, aber falls er dies nicht erreichen kann, zieht er Verbannung der Todesstrafe vor. Die Präferenzenordnung von Secundus ist (yzx). Tertius wählt (zxy). Die Präferenzenordnung von Tertius dürfte seltsam erscheinen, aber sie kann trotzdem interpretiert werden: Tertius glaubt, die Beschuldigten seien schuldig und verdienten somit die Todesstrafe, aber falls sie nicht mit dem Tode bestraft würden, dann sehe er sie eher freigesprochen als verbannt, weil er kategorisch jede andere als die Todesstrafe für Mörder von Patriziern ablehnt.

Nehmen wir nun an, der Senat treffe seine Entscheidungen mit Hilfe der Majoritätsregel. Mit anderen Worten stellt der Senat seine Präferenzen in der gleichen Ordnung her, wie die Majorität der Senatoren. Wir sehen, daß Primus und Tertius (eine Majorität) x y vorziehen; Primus und Secundus (auch eine Majorität) ziehen y z vor; und Secundus und Tertius (wiederum eine Majorität) ziehen z x vor. In diesem Falle stellt die Majoritätsregel eine soziale Präferenzrelation her, die keine Unterordnung darstellt (zyklisch ist).

Dieses „Paradoxon" des Wählens ist als das Condorcet-Paradoxon bekannt[2]. Es kann in jeder Situation entstehen, in der mehr als zwei Alternativen bei der sozialen Entscheidungsfindung zur Wahl stehen.

Nun wollen wir die Situation in einem allgemeineren Kontext untersuchen. Da jedes D_i eine binäre Relation über X ist, so ist D_i eine Teilmenge des Cartesischen Produkts von X mit sich selbst. Falls nun $Y \subset X$ gilt, dann ist $Y \times Y$ ebenfalls eine Teilmenge von $X \times X$. Der Durchschnitt $D_i \cap (Y \times Y)$ wird *Beschränkung* von D_i auf Y genannt, und das Profil dieser Beschränkungen heißt die Beschränkung von D auf Y.

Nun seien F eine soziale Entscheidungsfunktion, D ein Profil und Y ein Alternativenpaar $\{x, y\}$. Da laut Definition der sozialen Entscheidungsfunktion die Beschränkung von D auf Y eine nicht leere Teilmenge von Y als Entscheidungsmenge bestimmt, so muß diese Entscheidungsmenge entweder $\{x\}$, oder $\{y\}$ oder $\{x, y\}$ lauten. Wir können dieses Resultat als eine binäre Relation interpretieren, die durch D in $\{x, y\}$ *induziert* wird. Falls nämlich die Entscheidungsmenge $\{x\}$ ist, so wird diese Relation durch xPy (die Gesellschaft zieht x y vor) gegeben sein, falls sie $\{y\}$ ist, so durch

yPx, falls sie $\{x, y\}$ ist, so durch $x\cancel{P}y$ und $y\cancel{P}x$: Die Gesellschaft ist zwischen x und y indifferent.

So können wir sagen, daß eine soziale Entscheidungsfunktion mit jedem erlaubten D eine asymmetrische binäre Relation über X assoziiert. Falls diese Relation eine intern konsistente Präferenzenrelation darstellen sollte, so müßte sie eine gewisse Ordnung bestimmen.

In Kapitel 14 haben wir gesehen, daß eine asymmetrische binäre Relation über einer Menge eine Ordnung über dieser Menge festlegen *kann*. Im Interesse einer eindeutigen sozialen Entscheidung wäre es wünschenswert, daß P die strengstmögliche Ordnung über X festlegte, nämlich eine lineare Ordnung. In diesem Falle könnte die Gesellschaft „die beste" Alternative aus X wählen. Mehr noch: falls die „beste" Alternative aus irgendeinem Grunde nicht verwirklicht werden könnte, etwa wegen unvorhergesehener Umstände, so wäre die Gesellschaft in der Lage, die „zweitbeste" Alternative anzuwenden usw.

Aber eine binäre asymmetrische Relation braucht nicht notwendig eine lineare Ordnung zu determinieren. Die nächstbeste wäre dann eine schwache Ordnung, und falls diese nicht möglich ist, eine strikte partielle Ordnung. Auf jeden Fall würde man sich wünschen, daß P zumindest eine Unterordnung determiniere, weil, wie wir gesehen haben, jede „konsistente" Präferenzenrelation wenigstens nicht-zyklisch sein sollte.

In unserem obigen Beispiel sehen wir, daß einige D unter der Majoritätsregel selbst eine Unterordnung über einer Menge dreier Alternativen nicht bestimmen können − wie im Falle der „intransitiven Majoritäten".

Jedoch müssen wir nicht auf der Majoritätsregel bestehen. Gibt es möglicherweise andere soziale Entscheidungsfunktionen, von denen gezeigt werden kann, daß über die Präferenzen einer Gesellschaft zumindest eine Unterordnung für jedes erlaubte Profil von D legen können? Dies wäre eine erwünschte Eigenschaft der sozialen Entscheidungsfunktion. Da wir nun das Problem der wünschenswerten Eigenschaften zur Sprache gebracht haben, sind wir gehalten, andere solche Eigenschaften aufzulisten, die wir von einer „guten" sozialen Entscheidungsfunktion erwarten. Wir werden also versuchen, eine „minimale" Liste solcher Eigenschaften aufzustellen. Man sollte annehmen, daß diese Liste das „Mindeste, was man von einer demokratischen sozialen Entscheidungsfunktion erwarten kann" enthalte.

Die hier angewandte Methode ist die eines axiomatisch formulierten Modells (vgl. S. 35). Die Liste der Eigenschaften „wirbt" gleichsam für eine Funktion, die die in den Axiomen enthaltenen Forderungen erfüllen kann. Bevor wir die Konsequenzen der Axiome ableiten, wollen wir uns ansehen, wie die Resultate aussehen könnten. Wir suchen jene sozialen Entscheidungsfunktionen, die die Axiome erfüllen. Es gibt drei Möglichkeiten: Es könnte lediglich eine solche Funktion existieren. Es könnte eine ganze Klasse solcher Funktionen geben. Oder es könnte überhaupt keine solche alle Forderungen erfüllende Funktion geben. Von einem gewissen Standpunkt aus gesehen wäre eine einzige bestimmte soziale Entscheidungsfunktion das wünschenswerteste Resultat, da wir dann genau wüßten, wie wir eine „Verfassung" (die als eine soziale Entscheidungsfunktion interpretiert werden könnte), die die „minimalen" Forderungen an Demokratie erfüllt, festlegen sollten. Von einem anderen Standpunkt aus gesehen wäre eine Klasse von sozialen Entscheidungsfunktionen, die durch die Axiome determiniert sind, das wünschenswerteste Resultat, da dies verschiedene Möglichkeiten demokratischer Verfassungen offen halten würde. Oder noch anders gesehen könnten die Forderungen dahingehend verschärft werden, daß sie noch mehr „wünschenswerte" Eigenschaften einschließen, und somit die Klasse der akzeptablen sozialen Entscheidungsfunktionen weiter einschränkten. Wenn wir die demokratischen Prinzipien sozialer Entscheidungen schätzen, wären wir enttäuscht, wenn die Menge der unsere „minimalen" Forderungen erfüllenden sozialen Entscheidungsfunktionen sich als leer herausstellen würde. Dieses Resultat könnte bedeuten, daß „Demokratie unmöglich ist". Andererseits könnte es uns zwingen, tiefer über die Bedeutung von „demokratischer Entscheidung" nachzudenken. Mit anderen Worten könnte das „enttäuschende" Resultat eine bedeutende theoretische Hebelkraft besitzen.

Das Unmöglichkeitstheorem[3])

Wir nehmen an, daß jeder Wähler i ($i = 1, 2, \ldots, n$) eine schwache Ordnung über X legt und lenken unsere Aufmerksamkeit nun auf die Menge von Axiomen, die geeignet sind, eine demokratische soziale Entscheidungsfunktion darzustellen.

A_1. (a) Die Anzahl der Alternativen in X ist größer als zwei.

(b) Die Anzahl der Individuen ist größer als eines.

(c) Die soziale Präferenzrelation P determiniert eine schwache Ordnung für jedes mögliche Profil D.

Erläuterung:

Es ist kaum notwendig (b) zu rechtfertigen. Falls nur ein „Wähler" existiert, so entsteht das Problem einer *sozialen* Entscheidung überhaupt nicht. Robinson Crusoe brauchte sich mit diesem Problem – bevor Freitag kam – nicht zu befassen. (a) wurde eingeführt, weil im Falle von nur zwei Alternativen eine Vielfalt sozialer Entscheidungsregeln, die wie die Mehrheitsregel für „gut" gehalten werden, ohne Schwierigkeiten eingeführt werden können. Das *Problem* der Aufstellung einer „guten" sozialen Entscheidungsfunktion würde überhaupt nicht entstehen, falls es keine Situationen gäbe, in denen zwischen mehr als zwei Alternativen gewählt werden muß. Wir erinnern uns, daß Plinius der Jüngere das Problem im Kontext von drei Alternativen aufwarf. Das Paradoxon von Cordorcet ergab sich ebenfalls im Kontext von drei Alternativen (vgl. S. 250).

A_1 (c) wiederum reflektiert die Forderung, daß die Regel ausreichend allgemein sei, so daß sie eine soziale Ordnung von Alternativen *für jedes* von den Wählern produzierte Präferenzenprofil vorschreiben könnte. Eine andere Möglichkeit A_1 (c) zu interpretieren ist, daß es die vollständige Entscheidungsfreiheit der Wähler widerspiegelt – mehr noch, daß die individuellen Präferenzenordnung durch geheime Wahl in ihrer Unabhängigkeit garantiert werden.

A_2. Falls eine soziale Präferenz xPy als Folge eines gegebenen Profils D vorgezogen wird, dann soll diese Präferenz unverändert bleiben, falls D wie folgt modifiziert wird:

(a) In den individuellen Ordnungen werden Präferenzen, die nur andere Alternativen als x beinhalten, nicht verändert.

(b) In den individuellen Ordnungen werden Präferenzen, die x beinhalten entweder nicht verändert, oder zugunsten von x verändert[4]).

Erläuterung:

Bei den betrachteten Veränderungen wächst entweder das „Ansehen" von x in der Wertschätzung des Individuums oder es bleibt unverändert. Es sinkt niemals. Unter diesen Bedingungen sollte der Status von x in der sozialen Ordnung im Hinblick auf irgendwelche andere Alternativen nicht abnehmen.

A_3. Sei $Y \subset X$ und ein Profil D werde so modifiziert, daß die Restriktion von D auf Y gleich bleibt, dann soll die Restriktion von P auf Y gleich bleiben.

Erläuterung:

A_3 drückt das sogenannte Prinzip der *Unabhängigkeit von irrelevanten Alternativen* aus. Um zu sehen, wie das Prinzip in einer konkreten Situation funktioniert, sei $Y = \{x, y\}$. Die durch ein Profil D produzierte Präferenz sei xPy. Nun sei D' ein anderes Profil mit folgenden Eigenschaften: Falls jemand $x \ y$ bei D vorgezogen hat, zieht er auch bei D' $x \ y$ vor, und wer immer $y \ x$ bei D vorgezogen hat, zieht $y \ x$ auch bei D' vor, und wer immer zwischen x und y bei D indifferent war, bleibt zwischen den beiden auch bei D' indifferent. Dann muß xPy auch in der von D' hervorgebrachten Ordnung gelten. In bezug auf die von x und y verschiedenen Alternativen ist D' beliebig.

Nun kann die „Distanz" zwischen einem Alternativenpaar in Y in individuellen Präferenzenordnungen von D' verändert werden, ohne die Präferenzen zwischen ihnen zu beeinflussen. Unter Distanz zwischen zwei Alternativen meinen wir die Anzahl der Alternativen, die in der Ordnung zwischen ihnen liegen. Beispielsweise sind in der vom Wähler i vorgestellten Ordnung $xD_iyD_izD_iw$ die Alternativen x und y in Nachbarschaft, aber in der Ordnung $xD_izD_iwD_iy$ ist die Distanz zwischen ihnen größer, hervorgerufen durch die zwei zwischenliegenden Alternativen. Trotzdem gibt xD_iy wegen der Transitivität von D_i in beiden Ordnungen. Laut A_3 sollte eine Veränderung von D von dieser Art die Präferenzenordnung zwischen x und y innerhalb der sozialen Ordnung nicht beeinflussen.

Aber A_3 ist nicht so harmlos wie vermutet. Es könnte geschehen, daß bei einem Profil y die letzte Alternative für alle Wähler dargestellt hatte, während sie bei einem anderen bei einigen Wählern auf den zweiten Platz kam. Diese Veränderung des „Status" sollte die Präferenzen zwischen x und y innerhalb der sozialen Ordnung laut A_3 jedoch so lange nicht verändern, als die Präferenzen zwischen x und y bei allen Wählern die gleichen bleiben. Wenn die Distanz zwischen zwei Alternativen als „Grad der Präferenz der Alternativen" interpretiert wird, dann behauptet A_3 in der Tat, daß dieser „Grad der Präferenz" so lange nicht berücksichtigt werden sollte, als die gegebenen Bedingungen erfüllt sind. Einige Argumente wurden gegen die Annehmbarkeit dieses Axioms hervorgebracht, wieder andere für seine entschiedene Verteidigung, wie beispielsweise durch *Fishburn* [1973][5]). An dieser Stelle werden wir hier nicht Partei ergreifen.

A_4. Für jedes Alternativenpaar x und y gibt es Profile individueller Ordnungen, die zu einer Präferenz von x vor y in der sozialen Ordnung führen.

Erläuterung:

Dieses Axiom wurde als „Volkssouveränität" interpretiert. Falls A_4 verletzt wird, kann es geschehen, daß sogar eine *einmütige* Präferenz von x vor y in den individuellen Ordnungen zu einer Präferenz von y vor x in der sozialen Ordnung führt. In diesem Falle wird „der Wille des Volkes" ignoriert, was natürlich als Verletzung demokratischer Grundsätze angesehen werden kann. A_4 verkündet, daß die Wähler die Gesellschaft *in irgendeiner Weise* (z.B. durch einstimmiges Votum) dazu bringen können, jede beliebige Alternative x jeder beliebigen Alternative y vorzuziehen.

Nun wollen wir versuchen, die Konsequenzen aus den Axiomen $A_1 - A_4$ aufzuzeigen.

Eine gewisse soziale Entscheidungsfunktion erfülle A_1 bis A_4. Betrachten wir ein bestimmtes geordnetes Alternativenpaar (x, y) und eine Menge von Wählern $V \subset N$, so daß immer, wenn alle Wähler aus V x y vorziehen, auch die Gesellschaft dies tut – in Übereinstimmung mit unserer betrachteten sozialen Entscheidungsfunktion –, und zwar unabhängig davon, wie die Wähler in der komplementären Menge $V - N$ diese zwei Alternativen ordnen. Beispielsweise existiere in der Verfassung eine Vorschrift, daß kein Individuum seines Lebens ohne sein Einverständnis beraubt werden dürfe. Falls dann x „i darf weiterleben" und y „i soll umgebracht werden" bedeuten, dann hat $V = \{i\}$ obige Eigenschaft.

Wenn eine Menge V die soziale Entscheidung zugunsten von x y gegenüber *immer* durchsetzen kann, so wird sie *für das geordnete Paar (x, y) entscheidend* genannt. In unserem Beispiel ist die Ein-Elemente-Menge $\{i\}$ für das bestimmte Paar (x, y) entscheidend. Dies bedeutet gewiß nicht, daß i notwendig für *jedes* Paar (x', y') entscheidend sei. Falls beispielsweise x' „j darf weiterleben" und y' „j soll sterben" bedeuten $(j \neq i)$, so braucht i für dieses Paar nicht entscheidend zu sein.

Im allgemeinen nehmen wir an, daß eine Menge $V \subset N$ existiert, die für irgendein bestimmtes Paar (x, y) entscheidend ist. Offensichtlich existiert solch eine Menge, weil die gesamte Menge der Wähler für jedes Paar (x, y) aufgrund der Axiome A_2 und A_4 entscheidend sein muß. Wir bemerken ferner, daß wenn V für (x, y) entscheidend ist, dann xPy gilt, falls xD_iy für jedes $i \in V$ und yD_ix für jedes $j \notin V$. Das umgekehrte gilt ebenfalls. Falls xPy immer dann gilt, wenn jederman in V x y vorzieht und jedermann nicht in V y z vorzieht, dann erhalten wir aufgrund von A_2 xPy für jede andere Konfiguration von Präferenzen nicht in V enthaltener Wähler, zumal der Status von x außerhalb von V innerhalb jeder anderen Konfiguration „besser" sein muß.

Bei der Anwendung von A_1, A_2 und A_4 sehen wir, daß die gesamte Menge der Wähler N für jedes Paar (x, y) nach dem Einstimmigkeitsprinzip entscheidend sein muß. Wir wollen unsere Aufmerksamkeit auf ein bestimmtes Paar $(\bar{x}, \bar{y})$ lenken. Möglicherweise ist eine echte Teilmenge von N für $(\bar{x}, \bar{y})$ ebenfalls entscheidend. Falls dies der Fall ist, entfernen wir einen Wähler aus der Menge. Falls die übriggebliebene Menge immer noch über $(\bar{x}, \bar{y})$ entscheidend ist, entfernen wir den nächsten Wähler. Aus A_3 folgt, daß es eine Menge von Wählern V geben muß, die für *irgendein* geordnetes Paar (x, y) entscheidend ist, aus der jedoch kein Wähler mehr entfernt werden kann, ohne daß die übriggebliebene Menge für *kein* Paar entscheidend ist. Wir wollen diese Menge V *minimal entscheidend* für (x, y) nennen. Wir wissen, daß V nicht leer sein kann, andernfalls ihr Komplement N für (x, y) nicht entscheidend wäre, und dies ist ein Widerspruch, denn wir haben gesehen, daß N für alle Paare (x, y) entscheidend sein muß.

Nun wollen wir unsere Aufmerksamkeit auf V lenken. Da V nicht leer ist, muß es mindestens einen Wähler enthalten. Nennen wir ihn j. Nun seien $W = V - \{j\}$ und $U = N - V$. Da alle Profile schwacher Ordnung wegen A_1 (c) erlaubt sind, stellen wir uns das folgende Profil vor.

j	W	U
x	z	y
y	x	z
z	y	x

wobei z eine von x und y verschiedene willkürliche Alternative ist (wegen A_1 (a) existiert sie). D.h. die Präferenzordnung von j ist $xD_j yD_j z$, jedermann in W wählt $zD_w xD_w y$ und jeder andere wählt $yD_u zD_u x$. Obwohl W leer sein kann, können W und U nicht beide leer sein; andernfalls würde unsere „Gesellschaft" aus einem einzigen Individuum bestehen, also im Widerspruch zu A_1 (b) stehen.

Da nun jedermann aus $V = j \cup W$ x y vorzieht, und da V definitionsgemäß für (x, y) entscheidend ist, folgt, daß die Gesellschaft x y vorziehen müßte. Nun werden wir auch zeigen, daß die Gesellschaft z nicht y vorziehen kann. Denn die Annahme, daß die Gesellschaft z y vorzieht, würde implizieren, daß W für (z, y) entscheidend sei, was der Konstruktion von V als einer *minimalen* entscheidenden Menge widersprechen würde. Falls nun P eine schwache Ordnung ist, dann implizieren xPy und yPz xPz. Aber j ist der einzige Wähler, der x z vorzieht; somit ist j entscheidend für (x, z). Daraus folgt, daß j keine echte Teilmenge von V sein kann (wiederum weil V minimal entscheidend ist), und somit $\{j\} = V$ gilt. Weil laut Hypothese V für (x, y) entscheidend ist, ist j für (x, y) entscheidend. Und wir hatten ebenfalls gezeigt, daß j für (x, z) entscheidend ist, wobei z jede von x und y verschiedene Alternative ist.

Nehmen wir $w \neq x$ an und stellen uns das folgende Profil vor:

j	U
w	z
x	w
z	x

Da W leer ist, gilt $j \cup U = N$. Daher zieht jedermann w x vor, und aufgrund des Einstimmigkeitsprinzips muß es auch die Gesellschaft tun. Somit ist wPx. Da, wie gezeigt wurde, j für (x, z) entscheidend ist, gilt xPz. Wegen der Transitivität der Relation P gilt wPz. Aber j war der einzige Wähler, der w z vorgezogen hatte. Daher ist j für (w, z) entscheidend. Da wir w und z willkürlich gewählt hatten, ist j zunächst für jedes x nicht enthaltende Paar entscheidend. Stellen wir uns schließlich das folgende Profil vor:

j	U
w	z
z	x
x	w

Da j für (w, z) entscheidend ist, müssen wir wPz erhalten. Aufgrund von Einstimmigkeiten ist zPx. Daher sind wir wegen der Transitivität wPx und j für (w, x) entscheidend. Da j für (x, z) und (w, x) entscheidend ist — wobei w und z beliebige von x verschiedene Alternative sind — ist j für alle x enthaltende Paare entscheidend. Damit ist j für jedes Paar überhaupt entscheidend und kann Diktator genannt werden. (Ein Diktator wird als dasjenige Individuum innerhalb der Gesellschaft definiert, das seinen Willen bei jeder sozialen Entscheidung unabhängig von den Präferenzen der anderen Gesellschaftsmitglieder durchsetzt.)

Wir kommen damit zu dem Schluß, daß die einzige Art sozialer Entscheidungsregeln, die die Axiome $A_1 - A_4$ gleichzeitig erfüllt jene ist, die ein Individuum als Diktator bestimmt. Ursprünglich enthält die Formulierung des Unmöglichkeits-Theorems ein fünftes Axiom:

A_5.   Es gibt kein Individuum $j \in N$, so daß xPy dann und nur dann gilt, wenn xD_jy.

Das Unmöglichkeits-Theorem hat seinen Namen aufgrund der Tatsache erhalten, daß es unmöglich ist, eine soziale Entscheidungsfunktion zu konstruieren, die A_1 bis einschließlich A_5 erfüllt.

Die Bedeutung des Unmöglichkeits-Theorems liegt offensichtlich nicht in der Behauptung, daß „Demokratie unmöglich" sei oder etwas in dieser Art. Es besteht eine weite Kluft zwischen den formalen, logisch absolut präzisen Definitionen von „Demokratie", wie sie beispielsweise durch die genannten Axiome formuliert wird, und dem, was man intuitiv unter einem „demokratischen Verfahren" versteht. Und schließlich besteht der Wert von „Demokratie" nicht darin, daß sie logisch absolut mit einigen Regeln konsistent wäre, sondern darin, daß diese Idee verteidigende Menschen in ihr etwas Faires und Gerechtes sehen. Offensichtlich *gibt* es Verfahren sozialer Entscheidungen, die von großen Mehrheiten innerhalb gewisser Gesellschaften für „fair" und „gerecht" gehalten werden. Hier werden wir an Kenneth Bouldings berühmten Ausspruch erinnert, „Alles, was existiert, ist möglich". Der Wert der Analyse liegt anderswo — und zwar in der Aufdeckung der Kluft zwischen logisch stringenten Begrifflichkeiten und ihrem intuitiven Verständnis, womit sie gleichzeitig die Möglichkeit sorgfältiger Analyse entstehender Konflikte und Widersprüche fördert.

Weitere Entwicklungen der sozialen Entscheidungstheorie

Die formale Theorie sozialer Entscheidungen wurde in zwei Richtungen entwickelt. Wenn wir der einen von ihnen folgen, können wir mit dem Unmöglichkeits-Theorem beginnen und uns fragen, auf welche Weise die ihm zugrundeliegenden Axiome so abgeschwächt werden könnten, daß sie miteinander kompatibel würden. Wenn wir der anderen Richtung folgen, können wir einige besondere Klassen sozialer Entscheidungsfunktionen untersuchen, um ihre gewünschten und unerwünschten Eigenschaften hervorzuheben. Offensichtlich kann keine dieser Funktionen die Axiome $A_1 - A_5$ erfüllen, aber wenn wir ihre Eigenschaften untersuchen, erhalten wir eine Vorstellung davon, was mit jeder dieser sozialen Entscheidungsfunktionen „geopfert" worden ist. So wird unsere Analyse mit unseren Wertvorstellungen verknüpft, was nach Ansicht des Autors nicht vermieden, sondern im Gegenteil angestrebt werden soll — vorausgesetzt man ist sich dieser Verknüpfung bewußt.

Wenn wir die Liste der Forderungen $A_1 - A_5$ untersuchen, werden wir feststellen, daß wir weder A_2 noch A_4 oder A_5 guten Gewissens fallen lassen können, falls wir wollen, daß die Gesellschaft gegenüber dem „Willen des Volkes" wenigstens minimal verantwortlich sei. Falls wir ferner A_1 (b) fallen ließen, so würde die gesamte Konzeption sozialer Entscheidungen leer. Das Fallenlassen von A_1 (a) ist gleichbedeutend mit der Flucht vor dem Problem, wie wir schon betont haben (vgl. S. 252). Es bleiben lediglich A_1 (c) und A_3.

Der eine Weg, um die Bedingung A_1 (c) zu lockern, wäre D einzuschränken, d.h. die Menge der „erlaubten" Profile D. Solche Einschränkung könnte als Einschränkung der Entscheidungsfreiheit der Wähler interpretiert werden; aber sie muß in konkreten Kontext nicht unbedingt so interpretiert werden, da die in bestimmten Situationen wirklich entstehenden Profile D ganz „natürlich" auf bestimmte Arten eingeschränkt sein können.

Als Beispiel einer solchen Situation stellen wir uns die Menge der Wähler N als einen Ausschuß vor, der über die Höchststrafe von Verbrechen — sagen wir des bewaffneten Raubüberfalls — zu entscheiden habe. Nehmen wir ferner an, daß die möglichen Alternativen aus Gefängnisstrafen bestehen, die nach ihrer Dauer (die Anzahl der Jahre) gemessen werden. Einige Mitglieder des Auschusses meinen, drei Jahre seien die angemessene Höchststrafe, andere sind für fünf, wieder andere für acht Jahre usw. Es gibt auch einige Mitglieder, die der Meinung sind, das Gefängnissystem sollte überhaupt beseitigt werden, und folglich ziehen sie die Gefängnisstrafe von 0 Jahren vor. (Andere als Gefängnisstrafen werden in dieser Phase der Überlegungen nicht berücksichtigt.)

Betrachten wir nun ein Ausschußmitglied, dessen bevorzugteste Alternative 5 Jahre lautet. Wir nehmen an, daß er der Meinung ist, 4 Jahre wären zu wenig und 6 Jahre zu viel. Falls der Grad seiner Präferenzen monoton in jeder Richtung ausgehend von den 5 Jahren abnimmt, so werden wir sagen, seine Präferenzenordnung sei *eingipfelig*.

Wir können nun annehmen, der Gegner von Gefängnisstrafen besitze eine Präferenzenordnung mit einem einzigen Gipfel bei 0. Das gleiche kann vom Befürworter der längsten betrachteten Strafe, sagen wir 20 Jahre, gesagt werden, falls der Grad seiner Präferenzen monoton mit der Anzahl der Jahre wächst.

Präferenzenordnungen mit einem einzigen Gipfel können auch (höchstens) ein „Plateau" bilden, vorausgesetzt daß die auf dem Plateau befindlichen Alternativen allen anderen vorgezogen werden. So könnte unser 3-Jahres-Befürworter zwischen 2, 3 und 4 Jahren überhaupt indifferent sein.

Es ist gezeigt worden, daß, falls D nur aus eingipfeligen Präferenzenordnungen besteht, eine soziale Entscheidungsfunktion gefunden werden kann, die die Axiome $A_1 - A_5$ erfüllt. Beispielsweise sei die soziale Entscheidung der Zentralwert der zugrundeliegenden Skala, d.h. die eine Hälfte der Wähler hat ihre Gipfelpunkte über diesem und die andere unter diesem Wert. Diese Regel erfüllt alle fünf Axiome falls alle Präferenzenordnungen nur einen einzigen Gipfel besitzen.

Die Politologen interessiert, wie oft eingipfelige Präferenzenordnungen in realen politischen Zusammenhängen auftreten. Sie können auftreten, wenn die Alternativen auf einer Ordinalskala dargestellt werden können. In unserem Beispiel war dies eine Zeitskala. Es gibt auch andere Beispiele. Einige politische Alternativen oder Kandidaten für ein Amt könnten mittels einer Skala nach „rechts" oder „links" geordnet werden. (In der Tat wird solch eine Skala in einigen mathematischen Modellen der Koalitionsbildung angenommen, die in Kapitel 19 diskutiert werden sollen.) Außenpolitische Entscheidungen einiger Staaten können auf einer Skala nach „Falken" und „Tauben" geordnet werden usw.

Die Entdeckung, daß die Beschränkung von D auf eingipfelige Präferenzenordnungen die Existenz „demokratischer" sozialer Entscheidungsfunktionen garantiert [vgl. *Black*], offenbart die Verbindung zwischen der politisch-ideologischen Struktur einer Gesellschaft und der Möglichkeit, eine *allgemeine* Regel sozialer Entscheidungen aufzustellen, die die genannten Forderungen erfüllt. Aber diese Entdeckung hebt lediglich die Tatsache hervor, daß eine „ein-dimensionale" politisch-ideologische Struktur *ausreicht*, um die Möglichkeit sicherzustellen, daß eine solche Regel aufgestellt werden könnte. Ein den Traditionen und Werten seines Berufes verpflichteter Mathematiker möchte natürlich wissen, ob solch eine Struktur auch *notwendig* sei. Die Suche nach einer Antwort auf diese Frage führt zu reichlich verwickelten mathematischen Überlegungen, die für das ursprüngliche inhaltliche Problem relevant sein können, oder auch nicht.

Mathematische Untersuchungen besitzen die Eigenart, sich zu „verselbständigen" sobald sie den Forderungen des Forschers an Vollständigkeit, Strenge und Allgemeingültigkeit unterworfen werden. Oft treten jene Probleme, die ursprünglich den Anlaß der Forschungen gebildet hatten, vollständig außerhalb des Blickfeldes. Angesichts der entscheidenden Rolle unvermuteter Entdeckungen (serendipity) in der Wissenschaft zögert man, diese Abweichungen als irrelevante formalistische Übungen zu bewerten. Übrigens können mathematisch interessante Entdeckungen für sich selbst gerechtfertigt werden, wenn wir die Mathematik als die gesteigerte Verkörperung dessen ansehen, was möglicherweise die am weitesten entwickelte jener Fähigkeiten ist, die den Menschen überhaupt auszeichnen. Andererseits kann jemand, der mit wesentlichen inhaltsorientierten Untersuchungsgegenständen befaßt ist, den Mathematiker verständlicherweise danach fragen, wie seine Resultate ihm helfen können, die auf seinem Felde entstandenen Probleme besser zu verstehen.

Die Schwellen wahrgenommener Relevanz sind verschieden. Vollkommen pragmatisch orientierte Leute werden jede Erkenntnis als nutzlos ablehnen, die den Weg zum Erreichen des gestreckten Ziels nicht unmittelbar zu verkürzen hilft. Der streng empirisch Orientierte kann sich der „reinen Wissenschaft" widmen, aber er wird nur solche Erkenntnisse als „wirklich" ansehen, die empirisch verifizierbar sind. Er wird den Mathematiker nicht auf anwendbare Forschungen festlegen wollen, die ihm sagen, „wie er es tun soll", wohl aber auf empirisch testbare Modelle. Wesentlich breiter ist das Interesse bei jenen Forschern, die sich bemühen, die wesentlichen Eigenheiten einer Klasse von Erscheinungen zu verstehen, die häufig nur durch eine nicht direkt mit konkreten Beobachtungsdaten verknüpfte Strukturanalyse entdeckt werden können. Die oben vorgeführte Analyse der logischen Struktur sozialer Entscheidungen war ein Beispiel dafür.

So abstrakt diese Analyse auch ist, sind ihre fundamentalen Begriffe immer noch Idealisierungen oder gar Verfeinerungen von Vorstellungen, die das politische Denken durchdringen, wie z.B. Demokratie, Diktatur, Freiheit der Wahl, politisch-ideologische Kontinuität usw. Erst wenn die mathematische Analyse alle diese Idealisierungen hinter sich läßt, verliert sie den Kontakt zu den empirischen Wissenschaften.

Beispiele dieses Bruchs (mit der Empirie) werden tatsächlich mit den Verästelungen der formalen Entscheidungstheorie geliefert, und zwar sowohl innerhalb der Theorie sozialer Entscheidungen, als auch bei vielen Entwicklungen der mathematischen Theorie der Spiele. Wir werden dafür ein Beispiel geben.

Wie gezeigt wurde, gibt es viele soziale Entscheidungsfunktionen, die alle Axiome (mit Ausnahme von A_1 (a) natürlich) erfüllen, falls X lediglich zwei Alternativen enthält. Ein Ziel der strukturellen Theorie ist es, diese Funktionen zu klassifizieren. Eine dieser Klassen beinhaltet die sogenannten *repräsentativen Systeme*. Politisch besteht ein repräsentatives System aus zwei oder mehr Abteilungen wahlberechtigter Körperschaften, die hierarchisch organisiert sind. Die Wahlergebnisse einer Körperschaft auf der niedrigeren Ebene legen eine Stimme auf die eine oder die andere Alternative auf der nächsthöheren Ebene fest usw. Die Wähler in den verschiedenen Wahlkörperschaften können auch als Wähler einer einzigen Körperschaft betrachtet werden. Betrachtet man nun diese einzige Körperschaft, so kann man fragen, ob es möglich wäre, für sie eine soziale Entscheidungsfunktion zu finden, deren Entscheidungen immer mit den Entscheidungen eines aus den gleichen Individuen bestehenden repräsentativen Systems übereinstimmen. Um es anders auszudrücken: Was sind die notwendigen und hinreichenden Bedingungen für eine soziale Entscheidungsfunktion, die sie einem repräsentativen System äquivalent machen? Es zeigt sich, daß die notwendigen sowohl wie die ausreichenden Bedingungen leicht zu formulieren und in Begriffen eines intuitiv einsichtigen politischen Systeme zu intepretieren sind. Dies ist jedoch für die notwendigen *und* ausreichenden Bedingungen nicht der Fall. Diese können nur in Begriffen einer reichlich abstrusen mengentheoretischen Konstruktion formuliert werden, die keine intuitiv verständliche politische Interpretation mehr zulassen. Trotzdem sind formale Entscheidungstheoretiker lange Wege gegangen, um solche Bedingungen zu finden und zu formulieren[6]. Vielleicht spielt hier der Ehrgeiz eine Rolle.

Mein Ziel ist es gewesen, diese Forschungsfelder nur bis zu jenem Horizont darzustellen, hinter dem theoretische Konstruktionen keine Ähnlichkeit mehr mit auf Erfahrungswissenschaften bezogenen Begriffen haben. Es ist aber sehr schwierig, die Grenze zwischen mathematischen Methoden der Erfahrungswissenschaften und der Mathematik als solcher zu ziehen.

Die Idee einer optimalen sozialen Entscheidung geht zumindest bis auf Bentham zurück, der das vieldiskutierte Prinzip des „größtmöglichen Glücks für die größtmögliche Zahl" (von Menschen) aufgestellt hat. Wie schon festgestellt, ist dieses Prinzip kaum ein geeigneter Wegweiser für soziale Entscheidungen. Die Bestimmung des „größtmöglichen Glücks" bezieht sich offensichtlich auf eine gewisse Quantität, aber eine Quantität wovon? Viele Situationen der sozialen Entscheidungen beinhalten eine Verteilung bestimmter Güter oder von Gütermengen. Viele Güter oder ihre Surrogate, z.B. Geld, gibt es nur in begrenzten Mengen – andernfalls würde das Verteilungsproblem überhaupt nicht entstehen. Wie wird das „größtmögliche Glück" und die „größtmögliche Anzahl" in diesen Situationen miteinander kombiniert? Falls ein Gut unter mehr Menschen (eine größere Anzahl) verteilt wird, so erhält jeder einen geringeren Anteil. Vielleicht muß eine auf die Art der Verteilung bezogene Quantität maximiert werden. Wir wollen diesen Gedanken weiter verfolgen.

Um ein konkretes Beispiel zu nehmen, bestehe das „Gut" aus einem Haufen Kokosnüssen, die von einer Gruppe schiffbrüchiger Seeleute auf einer Wüsteninsel gesammelt wurden. Das soziale Entscheidungsproblem besteht in der Aufteilung der Kokosnüsse unter die Seeleute. Anhänger des Egalitarismus befürworten die Verteilung zu gleichen Mengen. Die Befürworter des Prinzips „jedem nach seiner (Arbeits)Leistung" bestehen darauf, die Anzahl der zugeteilten Kokosnüsse irgendwie mit der Anzahl zu verbinden, die jeder geerntet hat. Andere sind wiederum der Meinung, daß das Alter oder die Gesundheit berücksichtigt werden müssen. Was soll „das größtmögliche Glück für die größtmögliche Anzahl" in dieser Situation bedeuten? Wir ziehen keine Verteilungsregel vor, wir verlangen lediglich, daß die Regel unmißverständlich definiert und irgendwie gerechtfertigt sei.

Das Problem der Verteilung der Kokosnüsse ist eine drastisch vereinfachte Version eines Problems, das in der Politik immer dort eine zentrale Rolle gespielt hat, wo sie von öffentlichem Interesse war – das Problem der Verteilung sowohl materieller Güter, als auch von Macht oder von Vergünstigungen.

Um das Problem weiter zu vereinfachen, nehmen wir an, daß die Anzahl der Seeleute zwei ist. Um einigermaßen voranzukommen, müssen wir den Kokosnüssen Quantitäten beigeben, die für das betroffene Individuum ihren „Wert" ausdrücken. Im Kapitel 2 haben wir den *Nutzen* als ein solches Maß individuell geschätzten Werts diskutiert. Indem wir für einen Moment die mathematischen Eigenschaften dieser Quantität, die sich von ihrer operationalen Definition ableitet, ignorieren, wollen wir annehmen, daß jede Kokosnuß für den Seemann 1 a Nutzeneinheiten wert ist, und für den Seemann 2 b Einheiten. Nehmen wir ferner an, daß die Nutzen der Kokosnüsse in der Einschätzung der Seeleute additiv sind, so daß falls der Seemann 1 x Kokosnüsse erhält, er über $u_1(x) = ax$ Nutzeneinheiten verfügt, und der Seemann 2, der die übrigen $n-x$ Kokosnüsse erhält, folglich über $u_2(x) = b(n-x)$ Nutzeneinheiten verfügt. Nehmen wir schließlich an, daß der *soziale* Nutzen $u(x)$, der die zu maximierende Quantität ist, die Summe der beiden individuellen Nutzen darstellt. Auf diese Weise hängt der soziale Nutzen von der Verteilung der Kokosnüsse ab.

Wir haben

$$u(x) = u_1(x) + u_2(x) = ax + b(n-x) = (a-b)x + bn. \qquad (18.1)$$

Dann wird bei $a > b$ der soziale Nutzen maximiert, wenn wir $x = n$ setzen. In diesem Falle erhält der Seemann 1 alle Kokosnüsse. Falls $a < b$, dann wird u maximiert, wenn wir $x = 0$ setzen, wobei der Seemann 2 alle Kokosnüsse erhält. Falls $a = b$, so wird u konstant bleiben, unabhängig davon, wie die Kokosnüsse verteilt werden. Keine dieser möglichen Lösungen ist irgendwie befriedigend.

Wir können zu anderen Modellen übergehen. Um die Fechnersche Funktion x der „abnehmenden Erträge" für Nutzen einzuführen, seien $u_1(x) = a \log_e x$ und $u_2(x) = b \log_e(n-x)$. Unter der

Annahme der Additivität sozialen Nutzens erhalten wir:

$$u(x) = a \log_e x + b \log_e (n - x). \tag{18.2}$$

Um u zu maximieren, setze ihre Ableitung in bezug auf x gleich Null. Dann gilt

$$a/x - b/(n - x) = 0 \tag{18.3}$$

$$an - ax - bx = 0 \tag{18.4}$$

$$x = an/(a + b); \quad n - x = bn/(a + b). \tag{18.5}$$

Falls $a = b$, dann ist $x = n - x = n/2$. Falls $a \neq b$, dann erhält derjenige Seemann mehr Kokosnüsse, für den jede von ihnen einen größeren Nutzen hat.

Diese Lösung ist intuitiv vielleicht etwas befriedigender. Wir dürfen jedoch nicht vergessen, daß sie aus sehr starken Annahmen abgeleitet worden ist. Neben der willkürlichen Annahme der Formen individuellen Nutzens, haben wir den sozialen Nutzen als Summe individueller Nutzen definiert. Aber können wir überhaupt die Addition der Nutzen von verschiedenen Personen rechtfertigen? Man erinnere sich, daß spezifische Operationen mit Quantitäten nur sinnvoll sind, falls sie auf ausreichend starken Skalen gegeben sind. Wir haben ein Verfahren der Bestimmung individueller Nutzen auf einer Intervallskala diskutiert. Aber sowohl die Einheit als auch der Ursprung der Skala können willkürlich gewählt werden. D.h. dieses Verfahren läßt die Einheiten der Nutzenskala des Individuums unbestimmt. Falls also u_1 und u_2 nur auf Intervallskalen gegeben sind, dann bleiben die Konstanten a und b, die ja die entsprechenden Einheiten darstellen sollen, umbestimmt. Dasselbe gilt demnach für die von uns „bestimmte" Verteilung.

Die Unmöglichkeit interpersonellen Nutzenvergleichs wird von vielen Ökonomen, besonders der „klassischen" Schule, als axiomatisch gegeben angesehen. Bevor von Neumann/Morgenstern gezeigt haben, wie die Nutzen auf einer Intervallskala bestimmt werden können, war der gesamte Nutzenbegriff in der Tat (mit Ausnahme der ordinalen Präferenzenmessung) aus den mathematischen Modellen ökonomischer Erscheinungen ausgeschlossen. Selbst die Nutzen auf einer Intervallskala stellen jedoch keine Grundlage für ihren interpersonellen Vergleich dar. Ohne einen solchen Vergleich kann eine „soziale Wohlfahrtsfunktion", die sozialen Entscheidungen Werte beiordnet und der Maximierung sozialen Nutzens einen Sinn verleiht, nicht auf die oben beschriebene Weise definiert werden.

Majorität oder Präferenzstärke?

Trotzdem können selbst ordinale Skalen uns etwas über die Stärke von Präferenzen der Wähler im Hinblick auf eine gegebene Alternativenmenge sagen. Wie wir sehen werden, berücksichtigen einige soziale Entscheidungsfunktionen diese Präferenzstärken.

Beispiel[7]):

Eine Gastgeberin überreicht ihren fünf Gästen eine Getränkekarte und fordert sie auf, die Getränke nach ihren Präferenzen zu ordnen. Sie erhält folgende Ergebnisse:

Präferenzordnung *von drei Gästen*	Präferenzordnung *von zwei Gästen*
Kakao	Tee
Milch	Kakao
Kaffee	Fruchtgetränk
Tee	Milch
Fruchtgetränk	Wasser
Wasser	Kaffee

Nun hatte die Gastgeberin nicht ernsthaft Wasser ausschenken wollen. Übrigens stellte sie erst nach der Abstimmung fest, daß sie außer Kaffee und Tee nichts mehr hatte. Diese beiden Getränke wurden so zu den einzigen vorhandenen Alternativen. Außerdem will sie nur ein Getränk servieren. Falls die Gastgeberin die Majoritätsregel anwendet, muß sie Kaffee servieren, da die Mehrheit der Gäste Kaffee Tee vorzieht. Aber sollte eine aufmerksame Gastgeberin in diesem Fall die Majoritätsregel anwenden? Die beiden in der Minorität befindlichen Gäste haben Tee an die erste Stelle der Liste gesetzt und Kaffee an die letzte. Sie möchten eher Wasser als Kaffee. Die drei in der Majorität befindlichen Gäste haben weder für Kaffee noch für Tee starke Präferenzen, da beide in der Mitte ihrer Liste angegeben sind. Selbst wenn Kaffee hier vor Tee rangiert, mag der Unterschied eher gering sein. Ist es in diesem Falle nicht fairer, den Wünschen der Minorität zu entsprechen?

Dieses Argument ist gewiß alles andere als stichhaltig. Es wurde jedoch schon in der sogenannten Borda-Methode angewendet[8]). Die Borda-Methode ist so, wie sie ursprünglich formuliert wurde, keine vollständig bestimmte soziale Entscheidungsfunktion, weil sie die Entscheidungsmenge für jede Teilmenge der vollständigen Alternativenmenge nicht spezifiziert. Jedoch können soziale Entscheidungsfunktionen, die mit Bordas Methode „übereinstimmen" formuliert werden[4]).

Bordas Methode wird oft bei kollektiven Entscheidungen benutzt. In akademischen Ausschüssen, die mit der Aufgabe betraut sind, Vorschläge für Stellenbesetzungen zu machen, wird normalerweise eine Kandidatenliste diskutiert. Sie können ihre Überlegungen damit beenden, daß jedes Ausschußmitglied seine eigene Rangordnung der Kandidaten weiterreicht. Falls es n Kandidaten gibt, so erhält jeder $n - 1$ Punkte jedesmal, wenn er in einer Präferenzenordnung an erster Stelle erscheint, $n - 2$ Punkte, wenn er an zweiter Stelle erscheint usw. Die Addition der von jedem Kandidaten erhaltenen Punkte ergibt eine kollektive Präferenzenordnung. Somit ist die Auswahlmenge bestimmt als die Menge derjenigen Kandidaten, die die größte Anzahl von Punkten erhalten haben. Um eine Einzelentscheidung zu treffen, können noch einige Ausscheidungsverfahren erforderlich werden.

Auf diese Weise berücksichtigt Bordas Methode sowohl die Anzahl der Wähler, die einen bestimmten Kandidaten vorziehen, als auch die „Stärken ihrer Präferenzen". Falls die Gastgeberin in unserem Beispiel Bordas Methode benutzt hätte, so würde sie Tee servieren, der 16 Punkte erhalten hätte, und nicht Kaffee, der nur 9 Punkte erhalten hätte.

Wie wir aus diesem Beispiel ersehen können, kann Bordas Methode die Majoritätsregel verletzen. Marquis de Condorcet war ein glühender Befürworter der Majoritätsregel, obwohl er sich dessen bewußt war, daß sie bei der Anwendung zu Anomalien führen könnte, wie dies in Condorcet's Paradoxon exemplifiziert wird (vgl. S. 250).

Die Strukturanalyse führt zu weiteren Verfeinerungen der Konzeption der Majoritätsregel, auf die wir nun unsere Aufmerksamkeit lenken.

Der Bequemlichkeit halber wiederholen wir einige auf die sozialen Entscheidungsfunktionen bezogenen Definitionen.

X: Die Menge der den Wählern verfügbaren Alternativen.

X: Eine nicht-leere Menge nicht-leerer Teilmengen von X (normalerweise $2^X - \emptyset$).

$Y \subset X$:   Eine nicht-leere Teilmenge von X, genannt die Menge der verfügbaren Alternativen, so daß $Y \in X$.

D: Die Menge der durch die Wähler präsentierten Profile. Damit ist $D \in D$ ein geordneter n-Tupel $(D_1, D_2, \ldots, D_n)$, wobei die D_i die Präferenzenordnung der individuellen Wähler über X sind. Normalerweise sind es alle möglichen schwachen Ordnungen der Bereiche der D.

$F: X \times D \to X$:   Die soziale Entscheidungsfunktion. Damit ist F eine Funktion mit zwei Argumenten, wobei das erste eine nicht-leere Teilmenge von X und das zweite ein Profil sind. Der Mitbereich von F ist die Menge der nicht-leeren Teilmengen von X. Ferner gilt $F(Y, D) \subset Y$ und $F(Y, D) \neq \emptyset$. D.h. wenn eine verfügbare Menge von Alternativen und ein Profil von Präferenzenordnungen bestimmt sind, dann wählt F eine nicht-leere Teilmenge aus der verfügbaren Menge von Alternativen als die Auswahlmenge.

Nun definieren wir vier weitere Mengen.

$P(Y, D)$:   Die Menge der Alternativen in Y, die durch einfache Majorität jeder anderen Alternative in Y bei gegebenem Profil D vorgezogen werden. Offensichtlich muß $P(Y, D)$ entweder eine einelementige Menge $\{x\}$ sein (da nicht mehr als eine Alternative in der Menge jeder anderen Alternative vorgezogen werden kann), oder aber $P(Y, D) = \emptyset$ muß gelten.

$R(Y, D)$:   Die Menge der Alternativen in Y, der keine andere Alternative in Y durch einfache Majorität vorgezogen wird. Anders als $P(Y, D)$ kann $R(Y, D)$ mehr als eine Alternative enthalten, und sie kann auch leer sein.

Eine soziale Entscheidungsfunktion erfüllt eine *schwache Condorcet Bedingung* dann und nur dann, wenn für alle (Y, D) $F(Y, D) = P(Y, D)$ gilt, wenn immer $P(Y, D) \neq \emptyset$.

In Worten: Wann immer in einer verfügbaren Teilmenge Y eine Alterantive gibt, die durch einfache Majorität allen anderen in dieser Teilmenge vorgezogen wird, so soll die soziale Entscheidung unter der verfügbaren Alternativenmenge Y auf diese Alternative fallen.

Eine soziale Entscheidungsfunktion erfüllt die *Condorcet Bedingung* dann und nur dann, wenn $F(Y, D) \subset R(Y, D)$, immer wenn $R(Y, D) \neq \emptyset$ gilt.

In Worten: Wann immer es in einer verfügbaren Teilmenge Y von X eine Menge von Alternativen gibt, denen durch einfache Majorität keine andere Alternative in Y vorgezogen wird, solle die Entscheidungsmenge dieser Menge sein.

Eine soziale Entscheidungsfunktion erfüllt die *strenge Condorcet Bedingung* dann und nur dann, wenn für alle (Y, D), $F(Y, D) = R(Y, D)$ wann immer $R(Y, D) \neq \emptyset$.

In Worten: Wann immer es in einer verfügbaren Teilmenge Y eine Menge von Alternativen in Y gibt, denen keine andere Alternative in Y vorgezogen wird, so soll die Alternativenmenge, die die soziale Entscheidung darstellen, aus allen Alternativen dieser Menge bestehen.

Die Bedingungen sind in der Reihenfolge wachsender Stärke geordnet, weil die stärkere immer die schwächere impliziert. Diese Bedingungen sagen allerdings nichts darüber aus, wie die Entscheidungsmenge sein sollte, falls $P(Y, D)$ oder $R(Y, D)$ leer sind. Da dies leicht geschehen kann (vgl. Condorcet's Paradoxon), muß eine soziale Entscheidungsfunktion die Entscheidungsmenge auch unter diesen Bedingungen bestimmen.

Eine soziale Entscheidungsfunktion wird eine Condorcet-Funktion genannt, wenn sie mindestens eine der Condorcet-Bedingungen erfüllt, unabhängig von den Vorkehrungen, die in dem Falle getroffen werden, daß die verfügbaren Teilmengen keine Alternativen enthalten, denen andere nicht vorgezogen würden. Diese Entscheidungsfunktionen wurden nach Condorcet benannt, weil die Majoritätsregel ihr fester Bestandteil ist. Es ist in der Tat schwierig, Einwände vor allem gegen die schwache Condorcet-Bedingung zu erheben, wenn man an die Majoritätsregel als Hauptstütze demokratischer Entscheidungen glaubt. Denn falls eine Alternative x jeder anderen Alternative von einer Majorität vorgezogen wird (selbst nicht notwendig durch die selbe Majorität, wenn x mit verschiedenen Alternativen verglichen wird), so scheint es selbstverständlich x zum „Sieger" zu erklären. Aber ist eine Condorcet-Funktion wirklich unangreifbar? Betrachten wir zwei Situationen mit fünf Alternativen: $X = \{x, y, a, b, c,\}$; und fünf Wähler $N = \{1, 2, 3, 4, 5\}$[10]).

Situation 1:

Bei einem Profil D erweist sich die soziale Präferenzenordnung als linear, insbesondere $xPyPaPbPc$.

Situation 2:

Profil D' wird präsentiert, und es erweist sich, daß x zwei Stimmen für den ersten Platz, eine für den zweiten und eine für den vierten Platz und eine für den fünften hat. Die Alternative y hat zwei Stimmen für den ersten Platz, zwei für den zweiten, und eine für den dritten Platz. Man beachte, daß in dieser Situation die „beste" Konstellation von Positionen für irgendeine dritte Alternative eine Stimme für den ersten Platz (weil vier Stimmen schon von x und y besetzt sind), zwei für den zweiten und zwei für den dritten Platz ist. Beim Vergleich der Positionen von x, y und der bestmöglichen dritten Alternative erhalten wir in der Situation 2:

y: 2 (1-te), 2 (2-te), 1 (3-te)

x: 2 (1-te), 1 (2-te), 1 (4-te), 1 (5-te).

Beste andere: 1 (1-te), 2 (2-te), 2 (3-te).

Intuitiv erfassen wir, daß in der Situation 1 die Alternative x Sieger sein sollte. Dies ist bei jeder sozialen Entscheidungsregel der Fall, die auch nur die schwache Condorcet-Bedingung erfüllt. In der zweiten Situation wird es schwierig sein, y den Sieg abzusprechen, denn sie hat ebensoviele erste Stimmen wie x, und eine mehr für den zweiten und ebenfalls eine mehr für den dritten Platz. Mehr noch – x wird von zwei Wählern als die „schlechteste" bzw. die „zweitschlechteste" abgesehen, während y von niemandem so eingeschätzt wird.

Die Resultate wären nicht überraschend, wenn sie aufgrund zweier verschiedener Profile D und D' erhalten worden wären. Aber es erweist sich, daß sie von dem *gleichen* Profil erhalten wurden, nämlich

$$D' = D = (D_1 = (xyabc), D_2 = (yacbx), D_3 = (cxyab), D_4 = (xybca), D_5 = (ybaxc)).$$

Wie wir gesehen haben, wird eine schwache Condorcet-Bedingung durch jedes F, das x bei dem Profil D wählt, erfüllt. Eine soziale Entscheidungsfunktion, die mit Bordas Methode übereinstimmt, wählt y. Nach dieser Methode erhält x 12 Punkte, während y 16 erhält.

Condorcet hat dieses Beispiel benutzt, um zu „beweisen", daß Bordas Methode „falsch" sei. Aber natürlich ist sein Beweis auf der Annahme gegründet, daß Majoritätsentscheidungen Vorrang vor „Stärken von Präferenzen" haben sollten.

Um spezifischere Unterschiede zwischen den Ansichten von Borda und Condorcet herauszuarbeiten, wollen wir die folgende, im Geiste von Condorcet formulierte Bedingung untersuchen.

Die Bedingung der Reduktion. Für alle (Y, D) gilt $F(Y, D) = F(Y - \{y\}, D)$ immer dann, wenn $y \in Y$ und $x \gg_D y$.

Hier bedeutet $x \gg_D y$, daß bei gegebenem Profil D jedermann x y vorzieht. Die Reduktionsbedingung verlangt, daß in diesem Falle y nicht in der Entscheidungsmenge enthalten sei. Aber sie besagt noch mehr: nicht nur darf y nicht in der Entscheidungsmenge $P(Y, D)$ enthalten sein, die Entscheidung soll auch in keiner Weise berührt werden, falls die dominierte Alternative y aus der Menge der verfügbaren Alternativen entfernt wird.

Nun stellen wir *das Prinzip der Unabhängigkeit von nicht verfügbaren Alternativen* auf, das in enger Beziehung zum Prinzip der Unabhängigkeit von irrelevanten Alternativen (vgl. S. 252) steht: Wann immer die Beschränkung eines Profils D auf Y der Beschränkung eines anderen Profils D' auf Y gleicht, gilt $F(Y, D) = F(Y, D')$.

In Worten: unabhängig davon, wie die Wähler über *andere* Alternativen abgestimmt haben, soll die durch die beiden Profile bestimmte Entscheidungsmenge die gleiche sein, falls sie über die Alternative in Y in beiden Profilen in der gleichen Weise abgestimmt haben.

Wenn sowohl die Reduktionsbedingung als auch die Unabhängigkeit von nicht verfügbaren Alternativen gelten, dann bewirken sie, daß eine *dominierte* Alternative (eine, der eine andere Alternative einmütig vorgezogen wird) ebenso behandelt wird, wie eine nicht verfügbare.

Die Reduktionsbedingung ist vereinbar mit der schwachen Condorcet-Bedingung. Dies bedeutet jedoch nicht, daß jedes F, das die schwache Condorcet-Bedingung erfüllt, auch die Reduktionsbedingung erfüllen muß und umgekehrt; aber es besagt, daß für jedes X und jedes N Auswahlfunktionen existieren, die beide Bedingungen erfüllen. Bordas Methode erfüllt jedoch die Reduktionsbedingung nicht, wie an unserem Beispiel gesehen werden kann. Laut Bordas Methode ist $F(X, D) = y$. Nun zieht jedermann y a und y b vor. Die Reduktionsbedingung besagt nun, daß dann a und b eliminiert werden können. Aber dann haben wir im zweiten Wahlgang unter der Annahme, daß die Präferenzordnungen der übrigen „Kandidaten" gleich bleiben, das folgende Profil:

$$D = (D_1 = (xyc), D_2 = (ycx), D_3 = (cxy), D_4 = (xyc), D_5 = (yxc))$$

wobei x $2 + 1 + 2 + 1 = 6$ Punkte, y $1 + 2 + 1 + 2 = 6$ Punkte erhalten und $F(\{x, y, c\}, D) = \{x, y\} \neq \{y\}$.

Der Mathematiker Dodgson, dem Publikum besser unter dem Namen Lewis Carroll bekannt[11]), hat das folgende Beispiel mit vier Alternativen und 11 Wählern genannt.

3 Wähler erklären $(bacd)$

3 Wähler erklären $(badc)$

3 Wähler erklären $(acdb)$

2 Wähler erklären $(adcb)$.

Wenn wir die Punkte zusammenzählen, so erhält a $6 \times 2 + 5 \times 3 = 27$ Punkte, während b $6 \times 3 = 18$ Punkte hat. Nach Bordas Methode überflügelt a b bei weitem und müßte daher gewinnen. Aber eine *absolute Majorität* der Wähler (6) hat b an den *ersten Platz* gesetzt[12]). Sollte die Majorität nicht das Sagen darüber haben, welche Alternative „die beste" ist?

Den Grund für die hier genannte Diskrepanz sehen wir im Unterschied zwischen der Regel der absoluten Majorität und Bordas Methode. Das Majoritätsprinzip achtet lediglich darauf, wie viele Wähler einen Kandidaten mehr *mögen* als alle anderen. Bordas Methode berücksichtigt auch die Ansichten jener Wähler, die einen Kandidaten *nicht mögen*. Nach diesem Prinzip hat b verloren, weil er von mehr Wählern als *letzter* genannt wurde als a.

Es ist interessant zu bemerken, daß Dodgson in seinen letzten Werken seine Meinung geändert und Bordas Methode zugunsten der schwachen Condorcet-Bedingung aufgegeben hat.

Zusammenfassend kann man sagen, daß Bordas Methode auf den „Präferenzengraden" beruht, während Condorcet die Aufmerksamkeit auf Mehrheiten lenkt. Bei der ersteren ist wichtig, wie stark die Personen die Wichtigkeit der Alternativen betonen, in der letzteren lediglich wie viele Leute eine Alternative einer anderen vorziehen. Man kann sagen, daß Bordas Methode psychologische, während die Condorcet-Funktionen soziologische Gegebenheiten betonen.

Eine hervorstechende Eigenschaft der Condorcet-Bedingung ist, daß sie nichts über Auswahlmengen sagt, wenn $P(Y, D) = \emptyset$ oder wenn $R(Y, D) = \emptyset$. Daraus folgt, daß die Condorcet-Funktionen (jene, die wenigstens eine der Condorcet-Bedingungen erfüllen) anhand willkürlicher Vorschriften für Profile konstruiert werden können, die $P(Y, D)$ oder $R(Y, D)$ leer lassen. Die Idee, die Condorcet-Bedingungen mit Bordas Methode zu kombinieren, stellt sich zwangsläufig ein. Die von *Black* [1958] vorgeschlagene soziale Entscheidungsfunktion tut genau dies. Blacks Funktion erfüllt die schwache Condorcet-Bedingung und verweist auf Bordas Methode, wenn $P(Y, D) = \emptyset$.

Beispiel:

$$D = (D_1 = (xyzw), D_2 = (wxyz), D_3 = (wxyz), D_4 = (yzxw), D_5 = (yzxw)).$$

D erzeugt die lineare Ordnung $(xyzw)$, und jedes $F(Y, D)$ wird in Blacks Funktion durch die schwache Condorcet-Bedingung bestimmt.

Nun soll aber D' aus D durch Veränderung von D_2 in $(wzxy)$ hervorgegangen sein. Wieder bestimmt die schwache Condorcet-Bedingung $P(Y, D')$ für alle Teilmengen Y mit Ausnahme der gesamten Menge X und $\{x, y, z\}$, wobei $P(Y, D') = \emptyset$. Durch Rückgriff auf Bordas Methode erhalten wir $F(X, D') = F(\{x, y, z\}, D') = y$. Jedoch wurden durch den Wechsel von D zu D' weder die relativen Positionen von x und y irgendwo umgekehrt, noch hat sich ihre Nachbarschaft verändert.

Eine andere Abart von Condorcet-Funktion wurde von Copeland vorgeschlagen. Für jedes x sei $s(x, Y, D)$ die Anzahl der Alternativen $y \in Y$, für die xPy gilt, minus die Anzahl der Alternativen $y \in Y$, für die yPx gilt. Dann besteht die Entscheidungsmenge für Y aus den Alternativen mit der höchsten Punktezahl $s(x, Y, D)$. Copelands Funktion erfüllt die schwache Condorcet-Bedingung, jedoch nicht die strengeren.

Die letzte soziale Funktion, die wir untersuchen wollen, ist von Dodgson vorgeschlagen worden. D und D' seien zwei lineare Ordnungen über X. Eine *Inversion* ergibt sich beim Übergang von D zu D' immer dann, wenn xDy und $yD'x$. Die Gesamtzahl der Inversionen beim Übergang von D zu D' ist die Gesamtzahl jener geordneten Paare, die umgekehrt werden. Beispielsweise sei $D = (abcxy)$ und $D' = (axbcy)$. Dann ergeben sich beim Übergang von D zu D' zwei Inversionen.

Bei gegebenem (Y, D) sei $t(x, Y, D)$ die geringste Zahl von Inversionen in den linearen Ordnungen D_i von D, die nötig sind, um ein D' zu erhalten, für das $P(Y, D') = x$ gilt. Somit ist $t(x, Y, D)$ eine Punktezahl, die jedem x beigeordnet wird. Bei gegebenem (Y, D) wählt die Dodgson-Funktion die x mit der geringsten Punktezahl aus. Im folgenden Beispiel wählt Dodgson die y in Übereinstimmung mit der Methode von Borda aber nicht mit Copeland, der x wählt:

> 4 Wähler erklären $(yxacb)$
>
> 3 Wähler erklären $(bcyax)$
>
> 2 Wähler erklären $(xabcy)$

Die drei zuletzt diskutierten Funktionen von Black, Copeland und Dodgson sind alle Condorcet-Funktionen in dem Sinne, daß sie miteinander übereinstimmen, wenn $P(Y, D) \neq \emptyset$. Jede gibt jedoch eine andere Methode der Bestimmung der Entscheidungsmenge an, wenn $P(Y, D) = \emptyset$ ist. Dabei können sie verschiedene Entscheidungsmengen beim gleichen Profil erhalten. Wir erläutern dies am hypothetischen Fall dreier Kommissonsmitglieder, die mit der Auswahl von einem aus neun Landbebauungsplänen für ein bestimmtes Gebiet beauftragt sind. Von den neun Alternativen stellen x Parkland, y einen Flugplatz und z ein Wohngebiet dar. Das Profil sei

$$D = (D_1 = (azcyxbfed), D_2 = (xdbaefyzc), D_3 = (yzbxcaedf)).$$

Der Leser möge selbst feststellen, daß Blacks Funktion den Park-Vorschlag wählt, Copelands den Flugplatz und Dodgsons das Wohngebiet.

Anmerkungen

[1]) Eine auszugsweise englische Übersetzung dieses Briefes ist bei *Farquharson* [1969] zu finden.

[2]) Nach Marquis de Condorcet (1743–1794), einem französischen Mathematiker, Philosophen und Revolutionär, der die Konsequenzen von Entscheidungen nach der Majoritätsregel analysiert hat.

[3]) Die ursprüngliche Formulierung des Unmöglichkeitstheorems befindet sich bei *Arrow* [1951]. Wir folgen hier im wesentlichen der Darstellung durch *Luce/Raiffa* [1957].

[4]) „Veränderungen zugunsten von x" bedeutet folgendes: Falls für einige i in der ursprünglichen Ordnung xD_iy gilt, dann gilt in der veränderten Ordnung xD_iy; falls die ursprüngliche Ordnung $x \sim_i y$ oder yD_ix ist, dann ist die veränderte Ordnung $x \sim_i y$ oder xD_iy.

[5]) Fishburn schreibt: „Wenn . . . soziale Entscheidung von nicht verfügbaren Alternativen abhängen kann, welche von ihnen sollen dann berücksichtigt werden? Denn bei einer Menge nicht verfügbarer Alternativen kann x eine verfügbare soziale Entscheidung sein, während $y \neq x$ die soziale Entscheidung sein könnte, wenn bestimmte andere nicht verfügbare Alternativenmengen Y zugeordnet wären. Also verursacht die Einführung nicht verfügbarer Alternativen, die soziale Entscheidungen beeinflussen können, Mehrdeutigkeiten im Auswahlverfahren, die durch das Bestehen auf der Unabhängigkeitsbedingung zumindest verringert, wenn nicht ganz beseitigt werden können." [*Fishburn*, S. 7].

[6])Vergleiche die Behandlung dieses Problems durch *Fishburn* [1973, Kapitel 3].

[7]) Übernommen von *Luce/Raiffa* [1957].

[8]) Nach J. Ch. Borda (1733–1799), französischer Mathematiker.
[9]) Vgl. *Fishburn* [1973, S. 163ff.].
[10]) Dieses und die folgenden Beispiele wurden von *Fishburn* [1973] übernommen.
[11]) Als Autor vom berühmten Märchen *Alice in Wonderland*.
[12]) Falls dies eine gewöhnliche Wahl mit vier Kandidaten wäre, bei der die Wähler einen Kandidaten wählen, dann hätte *b* sicherlich gewonnen, da er eine absolute Majorität der Stimmen erhalten hätte.

19. Spieltheoretische Modelle: Koalitionen und Konsens

Im Kapitel 17 haben wir die Spieltheorie als einen Zweig der Entscheidungstheorie klassifiziert, der sich mit zwei oder mehr in ihren Interessen nicht übereinstimmenden Aktoren und ihren Entscheidungen befaßt. Ursprünglich bildeten die sogenannten Gesellschaftsspiele (Schach, Bridge usw.), wie der Name schon vermuten läßt, den Anlaß zur Analyse von Spielstrategien. Dementsprechend wurde diese Theorie zunächst nach normativen und präskriptiven Gesichtspunkten entwickelt. Dabei war die Auszeichnung optimaler Strategien für Entscheidungen in Konfliktsituationen das zentrale Problem. Das deutlichste Beispiel für eine solche Situation sind die Zweipersonen-Konstantsummenspiele (vgl. S. 243), die genau zwei Spieler mit diametral entgegengesetzten Interessen enthalten.

Das Fundamentaltheorem der Spieltheorie hat die Existenz optimaler Strategien in Zweipersonen-Konstantsummenspielen bewiesen. Wie wir gesehen haben (vgl. S. 245), ergeben sich bei der Definition von „Optimalität" (und damit von „Rationalität") im Kontext nichtkooperativer Nicht-Konstantsummenspiele gewisse Schwierigkeiten. Folglich verschob sich während der weiteren Entwicklung der Theorie der Nicht-Konstantsummenspiele die Problematik immer von der Suche nach optimalen Strategien auf die *Definition individueller Rationalität*. Dieses Problem steht in Harsanyis Theorie der Äquilibriumslösungen [vgl. *Harsanyi*] nicht-kooperativer Spiele im Mittelpunkt.

Bei den kooperativen Spielen tritt der Begriff der *kollektiven Rationalität* in den Vordergrund. Die ursprüngliche Frage nach optimalen Strategien geht dabei völlig unter. Die Aufmerksamkeit wird auf das Endergebnis gerichtet, d.h. auf die Lösung von sowohl individuell als auch kollektiv rationellen Aktoren gespielten Spiels. In der Form der charakteristischen Funktion der *n*-Personen kooperativen Spiele hört die Spieltheorie auf, eine Theorie optimaler Strategien zu sein und wird zur Theorie über *Ergebnisse der Konfliktlösung,* die in einem gewissen Sinne ebenfalls als optimal definiert werden können. Diese Konzeption der Spieltheorie hat bei der Anwendung in den Politikwissenschaften die wichtigste Rolle gespielt.

n-Personenspiele in der Form einer charakteristischen Funktion

Ein kooperatives *n*-Personenspiel in Form einer charakteristischen Funktion wird durch eine Menge von Spielern N und eine Funktion v: $2^N \rightarrow \mathbf{R}$ (reelle Zahlen) bestimmt, die jeder Teilmenge S von N einen *Wert* $v(S)$ zuordnet. Deshalb kennzeichnen wir solch ein Spiel G durch das Paar $\langle N, v \rangle$.

Der mit der Teilmenge $S \subset N$ assoziierte Wert $v(S)$ stellt den minimalen gemeinsamen Gewinn dar, den sich die Mitglieder von S sichern können, wenn sie ihre Strategien richtig koordinieren. Diese Definition setzt voraus, daß die individuellen Auszahlungen der Spieler sinnvoll addiert werden können; und folglich, daß die Auszahlungen (oder Nutzen) der Spieler durch eine stärkere Skala gegeben sind, als die gewöhnliche Intervallskala (vgl. S. 34). Im folgenden wollen wir annehmen, die Auszahlungen seien durch bestimmte übertragbare und ihren Wert beibehaltende Güter wie Geld ausgedrückt.

Der Sinn von „minimaler zugesicherter Auszahlung" muß erläutert werden. Man nehme an, daß die Spieler in S das „Schlechteste" erwarten, wenn sie eine Koalition bilden, nämlich daß die Mitglieder der komplementären Menge $N - S$ eine Gegenkoalition bilden und ihre Strategien koordinieren werden, um die gemeinsame Auszahlung an S bei ihrem Minimum zu halten. Wenn dies geschieht, so wird das Spiel in den Augen von S wesentlich zu einem antagonistischen zwei-Personen Spiel zwischen den zwei Koalitionen. Das Fundamentaltheorem der Spieltheorie garantiert die Existenz einer optimalen Strategie, bei deren Anwendung S mindestens einen minimalen Betrag erhalten kann, der dem *Wert* des Spiels für S gleichkommt, d.h. $v(S)$. Die charakteristische Funktion v bestimmt ein $v(S)$ für jede $S \in 2^N$.

Jede Funktion v: $2^N \to \mathbf{R}$ kann als charakteristische Funktion eines n-Personen Spiels dienen, vorausgesetzt, sie erfüllt die folgenden Bedingungen:

(i) $v(\emptyset) = 0$,
(ii) $v(S \cup T) \geqslant v(S) + v(T)$ für alle $S, T \in N, S \cap T = \emptyset$.

Die erste Bedingung sagt lediglich, daß die leere Koalition unabhängig vom Ergebnis des Spiels keine (positive oder negative) Auszahlung erhält. Die zweite stellt fest, daß zwei disjunkte Mengen S und T von Spielern, die einer Koalition ($S \cup T$) beitreten, gemeinsam mindestens so viel erhalten können, wie sie erhalten würden, falls sie in zwei getrennten Koalitionen S und T verblieben. Dies folgt aus der Annahme, daß, was auch immer zwei Koalitionen ohne die Koordination ihrer Strategien tun können, sie auch dann tun können, wenn sie ihre Strategien koordinieren. Man merke, daß die Kosten der Koalitionsbildung oder die möglichen Einschränkungen, nach denen Koalitionen gebildet werden können bei dieser Annahme nicht in die Überlegungen einfließen.

Von einem normativen Modell — d.h. unter der Annahme, daß die Spieler rational seien — könnte eine Antwort auf folgende Fragen erwartet werden:

1. Welche Koalitionen sollten gebildet werden?
2. Wie sollten die Auszahlungen im endgültigen Ergebnis verteilt werden?

Angesichts der obigen Bedingung (ii) können die n Spieler, die der *großen Koalition* (d.h. der Koalition aller Spieler) beigetreten sind, gemeinsam mindestens so viel erhalten, wie sie gemeinsam erhalten würden, falls sie die große Koalition nicht bilden. Daher ist die Bildung der großen Koalition mit der kollektiven Rationalität der n Spieler zumindest zu vereinbaren. Falls $v(N)$ tatsächlich größer als die gemeinsame Auszahlung ist, die den in mehr als eine Koalition aufgeteilten Spielern zukommt, dann schreibt kollektive Rationalität die Bildung einer großen Koalition vor. Vorläufig vernachlässigen wir die Frage, welche Koalition „rational" ist, falls die große Koalition ihren Mitgliedern keine wirklich größere Auszahlung verspricht, als gewisse kleinere Koalitionen. Wir wollen annehmen, daß die große Koalition irgendwann gebildet wird. Die nun verbleibende Frage ist, wie die gemeinsame Auszahlung $v(N)$ unter den Spielern aufgeteilt werden soll.

Betrachte die Menge der Vektoren

$$\{(x_1, x_2, \ldots, x_n) : x_i \geqslant v(i),\ i = 1, 2, \ldots, n,\ \sum_{i=1}^{n} x_i = v(N)\}. \tag{19.1}$$

Dies ist die Menge jener Auszahlungs-Aufteilungen, bei der jeder Spieler i x_i erhält, d.h. mindestens so viel, wie er garantiert erhalten würde, wenn er als „Koalition eines Einzelnen" gegen alle anderen spielen würde; und — mehr noch — die Summe dieser Auszahlungen x_i addiert schließlich zu $v(N)$, also dem Höchstbetrage, den die Spieler in diesem Spiel gemeinsam erhalten können. Solche Aufteilungen werden *Imputationen* genannt.

Wir sehen, daß eine Imputation als Zuweisung eines Anteils aus der gemeinsamen Auszahlung der individuellen Rationalität insofern nicht widerspricht, als jeder nach der Imputation ja mindestens so gut abschneidet, wie in einer nur aus ihm selbst bestehenden Koalition. Imputationen befriedigen auch die kollektive Rationalität aller n Spieler, da sie gemeinsam so viel erhalten, wie sie in diesem Spiel überhaupt erhalten können. Es entsteht nun die Frage, ob eine Imputation die kolletive Rationalität einer echten Teilmenge von N befriedige[1]).

Betrachten wir eine solche Teilmenge S und die gemeinsame Auszahlung, die den Mitgliedern bei der Imputation $x = (x_1, x_2, \ldots, x_n)$ zusteht, nämlich $\sum_{i \in S} x_i$. Falls die Mitglieder von S die große Koalition verlassen und ihre eigene Koalition bilden würden, erhielten sie zumindest $v(S)$ (laut Definition von $v(S)$). Falls nun $v(S) > \sum_{i \in S} x_i$ ist, so schreibt die kollektive Rationalität der Spieler in S vor, daß sie genau dies tun, d.h.: verläßt die große Koalition und bildet eine eigene. Diese Möglichkeit berücksichtigend, können wir nun das *Dominieren* als eine Relation über der Menge der Imputationen definieren.

Man sagt, die Imputation $y = (y_1, y_2, \ldots, y_n)$ *dominiere* die Imputation $x = (x_1, x_2, \ldots, x_n)$ *in bezug auf* S, falls jedes Mitglied von S bei y mehr erhält als bei x, und falls zudem S gemeinsam wirklich mindestens jenen Betrag erhalten kann, der ihm in y zusteht. In symbolischer Schreibweise ausgedrückt:

$$y \gg_S x \Leftrightarrow [i \in S \Rightarrow y_i > x_i \text{ und } \sum_{i \in S} y_i \leqslant v(S)]. \tag{19.2}$$

Betrachten wir ein Drei-Personenspiel $\langle N, v \rangle$ mit $N = \{a, b, c\}$ und der charakteristischen Funktion

$$v(a) = v(b) = v(c) = 0; v(\{a, b\}) = v(\{a, c\}) = v(\{b, c\}) = v(\{a, b, c\}) = 100. \tag{19.3}$$

Das Spiel kann wie folgt interpretiert werden: Drei Individuen wollen 100 Nutzeneinheiten untereinander aufteilen. Über die Aufteilung soll nach der Majoritätsregel entschieden werden. Dann kann sich kein Individuum einzeln mehr als 0 sichern. Jedes Paar kann anderseits, sobald es eine Koalition bildet, alle 100 erhalten. Und natürlich können auch alle drei zusammen die 100 Nutzeneinheiten erlangen.

Betrachten wir die Imputation $x = (30, 40, 30)$ und die Imputation $y = (40, 50, 10)$. Wir sehen, daß y x in bezug auf das Paar $\{a, b\}$ dominiert, da sowohl a als auch b in y mehr erhalten als in x; und zudem befindet sich ihre gemeinsame Auszahlung in y innerhalb der ihnen durch die charakteristische Funktion (19.3) garantierten Grenzen, da $v(\{a, b\}) = 100$ ist. Wir können somit sagen, daß sowohl a als auch b y gegenüber x vorziehen, und daß ihre Präferenz „realistisch" ist, da sie sogar mehr erhalten können, als ihnen in y zusteht, wenn sie eine Koalition bilden, die c ausschließt.

Eine Imputation y *dominiert* eine Imputation x, falls es eine Menge $S \subset N$ gibt, in bezug auf die y x dominiert. In symbolischer Schreibweise:

$$y \gg x \Leftrightarrow \exists S \subset N, y \gg_S x. \tag{19.4}$$

Nun können wir einen Verhandlungsprozeß aufzeigen, an dem die Spieler teilnehmen. Angenommen, die Spieler stimmen darin überein, daß es in ihrem gemeinsamen Interesse liege, eine große Koalition zu bilden (um die größtmögliche gemeinsame Auszahlung zu erhalten). Jemand schlägt eine Imputation x vor, nach der diese gemeinsame Auszahlung aufgeteilt werden soll. Falls diese Imputation von einer anderen Imputation y in bezug auf eine Teilmenge S dominiert wird, so verlangt diese Teilmenge gemeinsam mehr zu erhalten als in x und unterstützt ihre Forderung mit der Drohung, die große Koalition zu verlassen und eine eigene zu bilden. Die Drohung ist glaubwürdig, weil die Tatsache, daß y x in Bezug auf S dominiert, beinhaltet, daß *jedes Mitglied* bei der dominierenden Imputation y mehr erhalten *kann* als bei x. Somit schlagen die Mitglieder von S y anstelle von x vor. An dieser Stelle kann eine andere Teilmenge T (die mit S überlappen mag oder nicht) einwenden, daß z y dominiert in bezug auf T und ähnliche Forderungen und Drohungen erheben. Offensichtlich könnten die Verhandlungen abgeschlossen werden, falls es gelänge, eine Imputation zu finden, die von keiner anderen dominiert würde. Dann könnte keine Teilmenge von N glaubwürdig damit drohen, eine eigene Koalition bilden zu wollen, und es könnte vereinbart werden, die Auszahlungen entsprechend der undominierten Imputation aufzuteilen.

Eine normative Theorie könnte jede solcher undominierter Imputationen deshalb die „Lösung" des n-Personenspiels vorschreiben, weil die entsprechende Imputation nicht nur mit der individuellen und der kollektiven Rationalität der gesamten Spielermenge vereinbar wäre, sondern auch mit der kollektiven Rationalität jeder einzelnen Teilmenge von Spielern.

Die Menge der undominierten Imputationen eines n-Personenspiels wird *Kern* des Spiels genannt. Leider ist der Kern bei vielen Typen von n-Personenspielen leer. Es kann leicht gezeigt werden, daß der Kern des oben diskutierten Dreipersonenspiels leer ist. D.h. jede Imputation in ihm wird durch eine andere für irgendein Spielerpaar dominiert. Offensichtlich kann der Kern nur für solche n-Personenspiele als die „rationale Lösung" gelten die nicht-leere Kerne besitzen. Andere Konzeptionen „rationaler Lösungen" müssen für Spiele mit leeren Kernen definiert werden. Ein großer Teil der Theorie der n-Personenspiele befaßt sich mit der Entwicklung solcher Konzeptionen. Wir wollen hier neben dem Kern lediglich zwei von ihnen erläutern, nämlich die *von Neumann-Morgenstern Lösung* und den *Shapley Wert*. Dann wollen wir einige Anwendungen des Kerns und des Shapley Wertes in einigen Zweigen der Politologie vorführen.

Die von Neumann-Morgenstern-Lösung

Die von Neumann-Morgenstern (N-M) Lösung war die erste von mehreren verschiedenen Lösungstypen, die für das n-Personenspiel vorgeschlagen wurde. Sie beruht auf der Dominanzrelation über der Imputationsmenge eines Spiels. Betrachte das Spiel $G = \langle N, v \rangle$ und die Imputationsmenge I_0, die die folgenden Bedingungen erfüllt:

(i)   Keine Imputation in I_0 dominiert eine andere Imputation in I_0.
(ii) Für jede nicht in I_0 enthaltene Imputation von G gibt es eine Imputation in I_0, die diese dominiert (d.h. in bezug auf gewisse $S \subset N$).

Falls I die gesamte Menge der Imputationen von G bezeichnet, dann ist $I - I_0$ das Komplement von I_0. In symbolischer Schreibweise sehen die Bedingungen (i) und (ii) wie folgt aus:

(i) $x, y \in I_0 \Rightarrow x \not\gg y$.
(ii) $x \notin I_0 \Rightarrow \exists y \in I_0, y \gg x$.

Wir bemerken, daß eine N-M Lösung eine *Menge* von Imputationen auszeichnet und im allgemeinen keine einzelne. Zudem werden wir gleich sehen, daß es viele solche (nicht notwendig disjunkte) Mengen geben kann, die je eine N-M Lösung darstellen.

Betrachten wir wieder das Dreipersonenspiel in unserem Beispiel. Es ist leicht zu sehen, daß die Menge der drei Imputationen

$$I_0 = \{(50; 50, 0), (50, 0, 50), (0, 50, 50)\}$$

eine N-M Lösung ist. Die Bedingung (i) ist offensichtlich erfüllt.

Um die Bedingung (ii) zu testen, nehme man jede beliebige Imputation $x = (x_1, x_2, x_3) \in I - I_0$. Dann müssen wir für irgendein Komponentenpaar $x_i < 50$, $x_j < 50$ erhalten, da andernfalls $x \in I_0$ wäre. Dann die Imputation in I_0, indem $x_i = x_j = 50$ ist, dominiert x^2).

I_0 könnte nun als intuitiv akzeptable normative „Lösung" des Spiels angesehen werden. Da jedes Spielerpaar den „Preis" (100) erhalten kann, und da die „Verhandlungsposition" eines jeden der drei Spieler gleich ist, scheint es vernünftig, eine gleiche Aufteilung des Preises zwischen den Mitgliedern eines Paares vorzuschreiben. *Welches* Paar den Preis erhalten sollte, darüber macht die N-M Lösung keinerlei Vorschriften, wie man angesichts der symmetrischen Positionen der Spieler auch erwarten muß.

Man könnte fragen, ob diese scheinbar normative Lösung überhaupt „präskriptiv" genannt werden kann, zumal es nicht klar ist, *an wen* die Vorschrift gerichtet ist. Es gibt jedoch keinerlei Bedenken, diese Lösung als eine *normative* anzusehen. Sie beinhaltet, daß eine gleiche Aufteilung des Preises lediglich unter zwei Spieler dann *erwartet* werden kann, wenn alle drei rational handeln. Es wird vorausgesetzt, daß jeder der beiden Gewinner Angeboten von seiten des Verlierers widerstehen werde, weil die Annahme eines solchen Angebots ihn durch eine dann mögliche gegen ihn gerichtete Koalition der beiden anderen verwundbar macht. Der Verlierer kann überhaupt nichts zur Verbesserung seines Anteils tun, falls die beiden Gewinner sich an ihre Abmachung halten. Unter der Annahme, daß die Identität der beiden Gewinner eine offene Frage bleibt oder vielleicht durch Zufall bestimmt wird, kann die Menge I_0 in gewisser Hinsicht durch eine Art von „Stabilität" gekennzeichnet werden.

Es zeigt sich jedoch, daß die Menge I_0 nicht die einzige N-M Lösung des Spiels ist. Man betrachte die Menge der Imputationen

$$I_c = \{(c, x_2, x_3): c = \text{konstant}, (0 \leqslant c < 50), x_2 + x_3 = 100 - c\}. \qquad (19.5)$$

Offensichtlich gilt für alle $x, y \in I_c\, x \not\succ y$, weil keine zwei Spieler in y mehr erhalten können als in x. (Falls $y_2 > x_2$, dann ist $y_3 < x_3$, während c konstant bleibt.) Man betrachte andererseits die Imputation $y \notin I_c$, die impliziert, daß $y_1 \neq c$. Es sei $y_1 < c$. Man merke, daß wir nicht zugleich sowohl $y_2 > 100 - c$ als auch $y_3 > 100 - c$ haben können, da beide Ungleichungen $y_2 + y_3 > 200 - 2c > 100$ (weil $c < 50$) implizieren würden. Daher gilt entweder $y_2 < 100 - c$ oder $y_3 < 100 - c$. Im ersten Fall dominiert $(c, 100 - c, 0)\, y$; im zweiten Fall dominiert $(c, 0, 100 - c)\, y$. Falls $y_1 > c$, dann ist $y_2 + y_3 < 100 - c$. Da $x_2 + x_3 = 100 - c$, können wir sowohl $x_2 > y_2$ als auch $x_3 > y_3$ wählen, so daß $(c, x_2, x_3)\, y$ dominiert (in bezug auf $\{b, c\}$).

Die Menge I_c enthält unendlich viele Imputationen, da sowohl x_1 als auch x_2 über alle nicht-negativen Werte gehen, die $x_1 + x_2 = 100 - c$ erfüllen. Die Konstante c kann ebenfalls über ein Wertekontinuum innerhalb des Intervalls [0, 50) gehen. Zudem kann die konstante Auszahlung c jedem der drei Spieler zugesprochen werden. Eigentlich ist die Menge der Imputationen, die die Vereinigung aller N-M Lösungen dieses Spiels darstellt, identisch mit der Gesamtmenge der Imputationen, so daß *jede* Imputation mindestens in einer N-M Lösung enthalten ist. Folglich unterscheidet die Menge aller N-M Lösungen die „rationalen" Imputationen nicht von anderen, und sie kann daher zumindest in diesem Kontext nicht als Vorschrift einer normativen Theorie dienen. Auch als prädiktive Theorie kann sie nicht dienen, da sie nicht falsifizierbar ist.

Im allgemeinen bestimmt jedoch die N-M Lösung eine echte Teilmenge von Imputationen. Die Bestimmung dieser Lösungen für andere als die einfachsten Spiele setzt ziemlich hochentwickelte mathematische Hilfsmittel voraus. Dies bewirkt, daß die damit verbundenen Probleme für den Mathematiker zwar interessant werden, erweckt jedoch Zweifel in bezug auf die Anwendbarkeit dieser Theorie in den Sozialwissenschaften, denn die Ergebnisse lassen sich nur selten intuitiv interpretieren.

Der Shapley-Wert

Eine andere durch die charakteristische Funktion definierte Lösung eines kooperativen n-Personenspiels wird Shapley-Wert genannt. Schon vom Konzept her ist sie viel einfacher als die N-M Lösung, wobei sie den Vorteil besitzt, streng testbar zu sein, zumal sie lediglich eine Imputation als die „vorgeschriebene" Aufteilung von v(N) auszeichnet. Der Adressat der Vorschrift ist in diesem Kontext ebenfalls wohl bestimmt – es ist die Gesamtmenge der Spieler. Daher ist der Shapley-Wert ganz im Sinne der „Konfliktlösung" zu verstehen.

Wir betrachten ein Spiel $G = \langle N, v \rangle$ und nehmen an, daß eine Koalition $S \subset N$ eben gebildet wurde. Wir nehmen an, daß alle Koalitionsbildungen vorläufig sind. Ihr Zweck ist es, den Spielern die Festlegung ihrer „Verhandlungspositionen" zu erlauben. Es wird angenommen, daß sich nach der Festlegung dieser Verhandlungspositionen die große Koalition bildet und v(N) entsprechend den unterschiedlichen Verhandlungspositionen aufgeteilt wird.

Angenommen, der Spieler i überlege sich, ob er einer gerade von den Spielern in S versuchsweise gebildeten Koalition beitreten soll. Die charakteristische Funktion offenbart den Betrag v(S), den die Spieler von S sich sichern können. Sie offenbart auch v($S \cup \{i\}$), d.h. den Wert des Spiels für die Koalition, die entsteht, wenn i ihr beitritt. Folglich stellt $v(S \cup \{i\}) - v(S)$ den Wert des Spielers i für die Spieler in S in dem Falle dar, daß er zu ihnen kommt. Um dessen sicher zu sein, werden sie ihm den Beitritt lohnend machen müssen, und i wird „vernünftigerweise" einen Betrag fordern, der *bis zu* jenem reicht, den er durch seinen Beitritt in die Koalition einbringt. Der Mittelwert dieser maximalen „rechtfertigbaren" Forderungen über alle möglichen *geordneten* Teilmengen, denen i beitreten könnte, ist seine Auszahlung im Shapley-Wert des Spiels[3]).

Als Beispiel betrachten wir ein Dreipersonenspiel, das durch die folgende charakteristische Funktion definiert ist:

$$v(a) = v(b) = v(c) = 0;$$

$$v(ab) = 40; v(ac) = 50; v(bc) = 60; v(abc) = 100.$$

Der Shapley-Wert kann wie folgt errechnet werden: Stellen wir uns vor, die große Koalition werde durch Rekrutierung der individuellen Spieler gebildet. Es gibt sechs mögliche Reihenfolgen der Rekrutierung von drei Spielern. Sie werden in den Spalten der Tafel 19.1 gezeigt. Unter jeder Reihenfolge werden die „Beiträge" von a, b und c entsprechend aufgeführt.

Reihenfolge der Rekrutierung		a	b	c	c	b	a	
		b	c	a	b	a	c	
		c	a	b	a	c	b	Mittelwerte
Beiträge	a:	0	40	50	40	40	0	170/6
	b:	40	0	50	60	0	50	200/6
	c:	60	60	0	0	60	50	230/6

Tafel 19.1

Der Shapley-Wert ist durch den Vektor (170/6, 200/6, 230/6) gegeben, und seine Komponenten sind die entsprechenden Auszahlungen an a, b und c. Man beachte, daß die Summe der Komponenten $100 = v(abc)$ ist.

Die Komponenten widerspiegeln die relativen „Verhandlungspotenzen" der Spieler. So ist a der „schwächste" Spieler, weil er als Partner in einer Paarkoalition am wenigsten wert ist, während c der wertvollste Partner ist, wie der charakteristischen Funktion entnommen werden kann. In gewisser Hinsicht kann der Shapley-Wert als eine „Macht"verteilung zwischen den Parteien in einer Konfliktsituation angesehen werden. Dies wird im politischen Kontext noch offensichtlicher.

Anwendungen in der Politologie

Betrachten wir eine legislative Körperschaft, z.B. ein Parlament, mit einigen politischen Parteien, von denen jede über eine Anzahl von Sitzen verfügt. Da die Regierung in einem parlamentarischen System, um zu funktionieren, die Unterstützung einer Majorität benötigt, werden Koalitionen aus zwei oder mehreren Parteien zur Unterstützung der Regierung gebildet, falls keine einzelne Partei über die Majorität der Sitze verfügt.

Diese Situation kann als ein n-Personenspiel in Form einer charakteristischen Funktion modelliert werden. Die Spieler sind die Parteien. Jede Teilmenge von N, die kollektiv über die Majorität verfügt, wird eine *Gewinnkoalition* genannt. Die anderen Teilmengen werden *Verlustkoalitionen* genannt. Die charakteristische Funktion solch eines Spiels ist gegeben durch

$v(S) = 1$, falls S eine Gewinnkoalition hat

$\quad\ = 0$ andernfalls.

Spiele dieser Art, bei denen v nur zwei Werte annehmen kann, werden *einfache Spiele* genannt. Vom Gesichtspunkt der Strukturanalyse her können die numerischen Werte des Spiels der Gewinn- und der Verlustkoalitionen willkürlich gewählt werden, solange der erste größer als der zweite ist.

Im eben beschriebenen politischen Kontext sind die Koalitionen gut auszumachen und die gewinnenden Koalitionen gut von den verlierenden zu unterscheiden. Weniger klar ist die Frage der Aufteilung des „Preises", der in der charakteristischen Funktion durch „1" repräsentiert ist. Gewiß erhalten die an der Regierung teilnehmenden Parteien Vergünstigungen, beispielsweise in Form von Kabinettsitzen für ihre Mitglieder und der Möglichkeit, ihr Parteiprogramm wengistens teilweise durchzuführen. Aber es gibt keine eindeutige Weise, Kabinettsitzen oder den die „Parteiideologie" verwirklichenden legislativen Maßnahmen numerische Nutzenwerte zuzuordnen. Obwohl die Komponenten des Shapley-Wertes direkt aus der charakteristischen Funktion berechnet werden können (die die gewinnenden Koalitionen ja bestimmt), gibt es doch keine Möglichkeit, diese Imputation als eine Verteilung der Vergünstigungen zu fassen oder sie mit der beobachteten Verteilung der Vergünstigungen zu vergleichen. Daher besteht ein Test eines spieltheoretischen Modells der Koalitionsbildung (wenn es als ein prädiktives Modell angesehen wird) nicht in der Überprüfung der Verteilungen, sondern eher der wirklich stattfindenden Koalitionsbildungen.

Eine sich auf den ersten Blick anbietende Hypothese ist, daß eine Gewinnkoalition, die tatsächlich gebildet werden wird, in gewissem Sinne „minimal" sein muß. Falls nämlich der Preis unabhängig davon, welche Gewinnkoalition gebildet wird, der gleiche bleibt, so ist offenbar, daß es für die Koalitionsmitglieder vorteilhaft ist, den Preis zwischen möglichst wenigen Mitgliedern aufzuteilen. Die Frage ist, in welchem Sinne „minimal" verstanden werden muß? Es gibt mindestens drei Interpretationsmöglichkeiten. Eine Gewinnkoalition kann in dem Sinne minimal sein, daß sie (unter allen möglichen Gewinnkoalitionen) die wenigsten politischen Parteien enthält, oder die geringste Zahl individueller Delegierter enthält, oder daß die Summe der Komponenten des Shapley-Wertes die kleinste ist.

Wenn eine normative Theorie verschiedene von vornherein und in gleicher Weise gerechtfertigte Vorschriften angibt, so kann sie wohl kaum präskriptiv genannt werden. Anderseits legt die Möglichkeit, die normativen Lösungen gegeneinander „abzuwägen", ein Testverfahren für die Theorie nahe. Dies hat mehr theoretische Bedeutung als das Testen eines einzigen Modells.

Solch ein Vorschlag einer Theorie politischer Koalitionen wurde von *De Swaan* [1973] gemacht.

Tests einiger Modelle politischer Koalitionsbildung

De Swaans Daten stammten aus neunzig verschiedenen Koalitionskabinetten in neun parlamentarischen Vielparteiensystemen (acht westeuropäische und Israel). Er schlug zwölf verschiedene Modelle zur Beschreibung der beobachteten Koalition vor, darunter waren der Kern (vgl. S. 268) und ein auf den Shapley-Wert beruhendes Modell enthalten. Das Kernmodell entspricht den aus der Spieltheorie abgeleiteten Ideen am besten. Wir wollen es daher genauer untersuchen.

Da der Kern eines Spiels in der Form einer charakteristischen Funktion als eine Menge undominierter Imputationen definiert ist, und diese wiederum als Aufteilungen von Auszahlungen, so verlangt die Anwendung des Kernmodells nach einer Definition der Auszahlungen des Spiels. Diese Auszahlungen sollen anhand der „Distanzen" zwischen „politischen Positionen" der Spieler – die in diesem Kontext durch die politischen Parteien dargestellt sind – geschehen.

Es wird angenommen, die Parteien seien innerhalb eines politischen „Spektrums" angesiedelt, das sich von der politischen „linken" bis zur politischen „rechten" erstreckt. In den meisten gegenwärtigen parlamentarischen Systemen besteht gewöhnlich gute Übereinstimmung über die relativen Positionen der Parteien auf diesem Spektrum. Das Problem besteht nun darin, die „Distanz" zwischen zwei politischen Positionen, oder, gleichbedeutend dazu, zwischen zwei mit diesen Positionen identifizierten Aktoren zu definieren. Wir werden unsere Definitionen durch das folgende konkrete Beispiel erläutern.

Angenommen vier politische Parteien mit ihren Positionen (von „links" bis „rechts") und eine Anzahl von Sitzen im Parlament seien – wie dies in der Tafel 19.2 dargestellt ist – gegeben.

Politische Partei	a	b	c	d
Position in politischen				
Spektrum	1	2	3	4
Anzahl der Sitze	32	23	30	15

Tafel 19.2

Falls die Positionen nur auf der ordinalen Skala definiert sind, dann können die Distanzen zwar nicht quantitativ verglichen, aber sie können geordnet werden. In dem System der Tafel 19.2 ist beispielsweise d weiter von b als von c entfernt, aber wir können nicht sagen, ob c näher zu b als zu d oder umgekehrt steht.

Eine Grundannahme der Theorie politischer Distanzen, die im Kernmodell enthalten ist, besagt, daß ein Aktor, der zwischen dem Beitritt zu Koalition S und zur Koalition T zu wählen hat, jene Koalition vorziehen wird, deren „erwartete politische Position" seiner eigenen am nächsten kommt. Ferner wird angenommen, daß die bevorzugte politische Position eines Aktors der erwarteten Politik einer Koalition (die ihn enthält) näher komme, wenn er das *ausschlaggebende Mitglied* dieser Koalition ist, als wenn er es nicht ist.

Ein ausschlaggebendes Mitglied einer Koalition ist gewissermaßen das ihr „Massenzentrum" enthaltende Mitglied. D.h. ein Mitglied einer Koalition ist dann ausschlaggebend, wenn die absolute Differenz zwischen der Stimmenzahl der Mitglieder zu seiner „linken" und der zu seiner „rechten" seine eigene Abstimmungsstärke nicht übersteigt, also wenn seine Stimme nach jeder Seite hin „ausschlagen" kann.

Die algebraische Differenz der Stimmen der Koalitionsmitglieder links und rechts vom ausschlaggebenden Mitglied wird das *Übermaß* der Koalition genannt. Von zwei Koalitionen wird die Koalition mit dem algebraisch größeren Übermaß eine erwartete Politik betrieben, die weiter nach links von der präferierten Politik des ausschlaggebenden Mitglieds liegt.

Die nächste Annahme lautet, daß ein Aktor von zwei Koalitionen, in denen er ausschlaggebendes Mitglied ist, jene mit dem kleineren absoluten Wert des Übermaßes vorziehen wird.

Das ausschlaggebende Mitglied besitzt als Ein-Aktor-Koalition das Übermaß Null. Somit stimmt seine erwartete Politik in diesem Falle mit seiner bevorzugten Politik überein. Dies dürfte intuitiv evident sein.

Betrachten wir die vier in der Tafel 19.2 dargestellten Aktoren. In der Tafel 19.3 werden dann alle relevanten Eigenarten aller Gewinnkoalitionen deutlich.

Gewinnkoalitionen	Gesamtgewicht	ausschlaggebender Aktor	Übermaß
ab	55	a	$0 - 23 = -23$
ac	62	a	$0 - 30 = -30$
bc	53	c	$23 - 0 = 23$
abc	85	b	$32 - 30 = 2$
abd	70	b	$32 - 15 = 17$
acd	77	c	$32 - 15 = 17$
bcd	68	c	$23 - 15 = 8$
abcd	100	b	$32 - 45 = -13$

Tafel 19.3 [nach *De Swaan*]

Bislang haben wir wohlgemerkt noch keine kardinalen Nutzen eingeführt. Wir haben uns ausnahmslos auf die ordinalen Präferenzen der Spieler in verschiedenen Koalitionen beschränkt. Die Einführung kardinaler Nutzen würde weit stärkere Annahmen erfordern, als die oben erwähnten. Neben der Versicherung einer numerischen Distanz zwischen den erwarteten politischen Positionen, würden wir eine reellwertige Abbildung dieser Distanzen auf die Nutzen der Aktore postulieren müssen. Trotzdem können auch aus diesen unseren Annahmen über ordinale Präferenzen einige

Folgerungen gezogen werden. Wir können die Präferenzen eines jeden Aktors für die verschiedenen Koalitionen ordnen, und lassen dabei die ordinalen Positionen, die auf der ordinalen Skala nicht vergleichbar sind, vieldeutig bleiben.

Als Beispiel betrachten wir die Präferenzen von b. Wie erinnerlich, zieht b es eher vor, Mitglied einer Gewinnkoalition zu sein, in der er ausschlaggebendes Mitglied ist, als in einer, in der er es nicht ist. Zudem zieht er von den Koalitionen, in denen er ausschlaggebendes Mitglied ist jene mit dem geringeren absoluten Übermaß vor. Ferner zieht er die Gewinnkoalitionen, deren einfaches, jedoch nicht ausschlaggebendes Mitglied er ist, ebenfalls in Betracht. Auch für dieses kann das Übermaß in bezug auf ihn definiert werden, und er ordnet diese vom kleinsten zum größten absoluten Übermaß. Am wenigsten werden jene Koalitionen geschätzt, deren Mitglied er nicht ist. Wenn der größte Wert (6) der am meisten vorgezogenen Koalition zugeschrieben wird, erhalten wir die folgende Präferenzenskala für b:

abc (6) $\gg abcd$ (5) $\gg adb$ (4) $\gg ab$ (1, 2, oder 3) $\sim bc$ (2 oder 3) $\gg bcd$ (1 oder 2).

Diese Ordnung kann aus folgenden Gründen abgeleitet werden: b war das ausschlaggebende Mitglied in den Koalitionen (abc), $(abcd)$ und (abd). Er präferiert die Koalitionen in dieser Reihenfolge, denn (abc) hatte das geringste und (abd) das größe Übermaß. Als nächstes betrachtet b Koalitionen, in denen er nicht ausschlaggebendes Mitglied ist, und er rangiert sie als Folge abnehmender absoluter Übermaße. Aber obwohl (bc) für b ein kleineres absolutes Übermaß (30) als (ab) (32) besitzt, sind diese beiden Koalitionen nicht vergleichbar, da sich sein Partner in (ab) auf der Linken und in (bc) auf der Rechten befindet. Anderseits wird (bc) gegenüber (bcd) vorgezogen, weil die Partner von b in beiden Koalitionen rechts sind, und (bcd) für b ein größeres absolutes Übermaß (45) besitzt. Schließlich ordnet b den Koalitionen (ac) und (acd), in denen er nicht Mitglied ist, den Wert 0 zu.

Nun können wir die *Präferenzenmatrix* konstruieren, indem wir die ordinalen Präferenzen der verschiedenen Aktoren für die verschiedenen Gewinnkoalitionen benutzen. Die Präferenzenmatrix wird in der Tafel 19.4 gezeigt.

Koalitionen	Aktore				ausschlaggebendes Mitglied	Bemerkungen
	a	b	c	d		
ab	6	(123)	0	0	a	Präferenzen von b nicht determiniert. Von bc oder bcd dominiert?
ac	5	0	1	0	a	Von bc und bcd dominiert
bc	0	(23)	4	0	c	Von abd dominiert
abc	3	6	2	0	b	Nicht dominiert
abd	4	4	0	1	b	Von ac dominiert
acd	1	0	5	3	c	Von ab und bcd dominiert
bcd	0	(12)	6	4	c	Von ab dominiert?
$abcd$	2	5	3	2	b	Nicht dominiert

Tafel 19.4 [nach *De Swaan*]

Um sich dies zu erklären, bemerken wir, daß die Koalition ac von bc dominiert wird, weil b c aus der Koalition mit a (in der c eine ordinale Präferenz von lediglich 1 besitzt) „herauslocken" kann, um mit ihm eine Koalition zu bilden, in der c eine ordinale Präferenz von 4 besitzt. Gewiß profitiert auch b von diesem Wechsel, da seine ordinale Präferenz von 0 auf 2 oder 3 anwächst. Jedoch können a und d gemeinsam wiederum b aus dieser Koalition, „herauslocken", um mit ihm eine Koalition zu bilden, weil b in abd eine ordinale Präferenz von 4 haben würde. Natürlich werden auch *a* und *d* aus diesem Wechsel Vorteile ziehen. Aber dann wird *abd* ihrerseits von *ac* dominiert. Wir könnten erwarten, daß der Prozeß *ac* → *bc* → *adb* → *ac* auf ewig weiterginge. Dies zeigt, daß die Dominanzrelation in diesem Kontext nicht transitiv ist. Betrachten wir andererseits die Koalition *abc*. Es gibt kein Lockmittel, das *d* entweder *a* oder *b* oder *c* anbieten könnte, um sie aus dieser Koalition herauszulocken. Betrachtet man die Gewinnkoalitionen, in denen *d* Mitglied ist, so sieht man es deutlich. Die Große Koalition *abcd* ist auf ähnliche Weise undominiert, da keine Teilmenge ihrer Mitglieder durch Ausscheiden aus ihr eine Koalition bilden kann, in der jedes Mitglied „mehr erhalten" könnte als in der großen Koalition. Damit bilden die Koalition *abc* und die große Koalition den Kern des Spiels. Auf der Grundlage der politischen Distanztheorie könnten wir also annehmen, daß entweder *abc* oder *abcd* gebildet würden. Falls wir noch die Bedingung hinzufügen, daß von allen im Kern enthaltenen Koalitionen die minimale Gewinnkoalition gebildet werde, dann sagen die beiden Bedingungen zusammen die Bildung der Koalition *abc* voraus.

Wir wollen nun die Anwendung dieses Ansatzes durch ein historisches Beispiel illustrieren, nämlich durch die Situation in Norwegen im Jahre 1965. Es gab fünf Aktore:

SOCD   (Sozialdemokraten)
LIB   (Liberale)
CHPP   (Christliche Volkspartei)
CENT   (Centrumspartei)
CONS   (Konservative)

Nach allgemeiner Ansicht handelt es sich hier um die Ordnung von links nach rechts – eventuell mit Ausnahme der Liberalen und der Christlichen, die zuweilen innerhalb des politischen Spektrums dieselbe Position einnehmen.

Die Präferenzenmatrix wird in der Tafel 19.5 gezeigt. Es gibt 16 Gewinnkoalitionen. Sie sind in der linken Spalte von 1 bis 16 durchnumeriert. Die Zusammensetzung dieser Koalitionen kann aus der Betrachtung jener Partei oder Parteien erschlossen werden, deren Präferenzen für diese Koalition Null sind. Sie sind ja aus dieser Koalition ausgeschlossen. Somit besteht z.B. die Koalition 7 aus den Sozialdemokraten, den Christlichen und den Konservativen (die Liberalen und die Zentristen sind ausgeschlossen).

S ist die Gesamtzahl der Sitze in der Koalition; *L* ist die Anzahl der Sitze der Parteien links von der ausschlaggebenden; *R* ist die Anzahl der Sitze der Partei rechts von der ausschlaggebenden. *M* bezeichnet die ausschlaggebende Partei. Die letzte Spalte stellt fest, ob die Koalition dominiert (oder schwach dominiert) wird und durch welche Koalition dies, falls überhaupt, geschieht.

Nach Theorie politischer Distanz sind drei der sechzehn Koalitionen undominiert. Sie bilden den Kern des *n*-Personenspiels. Diese Theorie sagt voraus, daß die wirklich gebildete Koalition entweder 1 oder 2 oder 15 sein wird. In der Tat wurde 2, d.h. die „rein bürgerliche" Koalition gebildet. Damit wurden die Sozialdemokraten nach zwanzig Jahren aus der Regierung ausgeschlossen.

Es würde jedoch sehr verwundern, wenn das Modell politischer Distanzen bei der Vorhersage parlamentarischer Koalitionen immer gleichermaßen erfolgreich wäre. Natürlich ist dies nicht der Fall. Von den zwölf durch De Swaan vorgeschlagenen Modelle war das Kernmodell leider eines der erfolglosesten. Keines der Modelle liefert gleichmäßig gute Vorhersagen, wie man dies angesichts der sehr unterschiedlichen politischen Situationen in den verschiedenen Ländern auch erwarten muß. Im günstigsten Falle kann man aus diesem ganzen Unternehmen eine Vergleichsmöglichkeit der verschiedenen Modelle für die Gesamtklasse der Fälle gewinnen. Diese könnten wiederum nach Ländern, nach der Anzahl der Parteien in jedem System oder nach bestimmten anderen Gesichtspunkten disaggregiert werden.

Die Auswahl eines Vergleichskriteriums ist ein methodologisches Problem. Es sei daran erinnert, daß der „Erfolg" eines Modells nicht nur in bezug auf die Häufigkeit der mit ihm gemachten zutreffenden Vorhersagen bewertet wird, sondern genauso in bezug auf die a priori Unwahrscheinlichkeit

Aktoren	1	2	3	4	5					
Gewichte	68	18	13	18	31					

Koalitionen	Ordinale Präferenzen					S	L	R	M	Bemerkungen
1	1	8	7	7	6	148	68	49[1])	2	nicht dominiert
2	0	5	5	8	7	80	31	31	4	nicht dominiert
3	3	0	6	5	4	130	0	62	1	von 16 dominiert[2])
4	2	7	0	6	5	135	0	67	1	von 15 dominiert
5	4	0	0	4	3	117	0	49	1	von 2 dominiert
6	3	6	6	0	4	130	0	62	1	von 13 dominiert
7	5	0	3	0	2	112	0	44	1	von 12 dominiert
8	4	4	0	0	3	117	0	49	1	von 11 dominiert
9	7	0	0	0	1	99	0	31	1	von 2 dominiert
10	4	4	4	4	0	117	0	49	1	von 9 dominiert
11	7	0	2	2	0	99	0	31	1	von 16 dominiert
12	6	3	0	3	0	104	0	36	1	von 9 dominiert
13	8	0	0	1	0	96	0	18	1	von 2 dominiert
14	7	2	2	0	0	99	0	31	1	von 13 dominiert
15	9	0	1	0	0	81	0	13	1	nicht dominiert
16	8	1	0	0	0	86	0	18	1	von 15 dominiert

Aktoren von „links" nach „rechts": 1-SOCD, 2-LIB, 3-CHPP, 4-CENT, 5-CONS.

[1]) De Swaan nimmt an, daß die Liberalen und die Christliche Volkspartei dieselbe Position auf dem politischen Sepktrum besetzen. Wenn beide solche „gleiche" Parteien Mitglieder einer Koalition sind und eine davon das ausschlaggebende Mitglied ist, werden die beiden Parteien als eine betrachtet. Daher ist R in diesem Fall 49 statt 62.
[2]) In jedem Fall unter anderen.

Tafel 19.5 [nach *De Swaan*]

dieser Vorhersagen. Die Einzelheiten des Verfahrens zum gegenwärtigen Zeitpunkt kann der interessierte Leser bei *De Swaan* [1973] erfahren.

Auf der Grundlage des von ihm benutzten Kriteriums war das erfolgreichste Modell das Modell der sogenannten geschlossenen Koalition minimaler Breite. Eine *geschlossene* Koalition enthält nur innerhalb des politischen Spektrums benachbarte Parteien. Die *minimale Breite* hat eine Gewinnkoalition dann, wenn ihr die wenigsten Aktoren (Parteien) angehören. Die Entdeckung, daß dieses Modell die besten Voraussagen über Regierungskoalitionen liefert, ist nicht sonderlich überraschend. Das Prinzip der „Geschlossenheit" scheint durch ideologische oder programmatische Erwägungen diktiert zu sein; das Prinzip der minimalen Breite durch das Bestreben, überflüssige Mitglieder auszuschalten.

Trotzdem kann aus diesem Modell einiger theoretischer Nutzen gewonnen werden, wenn man nicht auf seine Erfolge, sondern auf seine *Mißerfolge* achtet. Das Modell bewährt sich in zwei Fällen außerordentlich schlecht, nämlich im Falle von Israel und Frankreich. Dies legt einige Fragen über die möglichen politischen Eigenarten dieser beiden Staaten während der betrachteten Periode nahe.

Hier könnte der erfahrene Beobachter des politischen Lebens einwenden, er habe schon vorab sehr gut gewußt, daß Frankreich und Israel politische Eigenarten besitzen, die von jenen anderen parlamentarischer Systeme sehr „verschieden" seien. Darauf könnte der Modellbauer entgegnen, daß dies die Gültigkeit seiner „objektiven Analyse" bestätige. Sollte der intuitiv geleitete Politologe die Verschiedenheit dieser beiden Staaten von anderen verneinen, so könnte der Modellbauer ihn auffordern, „noch einmal hinzusehen", wenn seine Analyse etwas gezeigt haben sollte, was der Politologe vorher nicht bemerkt hatte.

Pareto-Optimum

Ein grundlegender Begriff der Spieltheorie als Theorie der Konfliktlösungen ist das Pareto-optimale Ergebnis. Ein Ergebnis heißt Pareto-optimal, wenn es kein anderes Ergebnis des Spieles gibt, bei dem jeder Spieler eine höhere Auszahlung erhält.

Ein Ergebnis eines Spiels ergibt sich, wenn jeder Spieler eine Strategie gewählt hat. Falls jedes Ergebnis mit einer Auszahlung an jeden Spieler verbunden ist, dann kann es als Punkt eines n-dimensionalen Raums dargestellt werden. Falls die Auszahlungen mindestens auf einer Intervallskala gegeben sind, dann kann die Menge der möglichen Ergebnisse nicht nur auf die Ergebnisse der reinen Strategien, sondern auch auf die der gemischten ausgedehnt werden. In diesem Falle können die Auszahlungen als statistische Erwartungswerte von Auszahlungen interpretiert werden. Falls die Spieler zudem die Auswahl ihrer (reinen oder gemischten) Strategien koordinieren können, dann stellt die so erhaltene Menge eine *konvexe Menge* dar. Geometrisch bedut dies, daß jeder Punkt auf einer zwei beliebige Punkte der Menge verbindenden Geraden selbst ein Punkt dieser Menge ist.

Als Beispiel betrachten wir das durch die folgende Matrix gegebene Spiel:

	S_2		T_2	
S_1		20		2
	12		20	
T_1		−2		1
	0		5	

Matrix 19.1

Ihre geometrische Darstellung wird in der Abbildung 19.1 gezeigt.

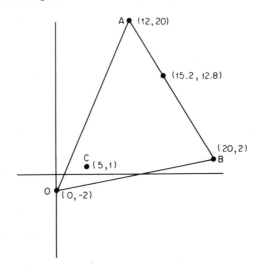

Abb. 19.1

Die Punkte $0, A, B$ und C stellen die vier Ergebnisse reiner Strategien im Spiel dar. Die Gesamtheit der Punkte innerhalb und auf der Grenze des Dreiecks $0AB$ stellt die möglichen Ergebnisse dieses Spiels dar – wenn gemischte Strategien benutzt und koordiniert werden können. Falls die Spieler beispielsweise übereinkommen, S_1 und S_2 gleichzeitig mit der Wahrscheinlichkeit 0,6 zu gebrauchen (und sonst S_1 und T_2), dann werden die erwarteten Auszahlungen von Zeile 20 (0,4) + 12 (0,6) = 15,2 und die von Spalte (2) (0,4) + (20) (0,6) = 12,8 betragen. Der Punkt (15,2; 12,8) liegt auf der Linie AB. Entsprechend kann jeder Punkt innerhalb oder auf der Grenzlinie des Dreiecks durch eine passende Mischung der vier reinen Strategien als das erwartete Auszahlungspaar realisiert werden. Diese Mischung kann ihrerseits durch eine passende Koordination der Strategien erreicht werden.

Die konvexe Menge, die alle Ergebnisse reiner Strategien eines Spiels umschließt, wird eine *konvexe Hülle* der Ergebnismenge genannt. Sie stellt alle, erreichbaren, d.h. realisierbaren Ergebnisse des Spiels dar.

Es ist leicht zu sehen, daß alle Pareto-optimalen Ergebnisse des obigen Spiels auf der Strecke AB liegen. Sobald sich die Spieler nämlich auf einen dieser Punkte festgelegt haben, gibt es keine Möglichkeit mehr, beide Auszahlungen gleichzeitig zu verbessern, ohne die erreichbare Region zu verlassen.

Nun verlangt das Prinzip der kollektiven Rationalität, daß das Ergebnis eines kooperativen Spiels Element einer Pareto-optimalen Menge sei. Die Interessen der Spieler sind in bezug auf diese Menge im Konflikt, denn laut Definition der Pareto-Optimalität hat die Verbesserung der Position auch nur eines Spielers im allgemeinen die Verschlechterung der Position wenigstens eines anderen Spielers zur Folge. Das Problem der Konfliktlösung kann nun aus der Perspektive der Spieltheorie folgendermaßen gestellt werden: Wähle jenes Pareto-optimale Ergebnis, das durch irgendein a priori festgelegtes „Fairness"-Prinzip gerechtfertigt werden kann. Verschiedene Vorstellungen von „Fairness" führen zu verschiedenen Lösungskonzeptionen eines kooperativen Spiels. Bei allen diesen Konzeptionen bleibt das Prinzip der kollektiven Rationalität, das die Pareto-optimalen Ergebnisse vorschreibt, unberührt.

Experimente zur Konsensbildung

Ein von *Reich* [1971] durchgeführtes Experiment zeigt eine dramatische Verletzung dieses Prinzips. Die Teilnehmer dieses Experiments waren 31 aus der Bundesrepublik Deutschland stammende Politologen. Sie waren Ratgeber politischer Institutionen und Assistenten an Forschungsinstituten. Gruppen von ihnen sollten acht Staaten – BRD, DDR, USA, UdSSR, Großbritannien, Frankreich, CSSR und Polen – darstellen.

Während der ersten Sitzung erhielt jede Gruppe eine Liste von Sätzen. Als „Endergebnis" der Konferenz sollte ein Kommuniqué herausgegeben werden. Es mußte aus einer Menge der Sätze (die modifiziert werden konnten) bestehen. Dieses Kommuniqué konnte nur zustandekommen, wenn alle Delegierten ihm zustimmten. Jede Delegation besaß also Vetorecht. Unten sind einige Beispiele aus der Liste der Sätze angegeben.

1. Alle Konferenzteilnehmer verbindet das Streben nach allgemeiner und vollständiger Abrüstung unter internationaler Kontrolle.

3. Die Teilnehmer versichern ihren Willen, sich in den gegenseitigen Beziehungen jeglicher Anwendung von Drohung und Gewalt zu enthalten.

4. Die bestehenden Grenzen in Europa sind unverletzlich, sie können nur im gegenseitigen Einvernehmen geändert werden.

9. Die Teilnehmern anerkennen einander als gleichberechtigt.

12. Westberlin besitzt einen besonderen Status und gehört nicht zur Bundesrepublik Deutschland.

14. Die Teilnehmer begrüßen und versichern, daß weder atomare, noch biologische oder chemische Waffen in Mitteleuropa hergestellt werden.

18. Solange Deutschland geteilt ist, wird kein dauerhafter Frieden in Europa möglich.
19. Die NATO und der Warschauer Pakt werden einen Nichtangriffsvertrag abschließen.
24. Alle in einem europäischen Land stationierten fremden Truppen sollen abgezogen werden.
    usw.

Während der ersten Sitzung sollte jede Gruppe jeden Satz mit „+" oder „—" kennzeichnen, um auszudrücken, ob sie es wünschte, daß er im Schlußkommuniqué enthalten sein sollte oder nicht. In der zweiten Sitzung bildeten die Gruppen vier verschiedene Komitees mit je einem Delegierten pro Staat. Jedes Komitee sollte eine allgemeine Diskussion über den Inhalt der Sätze durchführen. Der Zweck dieser Sitzung war es nicht zu einem Übereinkommen zu gelangen, sondern die Standpunkte der verschiedenen, durch die Gruppen repräsentierten Regierungen kennenzulernen. Hier wurden also die Rollen gespielt. In der dritten Sitzung wurden wieder die nationalen Gruppen zusammengeführt. Diesmal sollte jede Gruppe jedem Satz auf der Liste numerische Werte (Nutzen) zuordnen, die von großen negativen (den am wenigsten akzeptierten Sätzen zugeschriebenen) bis zu großen positiven (den am meisten vorgezogenen Sätzen zugeschriebenen) Werten reichen konnten. Es wurde festgesetzt, daß der Wert „0" den „status quo" repräsentieren soll, d.h. das Ergebnis „kein Kommuniqué". Es wurde angenommen, daß die Nutzen additiv sind, d.h. der Wert einer Kombination von Sätzen sollte die algebraische Summe ihrer individuellen Werte sein. Vollkommen unakzeptable Sätze, d.h. jene, denen eine Gruppe unter keinen Umständen zustimmen würde, sollten so große negative Werte erhalten, daß sie jede Kombination positiver Werte aufwiegen könnten. Die Skala war willkürlich (sie wurde später normalisiert). Die normalisierten Werte werden in der Tafel 19.6 vorgestellt.

Satz	BRD	CSSR	DDR	Frank-reich	Brita-nien	USA	UdSSR	Polen
1	0,000	0,034	0,100	0,020	0,111	0,005	0,050	0,026
3	0,189	0,086	0,159	0,202	0,139	0,032	0,500	0,257
4	0,038	0,137	0,100	0,071	0,111	0,054	− 0,100	− 0,257
9	0,095	0,017	0,120	0,071	0,000	0,000	0,100	0,051
12	− 2,273	0,017	0,159	− 1,212	− 0,083	− 2,688	1,000	0,103
14	0,019	0,086	0,159	0,202	0,111	0,011	− 0,500	0,257
18	0,758	− 0,120	− 2,191	0,020	0,000	0,161	− 5,810	− 0,514
24	− 2,273	0,068	− 0,100	0,505	− 1,667	− 5,376	0,000	0,180

Tafel 19.6 [nach *Reich*]

Falls die simulierte Konferenz als ein n-Personenspiel in Form einer charakteristischen Funktion modelliert werden sollte, so müßte diese Funktion v definiert werden. Das jedem Spieler zustehende Vetorecht impliziert $v(S) = 0$ für alle echten Teilmengen S von N. Falls also kein einstimmiges Ergebnis erzielt werden kann, würde der status quo (kein Kommuniqué) bestehen bleiben. Die Quantität $v(N)$ kann selbst nur dann definiert werden, wenn nicht nur die Nutzen der Sätze eines jeden Spielers (wie angenommen) addiert werden können, sondern auch die Nutzen verschiedener Spieler. Dies wäre eine viel stärkere Annahme. In der Theorie kooperativer n-Personenspiele sind „Seitenzahlungen" normalerweise möglich. In gewissen politischen Zusammenhängen sind sie ebenfalls üblich. Im politischen Jargon Amerikas werden sie „log-rolling" genannt und beziehen sich auf Abmachungen hinter den Kulissen, wie etwa: „Ich werde für deinen Vorschlag stimmen, falls du für meinen stimmst". Auch Bestechungen sind nicht unbekannt. Aufgrund solcher Annahmen könnte $v(N)$ als die maximale algebraische Summe der Nutzen definiert werden, die von den acht Gruppen kollektiv erreicht werden kann. So sollten alle Sätze der Tafel 19.6 — mit Ausnahme von 12, 18 und 24 — im Kommuniqué stehen, um den maximalen gemeinsamen Nutzen zu erhalten. Selbst wenn Seitenzahlungen und die Additivität der Nutzen verschiedener Spieler ausgeschlossen wären, würden jedermanns Auszahlungen bei Annahme der Sätze 1, 3 und mit (einigen geringen Modifikationen) 4 *jedermanns* Auszahlungen höher als beim status quo sein. Deshalb schien das tatsächlich erlangte Endergebnis (kein Kommuniqué) die kollektive Rationalität zu verletzen.

In der Theorie kooperativer Spiele wird auch die Möglichkeit bindender Abmachungen angenommen. Um die Einhaltung von Abmachungen zu erzwingen, können Behörden geschaffen werden, die gegenüber Vertragsbrechern Sanktionen verhängen. Man kann sich eine noch stärkere Autorität vorstellen, die nicht nur frei vereinbarte Abmachunen durchsetzen, sondern Abmachungen selbst erzwingen kann. Solche Autoritäten, wie Zivilgerichte, Schiedkommissionen und ähnliches gibt es in den meisten Gesellschaften. Sie können allerdings selbst Aktore mit eigenen Interessen sein, und sich von diesen Interessen bei der Bestimmung aufgezwungener Konfliktlösungen leiten lassen. Offensichtlich wird aus diesem Grunde of Mißtrauen gegenüber projektierten Weltregierungen und verschiedenen Friedenssicherungsmaßnahmen geäußert, an denen die Großmächte beteiligt sind. Ohne auf diese Frage näher einzugehen kann man jedoch von einer konfliktlösenden Autorität verlangen, daß die aufgezwungene Lösung das Prinzip der kollektiven Rationalität befriedige und darüber hinaus mit bestimmten Prinzipien von Fairness übereinstimme. Dies heißt, daß die schiedsrichterliche Autorität aus allen möglichen Pareto-optimalen Ergebnissen jene Teilmenge auswählen sollte, die einige Kriterien der Fairness erfüllt. Wenn schon eine Lösung aufgezwungen werden soll, so ist es wünschenswert, daß sie ein *einziges*, „allerfairstes" Pareto-optimales Ergebnis bestimme.

Eine Möglichkeit zur Bestimmung eines solchen Ergebnisses wird im nächsten Kapitel dargelegt. Hier wollen wir nur eine Methode darstellen, nach der sie gewonnen werden kann. Angenommen alle erreichbaren, im n-dimensionalen Raum als Punkte dargestellten Ergebnisse bildeten einen konvexen Raum. Dann liegen die Pareto-optimalen Ergebnisse auf der Grenze dieses Raums. Irgendwo innerhalb des Raums gibt es einen Punkt, der den Status quo $(x_1^{(0)}, x_2^{(0)}, \ldots, x_n^{(0)})$ darstellt, d.h. das Ergebnis stelle sich notwendig ein, falls die Spieler kein Übereinkommen getroffen haben. Die „Lösung" ist dann durch den Pareto-optimalen Punkt repräsentiert, und für ihn wird das Produkt

$$\prod_{i=1}^{n} (x_i - x_i^{(0)})$$ maximiert.

Die Lösung hängt wohlgemerkt nicht von Seitenzahlungen ab, und sie involviert damit nicht den Begriff der Imputation, auf dem sowohl die *N-M* Lösung als auch der Shapley-Wert beruhen. Der Ausdruck wird die *Nash-Lösung* der kooperativen Spiele genannt.

Die Nash-Lösung und einige andere wurden bei einer Übung zur Konfliktlösung angewendet, die neulich im Zusammenhang mit einem Raumforschungsprojekt durchgeführt wurde [*Dyer/Miles*]. Im Spätsommer 1977 hat die United States Aeronautics and Space Administration (NASA) zwei (unbemannte) Raumschiffe auf eine Bahn geschickt, die nahe an den Planeten Jupiter und Saturn vorbeiführen, um von diesen Planeten und ihren Satelliten Daten zu gewinnen. Verschiedene Wissenschaftlerteams waren an unterschiedlichen Datenmengen interessiert. Beispielsweise war die Gruppe der Funkwissenschaftler daran interessiert, Daten über die physikalischen Eigenschaften der Atmosphären und Ionosphären beider Planeten zu erhalten. Das sich mit Photopolarimetrie beschäftigende Team war an chemischen Daten interessiert, wie z.B. die Konzentration der Methane, der Ammoniake, des molekularen Wasserstoffs usw. Das magnetische Felder erforschende Team hatte wiederum seine eigenen Prioritäten usw., usw.

Um die besten und zuverlässigsten Daten für jede dieser Gruppen zu erhalten, waren offensichtlich einige Flugbahnen besser geeignet als andere, so daß keine Flugbahn für all die verschiedenen Vorhaben allein die „beste" sein konnte. Damit gab es einen „Interessenkonflikt" zwischen den verschiedenen Wissenschaftlergruppen. Neben diesen Interessenkonflikten gab es auch gewisse Beschränkungen der möglichen Flugbahnen, die durch technologische Probleme und Kosten verursacht waren.

Unter Berücksichtigung der Beschränkungen und der verschiedenen Forderungen der Gruppen, wurden anfänglich 105 dem Kriterium der Realisierbarkeit mehr oder weniger entsprechende Flugbahnen entworfen. Da gleich zwei Raumschiffe geschickt werden sollten, bestand das Problem darin, das „beste" Paar aus der Menge der Bahnpaare auszuwählen. Durch einen Eliminierungsprozeß wurden von diesen Bahnpaaren schließlich 32 als „Kandidaten" bestimmt, von denen ein Paar schließlich „ausgewählt" werden mußte. Damit ist der „politische" Inhalt des Projekts beschrieben. Im folgenden sprechen wir anstatt von Flugbahnpaaren einfach von Flugbahnen.

Jedes Team ordnete jeder der 32 Flugbahnen einen numerischen Nutzenwert zu. Die Nutzen wurden auf einer *Intervallskala* nach dem in Kapitel 2 (vgl. S. 32) beschriebenen Lotterieverfahren geordnet. So hat das Team i den Nutzen u_j^i der Flugbahn t_j zugeordnet, falls es indifferent war gegenüber dieser Flugbahn und einem Lotterieschein, das aus seiner am meisten vorgezogenen Flugbahn t_1^i mit der entsprechenden Wahrscheinlichkeit u_j^i und der am wenigsten vorgezogenen Flugbahn t_{32}^i mit der entsprechenden Wahrscheinlichkeit $(1 - u_j^i)$ bestand.

Nun würde die Nash-Lösung in Form einer koordinierten „gemischten Strategie" in diesem Kontext einem „Lotterieschein" über der Menge der Flugbahnen mit den Mischungen entsprechenden Wahrscheinlichkeiten gleichen. Offensichtlich würde diese Form der Lösung nicht befriedigen. Ein „erwarteter Nutzen" hat in einer Situation, die von Natur aus mit keiner irgendwie vorstellbaren „Häufigkeit" eintreten kann, überhaupt keinen Sinn. Raumfahrtexperimente sind viel zu kostspielig, um häufiger wiederholt zu werden! Wie wir gesehen haben, erfordert die Lösung nach der Methode der Maximierung des Nutzenprodukts (die definitiv anstatt probabilistisch ist) eine Normalisierung der Nutzen auf einer gemeinsamen Skala.

Um die Nutzen der verschiedenen Teams vergleichbar zu machen, genügt es, den Nutzen der am meisten vorgezogenen Flugbahn für jedes Team bei 1,00 festzusetzen und eine zusätzliche Lotterie zu gebrauchen, um den Nutzen der am wenigsten vorgezogenen Flugbahn zu ermitteln. Es würde nicht genügen, diesen letzteren Nutzen auf 0 festzulegen. Dies würde die möglicherweise für die verschiedenen Teams doch sehr unterschiedlichen Spannweiten der Nutzen zwischen der am meisten und der am wenigsten vorgezogenen Flugbahn nicht wiedergeben. Einige Teams waren zwischen den verschiedenen Flugbahnen tatsächlich relativ indifferent, da die für sie wichtigen Daten davon vergleichsweise wenig abhingen. Andere Teams waren dafür im Gegenteil sehr empfindlich.

Um den Nullpunkt der Nutzenskala jedes Teams festzulegen, wurde eine „Nullbahn" eingeführt, die keine Daten lieferte. Mit typisch amerikanischem Humor wurde diese Bahn die Atlantic Ocean Special genannt — eine sarkastische Anspielung auf die verunglückte Mariner 8 Mission, deren Rakete versagte und das Raumschiff im Atlantik versenkte. Wenn die Nullbahn den Nutzen 0 erhält, dann kann der Nutzen der am wenigsten vorgezogenen Flugbahn durch die Aufstellung einer Lotterie aus der Nullbahn und der am meisten vorgezogenen Bahn ermittelt werden, der gegenüber die am wenigsten vorgezogene Flugbahn (t_{32}) indifferent ist. Es ist interessant zu erfahren, daß die Nutzen der am wenigsten vorgezogenen Flugbahn extrem breit gestreut waren, nämlich von 0,1 bis 0,8. Die sehr hohen Werte können dadurch erklärt werden, daß die lange Dauer des Projekts (an die 10 Jahre bei Einbeziehung der Datenverarbeitung) für viele Wissenschaftler die letzte Möglichkeit darstellte, überhaupt einmal an einem solchen Projekt teilzunehmen. Je weniger ein Wissenschaftler ein auch nur geringes Risiko für die Möglichkeit einer Nullbahn akzeptieren wollte, desto höher mußte er den Wert der am wenigsten von ihm gewünschten Bahn (t_{32}) ansetzen. Andererseits muß man den Umstand im Auge behalten, daß je breiter die Nutzen eines Teams streuen, einen desto höheren Einfluß es auf die endgültige Entscheidung haben wird. Da niemand wirklich daran geglaubt hat, daß die Nullbahn realisiert wird, konnten die Teams bequem ein höheres Risiko für die Nullbahn akzeptieren; somit konnten sie ihre Nutzen breit über das $[0, 1]$-Intervall streuen und das Gewicht ihrer Gesamtwertung erhöhen. Trotzdem hatten einige der Präferenzenskalen nur sehr geringe Streuung, was darauf hinweist, daß die „Lotterien" ernst genommen wurden.

Die Lösung nach der Methode der Maximierung von Nutzenprodukten war nur eines von verschiedenen in diesem Experiment benutzten Verfahren. Andere waren Bordas Methode der Rangsummen (vgl. S. 260), die Maximinregel (vgl. S. 241) und gewichtete additive Regeln, wobei der Nutzen jeder Flugbahn als die gewichtete Summe der ihr von verschiedenen Teams zugeordneten Nutzen bestimmt wurde. Die Gewichte wiederum wurden von einer Autorität mit Schiedsgewalt festgestellt. Zwei Versionen der Regel wurden benutzt – die eine mit relativ zur Nullbahn als Null bestimmten individuellen Nutzen, die andere mit $u(t_{32}) = 0$.

Ein Vergleich der kollektiven Nutzen der hoch rangierenden Flugbahnen wird in der Tafel 19.7 gezeigt.

Flugbahn	Rangsumme		Additiv $u(\emptyset) = 0$		Additiv $u(t_{32}) = 0$		Multiplikativ (Nash) $u(\emptyset) = 0$	
31	1	0,822	2	0,887	1	0,724	1,5	0,877
29	2	0,797	3	0,875	3	0,692	3	0,865
26	3	0,795	1	0,889	2	0,710	1,5	0,877
27	4	0,719	4	0,856	4	0,641	4	0,839
5	5	0,683	6	0,791	6	0,555	6	0,776
25	6	0,678	5	0,822	5	0,597	5	0,804
35	7	0,655	7	0,757	8	0,511	8	0,745
17	8	0,622	10	0,738	11	0,475	10,5	0,725
8	9	0,611	8	0,755	9	0,488	7	0,746
10	10	0,605	12	0,738	7	0,514	14	0,706

Tafel 19.7 [nach *Dyer/Miles*]

Wie man sehen kann, sind die anhand der vier Methoden bestimmten Rangordnungen in hohem Grade korreliert. Beispielsweise ist die Korrelation der Rangordnungen zwischen der Rangsummen-Methode (Borda) und der additiven Methode unter Einschluß der Nullbahn 0,89. Die Korrelation zwischen der Multiplikations-Methode und der additiven (die Nullbahn einschließenden) Methode ist 0,95.

Gewiß ist bei der Herstellung eines Konsensus nach jeder Methode die Einschätzung der „Fairness" dieser Methoden durch die Teilnehmer von großer Wichtigkeit. Die von Repräsentanten der verschiedenen Gruppen ausgefüllten Fragebögen vermitteln in etwa schon erwartete Ergebnisse. Jene Mitglieder, deren favorisierte Flugbahnen schließlich nur geringe Prioritäten erhielten, haben gegen die Methoden Bedenken geäußert. Die „Gewinner" des Verfahrens haben über dieses meist nur Gutes zu berichten. Offensichtlich gibt es keine objektive Möglichkeit, die „Fairness" von Mechanismen der Übereinstimmungsfindung zu vergleichen. Wichtig ist, daß die am Interessenkonflikt Beteiligten sich *von vornherein* (d.h. ohne Kenntnis davon, auf welcher Seite der Konfliktlösung sie sein werden) über die Verfahren der Konsensherstellung *einigen*. Nur falls eine solche Übereinstimmung erreicht wird, kann man erwarten, daß einige spieltheoretische Ideen über die Möglichkeit akzeptabler Kompromisse bei Interessenkonflikten angewendet werden können.

In diesem Zusammenhang sind die sehr verschiedenen Resultate, die bei der simulierten Europäischen Sicherheitskonferenz und beim NASA Experiment erzielt wurden, sehr aufschlußreich.

Sicherlich waren im ersten Experiment die Würfel schon durch die Eigenart der damaligen politischen Situation gegen einen Konsensus gefallen, und zudem gab es keine schiedsrichterliche Autorität; beim NASA-Experiment war eine Lösung schon durch das Verfahren selbst gesichert. Gerade dieser Unterschied zwischen den beiden Situationen wird durch die Strukturanalyse sehr klar herausgestellt. Der Wert der Analyse liegt in ihrem Vermögen, Wege aufzuzeigen, wie Konfliktsituationen *strukturiert* werden können, um sie kollektiv rationalen Lösungen zugänglich zu machen.

Anmerkungen

[1]) Hier denken wir an gewisse „kurzsichtige" Rationalität der Mitglieder von S, wobei lediglich die unmittel-ʝaren Konsequenzen des Verlassens der großen Koalition und der Bildung einer eigenen berücksichtigt werden, und als Folge wovon sie mehr erhalten können als bei der gegebenen Imputation. Aber auch weiterreichende Konsequenzen können eintreten. Beispielsweise könnte die neue Koalition durch verlockende Angebote an ihre einzelnen Mitglieder von außerhalb verletzbar sein. Betrachten wir etwa ein Spiel mit $v(\{a, b\}) = v(\{a, c\}) = v(\{b, c\}) = v(\{a, b, c\}) = 1; v(\{a\}) = v(\{b\}) = v(\{c\}) = 0$. Der Auszahlungsvektor $(1/3, 1/3, 1/3)$ ist eine Imputation. Die Spieler a und b konnten das Verlassen der großen Koalition erwägen, da sie als Koalition $1 > 2/3$ erhalten können. Aber der Spieler c, könnte durch die Aussicht auf die Auszahlung 0 versucht sein, entweder a oder b mehr als $1/2$ anzubieten. Wenn er damit Erfolg hat, so wird das andere Mitglied der „Verschwörerkoalition".schließlich mit einer Auszahlung von 0 vorlieb nehmen müssen.

[2]) Falls $x \notin I_0$ ist, so werden wir $x_i \neq 50$ für mindestens zwei Spieler erhalten; denn falls $x_i = x_j = 50$ und $i \neq j$ sind, muß x in I_0 sein. Nun sei $x_1 > 50$, dann sind $x_2 < 50$ und $x_3 < 50$. Falls $x_1 < 50$ ist, dann gilt entweder $x_1 < 50$ und $x_2 < 50$ oder $x_1 < 50$ und $x_3 < 50$ oder beides.

[3]) Die Zählung geordneter Mengen bedeutet, daß jede Spielermenge mit k Mitgliedern $k!$ mal gezählt wird – entsprechend den $k!$ Permutationen der Spieler. Falls der von jedem Spieler „in die Koalition eingebrachte" Nutzenzuwachs einfach durch die Mitteilung über alle Teilmengen von N gewonnen wird, denen er beitreten könnte (wobei jede Teilmenge nur einmal gezählt wird), dann wird der resultierende Auszahlungsvektor der *Banzhaf-Wert* des Spiels genannt [vgl. *Brams*].

20. Weitere Anwendungen der Spieltheorie: Experimentelle Spiele

Das Spiel als Modell eines Konflikts eröffnet die Möglichkeit, Konflikte im Labor zu studieren. Seit kontrolliertes Experimentieren vor allem in den Naturwissenschaften als grundlegendes Forschungsmittel begründet worden ist, ist es wohl kaum noch nötig, seinen methodologischen Wert zu betonen. Die Übertragung der experimentellen Methoden auf die Sozialwissenschaften ist jedoch mit ähnlich ernsten Problemen und Schwierigkeiten verbunden, wie die Ausdehnung der mathematischen deduktiven Methode auf diese Wissenschaften.

Allerdings haben sich solche Probleme schon in den biologischen Wissenschaften sehr bald eingestellt. Das Verhalten der lebenden Materie in vitro ist ihrem Verhalten in vivo recht unähnlich. Falls man der Versuchung vitalistischer Erklärungen für diesen Unterschied nicht unterliegen will, muß man zugestehen, daß es oft unmöglich ist, die lebendige Umgebung eines lebenden Organismus in einem Reagenzglas nachzubilden. Aber die Kenntnis der Schwierigkeit beseitigt sie nicht. In den Sozialwissenschaften werden solche Schwierigkeiten noch vervielfältigt. Im Kontext eines physiologischen Experiments kann man oft erkennen oder zumindest erahnen, was bei einem in vitro Experiment fehlt und dann hoffen, daß die Bedingungen in vivo durch die Entwicklung ausgeklügelter Experimentiertechniken nachgebildet werden können. So ist es denkbar, daß eine genauere Nachbildung der materiellen, d.h. physikalisch-chemischen Umgebung lebender Prozesse geschaffen werden kann. In den Sozialwissenschaften kann man nicht hoffen, eine physikalisch-chemische Umgebung zu schaffen, die dem Geisteszustand eines Subjekts entspräche, weil man keine Ahnung hat, was diesen ausmacht. Die Grenzen des Reduktionismus[1], sind hier beinahe absolut. Somit ist eine Verallgemeinerung von Laborresultaten – selbst wenn sie durch Wiederholungen wohl begründet erscheinen – auf Situationen des „wirklichen Lebens" höchst problematisch.

Es gibt eine wohlbekannte verkehrte Beziehung zwischen dem Grad der „Wirklichkeitsähnlichkeit" eines das Leben simulierenden Laborexperiments und seiner Handhabbarkeit. Was jedoch diese Beziehung genau involviert, d.h. wie viel Wirklichkeit man für welchen Verlust an Handhabbarkeit einhandelt, kann niemand abschätzen. Es erscheint daher vernünftig, auf Versuche der Reproduktion wirklichen Lebens im Labor zu verzichten und damit das Ziel aufzugeben, experimentelle Resultate über das Labor hinaus zu extrapolieren.

Der Wert von Laborexperimenten mit menschlichen Verhaltensweisen liegt woanders. Falls die im Laborexperiment beobachteten Regelmäßigkeiten des Verhaltens mit genügender Glaubwürdigkeit bestätigt werden können, und falls sie insbesondere von mathematischen Modellen abgeleitet werden können, dann können die Parameter dieser Modelle zum Aufbau von Teilen einer Verhaltenstheorie benutzt werden. Unbedingt muß aber der Inhalt dieser Theorie auf das im Labor beobachtete Verhalten beschränkt werden. Falls diese Modelle jedoch theoretisch handhabbar sind, so kann die Theorie in dem Sinne *kumulativ* sein, daß sie verschiedene Resultate aufeinander bezieht, *systematische* Veränderungen und Verallgemeinerungen vornimmt und so einen strukturierten Fundus an Wissen schafft.

Die Wichtigkeit der Schaffung solcher Bereiche theoretisch organisierten Wissens kann nicht überbetont werden, selbst wenn sie voneinander getrennte „Inseln" darstellen, und von den Problemen, die die Untersuchungen ursprünglich angeregt hatten weit entfernt liegen. Die gesamte Wissenschaftsgeschichte ist Abbild dieses Prozesses. Nur in ihrer reifen, voll entwickelten Phase kann jede Wissenschaft direkt Antworten auf Fragen geben, die durch die „praktischen" Notwendigkeiten der Menschheit gestellt wurden. Die Sozialwissenschaften sind auch nicht annähernd in diesem Stadium der Entwicklung. Falls sie es jemals erreichen sollten, so nur auf dem von allen systematisch entwickelten Wissenschaften beschrittenen Wege. Offen gesprochen sind dies Wege des geringsten Widerstandes: man untersucht Fragen, die sich im Lichte vorangegangener Untersuchungen von selbst ergeben haben, und man verfolgt diese Untersuchungen, wohin sie auch führen. Zuweilen verlieren die ursprünglich gestellten, die „praktischen" Probleme beinhaltenden Fragen ihre Wichtigkeit, und zuweilen selbst ihren Sinn, weil neues Wissen oft neue Begriffe hervorbringt und mit ihnen neue *Arten* von Fragen stellt. Die Übergänge von der Astrologie zur Astronomie und von der Alchemie zur Chemie sind oft zitierte Beispiele solcher weitreichenden Veränderungen der Blickrichtung, die zu einer weitaus „nützlicheren" Kenntnis geführt hat („serendipity") als die ursprünglich intendierte. Hier soll nicht so sehr die Tatsache betont werden, daß „nützliche" Erkenntnis oft aus unerwarteten Quellen erschlossen wird (wie die gewöhnliche Rechtfertigung für eine durch „reine Neugier" geleitete Forschung lautet), sondern vielmehr, daß der Begriff des „nützlichen" Wissens selbst weitreichenden und radikalen Änderungen unterworfen ist.

Experimentelle Spiele

Experimentelle Spiele sind auf zweierlei sehr verschiedene Weisen benutzt worden. Die eine Richtung ist in naher Anlehnung an die ursprüngliche Begrifflichkeit der Spieltheorie als einer mathematischen Grundlegung der strategischen Wissenschaft vorangeschritten, und war mit auf die Entdeckung optimaler Aktionsverläufe in Konfliktsituationen gerichtet. Da Optimalitätskriterien schon in den spieltheoretischen Konfliktmodellen enthalten sind, wird die Ableitung optimaler Strategien allein durch mathematische Verfahren geleistet. Der Zweck der Untersuchung des Verhaltens von Teilnehmern bei strategisch orientierten experimentellen Spielen ist zu erkennen, bis zu welchem Grade sie sich dem „optimalen" Verhalten, so wie es definiert ist, annähern oder anzunähern lernen. Oft werden diese Spiele als Lernanweisungen angewendet, beispielsweise in militärischen oder Managementschulen, wo Gewandtheit in der Welt des wirtschaftlichen Wettbewerbs oder Kompetenz in der militärischen Taktik und Strategie als Voraussetzungen des beruflichen Erfolgs gelten [*Shubik*, 1975a, 1975b]

Die andere, dem Gegenstand dieses Buches eher entsprechende Richtung wählt die denkbar einfachsten Spiele als Experimentiermittel, insbesondere solche, die Experimentalpsychologen *gerade deshalb* interessieren, weil sie keine unzweideutig „korrekte" Spielweise erlauben. Das Verhalten der Personen wurde nicht deshalb untersucht, um ihre „Gewandtheit" zu testen, sondern mit dem Ziel, ihre Motivationen festzustellen. Es wurde gezeigt, daß sich die Motivationen (wie sie sich im Verhalten widerspiegeln), mit der Spielstruktur entsprechend stark verändern können, und zwar sowohl bei Veränderungen der numerischen Auszahlungen, als auch der Bedingungen des Experiments und gewiß auch der Personen selbst. So wird es möglich, abhängige Variablen mit unabhängigen in eine Relation zu bringen, d.h. die Grundlagen einer quantitativen experimentellen Methode für die Erforschung einiger Aspekte menschlichen Verhaltens zu legen, wobei diese Aspekte viel unmittelbarer auf die „psychologischen" Kategorien bezogen sind, als die in gewöhnlichen psychologischen Experimenten (Lernübungen usw.) untersuchten. Die experimentellen Spiele wurden in der Tat als Mittel der experimentellen *Sozial*psychologie entwickelt.

Das erste spieltheoretische Modell, das die Aufmerksamkeit der Psychologen erregte, war das Gefangenendilemma, das wir im Kapitel 17 (vgl. Matrix 17.5) dargestellt haben. Aus Bequemlichkeit wollen wir die Matrix hier noch einmal wiedergeben.

$$
\begin{array}{c c}
 & \quad S_2 \qquad\qquad T_2 \\
S_1 & \begin{array}{|c c|} \hline
\quad -1 \qquad & \quad -10 \qquad \\
-1 \qquad & 10 \qquad \\ \hline
\end{array} \\
T_1 & \begin{array}{|c c|} \hline
\quad 10 \qquad & \quad 1 \qquad \\
-10 \qquad & 1 \qquad \\ \hline
\end{array}
\end{array}
$$

Matrix 20.1

Das Dominanzprinzip (vgl. S. 244) diktiert die Wahl der dominierenden Strategie S durch beide Spieler. Die kollektive Rationalität verlangt jedoch nach der Wahl von T. Aber die Entscheidung, der kollektiven Rationalität gemäß zu wählen setzt die Annahme voraus, daß der andere Spieler ebenfalls von kollektiver Rationalität geleitet wird. Viel mehr noch, sie verlangt, daß der Spieler die Gelegenheit, das Vertrauen des anderen (wenn dieser T wählt) nicht zu seinem Vorteil ausnutze, indem er (durch die Wahl von S) die maximale Auszahlung anstrebt. Wir sehen, daß Begriffe wie „Ausnutzung", „Kooperation", „Vertrauen", „Verdacht" und ähnliche *zwangsweise* in die Analyse des Verhaltens zusätzlich zur „strategischen Fähigkeit" einfließen – oder sie gar ersetzen, denn dieser letztere Begriff ist bei diesem Spiel schwer oder gar nicht zu definieren. Daher müssen Verhaltensmuster in diesem Spiel durch ein viel reicheres Vokabular beschrieben werden als jene, die mit der Fähigkeit verbunden sind konventionelle Strategiespiele wie Schach, Bridge usw. zu spielen. Experimentelle Spiele eröffnen die Möglichkeit, mit Interaktionen von Individuen verbundene Begriffe durch konkrete Begriffe des Verhaltens zu definieren. Die Frage, inwiefern diese „Konkretisierungen" der Begriffe ihre „wirkliche" psychologische Bedeutung wiedergeben, bleibt vorläufig offen, bis durch Spielexperimente gewonnene Einsichten testbare Hypothesen über Situationen des realen Lebens aufzustellen erlauben.

Das Gefangenendilemma ist das in sozialpsychologischen Experimenten bei weitem am meisten benutzte Spielmodell gewesen. Zweifelsohne geschah dies wegen der in ihm enthaltenen Möglichkeiten, die widerstrebenden Tendenzen zur „Kooperation", zum „Wettkampf" oder zur „Ausnutzung" in kontrollierten Laborsituationen zu studieren. Der interessierte Leser sei auf die reichhaltige Literatur zu diesem Gegenstand verwiesen[2]. Hier wollen wir einige Resultate jener weniger erforschten Spiele vorstellen, deren psychologische Bedeutung durch die Strukturanalyse des allereinfachsten Zweipersonenspiels offenbar geworden war. Wir werden ebenfalls einige Resultate von kooperativen Zweipersonenspielen anführen.

Die 2 × 2-Spiele

Die einfachste mögliche Darstellung eines Zweipersonenspiels ist durch das sogenannte 2 × 2-Spiel gegeben, bei dem jeder der beiden Spieler zwischen genau zwei Alternativen wählen kann. Nehmen wir an, die Auszahlungen wären lediglich auf einer ordinalen Skala gegeben, d.h. nur die Präferenzenordnungen eines jeden Spielers über die Menge der vier Ergebnisse seien bekannt. Falls die Präferenzenordnung eines jeden Spielers lineare Ordnungen sind (d.h. wenn für beliebige zwei Auszahlungen des Spielers eine strenge transitive Präferenz besteht), dann können die Auszahlungen auf $4! \times 4! = 576$ verschiedene Weisen geordnet werden. Die resultierenden 576 Matrizen stellen jedoch nicht so viele verschiedene Spiele dar, denn wir können annehmen, daß die Umstellung der Zeile und der Spalten der Spielmatrix oder das Austauschen der Spieler die Struktur des Spiels nicht verändern. Wenn die durch diese Veränderungen erzeugten Äquivalenzen berücksichtigt werden, so zeigt sich, daß die Anzahl der strukturell verschiedenen Spiele 78 ist [*Rapoport/Guyer*]. Falls die Präferenzenrelation über die Ergebnisse nur eine schwache Ordnung darstellt (d.h. falls der Spieler gegenüber einem Paar von Ergebnissen indifferent sein kann), dann erweist sich, daß die Anzahl der strukturell unterschiedlichen Spiele 732 beträgt [vgl. *Guyer/Hamburger*].

Strukturell unterschiedliche Spiele werden verschiedene Arten von ,,Motivationszwang" auf die nach ihren Strategien suchenden Personen ausüben. Von einem Spiel, bei dem beide Spieler strikt dominierende Strategien besitzen, kann beispielsweise erwartet werden, daß es auf die Spieler einen starken Druck ausüben wird, die dominierenden Strategien auch zu wählen (in Übereinstimmung mit dem Dominanzprinzip). Bei einem Spiel, in dem nur einer der Spieler eine dominierende Strategie besitzt, gibt es andererseits einen solchen Druck auf den anderen Spieler (der sie nicht besitzt) nicht. Der andere Spieler kann aber aus der Spielmatrix ersehen, daß sein Mitspieler solch eine dominierende Strategie besitzt. Er wird daher annehmen, daß jener seine dominierende Strategie anwenden wird und aus dieser Überlegung die seine eigene Auszahlung maximierende Strategie wählen. Aber diese Einsichten kann nur ein Spieler gewinnen, der gleichsam ,,in die Haut des anderen schlüpft". Nicht alle Spieler können es. Kleine Kinder etwa sind im allgemeinen nicht in der Lage, auf diese Art ,,um die Ecke" zu denken [vgl. *Perner*].

Insofern haben wir lediglich rein strategische Überlegungen angestellt. Wie wir gesehen haben, reichen sie bei einigen Spielen nicht aus, um eine endgültige Wahl für alle Fälle zu bestimmen. Beispielsweise besitzen im Gefangenendilemma beide Spieler eine dominierende Strategie, das Prinzip der kollektiven Rationalität (oder eher der Wunsch zu kooperieren gepaart mit dem Vertrauen in die ähnlichen Intentionen des anderen) verlangt jedoch nach Verwirklichung der dominierten und nicht der dominierenden Strategie.

Um ein anderes Beispiel zu geben, betrachten wir das folgende Spiel:

	S_2	T_2
S_1	5 / 0	0 / 5
T_1	−1 / −2	−2 / −1

Matrix 20.2

Beide Spieler besitzen eine dominierende Strategie, nämlich S_1 resp. S_2. Somit schreibt individuelle Rationalität diese Strategien vor, was zum Ergebnis $S_1 S_2$ führt. Die kollektive Rationalität wird durch dieses Ergebnis nicht verletzt, da es Pareto-optimal ist: diesem Ergebnis wird kein anderes von *beiden* Spielern vorgezogen.

Dieses Spiel kann kooperativ gespielt werden (wobei Verhandlungen und Koordinationen von Strategien erlaubt sind) oder nicht-kooperativ. Zudem kann das Spiel bei Experimenten nur einmal gespielt oder iteriert werden.

Betrachten wir zunächst ein Experiment, bei dem das in der Matrix 20.2 dargestellte Spiel mehrere Male nicht-kooperativ gespielt wird. Gewöhnlich werden die Auszahlungen in Geld ausgedrückt, und bei kleinen Geldbeträgen ist es vernünftig anzunehmen, daß die Nutzen der Spieler lineare Funktionen der Auszahlungen sind. Falls beide Spieler „rational" wählen, ergibt sich immer wieder $S_1 S_2$, was Zeile sehr unfair erscheinen mag. Es entsteht die Frage, was Zeile unternehmen könnte, um seine Situation zu verbessern?

Zeile kontrolliert nur die Zeilen der Auszahlungsmatrix. Das einzige, was er tun kann außer S_1 (die „rationale" Alternative) zu wählen, ist T_1 zu wählen. Falls Spalte darauf besteht, S_2 zu wählen, dann wird das resultierende Ergebnis $T_1 S_2$ sein, das Spalte zwar „bestraft", aber auch Zeile. Kann Zeile erwarten, daß er durch die Wahl von T_1 Spalte dazu bringen kann nach T_2 zu wechseln, womit ja $T_1 T_2$ erreicht wäre, womit Zeile die Möglichkeit hätte, durch Wechsel auf S_1 das Ergebnis $S_1 T_2$ und damit 5 zu erhalten? Dies ist dann möglich, wenn er erwartet, daß Spalte „die Botschaft versteht": d.h. der Wechsel nach T_1 sollte Spalte die Unzufriedenheit von Zeile mit $S_1 S_2$ vermitteln, und nahelegen, daß Spalte durch seinerseitigen Wechsel nach T_2 die große Auszahlung (5) mit Zeile teilen könnte. In dieser Interpretation könnte die Wahl von T_1 durch Zeile als eine Analogie zum Streik verstanden werden.

All diese Überlegungen sind offensichtlich irrelevant, wenn das Spiel nur einmal gespielt wird. In diesem Falle verletzt die Wahl von T_1 durch Zeile offensichtlich die individuelle Rationalität (falls die Auszahlungen tatsächlich Nutzen darstellen). Beim iterierten Spiel kann der „Streik" von Zeile jedoch gerechtfertigt sein, falls er auch Spalte zum Wechsel veranlaßt. Spalte könnte eventuell „auf die Idee kommen", daß Zeile keinen Grund mehr zu „streiken" hätte, wenn Spalte zwischen S_2 und T_2 wechseln würde (und dadurch mit Zeile teilte).

Nun stellen sich folgende Fragen. Wie oft muß Zeile sich auf T_1 zurückziehen und wie beharrlich muß er T_1 wählen, um Spalte zum Wechsel nach T_2 zu veranlassen? Falls Spalte sich auf eine Aufteilung der Auszahlung einläßt, welchen positiven Anteil muß er Zeile zubilligen (d.h. wie oft sollte er nach T_2 wechseln, während Zeile S_1 wählt), um ihn zu befriedigen und „Streiks" zu vermeiden? Die Antworten auf diese Fragen werden sicherlich mit den numerischen Größen der Auszahlungen (innerhalb derselben ordinalen Struktur des Spiels), mit den individuellen Spielern, mit ihrer Vertrautheit miteinander und möglicherweise mit vielen anderen Veränderungen der Bedingungen der experimentellen Situation variieren. In dem Maße wie diese Antworten reproduzierbar, d.h. statistisch stabil sind, führen sie zu interessanten sozialpsychologischen Vermutungen und Hypothesen.

Eine oft benutzte Anordnung bei iterierten nichtkooperativen Spielen involiert die Benutzung eines „vorprogrammierten Spielers", d.h. eines Verbündeten des Experimentators, der seine Auswahl nach einem vorgeschriebenen Muster trifft. Insbesondere kann der vorprogrammierte stumme Spieler im obigen Spiel in der Rolle von Spalte die „steinharte" Strategie spielen, d.h. immer S_2 wählen und damit „jede Teilung ablehnen". Nun kann man das Verhalten von Zeile unter diesen Umständen untersuchen. Unter „Zeile" verstehen wir einen „zusammengesetzten Spieler" in der Rolle von Zeile. Sein „Verhalten" ist eine Verteilung von Verhaltensmustern unter einer Population von Personen in der Rolle von Zeile. Wir können nun den Anteil jener Spieler feststellen, die niemals auf T_1 ausweichen (die „Widerstandslosen"), und auch den Anteil jener Spieler, die im Gegenteil sehr bestimmt auf T_1 bestehen – selbst angesichts ihres Scheiterns usw.

Ein vorprogrammierter Spieler in der Rolle von Zeile kann ebenfalls 100 % der Zeit S_1 spielen, d.h. in die Rolle des Widerstandslosen schlüpfen. Nun können wir den Anteil der gutwilligen Spieler feststellen, die „freiwillig" teilen und nicht nur aus Angst vor Sanktionen durch Zeile. In den USA und in Dänemark durchgeführte Experimente haben gezeigt, daß an die 25 % der Spieler in der Rolle der Spalte „freiwillig" geteilt haben, und daß von diesen beinahe alle dazu neigten, 50 % des Anteils durch Wechseln zwischen S_2 und T_2 zu teilen [*Rapoport/Guyer/Gordon*, Kapitel 19].

Die Einstellungen zum Mitspieler können eine wichtige Determinante des Verhaltens in Spielsituationen sein. Bei in den USA und in Kanada durchgeführten Spielen haben Männer und Frauen beide Rollen im obigen Spiel übernommen. Es wurde festgestellt, daß immer wenn eine Frau Spalte (d.h. der Bevorteilte („top dog") dieses Spiels) spielte, die Häufigkeit der T_1-Wahlen durch Zeile signifikant höher war, als wenn ein Mann Spalte war. Das Resultat war gleich, ob nun Mann oder Frau als Zeile die Benachteiligten („under dog") waren.

Schließlich sind auch einige lediglich einmal durchgeführte Spiele mit dem obigen Spiel erwähnenswert. Zuerst müssen wir die Aufmerksamkeit jedoch auf eine seltsame rein logistische Schwierigkeit lenken, die im Zusammenhang mit nur einmal gespielten experimentellen Spielen auftritt. Die Anwerbung von Personen und ihre Einführung in die Einzelheiten des Verfahrens kostet Zeit, und gewöhnlich muß die Person für seine Teilnahme am Experiment entschädigt werden. Es erscheint „verschwenderisch", seine Zeit mit der Anwerbung und Unterweisung eines Paars von Personen zu verbringen und als Gegenleistung lediglich ein Datenpaar zu erhalten – eine Wahl durch Zeile und eine Wahl durch Spalte. Daher ist es üblich, die Experimente mit Einzelspielen so anzulegen, daß sie mehrere verschiedene Spiele beinhalten. Wenn die Ergebnisse jedes Spiels nicht vor dem Ende des Experiments bekanntgegeben werden, so kann man aus guten Gründen annehmen, daß Effekte von „Übertragbarkeit" und Lernen nicht eintreten werden, so daß jede Antwort als eine Einzelspielantwort angesehen werden kann. Im nachhinein erwies sich jedoch, daß eine solche im Interesse der Wirtschaftlichkeit getroffene Anordnung unkontrollierbare Effekte erzeugt hat. Bezeichnenderweise haben beispielsweise über 95 % der Spieler im obigen Spiel (das in der Folge aller nur einmal gespielten 78 nichtäquivalent 2 × 2-Spiele enthalten war) in der Rolle von Zeile S_1 und in der Rolle von Spalte S_2 gewählt. Damit lieferten sie den Beweis, daß die dominierenden Strategien entscheidungsbestimmend waren. Wenn das obige Spiel jedoch in einer Folge von Spielen gleicher oder ähnlicher Struktur (die ebenfalls nur je einmal gespielt wurden) enthalten war, blieb der Anteil der Spaltenspieler, die S_2 wählten, immer noch sehr hoch (90 %), aber der Anteil der Zeilenspieler, die S_1 gewählt haben, betrug nur noch 70 %. Die Vermutung lag also nahe, daß nicht nur Überlegungen zur Auszahlungsmaximierung wichtig waren, sondern etwa auch der Unwillen 0 zu akzeptieren, wenn der Mitspieler 5 erhält, selbst wenn die Abweichung von der dominierenden Strategie mit Kosten verbunden ist und den Gegenspieler nicht beeinflussen kann.

Ein ähnliches Resultat ergab sich beim nur einmal gespielten Gefangenendilemma. Wenn dieses Spiel in der Gesamtmenge der linear geordneten Spiele eingebettet war, dann haben lediglich 12 % der Spieler die dominierte (kooperative) Strategie gewählt. Wenn das Gefangenendilemma in einer Menge von mehreren strukturell identischen oder eng verwandten Spielen eingebettet war, so betrug dieser Anteil 50 %. Auch von jenen Spielern, die das „von der Straße" weg zum einmaligen Spiel des Gefangenendilemmas angeworben wurden, haben an die 40 % die kooperative Strategie gewählt.

Die folgende Erklärung bietet sich an: Wenn die Aufgabe der Person darin besteht, viele aufeinanderfolgende Wahlen zu treffen, ohne über die Resultate jeder Wahl informiert zu werden, und wenn die Struktur des Entscheidungsproblems zuweilen radikal von einem zum nächsten mal variiert, so wird sie wahrscheinlich eine „Feld-Wald- und -Wiesen"-Strategie anwenden. Falls das Dominanzprinzip Bestandteil dieser Strategie ist, dann werden vorwiegend dominierende Strategien gewählt. Die besonderen Eigenheiten von Spielen, wie der Matrix 20.2 oder des Gefangenendilemmas, in denen *gegen* die dominierenden Strategien Motivationsdruck erzeugt wird, werden bei der Anwendung der „Feld-Wald- und -Wiesen"-Strategie unbemerkt bleiben. Wenn diese Spiele jedoch ohne andere ebenfalls um Aufmerksamkeit heischende Spiele gegeben sind, so springen ihre besonderen Eigenschaften ins Auge – die kollektive Rationalität des kooperativen Ergebnisses im Gefangegendilemma und die „unfaire" Asymmetrie des Ergebnisses der dominierenden Strategie im Drohspiel (Matrix 20.2). Aus diesem Grunde wächst die Häufigkeit der Wahl der dominierten Strategien.

So einleuchtend diese Erklärung auch klingen mag – sie ist nicht ausreichend. Bei einer beachtlichen Anzahl von Spielen mit zwei dominierenden Strategien wird die dominierende Strategie von einem signifikanten Anteil von Spielern in der einen oder der anderen Rolle vermieden, falls diese Spiele in der vollständigen Menge ordinal nicht äquivalenter Spiele eingebettet sind. Weitere Analyse hat gezeigt, daß das Dominanzprinzip bei einigen „Spielertypen" in keiner Weise eine entscheidende Auswahldeterminante für Strategien ist. Und in der Tat haben diese Anomalien schon Hypothesen über die wichtigsten „Archetypen" von Spielern und ihre Interaktionen mit der Taxonomie der Spiele aufzustellen angeregt.

Die Einführung einer „Typologie der Spieler" bedeutet, daß die Daten eines Spielexperiments disaggregiert werden müssen. Wir haben schon die Entdeckung erwähnt, daß 25 % der Spaltenspieler im Drohspiel ihre Auszahlungen zu gleichen Teilen mit einer „widerstandslosen Zeile" teilen. Wenn die Daten aggregiert sind, wird dieses Ergebnis verdeckt. Dann zeigt sich lediglich, daß die „zusammengesetzte" Spalte nur ungefähr 1/8 bis 1/6 der positiven Auszahlung aufteilt.

Ähnlich ist es, wenn Personen im Gefangenendilemma mit einem vorprogrammierten Spieler zusammentreffen, der beim iterierten Spiel unveränderlich die kooperative Strategie wählt. Hier ist die beobachtete Häufigkeit der kooperativen Strategiewahlen 50 %. Die Verteilung dieser Häufigkeit ist dabei streng bimodal. An die Hälfte der Personen kooperieren mit dem 100 %-ig kooperativen vorprogrammierten Spieler vollständig, die andere Hälfte zieht voll ihren Vorteil aus dem kooperierenden Spieler und nutzt ihn aus.

Neben der Desaggregation der Spieler ist die Desaggregation der Motivationszwänge von gleicher Wichtigkeit, um die zahlreichen Daten der Spielexperimente überschaubarer zu machen. Dies ist selbst bei so einfachen Spielen wie bei den 2×2-Spielen nicht immer leicht. Betrachten wir abermals das Gefangenendilemma. In diesem Spiel sind die widerstrebenden Motivationszwänge – T zu wählen bzw. S zu wählen – schon in der Spielstruktur selbst enthalten. Die Wahl S ist durch das Dominanzprinzip bestimmt. Aber die Motivation S zu wählen kann in vier Komponenten zerlegt werden. Die Wahl von S kann durch die dadurch angebotene Möglichkeit der größten Auszahlung (das Maximax-Prinzip) motiviert sein; oder durch die Erkenntnis, daß die „vertrauensselige" Wahl von T ausgenutzt werden kann und die kleinste Auszahlung zeitigen könnte (das Maximinprinzip); oder aber durch den Wunsch, dem Mitspieler nur die geringste Auszahlung zu gönnen („Mißgunst") und schließlich durch das Verlangen, eine höhere Auszahlung zu erhalten, als der Mitspieler ((„Wettkampf"). Die ersten beiden Komponenten könnten *direkt* genannt werden, da sie nur durch eigene Auszahlungen betreffende Überlegungen zustandegekommen sind, und die beiden letzteren *indirekt*, da sie durch Überlegungen über die Auszahlungen des Mitspielers erzeugt wurden.

Die Motivation für die Wahl von T kann auf ähnliche Weise zerlegt werden: Die kooperative Wahl kann durch kollektive Rationalität motiviert sein, im iterierten Spiel durch den Wunsch, dem Mitspieler „Vertrauen" mitzuteilen, oder aber sie kann Teil einer „Zahn-um-Zahn"-Strategie sein, die die kooperative Wahl des Mitspielers belohnt, und die unkooperativen bestraft, um ihn zu Kooperation zu veranlassen.

Da alle diese Motivationen miteinander verwoben sind, ist es schwierig, „psychologische" Folgerungen aus den Verhaltensmustern der Personen bei vielen jener 2×2-Spiele zu ziehen, die in der experimentellen Sozialpsychologie angewendet werden. Trotzdem enthält die vollständige Liste der 732 2×2-Spiele mit schwacher Ordnung bestimmte Möglichkeiten, einige Motivationszwänge von anderen zu „isolieren".

Betrachten wir das durch Matrix 20.3 dargestellte Spiel:

Falls Zeile nur seine eigenen Auszahlungen beachtet, dann kann man annehmen, daß er zwischen S_1 und T_1 indifferent sein wird. Daher kann die Wahl von S_1 dem Wunsch zugeschrieben werden, Spalte die größte Auszahlung zu gönnen (falls man die unwahrscheinliche „masochistische" Neigung ausschließt, eine kleinere Auszahlung als der Mitspieler zu erhalten). Auch Spalte ist zwischen S_2 und T_2 indifferent, ob er nun lediglich seine eigenen Auszahlungen berücksichtigt oder auch diejenigen von Zeile.

$$\begin{array}{cc} S_2 & T_2 \\ 53 & 47 \end{array}$$

S_1 72

T_1 28

Matrix 20.3

So gibt uns das Spiel 20.3 die Möglichkeit, den Fall „rein wohlwollender" Wahlen zu studieren. Die Zahlen zur linken und über die Matrix 20.3 zeigen die prozentualen Anteile derjenigen Personen ($n = 70$), die die entsprechenden Wahlen in einem Einzelspiel-Experiment getroffen haben, wenn dieses Spiel mit anderen strukturell ähnlichen Spielen präsentiert wurde [*Lendenmann/Rapoport*]. Wir bemerken folgendes: Während die prozentualen Anteile der Spaltenspieler, die S_2 resp. T_2 gewählt haben, nicht signifikant verschieden sind, sind jene Anteile der Zeilenspieler, die S_1 resp. T_1 gewählt haben, doch sehr verschieden. Man kann annehmen, dadurch werde die Motivation zum „wohlwollenden" Wahlen, in dem Falle reflektiert, daß für einen selbst damit keine Kosten verbunden sind.

Ähnlich interessant sind die Resultate der folgenden beiden Spiele:

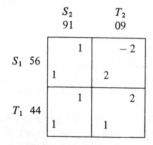

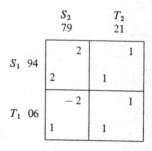

Matrix 20.4   Matrix 20.5

Wir bemerken, daß Zeile in beiden Spielen eine schwach dominierende Strategie besitzt, nämlich S_1. Trotzdem hat sich gezeigt, daß — obwohl 94 % der Zeilenspieler im Spiel 20.5 S_1 gewählt haben — beim Spiel 20.4 lediglich 56 % S_1 wählten.

Wir könnten versuchen, die große Häufigkeit der dominierten Strategie T_1 beim Spiel 20.4 durch die Einschätzung der Situation von Spalte durch Zeile zu erklären. Falls Spalte sich entweder durch das Maximinprinzip oder durch das Prinzip von Laplace (vgl. S. 242) leiten läßt, so wird erwartet, daß er beim Spiel 20.4 S_2 wähle. Falls er es tut, sollte Zeile zwischen S_1 und T_1 indifferent sein, was für die nahezu gleichen Häufigkeiten dieser Wahlen beim Spiel 20.4 verantwortlich sein könnte. Falls wir jedoch auf das Spiel 20.5 die gleichen Überlegungen anwenden, sollten wir erwarten, daß Zeile meint, Spalte werde T_2 wählen. Deshalb kann Zeile zwischen S_1 und T_1 auch hier indifferent sein. Stattdessen beobachten wir, daß in diesem Spiel 94 % der Zeilenspieler S_1 gewählt haben. Also lassen wir die Überlegungen „zweiter Ordnung" einschließende Hypothesen fallen, nach der sich Zeile in die Lage von Spalte versetzt. Daraus folgt ganz natürlich, daß die ins Auge springende Stellung des Ergebnisses $S_1 S_2$, das im Spiel 20.5 von beiden Spielern strikt vorgezogen wurde, für die hohe Häufigkeit der Wahl von S_1 verantwortlich ist. Die Häufigkeit der S_2-Wahlen ist beträchtlich geringer – möglicherweise weil das Maximinprinzip (oder das Prinzip von Laplace) auf Spalte ebenfalls einwirken. Wir bemerken die sehr große Häufigkeit von S_2 im Spiel 20.4, d.h. dann, wenn diese Wahl sowohl durch das Maximinprinzip als auch durch das Prinzip von Laplace vorgeschrieben ist.

Eine andere Möglichkeit des Vergleichs der Verhaltensweisen der Zeile in den Spielen 20.4 und 20.5 ergibt sich aus der Beobachtung, daß individuelle Rationalität (die die Wahl selbst einer schwach dominierenden Strategie vorschreibt) und Wohlwollen im Spiel 20.5 beide die gleiche Wahl vorschreiben, während sie beim Spiel 20.4 entgegengesetzte Wahlen veranlassen.

Die oben genannten Beispiele sollen dazu dienen, die Komplikationen zu verdeutlichen, die schon in den Strukturen der allereinfachsten Spiele vorhanden sind.

Kooperative Spiele

Eine Theorie der kooperativen Zweipersonenspiele kann als eine präskriptive Theorie in dem Sinne angesehen werden, daß sie eine Lösung des Spiels in Form einer probabilistischen Mischung des Spielergebnisses vorschreibt.

Nashs Lösung des kooperativen Zweipersonenspiels [*Nash*] wird aus den folgenden Axiomen abgeleitet:

N_1. Symmetrie: Die Lösung sollte nicht von der Bezeichnung der Spieler abhängen.

N_2. Linearität: Die probabilistische Mischung der Ergebnisse, die die Lösung darstellen, sollte gegenüber unabhängigen positiv linearen Transformationen der Auszahlungen invariant sein.

N_3. Pareto-Optimalität: Die Lösung sollte Pareto-optimal sein.

N_4. Unabhängigkeit von irrelevanten Alternativen: Falls bei gleichbleibendem Drohpunkt die keine Lösung enthaltenden erreichbaren Ergebnisse gestrichen werden, sollte die Lösung gleich bleiben.

Es zeigt sich, daß nur eine einzige Mischung von Ergebnissen alle vier Axiome erfüllt. Angesichts von N_3 darf diese Mischung nur die Pareto-optimalen Ergebnisse enthalten. Wir wollen dies anhand der Lösungsschritte eines 2×2-Spiels mit zwei Pareto-optimalen Ergebnissen verdeutlichen. Das Spiel 20.2 ist ein Beispiel solch eines Spiels, wobei die beiden Pareto-optimalen Ergebnisse $S_1 S_2$ und $S_1 T_2$ sind.

Zunächst werden die Ergebnisse des Spiels als Punkte (x, y) auf einer X-Y-Ebene aufgetragen, wobei x die Auszahlungen an Zeile und y die an Spalte sind. Dann werden sie in einer *konvexen Hülle* eingeschlossen, d.h. das kleinste konvexe Gebiet, das sie alle in sich oder auf seiner Grenze enthält. Ein konvexes Gebiet ist ein Gebiet, denen je zwei Punkte durch ein Geradenabschnitt verbunden werden können, wobei sich alle Punkte des Abschnitts innerhalb des Gebietes befinden.

Jeder Punkt einer konvexen Hülle eines Spiels kann als ein Auszahlungspaar realisiert werden, das sich durch ein entsprechend gewähltes Paar gemischter Strategien ergibt.

Die Abbildung 20.1 zeigt die Ergebnisse des Spiels 20.2. Sie werden durch ein Vieleck eingeschlossen, das ihre konvexe Hülle ist. Die Lösung des Spiels muß auf dem Geradenabschnitt liegen, der die Ergebnisse $S_1 S_2$ und $S_1 T_2$ verbindet. Die Lösung ist der Punkt (x^*, y^*), der den Betrag $(x - x_0)(y - y_0)$ maximiert, wobei $y = y(x)$ die Gleichung der Geraden ist, die $S_1 S_2$ und $S_1 T_2$ enthält, während der Punkt (x_0, y_0) der sogenannte *Drohpunkt* des Spiels ist. Der Drohpunkt ist der Schnittpunkt von zwei Strategien, die von Zeile und Spalte resp. gewählt wurden. Jeder Spieler wählt seine „Drohstrategie" so, daß die entsprechende Lösung ihm eine Maximierung der Auszahlung verspricht.

Die Drohstrategie kann als jene Strategie interpretiert werden, die ein Spieler anzuwenden droht, wenn keine Übereinstimmung über die Mischung der Pareto-optimalen Ergebnisse als Lösung des Spiels erzielt werden kann. Beim Spiel 20.2 schneiden sich die beiden Drohstrategien im Ergebnis

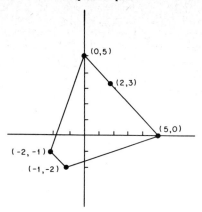

Abb. 20.1

$T_1 S_2$. Damit ist $x_0 = -2$ und $y_0 = -1$. Die Gleichung der die beiden Pareto-optimalen Ergebnisse $S_1 S_2$ und $S_1 T_2$ verbindenden Geraden ist $y = 5 - x$. Um eine Lösung zu finden, müssen wir folglich $(x + 2)(6 - x)$ maximieren. Indem wir die Ableitung dieser Gleichung in bezug auf x gleich Null setzen, erhalten wir

$$6 - x - x - 2 = 0$$
$$x = 2, y = 5 - x = 3.$$

(20.1)

Die Mischung der zwei Pareto-optimalen Ergebnisse, die diese Lösung erzeugt, ist $S_1 S_2$ mit der Wahrscheinlichkeit 0,6 und $S_1 T_2$ mit der Wahrscheinlichkeit 0,4. Im iterierten Spiel können die beiden Spieler übereinkommen, das Ergebnis $S_1 S_2$ in 60 % und das Ergebnis $S_1 T_2$ in 40 % der Fälle zu erzeugen.

Rapoport/Frenkel/Perner [1977] haben die ersten drei Axiome von Nash experimentell getestet. Die Matrizen 20.6 bis 20.17 repräsentieren die bei den Experimenten angewendeten Spiele. Jedes Spiel erschien in drei Varianten. Diese sind auseinander durch positive lineare Transformationen der Auszahlungen abgeleitet. So wurde die obige Annahme N_2 einem Test unterzogen. Die Annahme N_1 wurde getestet, indem die Rollen von Zeile und Spalte für jedes Personenpaar getauscht wurden. Die Annahme N_3 wurde getestet, indem die Häufigkeit der Verletzungen der Pareto-optimalen Lösungen registriert wurde (dies soll weiter unten erklärt werden). Die Annahme N_4 wurde nicht getestet.

	X	Y		X	Y		X	Y
A	5	0		5	0		3	−2
	0	5		0	20		0	5
B	−1	−2		−1	−2		0	5
	−2	−1		−8	−4		−2	−1

Spiel 1 Matrix 20.6   Matrix 20.7   Matrix 20.8
         Variante I   Variante II   Variante III

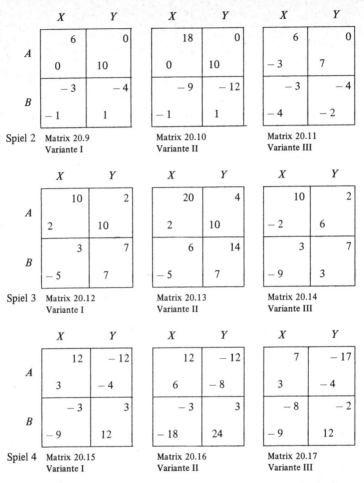

	X	Y
A	6	0
	0	10
B	−3	−4
	−1	1

X	Y
18	0
0	10
−9	−12
−1	1

X	Y
6	0
−3	7
−3	−4
−4	−2

Spiel 2   Matrix 20.9   Matrix 20.10   Matrix 20.11
          Variante I   Variante II   Variante III

	X	Y
A	10	2
	2	10
B	3	7
	−5	7

X	Y
20	4
2	10
6	14
−5	7

X	Y
10	2
−2	6
3	7
−9	3

Spiel 3   Matrix 20.12   Matrix 20.13   Matrix 20.14
          Variante I   Variante II   Variante III

	X	Y
A	12	−12
	3	−4
B	−3	3
	−9	12

X	Y
12	−12
6	−8
−3	3
−18	24

X	Y
7	−17
3	−4
−8	−2
−9	12

Spiel 4   Matrix 20.15   Matrix 20.16   Matrix 20.17
          Variante I   Variante II   Variante III

Die Nash-Lösungen der vier Spiele ausgedrückt durch die Mischungen der beiden Pareto-optimalen Ergebnisse und die entsprechenden erwarteten Auszahlungen werden in der Tafel 20.1 gezeigt.

Spiel	Gemischte Ergebnisse	Lösungs-mischung	Auszahlungen					
			Var. I		Var. II		Var. III	
			Zeile	Spalte	Zeile	Spalte	Zeile	Spalte
1	*AX, AY*	3/5, 2/5	2	3	8	3	2	1
2	*AX, AY*	3/10, 7/10	7	1,8	7	5,4	4	1,8
3	*AX, BY*	8/15, 7/15	4,33	8,6	4,33	17,2	0,33	8,6
4	*AX, BY*	5/6, 1/6	4,5	10,5	9,0	10,5	4,5	5,5

Tafel 20.1

Das Drohergebnis war in allen vier Spielen *BX*.

Am Experiment nahmen vierzig Studenten der Universität von Toronto teil. Sie wurden durch Zufallswahlen zu Paaren zusammengestellt und zwei experimentellen Bedingungen zugeordnet. Jede Person hat jedes der vier Spiele in allen drei Varianten gespielt, und zwar einmal als Zeile und das andere mal als Spalte.

Die Personen konnten während jeder Partie eines Spiels frei kommunizieren. Seitenauszahlungen waren jedoch nicht erlaubt. Sie sollten sich über bestimmte Wahrscheinlichkeitsmischungen der Pareto-optimalen Ergebnisse einigen. Sobald man sich auf eine Mischung geeinigt hatte, wurden die Auszahlungen an jede Person aus der Mischung ermittelt.

Bei einer experimentellen Situation, die *gewählte Drohung* genannt wurde, ergab sich eine *Konfrontation*, wenn keine Übereinkunft zu einer Pareto-optimalen Mischung der Ergebnisse erreicht werden konnte. Jeder Spieler argumentierte im wesentlichen so: „Nun gut, wenn Du mit meinem Vorschlag nicht einverstanden bist, werde ich diese Strategie anwenden" womit gewöhnlich die Drohstrategie gemeint war. Daraufhin spielten beide ihre Strategien unabhängig voneinander und das Ergebnis war das Ergebnis des Spiels. Aber kein Spieler brauchte unter den gegebenen Bedingungen seine Drohung wahrzumachen — er konnte einlenken.

Um dies zu vergegenwärtigen, betrachten wir das Spiel 4, Variante II. Das am meisten vorgezogene Ergebnis von Zeile ist BY, das von Spalte AX. Die Spieler verhandeln um eine bestimmte Mischung aus beiden. Falls kein Übereinkommen erzielt wird, können Zeile mit B und Spalte mit X drohen. Falls bei der Konfrontation beide ihre Drohungen wahrmachen, so ergibt sich der Drohpunkt BX als Resultat. Aber jeder von beiden könnte auch bluffen. Zeile kann sich zurückziehen und in Wirklichkeit A spielen, um 6 anstelle von -18 zu erhalten, falls Spalte ihre Drohstrategie verwirklicht. Ähnlich kann Spalte sich zurückziehen und bei der Konfrontation Y spielen.

In der anderen experimentellen Situation, die *gezwungene Drohbedingung* genannt wird, sagt der *Experimentator* den Spielern, daß das Drohergebnis (BX) mit Sicherheit eintreten wird, falls sie sich nicht über eine Mischung Pareto-optimaler Ergebnisse einigen können.

Diese beiden Experimente wurden unternommen, um eine Hypothese aus der Psychologie der Verhandlungen zu testen. In jedem Spiel befindet sich der eine der Spieler in einer besseren Verhandlungssituation als der andere, wie der Tafel 20.1 entnommen werden kann. Beispielsweise ist Spalte beim Spiel 1 in dem Sinne der bevorteilte Spieler, als die Mischung, die der Nashlösung entspricht, das von ihm bevorzugte Ergebnis AX mit der Wahrscheinlichkeit 0,6 enthält, und das von Zeile bevorzugte Ergebnis AY lediglich mit der Wahrscheinlichkeit 0,4. Im Spiel 2 ist dagegen Zeile der bevorteilte Spieler: sein bevorzugtes Ergebnis erscheint in der Lösung mit der Wahrscheinlichkeit 0,7.

Die zu testende Hypothese lautet: Unter der Bedingung aufgezwungener Drohung werden die beobachteten vereinbarten Ergebnismischungen „egalitärer" sein (d.h. näher an (0,5; 0,5)), als unter der gewählten Drohbedingung. Die Hypothese ergibt sich aus der Vermutung, daß sobald beide Spieler von einer außenstehenden Autorität auferlegte Sanktionen zu erwarten haben (im Falle, daß sie nicht übereinkommen), ein Gefühl von „Solidarität" entwickeln, die den bevorteilten Spieler davon zurückhält, sein Vorteil allzu stark auszunutzen[3]).

Die Tafel 20.2 zeigt die wichtigsten Ergebnisse des Experiments. Die Eingänge sind die durchschnittlichen Mischungen (in Prozent), die die endgültigen Ansprüche nach jeder Verhandlungsrunde angeben. Die Tatsache, daß einige Ansprüche zusammengenommen mehr als 100 % ausmachen, verweist darauf, daß diese Ansprüche unvereinbar waren. Hierbei ergab sich entweder eine Konfrontation (im Falle der gewählten Drohbedingung), oder ein Drohergebnis wurde realisiert (im Falle der aufgezwungenen Drohbedingung). Die gelegentlichen Fälle, in denen die Ansprüche weniger als 100 % ausmachen, widerspiegeln vorsichtige Ansprüche, wobei beide Parteien weniger beanspruchen, als sie ungefährdet tun könnten, um eine Konfrontation zu vermeiden.

In der Tafel 20.2 sehen wir, daß die auf die zwei experimentellen Bedingungen bezogene Hypo-

	Spiel 1					
	Variant I		Variant II		Variant II	
Drohbedingung	Zeile	Spalte	Zeile	Spalte	Zeile	Spalte
gewählte	38,0	62,7	18,7	87,7	41,8	61,0
aufgezwungene	44,5	56,7	28,8	70,7	45,5	56,0
	Spiel 2					
gewählte	57,0	43,5	75,2	24,5	43,5	57,0
aufgezwungene	56,0	43,7	72,7	27,5	51,3	49,5
	Spiel 3					
gewählte	25,0	80,8	42,8	60,7	35,7	73,5
aufgezwungene	32,5	67,2	35,5	64,7	42,0	58,0
	Spiel 4					
gewählte	22,0	78,5	12,8	89,0	26,5	74,5
aufgezwungene	28,0	72,5	20,0	79,7	38,0	62,3

Tafel 20.2

these in 11 von 12 Fällen bestätigt wird. Mit Ausnahme von Spiel 3 Variante II sind die Mischungen unter der Bedingung der aufgezwungenen Drohbedingung „egalitärer".

Die Symmetriehypothese besagt, daß der Rollentausch zwischen den Spielern die Lösung nicht beeinflußt. z_i sei der letzte Anspruch des Spielers i ($i = 1, 2$) in der Rolle von Zeile und s_i sein entsprechender Anspruch in der Rolle von Spalte. Dann stellt die Quantität $(1/2) (| z_1 - z_2 | + | s_1 - s_2 |)$ ein Maß der Asymmetrie dar. Laut Symmetriehypothese sollte sie nur unsignifikant von Null verschieden sein.

Unter der aufgezwungenen Drohbedingung war der Mittelwert dieser Quantitäten (in Prozenten) 6,53 und seine Standardabweichung betrug 5,71. Unter der gewählten Drohbedingung war der Mittelwert und die Standardabweichung entsprechend 8,56 und 9,75. Die Verteilung des obigen als Zufallsvariable betrachteten Asymmetriemaßes ist nicht bekannt. Da jedoch angenommen werden kann, daß sich die zehn Paare unter jeder Bedingung unabhängig verhalten haben, können wir folgern, daß die Standardabweichungen der Mittelwerte höchstens $5,71/\sqrt{10} = 1,8$ und $9,75/\sqrt{10} = 3,1$ betragen werden. Damit ist der Mittelwert des Maßes der Asymmetrie unter der aufgezwungenen Drohbedingung mehr als drei Standardabweichungen von Null entfernt, und etwas weniger als zwei unter der gewählten Drohbedingung. Wenden wir die sehr konservative Tschebyschev-Regel an, so erreichen die Abweichungen das Signifikanzniveau von 0,1 nicht ganz. Es ist jedoch wahrscheinlich, daß die Abweichung von Null sogar unter der Annahme einer reichlich verschobenen Verteilung doch signifikant wird. Man könnte daher vermuten, daß die Symmetrieannahme verletzt sei. Dies kann nicht überraschen, denn verschiedene Personen können sich in ihren Verhandlungsfähigkeiten stark unterscheiden, während die Symmetrieannahme ja die vollständige „Rationalität" der Spieler voraussetzt[4]).

Von den drei getesteten Annahmen wurde die Annahme der Linearität (N_2) am drastischsten verletzt. Der Tafel 20.2 entnehmen wir, daß die Mischungen zwischen den *Varianten* jedes Spiels breit streuen. Dies steht im Gegensatz zu der Linearitätsannahme, die verlangt, daß die Mischung der Lösung bei positiv linearen Transformationen der Auszahlungen invariant bleibe.

Dieses Resultat ist für die Theorie der sozialen Wohlfahrt von Bedeutung. Die Annahme, daß die Nutzen der Individuen für die Ergebnisse auf keiner stärkeren als der Intervallskala festgelegt wer-

den können, impliziert ja, daß die von verschiedenen Individuen den Dingen, Situationen oder Ergebnissen von Entscheidungen zugeschriebenen Nutzen nicht miteinander verglichen werden können. Damit können die Nutzen verschiedener Individuen selbstverständlich weder sinnvoll addiert
noch aggregiert werden. Dies wird jedoch bei der Konstruktion eines Maßes der sozialen Wohlfahrt
vorausgesetzt.

Die endgültige Widerlegung der Linearitätsannahme durch die eben beschriebenen Experimente
weist jedoch darauf hin, daß die an Verhandlungen (oder Lösungen von Interessenkonflikten) teilnehmenden Menschen sehr wohl in der Lage sind, ihre Nutzen interpersonell zu vergleichen. Damit
zeigt sich, daß das formalistische Schema wegen der Forderung nach der Unmöglichkeit interper-
soneller Nutzenvergleiche die Konfliktlösung unnötig einengt. Diese Restriktion ist auch im sogenannten Unmöglichkeits-Theorem enthalten, das eine soziale Entscheidungsfunktion (oder Wohlfahrtsfunktion) lediglich auf Grundlage individueller Präferenzen zu konstruieren versucht, die
nur auf einer ordinalen Skala gegeben sind. Erlaubt man aber interpersonelle Vergleiche, so erweist
sich, daß nun andere, auf die „Manipulierbarkeit" der sozialen Wohlfahrtsfunktion bezogene Probleme entstehen.

Ein Überblick

Spieltheoretische Modelle von Interessenkonflikten können in der experimentellen Sozialpsychologie nützliche Hilfsmittel sein. Wie so oft nach der Entwicklung einer neuen Forschungsmethode,
hat auch diese eine „Welle" von Untersuchungen ausgelöst. Eine bildliche Darstellung solch einer
Welle wird in der Abbildung 20.2 gegeben.

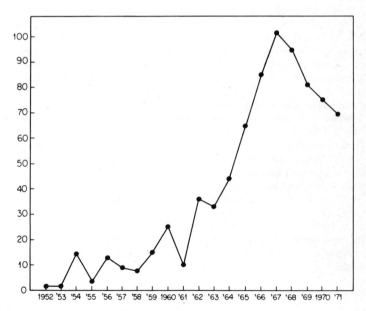

Abb. 20.2: Jährliche Anzahl der publizierten Untersuchungen über experimentelle Spiele von 1952 bis 1971

Nun erhebt sich die Frage nach dem Ergebnis der gesammelten Laborerfahrungen. Die Antwort wird für einen „praktisch" Veranlagten eher unbefriedigend ausfallen. Einer fest verwurzel-

ten Tradition der Experimentalpsychologie folgend wurden die meisten Untersuchungen zum Zwecke der Überprüfung einer bestimmten Hypothese unternommen. Die aus der Anwendung statistischer Standardtests gezogenen Folgerungen sollten die aufgestellten Hypothesen entweder mit ausreichender Evidenz „bestätigen" oder aber „nicht bestätigen". Jeder Untersuchung sollte daher durch die Antwort auf eine oder mehrere Fragen je „ein Stückchen Erkenntnis" liefern, aus denen eine kohärente Theorie entwickelt werden könnte. Daß eine wohlgeformte Theorie des Verhaltens bei Interessenkonflikten bis jetzt auch auf der Grundlage von Spielexperimenten nicht entwickelt werden konnte, kann an verschiedenen Umständen liegen.

Der wichtigste Umstand ist in den sehr einschränkenden Bedingungen zu suchen, unter denen Laborexperimente durchgeführt werden müssen. Dadurch wird in hohem Maß die Allgemeingültigkeit der getroffenen Folgerungen eingeengt, denn sie müssen nicht nur auf spezifische experimentelle Bedingungen bewertet werden, sondern auch auf die Population, aus der die Personen für das Experiment gewählt wurden. In der Tat wurde die „Persönlichkeit des Individuums" bei der Konstruktion von Spielexperimenten zunehmend als eine wichtige unabhängige Variable berücksichtigt. Die große Zahl der unabhängigen Variablen und die divergierenden Interessen der Forscher haben ein eher verworrenes Bild ergeben, das nur schwer zu bewerten ist.

Ein anderer Umstand bezieht sich auf die Soziologie der Wissenschaft, die im letzten Kapiel eingehender behandelt werden soll. Ein natürliches Bestreben, veröffentlichungsreife Ergebnisse zu produzieren, veranlaßt die Auswahl von Hypothesen, deren Bestätigung durch die Experimente von vornherein wahrscheinlich ist. Als Folge davon dienen Experimente lediglich dazu, etwas zu bestätigen, was aufgrund einfacher Überlegungen des gesunden Menschenverstandes ohnehin klar gewesen ist.

Der Beitrag der Spielexperimente zum allgemeinen Wissen kann beträchtlich sein. Aber man sollte nicht erwarten, daß sie Fragen über „menschliches Verhalten in Konfliktsituationen" gemeingültig beantworten, was Sozialwissenschaftler von der Spieltheorie oft fälschlicherweise verlangen. Neue, besser formulierte Fragen — nicht Antworten auf alte, schlecht gestellte — bilden den positiven Beitrag der von spieltheoretischen Konzeptionen geleiteten Spielexperimente. Experimente sollten als eine systematische Untersuchung einer Mikro-Welt betrachtet werden, die für sich selbst interessiert, weil in ihr menschliches Verhalten unter kontrollierten Bedingungen untersucht werden kann. Es geht nicht um Verhalten, das durch Reaktionen auf Stimuli, einfachste Lernvorgänge und Wahrnehmungen bezogen ist etc., worin die traditionelle Experimentalpsychologie ihr Bestätigungsfeld sah, sondern um durch soziale Motivationen und soziale Interaktionen begleitetes Verhalten.

Anders ausgedrückt, haben Spielexperimente zur Schaffung eines sozialpsychologischen Labors beigetragen, einer Umgebung, in der soziale Interaktion systematisch untersucht werden kann. Aufgrund der Art und Weise, in der diese Interaktion durch „Motivationsdruck" hervorgerufen werden kann, haben die verschiedenen Motivationen solche eingängigen Bezeichnungen wie „Vertrauen", „Verdacht", „Wohlwollen", „Dominanz", „Fügsamkeit", „Kooperation", „Wettbewerb" usw. erhalten. Diese Begriffe sind in der Sozialpsychologie geläufig. Welche Beziehung (falls überhaupt eine) diese simulierten Motivationen zum „wirklichen Leben" besitzen, wird man erst nach langer Erfahrung und sorgfältiger, vor allem kritischer Abwägung der erzielten Resultate abschätzen können.

Anmerkungen

[1]) Reduktionisten nehmen an, daß soziales Verhalten in letzter Instanz durch das Verhalten einzelner Individuen bestimmt ist, das seinerseits durch eine Folge neurophysiologischer Zustände determiniert wird, welche wiederum lediglich physikalisch-chemische Ereignisse sind. Zweifelsohne handelt es sich dabei um eine Erweiterung der deterministischen Konzeption der Realität von Laplace. Nach Laplace wäre ein Wesen, das den Ort und die

Geschwindigkeit eines jeden Teilchens im Universum zu einem Zeitpunkt bestimmen könnte, in der Lage, alle zukünftigen Zustände des Universums (d.h. alle Ereignisse) vorherzusagen. Der Reduktionismus hat einen Großteil der physiologischen Forschung mitbestimmt, bei der es um die Erklärung physiologischer Ereignisse durch chemische und physikalische Gesetzmäßigkeiten ging. Auch die Reduktion vieler chemischer Gesetze auf physikalische hat viel zur Bekräftigung des reduktionalistischen Standpunktes beigetragen. Die Entdeckung bedingter Reflexe gab den Anlaß zum reduktionistischen Ansatz in der Psychologie. Es ist jedoch höchst unwahrscheinlich, daß insbesondere Verhaltensweisen von Organismen mit komplexen Nervensystemen durch eine detaillierte Wiedergabe der begleitenden neurophysiologischen Ereignisse ausreichend beschrieben oder erklärt werden können − ausgenommen vielleicht die allereinfachsten. Es scheint daher, daß der Reduktionismus kein praktikables Forschungsprogramm außerhalb der Grenzen der Physiologie darstellen kann.

[2]) Eine von *Guyer/Perkel* [1972] zusammengestellte Bibliographie experimenteller Spiele zählt über tausend bekannte Experimente auf. Mehr als die Hälfte dieser Experimente bezog sich auf das Gefangenendilemma.

[3]) Dies ist nicht die einzige Erklärung. Im beschriebenen Experiment gibt die Bedingung der gewählten Drohung jedem Spieler die Möglichkeit, sich nach einer Konfrontation „zurückzuziehen". Dies ist unter der Bedingung der aufgezwungenen Drohung nicht der Fall. Folglich können die Spieler unter der Bedingung der gewählten Drohung „härter" verhandeln. Dies könnte entsprechend den Unterschied zwischen dem bevorzugten und dem benachteiligten Spieler schärfer hervortreten lassen.

[4]) Es muß jedoch betont werden, daß das gegebene Argument bei weitem nicht überzeugend ist. Da der Wert der Zufallsvariablen $(1/2)$ $(| Z_1 − Z_2 | + | S_1 − S_2 |)$ niemals negativ ist, muß ihr Mittelwert − solange ihre Varianz von Null verschieden ist − positiv sein, wie auch immer ihre Distribution sein mag. Solange uns daher der Mittelwert dieser Zufallsvariablen unter der Nullhypothese (Symmetrie) nicht bekannt ist, können wir die Größe der Abweichung von ihr nicht feststellen, die ja erst eine Zurückweisung der Nullhypothese rechtfertigen würde. Die Frage, ob die in N_1 enthaltene Nullhypothese zurückgewiesen werden kann, muß daher offen bleiben.

Teil V. Quantifikation in der Sozialwissenschaft

21. Parameter und Indizes

Als wir im Kapitel 1 nach einer Möglichkeit gesucht haben, die Bedeutung unserer Behauptung „Herr A ist reich" objektiv zu bestimmen, hatten wir einen Index konstruiert, der sich auf Herrn A's verfügbare Rücklagen in DM bezog. In seinem Werk „*World Dynamics*" hat Forrester einen Index angegeben, der die „Lebensqualität" quantitativ darstellen sollte und aus dem Produktionsniveau (als positivem Beitrag) und den Größen Überbevölkerung und Umweltverschmutzung (als negativen Beiträgen) bestand.

Die eben erwähnten Indizes sind entweder selbst direkt meßbare Quantitäten oder sie sind aus solchen zusammengesetzt. Mit der Veränderung ihrer Komponenten verändern sich auch die Indizes. Im mathematischen Modell können sie entweder als abhängige oder als unabhängige Variablen erscheinen. Im „Wenn . . . dann . . ."-Paradigma bestimmen sie den „wenn . . ."-Teil (falls sie als unabhängige Variablen betrachtet werden) oder den „. . . dann"-Teil (falls sie als abhängige Variablen betrachtet werden). Von sich aus implizieren sie jedoch keine theoretische Beziehung zwischen „wenn" und „dann" und unterliegen daher keinen Bewertungstests, ausgenommen vielleicht die Überprüfung der Beobachtungsgenauigkeit.

Diese *Quantifizierungsindizes* können ohne jeden prädiktiven Inhalt als Bestandteile rein deskriptiver Modelle dienen. Beispielsweise stellt ein beobachteter Änderungsprozeß der Rüstungsausgaben eines Staates aufgrund historischer Daten ein rein deskriptives Modell dar, wobei diese Variablen als ein Index der „Feindseligkeit", des Einflusses militärischer Kreise auf die Außenpolitik (politische Entscheidungen), oder was auch immer betrachtet werden. Im Lernexperiment erzeugt die Lernkurve, in der die akumulierten Irrtümer als eine (geglättete) Funktion der Versuchsanzahl wiedergegeben werden, einen Index, der als „Lernrate" gedeutet werden kann, und zwar insofern die negative zweite Ableitung der Kurve als Rate des Abnehmens der Fehlerwahrscheinlichkeit interpretiert wird. Hier sind bei der Definition des Indexes schon einige mathematische Überlegungen enthalten. Trotzdem beinhaltet der Index keinerlei *theoretische* Annahmen darüber, wie Lernen vor sich geht. Er stellt lediglich eine Möglichkeit der Beschreibung des Beobachteten dar, selbst wenn die Quantifikation eines intuitiv gefaßten theoretischen Konstrukts – der „Lernrate" – vorgeschlagen wurde. Als solche kann die Quantifizierung nicht falsifiziert werden, ausgenommen wenn Ungenauigkeiten bei der Beobachtung oder der Schilderung des Beobachteten entdeckt werden.

Eine andere Art von Indizes wird durch *Parameter* eines mathematischen Modells dargestellt. Ein Parameter stellt eine Quantität dar, die in bestimmten Situationen konstant bleibt, sich jedoch von einer Situation zur anderen variieren kann.

In unserem Pendelmodell vom Kapitel 1 war Zeit die unabhängige Variable, und die abhängige Variable war x, die Abweichung des Pendels von seiner Äquilibriumposition. Drei andere Quantitäten waren noch im Modell enthalten, nämlich die anfängliche Abweichung x_0, die Länge des Pendelstabs L, und die Schwerkraftbeschleunigung g. Dies waren die in jeder Situation konstant gehaltenen Parameter. Nun können wir x_0 und auch g willkürlich verändern, wobei wir uns im letzteren Falle auf verschiedene geographische Höhenlagen oder auf den Mond begeben müssen. Nehmen wir an, wir experimentierten mit demselben Pendel. Wird L wirklich konstant bleiben? Diese Frage können wir gewiß beantworten, wenn wir L in jeder Situation messen. Dabei werden wir wahrscheinlich befriedigt feststellen können, daß L konstant bleibt. Man kann jedoch die Frage nach der Konstanz von L auch so angehen, daß unsere *Theorie* des Pendels berührt wird. Erinnern wir uns an die theoretisch deduzierte Gleichung:

$$x = x_0 \cos\left(\sqrt{g/L}\, t\right) \tag{21.1}$$

(vgl. die Gleichung (1.20)). Aus (21.1) deduzieren wir

$$\text{arc cos}\,(x/x_0) = \sqrt{g/L}\, t \tag{21.2}$$

$$\frac{[\text{arc cos}\,(x/x_0)]^2}{t^2} = \frac{g}{L} \tag{21.3}$$

$$L = \frac{g t^2}{[\text{arc cos}\,(x/x_0)]^2}. \tag{21.4}$$

L ist laut Gleichung (21.4) konstant, falls die rechte Seite dieser Gleichung konstant ist. Aber gerade dies impliziert unsere *Theorie*. Daher bedeutet die Beobachtung, daß die rechte Seite von (21.4) unabhängig von der Manipulierbarkeit der Parameter x_0 und g und der Veränderung der abhängigen Variablen x von der unabhängigen Variablen t infolge dieser Manipulationen konstant bleibt, eine Bestätigung unserer Theorie. Andererseits wird jede Veränderung von L infolge einer Manipulation unsere Theorie falsifizieren.

Stellen wir uns nun eine Zivilisation außerirdischer intelligenter Wesen vor, die Längen nicht direkt zu messen vermögen. Der Zollstock ist in dieser Zivilisation als Meßinstrument nicht entdeckt worden. Aber diese Wesen seien imstande, Winkel und Zeitintervalle zu messen. Sie konstruieren eine genaue Theorie des Pendels, in der der Ausschlagwinkel als abhängige Variable erscheint. Ihr Modell hat die Form

$$\frac{d^2}{dt^2}(L\theta) = g \sin \theta. \tag{21.5}$$

Schon in Kapitel 1 hatten wir die Annäherung $L\theta = x$ benutzt, um eine ähnliche, mathematisch einfachere Situation zu schaffen. Jene Wesen können das vereinfachte Modell nicht testen, da sie x nicht zu messen vermögen. Da sie jedoch gute Mathematiker sind, können sie die Differentialgleichung (21.5) lösen. Sie werden einen komplizierten θ, θ_0 und t enthaltenden Ausdruck erhalten, aber er wird immer noch der Konstante L gleichgesetzt werden können. Ihre Theorie wäre bestätigt, falls dieser Ausdruck für alle Werte des manipulierten Parameters θ_0 konstant bliebe. (Wir nehmen an, daß die Beschleunigung der Schwerkraft auf der gesamten Oberfläche ihres Planeten konstant sei.) Beim Experimentieren mit verschiedenen Pendeln wird diese Konstante variieren, aber für das gleiche Pendel wird sie bei allen Werten von θ_0 immer noch konstant bleiben. Daher werden sie diese Konstante als Charakteristik eines bestimmten Pendels ansehen, und sie werden ihr einen bestimmten Namen geben. Wenn wir uns ihre Theorie ansehen, erkennen wir sofort die Bedeutung dieser Konstante. Es ist einfach die durch geeignete Einheiten ausgedrückte Länge des Pendels. In ihren Augen wird diese Konstante jedoch als komplizierter Parameter erscheinen, der eine Eigenschaft des Pendels angibt. Sie ist bedeutsam, weil sie in der Tat eine konstante Eigenschaft eines Pendels *ist*.

Dieses Beispiel erläutert den zweiten Typus von Indizes, die *Parameter*. Sie ergeben sich aus der Behauptung eines mathematischen Modells, daß eine gewisse Kombination manipulierbarer und nichtmanipulierbarer unabhängiger und abhängiger Variablen in einem gegebenen Kontext eine Konstante sei. Die theoretische Bedeutung solcher Indizes leitet sich aus dem Umstand ab, daß sie gewöhnlich neue theoretische Überlegungen und Konstruktionen anregen, aufgrund derer eine inhaltliche Theorie entwickelt werden kann. Sie bereichern eine quantitative Theorie mit nicht direkt meßbaren Quantitäten, die aber gerade deshalb bei der Entwicklung einer Theorie große heuristische Bedeutung erhalten können. Die Physik ist sehr reich an solchen theoretischen Konstrukten.

Beispiel:

Ein Holzklotz werde auf einer horizontalen Ebene mit einer konstanten Geschwindigkeit gezogen. Die dazu benötigte Kraft kann ebenso wie das Gewicht des Blocks mit einer Federwaage gemessen werden. Nun kann das gezogene Gewicht etwa durch Aufschichten mehrerer Blocks verändert werden. Wir können experimentell feststellen, daß sich die Kraft innerhalb bestimmter Geschwindigkeitsgrenzen und relativ unabhängig von der Berührungsfläche proportional zum Gewicht verändert. Nun werde der Turm der Blöcke vom Gesamtgewicht W mit einer konstanten Geschwindigkeit gezogen, wozu die Kraft F erforderlich sei. Dann erhalten wir die Formel

$$F/W = \mu, \text{ eine Konstante.} \tag{21.6}$$

Diese Konstante μ ist ein Parameter. Es ist angebracht, Reibungswiderstand zu quantifizieren als die Kraft, die benötigt wird, um einen Körper über eine horizontale Fläche zu ziehen, wobei eine Krafteinheit den Körper an die Fläche drückt. Dadurch wird die Beschaffenheit des Kontakts zwischen einem bestimmten Oberflächenpaar charakterisiert.

Die operational definierten theoretischen Konstrukte der Physik können alle als Parameter angesehen werden: der elektrische Widerstand pro Längeneinheit eines Kabels, der Widerstandkoeffizient eines elastischen Körpers, die spezifische Wärme einer Substanz usw. All diese Konstrukte erscheinen in mathematischen Modellen als „Konstanten", aber sie sind nur insofern konstant, als sie eine bestimmte Situation charakterisieren. Es gibt in der Physik auch „universelle" Konstanten wie die Gravitationskonstante oder die Konstante von Planck. Diese bleiben nach unserer Kenntnis in allen physikalischen Situationen konstant. Die Aussichten, auch in den Sozialwissenschaften „universelle Konstanten" zu entdecken sind praktisch gleich Null. Der mathematisierende Sozialwissenschaftler muß sich mit Parametern begnügen, und er kann sich schon glücklich schätzen, wenn er überhaupt welche entdeckt.

In den vorangegangenen Kapiteln haben wir schon beide Arten von Indizes behandelt. Beispielsweise haben wir zu anfang unserer Darstellung der sozialen Mobilität einige ad hoc Indizes eingeführt. Sie haben nicht mehr als operationale Definitionen der sozialen Mobilität dargestellt, wie etwa der Anteil von Vater-Sohn-Paaren, wobei der Sohn einer anderen sozialen Schicht (Gruppe) angehört als der Vater. Später haben wir ein stochastisches Modell der sozialen Mobilität eingeführt, wobei angenommen wurde, daß die Übergangswahrscheinlichkeiten einer Markov-Kette konstant seien. Falls wir das Modell akzeptieren (wenn es beispielsweise imstande ist, die Verteilung von Personen auf soziale Schichten für einige Generationen vorherzusagen), dann werden diese Konstanten zu Parameterindizes, die eine gegebene Gesellschaft charakterisieren.

Bei den stochastischen Lernmodellen wurden die den Zustand eines lernenden Organismus modifizierenden „Operatoren" durch zwei Parameter — α_1 und α_2 — definiert. Falls das Modell im Sinne erfolgreicher Vorhersage der Verteilungen von Populationen lernender Organismen zwischen den verschiedenen Zuständen bestätigt ist, dann kann der mit dem „Erfolgsoperator" verknüpfte Parameter α_1 als Index des Lernens interpretiert werden, der durch die Belohnung einer richtigen Antwort noch reinforciert wird. Der mit dem „Fehleroperator" verknüpfte Parameter α_2 kann wiederum als Index des Lernens interpretiert werden, der bei Bestrafung der falschen Antwort die richtige Antwort reinforciert. Diese Parameter charakterisieren sowohl einen bestimmten Organismus (gewöhnlich eine bestimmte Population von Organismen) als auch eine bestimmte experimentelle Situation.

Die theoretische Wichtigkeit eines Parameters wird durch die Vielfalt von Situationen bestimmt, in denen er konstant bleibt. Galilei hat bei seinen Experimenten mit Kanonenkugeln, die auf schrägen Ebenen abwärts rollen, die Konstanz des Verhältnisses s/t^2 begründet (hier ist s die zurückgelegte Distanz und t die Zeit). Dieses Verhältnis blieb für Kanonenkugeln der unterschiedlichsten Gewichte konstant, aber es veränderte sich mit dem Neigungswinkel der Fläche. Der Neigungswinkel konnte in das Modell einbezogen werden, so daß die Konstanz des Ausdrucks $s/t^2 \sin(\theta)$ begründet wurde. Dieser Ausdruck bleibt für Kanonenkugeln jeden Gewichts und bei allen Neigungswinkeln konstant, und er ist daher von größerer theoretischer Bedeutung. Da diese Konstante die Beschleunigung durch Gravitation enthält, verändert sie sich mit dem Ort. Die Beschleunigung durch Gravitation auf der Oberfläche eines Planeten kann durch geometrische Begriffe, durch die Massenverteilung des Planeten und die Gravitationskonstante G ausgedrückt werden. Diese letztere Konstante ist universell und daher von größter theoretischer Signifikanz.

Wie wir schon gesagt haben, steht nicht zu erwarten, daß man in den Sozialwissenschaften diese Art „letzter" Bezüge auf universelle Konstanten finden könnten. Aber man kann sagen, daß eine mathemtische Theorie in dem Maße fortschreitet, wie es gelingt, die Werte der Parameterindizes aus tieferen theoretischen Überlegungen abzuleiten. Dieser Prozeß ist noch nicht sehr weit gediehen. Im besten Falle hofft man, empirische Beziehungen zwischen Parametern und auf experimentelle Situationen bezogene Variablen herzustellen. Beispielsweise könnte man versuchen, Relationen zwischen den Lernparametern α_1 und α_2 und den Größen der Belohnung oder Bestrafung zu begründen. Dasselbe könnte man im Hinblick auf Parameter Äquilibriumverteilungen in stochastischen Modellen versuchen. Hier könnte eine bestimmte Interpretation des Parameters zum Ausgangspunkt einer Theorie werden.

Als Beispiel nehmen wir die negative Binominalverteilung einer Zufallsvariable, die die Anzahl der Arbeitsunfälle während einer gewissen Zeit angibt, die von einem zufällig bestimmten Arbeiter einer Fabrik erlitten wurden. Diese Verteilung enthält zwei Parameter. Wie wir gesehen haben, sind diese Parameter Funktionen der Intensität des zugrundeliegenden Poisson-Prozesses und der Variabilität der Population im Hinblick auf „Unfallgefährdung" (falls wir eine heterogene Population annehmen). Durch Beobachtung der Abhängigkeit dieser Parameter vom Milieu können wir die beiden Einflüsse „auseinanderhalten" (wenn wir annehmen, daß die Verteilungsform in verschiedenen Milieus negativ binominal ist) und die Interaktion zwischen ihnen abschätzen.

Um ein anderes Beispiel zu nennen, sei hier an die Ableitung einer verallgemeinerten Version des Zipfschen Gesetzes aus dem Modell der Entropiemaximierung von Mandelbrot erinnert (vgl. S. 117). Die Ableitung enthält einen Index γ, der eine Sprache oder einen Sprachkörper charakterisiert. Mandelbrot nannte diesen Index die „Temperatur" einer Sprache. Dieser Begriff scheint seltsam, und selbstverständlich hat er mit der Temperatur von Körpern überhaupt nichts zu schaffen – er ist ihr lediglich mathematisch analog. Die relevante Interpretation dieses Indexes hat etwas mit dem „Reichtum" von Sprache zu tun. Aber er widerspiegelt mehr als lediglich den Umfang des Vokabulars. Sobald man solch einen Index besitzt, kann man seine zeitliche Veränderung untersuchen. Wächst er oder nimmt er monoton ab? Erreicht er ein Maximum oder ein Minimum? Wie können ihre Beobachtungen auf die Geschichte der Sprache bezogen werden?

Wie wir gesehen haben, hängt die Signifikanz der Parameterindizes von der Bewertung des mathematischen Modells ab. Gewöhnlich nehmen wir nicht an, daß Strukturmodelle einer Bewertung bedürfen, da sie normalerweise lediglich eine bestimmte Datenmenge in gedrängter Form beschreiben. Trotzdem kann die in solch einem Modell aufgedeckte Struktur in anderen Situationen bewertet werden. Betrachten wir die Faktorenanalyse, wie sie beim Intelligenztest angewendet wird. Sie deckt eine relativ kleine Anzahl von „Dimensionen" auf („factors of the mind" hat sie der Pionier der Faktorenanalyse, L.L. Thurstone, genannt). Das Modell bestimmt die Gewichtung der verschiedenen Testkomponenten nach jedem der Faktoren. Das heißt, zur Vorhersage der Leistung des Individuums nach allen Testkomponenten können wir repräsentative Komponenten benutzen. Der Vergleich zwischen theoretisch berechneten und beobachteten Leistungen stellt einen Modelltest dar. Falls das Modell ausreichend bestätigt ist, dann können die Faktoren als Darstellungen der wichtigsten Bestandteile geistigen Vermögens „ernst genommen" werden. Die Faktorbewertungen, die aus dem Profil der Leistungen beim Intelligenztest gewonnen wurden, erhalten nun den Status von Indexparametern, und wir können ihre Veränderungen mit dem Alter, dem geistigen oder gesundheitlichen Zustand, den Bevölkerungsstichproben usw. untersuchen.

Im Gegensatz zu einem Parameter, der eine Konstante in einem bestimmte Situationen charakterisierenden mathematischen Modell darstellt, braucht ein *Ad-hoc-Index* nicht konstant zu sein. Hauptsächlich werden Ad-hoc-Indizes aufgestellt, um eine objektive Vergleichsbasis zwischen Systemen oder zwischen Zuständen von Systemen während eines Zeitverlaufs zu liefern. Beispielsweise waren alle Indizes im globalen Forrester-Meadows-Modell (vgl. Kapitel 4) solche Ad-hoc-Indizes. Sie ergeben sich nicht als Parameter eines dynamischen Systems, sondern wurden als gewisse

Kombinationen von Variablen zum Zwecke der Operationalisierung derjenigen Begriffe bestimmt, durch die das Modell definiert war. Sobald sie angenommen waren, wurden diese Indizes über eine gewisse historische Periode unter der Annahme ihrer Interaktion untersucht und dann in die Zukunft extrapoliert.

Manchmal zeigt ein Ad-hoc-Index einige Regelmäßigkeiten bei seinen Veränderungen, so daß diese durch eine Formel ausgedrückt werden können. Falls die Konstanten dieser Formel durch Begriffe interpretiert werden können, die auf die untersuchte Situation bezogen sind, dann werden sie zu *parametrischen Indizes*.

Betrachten wir beispielsweise ein sehr vereinfachtes Modell der Ehedauer. Es beruht auf der Annahme, daß die Scheidung verheirateter Paare ein Zufallsereignis sei, das während einer kurzen Zeitperiode mit einer konstanten Wahrscheinlichkeit auftrete. D.h. die Scheidungen können durch einen Poisson-Prozeß dargestellt werden (vgl. Kapitel 8). Wir wenden unsere Aufmerksamkeit einer Kohorte von Verheirateten zu, die eine Population von Verheirateten zur Zeit $t = 0$ darstellen. Praktisch wird solch eine Kohorte als eine Population verheirateter Paare definiert, die während desselben Jahres oder Monats geheiratet haben — aber in diesem Modell behandeln wir die Zeit als eine kontinuierliche Variable. Dann wird der Anteil der zur Zeit t immer noch verheirateten Paare dargestellt durch

$$P(t) = e^{-at}.   \tag{21.7}$$

Dabei ist a eine Konstante. In unserem Modell ist a ein parametrischer Index, der die Population charakterisiert.

Das Modell kann dadurch getestet werden, daß man den „Entsprechungsgrad" einer durch die Gleichung (21.7) dargestellten Kurve und den beobachteten Werten von $P(t)$ schätzt [vgl. *Land*]. Man wählt die Konstante a so, daß sich die „beste" Entsprechung ergibt. Ferner kann das Modell durch die Untersuchung der „Konstanz" von a in verschiedenen gleichmäßigen Zeitabständen getestet werden. Durch Differenzierung von (21.7) in bezug auf t erhalten wir

$$\frac{d}{dt} P(t) = -aP(t)$$

oder   (21.8)

$$-\frac{1}{P(t)} \frac{dP(t)}{dt} = a.$$

Bei der Ablesung stellen wir die Differentiale durch endliche Differenzen von $P(t)$ und von t dar. Nehmen wir die Differenzen Δt von t als Einheiten (etwa Jahre), so daß $\Delta t = 1$ ist, dann können wir (21.8) umschreiben zu

$$\frac{P(t-1) - P(t)}{P(t)} = a.   \tag{21.9}$$

Falls das Modell richtig ist, dann sollte obiges Verhältnis konstant sein.

Nehmen wir an, dies sei nicht der Fall. Dann ist die rechte Seite von (21.9) keine Konstante, sondern eine Größe, die von t abhängt. Falls wir einfach diese Größe notierend festhalten, so wird sie zu einem Ad-hoc-Index, der sowohl unsere Population als auch jedes gegebene Jahr charakterisiert. In diesem Falle besitzen wir kein mathematisches Modell mehr, da aus ihm überhaupt nichts abgeleitet werden kann. Wir haben lediglich eine Anhäufung von Beobachtungen.

Nehmen wir nun an, daß a durch eine gewisse „glatte" Funktion von t dargestellt werden könne. Dann kann dieses Verhältnis durch eine relativ einfache Formel ausgedrückt werden, etwa als

$$a(t) = a_0 e^{-bt}.   \tag{21.10}$$

Dabei ist $a_0 = a(0)$ und zwar gilt:

$$a(0) = \frac{P(0) - P(1)}{P(0)}. \qquad (21.11)$$

Die Gleichung (21.10) sagt jene Werte von a voraus, die den verschiedenen Werten von t entsprechen. Diese Gleichung kann selbst nicht mehr als eine verkürzte Feststellung über die beobachteten Werte von a sein. Oder aber sie mag aus einem anderen Modell abgeleitet worden sein. Falls dies der Fall ist, dann spielt b die Rolle eines parametrischen Indexes, der die untersuchte Periode charakterisiert, und zur Bestätigung der Gültigkeit jenes Modells kann seine „Konstanz" untersucht werden.

Falls a mit der Zeit abnimmt, wie dies in der Gleichung (21.10) impliziert ist, kann dies verschieden interpretiert werden. Es kann bedeuten, daß der „Zwang zur Scheidung" − dessen Index a ist − wegen gewisser äußerer Einflüsse abnimmt, etwa weil Scheidung sozial weniger akzeptiert wird, oder daß die Neigung zur Scheidung in dem Maße abnimmt, wie die Ehe dauert, oder aber sie kann durch die Heterogenität unserer Population interpretiert (erklärt) werden (einige Paare neigen eher zur Scheidung als andere). Die letzte Interpretation erinnert an das Prinzip „natürlichen Auslese": Die instabilsten Paare gehen gleich nach der Heirat wieder auseinander, die stabileren bleiben in der Kohorte der Verheirateten. Falls die erste Erklärung richtig ist, könnte sie durch differentielle *anfängliche* Scheidungsraten a_0 in Populationen von Paaren dargestellt werden, die in aufeinanderfolgenden Jahren geheiratet haben. Die zweite und die dritte Interpretationen können am schwierigsten „gegeneinander abgewogen" werden, aber man kann es manchmal anhand zusätzlicher Informationen tun. Jede dieser Interpretationen wird dem parametrischen Index b, der nun die Situation beschreibt, eine andere Bedeutung verleihen.

Zusammenfassend kann gesagt werden, daß parametrische Indizes integrale Bestandteile mathematischer Modelle sind. Sie sind für die Theoriebildung deshalb oft sehr wichtig, weil ihre Konstanz innerhalb eines beschriebenen Kontexts auf einige beständige Eigenschaften dieses Kontexts hinweist. Allein schon die Existenz einer solchen Konstanz ist „theorieschwanger". Im Gegensatz dazu können Ad-hoc-Indizes als lediglich deskriptive Begriffe (Elemente) *immer* dann konstruiert werden, wenn die Beobachtungen auch quantifiziert werden können. Sie weisen auf keine Theorie hin, da sie nicht falsifizierbar sind. Sie sind, was sie sind. Ad-hoc-Indizes dienen einem anderen Zweck − nämlich der ökonomischen Formulierung quantitativer Beschreibungen von Zusammenhängen oder Phänomenen. Trotzdem mag die *Wahl* von solchen Ad-hoc-Indizes von theoretischen oder gar ideologischen Überlegungen geleitet werden. Diese Wahl kann so entweder die Neigungen des Forschers zu einem bestimmten theoretischen Konzept offenbaren oder aber seine Wertvorstellungen. So reflektiert etwa das Überwiegen wirtschaftstheoretischer und technologischer Begriffe bei den Indizes des „Lebensstandards" gewisse kulturell bestimmte Anschauungen. Auch Beispiele von Indizes sind bekannt, die ein absichtliches Hervorheben von erwünschten bzw. Unterdrücken von unerwünschten Eigenschaften eines Systems reflektieren. Von dieser Art sind die zahlreichen in vielen verschiedenen Ländern aufgestellten Indizes von Verkehrsunfällen. Diese Indizes können aufgrund tödlicher Unfälle pro Kopf der Bevölkerung, oder pro Fahrzeug, oder pro Straßenkilometer, oder pro zurückgelegten Fahrzeugkilometer oder pro gefahrenen Passagierkilometer etc. berechnet werden. Einige dieser Indizes lassen ein bestimmtes Land im Vergleich zu anderen „gut" aussehen, andere „schlecht". Ähnlich kann die „Höhe politischen Bewußtseins" in einem Lande durch die Prozentzahl von Wahlberechtigten indiziert werden, die an Wahlen auch tatsächlich teilgenommen haben, oder durch die Anzahl der aktiven politischen Parteien, oder durch die Häufigkeit von Volksabstimmungen oder schließlich durch die soziale Zusammensetzung der gesetzgebenden Körperschaften. Jeder Index kann ein sehr unterschiedliches Bild vermitteln. „Interne Gewalt" innerhalb eines Landes kann wiederum durch die Anzahl der Mordfälle pro Jahr pro Kopf der Bevölkerung indiziert werden, oder durch die Häufigkeit von Ausschreitungen bei Demonstrationen oder terroristischen Aktionen. Die „Kriegslüsternheit" eines Staates oder eines Staatenbundes während einer gegebenen historischen Periode kann durch die Häufigkeit von Kriegsunternehmungen oder ihre mittlere Dauer oder die Anzahl der Todesopfer indiziert werden. Auch hier kann jeder Index einen anderen Eindruck vermitteln.

Die folgenden Kapitel werden Untersuchungen gewidmet, bei denen Ad-hoc-Indizes eine zentrale Rolle spielen. Genau genommen sind also solche als „Modell" vorgestellten Formulierungen in dem von uns gebrauchten Sinne überhaupt keine mathematischen Modelle. Diese Formulierungen sind ja vorwiegend deskriptiv und erreichen nicht den Status falsifizierbarer Hypothesen. Ein solches Herangehen ist zwar quantitiv, aber (deshalb noch lange) nicht genuin mathematisch. Sie werden von uns trotzdem berücksichtigt, da Quantifizierung der Mathematisierung oft vorangeht.

22. Quantifikation der Macht

Bei seiner Suche nach mathematischen Modellen, in denen seine Theorien fest verankert werden könnten, stößt der Politologe auf das Problem der Auswahl einiger, für seine politische Theorie inhaltlich relevanter Schlüsselbegriffe, die gleichzeitig in unzweideutiger Weise quantifiziert werden können. Der Begriff der „Macht" wird von Politologen oft als solch ein Schlüsselkonzept ihrer Disziplin angesehen. Folglich hat es viele Versuche gegeben, diesen Begriff operational, d.h. mittels prinzipiell meßbarer Quantitäten zu definieren. Wir wollen einige dieser Versuche analysieren.

Ein Mann stehe auf der Straßenkreuzung einer deutschen Stadt, und weise alle Autofahrer an, auf der rechten Seite der Straße zu fahren. Daß sie es tun, ist sicherlich kein Indiz dafür, daß der Mann Macht über sie hat. Daß seine behauptete „Macht" eine Illusion ist, kann leicht festgestellt werden. Würde er seine Anweisungen ändern, und die Fahrer auffordern auf der linken Straßenseite zu fahren, so würde ihm niemand folgen. Entsprechend würde ihm niemand folgen, wenn er die Fahrer in einer englischen Stadt anweisen würde, auf der rechten Seite zu fahren.

Nehmen wir jedoch anderseits an, auf der Straßenkreuzung stehe ein Polizist, der alle Autofahrer auffordert nach rechts zu fahren, obwohl die Straße voraus frei ist und kein Gebotsschild zum Rechtsabbiegen zu sehen ist. Daß die Autofahrer seinen Anweisungen folgen, *ist* ein Beweis der Macht des Polizisten in dieser Situation.

Der Unterschied zwischen diesen beiden Situationen hat *Dahl* [1957] zu einer intuitiven Konzeption der Macht als einer Relation zwischen zwei Aktoren geführt, wobei *a* insofern Macht über *b* hat, als *a b* etwas zu tun veranlassen kann, *was b gewöhnlich nicht tun würde.*

Diese Konzeption löst sofort ein Bündel von Fragen aus. Falls ein Aktor Macht über einen anderen besitzt, so können wir (1) nach der *Quelle* oder der *Grundlage* dieser Macht fragen, (2) nach den *Mitteln* ihrer Ausübung, (3) nach ihrem *Ausmaß* und (4) nach ihrer *Reichweite* − den Umfang der Situationen, in denen sie ausgeübt werden kann. Dahl exemplifiziert diese Begriffe durch die Beschreibung der Macht des Präsidenten der USA über den Kongreß. Eine Quelle seiner Macht ist das recht, Positionen mit Personen seiner Wahl zu besetzen. Bei ihrer Ausübung kann der Präsident Versprechungen machen. Andere Quellen seiner Macht liegen in dem Umstand, daß er *drohen* kann, ein Gesetzvorhaben durch sein Vetorecht zu verhindern, daß er sich auf die Wahlergebnisse berufen kann, daß er sein Charisma in die Waagschale wirft usw. Die Reichweite der Macht des Präsidenten ist teilweise in der Verfassung festgelegt und teilweise in den besonderen Beziehungen zwischen ihm und dem Kongreß. Das Ausmaß der Macht kann probabilistisch ausgedrückt werden, etwa durch die Häufigkeit, mit der die Versuche ihrer Ausübung erfolgreich verlaufen.

A sei ein Aktor, der angeblich Macht über *a*, der Reagierender genannt werde, ausübt. Dahl führt folgende Bezeichnungen ein:

(A, w):	A tut w, wobei w irgendeine Aktion ist.
$(A, \bar{w})$:	A tut w nicht.
(a, x):	a tut x.
$(a, \bar{x})$:	a tut x nicht.

Dann führt Dahl die folgenden bedingten Wahrscheinlichkeiten ein:

$P(a, x \mid A, w) = p_1$: die Wahrscheinlichkeit, daß a x tut, unter der Bedingung, daß A w tut.

$P(a, x \mid A, \bar{w}) = p_2$: die Wahrscheinlichkeit, daß a x tut, unter der Bedingung, daß A w nicht tut.

Damit der Begriff der Machtausübung über a durch A intuitiv annehmbar sei, müssen offenbar drei Bedingungen erfüllt sein:

(1) Wenn eine Aktion von A durch a befolgt werden soll, so muß sie der als Gehorchen interpretierbaren Aktion von a vorausgehen.

(2) Zwischen A und a muß eine gewisse „Verbindung" bestehen, z.B. ein Kommunikationsweg.

(3) Die Wahrscheinlichkeit, daß a gehorcht, wenn A „seine Macht ausübt" muß größer sein, als die Wahrscheinlichkeit, daß a dieselbe Aktion unternimmt, wenn A „seine Macht nicht ausübt".

Betrachten wir die Beziehung zwischen D (Dahl) und j (Jones), seinem Studenten. In Übereinstimmung mit der obengenannten Notation sei:

(D, w): Dahl droht Jones durchfallen zu lassen, wenn er ein gewisses Buch nicht innerhalb einer bestimmten Zeit liest.

$(D, \bar{w})$: Dahl unternimmt keine Aktion.

(j, x): Jones liest das Buch.

$P(j, x \mid D, w)$: die Wahrscheinlichkeit, daß Jones das Buch liest, falls Dahl ihn andernfalls durchfallen zu lassen droht.

$P(j, x \mid D, \bar{w})$: die Wahrscheinlichkeit, daß Jones das Buch liest, wenn Dahl nicht damit droht, ihn andernfalls durchfallen zu lassen.

Nun kann das Ausmaß der Macht von Dahl über Jones bei gegebenen Mitteln w und der angeordneten Aktion x definiert werden als

$$M(A/a: w, x) = P(a, x \mid A, w) - P(a, x \mid A, \bar{w}) = p_1 - p_2. \tag{22.1}$$

Offensichtlich ist die Macht eines Aktors A über einen Reagierenden a gleich Null, falls $p_1 = p_2$ gilt. Ihr Maximalwert ist eins. Sie kann auch negativ sein, falls die Versuche von A, a zu x zu veranlassen, die *Abnahme* der Wahrscheinlichkeit, daß a x tut, nach sich ziehen. Im Prinzip kann auch negative Macht in positive Macht umgewandelt werden. Der Aktor hat lediglich den Reagierenden aufzufordern, das Gegenteil des Gewünschten zu tun. Daher ist es sinnvoller, die Befolgung auf die Absichten des Aktors zu beziehen, als auf die besonderen Mittel, die er gebraucht, wenn er Befolgung erzwingen will.

Die Schwierigkeiten der Zuordnung von Wahrscheinlichkeiten zu Ereignissen werden weiter unten diskutiert (vgl. S. 306). Abgesehen davon ist das hier vorgeschriebene Maß für Macht zu situationsgebunden, um in der politischen Theorie nützlich sein zu können. Hier wird eine Grundlage zum Vergleich der Macht der Aktoren in allgemeineren Situationen erforderlich. Es wurde oft behauptet, daß Stalin die machtvollste Person seiner Zeit gewesen sei. Viele werden dieser Behauptung zustimmen. Was bedeutet sie jedoch genau? Können wir sie mit der oben gegebenen Definition verflacht in Beziehung setzen?

An diesem Punkt wird der Begriff der Reichweite der Macht unentbehrlich. Bei der Feststellung der Macht der Aktoren müssen wir sie auf den Umfang der Reagierenden beziehen, und auf den Umfang der Aktionen, zu denen die Reagierenden veranlaßt werden. Ein Versammlungsleiter kann einem Teilnehmer Redeverbot erteilen, aber er kann ihn nicht hinauswerfen. In einer Schlacht kann ein Offizier seinen Soldaten befehlen, auf die Feinde zu schießen oder nicht zu schießen, aber er kann sie nicht dazu veranlassen, auf ihren Kameraden zu schießen, und er hat keine (oder geringere) Macht über nicht unter seinem Befehl stehende Soldaten. Sehr wichtig wird es auch, die soziale Position der Reagierenden zu beachten. Damit sind wiederum schwierige Fragen der Vergleichbarkeit von Macht gestellt. Ein Professor für Politologie kann 20 seiner Studenten von der Notwendigkeit, ein bestimmtes Gesetz zu unterstützen, überzeugen. Aber er kann keine 20 Senatoren dazu veranlassen, demselben Gesetz zuzustimmen. Intuitiv fühlen wir, daß der Professor weniger Macht als der Präsident der Vereinigten Staaten besitzt, der 20 Senatoren zur Unterstützung dieser Maßnahme veranlassen kann. Aber wie kann man diesen Unterschied ausdrücken?

Nur dann, wenn eine Menge von Aktoren ($A, B, C, \ldots$), eine Menge von Reagierenden (a, b, c $c, \ldots$), eine Menge von Maßnahmen ($u, w, \ldots$) und eine Menge von Aktionen ($x, y, \ldots$) in gewisser Weise vergleichbar sind, wird es möglich, die Aktoren entsprechend ihrer Macht über die jeweiligen Reagierenden nach dem vorgeschlagenen Maß zu ordnen.

Es zeigt sich, daß es keine Möglichkeit gibt, „Vergleichbarkeit" streng zu definieren. Was vergleichbar ist und was nicht, hängt von den Einschätzungen des Forschers ab. Ein gewisses Element von Subjektivität ist daher von der Einschätzung der Macht nicht trennbar.

Das Problem der Definition der Macht ist eng mit dem Problem der Bestimmung der Wahrscheinlichkeit eines Ereignisses verbunden. Am direktesten kann die Wahrscheinlichkeit eines Ereignisses durch die relative Häufigkeit des Ereignisses innerhalb einer Menge *vergleichbarer* Ereignisse bestimmt werden, wobei diese Definition gleichzeitig auf empirische Beobachtungen bezogen ist. In Situationen, in denen die Vergleichbarkeit der Ereignisse kaum anzuzweifeln ist, entsteht das Problem nicht. Beispielsweise werden nur wenige bei der Schätzung der Wahrscheinlichkeit von „Kopf" bei Münzwürfen etwas dagegen einzuwenden haben, wenn dies durch die Häufigkeit gemessen wird, mit der bei wiederholten Münzenwürfen „Kopf" fällt. Das Problem entsteht, wenn das fragliche Ereignis nicht als Element einer Menge „offensichtlich" vergleichbarer Ereignisse angesehen werden kann. Beispielsweise haben während der Kubakrise im Oktober 1962 einige Mitglieder des Nationalen Sicherheitsrates der Vereinigten Staaten und der Combined Chiefs of Staff ihre Schätzungen für die „Wahrscheinlichkeit" des Ausbruches eines Atomkrieges zwischen der Sowjetunion und den Vereinigten Staaten unterbreitet. Einige haben sie mit 1/3, andere mit 1/2 usw. geschätzt, und darüber hinaus wurden Aktionsvorschläge auf der Grundlage dieser Einschätzungen gemacht. Nun ist ein Atomkrieg ein Ereignis, das naturgemäß nicht „häufig" eintreten kann. Falls daher zwischen diesen Einschätzungen und der Erfahrung einige Verbindungen hergestellt worden waren, so könnte das nur in bezug auf Ereignisse geschehen, von denen man *annahm*, daß sie vergleichbar wären, beispielsweise auf Kriegsgeschehnisse, die in „ähnlichen" Krisensituationen ausbrachen. Auf den Einwand, daß ein Atomkrieg mit keinen anderen Kriegsarten vergleichbar, und daß alle Krisen verschieden seien, gibt es keine Entgegnung.

Das genannte Beispiel ist ein extremer Fall unvergleichbarer Ereignisse. Daher kann der Begriff der Wahrscheinlichkeit hier nicht in sinnvoller Weise angewendet werden. Zwischen dieser Situation und jener der wiederholten Münzwürfe gibt es irgendwo eine Stufenordnung. Bei gewissen institutionalisierten politischen Vorgängen könnte die Definition eines Ereignisraums „vergleichbarer" Ereignisse gerechtfertigt sein, so daß Wahrscheinlichkeiten sinnvoll geschätzt werden können. Solch eine Situation wurde von Dahl gewählt, um die relative Macht der Senatoren der USA zu schätzen.

Um genauer zu werden, betrachten wir eine Menge vergleichbarer vor dem Senat möglicher Anträge. Vor der Abstimmung, als deren Ergebnis ein Antrag entweder angenommen oder abgelehnt wird, kann ein Senator dreierlei tun: (1) sich für den Antrag einsetzen, (2) sich gegen den Antrag einsetzen und schließlich (3) nichts tun. Mit jeder Handlungsweise ist eine Schätzung der „Wahrscheinlichkeit" auf der Grundlage verbunden, daß der Senat den Antrag mit einer bestimmten Häufigkeit dann zugestimmt hat, wenn der Senator sich für oder gegen ihn eingesetzt (oder gar nichts unternommen) hat. Dies kann durch die folgende Matrix dargestellt werden:

Der Senator

Der Senat		Einsatz für	Einsatz dagegen	Unternimmt nichts
	Annahme	p_1	p_2	p_3
	Ablehnung	$1 - p_1$	$1 - p_2$	$1 - p_3$

Matrix 22.1

Nun können zwei Maße für die Macht des Senators (im Hinblick auf die Menge der Anträge) definiert werden:

$M_1 = p_1 - p_3$: seine Macht, wenn er sich für den Antrag einsetzt.

$M_2 = p_3 - p_2$: seine Macht, wenn er sich gegen den Antrag einsetzt.

Jede sinnvolle Kombination dieser beiden könnte ein Maß seiner „Macht" sein. Die einfachste dieser Kombinationen ist die Summe $M_1 + M_2 = p_1 - p_2 = M^*$. Sie besitzt einen maximalen Wert (1), wenn der Senat jedem Antrag zustimmt, nachdem der Senator sich für ihn eingesetzt hatte und jeden ablehnt, wenn er gegen ihn war. Wenn er nichts unternimmt, so ist das Schicksal des Antrages nicht mit seiner Macht verknüpft.

Diese Methode liefert ein Maß der Macht eines jeden Senators in bezug auf eine Menge von Ergebnissen. Dahl hat eine etwas andere Methode benutzt. Er hat für jedes Senatorenpaar $\{S_1, S_2\}$ die folgende Matrix konstruiert:

S_1

S_2		ist für den Antrag	ist gegen den Antrag
	ist für den Antrag	p_{11}	p_{12}
	ist gegen den Antrag	p_{21}	p_{22}

Matrix 22.2

Die Eingänge sind die Häufigkeiten, mit denen der Antrag angenommen wurde, wobei die Position jedes Senators durch seine Stimmabgabe definiert ist. Dahl konstruiert dann zwei Maße für die Macht von S_1 relativ zur Macht von S_2, nämlich:

$$M'_1(S_1) = |p_{11} - p_{12}|, \tag{22.2}$$

d.h. der absolute Wert der Veränderung der Wahrscheinlichkeit, daß der Antrag angenommen wird, wenn S_2 den Antrag bejaht und S_1 seinen Standpunkt von „dafür" auf „dagegen" verschiebt; und

$$M'_2(S_1) = |p_{21} - p_{22}|, \tag{22.3}$$

d.h. der absolute Wert der Veränderung der Wahrscheinlichkeit, daß der Antrag angenommen wird, wenn S_2 gegen ihn ist und S seinen Standpunkt von „dafür" auf „dagegen" verschiebt.

Dann wird angenommen, der Einfluß von S_1 sei größer als derjenige von S_2 wenn

$$|p_{11} - p_{12}| > |p_{11} - p_{21}| \text{ und } |p_{21} - p_{22}| > |p_{12} - p_{22}|. \tag{22.4}$$

Die Definition der Macht durch die absoluten Werte der Wahrscheinlichkeitsunterschiede kennt wohlgemerkt keine Unterscheidung zwischen „positiver Macht" und „negativer Macht". Beide tragen positiv zur „Macht" des Senators bei. Diese Interpretation könnte gerechtfertigt werden, wenn die Senatoren sich ihrer „negativen Macht" bewußt wären und sie in der oben beschriebenen Weise gebräuchten, d.h. sich bewußt gegen Anträge einsetzten, die sie bevorzugen und umgekehrt. Ich vermute jedoch, daß die absoluten Werte hier lediglich eingeführt wurden, um die andernfalls bei einem paarweisen Vergleich entstehenden Intransivitäten zu vermeiden. Überhaupt hat sich gezeigt, daß Fälle „negativer Macht" sehr selten sind, so daß eine Äquivalenz zwischen den absoluten Differenzen und den algebraischen angenommen werden kann. Beide Ungleichheiten reduzieren sich somit auf

$$p_{21} > p_{12} \tag{22.5}$$

als Anzeichen dafür, daß S_1 mehr Einfluß als S_2 besitzt.

Mit Hilfe dieses Maßes hat Dahl die Rangordnungen von 34 amerikanischen Senatoren (in den 50er Jahren) im Hinblick auf ihre Macht in den Bereichen der Außenpolitik und der Wirtschaftspolitik festgestellt. Indem er die Einflußgrößen in „große", „mittlere" und „geringe" einteilte, gewann er eine Tabelle, in der die in beiden Bereichen sehr einflußreichen Senatoren danach klassifiziert wurden, ob sie in beiden Bereichen großen, nur in einem großen, oder in beiden geringen Einfluß besaßen.

Offensichtlich ist diese Methode kritikwürdig, wie Dahl selbst betont hat. Es wurde angenommen, daß die Wahl des Senators bei der Abstimmung identisch mit seiner Einstellung zum Antrag vor der Abstimmung gewesen sei. Dies muß nicht unbedingt der Fall sein. Dahl nennt dies das Problem des „Chamäleons". Im Extremfall schätzt das „Chamäleon" das Schicksal des Antrages stets vor der Abstimmung ein, und stimmt immer mit der Majorität. Solche Praktiken würden seine nach dem vorgelegten Verfahren gemessene „Macht" sehr stark beeinflussen. Ein anderer Einwand bezieht sich auf den Fall, daß ein Senator sich immer von einem anderen leiten läßt. So könnte es scheinen, daß seine Macht so groß, wie die seines Mentors sei. Dahl nennt dies das Problem des „Satelliten". Falls es gelingen würde, das Ausmaß solcher Verquickungen festzustellen, dann könnte man sie leicht berücksichtigen. Man könnte die Tätigkeit des Chamäleons oder des Satelliten als „Nichtstun" behandeln. Denn die durch „nichts unternehmen" bezeichnete Spalte in der Matrix 22.1 hat ja keinen Einfluß auf das Maß der Macht. Somit könnten die Fälle der Chamäleon- oder Satelliten-Aktivitäten einfach ignoriert werden. Daher verursachen diese gut bekannten Erscheinungen des politischen Lebens bei der Konstruktion der vorgeschlagenen Maße keine theoretischen Schwierigkeiten. Sie verursachen jedoch ernsthafte Forschungsprobleme, wenn es darum geht, solche Aktivitäten festzustellen. Hier sei an die Schwierigkeit erinnert, die durch falsche Angaben bei der Herstellung einer Kompromißlösung entstehen, wie etwa beim früher diskutierten Problem der Auswahl der Flugbahnen im Kapitel 19.

Macht und militärische Intervention

Ein anderes Konzept zur Quantifizierung von Macht wurde von *Boulding* [1962] vorgeschlagen. Stellen wir uns zwei Aktoren (Staaten) X und Y vor, die in eindimensionaler Darstellung an den geographischen Orten x resp. y gelegen seien. Macht wird dann in Begriffen militärischer Logistik etwa durch die Größe einer Streitkraft ausgedrückt, welche während einer gewissen Zeitspanne von ihrer Heimatbasis in ein vorgegebenes Einsatzgebiet verlegt werden kann. Qualitativ nimmt diese Macht mit der wachsenden Entfernung von der Basis ab.

Bei der gegenwärtigen militärischen Strategie könnte diese Macht eines Staates durch die Kapazität des Lufttransportes als Funktion der Entfernung von der Gegend ausgedrückt werden, in der die Militäraktion stattfinden soll. So hat denn auch *Wohlstetter* [1968] (ein prominentes Mitglied der „defense community" der USA), diese Lufttransportkapazitäten für verschiedene mögliche Kriegsschauplätze aufgelistet. Es zeigt sich, daß diese Kapazität mit der Entfernung annähernd exponentiell abnimmt.

Midlarsky [1975] bezieht die Neigung zur militärischen Intervention auf die von ihm so genannte „Reduktion von Unsicherheit". Ich habe ernsthafte Bedenken gegen diese Interpretation, will aber trotzdem versuchen, Midlarskys Gründe dafür wiederzugeben.

Nehmen wir ein quantitatives Maß der Macht und ein quantitatives Maß der Unsicherheit an, wobei das letztere sich auf das Ergebnis der militärischen Aktion bezieht. Macht kann auch ohne physische Gewalt ausgeübt werden, wenn beispielsweise politischer Druck und Drohungen verschiedener Art angewendet werden. Wenn jemand gegenüber einem Aktor überwältigend große Macht besitzt, so kann Gewaltanwendung ebenfalls überflüssig werden. Falls man andererseits nur wenig Macht besitzt, kann Gewaltanwendung zur Niederlage führen. Wir bemerken, daß die Unsicherheit über das Ergebnis der militärischen Aktion sowohl im Falle der Übermacht als auch in dem geringer Macht klein ist. Es folgt, daß die Neigung zu militärischen Aktionen groß ist, wenn die Unsicherheit über ihr Ergebnis groß ist.

Midlarsky wendet das quantitative Maß der Unsicherheit auf das gesamte internationale System an und erweitert dementsprechend seine Hypothese. Er behauptet nämlich, daß das Auftreten der von ihm so genannten „politischen Gewalttätigkeit" (political violence) dann und dort am wahrscheinlichsten ist, wenn die allgemeine „Unsicherheit" ihren größten Wert erreicht.

Ein internationales System von N Aktoren und eine Menge möglicher Orte für militärische Interventionen seien angenommen. Die Macht eines Aktors sei beispielsweise durch seine Lufttransportkapazität zu einem bestimmten Ort ausgedrückt. Sie ist somit gegeben durch:

$$P_i = A_i e^{-as_i} \qquad (i = 1, 2, \ldots, N), \tag{22.6}$$

wobei s_i die Entfernung des Ortes von der Basis des Aktors i ist, und A_i und a konstant sind. (Es wird angenommen, daß die exponentielle Abnahme der Macht mit der Entfernung durch denselben Parameter a charakterisiert wird, während die maximale Macht eines jeden Aktors durch einen spezifischen Parameter A_i bestimmt ist.)

Unter der Annahme, daß Macht eine „konservative Größe" sei, ist der *Anteil* des Aktors an der gesamten Macht gegeben durch

$$p_i(s_i, s_2, \ldots, s_N) = \frac{A_i e^{-as_i}}{\sum\limits_{j=1}^{N} A_j e^{-es_j}}. \tag{22.7}$$

Nun sind die Ausdrücke von (22.5) Wahrscheinlichkeiten äquivalent, da sie alle nicht-negativ sind und sich zu 1 addieren. Um die „Unsicherheit des Systems" auszudrücken, benutzt Midlarsky den formalen informationstheoretischen Begriff von Unsicherheit:

$$U = -\sum_{i=1}^{N} p_i \log_e p_i. \tag{22.8}$$

Der nächste Schritt besteht in der Berechnung der Veränderungsrate der Gesamtunsicherheit (des Systems) im Hinblick auf jede Entfernung s_i. Dann ergibt sich

$$\frac{\partial U}{\partial s_i} = \sum_{j=1}^{N} \left(\frac{\partial U}{\partial p_j}\right)\frac{\partial p_j}{\partial s_i} = \left(\frac{\partial U}{\partial p_i}\right)\left(\frac{\partial p_i}{\partial s_i}\right) + \sum_{j \neq i} \left(\frac{\partial U}{\partial p_j}\right)\left(\frac{\partial p_j}{\partial s_i}\right). \tag{22.9}$$

Ferner ist

$$\frac{\partial U}{\partial p_i} = -(1 + \log_e p_i) \tag{22.10}$$

$$\frac{\partial p_i}{\partial s_i} = -ap_i(1 - p_i), \frac{\partial p_j}{\partial s_i} = ap_i p_j \quad (i \neq j). \tag{22.11}$$

Daher gilt

$$\left(\frac{\partial U}{\partial p_i}\right)\left(\frac{\partial p_i}{\partial s_i}\right) = ap_i\,(1-p_i)\,(1+\log_e p_i).$$

(22.12)

In bezug auf p_j gilt

$$\frac{\partial U}{\partial p_j} = -(1+\log_e p_j)$$

(22.13)

$$\frac{\partial p_j}{\partial s_i} = ap_i\,p_j \quad (i \neq j).$$

(22.14)

Daher gilt

$$\left(\frac{\partial U}{\partial p_j}\right)\left(\frac{\partial p_i}{\partial s_i}\right) = -ap_i\,p_j\,(1+\log_e p_j) \quad (j \neq i).$$

(22.15)

Durch Einsetzung in (22.9) erhalten wir

$$\frac{\partial U}{\partial s_i} = ap_i\,[(1-p_i)\,(1+\log_e p_i) - \sum_{j \neq i} p_j\,(1+\log_e p_j)]$$

$$= ap_i\,[1 + \log_e p_i - \sum_{j} p_j\,(1+\log_e p_j)]$$

$$= ap_i\,[1 + \log_e p_i - \sum_{j} p_j - \sum_{j} p_j \log_e p_j] = ap_i\,(\log_e p_i + U).$$

(22.16)

Da $p_i < 1$, ist $\log\,(p_i)$ negativ. Wenn p_i groß ist, d.h. nahezu 1, dann ist $U + \log\,(p_i) > 0$; umgekehrt, wenn p_i klein ist, d.h. nahezu 0, dann ist $U + \log\,(p_i) < 0$. Daraus folgt, daß die oben definierte „Unsicherheit" für einen mächtigen Aktor mit der Entfernung von der Basis zunimmt. Andererseits nimmt die Unsicherheit einer kleineren Macht (die einen kleineren Anteil an der Gesamtmacht besitzt) mit zunehmender Entfernung von ihrer Basis ab.

Midlarsky interpretiert dieses Resultat so, daß die großen Mächte weit von ihrer Basis entfernt, während die kleineren in der Nähe ihrer Basis intervenieren.

Das Argument bleibt auch dann gültig, wenn die exponentielle Abnahme (der Macht) durch eine Potenzfunktion mit negativem Exponenten ersetzt wird. Nehmen wir somit an, daß

$$P_i = K_i\,s_i^{-k} \quad (i = 1, 2, \ldots, N),$$

(22.17)

sei. Und analog repräsentiert

$$p_i = \frac{K_i s_i^{-k}}{\sum_{j=1} K_j s_j^{-k}}.$$

(22.18)

Folgen wir nun den Ableitungen in den Gleichungen (22.7) bis (22.12), so erhalten wir

$$\frac{\partial U}{\partial s_i} = \frac{k}{s_i}\,[p_i\,(1-p_i)\,(1+\log_e p_i) - \sum_{j \neq i} p_i\,p_j\,(1+\log_e p_j)].$$

(22.19)

Aber es gilt

$$\frac{1}{s_i} = \frac{d}{ds_i}\,(\log_e s_i)$$

(22.20)

so daß in bezug auf den Aktor i gilt

$$\frac{\partial U}{\partial \log_e s_i} = kp_i \, (U + \log_e p_i).$$ (22.21)

Die qualitativen Folgerungen die Interventionsneigung der größeren und kleineren Aktore betreffend bleiben — als Funktion der Entfernung von der Basis definiert — die gleichen.

Daten über militärische Interventionen wurden von *Pearson* [1974] veröffentlicht. Er listet die militärischen Interventionen der jüngsten Geschichte den Machtkategorien der Aktore entsprechend auf. Pearson schlägt sechs solcher Kategorien vor, und stellt — wie erwartet — fest, daß die Entfernung der Interventionsrate von der Basis umso weiter entfernt sind, je größer die Macht eines Aktors ist. Wenn wir beide höchste Kategorien von Pearson zusammenfassen, so finden wir darin die Vereinigten Staaten, die Sowjetunion, Großbritannien, Frankreich und China (d.h. den Atomklub). Interventionen durch diese Mächte wurden für die Jahre 1948 bis 1967 untersucht. Die Tafel 22.1 zeigt die Anzahl der Interventionen, die Entfernung des Interventionsortes von der Basis der intervenierenden Macht, die anhand der Gleichung (22.12) vorhergesagten Zahlen, die auf einer linearen Messung Entfernung beruhen, und die anhand der Gleichung (22.17) vorhergesagten Zahlen, die auf der logarithmischen Skala der Distanzen beruhen.

Entfernung in 100 Meilen	Beobachtete Interventionen	Vorhersagen durch Gl. (22.16)	Vorhersagen durch Gl. (22.21)
2,50	1	1,03	4,13
10,00	11	4,13	10,57
40,00	18	16,52	16,51
85,00	26	35,10	20,01
		Chi² = 14	Chi² = 6,2
		$p = 0,01$	$p = 0,20$

Tafel 22.1 [nach *Midlarsky*, 1976]

Der große Wert von Chi zum Quadrat zeigt den Erwartungen schlecht entsprechende Daten an, ihr relativ kleiner Wert im logarithmischen Modell dagegen gut entsprechende.

Das vorgeschlagene Modell scheint mir zu „kopflastig" zu sein, um ernsthaft als Grundlage einer Theorie in Betracht zu kommen. Qualitativ kann die größere Anzahl von Interventionen über größere Entfernungen als Anzeichen dafür gewertet werden, daß Großmächte es vorziehen, ihre militärische Macht weit entfernt von ihren Grenzen einzusetzen. Insbesondere während der untersuchten Zeitperiode galt „die Sorge" der Großmächte nicht so sehr ihren unmittelbaren Nachbarn als vielmehr weit entfernten Einflußbereichen. Die Beobachtung, daß das Anwachsen eher „logarithmisch" denn „linear" verläuft, legt die Vermutung nahe, daß hier ein gewisses Prinzip des „abnehmenden Ertrags" wirksam sein könnte. Die Erklärung durch die „Höhe von Unsicherheit" ist kompliziert, aber wenig überzeugend. Viele verschiedene „Erklärungen" könnten für ähnliche Übereinstimmungen gefunden werden. Trotzdem scheint mir, daß Versuche dieser Art nicht gänzlich von der Hand zu weisen sind. Zusammengenommen besitzen sie schon einen heuristischen Wert.

Der Shapley-Wert als Maß der Machtverteilung

Die Shapley-Wert-Lösung eines kooperativen n-Personenspiels (vgl. S. 269) beinhaltet einen formalen Machtindex in Situationen sozialer Entscheidungen zwischen zwei Alternativen. Nehmen wir an, die Entscheidung erfolge nach der Majoritätsregel und es gäbe keine Enthaltungen. Aber die Regel „Ein-Mann-eine-Stimme" ist trotzdem nicht anwendbar. Jeder Stimmberechtigte verfügt über eine Anzahl von Stimmen, ähnlich wie Aktienbesitzer in einem Unternehmen. Intuitiv kann die Macht eines Stimmberechtigten durch die ihm zukommende Stimmenzahl ausgedrückt werden. In welchem Verhältnis steht seine Macht zur Anzahl seiner verfügbaren Stimmen?

Seine Macht kann offenbar nicht einfach dem ihm zukommenden Stimmenanteil proportional gesetzt werden. Denn nehmen wir an, drei Stimmberechtigte hätten entsprechend 25, 30 und 45 Stimmen. Jeweils zwei von ihnen könnten eine Stimmenmehrheit bilden. Somit haben die Stimmenanteile keinen weiteren Einfluß auf die Entscheidung, außer daß sie jeder Zweierkoalition eine Majorität sichern. Der Entscheidungsprozeß verläuft hier so, als seien die Stimmenanteile gleichmäßig verteilt.

Falls die obige Situation als ein kooperatives Dreipersonenspiel mit der charakteristischen Funktion

$$v(\{i\}) = 0; \quad v(\{i, j\}) = v(\{i, j, k\}) = 1 \qquad (i, j, k = 1, 2 \text{ oder } 3) \tag{22.22}$$

aufgefaßt wird, dann ordnet der Shapley-Wert jeder von ihnen 1/3 zu und widerspiegelt damit ihre gleich starke Macht.

Betrachten wir anderseits drei Spieler mit jeweils 50, 49 und 1 Stimmen. Hier muß die Gewinnkoalition den Spieler mit den 50 Stimmen einschließen. Offenbar besitzt er „Vetorecht", aber nicht absolute Macht. Diese hätte er nur, falls er 51 der 100 Stimmen besäße. In diesem Falle widerspiegelt der Shapley-Wert die Macht des Vetorechts, indem er dem ersten Spieler 2/3 und den beiden anderen jeweils 1/6 zuordnet. Bemerkenswerterweise spielt die Ungleichheit zwischen einer Stimme und 49 Stimmen dabei keine Rolle, denn die Lage der Spieler 2 und 3 ist vollkommen ähnlich: jeder benötigt den Spieler 1, um eine Majorität zu bilden, während dieser zwischen beiden wählen kann. Die Shapley-Wertverteilung des Machtindexes (auch Shapley-Shubik-Index genannt) kann für jede Wahlkörperschaft und jedes legislative System — das aus mehreren Wahlkörperschaften mit einer bestimmten Entscheidungsregel besteht — ermittelt werden.

Betrachten wir die föderative gesetzgebende Körperschaft der Vereinigten Staaten. Es handelt sich hier um ein Drei-Kammer-System, da außer dem Abgeordnetenhaus und dem Senat auch der Präsident „abstimmt" — etwa wenn er ein Gesetz unterzeichnet oder es durch sein Veto blockiert. Mit Hilfe des Shapley-Shubik-Indexes kann gezeigt werden, daß jedes Mitglied des Senats mehr Macht hat, als jedes Mitglied des Abgeordnetenhauses. Der Präsident besitzt im allgemeinen mehr Macht als jeder einzelne von ihnen. Falls jedes Mitglied unabhängig voneinander abstimmt, dann verkörpert der Präsident 1/6 der gesamten legislativen Macht. Dies ist jedoch nicht immer der Fall, wenn die politischen Parteien blockweise abstimmen. Würden etwa die Stimmberechtigten 2 und 3 in unserem Beispiel immer in gleicher Weise abstimmen, dann besäßen sie ebensoviel Macht wie 1. Die alten Maximen „Einheit macht stark" und „teile und herrsche" werden durch den Shapley-Shubik-Index wiedergegeben.

Als „Gewinnkoalitionen" in legislativen Körperschaften sind all jene Zusammenschlüsse ihrer Mitglieder definiert, die ein Gesetz durchbringen können. In der föderativen Legislative der USA sind dies all jene Zusammenschlüsse, die die Majorität der Mitglieder beider Kammern und den Präsidenten einschließen, und all jene, die 2/3-Mehrheiten beider Kammern mit oder ohne den Präsidenten bilden (denn Majoritäten können das Veto des Präsidenten überstimmen.)

Wegen des Zusammenschlusses der Stimmen durch politische Parteien muß das Zustandekommen von Majoritäten näher untersucht werden. In parlamentarischen Systemen, die gewöhnlich durch „Parteidisziplin" gekennzeichnet sind, stimmen die Parteien als Blöcke ab. Diese sollten daher als einzelne Wähler betrachtet werden, die so viele Stimmen besitzen, wie sie Mitglieder haben. In den Vereinigten Staaten ist die Parteidisziplin in den beiden großen Parteien gewöhnlich recht locker. Die einzelnen Gesetzgeber können grob als „Unentwegte", die immer mit ihrer Partei stimmen, und als „Abweichler" charakterisiert werden. Wenn die verschiedenen Parteikonstellationen der drei „Kammern" (den Präsidenten inbegriffen) und die Anteile der Unentwegten und der Abweichler in jeder Partei bekannt sind — wobei das Abweichen des Präsidenten ebenfalls berücksichtigt wird —, dann können alle Gewinnkoalitionen des Spiels bestimmt werden. Damit ist auch der Shapley-Shubik-Index bekannt.

Berechnungen dieser Art wurden von *Luce/Rogow* [1956] durchgeführt. Im folgenden bedeutet „Macht haben" einen positiven Anteil vom Shapley-Wert besitzen. Luce/Rogow haben die folgenden Ergebnisse abgeleitet:

1. In den meisten Fällen können Gewinnkoalitionen gebildet werden, wenn Abweichungen von der Parteilinie möglich sind. Die einzige Ausnahme entsteht, wenn der Präsident zur Minoritätspartei gehört, wobei die Majoritätspartei auch mit der Unterstützung von Abweichlern aus der anderen Partei keine 2/3-Majorität erreichen kann. Ebensowenig kann die Minoritätspartei selbst mit Hilfe von Abweichlern aus der Majoritätspartei eine Abstimmungsmajorität erlangen. Dieses Resultat ist intuitiv einsichtig: der Präsident kann jedes vom Kongreß verabschiedete Gesetz durch sein Veto blockieren, und der Kongreß wird nicht in der Lage sein, dieses Veto zu umgehen. Übrigens kann man feststellen, daß die US-Präsidenten oft Minoritätsparteien angehören. Es geschieht dagegen selten, daß Parteien in beiden Häusern Zweidrittel-Majoritäten besitzen. Somit sind „Abweichler" in den Vereinigten Staaten eine politische Notwendigkeit: ohne sie wäre die Gesetzgebung häufig lahmgelegt.

2. Der Präsident ist „schwach", wenn die Majoritätspartei über eine 2/3-Mehrheit in beiden Häusern verfügt – unabhängig davon, welcher Partei er angehört.
„Macht" bedeutet in diesem Falle wohlgemerkt nicht nur die Fähigkeit Gesetze durchzusetzen, sondern auch sie zu verhindern. Wenn die Oppositionspartei über große Mehrheiten verfügt, kann der Präsident ein Gesetz im Kongreß nur mit der Hilfe einer ausreichenden Anzahl von Abweichlern durchbringen. Wenn seine eigene Partei über eine solche Mehrheit verfügt, so kann er ein Gesetz wiederum nur verhindern, wenn eine ausreichende Anzahl von Abweichlern ihm folgt.

3. Falls keine Partei selbst mit Abweichlern eine 2/3-Mehrheit zustandebringen kann, dann ist der Präsident „stark" (d.h. er kann sein Vetorecht voll ausspielen).

4. Die Minoritätspartei besitzt nur dann Macht, wenn der Präsident ihr angehört und zu ihr hält.

5. Falls die Abweichler zusammen mit der Minoritätspartei keine Majorität bilden, dann besitzen die Unentwegten der Majoritätspartei die Macht. Der einzige andere Fall in dem sie noch Macht besitzen, ist wenn der Präsident zur Majorität hält und die Minoritätspartei zusammen mit den Abweichlern der Majoritätspartei lediglich eine einfache Mehrheit bilden kann.

6. Die Abweichler der Minorität haben nur bei der folgenden Konstellation Macht: der Präsident hält zu dieser Partei, die Majoritätspartei verfügt lediglich über die einfache Mehrheit und die Minoritätspartei kann gemeinsam mit den Abweichlern der Majoritätspartei eine Majorität bilden.

Gewiß können diese Ergebnisse auch durch einfache Überlegungen erzielt werden, wenn etwa Fälle untersucht werden, in denen der Präsident über das Schicksal einer Gesetzesvorlage durch sein Vetorecht entscheiden kann, oder jene, in denen die Minoritätspartei mit Hilfe von Abweichlern der Majoritätspartei ein Gesetz durchbringen oder blockieren kann usw. Die Resultate dieser Theorie erfassen die besonderen Gegebenheiten nicht einmal so weit, wie es erfahrene Politiker tun, wenn sie überlegen, wie viele Abweichler bei der Vorlage eines bestimmten Gesetzes erwartet werden können, oder wie der Präsident über dieses Gesetz „denkt" usw. Der einzige Vorteil der formalen Analyse ist, daß der in ihr entwickelte Deduktionsmechanismus auch auf viel komplexere Situationen angewendet werden kann. Dasselbe gilt für die klassische Mathematik und die symbolische Logik. Sie können dann hilfreich sein, wenn alltägliche Überlegungen sich in der Sprache verfangen, und wenn Aufmerksamkeit oder Gedächtnis des Menschen an natürliche Grenzen stoßen.

Wie wir gesehen haben, verlangen die Indizes nach objektiven Vergleichen. Sobald die Machtverteilung innerhalb einer Körperschaft oder eine Organisation beispielsweise durch ein Histogramm dargestellt ist, werden Machtverschiebungen während eines Entwicklungsprozesses mit dem bloßen Auge sichtbar. So trat beispielsweise 1965 als Folge der Erweiterung der Mitgliederzahl des Sicherheitsrates der Vereinigten Nationen von 11 auf 15 eine Verschiebung der Machtpositionen innerhalb dieser Körperschaft ein. Richtung und Größe dieser Verschiebung können durch einen Vergleich der Machtverteilungen „vorher" und „nachher" anhand der Definition des Shapley-Shubik-Indexes festgestellt werden. Ob die Machtverschiebung gerade innerhalb dieser Körperschaft auch praktisch politische Bedeutung besitzt, ist eine andere Frage. Der Zweck der Konstruktion eines formalen Machtindexes besteht lediglich darin, *eine* objektive Darstellung solcher Verschiebungen zu ermöglichen. Nebenbei erhalten jene, die sich mit Machtverschiebungen befassen, die Möglichkeit, durch die bloße Existenz und die Kenntnis eines solchen Maßes die *formale* Verteilungen der Macht mit der Veränderung eines *empirisch* konstruierten Index (wie etwa jenem von Dahl) zu vergleichen.

Riker [1959] hat den Shapley-Shubik-Index auch bei einer empirischen Untersuchung angewendet. Unter der Annahme der Parteidisziplin hat er die Machtstruktur der französischen Nationalversammlung in den Jahren 1953 und 1954 analysiert. Ihn interessierten dabei die „Parteienwechsel" der Deputierten. In diesen Jahren wurden 61 solche Wechsel beobachtet, die 46 Deputierte betrafen. Die Frage war, ob die Wechsel dazu beigetragen haben, die Macht (wie sie durch den Shapley-Shubik-Index definiert ist) der ihre Parteizugehörigkeit wechselnden Deputierten zu erhöhen. Die Antwort lautete, daß dies nicht der Fall sei. Erklärungen dafür wären, daß dabei entweder andere Überlegungen, als die „Stärkung der eigenen Machtposition" überwogen, oder aber daß Macht im Verständnis der Deputierten ganz anders definiert war, als im Shapley-Shubik-Index. Diese beiden möglichen Folgerungen erhöhen die Effektivität dieser „Theorie" offensichtlich nicht besonders. Zu ihren Gunsten könnte jedoch vorgebracht werden, daß die Konstruktion eines Indexes konkrete, verifizierbare Hypothesen über politisches Verhalten aufzustellen erlaubte. Und dies unterscheidet diesen formalen Ansatz von den lediglich verbalisierenden „Theorien". Allzu oft führen die letzteren in nicht endende Diskussionen, wobei einfach nicht klar wird, welche Evidenz zur Stützung der einen oder der anderen These überhaupt herangezogen werden soll oder überhaupt kann.

23. Mobilisierung und Assimilierung

Auswahl und Konstruktion von Indizes ist für einen empirisch orientierten Sozialwissenschaftler ein Problem von größter Wichtigkeit. Die Bestimmung beliebiger Indizes zieht vor allem das Problem einer operationalen Definition der zunächst intuitiv gefaßten Begriffe nach sich, die für den gegebenen Untersuchungsgegenstand für wichtig erachtet werden. Die Konstruktion der Parameterindizes involviert – wie wir gesehen haben – eine Bewertung des mathematischen Modells. Solche Bewertungen treten in den gegenwärtigen Sozialwissenschaften nur selten auf. Die Mehrheit der quantitativen Untersuchungen beinhaltet höchstens eine systematisierende Zusammenfassung von Beobachtungsdaten. Auch aus diesen Entwürfen können einige Informationen gewonnen werden, vorausgesetzt in ihnen sind Tendenzen erkennbar. Schemata, die so oft „Modelle" genannt werden, sind nichts weiter als Darstellungen einiger Netze von „Einflüssen" durch Diagramme, wobei gezeigt wird, in welcher Richtung beeinflußt wird. Diese Proto-Modelle – wie sie eher genannt werden sollten – könnten als Ausgangspunkte für die Konstruktion genuiner mathematischer Modelle dienen, in denen die Größen der „Einflüsse" dann als parametrische Indizes erscheinen würden.

In einigen der folgenden Beispiele treffen sich Demographie und empirisch orientierte Politikwissenschaften. Die Relevanz der Demographie für die Politikwissenschaft ergibt sich aus der Tatsache, daß wichtige politische Motivationen in der Identifikation des Volkes mit den ihrer politischen Situation eigenen Kategorien zu finden sind. Einige der wichtigsten sozio-politischen Probleme unserer Zeit werden durch solche Unterschiede hervorgerufen, wie die ethnischen Verschiedenheiten innerhalb eines politischen Systems. Ernsthafte Ausbrüche von Gewalttätigkeit in Nigeria, Malaysia, Indien und Pakistan scheinen – um nur einige zu nennen – direkt durch solche Verschiedenheiten verursacht zu sein.

Mobilisierung und Assimilierung

Deutsch [1967] definiert soziale *Mobilisierung* als „potentielle Politisierung", die in aller Regel mit der Entwicklung von Sprache und ethnischer Kultur einhergeht, d.h. als „Nationalismus, der mit Elementen wachsender Erwartungen und Frustrationen und dadurch mit sozialer Unzufriedenheit einhergeht und verstärkt wird."

Assimilierung wird andererseits als ein Prozeß angesehen, „durch den Individuen sich gemeinsame Ideen aneignen, wobei dieser Vorgang durch gemeinsame Sprache, Werte und Verhaltenskodizes gefördert wird" [*Hopkins*].

Bezeichnenderweise ist Assimilierung ein langsamerer Prozeß, der nach Generationen gemessen wird, er ist integrativ. Mobilisierung ist häufig trennend. Es scheint daher wichtig, diese beiden Prozesse gemeinsam zu betrachten.

Ein von *Deutsch* [1966] vorgeschlagenes Modell umfaßt die folgenden Bevölkerungsgrößen:

A: assimilierte Bevölkerung
M: mobilisierte Bevölkerung
D: differentierte (nicht assimilierte) Bevölkerung
U: nicht-mobilisierte Bevölkerung.

Die Gleichungen des Modells lauten:

$$dA/dt = (a + c)A \tag{23.1}$$

$$dD/dt = dD - cA \tag{23.2}$$

$$dM/dt = (b + m)M \tag{23.3}$$

$$U(t) = A(t) + D(t) - M(t). \tag{23.4}$$

Die Konstanten a, b und d repräsentieren Raten des natürlichen pro-Kopf Wachstums von A, M und D respektive; c und m repräsentieren Raten der pro-Kopf Nettoeingänge (Nettozugänge) an Außenseitern in A und M beginnend mit der ersten untersuchten Periode.

Zusätzlich zu diesen aus natürlichen Wachstums- und Austauschvorgängen von und nach außerhalb resultierenden Raten (positiven oder negativen) der Veränderungen gibt es Verschiebungen innerhalb der Bevölkerung, die in der Abbildung 23.1 dargestellt sind.

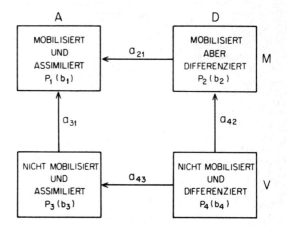

Abb. 23.1: Nach *Hopkins* [1973].

Die b in jedem Kasten stellen die Raten natürlichen Wachstums dar. Die Pfeile verdeutlichen die angenommene Verschiebungsrichtung, und a_{ij} sind positive Koeffizienten, die jene Anteile der Population bezeichnen, welche die entsprechenden Teilpopulationen verlassen, um sich innerhalb einer gegebenen Zeitperiode einer anderen Teilpopulation anzuschließen. Damit erhalten wir die folgenden Differenzgleichungen:

$$P_1\,(t+1) - P_1\,(t) = b_1\,P_1\,(t) + a_{21}\,P_2\,(t) + a_{31}\,P_3\,(t) \tag{23.5}$$

$$P_2\,(t+1) - P_2\,(t) = b_2\,P_2\,(t) + a_{42}\,P_4\,(t) - a_{21}\,P_2\,(t) \tag{23.6}$$

$$P_3\,(t+1) - P_3\,(t) = b_3\,P_3\,(t) + a_{43}\,P_4\,(t) - a_{31}\,P_3\,(t) \tag{23.7}$$

$$P_4\,(t+1) - pP_4\,(t) = b_4\,P_4\,(t) - a_{42}\,P_4\,(t) - a_{43}\,P_4\,(t). \tag{23.8}$$

Nun geht es darum, „Mobilisierung" und „Assimilierung" in spezifischen Zusammenhängen (Kontexten) so zu operationalisieren, daß die Populationen P_1, P_2, P_3 und P_4 zu beobachtbaren Variablen werden. Ein klarer Zusammenhang dieser Art besteht in Finnland, wo die Bevölkerung nach einer doppelten Dichotomie klassifiziert werden kann: ländlich und städtisch, schwedisch und finnisch. Hier können wir „ländlich" mit „nicht mobilisiert", „städtisch" mit „mobilisiert", schwedisch mit „differenziert" und finnisch mit „assimiliert" identifizieren. Ob diese Kategorien noch die ursprünglich mit „Mobilisierung" und „Assimilierung" intendierte Bedeutung haben ist eine andere Frage. Bei jeder Operationalisierung intuitiv gefaßter Begriffe werden diese mehr oder weniger schwerwiegend verzerrt. Wie weit dies geht, kann niemals befriedigend beantwortet werden, und sie muß damit hier zurückgestellt werden. Hier wollen wir Bevölkerungsgruppen in der angegebenen Weise identifizieren.

Wir besitzen nun ein genuines mathematisches Modell, das durch die Differenzgleichungen (23.5) − (23.8) ausgedrückt ist. Die Parameter b_i und a_{ij} könnten als die Bevölkerung charakterisierende parametrische Indizes gelten, wenn das Modell validiert wäre. Um das Modell zu bewerten, benötigen wir Schätzungen dieser Parameter. Die Parameter der Mobilität und des natürlichen Wachstums können anhand der Daten von 1820 − 1850 geschätzt werden, und ebenso mittels (LSE) wobei die Gesamtentwicklung von 1880 bis 1950 berücksichtigt werden kann. Diese Schätzungen werden in der Tafel 23.1 gezeigt.

Empirisch bestimmte Schätzungen (EBS) aufgrund von Daten für 1820–1850	Parameter natürlichen Zuwachses	Least-square Schätzungen (LQS) aufgrund von Daten für 1880–1950
1,96	b_1	0,93
3,79	b_2	− 0,02
− 1,67	b_3	− 0,05
10,34	b_4	− 0,03
	Parameter der Populationsflüsse	
3,62	a_{21}	− 10,20
− 0,18	a_{31}	0,42
− 0,02	a_{42}	0,06
10,26	a_{43}	1,02

	Städische Bevölkerung		Ländliche Bevölkerung	
Nach 1960 projezierte Population	Finnen (P_1)	Schweden (P_2)	Finnen (P_3)	Schweden (P_4)
Aufgrund von EBS für 1820	1 626 178 000	34 000	3 685 00	569 000
Aufgrund von LQS für 1880	−5 987 700	540 486	9 045 710	667 103
Volkszählungen	1 553 151	148 873	2 557 557	181 665

Tafel 23.1 [nach *Hopkins*]: Parameterschätzungen für das durch die Gleichungen (23.5) − (23.8) definierte Modell

Bei der Schätzung wurden die Parameter auf die beobachteten Zeitläufe innerhalb eines geschichtlichen Abschnitts „abgestimmt", um sie den Beobachtungen anzugleichen. Daher kann auch das Modell nur mit Hilfe von Projektionen getestet werden. Projektionen in das Jahr 1960 werden im unteren Teil der Tafel gezeigt. Offensichtlich ist das Modell drastisch widerlegt. Werden die Schätzungen der Parameter von 1820 bis 1850 zugrundegelegt, so wächst die städtische Bevölkerung Finnlands bis zum Jahre 1960 auf anderthalb Milliarden Menschen – nahezu die Hälfte der gesamten Weltbevölkerung zu jener Zeit. Gleichzeitig wird aufgrund der geschätzten Parameter von 1880 bis 1950 eine *negative* (!) Bevölkerung vorausgesagt.

Das Scheitern eines Modells wird gewöhnlich durch allzu große „Vereinfachung" zu erklären versucht. Dieses Argument dient dann als Ansporn, noch mehr Variablen oder Parameter hinzuzufügen. Beispielsweise kann man sowohl Demobilisierung als auch Mobilisierung und sowohl Entassimilierung als Assimilierung einführen. Beiderlei Prozesse kommen vor. Beispielsweise weisen Alphabetisierungsdaten für Malaysia von 1930 – 1947 darauf, daß die Alphabetisierung mit dem Älterwerden der Bevölkerung von zwanzig auf vierzig Jahre *abnahm*. Dies könnte als Demobilisierung interpretiert werden. Auch Fälle der Dissimilation sind beobachtet worden. Französischsprachige Einwohner von Quebec lernen in der Schule oder bei der Arbeit oft englisch. Während sie älter werden, vergessen viele die gelernte Sprache wieder. Auch Assimilation kann nicht durch ein einziges Kriterium beschrieben werden. In den Vereinigten Staaten sind beispielsweise in letzter Zeit viele Farbige in die Mittelschichten aufgestiegen, und haben die entsprechenden Werte verinnerlicht. Gleichzeitig haben viele dieser „Schwarzen Angelsachsen" starke Gefühle der Verschiedenartigkeit und Militanz entwickelt. Dieser Vorgang wird wiederum gewöhnlich als anti-assimilationär angesehen.

Die Abbildung 23.2 zeigt ein etwas komplexeres konzeptionelles Schema von Mobilisation und Assimilation. Die Bewegungen der Teilpopulationen gehen nunmehr in beide Richtungen, und die entsprechenden Parameter sind hinzugefügt.

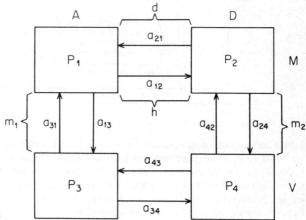

Abb. 23.2: Nach *Hopkins* [1973].

Die vier zusätzlichen Verschiebungsparameter beziehen sich auf die entgegengesetzten Tendenzen (Demobilisierung und Entassimilierung).

Zusätzliche Parameter erscheinen im Schema. Das Symbol „*d*" soll „soziale Distanzen" repräsentieren, „*h*" so etwas wie „Ungleichheit" und „m_i" ($i = 1, 2$) stellt „Interaktion" dar. Es wird angenommen, daß diese Faktoren die Flußparameter beeinflussen. Solange diese Faktoren jedoch nicht mit der gleichen operationalen Klarheit wie die vorangegangenen Variablen und Parameter bestimmt sind, kann das Schema nicht als ein mathematisches Modell gelten und als Deduktionsmechanismus dienen.

Das ursprüngliche durch die Gleichungen (23.5) – (23.8) dargestellte Modell hatte zu absurden Resultaten geführt, aber es wurde zumindest deutlich, daß es völlig inadäquat war. Bei dem Versuch, das Modell zu verbessern, vernachlässigt der Sozialwissenschaftler häufig die Anforderungen, die ein mathematisches Modell stellt. Er wendet sich dem zu, was „vernachlässigt" war und beginnt Faktoren und Einflüsse hinzuzufügen, die ihm für den fraglichen Vorgang relevant erscheinen, die jedoch das Modell „funktionsuntüchtig" machen, solange sie mathematisch undefiniert bleiben. Die Neigung „relevante Faktoren" ohne Rücksicht auf ihre Rolle im deduktiven Modell hinzuzufügen, kann im folgenden Schema verdeutlicht werden:

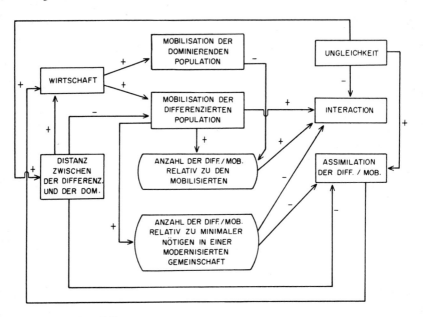

Abb. 23.3: Nach *Hopkins* [1973].

Sobald die Variablen operational definiert und die durch das Flußschema angezeigten Einflüsse als funktionale Relationen spezifiziert sind, kann ein Proto-Modell in ein mathematisches Modell umgewandelt werden. Offensichtlich wird solch ein Modell jedoch eine Überzahl von Parametern enthalten. Falls das Modell Teil einer prädiktiven Theorie werden soll, müssen die Parameter geschätzt werden. Normalerweise ist eine gleichzeitige Schätzung dieser Vielzahl von Parametern unmöglich. Es bleibt also nur, auf Simulation zurückzugreifen, einem Verfahren, das im Kapitel 4 erwähnt wurde.

Normalerweise wird der empirisch orientierte Sozialwissenschaftler jedoch so verfahren, daß er mit der bescheideneren und realistischeren Aufgabe der Datensammlung und möglicherweise ihrer Verarbeitung mit demographischen Standardmethoden beginnt. Die Daten sind hier einfach die durch beobachtbare Kriterien definierten Größen der vier Bevölkerungsteile: der mobilisiert-assimilierte, der mobilisiert-differenzierte, der nichmobilisiert-assimilierte und der nichtmobilisiert-differenzierte. Unter bestimmten Umständen kann die Urbanisierung als (ein sehr grobes) Maß der Mobilisierung dienen.

Die folgenden Tafeln stellen „Fallstudien" dar, aus denen gewisse Folgerungen und Vorhersagen abgeleitet werden können. Tendenzen und Projektionen der gesamten, assimilierten und der mobilisierten Bevölkerung von 1800 — 2000 (in 1000en).

Jahr	Gesamt		Assimiliert (nur französisch-sprachig)			Mobilisiert (urban)[1]		
	beobachtet	geschätzt	beobachtet	geschätzt	%	beobachtet	geschätzt	%
1880	5520	5520	2230	2230	40	2377	2377	43
1890	6060	5931	2485	2365	40	2895	2735	46
1900	6674	6374	2575	2507	39	3500	3136	49
1910	7424	6851	2833	2658	39	4194	3471	52
1920	7406	7365	2850	2818	38	4260	4076	55
1930	8092	7917	3039	2988	38	4894	4622	58
1940		8513		3168	37		5222	61
1950	8512[2]	9154		3359	37		5870	64
1960	9189[3]	9844		3561	36	6102[3]	6599	67
1970		10588		3775	36		7380	70
1980		11389		4003	35		8225	72
1990		12253		4244	35		9147	75
2000		13183		4499	34		10104	77

[1]) Population in Gemeinden von 5000 und mehr
[2]) Zählung von 1947
[3]) Daten von 1961

Tafel 23.2 [nach *Hopkins*]: Tendenzen und Projektionen der gesamten, assimilierten und mobilisierten Populationen von Belgien, 1880–2000 (in 1000)

Zwei Tendenzen sind klar unterscheidbar: eine geringe aber stetige Abnahme der „assimilierten" (in diesem Falle der einsprachigen Französisch-Sprechenden) und ein etwas schnelleres Wachstum des Anteils der „mobilisierten" (in diesem Falle der städtischen) Bevölkerung. Offensichtlich sind diese Tendenzen Ergebnis der Verstädterung der ländlichen, vorwiegend flämischsprachigen Belgier, die Französisch lernen. Hopkins sieht in dieser Entwicklung die Ursache für die Intensivierung des sozialen Konflikts zwischen den unterdrückten Flamen und den dominierenden Valonen.

Malaysia dient als Fallstudie der Tendenzen aller vier Bevölkerungsteile. Die Daten werden in der Tafel 23.3 angegeben.

Jahr	Gesamt		Mobilisiert						Nicht mobilisiert					
			Assimiliert			Differenziert			Assimiliert			Differenziert		
	beob.	gesch.	beob.	gesch.	%	beob.	gesch.	%	beob.	gesch.	%	beob.	gesch.	%
1931	3786		324		9	720		19	1540		41	1202		31
1947	4908	5046	728	763	15	1196	1215	24	1699	1698	34	1385	1370	27
1957	6256	6279	1291	1303	21	1649	1674	27	1835	1808	29	1381	1494	24
1960		6705		1521	23		1830	27		1830	27		1524	23
1970		8342		2483	30		2410	29		1862	22		1588	19
1980		10380		3905	38		3057	29		1825	18		1594	15
1990		12917		5918	46		3735	29		1723	13		1541	12
2000		19072		8658	54		4406	27		1570	10		1426	9

Tafel 23.3 [nach *Hopkins*]: Tendenzen und Projektionen der gesamten, mobilisierten und assimilierten Populationen von Malaysia, 1931 – 2000 (in 1000)

Hier ist „Mobilisierung" durch Alphabetisierung definiert, „Assimilierung" durch festgestellte ethnische Identifikation. Zwischen Malaien und Chinesen besteht Differenzierung. Es besteht die Tendenz der Zunahme von Malaien in der Wirtschaft des Landes. Hopkins bemerkt, daß die Malaien zu legislativen Maßnahmen gegriffen haben, um ihre politische Dominanz zu sichern. Seiner Meinung nach könnte die politische Ungleichheit abgebaut werden, sobald die Positionen der Malaien gefestigter sind. Die gegenseitige Feindschaft könnte sich jedoch solange erhalten, als ökonomisches Ungleichgewicht bestehen bleibt. Auf dem Lande wohnende Malaien, die die größte Bevölkerungsgruppe in Malaysia bilden, besitzen eine sehr negative Einstellung zu den Chinesen. Hopkins zitiert P.J. Wilson, daß Malaien aus einem kleinen Dorf, die zusammen mit Chinesen in Singapur gelebt hatten, das folgende Bild von sich zeichneten:

„... eine unterdrückte und diskriminierte Minorität, die gezwungen wird, in den ärmsten Vierteln der Insel und der Stadt zu leben, der es unmöglich ist, Zugang zu besseren Wohnungen, zur Wohlfahrtsfürsorge und anderen Vergünstigungen zu erlangen, und die ständig von den Chinesen ökonomisch gegängelt werden. Einer (der Befragten) meinte, daß die einzige Lösung entweder die Vertreibung oder die Vernichtung der Chinesen sei ... und er selbst würde die letztere Verfahrensweise vorziehen ..." [*Wilson*, S. 50].

So könnte erhöhte Mobilisierung möglicherweise gesetzgeberische Unterdrückung mildern. Die Gewalttätigkeiten gegen die Chinesen könnte sich jedoch noch verschärfen, so lange ihre wirtschaftliche Übergewalt stehen bleibt. Wenn die chinesische Bevölkerung zahlenmäßig sich verringerte, so könnte ihre Vormachtstellung u.U. überwunden werden. Anderseits aber könnte sie dadurch zum gewaltsamen Widerstand herausgefordert werden.

Als letztes Beispiel wollen wir eine analoge Entwicklung in Kanada darstellen. Die Tafel 23.4 zeigt Tendenzen und Projektionen der gesamten, assimilierten und mobilisierten Bevölkerung in Quebec von 1931 bis 2001 (in 1000en).

| Jahr | Gesamt | | Mobilisiert | | | | | | Nicht mobilisiert | | | | | |
| | | | Assimiliert | | | Differenziert | | | Assimiliert | | | Differenziert | | |
	beob.	gesch.	beob.	gesch.	%	beob.	gesch.	%	beob.	gesch.	%	beob.	gesch.	%
1931	2875		318		11	1476		52	78		3	983		34
1941	3332	3566	335	389	11	1774	2035	57	75	77	2	1147	1064	30
1951	4056	4422	383	470	11	2314	2737	62	80	76	2	1279	1139	26
1961	5259	5485	532	561	10	3374	3644	66	76	74	1	1276	1206	22
1971		6804		664	10		4803	71		72	1		1264	19
1981		8439		779	9		6277	74		69	1		1314	16
1991		10467		907	9		8139	78		66	1		1355	13
2001		12982		1049	8		10483	81		62	1		1383	11

Tafel 23.4 [nach *Hopkins*]: Tendenzen und Projektionen der gesamten, mobilisierten und assimilierten Populationen von Quebec, 1931 – 2001 (in 1000)

„Mobilisierung" wird hier durch Urbanisierung (Städte mit 1000 und mehr Einwohnern) definiert; Assimilierung wird durch den ausschließlichen Gebrauch der englischen Sprache gezeigt.

Die Tendenz ist feststellbar, daß in Quebec ein Kern englischsprachiger Einwohner verbleiben wird, daß jedoch die französischsprachigen Quebecuer nicht in ein einsprachiges Kanada assimiliert werden.

Falls die Situation in den drei Fallstudien (Belgien, Malaysia, Quebec) miteinander verglichen werden könnten, dann ergäben sogar diese sehr groben, rein deskriptiven Daten einigen theoretischen Nutzen. Hier sind die Situationen jedoch kaum vergleichbar. Für die Länder mit weit entwickeltem Bildungswesen wurde „Mobilisierung" durch Urbanisierung definiert, während sie für Malaysia durch Alphabetisierung bestimmt wurde. Assimilierung war im ersten Falle linguistisch definiert, im letzteren dagegen als „ethnische Identifikation". Des weiteren müssen auch Begriffe wie soziale Distanz operationalisiert werden, wenn das „vollständige" oben skizzierte Modell nutzbar werden soll. Im günstigsten Falle wird eine solche Operationalisierung durch beliebig vorgeschlagene Beobachtungsgrößen oder Indizes *ad hoc* vorgenommen. So wurde beispielsweise „Distanz" durch zwei während einer Befragung unter kanadischen Jugendlichen gestellte Fragen definiert. Die Befragten sollten angeben, inwiefern verschiedene Vergleichsgruppen in bezug auf die Zukunft Kanadas übereinstimmen würden. Es wurden sechs verschiedene Trennungsbezüge angegeben: nach Regionen, Religion, Geburtsort, Reichtum, Verstädterung und Sprache. Alle Gruppen waren der Meinung, daß der geringste Konsens im Hinblick auf die Sprachen erzielt werden könne. Die zweite Frage zielte auf Antworten, die besagten, daß die Englisch-Kanadier den Amerikanern näher stünden als die Französisch-Kanadier. So konnten einige (ordinale) Distanzmaße aufgrund der verschiedenen Dichotomien geschätzt werden. Wie aber diese Schätzungen und in welcher Distanz als Variablen in das „Systemmodell" eingegliedert werden sollten, bleibt ungeklärt.

Ähnliche Überlegungen gelten für den Begriff der „Interaktion". Es ist sicherlich möglich, gewisse „Maße der Interaktion" zu erhalten, wie z.B. durch Kontakthäufigkeiten zwischen Gruppen, durch Sprachgebrauch, Nachbarschaft, Schule, persönliche Freundschaften usw. Aber das Problem der Eingliederung dieser Maße in das System bleibt ungelöst.

Eine aufgrund der Untersuchung in Quebec (lediglich aufgrund intuitiver Eindrücke) gemachte Voraussage lautete, daß sich Assimilationszwänge zum französischen Sprachgebrauch in Quebec und zur Anglisierung im übrigen Kanada richten würden [*Johnstone*]. Dies schien wachsende Polarisierung zu bedingen. 1976 gewann die Separatistenpartei die Wahlen in Quebec. Die Partei hat sich für die Durchführung einer Abstimmung über die Unabhängigkeit von Quebec stark gemacht. Inwiefern diese Ereignisse eine Bestätigung des „Modells" darstellen, kann ohne eine wesentlich genauere Bestimmung der Formulierungen der Annahmen und Implikationen des Modells nicht entschieden werden. (Annahmen von der Form „je mehr dies gilt, desto mehr gilt das und desto weniger jenes" sind für diesen Zweck völlig unzureichend, da sie die „kritischen Werte" der Parameter nicht spezifizieren, deren Überschreitung qualitative Veränderungen mit sich ziehen würde.)

In diesem Zusammenhang sei daran erinnert, daß genaue mathematische Modelle — wie die des Imitationsverhaltens in großen Populationen von Rashevsky — solche kritischen Werte benennen. Aber auch diese Modelle sind inadäquat, da sie die empirische Evidenz zu ihrer Bestätigung oder Widerlegung nicht angeben.

Suche nach Indizes als Äußerungen oder Anleitung von Entscheidungsfindung

Wie wir am eben genannten Beispiel sahen, haben die eher unbestimmten Vorstellungen über soziale Dynamik (die für die politische Dynamik überhaupt relevant sein soll), es noch nicht vermocht, brauchbare Modelle als Bestandteile einer prädiktiven Theorie zu liefern. Im günstigsten Falle kann über die Schematisierungen nur so viel gesagt werden, daß sie die Bearbeitung von Daten mit dem Ziel der Erkennung von Tendenzen angeregt haben, die helfen könnten, mögliche politische und soziale Folgen abzuschätzen. Solche Verfahrensweisen können nicht mathematisch genannt werden, da mathematische *Deduktionen* in ihnen kaum eine Rolle spielen. Sie zielen auf die Sammlung großer Datenmengen und haben im Hinblick auf mögliche zukünftige mathematische Modellierungen nur insofern Bedeutung, als die Daten weitgehend quantitativ sind.

Diese Orientierung dominierte in einigen Kreisen des Establishments der USA während des Krieges in Indochina. Die Leute, die diesen Krieg angestiftet haben, waren jene Spezialisten, die nach der Wahl Kennedys 1960 in Washington einzogen. Die Stimmung im Establishment war euphorisch. Die Eisenhowerzeiten wurden als Jahre der Stagnation angesehen. Der Administrationswechsel versprach radikale Veränderungen im Stil der Konzipierung und der Durchführung von Politik. Als Vorbild galt der *kompetente* Spezialist, wobei Kompetenz ausschließlich mit technischer Kompetenz identifiziert wurde, und diese wiederum bedeutete weitgehend die Beherrschung von wirtschaftlichen und ähnlichen Vorgängen, oder des Korporationsrechts, der Ingenieurwissenschaften, der Öffentlichkeitsarbeit usw., kurz all dessen, was in Amerika traditionell als „man's world" bekannt war.

Dies war Kennedys „Brain Trust" – eine Reminiszenz auf die gebildeten Leute um Roosevelt, die in den 30er Jahren mit der überhandnehmenden Großen Depression fertigzuwerden versucht hatten. In den 60er Jahren sah das Establishment das zentrale Problem im globalen Kampf um die Macht mit dem einzigen ernsten Rivalen, der Sowjetunion. Roosevelts Brain Trust-Leute hatten versucht, die Depression mit Hilfe einer aus der Keynesianischen Ökonomie abgeleiteten Politik zu bekämpfen. Sie meinten, mit dieser Theorie Probleme der Nationalökonomie „wissenschaftlich" angehen zu können, wobei radikale Abweichungen von etablierten Traditionen nötig wurden. Insgesamt gesehen war ihr Vorgehen pragmatisch, denn das verfügbare Wissen wurde auf die anstehenden Probleme angewendet, und die Maßnahmen wurden von der Bewertung der zu erwartenden Ergebnisse der Entscheidungen geleitet.

Die „politischen Wissenschaften" (political sciences) hatten nichts der Keynesianischen Ökonomie vergleichbares anzubieten, aber den Leuten des Kennedyschen Brain Trusts mangelte es nicht an Selbstvertrauen. „Modelle" globaler politischer Entwicklungen wurden bereitwillig von Männern konstruiert, die aus der akademischen direkt in die Welt der praktischen Politik verpflanzt worden waren. Sie wurden von ihren langgehegten Ambitionen angespornt, endlich ihren Intellekt in der „realen Welt" wirken zu lassen.

Bücherfluten über globale Strategien ergossen sich gegen Ende der 50er und zu Beginn der 60er Jahre: Kissingers *„Nuclear Weapons and Foreign Policy"*, Kahns *„On Termonuclear War"*, R.E. Osgoods *„Limited War"* sind nur einige Beispiele.

Die Keime des Indochinakrieges wurden somit von Universitätsprofessoren gesät, die in Kennedys Gefolge zu Strategen avanciert waren. Auch als der Krieg schon im vollen Gange war, herrschte noch derselbe Denkstil vor. Robert MacNamara war zwar kein Professor, sondern ein Konzerndirektor. Aber zwischen Managern und Professoren, die ihre „Expertengutachten" zur Führung des globalen Machtkampfes ablieferten, bestand große Übereinstimmung. Infolge davon besitzen wir ein stolzes Vermächtnis (oder sollte man es Trödelladen nennen?) unzählbarer „Kosten-Gewinn-Analysen" des Vietnamkrieges. Das Ziel dieser Analysen war es, die Unternehmungen dort zu lenken, wo sie maximalen „Gewinn" versprachen. Kosten-Gewinn-Analysen können sicherlich dort zu einer „rationalen" Geschäftspolitik führen, wo natürliche Quantifizierungen der „Ausgaben" und der „Einnahmen" sich als monetäre Ausgaben und Profite darstellen lassen. Im Kontext von Politik und Krieg sind relevante Indizes der „Kosten" und „Gewinne" sehr viel weniger offenbar. Trotzdem werden solche Indizes von jenen bereitwillig konstruiert, die „Kosten-Gewinn-Analysen" mit „Rationalität" identifizieren. In einer vom Geschäftsgebaren dominierten kulturellen Umgebung wirken der Geschäftsmentalität eigene Denkgewohnheiten eben überzeugend.

Im folgenden wird ein Beispiel eines solchen Versuchs vorgestellt, die Dynamik des Vietnamkrieges auf quantitative Indizes zu reduzieren.

Milstein [1973] berichtet, die Politik Amerikas strebe nach der Tetoffensive (1968) drei Ziele an: (1) *Vietnamisierung* (d.h. die Durchführung der wichtigsten militärischen Unternehmungen durch die Südvietnamesische Regierung selbst, um den Vereinigten Staaten so einen stufenweisen Rückzug zu ermöglichen), (2) *Pazifizierung* (d.h. das Saigoner Regime sollte die Bevölkerung vor den Nordvietnamesen und den Viet Kong selbst „sichern") und (3) *Vertrauen* (das der Bevölkerung von Südvietnam gegenüber der Saigoner Regierung einzupflanzen war).

Zur Analyse des Zusammenwirkens dieser Faktoren sind quantitative Indizes erforderlich.

Ein operationales Maß der „Vietnamisierung" könnte etwa die Anzahl von Saigoner Regime unternommenen Landkriegsoperationen in Bataillonsstärken darstellen. Ein weiteres Maß könnte das Verhältnis zwischen südvietnamesischen und amerikanischen Gefallenen abgeben. Auf ähnliche Weise wurden quantitative Maße von allem vorgeschlagen, was überhaupt zählbar ist: „Entführungen" von Zivilisten durch die Viet Kong, Hubschrauberangriffe, Bombenabwürfe, Überläufer von „der anderen Seite" – überhaupt alles bis hin zum Schwarzmarktkurs der Saigoner Piaster und der öffentlichen Meinung in den USA, gemessen am prozentuellen Anteil derjenigen, die der Kriegsführung von Johnson (und später Nixon) zustimmten.

Hier wird das Denken von der gröbsten Form des „barfüßigen Empirismus" beherrscht. Enorme Datenmassen werden gesammelt und einer abstrusen „Verarbeitung" unterworfen. Milstein untersucht jede denkbare Beziehung einer Variablen zu einer anderen. Hier einige Beispiele:

$$\frac{\text{SV Landoperationen}_t}{\text{US Landoperationen}_t} = 12 - (0{,}004)\left[\begin{array}{c}\text{durch den V.C.} \\ \text{entführten Zivilisten}\end{array}\right]_{t\text{-}1}. \qquad (23.9)\text{-}$$

Dies soll wie folgt verstanden werden: Das Verhältnis der Südvietnamesischen Landoperationen zu den U.S.-Landoperationen (in vergleichbaren Einheiten gemessen) während des Monats t wird mit der Anzahl der im vorangegangenen Monat ($t-1$) vom Viet Kong „entführten" Zivilisten graphisch dargestellt und ergibt eine gestreute Darstellung zu der eine Gerade mit der Neigung von $-0{,}004$ und dem Abschnitt 12 gezogen wird.

Die Korrelation zwischen dem Verhältnis auf der Linken und der Anzahl der Entführungen ist $-0{,}45$. D.h., falls diese Korrelation signifikant von Null verschieden ist, könnte man annehmen, daß je mehr Zivilisten entführt werden, desto eher nehmen die Landoperationen der Amerikaner im Vergleich zu denen der Südvietnamesen im darauffolgenden Monat zu (oder umgekehrt?)

Ein anderes Beispiel:

$$\frac{\text{SV Landoperationen}_t}{\text{US Landoperationen}_t} = 24 - (3000)\,[\text{Piasterwert}_{t\text{-}1}] \qquad (23.10)$$
$$(\text{Korrelation} = -0{,}82).$$

Man kann annehmen, daß diese Korrelation signifikant ist. Daher kann man sagen, daß je stärker der Schwarzmarktpreis des Piasters fällt, desto häufiger führen die südvietnamesischen Streitkräfte im Vergleich mit den amerikanischen Landoperationen durch. Man könnte dies gewiß auch so interpretieren, daß je mehr der Piaster fällt, desto *weniger* sich die US-Truppen im Vergleich zu den südvietnamesischen in Landoperationen engagieren. Da der Wert des Piasters als Index für den „Grad des Vertrauens" des Südvietnamesen in die Saigoner Regierung angesehen wird, könnte man entsprechende Überlegungen anstellen: mit dem Schwinden dieses Vertrauens werden mehr südvietnamesische Truppen im Vergleich zu den amerikanischen an die Front geschickt, oder desto weniger engagieren sich die US-Streitkräfte im Vergleich zu den südvietnamesischen.

Viele dieser Relationen sind platt selbstverständlich. Beispielsweise wird das Verhältnis der US-Gefallenen zu den südvietnamesischen Gefallenen positiv auf die Erhöhung der Truppenstärke der Amerikaner und der Intensität ihrer Operationen bezogen. Der prozentuale Anteil der Zustimmungen zum Krieg in der öffentlichen Meinung der Vereinigten Staaten wurde negativ mit dem Verhältnis der US-Toten zu den SV-Toten korreliert usw.

All diese „Erkenntnisse" werden in einem Diagramm dargestellt, das jenem von Abb. 23.3 ähnlich ist. Dieses Diagramm wird dann als Leitbild bei der Konstruktion eines Simulationsmodells benutzt. D.h. ein Computer soll mit verschiedenen Daten gefüttert werden, der mit Parametern der Zunahme oder Abnahme, der Gleichzeitigkeit oder der Verzögerung entsprechend den oben dargestellten Regressionslinien programmiert ist. Man hatte die Hoffnung, daß die Simulation sehr bald die Endergebnisse der Veränderung einer oder mehrerer Variablen liefern würde (und zwar durch die Realisierung des gesamten Netzes der Interrelationen, einschließlich der Rückkopplungen). Die „Gültigkeit" der Simulation muß durch „Postdiktionen" getestet werden, d.h. durch den Vergleich seiner Prädiktionen mit den bereits beobachteten Veränderungen von Variablen in einer ähnlichen Situation in der Vergangenheit. Milstein meint nun:

„Sobald sich erweist, daß ein Simulationsmodell gültige Vorhersagen trifft, könnte man das Modell benutzen, um die wahrscheinlichen Ergebnisse bei einer Anzahl abhängiger Variablen zu finden, wenn man die Werte der manipulierbaren, unabhängigen Variablen verändert. Beispielsweise könnte man die Höhe des Einflusses der Vietnampolitik des Präsidenten auf die öffentliche Zustimmung in Abhängigkeit von der Erhöhung oder Verminderung der Landoperationen in Vietnam in gegebenem Umfange untersuchen. Oder man könnte den wahrscheinlichen Effekt der Erhöhung oder Verminderung der Rate des Rückzugs der amerikanischen Truppen aus Vietnam auf solche Variablen, wie die politische Stabilität in Südvietnam, die politische Unterstützung des Viet Kong oder die öffentliche Meinung in den USA feststellen . . ."

„Diese Fähigkeit, Konsequenzen alternativer Aktionen vorherzusagen, ist eines der Ziele der wissenschaftlichen und quantitativen Analyse internationaler Beziehungen. Solche Analyse schärft unsere Fähigkeit zur kritischen Bewertung der bestehenden Politik, und sie könnte damit politische Aktionen (die Politik) soweit erhellen, daß zukünftige Tragödien vermeidbar wären" [*Milstein*, S. 134—135].

Hier wird uns nur die pragmatische Begründung für die Computersimulation noch einmal wiederholt. Ich kenne das Ausmaß ihres Einflusses auf die politische Entscheidungsfindung in den USA nicht. Die Loslösung der Verfahren selbst (d.h. der inneren Vorgänge im Computer) von fehlgeleiteten Denkgewohnheiten, Vorurteilen, Befangenheiten usw. spricht eigentlich zugunsten der Computersimulation. Aber trotzdem kann die Auswahl der Indizes durch eben diese Faktoren beeinflußt sein, und so nebenbei auch durch die Leichtigkeit, mit der sich gewisse intuitiv erahnte kausale Beziehungen zur Quantifikation anbieten. Die Frage der Anwendbarkeit und der Effizienz von Computersimulation als Entscheidungshilfe muß offen bleiben.

24. Die internationale Atmosphäre und Kriegsmöglichkeiten

L.F. Richardson, ein Vorläufer der mathematischen Erforschung sozialer Makrophänomene (vor allem der Kriege) war ein Meteorologe. Zu seiner Zeit wurden Versuche, Methoden der exakten Wissenschaften auf Theorien menschlichen Verhaltens anzuwenden, noch skeptischer beurteilt als heutzutage. Einige Einwände kamen aus der Philosophie oder gar der Theologie (z.B. die vorausgesetzte Existenz des „freien Willens"). Andere, weltlichere Einwände betonten die enorme Komplexität sozialer Erscheinungen, die angeblich jeden Versuch, sie quantitativ genau zu beschreiben oder gar vorherzusagen, zunichte machten. Als Antwort darauf verwies Richardson auf die Analogie der Wettervorhersage, die umso zuverlässiger geworden ist, je umfassender und genauer die Beobachtungen und je fortgeschrittener die mathematischen Methoden wurden.

Der Begriff der „internationalen Atmosphäre" übt auf einen quantitativ orientierten Politologen intuitiv eine große Anziehungskraft aus. Auch erzeugt die Dringlichkeit der Vorhersage und möglichst auch der Kontrolle dieser „Atmosphäre" die Hoffnung, daß beides möglich werden könnte. Hoffnung nährt den Glauben . . .

Es scheint natürlich, mit der Suche nach Indizes möglicher Vorboten von Krisen und Spannungen oder nach Anzeichen für Kriege oder Kriegsneigungen zu beginnen.

Die Anzahl der Untersuchungen zu diesem Problem ist beträchtlich. Im folgenden werden wir lediglich einige Beispiele anführen. Die Blickrichtung der Indexjäger ist streng empirisch durch massive Anhäufungen von Daten gekennzeichnet. Falls überhaupt Hypothesen aufgestellt werden, so beziehen sie sich lediglich auf sehr einfache Relationen zwischen den Indizes, z.B. auf ihre relativen Größen oder Korrelationen. Die Korrelationssuche ist insbesondere in den Untersuchungen über „Kriegsindikatoren" (correlates of war) in der Nachfolge von Richardsons „Statistics of Deadly Quarrels" zu Ehren gekommen.

Bis jetzt sind die Errungenschaften der „politischen Meteorologie" alles andere als aufregend gewesen, aber diese Versuche sollten meiner Meinung nach nicht schon wegen des unzureichenden Ertrages beiseitegeschoben werden: der Bedarf an Beiträgen zu einer objektiven Sicht der Dynamik des internationalen Systems überhaupt ist allzu groß.

Die Krise von 1914

Zunächst wollen wir den Versuch einer quantitativen Beschreibung der Krise von 1914 durch *Holsti* u.a. [1968] darstellen. Wie bei jeder Untersuchung von Daten wurden auch hier einige Grundannahmen vorausgesetzt. Die Forscher beginnen etwa mit der Annahme, daß bei jedem Entscheidungsvorgang *Wahrnehmung* eine Rolle spiele. Sie betrachten die Krise von 1914 als eine Ereignisfolge, die durch Entscheidungen der Herrschenden oder der Politiker der beteiligten Nationalstaaten zustandegekommen ist. Diese Entscheidungen waren wohl Reaktionen auf Stimuli. Um in einer Entscheidungssituation auf Stimuli antworten zu können, müssen sie erst wahrgenommen und schließlich *interpretiert* werden. Folglich stellen sie die Interaktion zwischen zwei Staaten folgendermaßen dar:

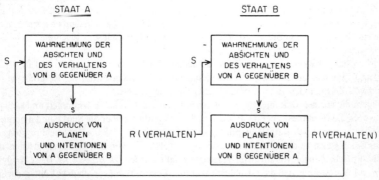

Abb. 24.1: Nach *Holsti* et al. [1968].

Wir bemerken, daß dieses Feedbackmodell dem Modell des Aufrüstungswettlauf von Richardson ähnelt. Der Unterschied liegt darin, daß die Stimuli und Reaktionen (die selbst zu Stimuli werden) hier nicht als „objektive" Variablen begriffen werden (z.B. Aufrüstungsniveaus), sondern als Signale, die erst wahrgenommen und interpretiert werden müssen, um als Stimuli wirken zu können.

Die Daten wurden aus einer Dokumentensammlung gewonnen, die an die 5000 solcher kognitiven und affektiven Wahrnehmungen enthielt. Die Analyse dieser Daten lief über einige Stufen. Zunächst wurden lediglich die Wahrnehmungshäufigkeiten ermittelt; dann wurden die Wahrnehmungen nach der Intensität verschiedener Attribute skaliert; schließlich wurden Korrelationsanalysen zwischen Wahrnehmungen und verschiedenen Arten „harter" Daten, d.h. offener Aktionen angestellt.

Die Wahrnehmungen wurden aus den Dokumenten unter folgenden Gesichtspunkten abstrahiert: (1) die wahrnehmende Partei; (2) die wahrgenommene Partei oder Parteien; (3) die wahrgenommene Aktion oder Absicht; (4) das Ziel der Aktion. Beispielsweise wird die Versicherung eines russischen Entscheidungsträgers, daß „Die Österreicher auf eine endgültige Vernichtung Serbiens hoffen" folgendermaßen kodiert:

Wahrnehmender	Wahrgenommener	Aktion/Absicht	Ziel
Russland	Österreich	Hoffnung auf Vernichtung	Serbien

Die von *Zinnes/North/Koch* [1961] vorgenommene Häufigkeitsanalyse hat eine den Folgerungen von *Abel* [1941] direkt entgegengesetzte Hypothese unterstützt. Abel hatte eine Übersicht über Kriegsentscheidungen, einschließlich 1914 aufgestellt und gefolgert, daß „die Entscheidung in keinem Falle durch emotionale Spannungen, Sentimentalität, Massenhysterie oder andere irrationale Motivationen herbeigeführt worden ist." Die von Zinnes und anderen gewonnenen Erkenntnisse unterstützen jedoch die Hypothese, daß auch die Kenntnis der eigenen Unterlegenheit, eine Nation nicht vom Kriegsgang abhalten kann, sobald Ängstlichkeit, Drohung oder empfundene Beleidigung groß genug sind.

Welche Hypothese ist nun der Wahrheit näher? Sind strategische oder systembezogene Faktoren vorherrschend? Sicherlich kann keine endgültige Antwort erwartet werden. Der Erforscher internationaler Beziehungen ist nicht in der Lage, ein „entscheidendes Experiment" durchzuführen. Trotzdem geben durch Daten „stark unterstützte" Hypothesen, die von Folgerungen aufgrund weniger eingehender Untersuchungen der Situation abweichen, genügend Nahrung zum Nachdenken.

In einer späteren Untersuchung hat *Zinnes* [1963] vier Hypothesen über die Beziehungen zwischen Wahrnehmungen und Äußerungen von Feindseligkeit durch Entscheidungsträger in Schlüsselpositionen miteinander verglichen. Sie fand im Falle von 1914, daß die Neigung eines Nationalstaates, Feindseligkeit auszudrücken positiv mit dem Umfang korreliert, in dem er selbst Ziel der Feindseligkeit eines anderen Staates ist. Wie erwartet, ist die Feindseligkeit gegen die Quelle der wahrgenommenen Bedrohung gerichtet.

Die Intensität der wahrgenommenen oder ausgedrückten Absichten wurde von drei Bewertern (unabhängig voneinander) auf einer 9-Punkte-Skala geordnet. Die quantitativen Resultate wurden dann in zwölf Zeitperioden von ungefähr gleicher Länge aggregiert.

Nachdem die aus den Dokumenten gewonnenen Daten solchermaßen gesammelt und skaliert waren, wurde die Hypothese über die Beziehung der Erkenntnisse über die Stärke und der empfundenen Beleidigungen noch einmal überprüft. Es stellte sich heraus, daß die Entscheidungsträger jeder Nation sich genau zu dem Zeitpunkt ausschließlich als Opfer von Beleidigungen ansahen, als politische Entscheidungen von höchster Tragweite gefällt wurden [*Holsti/North*]. Diese Analyse führte zu der Vermutung, daß das Gefühl von Wut und Verzweiflung vor allem auf seiten der *schwächeren Partei* leicht zur Kriegsanstiftung führen kann. Die Peloponnesischen Kriege, die Kriege zwischen Spanien und England während des sechzehnten Jahrhunderts und der Angriff Japans auf die Vereinigten Staaten 1941 fallen dabei sofort ein. (Allerdings gibt es auch Gegenbeispiele, wobei das offensichtlichste der Überfall Hitlers auf die Sowjetunion 1941 ist.)

Wir wenden uns nun wieder der Zusammenfassung von Daten der Krise 1914 in den verschiedenen Untersuchungen zu. (Diese finden sich in konzentrierter Form bei *Holsti* et al., [1968].) Zunächst wollen wir die ausgesprochenen militärischen Aktionen betrachten. Kodierungsbeispiele:

Agent	Aktion	Ziel
Französische Kammer	verabschiedet ein 3-jähriges Militärgesetz	allgemein
Deutsche Flotte	zieht sich von Norwegen zurück	allgemein
Österreichische Armee	bombardiert	Belgrad
Churchill (Brit.)	ordnet die Beschattung in Mittelmeer an von	zwei deutsche Schlachtkreuzer
Deutschland	erklärt den Krieg an	Frankreich

Tafel 24.1 [nach *Holsti* u.a.]

Eine Zusammenfassung der militärischen Aktionen während der Krise von 1914 wird in der Tafel 24.2 gezeigt.

	Österreich	Deutschland	England	Frankreich	Rußland	Serbien	alle anderen	allgemein	gesamt
Österreich	0,00 (0)	0,00 (0)	0,00 (0)	0,00 (0)	4,50 (1)	6,33 (29)	− 6,00 (1)	5,43 (23)	5,01 (54)
Deutschland	0,00 (0)	0,00 (0)	5,50 (4)	6,81 (16)	6,00 (11)	4,75 (2)	6,00 (4)	4,62 (57)	5,26 (94)
England	0,00 (0)	6,25 (4)	0,00 (0)	0,00 (0)	0,00 (0)	0,00 (0)	7,00 (1)	4,38 (36)	4,62 (41)
Frankreich	0,00 (0)	5,00 (13)	0,00 (0)	0,00 (0)	0,00 (0)	0,00 (0)	0,00 (0)	3,84 (51)	4,08 (64)
Rußland	6,43 (7)	6,29 (7)	0,00 (0)	1,00 (1)	0,00 (0)	0,00 (0)	0,00 (0)	5,31 (35)	5,52 (50)
Serbien	4,64 (7)	0,00 (0)	0,00 (0)	0,00 (0)	4,00 (1)	0,00 (0)	2,50 (1)	5,94 (8)	5,09 (17)
Alle anderen	0,00 (0)	0,00 (0)	0,00 (0)	0,00 (0)	0,00 (0)	7,00 (1)	0,00 (0)	4,30 (33)	4,38 (34)
Gesamt	5,54 (14)	5,58 (24)	5,50 (4)	6,47 (17)	5,73 (13)	6,25 (32)	5,64 (7)	4,60 (243)	5,01 (354)

Tafel 24.2 [nach *Holsti* u.a.]

Die obere Zahl in jedem Eingang zeigt die mittlere Intensität der militärischen Aktionen an, wie sie von den Bewertern eingeschätzt wurde. Beispielsweise ist das Verlassen der norwegischen Häfen durch die deutsche Flotte eine militärische Aktion von relativ geringer Intensität; die Bombardierung der serbischen Hauptstadt durch die österreichische Armee ist eine militärische Aktion von höchster Intensität. Die Zahl in Paranthese bezeichnet die Häufigkeit von Aktionen, die für jede Agent-Ziel-Relation kodiert wurde.

Die Tafel 24.3 zeigt die durchschnittlichen Intensitätsniveaus der Wahrnehmungen und die Aktionsvariablen nach Zeitperioden.

Wahrnehmungs- variablen	27.6.– 2.7.	3.7.– 16.7.	17.7.– 20.7.	21,7.– 25.7.	26.7.	27.7.	28.7.	29.7.	30.7.	31.7.	1.8.– 2.8.	3.8.– 4.8.
Feindseligkeit												
Allianz	3,46	3,63	3,79	4,13	4,54	4,09	4,83	4,99	5,50	5,80	6,89	6,42
Entente	3,67	4,22	4,00	4,25	5,07	4,93	5,61	5,42	5,44	5,58	5,70	6,10
Freundschaft												
Allianz	4,79	5,22	4,19	4,61	5,27	5,17	5,60	4,85	5,25	5,95	5,53	4,95
Entente	0,00	6,10	6,00	5,00	4,50	4,10	4,64	4,40	4,77	5,23	4,24	5,46
Vereitelung												
Allianz	4,93	4,45	3,90	5,33	5,97	4,62	4,49	4,65	5,84	6,22	4,39	6,00
Entente	3,33	4,60	4,33	5,50	4,83	5,46	4,78	5,19	4,78	4,61	4,78	4,42
Befriedigung												
Allianz	2,91	5,83	4,05	2,38	5,33	4,83	3,33	0,00	4,67	5,90	6,00	5,83
Entente	0,00	5,25	5,67	4,22	4,83	4,55	6,17	4,95	5,00	6,00	5,47	6,21
Verhaltensvariable												
Gewalttätigkeit												
Allianz	4,25	3,00	2,83	5,38	5,37	5,87	6,06	4,64	5,10	6,30	5,58	6,08
Entente	4,38	2,58	2,62	4,28	3,68	4,95	4,68	5,07	4,60	5,50	5,90	6,03

Tafel 24.3 [nach *Holsti* u.a.]

Die Tafel 24.4 zeigt die durchschnittliche Intensität der Gewalttätigkeitsniveaus und die wahrgenommene Feindseligkeit auf seiten des Dreierbundes (England, Frankreich, Rußland).

Periode	S	r	s	R
27. Juni – 2. Juli	4,25	2,67	0,00	4,38
3. Juli – 16. Juli	4,25	0,00	0,00	2,58
17. Juli – 20. Juli	3,00	0,00	3,67	2,62
21. Juli – 25. Juli	2,83	0,00	0,00	4,28
26. Juli	5,38	6,00	0,00	3,68
27. Juli	5,37	0,00	0,00	4,95
28. Juli	5,87	0,00	7,33	4,68
29. Juli	6,06	5,33	3,40	5,07
30. Juli	4,64	5,33	4,89	4,60
31. Juli	5,10	6,43	5,00	5,50
1. – 2. August	6,30	6,19	3,97	5,90
3. – 4. August	5,88	6,98	6,17	6,03

S: Gewalttätigkeit der anderen Koalition (d.h. die Reaktion R der Allianz in der vorangegangenen Periode

r: Empfindung der Feindseligkeit der anderen Koalition gegen sich

s: Empfindung der eigenen Feindseligkeit gegen die andere Koalition

R: Eigenes Gewalttätigkeitsniveau

Tafel 24.4 [nach *Holsti* u.a.]

Die Tafel 24.5 zeigt die analogen Daten für die Zweierallianz (Deutschland-Österreich).

Periode	S	r	s	R
27. Juli – 2. Juli	4,38	3,98	3,55	4,25
3. Juli – 16. Juli	4,38	3,93	3,39	3,00
17. Juli – 20. Juli	2,58	4,08	2,92	2,83
21. Juli – 25. Juli	2,62	4,45	3,66	5,38
26. Juli	4,28	4,87	3,89	5,37
27. Juli	3,68	4,10	3,97	5,87
28. Juli	4,95	5,16	4,42	6,06
29. Juli	4,68	4,89	4,79	4,64
30. Juli	5,07	6,62	4,25	5,10
31. Juli	4,60	5,48	6,29	6,30
1. – 2. August	5,50	7,00	7,19	5,88
3. – 4. August	5,90	6,50	5,70	6,08

S: Die Reaktion R der Entente in der vorangegangenen Periode

Tafel 24.5 [nach *Holsti* u.a.]

Die Abbildungen 24.2 und 24.3 zeigen die Zeitverläufe der Intensität der Gewalt und der wahrgenommenen Feindseligkeit auf beiden Seiten.

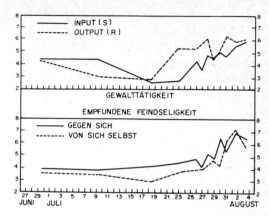

Abb. 24.2: Nach *Holsti* et al. [1968].

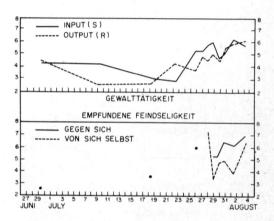

Abb. 24.3: Nach *Holsti* et al. [1968].

Eines der Probleme, die sich die Autoren gestellt hatten, bestand in der Feststellung der relativen Wichtigkeit der „objektiven" Kriterien und der „Wahrnehmungen" als Instrumente zur Vorhersage des Verhaltens von Nationalstaaten. *Rummel* [1964] meinte aus seinen Untersuchungen folgern zu können, daß in Zeiten geringer Verstrickung in externe Konflikte die „objektiven" Kriterien recht gute Vorhersagen ermöglichen, nicht jedoch in konfliktreichen Zeiten. Es scheint, daß die Entente während der untersuchten Zeitperiode vom 28. Juni bis zum 4. August – also zwischen der Ermordung des Kronprinzen von Österreich-Ungarn und dem Ausbruch des allgemeinen Krieges – bis zum 27. Juli (Ultimatum Österreichs an Serbien) weniger involviert war, als die Zweier-Allianz. Der Grund ist möglicherweise, daß der Konflikt bis zu diesem Zeitpunt lokaler Natur zu sein schien, der lediglich Österreich (und seine deutschen Alliierten) berührte. Erst nach dem Ultimatum, nahm die Krise „globalen" Charakter an. So betonen Holsti u.a., daß die frühe Periode der Krise einen *geplanten* lokalen Krieg betraf. Erst in ihrem letzten Stadium nahm die Krise systematische Eigendynamik an. So wurden die zwei folgenden Hypothesen aufgestellt:

1. Die Korrelation zwischen einer Eingangsaktion (S) und der politischen Reaktion darauf (R) wird in einer Situation geringen Engagements höher sein, als in einer mit größem Engagement.

2. In einer Situation geringen Engagements wird die (politische) Reaktion (R) zu einem geringeren Grad von Gewalt neigen, als die Eingangsaktion (S), während sie in einer Situation großen Engagements dazu neigt, hierin höher zu liegen als (S).

Die Daten, die belegen, daß die Entente im früheren Stadium der Krise „weniger engagiert" war als die Allianz, und daß im späteren Stadium beide sehr engagiert wurden, betreffen die Häufigkeit der Wahrnehmung von Feindseligkeit: Während des frühen Stadiums hat die Entente lediglich 40 Feindseligkeiten empfunden, und die Allianz dagegen sogar 171; während des späteren Stadiums lauten die entsprechenden Zahlen 229 resp. 270.

In der Tafel 24.6 bezeichnet $S - R$ die Differenz zwischen dem Gewaltniveau der Aktionen der feindlichen Koalition (S) und dem Gewaltniveau der als Reaktion folgenden Aktion (R). Positive Werte zeigen eine schwache Reaktion auf die Aktionen der anderen Koalition an, negative eine Über-Reaktion.

Periode	Allianz		Entente	
	$S - R$	Rang	$S - R$	Rang
21. Juni – 2. Juli	– 0,13	9	– 0,13	13
3. Juli – 16. Juli	1,38	3	1,67	2
17. Juli – 20. Juli	– 0,25	16	0,38	8
21. Juli – 25. Juli	– 2,76	24	– 1,45	21
26. Juli	– 1,09	19	1,70	1
27. Juli	– 2,19	23	0,42	6
28. Juli	– 1,21	20	1,19	4
29. Juli	0,04	10,5	0,99	5
30. Juli	– 0,03	12	0,04	10,5
31. Juli	– 1,70	22	– 0,40	18
1. – 2. August	– 0,38	17	0,40	7
3. – 4. August	– 0,18	15	– 0,15	14
		$\Sigma = 190,5 = R_1$		$\Sigma = 109,5 = R_2$

$U^1) = 222 - 190,5 = 31,5;$ $p^2) < 0,025$

[1]) Mann-Whitney Test-Statistik
[2]) Signifikanz

Tafel 24.6 [nach *Holsti* u.a.]

Die oben genannte Hypothese behauptet, daß die Nationen der Entente auf die Aktionen der anderen Seite schwach reagierten, während jene über-reagierten. Die Rangsumme R_1 is signifikant größer als R_2. Dies unterstützt die Hypothese.

Wie erinnerlich, stellt das hier vorgestellte Interaktionsmodell Wahrnehmungen (d.h. die Entdeckung und Interpretation von Stimuli) so dar, daß sie zwischen den externen Stimuli und die Ausgangsreaktionen treten. Die Daten erlauben einen Vergleich zwischen den Stimuli (Aktionen der gegnerischen Seite) und Wahrnehmungen dieser Aktionen, d.h. zwischen S und r in der Abbildung 24.1.

Tafel 24.7 zeigt solche Vergleiche für beide Koalitionen.

Die zu testende Hypothese besagt, daß r in Situationen mit geringerem Engagement dazu neigen wird, auf einem geringeren Niveau zu liegen als S, während andernfalls r höher liegen wird. Anders ausgedrückt, wird die *Sensitivität* gegenüber den Stimuli sowohl beim Wahrnehmen als auch bei der Interpretation in Situationen großen Engagements zunehmen. Die Daten von Tafel 24.7 unterstützen diese Hypothese. Die Zweierallianz hat das Gewaltniveau der Aktionen der Dreierentente beständig übertrieben wahrgenommen, und diese verhielt sich entgegengesetzt.

Periode	Allianz		Entente	
	$S - r$	Rang	$S - r$	Rang
27. Juni – 2. Juli	0,40	9	1,58	6
3. Juli – 16. Juli	0,45	8	4,25	3
17. Juli – 20. Juli	– 1,50	21,5	3,00	4
21. Juli – 25. Juli	– 1,83	24	2,83	5
26. Juli	– 0,59	14	– 0,62	16
27. Juli	– 0,42	13	5,37	2
28. Juli	– 0,21	11,5	5,87	1
29. Juli	– 0,21	11,5	0,73	7
30. Juli	– 1,55	23	– 0,69	17
31. Juli	– 0,88	18	– 1,33	20
1. – 2. August	– 1,50	21,5	0,11	10
3. – 4. August	– 0,60	15	– 1,10	19
		$\Sigma = 190 = R_1$		$\Sigma = 110 = R_2$

$U^1) = 222 - 190 = 32; \; p^2) = 0,025$

[1]) Mann-Whitney Test-Statistik
[2]) Signifikanz

Tafel 24.7 [nach *Holsti* u.a.]

Diese Hypothese kann auch anders getestet werden. Falls die Zweierallianz, wie behauptet, im früheren Stadium der Krise engagierter war als die Dreierentente, im Schlußstadium jedoch gleich stark, dann sollten die Differenzen in der Art, wie die Aktionen (*S*) durch die Nationen der beiden Koalitionen *wahrgenommen* (*r*) werden während der früheren Stadien der Krise am größten sein. Wenn die Daten von 24.7 auf diese Differenzen hin untersucht werden, ergibt sich eine Bestätigung dieser Hypothese. Der Wert von *U* ist noch geringer und ergibt einen Signifikanzwert $p = 0,013$ für das frühere Stadium, während die Differenz im späteren Stadium nicht signifikant ist[1]).

Wir sind jetzt in der Lage, die Differenzen zwischen *r* und *s* zu untersuchen. Nun bezeichnet *r* die Wahrnehmung der Handlungsweise des anderen und *s* die Festlegung der eigenen Absichten. Einem Vorschlag von *Boulding* [1959] und *Osgood* [1962] folgend stellen Holsti u.a. die folgende Hypothese auf:

Periode	Allianz		Entente	
	$r - s$	Rang	$r - s$	Rang
27. Juni – 2. Juli	0,43	15	2,67	2
3. Juli – 16. Juli	0,54	13	0,00	19
17. Juli – 20. Juli	1,16	7	– 3,67	23
21. Juli – 25. Juli	0,79	11	0,00	19
26. Juli	0,98	8	6,00	1
27. Juli	0,13	16	0,00	19
28. Juli	0,74	12	– 7,33	24
29. Juli	0,10	17	1,93	5
30. Juli	2,37	3	0,44	14
31. Juli	– 0,81	22	1,43	6
1. – 2. August	– 0,19	21	2,22	4
3. – 4. August	0,80	10	0,81	9
		$\Sigma = 155 = R_1$		$\Sigma = 145 = R_2$

$U^1) = 222 - 155 = 67; \;$ nicht signifikant.

[1]) Mann-Whitney Test-Statistik

Tafel 24.8 [nach *Holsti* u.a.]

Wenn zwischen der Wahrnehmung der Handlungsweise (policy) des anderen und den Festlegungen der eigenen Absichten eine Differenz besteht, dann werden die Wahrnehmungen von Feindseligkeiten in bezug auf die erste Wahrnehmung dazu neigen, größere zu sein, als in bezug auf die letztere, und zwar sowohl in Situationen großen als auch geringen Engagements.

Die relevanten Daten werden in der Tafel 24.8 gezeigt.

Der Tafel 24.8 entnehmen wir, daß beide Teile der Hypothese bestätigt werden. Die Werte von $(r - s)$ sind für die gesamte Periode beinahe alle positiv, und die Größen dieser Differenzen sind darüber hinaus für beide Koalitionen nicht signifikant unterschieden. Eine bemerkenswerte Ausnahme, wo $s > r$ ist, macht am 28. Juli die Entente, am Tage der österreichischen Kriegserklärung an Serbien: ein Anzeichen dafür, daß die Entente bei ihren Wahrnehmungen der Feindseligkeiten mit ihrer Deklaration über-reagiert hat, und das einen „lokalen Krieg" beabsichtigende Ultimatum als gegen sich gerichtet empfand. Andererseits widerspiegeln die am 31. Juli und 1. – 2. August beobachteten negativen Werte für die Zweierallianz die Kriegserklärung Deutschlands an Rußland beziehungsweise Frankreich.

Die von Holsti u.a. aufgestellte endgültige Hypothese ist die folgende:

In einer Situation geringen Engagements wird s dazu neigen, größer als R zu werden, während in einer Situation großen Engagements das Umgekehrte der Fall sein wird.

Anders gesagt: in der ersten Situation ist „die Sprache lauter als die Taten" (wird „viel Lärm um nichts" gemacht), während man im zweiten Falle „Taten sprechen läßt". Die Daten der Tafel 24.9 ermöglichen einen Test dieser Hypothese.

Periode	Allianz		Entente	
	$s - R$	Rang	$s - R$	Rang
27. Juni – 2. Juli	– 0,70	12	– 4,38	23
3. Juli – 16. Juli	0,39	4	– 2,58	20
17. Juli – 20. Juli	0,09	8	1,05	3
21. Juli – 25. Juli	– 1,72	17	– 4,28	22
26. Juli	– 1,48	14	– 3,68	21
27. Juli	– 1,90	18	– 4,95	24
28. Juli	– 1,64	15	2,65	1
29. Juli	0,15	6	– 1,67	16
30. Juli	– 0,85	13	0,29	5
31. Juli	– 0,01	9	– 0,50	11
1. – 2. August	1,31	2	– 1,93	19
3. – 4. August	– 0,38	10	0,14	7
	$\Sigma = 128 = R_1$		$\Sigma = 172 = R_2$	

$U[1]) = 222 - 172 = 50$; nicht signifikant

[1]) Mann-Whitney Test-Statistik

Tafel 24.9 [nach *Holsti* u.a.]

Aus der Tafel ersehen wir, daß die Hypothese nicht bestätigt wird. Die meisten Werte von $(s - R)$ sind negativ, weshalb man geneigt wäre zu meinen, in diesem Stadium der Krise seien beide Seiten „sehr engagiert" gewesen. Dies wäre jedoch „Selbstbetrug", da ursprünglich angenommen worden war, daß das Engagement der Entente zumindest im frühen Stadium der Krise im Vergleich zu dem der Allianz „gering" war. Hypothesenänderung inmitten des Argumentationsganges ist natürlich nicht erlaubt.

Die Zusammenfassung der Ergebnisse soll direkt aus dem Aufsatz von Holsti u.a. zitiert werden:

„Die Analyse der Krise von 1914 begann mit einer Hypothese, die den meisten traditionellen Theorien der internationalen Politik zugrundeliegt — mit der Annahme der Kongruenz zwischen dem Eingang (S) und dem Ausgang (R) der Aktion. Die Daten haben jedoch eine signifikante Differenz zwischen den zwei Koalitionen entsprechend dem unterschiedlichen Engagement in der Situation aufgezeigt. Die Kongruenz zwischen (S) und (R) war bei den Mitgliedern der Entente hoch, die erst sehr spät von der Krise erfaßt wurden. Das Niveau der Kongruenz war bei den Nationen der Allianz, die während der gesamten Krisenperiode sehr engagiert waren, wesentlich geringer.

Nachdem die Eskalation eines lokalen Krieges zum allgemeinen Krieg allein mithilfe von Aktionsvariablen nicht erklärt werden konnte, wurden die Wahrnehmungsvariablen r und s analysiert. Die verschiedenen Verbindungen innerhalb des Modells wurden untersucht, aber kein signifikanter Unterschied in bezug auf die Stufe s − R konnte für die beiden Koalitionen festgestellt werden: (R) war in beiden Fällen größer als (s).

Wie vorhergesagt, bestand zwischen der Entente und der Allianz in bezug auf die r-s Verbindung kaum eine Differenz, beide wähnten sich weniger feindselig als die jeweils andere Koalition. Eine signifikante Differenz zeigte sich jedoch bei der S-r Stufe. Die Führer der Allianz haben die Aktionen der Entente fortwährend über-bewertet. Somit diente die S-r Verbindung als eine „vergrößernde" Funktion. Die Entscheidungsträger der Entente neigten andererseits dazu, die Aktionen der Allianz unterzubewerten. Dieser Unterschied bei der Wahrnehmung der Umgebungsverbindung (die S-r Verbindung) stimmt mit der erklärten Tendenz der Allianz überein, „mit mehr Gewaltanwenddung zu antworten als die Entente." [*Holsti* u.a., S. 157]

Die Berlin-Krise

Nun wollen wir die sogenannte „Berlin-Krise" untersuchen. Gewöhnlich wird diese Bezeichnung für den Zeitraum der Luftbrücke nach Westberlin von 1948 bis 1949 gebraucht. *McClelland* [1968] verweist jedoch zurecht darauf, daß das Wort „Krise" bei der Erörterung von Weltproblemen allzu oft benutzt wird. Wenn eine Situation von den Zeitungen so genannt wird, wird sie im Bewußtsein der Leser allein schon dadurch zu einer „Krise". Das gewöhnliche Verständnis der Krise als einer rasch zunehmenden Intensität bestimmter Variablen, die zu einer dramatischen Konfrontation führt, kann nun nicht mehr als Kriterium dafür dienen, daß eine Situation als Krise angesehen wird. McCelland zitiert einen ungenannten Westberliner Amtsträger: „Die Amerikaner müssen verstehen, daß es *immer* eine Berlinkrise gibt. Die Russen sorgen schon dafür."

Somit wurde „Krise" im gewöhnlichen Verständnis der internationalen Politik zum Synonym für „Ungelegenheiten". Dies ist ein typisches Beispiel „semantischer Degradierung", einer Nivellierung der Unterschiede zwischen zwei Begriffen. Um Ungelegenheiten von einer „Krise" zu unterscheiden, die gewisse akute Manifestationen beinhaltet, könnte man auf eine „operationale Definition" zurückgreifen. Mit dieser Methode sind allerdings insofern Schwierigkeiten verbunden, als die operationalen Definitionen in gewissem Sinne willkürlich sind: sie hängen von bestimmten Kriterien ab, die dem Definierenden am wichtigsten erscheinen oder die er für seine Konzeption am geeignetsten hält. Wir haben schon gesehen, wie sehr die operationale Definition sich bei verschiedenen Untersuchungen unterscheidet.

Eine überblickhafte Charakterisierung der allgemeinen Systemtheorie könnte an dieser Stelle hilfreich sein. Wir erinnern daran, daß der Zustand eines Systems durch die Werte einer Variablenmenge ausgezeichnet worden ist, die die „wichtigen" Eigenschaften des Systems beschreibt, untersucht man das so definierte System im Zeitablauf. Perioden, in denen der Zustand relativ konstant bleibt oder sich nur wenig ändert, können als „krisenfrei" angesehen werden. Krisen können mit plötzlichen großen Veränderungen der Zustandsvariablen des Systems verknüpft werden.

Nun können Systeme zuweilen durch andere Systeme beschrieben werden, die ihre Komponenten sind. Unmittelbar fallen Beispiele aus den Bereichen der Technologie oder Biologie ein. Ein als System verstandenes Kraftfahrzeug umfaßt einige Teilsysteme – das Zündungssystem, den Verbrennungsmotor, das Kühlsystem usw. Ein Organismus umfaßt ebenfalls einige tätige Teilsysteme: das Verdauungs-, das Atem-, das Blutkreislauf- und das Nervensystem usw. Ein wichtiger, künstliche und organische Systeme trennender Unterschied ist der, daß die letzteren Regulierungsmechanismen enthalten, die auf ihre Subsysteme homöostatische Einflüsse ausüben, was die meisten künstlichen Systeme nicht, oder doch nur zu einem geringen Grade können. Wenn der Sauerstoffbedarf infolge einer Anstrengung erhöht wird, erhöht das Atemsystem seine Tätigkeit und stellt den Muskeln mehr Sauerstoff zur Verfügung. Wenn dagegen bei einem Kraftfahrzeug etwas am Vergaser nicht stimmt, können die anderen Systeme seine Funktion nicht wiederherstellen.

Dieser Unterschied legt die folgende Frage zu den betrachteten Systemen nahe: kann ein „Supersystem" das Funktionieren seiner Teilsysteme beeinflussen, oder ist das Funktionieren des Supersystems nicht mehr als das Funktionieren seiner Teilsysteme? Oder, um es anders auszudrücken, veranlassen in Teilsystemen entstandene „Krisen" eine „Krise" des Supersystems, oder ist der umgekehrte Effekt bezeichnender? Falls es im Supersystem Regulierungsmechanismen gäbe, könnte man erwarten, daß in den Teilsystemen auftretende „Krisen" in der Regel durch die Mobilisierung dieser Instrumente „gelöst" würden. Falls andererseits das Supersystem selbst in einer Krise wäre, d.h. wenn seine Regulierungsmechanismen versagten, dann würde es sich im schnellen Wechsel der Zustände der Subsysteme äußern. Diese würden eine Krise durchmachen.

Im politischen Kontext betrachten wir ein globales internationales System als Supersystem und „lokale Interaktionen" zwischen bestimmten Mächten und Staaten als Funktionsbereiche der Subsysteme. Erzeugen Krisen der Subsysteme Krisen im Supersystem oder umgekehrt? Es ist unwahrscheinlich, daß diese Frage zufriedenstellend beantwortet werden kann. Ja, sie ist noch nicht einmal sauber formuliert, da nach allem Augenschein „entweder-oder"-Fragen über Ursachen gewöhnlich steril sind. Am wahrscheinlichsten ist, daß in allen solchen Situationen Rückkopplungen wirken. Trotzdem kann die Frage konkrete Untersuchungen anregen.

McClelland nimmt an, daß das globale internationale System über solche „Regulierungsmechanismen" verfügt. Dies wird aus den drei von ihm vorgeschlagenen Annahmen ersichtlich:

1. Akute internationale Krisen sind Angelegenheiten von „kurzen Ausbrüchen" und sie äußern sich im ungewöhnlichen Umfang und in der Intensität der Ereignisse. (Es handelt sich hier einfach um eine Festlegung der Kriterien, nach denen eine internationale Krise „diagnostiziert" werden soll.)
2. Die allgemeine Entwicklung akuter internationaler Krisen wird in Richtung auf ein „routiniertes" Krisenverhalten verlaufen. Beim Umgang mit Risiken, Schwierigkeiten und Gefahren, werden zunehmend „standardisierte" Techniken entwickelt.
3. Im Wechselspiel der Krise werden die Teilnehmer zögern, das Gewaltniveau über dasjenige Maß hinaus anwachsen zu lassen, das zu Anfang der Krise bestanden hatte.

Die beiden letzten Annahmen behaupten einen Regulierungsmechanismus und beziehen ihn auf die Motivationen der Entscheidungsträger.

Die Annahmen legen eine Untersuchungsrichtung fest, die durch folgende Fragen angegeben werden kann:

1. Kann im Übergang von einer krisenlosen Zeit in eine Krisenperiode in den Aktivitäten eines Systems eine „Zustandsänderung" aufgedeckt werden?
2. Kann gezeigt werden, daß ein bestimmtes Subsystem als Teil eines allgemeinen Aktionssystems für signifikante Verzerrungen des allgemeinen Systems verantwortlich ist?
3. Können die drei oben über das internationale Krisenverhalten gemachten Behauptungen durch eine Untersuchung relevanter geschichtlicher Informationen bestätigt oder widerlegt werden?

Die Ausgangsdaten der Untersuchung bildeten 1791 im *New-York-Times-Index* erwähnte Ereignisse. Hier ist es angebracht, auf einen wesentlichen Unterschied zwischen der Methode der Inhaltsanalyse und der historiographischen Methode hinzuweisen: Der Historiograph sieht seine Aufgabe in der möglichst zuverlässigen Rekonstruktion einiger Ereignisfolgen „wie sie tatsächlich geschehen sind". Deshalb versucht er alle verfügbaren Zeugnisse über die Ereignisse zusammenzufassen. Dann beurteilt er die Zuverlässigkeit der Zeugnisse und Quellen und wägt ihre Wichtigkeit ab. Im Gegensatz dazu stellen die 1791 Ereignisse, über die der *New-York-Times-Index* berichtet, schon eine Vorauswahl dar, die nicht aus historiographischen Erwägungen vorgenommen wurde. Diese Daten sind daher vom Gesichtspunkt des Historikers gesehen inadäquat, nicht aber vom Standpunkt des Inhaltsanalytikers aus. Inhaltsanalyse ist für den systemorientierten Ansatz bezeichnend, und dabei kann der ,,Zustand des Systems" sehr wohl die große Datensammlung wiedergeben, die von der ,,Verlegerelite" hergestellt wurde.

Ferner verlangt die ,,extrem empiristische Orientierung" vom Inhaltsanalytiker, daß er sich der Beurteilung der relativen Wichtigkeit von Ereignissen enthalte. Falls er überhaupt Gewichte relativer Wichtigkeit zuordnet (wie in der eben behandelten Untersuchung die Intensitätsgrade der Aktionen oder Verlautbarungen), dann tut er es mithilfe eines unabhängigen Bewerters, das als ein ,,Instrument" zur Beschreibung des Systemzustands angesehen werden kann. In der vorliegenden Untersuchung wurden solche Gewichte nicht berücksichtigt. Beispielsweise wurde der sowjetische Erlaß, durch den am 24. Juni 1948 die Wege, Schienen und Kanäle zwischen Westdeutschland und Berlin geschlossen wurden, nicht weniger und nicht mehr gewichtet, als die Behauptung des sowjetischen Hochkommissars vom 19. Juni, daß amerikanische Flugzeuge über sowjetische Flughäfen in Nähe von Berlin antisowjetische Flugblätter abgeworfen hätten.

Trotzdem gibt es keine Freiheit von Vorurteilen (das Ideal des reinen Empiristen). Schon die Motivation zu einer empirischen Untersuchung beinhaltet Vorurteile McClelland hat das Thema ,,Zugang zu Berlin" als Beispiel einer ,,chronischen" Krise betrachtet, die zuweilen ,,akute" Stadien durchmache. Er zeichnet die Situation als eine fortgesetzte Auseinandersetzung zwischen der Sowjetunion und dem Westen über konkrete Paare unvereinbarer Ziele. Das Ziel des Westens sei es gewesen, den Status der vierseitigen Okkupation Berlins zu erhalten. Das Ziel der Sowjetunion sei es gewesen, den Okkupationsstatus zu beenden und die Stadt Ostdeutschland als Hauptstadt eines souveränen Staates einzuverleiben. Beide Seiten seien jedoch nicht gewillt gewesen, die Konfrontation bis zum Krieg eskalieren zu lassen. Somit habe es eine ,,Grenze" gegeben, die keine Seite überschreiten wollte, obwohl sie zuweilen gegen diese ,,stießen". Das Problem der Untersuchung besteht in der objektivierbaren Formulierung dieser ,,Grenze" und in der Beschreibung der Flut und Ebbe der Ereignisse als Annäherung an sie und Entfernung von ihr.

Die Inhaltsanalyse beginnt mit einem Kodierungsverfahren, d.h. mit der Konstruktion von Indizes. In diesem Falle wurden die überlieferten Ereignisse anhand verschiedener Kategorien von Aktionen kodiert. Die Namen der Kategorien wurden als annähernde Synonyme für die Zielsetzungen dieser Aktionen angesehen.

Kodeausdruck	Synonym für
einwilligen	einverstanden sein, übereinstimmen, erlauben ...
zurückziehen	loslassen, weichwerden, nachgeben ...
vorschlagen	zu bedenken geben, drängen
protestieren	sich beklagen, widersprechen, ermahnen
beschuldigen	verurteilen, anklagen ...
warnen	darauf bestehen, ... mit einem ,,muß"-Satz antworten
drohen	ein Ultimatum stellen ...
zwingen	verhaften, Personen der anderen Seite festhalten, ... Gebiete besetzen, ohne physischer Gegenwehr vom Gegner ...
attackieren	gewaltsam gegen den Widerstand des anderen Macht anwenden

Man sieht sofort, daß dieser Kode grob gesehen eine Skala von „Nachgiebigkeit" am einen bis zum offenen, gewalttätigen Konflikt am anderen Ende darstellt. In dieser Untersuchung wurde jedoch keine Skalierung benutzt. Die Analyse bezog sich lediglich auf Gesamthäufigkeiten (nach Jahren von 1948 bis 1963) all jener Kategorien, die angeblich einfach die Intensität der allgemeinen, auf Berlin bezogenen Aktivitäten wiedergaben. Lediglich bei der Bestimmung von „Unsicherheit" wurden die Verteilungen der Kategorien berücksichtigt. Die größte (maximale) Unsicherheit (an die 4.1 bits) würde einer gleichwahrscheinlichen Verteilung aller 18 Kategorien zukommen. Eine Annäherung der Unsicherheit an Null würde ihre Konzentration auf einige wenige Kategorien zur Folge haben, d.h. eine Verteilung mit einer scharfen „Spitze".

Es ist nicht ganz klar, wie dieses Unsicherheitsmaß auf den Zustand des Systems bezogen werden soll. Einerseits könnte man meinen, daß ein Zustand akuter Krise mit einer geringen Unsicherheit verknüpft sein müßte, wenn die Aktionen beispielsweise am konfliktbetonten Ende des Spektrums konzentriert wären. Mit gleicher Berechtigung könnte man jedoch geringe Unsicherheit auch mit den relativ ruhigen Stadien der Auseinandersetzungen in Beziehung setzen.

Man könnte meinen, daß große Unsicherheit als *Vorbote* einer bevorstehenden Krise gelten müßte, also dann, wenn die Parteien zwischen den Kategorien schwanken, indem sie die gesamte Breite der „Optionen" ausnutzen. Ich vermute jedoch, daß der „Unsicherheitsindex" lediglich deshalb eingeführt wurde, weil er schon zur Verfügung stand – anders ausgedrückt; man hat ihn gleichsam im „Fischzugunternehmen" angewendet, um zu sehen, welches Bild sich durch diesen Index ergeben werde. Für einen reinen Empiristen gibt es weder ein widerlegendes noch ein bestätigendes Ergebnis, da er Daten, die auf jede sich anbietende Art bearbeitet wurden, von Gesichtspunkten aus untersucht, die dafür sinnvoll sind oder auch nicht.

Die Tafel 24.10 zeigt den „Umfang" der Aktivitäten von West und Ost während der sechzehn untersuchten Jahre einfach als Anzahl der registrierten Ereignisse, wie sie kodiert wurden.

	1948	1949	1950	1951	1952	1953	1954	1955	1956	1957	1958	1959	1960	1961	1962	1963
Westen	144	44	57	39	69	36	16	27	7	7	7	22	33	135	63	23
Osten	210	81	87	61	128	58	22	38	10	11	14	23	43	149	88	39
Gesamt	354	125	144	100	197	94	38	65	17	18	21	45	76	284	151	69

Tafel 24.10 [nach *McClelland*]

Die Jahre der Berlinkrise 1948 und 1961 stellen sich in diesen Daten klar als Gipfelpunkte von „Aktivitäten" dar, wie sie durch den „New York Times Index" verzeichnet wurden. Für sich selbst genommen besitzt diese Übereinstimmung nur wenig oder gar keine theoretische Bedeutung, da die Intensivierung der Aktivitäten genau das ist, was man unter diesen Umständen erwarten sollte. Der Wert der Aufstellung und Untersuchung der Daten besteht lediglich in der Bestätigung der Tatsache, daß der „Umfang der Aktivitäten" Situationen kennzeichnet, die man intuitiv als „Krisen" empfindet.

Der Index der „Unsicherheit" ist als der weniger offensichtliche Indikator für Krisen von grösserem Interesse. Seine Werte für dieselben sechzehn Jahre werden in der Tafel 24.11 angegeben.

	1948	1949	1950	1951	1952	1953	1954	1955	1956	1957	1958	1959	1960	1961	1962	1963
Westen	0,927	0,869	0,764	0,899	0,792	0,812	0,628	0,734	0,540	0,278	0,540	0,657	0,782	0,781	0,829	0,658
Osten	0,873	0,740	0,649	0,736	0,658	0,795	0,670	0,694	0,527	0,452	0,501	0,712	0,746	0,812	0,812	0,668
Diff.	+0,054	+0,129	+0,115	+0,163	+0,134	+0,017	−0,042	+0,040	+0,013	−0,174	+0,039	−0,055	+0,036	−0,031	+0,017	−0,010

Tafel 24.11 [nach *McClelland*]

Das in der Tafel 24.11 dargestellte Unsicherheitsmaß ist ein relatives, d.h. das Verhältnis der realen Unsicherheit zur möglichen (4, 12 Bits). Wir entnehmen der Tafel, daß das „Krisenjahr" 1948 einen Gipfel der relativen Unsicherheit sowohl beim Verhalten des Westens als auch des Ostens enthält. Das andere „Krisenjahr" 1961 ist nahezu ein Gipfeljahr (obwohl die Unsicherheit während der beiden benachbarten Jahre im Verhalten des Westens etwas größer ist).

Es scheint daher, daß sowohl die „Intensität" der Aktivitäten als auch die „Unsicherheit" *etwas* über das Krisenverhalten aussagen. Eine Korrelation zwischen Intensität und Krise ist natürlich zu erwarten, jene zwischen „Unsicherheit" und Krise dagegen weniger. Wie schon klar gezeigt wurde, hätte man auch das Gegenteil erwarten können: ein zunehmend gleichförmiges Verhalten könnte in Krisenzeiten die Unsicherheit verringern. Daher ist es interessant zu sehen, ob das beobachtete Resultat auch anderswo bestätigt wird. Die Tafel 24.12 zeigt analoge Resultate, die sich auf die Situation um die Meerenge von Taiwan beziehen.

				1954						
	März	April	Mai	Juni	Juli	August	September	Oktober	November	Dezember
H (rel.)	0,333	0,307	0,380	0,240	0,601	0,703	0,630	0,706	0,706	0,705

					1955						
Januar	Februar	März	April	Mai	Juni	Juli	August	September	Oktober	November	Dezember
0,807	0,740	0,734	0,814	0,751	0,618	0,732	0,506	0,786	0,532	0,240	0,573

			1958						
	April	Mai	Juni	Juli	August	September	Oktober	November	Dezember
H (rel.)	0,454	0,333	0,000	0,747	0,556	0,749	0,834	0,742	0,453

	1959				
Januar	Februar	März	April	Mai	Juni
0,555	0,597	0,640	0,333	0,253	0,289

Tafel 24.12 [nach *McClelland*]

Die unterstrichenen Monate werden im allgemeinen als Monate der akuten Krise angesehen. Das größere Unsicherheitsniveau während dieser Monate ist offensichtlich.

Damit haben wir zwei Indizes für Krisen, nämlich die Häufigkeit der Vorfälle und den „Unsicherheitsindex". Für die Anzahl der jährlich beobachteten Vorfälle und die 18 Kategorien der Vorfälle sollten die beiden Indizes korreliert sein, denn sobald die Anzahl der Vorfälle unter ein bestimmtes Niveau absinkt, werden allein schon durch Zufall einige dieser Kategorien nicht mehr vertreten sein, was den Unsicherheitsgrad verringert. Da das Zunehmen der Häufigkeit während der akuten Phasen schon von vornherein stark erwartet wird, trifft dies auch für die Zunahme von Unsicherheit zu. Daher ist die Übereinstimmung des „interessanteren" Indexes (Unsicherheit) mit der intuitiven Bewertung der Krisenphasen nicht sehr viel aufschlußreicher als die Übereinstimmung ihrer Häufigkeiten. Trotzdem sind einige Aspekte der Daten von gewissem Interesse.

Aus den Tafeln 24.10 und 24.11 entnehmen wir, daß die Unsicherheitsgrößen des Verhaltens für den Westen beständig höher sind, während die Häufigkeiten der Vorfälle, die dem Osten zugeschrieben werden, fortwährend größer sind als die dem Westen zugeschriebenen. Falls die Unsicherheit schon allein durch Zufall mit der Häufigkeit positiv korreliert werden sollte, ergibt sich die Folgerung, daß die Antworten des Westens ständig „unsicherer" sind als die des Ostens. Dies könnte davon zeugen, daß der Westen bei seinen Reaktionen „flexibler", d.h. in seinen Optionen variabler ist – oder aber, daß er „verwirrter" reagiert. Man muß jedoch ständig dessen eingedenk sein, daß die Daten nicht unbedingt die „objektive Realität" widerspiegeln, da diese „Realität" schon durch die Wahrnehmungsfilter der Mitarbeiter der New York Times gegangen ist. Es würde dann besonders interessant sein, diese gesamte Periode auch vom Standpunkt der sowjetischen Presse aus zu untersuchen, und dann die so erhaltenen Indizes zu vergleichen. Solch ein Vergleich würde uns ebenfalls nicht notwendig der „objektiven Realität" näher bringen, aber er könnte uns Informationen über die Verschiedenheit der Ansichten von Ost und West vermitteln.

Auch ein anderes Ergebnis ist interessant. Das „allgemeine Verständnis" der Berlinkrise unterscheidet drei „Krisen". Neben den zwei bereits erwähnten (die Blockade und die Mauer 1961) gab es angeblich noch die „Ultimatum-Krise". Sie entstand durch die Ankündigung Chruschtschows vom 27. November 1958, daß die Sowjetunion ihre eigenen Regelungen mit Ost-Deutschland treffen werde, falls während der nächsten sechs Monate im Status von Berlin keine bestimmten Veränderungen unternommen würden. Dies wurde dahingehend interpretiert, daß die Sowjetunion einseitig die Okkupation beenden werde. Die Untersuchung der Daten ergibt nichts, was diese sechs Monate als ein akutes Stadium einer Krise ausweisen würde. Dies könnte bedeuten, daß die hier betrachteten Indizes nicht in allen Fällen akute Stadien zu identifizieren vermögen, oder aber daß die sogenannte „Ultimatum-Krise" kein wirklich akutes Stadium eines systematischen Prozesses war.

Korrelate des Krieges

Im Kapitel 22 hatten wir ein Maß der „Unsicherheit" als Vorbote von Kriegen untersucht, und in diesem Kapitel als einen Index von Krisen. Nun wollen wir dieses Maß bei der Ableitung einer Beziehung zwischen der Anzahl der Allianzen, in denen ein Staat teilgenommen hat und der Anzahl von Kriegen, in die er verwickelt war, anwenden. Die untersuchte Periode geht von 1815 bis 1945 [*Midlarsky*, 1975].

Das Hauptargument ist, daß jede Allianz zur „Unsicherheit" beiträgt, die ein Aktor im internationalen System fühlt, da sie die Verpflichtung zum militärischen Eingreifen im Falle eines kriegerischen Engagements seines Alliierten erst schafft. Unter der Annahme gleicher Wahrscheinlichkeiten ist die mit N Allianzen verbundene Unsicherheit ausgedrückt durch log (N). Darüber hinaus trägt auch die Zeitdauer, die ein Teilnehmer einer Allianz angehört, zur Unsicherheit bei. Unter der Annahme einer gleichmäßigen Häufigkeitsverteilung über die Dauer einer Allianz ist auch der Logarithmus der Dauer ein Maß der Unsicherheit. Schließlich wird eine Unterscheidung zwischen explizit defensiven Allianzen und anderen gemacht. Damit werden für jeden Aktor drei Variablen angegeben: (1) Gesamtzahl der Allianzen, in denen der Aktor während der letzten 130 Jahre teilgenommen hat; (2) die Anzahl der defensiven Allianzen und (3) die Zeitdauer der Allianzen (in Jahren). Beispielsweise hat Deutschland (einschließlich Preußen bis 1871) an 22 Allianzen teilgenommen, die 111 Jahre von den 130 dauerten und von diesen Allianzen waren 10 defensiven Charakters. Iran hat dagegen an 4 Allianzen während 14 Jahren und an keiner defensiven teilgenommen.

Die abhängige Variable ist die Anzahl von Kriegen, an denen jeder Staat während der 130 Jahre teilgenommen hat. Beispielsweise hat Deutschland an 7 Kriegen, Italien an 11, Brasilien an 2 usw. teilgenommen. Andere Indizes, wie etwa „Größe" (gemessen durch Dauer) oder „Schwere" (gemessen durch die Anzahl der Opfer) werden im Modell nicht berücksichtigt. Midlarsky meint, daß Allianzen nur in bezug auf das Eintreten von Kriegen relevant seien und nicht in bezug auf ihre Dauer oder Schwere, die wohl auf andere, weiter unten erörterte Faktoren, bezogen werden. Die Beziehung der Anzahl der Kriege zum Logarithmus der Gesamtzahl der Allianzen wird in der Abbildung 24.4 gezeigt.

Korrelationen sagen von sich aus nichts über die Ursachen. Somit könnte man für die beobachteten Korrelationen eine der folgenden Erklärungen anbieten: (1) Unsicherheit wirkt zwischen Allianz und Krieg als intervenierende Variable, d.h. Allianzen erzeugen Unsicherheit, was die Wahrscheinlichkeit von Kriegen erhöht; oder (2) Allianzen wirken zwischen Unsicherheit und Krieg als intervenierende Variablen, d.h. Unsicherheit besteht vor der Bildung zusätzlicher Allianzen, und diese letzteren tragen zur Wahrscheinlichkeit eines Krieges bei. Um dieses Problem zu entscheiden, kann eine unter dem Namen der kausalen Inferenzanalyse bekannte Methode angewendet werden. Die Ergebnisse dieser Analyse stützen die erste Vermutung gegenüber der zweiten in bezug auf alle drei unabhängigen Variablen.

Das gleiche „Unsicherheitsmaß" ist angewendet worden bei der Ableitung der Beziehung zwischen der Anzahl der Grenzen, die ein Land mit anderen besitzt und der Anzahl von Kriegen, an denen es teilgenommen hat. Das entsprechende Ergebnis wird in der Abbildung 24.5 gezeigt.

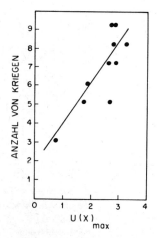

Abb. 24.4: Nach *Midlarsky* [1975].

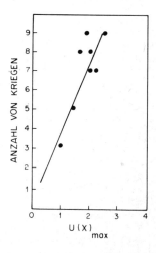

Abb. 24.5: Nach *Midlarsky* [1975].

Schließlich untersucht Midlarsky die Beziehung zwischen der Häufigkeit von Kriegen und einem „Polaritätsmaß" des internationalen Systems. Intuitiv kann man Polarität mit dem Maß verknüpfen, in dem Allianzen das internationale System in zwei feindliche Lager spalten. Extreme Polarität würde ein System charakterisieren, in dem alle Aktoren eines jeden Lagers miteinander alliiert sind und jeden Aktor des anderen Lagers als einen potentiellen Kriegsgegner ansehen.

Die Konstruktion eines quantitativen Maßes der Polarität bereitet einige Schwierigkeiten. Intuitiv könnte man „vollständige Polarität" mit einem Modell des internationalen Systems identifizieren, das durch einen vollständig balancierten Graph dargestellt wird (vgl. S. 212). Aber auch ein Graph, der ein internationales System darstellt, in dem jedes Mitglied mit jedem anderen alliiert ist, ist balanciert. Dieses System kann sicherlich nicht als ein „vollständig polarisiertes" angesehen werden. Daher könnte man versucht sein, ein zusätzliches Maß der Polarisierung einzuführen, das sich auf die annähernde Gleichheit der beiden feindlichen Lager bezieht. Man könnte sich wiederum dem formalen Maß der Unsicherheit zuwenden, das seinen größten Wert bei einer Gleichteilung erhält, aber solch ein Maß ist schwerlich intuitiv zu rechtfertigen.

Trotzdem hat Midlarsky *Rosencrance* [1963] sowie *Hopkins/Mansbach* [1973] folgend – das Auftreten von Kriegen in Beziehung auf die „Anzahl der Pole" innerhalb des internationalen Systems untersucht. D.h. die Anzahl der wichtigeren Kerngebiete alliierter Systeme, die von 2 bis 5 variieren, wird wie gewöhnlich logarithmiert und als Maß der „Unsicherheit" genommen. Ein Vergleich beobachteter und erwarteter Häufigkeiten von Kriegen wird in der Tafel 24.13 gezeigt.

Anzahl Pole (N)	Beobachtete Häufigkeit der Kriege[1] nach Rosencrance	nach Hopkins-Mansbach	Erwartet $10 \log_e N$
1,0	2,0	2,0	0,0
1,5[1]	5,0	--[2]	4,05
2,0	7,5	6,5	6,93
5,0	12,0	17,0	16,09

Tafel 24.13 [nach *Midlarsky*]

[1] Bei den beobachteten Werten handelt es sich um Mittelwerte für jede der individuellen Zeitperiode.
[2] Hopkins-Mansbach berücksichtigen kein „quasi-polares System", wie es Rosencrance tut.

Die drei unabhängigen und die abhängigen Variablen wurden für ungefähr 80 Staaten angegeben, die als Aktoren des internationalen Systems von 1815 bis 1945 angesehen wurden. Es hat sich gezeigt, daß die Beziehungen der Anzahl der Kriege zum Logarithmus einer jeden der drei Variablen (Maße der maximalen mit diesen Variablen verbundenen „Unsicherheit") nahezu linear waren. Die Korrelation zwischen der Anzahl der Kriege und den drei Maßen der Unsicherheit waren, nachdem die lineare Komponente der Korrelationen entfernt worden war, 0,58, 0,70 und 0,59 (alle signifikant). Dies zeigt, daß das logarithmische Maß für die unabhängigen Variablen besser geeignet sind, als das einfache lineare Maß, welches z.B. von *Singer/Small* [1968] benutzt wird.

Midlarsky unterscheidet drei Klassen von Indizes: (1) jene, die ein internationales System als ganzes charakterisieren; (2) jene, die sich auf die Grenze zwischen dem Aktor und dem internationalen System beziehen; (3) und jene, die die individuellen Aktoren beschreiben. Alle drei eben beschriebenen Fälle beziehen sich laut Midlarsky auf die erste Kategorie. Dies ist im Falle des Polaritätsindexes zutreffend. Aber es scheint, daß die Anzahl der Allianzen, an denen ein Aktor teilnimmt und insbesondere die Anzahl der Grenzen eines Landes eher in die dritte Kategorie gehören. Diese Bedenken sind jedoch unwichtig. Eine ernstere Kritik am Unsicherheitsmodell von Midlarsky kann, wie gesagt, geltend gemacht werden, nämlich daß sie zu „kopflastig" ist. Wenn die Modelle empirischen Testverfahren unterzogen werden, bleibt von den vorhergesagten Beziehungen die Beobachtung übrig, daß das Auftreten von Kriegen annähernd durch eine lineare Funktion des Logarithmus der Anzahl der Allianzen, oder der Anzahl der Grenzen oder der Anzahl der Pole des internationalen Systems beschrieben werden kann, was auch immer der Fall sein mag. Nun besteht eine bezeichnende Eigenschaft der logarithmischen Funktion darin, daß sie mit der negativen zweiten Ableitung monoton wächst, womit die sogenannten „abnehmenden Beträge" offenbar werden. Daß die Häufigkeit von Kriegen in einer monotonen Beziehung zu den oben erwähnten Variablen steht, ist in der Tat nicht überraschend. Auch der Effekt der „abnehmenden Beträge" wird bei vielen monotonen Beziehungen beobachtet, aber sicherlich sind die Daten weder ausreichend noch präzise genug, um die logarithmische Funktion gegenüber einer beliebigen anderen mit konkav abwärtsgerichteter Kurve besonders auszuzeichnen. Für die logarithmische Funktion spricht nur noch, daß sie aus ihrer Rolle als Maß der „Unsicherheit" abgeleitet worden ist. Die Relevanz dieses Begriffs ist jedoch in Zusammenhängen, wie dem eben Untersuchten, alles andere als überzeugend.

Statusinkonsistenz

Wir wenden uns nun jener Menge unabhängiger Variablen zu, mit deren Hilfe Midlarsky die Grenzen zwischen dem Aktor und dem internationalen System beschreibt. Diese beziehen sich auf die sogenannte „Statusinkonsistenz".

Der Begriff des Status in seiner Anwendung auf Aktoren im internationalen System ist älteren Ursprungs. Schon im Jahre 1504 hat der Papst Julius II die christlichen Fürsten Europas in einer Rangfolge geordnet, wobei er mit dem Kaiser des Heiligen Römischen Reiches beginnend, die Könige (Rex Romanorum, Rex Franciae, Rex Hispaniae, usw.), die Herzöge (Dux Burgundiae, Dux Bavariae, Dux Saxoniae usw.) in einer Hierarchie anordnete.

Zu unserer Zeit ist keine solche autoritative Rangordnung möglich. Trotzdem können Statusindizes konstruiert werden. Sollte Stalin beispielsweise auf der Konferenz von Teheran 1944 gefragt haben „Wie viele Divisionen hat der Vatikan", so wollte er sich dadurch offensichtlich sarkastisch zum Status des Heiligen Stuhls bei internationalen Angelegenheiten äußern. So grob dieses Maß (Anzahl der Divisionen) auch sein mag, gibt es doch keinen Zweifel daran, daß Indizes der Wichtigkeit in der internationalen Arena eine Rolle spielen.

Der Begriff der Statusinkosistenz beinhaltet zwei Arten von Statusindizes: Indizes des „erreichten" und Indizes des „zugeschriebenen" Status. Der erstere kann am Grad der „Modernisierung" der Staaten gemessen und seinerseits in zwei Kategorien aufgeteilt werden, nämlich die *Zentralisierung* und die *Potenz*. Zentralisierung bezieht sich auf die Leichtigkeit, mit der eine Nation für kollektive Aktionen organisiert werden kann. Dies hängt von ihren Transportmöglichkeiten ab, wobei Eisenbahnlänge in Kilometern ein guter Index dafür sein könnte (zumindest in Europa des 19. Jahrhunderts). Ferner werden die Kommunikationsmöglichkeiten durch die Telegraphen- und Telephonsysteme und das Postwesen angegeben. Schließlich ist Urbanisierung eine andere wichtige Komponente der Zentralisierung. Potenz wird durch das Bruttosozialprodukt und die Gesamtbevölkerung wiedergegeben.

Der zugeschriebene Status bezieht sich auf die „Anerkennung" die einem Staat zuteil wird. Eine Möglichkeit, dies zu quantifizieren, wird durch die Anzahl und den Rang der Diplomaten gegeben, die in das Land entsandt werden (dies wurde von *Singer/Small* [1966] vorgeschlagen). Andere Maße könnten etwa durch die Anzahl internationaler Konferenzen, die in der Hauptstadt des Landes abgehalten werden, gegeben sein. Obwohl dies für das 19. Jahrhundert angemessen gewesen sein könnte, scheint es heute nicht mehr zuzutreffen: Bevorzugte Orte internationaler Konferenzen sind heutzutage die neutralen Länder, die in der Regel klein sind. Beispielsweise finden in Genf mehr Konferenzen statt, als der Bedeutung der Schweiz angemessen sein dürfte.

Ein anderer möglicher Index des zugesprochenen Status könnte die Anzahl internationaler Organisationen sein, der ein Land angehört. Aber auch dieser Index hat seine Bedeutung eingebüßt. Während internationale Organisationen früher selektiv waren, stehen sie heute jedem Land weit offen.

Midlarsky benutzt die diplomatische Anwesenheit als Index für den zugeschriebenen Status. Er benutzt zwei Maße des erreichten Status, wobei der eine als Mittel der Komponenten der Zentralisierung und der andere der Komponenten der Potenz gebildet werden. Sein Maß der Statusinkonsistenz wird jedoch nicht durch die Differenz zwischen dem erreichten und dem zugeschriebenen Status gebildet, sondern durch die Differenzen der Veränderungsraten dieser Maße während der Zeitperiode von 1860 bis 1940. Alle Indizes sind durch die Mittelnull und die Einheit der Standardabweichung standardisiert. Die resultierenden Beträge der Statusinkonsistenz in bezug auf Zentralisierung und Potenz einiger Staaten werden in der Tafel 24.14 angegeben.

Staat	Zentralisierung	Potenz
USA	4,895	3,664
Rußland (USSR)	2,006	3,490
Japan	1,175	1,567
Deutschland (Preußen)	1,270	1,079
England	1,260	0,585
Frankreich	0,993	− 0,030
Österreich (Österreich-Ungarn)	0,238	0,058
Belgien	− 0,235	− 0,410
Bulgarien	− 0,567	− 0,625
Finnland	− 1,225	− 1,399
Tschechoslowakei	− 3,564	− 4,093

Tafel 24.14 [nach *Midlarsky*, 1975]: Standardisierte Punktwerte von Inkonsistenzen einiger Staaten in Bezug auf Zentralisierung und Potenz

Positive Eingänge zeigen an, daß die entsprechenden Veränderungsraten des erreichten größer als die Veränderungsraten des zugeschriebenen Status waren. Beispielsweise besitzen die Vereinigten Staaten für beide Indizes des erreichten Status hohe positive Inkonsistenzwerte. Das bedeutet, daß die Rate ihrer Zentralisierungs- und Wachstumsfähigkeiten für den Zeitraum 1860–1940 viel höher als das Wachstum ihrer diplomatischen Anerkennung gewesen sind. (Dies überrascht kaum, denn die diplomatische Anerkennung der Vereinigten Staaten war schon im Jahre 1860 sehr groß!) Finnland und Polen besitzen andererseits negative Inkonsistenzwerte. Dies überrascht ebenfalls nicht, da beide Länder erst nach dem Ersten Weltkrieg unabhängig wurden und danach schnell diplomatische Anerkennung erfahren haben.

Anhand der Daten von Tafel 24.14 können wir eine Kategorisierung derjenigen Länder vornehmen, die extreme Inkonsistenzwerte besitzen. Dies wird durch die Tafel 24.15 dargestellt.

Zentralisierung	
Größer als 1,000 (positive Inkonsistenz)	Weniger als − 1,000 (negative Inkonsistenz)
England	Tschechoslowakei
Deutschland	Finnland
Japan	Luxenbourg
Rußland	Polen
USA	
Potenz	
Brasilien	Tschechoslowakei
Deutschland	Finnland
Japan	Luxenbourg
Rußland	Polen
USA	

Tafel 24.15 [nach *Midlarsky*]: Einige Staaten mit extrem positiven und extrem negativen Inkonsistenzwerten

Aus der Tafel 24.15 entnehmen wir, daß die Länder mit großen positiven Inkonsistenzwerten große Länder sind, die sich während der Jahre 1860 bis 1940 schnell entwickelt haben. Da sie zu den „wichtigsten" Ländern zählen, war ihr diplomatischer Status schon zu Beginn dieses Zeitraums hoch, und konnte somit nicht in dem Maße erhöht werden, wie es ihrer Entwicklung entsprochen hätte. Ebenso klar ist, weshalb sich die Tschechoslowakei, Finnland und Polen in der zweiten Spalte befinden. Somit vermittelt diese Kategorie nichts, was nicht schon aufgrund einfachen Schulwissens bekannt wäre. Wir wollen nun sehen, ob eine detailliertere statistische Analyse mehr Licht in die Sache zu bringen vermag.

Midlarsky bestimmt fünf unabhängige (die fünf Komponenten der Statusinkonsistenz) und drei abhängige Variable: die Häufigkeit von Kriegen, ihre Größe (Dauer) und Schwere (Kriegstote). Er meint, daß die Statusinkonsistenz nicht nur, wie die Allianzen, Grenzen und Polarität des Auftretens von Kriegen überhaupt beeinflusse, sondern auch ihre Größe und Schwere. Sein Argument beruht auf der Vermutung, daß die Neigung zu langen und bedeutenden Kriegen durch das Bestreben der Aktoren genährt wird, ihre Statusinkonsistenz zu beseitigen, d.h. einen ihrem „erreichten Status" entsprechenden „Platz an der Sonne" einzunehmen. Dieser Gedanke ist in gewisser Weise *Galtungs* [1969] Theorie von der strukturellen Gewalt entlehnt, derzufolge revolutionäre Bestrebungen durch „wachsende Erwartungen" verursacht werden. Die aggressivsten Klassen, ethnischen Gruppen oder − in unserem Kontext − Nationen sind nicht die reinen „underdogs" der Galtungschen Terminologie, sondern jene underdogs, die ein gewisses Maß an Gleichberechtigung beanspruchen. Es wird angenommen, daß das Verlangen nach Gleichheit (oder „Anerkennung") die Rate übersteigt, mit der diese gewährt wird. Die Anwendbarkeit dieses Gedankens in unserem Kontext scheint insofern zweifelhaft, als die Nationen mit der größten Statusinkonsistenz sicherlich nicht zu den „underdogs" des internationalen Systems zählen (vgl. Tafel 24.15). Man kann die Aggressivität von Deutschland und Japan während der ersten Hälfte dieses Jahrhunderts möglicherweise ihrem Bestreben, einen ihren „Errungenschaften" entsprechenden „Platz an der Sonne" zuschreiben. Falls dies aber getan wird, dann kann diplomatische Anerkennung nicht länger ein Maß des Status bleiben.

Wie dem auch sei – die empiristische Orientierung verlangt vom Forscher, sich von seinen intuitiven Begriffen loszusagen und mit der formalen Analyse der gesammelten Daten fortzufahren. Unter der Annahme einer gemäßigten statistischen Unabhängigkeit zwischen den unabhängigen Variablen, ist die multiple Regressionsanalyse die Methode der Wahl. Ihr Ziel ist dreifach: (1) den Grad der statistischen *Vorhersage* zu klären, die aufgrund jeder einzelnen Variablen möglich ist, (2) das Gewicht der *Erklärung* abzuschätzen, die durch den statistisch unabhängigen Effekt jeder Variablen hinzugefügt wird, und (3) die *Hervorhebung* der Vorhersagekomponenten zu bewirken, die die engste Beziehung zum Kriterium besitzen. Das Letztere könnte den theoretischen Ertrag des Modells liefern. Es verweist auf die relative Wichtigkeit der gewählten Indizes.

Die partiellen Korrelationen und die Werte der *F*-Statistik, die die Signifikanz der Korrelationen wiedergeben, sind in der Tafel 24.16 dargestellt.

	Kriegsjahre	Anzahl von Kriegen	Anzahl von Gefallenen
		Inkonsistenzwert	
R	0,76	0,91	0,92
F	$10,03^2)$	$13,20^2)$	$15,19^2)$
		Errungenschaft	
R	0,89	0,71	0,87
F	$12,83^2)$	$3,19^1)$	$10,33^1)$

R: Korrelation
F: F-Statistik
$^1) p < 0,05$
$^2) p < 0,01$

Tafel 24.16 [nach *Midlarsky*]: Korrelationen zwischen Inkonsistenz und kriegsbezogenen Variablen

Aus der Tafel entnehmen wir, daß die Errungenschaft allein für die Varianz weniger Bedeutung besitzt, als die Inkonsistenz (außer in Kriegszeiten). Damit ist die Hypothese der Relevanz von Inkonsistenzen in einem gewissen Sinne bestätigt.

Wenden wir uns nun dem Problem des Vergleichs der Erklärungswerte verschiedener unabhängiger Variablen zu. Wir untersuchen zu diesem Zweck die Varianzanteile, die durch die *Interaktion* der erreichten und der zugeschriebenen Status über die additiven Anteile der Variablen selbst hinausgehen. Demselben Problem sind *Broom/Jones* bei ihrer Analyse des Wählerverhaltens begegnet. Sie schreiben:

„Um die These der Statuskonsistenz zu belegen . . . ist die entscheidende Frage nicht die, wie gut die Gesamtvariation erklärt werden kann, sondern die, ob eine Regressionsgleichung, die Terme der Statusinkonsistenz enthält, die Gesamtvarianz des Wählerverhaltens signifikant besser erklären kann, als jene, die auf Terme der Statusvariablen selbst beschränkt ist." [*Broom/Jones*, S. 994].

Der über die additiven Effekte der Statusvariablen hinausgehende prozentuale Anteil der Varianz wird in der Tafel 24.17 aufgeführt.

Kriterien	Wirtschaftliche Entwicklung	Population	Transport-system	Urbanisation	Kommunikation
		Inkonsistenz			
Kriegsjahre	1,34	– – –	– 1,36	– 0,36	1,09
Anzahl von Kriegen	7,02	– 4,04	– 1,23	– 2,28	0,87
Anzahl von Gefallenen	0,68	– 0,29	– 0,06	0,87	– 0,67
		Errungenschaft			
Kriegsjahre	2,48	– 1,39	– 0,35	0,29	– 0,81
Anzahl von Kriegen	2,69	– 1,08	– 0,52	– 0,35	– 0,52
Anzahl von Gefallenen	0,28	0,11	– 0,04	1,29	– 1,20

Tafel 24.17 [nach *Midlarsky*]: Betagewichte von Inkonsistenzen und Errungenschaftsvariablen

Die Bestimmung der wichtigsten Komponenten unter den unabhängigen Variablen wird durch die Multikollinearität der Komponenten wesentlich erschwert. Dieses Problem kann durch die speziell zu seiner Lösung entwickelte Clustermethode gelöst werden. *Tryon/Bailey* [1970] schildern das Ziel der Clustermethode als „das Aufdecken einer minimalen Anzahl von Zusammengesetzten innerhalb einer Ansammlung von Variablen oder Objekten, ohne dabei an Allgemeinheit einzubüßen, und zwar in dem Sinne, daß die reduzierte Menge auch weiter die Interkorrelationen zwischen allen Elementen wiedergibt."

Die Clusteranalyse stellt an die Daten weniger strenge Forderungen als die Faktorenanalyse (vgl. S. 231), und die durch sie ausgezeichneten Faktoren müssen nicht orthogonal sein. Im vorliegenden Falle zeichnet die Clusteranalyse drei Faktoren aus. Der erste beinhaltet deutlich alle Variablen des erreichten, der zweite des zugeschriebenen Status während die Statusinkonsistenz in bezug auf die Zentralisation die schwerste Fracht (loading) liefert.

Der nächste Schritt besteht in der multiplen Regressionsanalyse, wobei die Werte dieser drei Faktoren einbezogen werden. Das Resultat dieser Analyse verweist auf Inkonsistenz und Zentralisierung als die relevantesten und bei Vorhersagen wichtigsten Komponenten unter den verschiedenen kriegsauslösenden Faktoren. Angesichts dieser Erkenntnis versucht Midlarsky seine Vermutung folgendermaßen zu stützen:

„Die im Interesse ihrer Länder handelnden Entscheidungsträger verinnerlichen die Statusinkonsistenzen ihrer Nationen. Falls die Nation eine hohe Errungenschaftsrate aufweist, aber die Anerkennung ihrer Wichtigkeit dieser nicht entspricht, dann können sich die Entscheidungsträger wie frustrierte Individuen verhalten oder im Hinblick auf die genaue Position oder den Status ihrer Länder Unsicherheit empfinden. Diese Mißverhältnisse können dann zur internationalen Gewaltanwendung führen, die den Versuch darstellt, den durch die Statusinkonsistenzen entstandenen Zustand ein für allemal zu beenden" [*Midlarsky*, 1975, S. 141].

Interne Faktoren

Nun wenden wir uns den rein internen, jene einzelnen Staaten charakterisierenden Faktoren zu, die zum Entstehen, zur Größe und zur Schwere der Kriege beigetragen haben.

Wie üblich besteht der erste Schritt in der Wahl der Indikatoren und der Bestimmung der Methode ihrer Quantifizierung. Dabei halten wir uns an die Arbeit von *Eisenstadt* [1963], der 65 geschichtliche politische Systeme untersucht, und 88 Variablen, mit denen sie verglichen werden können, beschrieben hat. Der nächste Schritt besteht in der Anwendung der Clusteranalyse, um für jedes Cluster eine repräsentative Variable auszuzeichnen. Ein Beispiel solch einer Clusteranalyse wird in der Tafel 24.18 gegeben.

	1	2	3	4	5	6	7
1. Entwicklung							
2. Landadel	0,21						
3. Religion	0,21	0,19					
4. Bürokratie	0,20	− 0,09	− 0,24				
5. Rechtssprechung	0,52	− 0,11	0,14	− 0,18			
6. Militär	0,20	0,28	− 0,13	0,42	− 0,09		
7. Bauernschaft	0,44	0,18	0,32	− 0,05	0,29	0,14	

Tafel 24.18 [nach *Eisenstadt*]: Korrelationen zwischen Clustervariablen

Clustervariablen, die den größten Einfluß auf die Faktoren besitzen, werden dann zu folgenden repräsentativen Variablen kombiniert: (1) Entwicklung, (2) Landadel, (3) Religion, (4) Bürokratie, (5) Jurisprudenz, (6) Militär und (7) Bauernschaft.

Es zeigt sich, daß die Korrelationen zwischen diesen sieben Variablen zumeist schwach sind, womit annähernde Orthogonalität der Faktoren angezeigt ist.

Eisenstadt hat die Faktorenwerte für eine Teilmenge des aufgeführten politischen Systems ermittelt, nämlich für jene, für die die Untersuchung von *Sorokin* [1962] Kriegsdaten liefert. Diese sind:

Rom 27 v. Chr. − 86 n. Chr.
Rom 96 − 193 (die sog. Ära der „aufgeklärten Kaiser")
Rom 193 − 350 (von den Militärkaisern bis zum Ende der Vorherrschaft Westroms)
Spanisches Reich 1520 − 1580 (von der Conquista bis zur Mitte der Herrschaft Philips II.)
Österreich 1740 − 1790 (von Maria Theresia bis Joseph II.)
Spanien 1520 − 1621 (Höhepunkt des Absolutismus)
Rußland 1682 − 1725 (Peter der Große)
Rußland 1725 − 1761 (Niedergang des Absolutismus und Unstabilität)
Rußland 1762 − 1796 (Katharina II., „aufgeklärter Absolutismus")
Preußen 1640 − 1740 (Großer Kurfürst bis Friedrich Wilhelm I.)
Preußen 1740 − 1792 (Friedrich der Große, „aufgeklärter" Absolutismus)
Frankreich 1589 − 1666 (Henri IV bis Selbstherrschaft Ludwigs XIV)
Frankreich 1666 − 1715 (Ludwig XIV)
Frankreich 1715 − 1789 (Ludwig XV. bis zur Revolution)
England 1509 − 1640 (absolute Herrschaft der Tudors und frühe Stuarts)
England 1660 − 1688 (Restauration der Stuarts)
England 1689 − 1783 (die „glorreiche Revolution" bis zum Verlust der amerikanischen Kolonien)

Die Tafel 24.19 zeigt die multiple Regressionsanalyse der drei Charakteristiken der Kriege. Die Eingänge sind Betagewichte.

Kriterien	Entwicklung	Landadel	Religion	Bürokratie	Rechtssprechung	Militär	Bauernschaft	R	F
Anzahl von Kriegen	− 0,13	0,15	0,38	0,25			0,48	0,61	1,44
Kriegsjahre			− 0,26	− 0,54	0,20	0,69[1]	0,35	0,70	2,30
Anzahl von Gefallenen	0,31	− 0,35	0,53[1]	0,64[1]	0,14			0,78	3,74[1]

[1] $p < 0,04$

Tafel 24.19 [nach *Midlarsky*]

Von den signifikanten Vorhersagefaktoren scheinen drei eine signifikante Wirkung zu besitzen, nämlich die militärische Dimension während der Kriegsjahre, die religiöse hinsichtlich der Kriegsgefallenen und die bürokratische Dimensionen.

Midlarsky weist darauf hin, daß die Interpretation dieser Ergebnisse recht einfach ist. Das Militär mag selbst dann auf eine Verlängerung des Krieges hinwirken, wenn er sich schlecht anläßt – daher der positive Effekt dieses Faktors auf die Kriegsdauer. Die Religion kann durch die Intensität des Glaubens zur Erhöhung der Kriegstoten beitragen, während die Bürokratie ebenfalls gewillt sein könnte, Verluste (unter den Militärs natürlich – A.R.) hinzunehmen, um weitere politische Interessen durchzusetzen. Wir müssen jedoch bedenken, daß all diese Erklärung ex post facto geliefert wurden.

Eine andere Möglichkeit des Vergleichs der relativen Wichtigkeit der Indikatoren besteht darin, jene zu untersuchen, die im Zusammenhang mit jeder abhängigen Variablen die größten Betagewichte besitzen. Wir bemerken, daß die größten Betagewichte im Hinblick auf die Anzahl der Kriege der Landbevölkerung zukommen; im Hinblick auf die Kriegsdauer der Militärs und im Hinblick auf die Kriegstoten der Bürokratie. Wir bemerken ferner, daß die Landbevölkerung (Bauern) in die Regressionsgleichung der Kriegsdauer als das zweitgrößte Betagewicht eingeht. Midlarsky vermutet, daß die Bedeutung der Landbevölkerung sich eher in den Wirkungen der Massenbewegungen auf die Häufigkeit und Dauer der Kriege äußern könnte. „Die Bevölkerungsmasse könnte sich eher erzürnen als ihre politischen Führer, und der Siegeswille könnte einen von massenorientierten Politikern angefangenen Krieg verlängern." Im Gegensatz dazu enthält die Regressionsgleichung der Kriegstoten überhaupt keine Komponente der Landbevölkerung. Midlarsky vermutet, daß die von großen Gruppen wie den Bauern erlittenen Verluste hier sogar einen negativen Effekt haben könnten.

Bemerkenswert ist das folgende scheinbar seltsame Ergebnis der Analyse. Wir sehen, daß die Bürokratie auf die Zahl der Kriegstoten eine stark positive Wirkung ausübt. Auch ihre Wirkung (obwohl negativ) auf die Kriegsdauer ist bemerkenswert. Dies könnte als Ausdruck der doppelten Rolle der Bürokratie verstanden werden. Eine gut entwickelte Bürokratie könnte bei der Mobilisierung breiter Massen erfolgreich sein und damit zur Erhöhung der Zahlen von Kriegstoten beitragen. (Dies wird in einem gewissen Umfange durch den gemäßigt positiven Effekt der Zentralisierung auf die Anzahl der Gefallenen bestätigt.) Andererseits sorgt die Bürokratie für die Versorgung und die innere Stabilität im Lande. Es könnte daher im Interesse der Bürokratie liegen, eine extreme Kriegsdauer zu vermeiden.

Schließlich beobachten wir die vollständige *Abwesenheit* statistisch signifikanter Effekte technischer Errungenschaften auf alle drei Kriegskomponenten.

Kritik

Einige Grenzen der Korrelationsanalyse sind wohl bekannt und werden von jenen, die sie benutzen, auch beachtet. Zunächst kann die Kausalitätsrichtung durch eine Korrelation nicht angegeben werden. Selbst wenn weitere Analyse zeigen, daß eine Variable nach einer anderen folgt, ist die Annahme, daß die eine die „Ursache" und die andere die „Wirkung" seien ein post-hoc-propter-hoc-Fehlschluß. Falls ein Zug regelmäßig um 10 Uhr 15 ankommt, können wir nicht sagen, daß dies durch die Position der Uhrzeiger um 10 Uhr verursacht wurde. Die einzige Möglichkeit, Kausalrelationen zu erkennen, ist durch kontrollierte Experimente gegeben, die im Zusammenhang internationaler Beziehungen unglücklicherweise (oder womöglich glücklicherweise) nicht durchführbar sind.

Neben diesen methodologischen Schwierigkeiten, die im Allgemeinen durch entsprechende Einschränkungen berücksichtigt werden, gibt es andere, die in der Regel von quantitativ orientierten Sozialwissenschaftlern ignoriert werden. Diese beziehen sich auf die logische Grundlegung der statistischen Methode.

Betrachten wir ein elementares Problem der statistischen Folgerung. Wir möchten uns vergewissern, ob die Durchschnittswerte einer Variablen, die zwei Populationen charakterisiert, signifikant verschieden sind, wie etwa die Einkommen zweier unterschiedlicher Berufsgruppen. Falls das Einkommen eines jeden Individuums einer jeden Gruppe feststellbar ist, so kann die Frage durch direkte Ermittlung der Durchschnittswerte beantwortet werden. Eine statistische Schlußfolgerung ist in diesem Falle irrelevant. Im allgemeinen ist es jedoch unmöglich, alle dazugehörenden Daten zu ermitteln. Der Statistiker greift dann auf Schlußfolgerungen zurück, die aufgrund einer Untersuchung von Stichproben der beiden Populationen gezogen werden. Diese Methode bedingt einige Verfahrensweisen (z.B. Zufallswahl der Beobachtungseinheiten) und sie beruht auf gewissen Annahmen (z.B. in bezug auf die zugrundeliegende Verteilung der interessierenden Variablen). Falls diese Bedingungen erfüllt sind, ist der Statistiker berechtigt, einige Schlußfolgerungen zu ziehen, wie etwa „Die Differenz der Durchschnittswerte ist bei $p < 0{,}05$ signifikant". Dies ist eine *probabilistische* Konklusion. Sie behauptet, daß eine mindestens so große Differenz wie die festgestellte mit der Wahrscheinlichkeit 0,05 beobachtet werden wird, selbst wenn die wirklichen Durchschnittswerte der beiden Populationen gleich wären.

Um im empirischen Kontext sinnvoll zu sein, muß eine Wahrscheinlichkeit in eine Häufigkeit übersetzt werden. In unserem Beispiel bezieht sich die Wahrscheinlichkeit 0,05 auf die erwartete Beobachtungshäufigkeit einer Differenz „mindestens so groß wie" bei einer großen Anzahl von Vergleichen zwischen zwei Stichproben, wobei diese Stichproben aus zwei Populationen mit gleichen Einkommen stammen. Kurz gesagt ist die probabilistische Behauptung erst dann empirisch sinnvoll, wenn *Stichproben* und nicht die gesamte Population untersucht werden. Andernfalls würde die Behauptung ja sicher sein und nicht probabilistisch.

Ähnliche Überlegungen gelten für andere statistische Schlußfolgerungen, insbesondere für Korrelationen. Die „Signifikanz" einer Korrelation ist eine Wahrscheinlichkeit, und sie bezieht sich auf wiederholte Beobachtungen von unabhängigen Stichproben, die aus einer als „infinit" postulierten Population entnommen wurden.

Bei den Untersuchungen über die Kriegskorrelate werden nun die gesamte Kriegpopulation (z.B. während der Zeit von 1815 bis 1945) oder die Staaten (z.B. jene, die dem betrachteten internationalen System angehörten) zum Untersuchungsgegenstand. Daher besitzen die statistischen Folgerungen aus diesen Beobachtungen von streng operationalen Standpunkt aus (der jedem streng empirischen Verfahren eigen ist) überhaupt keinen Sinn, und sie können deshalb auch nicht zur Stützung oder Widerlegung von Hypothesen herangezogen werden.

Auf diese methodologischen Unzulänglichkeiten bei den üblichen Anwendungen von Korrelationsmethoden auf die Sozialwissenschaften haben Statistiker oft hingewiesen. Meiner Meinung nach ist dieses Verfahren jedoch dann nicht völlig verfehlt, wenn man bereit ist, die Forderungen der Logik statistischen Folgerns etwas zu lockern. Beispielsweise könnte man sich die Populationen der untersuchten Kriege oder Länder als „Stichproben" ähnlicher Populationen „in allen möglichen Welten" oder etwas dergleichen vorstellen (obwohl die Stichproben in den Untersuchungen schon die relevante Gesamtpopulation umfassen). Bei solch einer Konzeption handelt es sich gewiß um eine philosophische Fiktion, die zum Zwecke der Rechtfertigung des erklärten Vorhabens erfunden wurde, aber zuweilen sind Fiktionen bei der Konstruktion von Theorien unerläßlich. Auf jeden Fall sind schlechte Methoden oftmals besser als überhaupt keine − vorausgesetzt man ist sich darüber im klaren, auf welche Weise sie irreführen können.

Zuweilen dient die Korrelationsanalyse als eine Art Mikroskop, mit dem man *mögliche*, mit „bloßem Auge" nicht unterscheidbare Relationen zwischen Variablen aufdecken kann. Beispielsweise könnte der (mögliche) differenzierte Einfluß der verschiedenen sozialen Komponenten auf die Entstehung, Dauer und Schwere von Kriegen eine höchst interessante Entdeckung sein, falls sie bewiesen werden könnte. Die Gültigkeit von Entdeckungen kann nicht allein durch die Korrelationsanalyse belegt werden, aber die Tatsache, daß sie überhaupt zur Sprache gebracht worden sind, ist schon deshalb wertvoll, weil dadurch weitere Forschungen angeregt werden.

Die schwerwiegendste Schwäche der Korrelationsanalyse stammt meiner Meinung nach aus zwei Quellen, nämlich der unvermeidbaren kulturellen Verankerung des Forschers und der schnell wechselnden Struktur des internationalen Systems. Spekulationen über den Einfluß „wachsender Erwartungen" auf politische Gewalt stammen offensichtlich aus Erfahrungen der letzten paar Jahrzehnte, wie etwa der sozialen Unruhe der „underdogs" in industrialisierten und urbanisierten Gesellschaften. Spekulationen über die Rolle der verschiedenen sozialen Komponenten im Krieg könnten durch den Einfluß von Interessenvertretergruppen (Lobbys, pressure groups) veranlaßt worden sein, wie sie insbesondere der amerikanischen Gesellschaftsordnung eigen sind. Die Bedeutung solcher Kräfte im Frankreich der Bourbonen oder in Rußland zur Zeit Katharinas II. ist, vorsichtig gesagt, zweifelhaft. Die Rolle der „Zentralisierung" bei der Mobilisierung der Bevölkerung für Kriege, kann während der beiden Weltkriege wichtig gewesen sein, dürfte jedoch wesentlich unbedeutender, wenn überhaupt ins Gewicht fallen, als Kriege noch von kleinen Berufs- oder Söldnerarmeen ausgefochten wurden.

Man kann zurecht daran zweifeln, daß das traditionelle Verständnis des internationalen Systems als einer „Population" wesentlich autonomer Aktoren angesichts der gegenwärtig entstandenen Systems von zwei oder drei dominierenden Supermächten überhaupt noch angewendet werden kann. Man kann die Wichtigkeit der „Anzahl der Grenzen" eines Staates ebenfalls anzweifeln. Dies könnte ein Faktor gewesen sein, als die Staaten noch vorwiegend gegen ihre Nachbarn gekämpft haben, ist es aber im Zeitalter der IBMFRs und der Airluft-Divisionen gewiß nicht mehr.

Diese Fragen erscheinen insbesondere dann ungelegen, wenn die Untersuchungen der Kriegskorrelationen als Beiträge zur „Friedensforschung" angeboten werden, in der Hoffnung, daß ein besseres Verständnis der „Kriegsursachen" Kriege zu verhindern helfen könnte. Generäle beschuldigt man, sie würden den Verlauf vergangener Kriege planen. „Friedensforschern" könnte man vorwerfen, sie wollten vergangene Kriege verhindern.

Somit sollte man von dem positivistischen Versuch, durch Übertragung von Methoden der Naturwissenschaften auf die Sozialwissenschaften ein verbessertes Instrument der Vorhersage und der Kontrolle an die Hand zu bekommen, nicht allzuviel erhoffen.

Der wirkliche Wert des quantitativen Ansatzes, der in den Sozialwissenschaften nahezu ausschließlich an statistische Methoden gebunden ist, besteht darin, daß versucht wurde, theoretische Spekulation über Determinanten sozialer Ereignisse wenigstens *überhaupt* erst in der Empirie zu verankern. Letztenendes könnten auch die negativen Ergebnisse der Korrelationsanalyse dazu beitragen, so manche überlieferte These loszuwerden, nach deren Beweis noch niemals gefragt worden war.

Anmerkung

[1]) Von 27. Juni bis 26. Juli ergeben sich $R_1 = 18, R_2 = 37, U = 40 - 37 = 3, p < 0.13$. Von 27. Juli bis 4. August ergeben sich $R_1 = 46, R_2 = 60, U = 77 - 60 = 17$, nicht signifikant.

Teil VI. Nachwort

25. Die sozialen Bedingungen und Konsequenzen der Mathematisierung in den Sozialwissenschaften

Das Ziel dieses Buches war es, einen Überblick über die mathematischen Ansätze in den Sozialwissenschaften zu geben. Es erübrigt sich zu erwähnen, daß der Umfang der Literatur zu diesem Fachgebiet um ein Vielfaches die von mir gegebene Auswahl übertrifft. Einige Bemerkungen darüber, weshalb bestimmte Untersuchungen ausgewählt, dargestellt und in einigen Fällen auch kritisiert wurden, sollen die Hauptorientierung und die Thesen dieses Buches nun zusammenfassend angeben.

Der Leser wird schon bemerkt haben, daß beinahe alle diskutierten Arbeiten in diesem Buch aus den Vereinigten Staaten stammen. Dieser Umstand ist teilweise, aber nur teilweise, aus der persönlichen wissenschaftlichen Herkunft des Autors zu erklären. Das intellektuelle Klima in den Vereinigten Staaten hat für die Aufarbeitung der Sozialwissenschaften mit mathematischen Methoden sehr günstige Bedingungen geboten. Insbesondere die Entwicklung nach dem Zweiten Weltkrieg hat sie verbessert. Teilweise als Geste der Großzügigkeit und teilweise, um der Arbeitslosigkeit entgegenzuwirken, hat der Kongreß die sogenannte „G.I. Bill of Rights" verabschiedet, durch die aus dem Krieg, Militärdienst entlassenen Männern und Frauen eine wesentliche Hilfe bei der Fortbildung gewährt wurde. Infolgedessen wurden sowohl die Anzahl der Studenten als auch die Fakultäten der amerikanischen Colleges und Universitäten gewaltig erhöht. Die Struktur dieser Institutionen ist schon immer viel loser gewesen, als in den traditionellen europäischen Universitäten. Zusätzlich zu den bekannten Fakultäten der Geistes- und Naturwissenschaften umfassen die amerikanischen Universitäten eine große Anzahl extrem verschiedener Berufszweige – nicht nur die altbewährten Zweige der Medizin und des Rechts, sondern noch viele andere auf fast allen Gebieten von Berufstätigkeiten. Schließlich sind die amerikanischen Lehranstalten in ihrem aufgeblasenen Zustand zu reinen „Wissensfabriken" geworden. Einige gebrauchen diese Bezeichnung (knowledge industry) um stolz zu bekunden, daß es nur dadurch gelingen könne, massenweise kompetente und informierte Bürger zu produzieren; andere wiederum verächtlich, um dadurch vor der Standardisierung, dem Größenwahn und der Hegemonie der Business-Mentalität zu warnen.

Wie dem auch sei, das in Amerika sogenannte Academe ist zu einem „white collar" Beruf geworden, der sich mit anderen solchen Berufen nicht nur zahlenmäßig, sondern auch nach Aufstiegsanforderungen vergleichen läßt. Zwar werden gewisse mehr oder weniger nachgewiesene Qualifikationsniveaus vorausgesetzt, aber keine besondere Hingebung oder gar hervorragende Talente. Das wissenschaftliche Personal, das zum großen Teil innerhalb des Ausbildungssystems tätig ist, wurde infolge dieser „Demokratisierung" aus breiten Schichten der Bevölkerung rekrutiert.

Die Expansion der Wissenschaft als Beruf war gewissermaßen ein Nebenprodukt der wachsenden „Industrialisierung des Wissens", aber sie war auch Ergebnis der wachsenden in die Wissenschaften gesetzten Erwartungen. Die Technologie und ihr verwandte Berufe haben in den USA schon immer ein hohes Ansehen genossen. Aber die durchgreifenden technologischen Innovationen (das Auto, die Flugzeuge, Radio, Film) wurden in der öffentlichen Meinung weniger mit wissenschaftlicher Theorie als mit „Erfindungen" verbunden. Edison und Ford waren die Volkshelden der frühen Jahzehnte. Es würde gewiß nicht zutreffen, wenn man behaupten wollte, Einstein sei im August 1945 plötzlich zu einem amerikanischen „Volkshelden" aufgestiegen. Er war überhaupt nicht „volkstümlich" wie Ford oder Edison und nicht einmal Amerikaner, aber er wurde zum Helden des amerikanischen Volkes. Da das Wort „Theorie" eng mit seinem Namen verknüpft wurde (Einsteins Relativitätstheorie) und sein Name mit der Atombombe, wurde „wissenschaftliche Theorie" im öffentlichen Bewußtsein auf assoziativem Wege als eine Quelle der Macht begriffen. Diese Vorstellung erhielt im Oktober 1957 neue Nahrung, als die Sowjetunion den ersten künstlichen Erdsatelliten startete. Eine Flut von „Hau-ruck-Programmen" (crash programs) der wissenschaftlichen Ausbildung der Jugend war die Folge.

Im Kapitel 4 habe ich die wachsende Ambivalenz gegenüber der Wissenschaft erwähnt, die man nun sowohl als Verursacher von Schwierigkeiten als auch von Überfluß zu betrachten anfing. Viele Sozialwissenschaftler der Nachkriegsjahre bemühten sich nachzuweisen, daß Wissenschaft als die spezifisch menschliche Art der „Problemlösung" einen Weg aus diesem Dilemma weisen könnte. So wurde die Sozialwissenschaft als eine Quelle des Wissens und folglich der konstruktiven Kontrolle sozialer Kräfte propagiert, die das Ziel habe, jene Schwierigkeiten zu überwinden, die angeblich durch den Widerspruch zwischen der Herrschaft des Menschen über die Natur und seine Hilflosigkeit gegenüber seiner eigenen kollektiven Irrationalität oder Verderbtheit entstanden sei. Somit wurden die wachsenden Erwartungen auch auf die Sozialwissenschaften übertragen.

Nun wurden die Sozialwissenschaften, in den amerikanischen Universitäten durch die Fachrichtungen Psychologie, Soziologie, politische Wissenschaften, Anthropologie und Ökonomie vertreten. Die wachsenden Erwartungen erzeugten einen Druck zur „wissenschaftlichen Orientierung" innerhalb dieser Fachrichtungen mit der konsequenten Betonung auf empiristisch orientierte Forschung und positivistisch orientierte Theoriebildung. Dieser Druck wurde noch durch das bedenkliche menschliche Streben nach Prestige und Anerkennung verstärkt. In der akademischen Welt äußern sich Prestige und Anerkennung durch die Legitimierung von Forschungsvorhaben, durch Forschungsaufträge, durch die Schaffung neuer besonderer Forschungszweige usw. Kurz, die meisten Vertreter der Sozialwissenschaften bemühten sich um diese Vergünstigungen, die den bona fide Mitgliedern des Wissenschaftsbetriebs gewährt wurden. Ich verurteile diese Bestrebungen oder ihre Folgen nicht, denn meiner Meinung nach überwiegen dabei schließlich die positiven Erscheinungen. Trotzdem muß man diese unvoreingenommen zur Kenntnis nehmen.

Die „Demokratisierung" der akademischen Welt hat die Wissenschaften in die Reihe der „gewöhnlichen" Berufe aufgenommen. Unter „gewöhnlichen" Berufen verstehe ich jene, in denen (wenn nicht gerade alle) so doch diejenigen Platz finden, die sich unter normalen Bedingungen um diesen bemühen. Der Beruf eines Konzertsolisten, eines Schachgroßmeisters oder eines Staatsmanns ist in diesem Sinne kein gewöhnlicher Beruf. So gesehen war bis vor kurzem auch der Beruf eines Wissenschaftlers kein gewöhnlicher − erst jetzt ist er dazu geworden. Dies bedeutet, daß man zum Eintritt in die „Wissenschaftlergemeinde" nur wenig mehr als gewisse minimale Anforderungen erfüllen braucht. Unter „Eintritt in die Wissenschaftlergemeinde" verstehe ich, daß jemand durch das, was nunmehr als „wissenschaftliche Arbeit" angesehen wird, seinen Lebensunterhalt bestreitet. Diese Arbeit wird durch Veröffentlichungen in wissenschaftlichen Zeitschriften ausgewiesen. Eine Bescheinigung der Qualifikation zu dieser Arbeit stellt zumindest in den Vereinigten Staaten (und ebenso in vielen europäischen Ländern) der Doktorgrad oder sein Äquivalent dar, der als Belohnung für eine als kompetent und als ein „Beitrag zur Erkenntnis" durch eine Kommission bewertete Forschungsarbeit vergeben wird, wobei diese Kommissionsmitglieder selbst schon auf diese Weise qualifiziert worden sind.

Die sogenannte „Wissenschaftsexplosion", die sich im exponentiellen Wachstum wissenschaftlicher Veröffentlichungen ausdrückt, verursacht einen positiven Rückkopplungseffekt. Von den Mitgliedern der „Wissenschaftlergemeinschaft" erwartet man weitere veröffentlichungsreife Forschungen. So wie ihre Anzahl wächst, wächst auch die Zahl der bedruckten Seiten. Dies zwingt, die Veröffentlichungskapazitäten zu erweitern. Mit ihrer Erweiterung können wiederum mehr Seiten publiziert werden usw.

Nun wollen wir uns die Kriterien der „Publizierbarkeit" ansehen, nach denen eine Forschungsarbeit beurteilt werden kann. Wenn Forschung Eigenschaften der Massenproduktion annimmt, wie dies allein schon wegen ihres gegenwärtigen Umfanges der Fall ist, so müssen auch die Kriterien routinemäßig anwendbar sein. Herausgeber und Redakteure, die die zu veröffentlichenden Arbeiten sichten, können nicht ständig das Maß der „Fundiertheit" und „langfristigen Bedeutung" anwenden, allein schon deshalb nicht, weil der bloße Umfang der Einsendungen und Veröffentlichungen dies nicht erlauben, insbesondere aber auch, weil Redaktion und Begutachtung Nebenbeschäftigungen, und nicht der Hauptberuf von Akademikern sind. Übrigens sind sie Mitglieder derselben Gemeinschaft wie die Autoren, und der Publikationszwang gilt auch für sie. Sie können auf andere nicht Kriterien anwenden, die sie an ihre eigenen Arbeiten nicht anlegen. Im Großen und Ganzen sind es Kriterien der Qualifikation.

In den empiristisch orientierten, quantitativen Sozialwissenschaften wird Qualifikation anhand sorgfältig durchgeführter Experimente oder Feldforschungen (Anwendung sauberer Kontrollen usw.) und des richtigen Gebrauchs statistischer Methoden bei der Bewertung dieser Resultate und bei den Schlußfolgerungen beurteilt. Mit wachsender Erfahrung können diese Kriterien routinemäßig angewendet werden. Bei mathematischen Studien wird Qualifikation anhand der Gültigkeit des mathematischen Schlußfolgerns nachgewiesen. Hier ist das Kriterium der Qualifikation noch leichter anwendbar: mathematisch abgeleitete Folgerungen sind entweder gültig oder ungültig.

So geht die Arbeit also vor sich. Nicht selten wird die ,,wissenschaftlich orientierte" Sozialwissenschaft zum Ziel der Kritik. Der schwerwiegendste Vorwurf ist ,,Irrelevanz" zuweilen gepaart mit der Anschuldigung der Apologetik, d.h. der Verteidigung bestehender Herrschaft, indem die Aufmerksamkeit von wichtigen sozialen Problemen und Ungleichheiten abgelenkt und damit zur Erhaltung des Bestehenden beigetragen werden.

Aber es ist schwer, überzeugende Beispiele zur Bestätigung dieser Anschuldigung zu finden. Auf jeden Fall gibt es keinen Grund zu meinen, der zeitgenössische ,,positivistische" Sozialwissenschaftler verteidige das Bestehende folgerichtiger oder verbissener als der geisteswissenschaftlich Orientierte. Was die Anschuldigung der ,,Irrelevanz" betrifft, scheint hier das Echo des ,,Unpraktischen" wiederzuhallen, was den Intellektuellen von ,,Männern der Tat" entgegengehalten wird, von denen sich die Protagonisten des ,,Relevanten" selbst emphatisch distanzieren.

Ich glaube, daß die gewöhnlich vorgetragene Verteidigung der ,,reinen Wissenschaft" unter Hinweis auf ihre ,,letztendliche" und noch unvorhersehbare Anwendbarkeit falsch ist. Bei ihrer Verteidigung sollte dem Wert der Wissenschaft und ihrer Eigenschaft als menschliche *Tätigkeit* ausgegangen werden. Falls dieser Wert geleugnet wird, sind weitere Argumente vergeblich. Falls er anerkannt wird, dann sollte man zunächst die *Richtung* untersuchen, in der die Beiträge dieser Wissenschaft weisen oder innerhalb der Wissenschaft als Ganzer zu weisen vorgeben. Falls ein positiver Beitrag einer bestimmten Richtung festgestellt wird, dann kann man die besonderen Ansätze oder Methoden der Beiträge untersuchen, die innerhalb dieser Richtung geliefert werden.

Es gibt bei dieser Verteidigung zugegebenermaßen eine Schwierigkeit. Da Wissenschaft, wie dargelegt wurde, zu einem ,,gewöhnlichen Beruf" geworden ist, könnte eine Verteidigung der ,,Wissenschaft als Ganzer" als Interessenvertretung dieses Berufsstandes interpretiert werden, mit all jenen Vorwänden, die die Verteidigung besonderer Interessen einer bestimmten sozialen Gruppe hervorbringt. Die Gültigkeit dieser Interpretation kann nicht widerlegt werden. Im Gegenteil, sie sollte anerkannt werden. Die einzige Antwort ist, daß Wissenschaft als menschliche Aktivität nicht ohne Menschen bestehen kann, die sie praktizieren. Somit kann eine Verteidigung der Wissenschaft nicht von der Verteidigung des entsprechenden Berufsstandes und jener Interessen getrennt werden, die etwas mit seinem Fortbestand zu haben.

Der besondere Gegenstand dieses Buches waren die mathematisierten Sozialwissenschaften. Diese Richtung wird von Personen vertreten, die auf spezifische Weise ausgebildet und ausgerichtet sind. Wir müssen sie als Teilgruppe der Wissenschaftlergemeinschaft ansehen. Als Menschen sind sie externen und internen Zwängen unterworfen. Die externen sind jene, denen alle Mitglieder der Wissenschaftlergemeinschaft unterworfen sind. Es sind die Zwänge nach Rechtfertigung der eigenen Tätigkeit als ,,relevanter" – so wie dies von der sozialen Umgebung verstanden wird – und Zwänge, die mit dem Fortkommen im Beruf zusammenhängen. Die inneren Zwänge sind davon verschieden – sie werden zumeist von Leuten außerhalb der Wissenschaftlergemeinschaft nicht verstanden, und nicht einmal von jenen Mitgliedern dieser Gemeinschaft, die der besonderen von uns betrachteten Gruppe nicht angehören. Von diesen internen Zwängen will ich weiter unten sprechen.

Zunächst wollen wir den schwerwiegendsten äußeren Zwang betrachten: die Forderung nach ,,praktischer Anwendbarkeit", gestützt auf die Macht, Forschungsaufträge zu vergeben oder zurückzuziehen. Zu Beginn des Kalten Krieges, als das amerikanische Militär diese Aufträge willkürlich und ohne Unterscheidung vergab, nahm der Mißbrauch rapide zu. Ich würde zögern, diesen Mißbrauch als völlige Scharlatanerie zu bezeichnen, aber schwerwiegende Selbsttäuschung scheint dabei beteiligt gewesen zu sein. Ich will nur ein extremes Beispiel nennen, um die Art von Begeisterung vorzuführen, die zuweilen von den steigenden Erwartungen an die harte, mathematisierte Sozialwissenschaft der unmittelbaren Nachkriegsjahre ausging.

Im Kapitel 15 habe ich ein „Suchverfahren" beschrieben, das zur Herstellung charakteristischer Parameter eines sozialen Netzes herangezogen wurde, und ich habe auf die mathematische Analogie zwischen diesem Verfahren und einem Epidemieprozeß verwiesen. Es war so, daß dieses Verfahren zuerst von mir im Zusammenhang mit einem mathematischen Modell der „Verbreitung von Gerüchten" entwickelt worden war. Einmal wurde dieses Modell in einem Experiment mit Schulkindern getestet [*Rapoport*, 1956]. Bald danach hat ein bekannter Sozialwissenschaftler – Autor einer ambitionierten, aber weitgehend fehlgeleiteten Arbeit über mathematische Soziologie – sehr zu meiner Verlegenheit der US-Air-Force ein Forschungsprojekt verkauft, in dem dieses einfache Modell auf eine Situation von militärischem Interesse angewendet werden sollte. Die Frage, die von diesem Modell und den vorgeschlagenen Experimenten gestellt war, lautete: wie wird sich eine Information innerhalb einer Population durch Kontakt verbreiten? Der Kodename des Projekts „Project Revere" bezog sich auf den Mitternachtsritt eines amerikanischen Patrioten beim Ausbruch der Amerikanischen Revolution, der die Bürger von Massachusetts vor der Bewegung britischer Truppen gewarnt hatte.

Ein Experiment, das das „Epidemiemodell" der Informationsverbreitung testen sollte, wurde in großem Rahmen für eine Situation des „realen Lebens" vorbereitet. Eine Stadt entsprechender Größe und Lage wurde gewählt, um Flugblätter herabzuwerfen. Beobachter wurden im Flugzeug, auf einem Berg nahe der Stadt und in fahrenden Personenwagen postiert, um die „physische Diffusion" der Information zu beobachten, die wohl bei der Bestimmung der „sozialen Diffusion" (durch Kontakt) von der letzteren getrennt werden sollte. Ein Fragebogen wurde vorbereitet, in dem die Befragten Auskunft darüber geben sollten, ob sie ein Flugblatt gesehen, aufgehoben, erhalten, weitergereicht, besprochen usw. haben. Die Antworten sollten die Daten beim „Test eines mathematischen Modells der Informationsverbreitung" darstellen.

Die Zahl 24 ist mir in Erinnerung, aber ich weiß nicht mehr, ob es sich dabei um die Anzahl der Antwortenden handelte, die einen Fragebogen zurückgegeben hatten oder derjenigen Leute, die überhaupt etwas über den Inhalt des Flugblattes wußten. Jedenfalls wurde die Stadt in eine Anzahl von Regionen unterteilt, und die Verteilung der Antwortenden (der „Wissenden") unter diese Regionen wurde mit der Zufallsverteilung verglichen, um die Signifikanz der jeweiligen Abweichungen festzustellen. Dies war schon der gesamte Umfang an mathematischer Analyse.

Dieses Fiasko veranschaulicht die von mir so genannte „Euphorie", und insbesondere jene durch das „Wissenschaftsritual" hervorgerufene Täuschung, in der mit der „Wissenschaft" einhergehende Schmuckstückchen und Kunstfertigkeiten (Operationalisierung, Quantifizierung, Mathematisierung, Programmierung usw.) mit Wissenschaft als Erkenntnisweise verwechselt werden. Diese beinhaltet nämlich mehr als lediglich Verfahren. Sie setzt vernünftige Einschätzung der Art und des Betrages der Information voraus, die man von der Anwendung einer gegebenen Methode der Beobachtung und von verfügbaren Induktions- und Deduktionsverfahren erwarten kann. Zuweilen kann man die völlig unberechtigten Erwartungen einfach durch Unkenntnis der Sachlage oder eine inadäquate Theorie erklären. Galilei soll versucht haben, die Geschwindigkeit des Lichts zu bestimmen. Er plazierte sich nachts auf einen Hügel, und einen anderen Beobachter auf einen anderen etwa eine Meile weit entfernt. Jeder war mit einer Laterne ausgerüstet. Galilei sendete ein Lichtsignal, indem er eine Decke von seiner Laterne wegzog, und sein Partner antwortete mit einem ebensolchen Signal, sobald er Galileis Zeichen sah. Die doppelte Distanz zwischen den zwei Hügeln geteilt durch die Länge der Zeit von dem Augenblick, als Galilei seine Laterne aufdeckte bis zu dem, an dem er das andere Licht sah, sollte die Lichtgeschwindigkeit in entsprechenden Einheiten angeben.

Galilei kann nicht deshalb verspottet werden, daß sein Vorgehen absurd war. Ihm standen dazu überhaupt keine geeigneten Mittel zur Verfügung. Dagegen sollte schon ein Mindestmaß an Überlegung ausgereicht haben, um jedermann klarzumachen, daß die Konzeption des „Informationsverbreitungs"-Experiments und die damit geweckten Erwartungen einfach nur ein Witz sein konnten. Aber selbst im übrigen durchaus qualifizierte Forscher können in ihrem Wunschdenken lächerlich weit gehen, wenn sie sich durch die Euphorie des wissenschaftlichen Rituals verleiten lassen, insbesondere wenn sie dabei den Verlockungen pekuniärer Unterstützung erliegen.

Die wissenschaftliche Methode verlangt nach einer theoretischen Fundierung des Experimentalvorhabens. Das wissenschaftliche Ritual suggeriert solch eine Fundierung in Form einer Vielfalt von sorgfältig formulierten Definitionen. So enthielt das „Project Revere" Unterscheidungen zwischen „physischen" und „sozialen" Diffusionen, zwischen Informationen aus erster, zweiter und n-ter Hand, zwischen „aktiven" und „passiven" Wissenden usw. Wissenschaftliches Vorgehen verlangt nach einer Überprüfung der Daten. Dem wissenschaftlichen Ritual ist schon genüge getan, wenn mehrere Beobachter beteiligt sind. Ein mathematisches Modell verdeutlicht die theoretische Struktur eines Experiments. Das bloße Gerüst eines mathematischen Epidemiemodells wurde nur deshalb zur grundlegenden „Theorie" erklärt, weil es vorhanden war. Daß überhaupt kein Satz des Modells für sein Experiment von irgendwelchem Nutzen sein konnte, scheint dem Haupt-Forscher gar nicht zu Bewußtsein gekommen zu sein, ebensowenig wie die Tatsache, daß das Experiment keine der gestellten Fragen beantworten konnte. Ohne Umschweife gesagt: Das Experiment wurde nur deshalb entworfen, weil es einen Käufer dafür gab, und die seltsamen theoretischen Ergüsse sollten ihn lediglich beeindrucken.

Diese Karikatur wissenschaftlichen Vorgehens haben wir hier dargestellt, um ein Produkt der krassesten Form externen Drucks gepaart mit totalem Verlust jeglicher eigenen Perspektive vorzuführen. Selbstverständlich ist dies ein Extremfall. Der mathematische Modellbauer ist im allgemeinen gegen Trugvorstellungen der beschriebenen Art gefeit, da man von ihm selten verlangt oder erwartet, daß er die „Praktikabilität" seiner Modelle nachweise. Gewiß unterliegt er dem Veröffentlichungszwang. Da jedoch Qualifikation auf dem Gebiet der Mathematik durch die Gültigkeit der Deduktionen nachgewiesen wird, kann, ja muß der Modellbauer innerhalb der Grenzen wissenschaftlicher Ernsthaftigkeit bleiben. Er unterliegt jedoch internen Zwängen, die die Tätigkeit des Mathematikers überhaupt charakterisieren.

Das Geschäft der reinen Mathematiker ist der Beweis von Theoremen. Jedes neue Theorem kann zurecht als ein Beitrag zu unserem Wissen angesehen werden. Normalerweise wird Wissenszuwachs hergestellt durch stufenweisen Übergang von etwas Bekanntem zu etwas Unbekanntem, das mit ihm verbunden ist. Ein Theorem ist eine neue mathematische Relation, die aus vorher bekannten Relationen abgeleitet worden ist. Die Entwicklung der Mathematik wird oft durch Verallgemeinerungen geleitet. Man beginnt mit einem bekannten Theorem und läßt eine oder mehrere seiner Annahmen fallen oder schwächt sie ab. Falls ein anderes Theorem ausgehend von schwächeren Annahmen bewiesen werden kann, so stellt es eine Verallgemeinerung des vorangegangenen dar. Die gesamte Geschichte der Mathematik kann tatsächlich als ein ständiger Prozeß fortschreitender Verallgemeinerungen verstanden werden.

Die Aufgabe des angewandten Mathematikers ist die Problemlösung. Aber er muß sein Interesse nicht Problemen widmen, die ihm andere angeben. Er kann seine eigenen Probleme formulieren. Hier gibt es ebenfalls den direkten Weg der Erzeugung neuen Wissens, ausgehend von einem gelösten Problem, in dem Bedingungen verändert oder verkompliziert werden, um zu einem neuen Problem zu kommen. Die Verkomplizierung der Bedingungen ist gleichbedeutend mit Verallgemeinerung, da sie das Fallenlassen oder Abschwächen vereinfachender Annahmen bedeutet, unter denen das einfachere Problem gelöst worden war.

Sowohl in der reinen als auch in der angewandte Mathematik gibt es standardisierte Methoden der Problemformulierung. Dies ermöglicht der Mehrheit der reinen und der angewandten Mathematiker eine kontinuierliche Arbeit, eine Notwendigkeit in jedem „gewöhnlichen" Beruf.

Der mathematische Modellbauer nimmt eine Zwischenposition zwischen dem reinen und dem angewandten Mathematiker ein. Da seine Modelle „etwas" darstellen, nimmt er gewöhnlich nicht den Standpunkt des reinen Mathematikers ein, dessen Ausgangspunkt eine Menge primitiver Terme und abstrakt formulierter Axiome sein mag. Da er sich andererseits nicht unmittelbar um die Testbarkeit seiner Modelle zu bekümmern braucht, ist er frei, Probleme aus den Modellen selbst zu erzeugen, anstatt aus der Realität, aus der sie vermutlich abstrahiert worden waren.

Bei seiner Tätigkeit der Erzeugung zu lösender Probleme mag sich der Modellbauer je nach Bezugspunkt und Neigung eher auf die Seite der „angewandten" oder der „reinen" Mathematik schlagen. Beispiele beider Richtungen sind in diesem Buch enthalten. Nun wollen wir uns einige dieser Beispiele genauer ansehen.

Als Beispiel eines „anwendungsorientierten" Modells wollen wir das normative Modell der „Rüstungskontrolle" [*Gillespie/Zinnes*] untersuchen, das in Kapitel 5 vorgestellt wurde. Die Herkunft des Problems ist in dem Sinne real, als „Rüstungsbegrenzung" in der Weltpolitik breit diskutiert wird. Die Schwierigkeit der Formulierung mathematisch lösbarer Probleme auf diesem Gebiet ist, daß die Entscheidungsträger ihren Gegenstand häufig in einer verschwommenen allgemeinen Sprache umschreiben, und nicht in genauen Ausdrücken. Die erste Aufgabe der Modellbauer auf diesem Gebiet ist es daher, ein präzise formuliertes Problem mit dem in Übereinstimmung zu bringen, was der Politiker zumindest als grobe Darstellung seiner Bemühungen anerkennen würde.

Nun verfügt der Modellbauer bereits über einen Vorrat an Modelltypen, die von ihm und von anderen untersucht worden sind. Er kann also daraus ein bestimmtes Modell entnehmen, in der Hoffnung, es mit der verbalen Beschreibung des politischen Problems zur Deckung bringen zu können.

Stellen wir uns einen Dialog zwischen einem Bauer des normativen Modells der Rüstungskontrolle und einem „aufgeklärten" Politiker vor. Ihr Ziel sei es, das Problem, des Politikers in ein Problem zu übersetzen, mit dem der Modellbauer etwas anfangen kann:

Modellbauer: Weshalb interessieren Sie sich für Rüstungsbegrenzung?

Politiker: Unkontrollierter Rüstungswettlauf ist gefährlich und ökonomisch untragbar.

M.: Weshalb ist er gefährlich?

P.: Wenn eine Seite ein Übergewicht des Militärpotentials erlangt, könnte sie versucht sein, die andere zu überfallen. Einen Krieg müssen wir jedoch vermeiden.

M.: Welche Art von Beziehung zwischen den Kriegspotentialen zweier möglicher Feinde könnte am wenigsten zu einem Kriegsausbruch beitragen?

P.: Gewiß wäre eine allgemeine Abrüstung, sofern sie durchgesetzt werden könnte, eine gute Sache. Aber dies ist eine Utopie. Jede Seite muß sich gegenüber der anderen sicher fühlen. Wir brauchen das Militärpotential zur Abschreckung, und gewiß denken die anderen genauso. Falls wir daher ein Mächtegleichgewicht erreichen und die beiden Militärpotentiale so stabilisieren könnten, wäre dies, fürchte ich, das Höchste, was man in der unmittelbaren Zukunft erwarten könnte.

M.: Verstehen Sie unter Machtgleichheit gleiche Niveaus des Militärpotentials?

P.: Nicht unbedingt. Wir besitzen ein Waffensystem der Art U. Unsere möglichen Gegner eines von der Art X. Irgendwie müssen wir das Problem lösen, wie eine Art der Waffensysteme so behandelt wird, daß sie der gleichen Anteilsverringerung des anderen Waffensystems in der Weise entspricht, daß schließlich ein Gleichgewicht erreicht wird.

M.: Wir müssen die konkrete Lösung dieses Problems beiseitelassen. Sie kann nur von Militärfachleuten gefunden werden. Ich will Ihre Seite U und die andere X nennen. Nehmen wir an, daß Gleichgewicht dann herrscht, wenn u, das Potential von U, rx gleicht, wobei x das Potential von X und r eine Verhältniskonstante ist.

P. (nachdenklich): Nun, dies scheint mir schrecklich vereinfacht zu sein, aber um etwas mehr über Ihre Vorstellung einer mathematischen Lösung des Problems der Rüstungskontrolle zu erfahren, wollen wir vorläufig diese Annahmen gelten lassen.

M.: Falls dann rx sehr viel größer als u würde, könnten Sie sich bedroht fühlen?

P.: Wenn wir die gemachten Annahmen gelten lassen, dann ja.

M.: Was aber, falls u sehr viel größer als rx wäre?

P.: Nun ja, ich bin aufgeklärt genug, um zu wissen, daß sich X in einem solchen Falle bedroht fühlen würde. Wir sollten nicht zulassen, daß dies geschieht. Wie ich schon sagte, geht es uns um ein Machtgleichgewicht.

M.: Würden Sie also sagen, daß Sie sich die Differenz $u - rx$ so klein wie möglich wünschen?

P.: Meinetwegen.

M.: Also müssen wir $(u - rx)^2$ minimieren. Abweichungen zu jeder Seite könnten als „Kosten" interpretiert werden.

P.: Ich verstehe Sie.

M.: Wenn es sich aber so verhält, warum lassen Sie dann nicht Ihr Potential u, das Sie kontrollieren, rx gleich sein und halten es auf diesem Niveau? Welches Niveau rx die andere Seite auch erreicht, können sie u ihm angleichen. Dies würde die Differenz $(u - rx)$ auf Null halten.

P.: Ich glaube schon.

M.: Aber würde dies den Rüstungswettlauf beenden? Nehmen wir an, X würde x ständig weiter erhöhen. Sie wären gezwungen, u zu erhöhen, um gleichzuziehen.

P.: Dies wäre schlecht.

M.: Also geht es Ihnen nicht nur um $(u - rx)^2$, sondern auch um die kombinierten Rüstungsniveaus von X und U. Stimmt dies?

P.: Ich hatte anfänglich gesagt, daß unkontrollierter Rüstungswettlauf außer seiner Gefährlichkeit beide Seiten auch ökonomisch stark belastet.

M.: Dann werden wir also die kombinierten Niveaus in unsere Darstellung der „Kosten" einbeziehen. Würden Sie sagen, die Quantität $(u - rx)^2 + c(x + u)$ sei eine gute Darstellung der Aufrüstungskosten?

P.: Woher kommt das c?

M.: Es ist ein Gewichtungsfaktor. Er stellt die Größe Ihrer Sorge um die kombinierten Rüstungsniveaus in bezug auf Ihre Sorge um das „Machtgleichgewicht" dar.

P.: Wie ich schon gesagt habe, ist das Problem vielschichtiger, als Sie es hier darstellen. Aber ich bin neugierig, wo Sie hinwollen.

M.: Vereinfachung ist bei jeder mathematischen Behandlung eines Problems unvermeidbar. Diesen Preis müssen Sie für das Privileg der Benutzung solcher Modelle schon zahlen. Wir wollen das Problem so lösen, wie es formuliert ist. Dies wird uns ein „Sprungbrett" sein, von dem aus wir später gegebenenfalls zusätzliche Gegebenheiten des „realen Lebens" erfassen könnten.

P.: Einverstanden.

M.: Nun denn, unsere Darstellung der Kosten bezieht sich auf die Kosten pro Zeiteinheit. Sie können dies erkennen, wenn Sie x und u als Rüstungsbudgets betrachten, die in Geldeinheiten pro Jahr ausgedrückt werden. Mit der Zeit werden die Gesamtkosten akkumulieren. Ihr Problem ist es, die Gesamtkosten über eine gewisse Zeitperiode zu minimieren. Nennen wir sie ihren *Zeithorizont*. Dieser könnte zehn oder fünfzig Jahre, oder was auch immer Sie wünschen, betragen. Wir wollen diesen Zeithorizont T nennen, nur um eine formale Lösung unseres Problems zu erreichen. Falls Sie dieses Problem in politische Handlung zu übersetzen wünschen, dann werden Sie einen bestimmten Wert für T wählen müssen. Sie werden auch r einen Wert zuordnen müssen, um auszudrücken, wie Ihrer Meinung nach die Waffensysteme aussehen sollten, um Parität zu erreichen. Schließlich werden Sie noch c einen Wert beimessen, als relative Größe Ihres Interesses an den kombinierten Rüstungsniveaus. Diese Werte zu nennen ist nicht meine Aufgabe. Sie sind ja der Politiker. Mir kommt es zu, eine allgemeine Lösungsform zu liefern, die zur konkreten Vorschrift darüber werden kann, wie u kontrolliert werden sollte, um die Kosten, wie Sie sie definiert haben, zu minimieren, nachdem Sie die Werte r, c und T angegeben haben.

P.: Wollen Sie von mir denn nur diese Information?

M.: Vorläufig ja. Ich will nun das Problem aufarbeiten. Dann werden wir die Lösung erörtern, um festzustellen, was sie für die Politik besagt: Es wäre jedoch töricht, von der Lösung eine „optimale Handlungsanweisung" zu erwarten. Falls Sie jedoch überhaupt die Möglichkeiten der Mathematik bei der Lösung von Problemen des Handelns ausschöpfen wollen, so müssen wir irgendwie anfangen. Nun haben wir uns solch eine Ausgangsmöglichkeit geschaffen.

Der Zweck dieses „sokratischen" Dialogs war es, eine Zielfunktion zu erarbeiten. Um ein Kontrollproblem zu formulieren, bedarf unser Modellbauer der Beschreibung eines dynamischen Systems. Empirische Beschreibungen des Rüstungswettlaufs gibt es schon [vgl. *O'Neill/Smoker/ Taagepera* et al; Yearbook of World Armaments and Disarmament, 1970–1973]. Aber keines der vorgeschlagenen *Modelle* der zugrundeliegenden Systemdynamik ist zuverlässig. Trotzdem muß der Modellbauer *irgendwo* beginnen. Also wählt er das einfachste Modell des Rüstungswettlaufs, nämlich Richardsons (vgl. Kapitel 4). Nun kann er das in Kapitel 5 erörterte Kontrollproblem formulieren.

Minimiere

$$T = \int_0^T \{[u(t) - rx(t)]^2 + c[u(t) + x(t)]\} \, dt. \tag{25.1}$$

Unter der Bedingung, daß

$$\dot{x} = au - mx + g. \tag{25.2}$$

Wobei a, m und g dieselbe Bedeutung besitzen wir in der Gleichung (4.17) von Kapitel 4, während r, c und T die Parameter des Politikers sind.

Die Form des Problems hat lediglich eine sehr grobe (wenn überhaupt eine) Ähnlichkeit mit der „Realität". Sie wurde offensichtlich wegen des Bedarfs an mathematischer Ausdrucksweise erstellt. In der Tat gehört jener Problemtypus, der in den Gleichungen (25.1) und (25.2) dargestellt ist, zu einer wohlbekannten Klasse, die *quadratische Zielfunktionen* und *lineare Bedingungen* enthält. („Quadratisch" bezieht sich auf das Integral in (25.1); „linear" auf die Linearität der Differentialgleichung (25.2).) Das Problem kann mit klassischen analytischen Methoden gelöst werden. Um Marshall McLuhans viel diskutierte Bemerkung „The medium is the message" zu paraphrasieren, könnte man sagen „Das Werkzeug ist die Theorie".

Ferner sei bemerkt, daß im Kontext einer normativen Theorie sich die Frage der empirischen Verifikation in bezug auf die abgeleitete Vorschrift überhaupt nicht stellt. Sie entsteht lediglich in bezug auf das zugrundeliegende dynamische System, das durch die Gleichung (25.2) dargestellt ist. Die Gültigkeit der Vorschrift steht und fällt mit der Adäquatheit (Angemessenheit) dieser Gleichung. Wir haben schon gesehen, daß es nahezu unmöglich ist, Richardsons Theorie des Rüstungswettlaufs zu „bewerten" (vereinzelte „Übereinstimmungen" stellen keine Bestätigung dar). Daher ist es ebensowenig möglich, die Parameter mit einem einigermaßen „vernünftigen" Grad an Genauigkeit zu schätzen. Aber die Stabilität des Systems selbst hängt schon von den Parametern ab, und sie ist in gewissen Grenzen zu ihnen sehr sensitiv. In unserem Falle ist das System beispielsweise stabil oder instabil, je nachdem, ob m größer oder kleiner als ar ist. Also kann man über die Anwendung des normativen Modells zur Bestimmung einer Politik der Rüstungskontrolle nicht sinnvoll sprechen, selbst wenn wir es mit dem „aufgeklärtesten" und gutwilligsten Politiker zu tun hätten.

So nutzlos das Modell auch für die „Anwendung" ist, so wird es doch in anderer Hinsicht recht

„produktiv". Ein gelöstes Problem erzeugt andere Probleme. Wie in Kapitel 5 erwähnt, folgte auf das Modell des „Gleichgewichts der Mächte" (oder des Schreckens) das Modell des „erwarteten ersten Schlags" (Überfalls). Ebenso wurde das Modell eines Aktors vom dualen Kontrollmodell abgelöst, das einem Differentialspiel gleicht.

Es erübrigt sich zu erwähnen, daß keines dieser Modelle im konkreten Falle „anwendbar" ist. Ihre Verbreitung wird aufgrund ihrer eigenen Reproduktionsfähigkeit durch Modifizierung und Verallgemeinerung vorangetrieben. Dies ist es, was wir unter „Produktivität" eines Modells in diesem Kontext verstanden haben.

Recht ähnliche Beobachtungen können an klassischen prädiktiven Modellen gemacht werden. In Kapitel 3 hatten wir das einfachste der Epidemiemodelle des Massenverhaltens von Rashevsky vorgestellt. In der Folge wurde dieses Modell auf verschiedene Weise verfeinert. Diese Entwicklung folgte keineswegs dem Lehrbuch-Paradigma des Zyklus von Deduktion-Induktion, wonach ein einfaches Modell so lange provisorisch gültig bleibt, bis systematische Abweichungen auftreten, denen dann mit einem komplexeren und allgemeineren Modell Rechnung getragen wird usw. Bei einem „selbstreproduzierenden" Modell werden die Probleme einfach eines nach dem anderen gelöst, *weil es Verfahren zur Lösung solcher Probleme gibt*. Das Werkzeug ist die Theorie.

Der häufige Vorwurf der „Irrelevanz" mathematischer Modelle in den Sozialwissenschaften bezieht sich gewöhnlich auf die Ferne dieser Modelle von den „wesentlichen sozialen Problemen". Die Verteidigung gegen diesen Vorwurf wird üblicherweise als Verteidigung der „reinen Wissenschaften" geführt, wobei häufig auf unvorhergesehene zukünftige Anwendungsmöglichkeiten, auf die Möglichkeiten spontaner Lösungsfindung usw. verwiesen wird. Mit anderen Worten, die Verteidigung dehnt den Begriff der Anwendung auf jede Theorie aus, die auch nur etwas Licht auf irgendeinen Aspekt der Wirklichkeit wirft. Aber nicht-testbare Modelle (von denen wir einige Beispiele angeführt haben) können so nicht verteidigt werden, da man wegen ihres Mangels einer Beziehung zur empirischen Wirklichkeit nicht sagen kann, sie würden irgendeinen Aspekt der Realität „beleuchten". Die unangenehmste Eigenschaft dieser nicht-testbaren Modelle ist ihre Fähigkeit zur Selbstreproduktion. Sie legt die Vermutung nahe, daß die Modellkonstruktion dieser Art hauptsächlich, wenn nicht vornehmlich, der Arbeitsplatzerhaltung in diesem Beruf dient.

Die Antwort auf diesen Vorwurf wollen wir uns ersparen und zum Problem der rein mathematischen Orientierung bei der Modellkonstruktion übergehen.

Die Vertreter dieser Richtung besitzen gewöhnlich eine weit solidere mathematische Ausbildung als ihre anwendungsorientierten Kollegen. Oft sind es Mathematiker und nicht Sozialwissenschaftler. Sie fühlen sich von gewissen Gebieten der Sozialwissenschaften angezogen, da sie hier die Möglichkeit rein mathematischer Untersuchungen sehen, d.h. der Herstellung von Theoremen, der Entdeckung neuer Implikationen. Zwei Klassen von Problemen stellen sich dem Mathematiker gleichsam „von selbst": zum einen der „Beweis der Umkehrung", zum anderen der „Beweis eines Existenztheorems". Jedes Theorem ist schon eine Behauptung von der Form „p impliziert q", wobei p und q Sätze über beliebige mathematische Objekte oder Relationen sind. Die Umkehrung zu beweisen heißt zu zeigen, daß auch „q impliziert p" gilt. Dies ist zuweilen trivial einfach, wenn die Umkehrung schon in der Formulierung des Theorems implizit ist. Manchmal ist es dagegen sehr schwierig, die Umkehrung eines Theorems zu beweisen.

Dann wird diese Umkehrung zu einem selbständigen Theorem. Es kann auch geschehen, daß die Umkehrung eines Theorems ungültig ist, was ebenfalls eine „Ausgrabung" darstellt, die der Trophäensammlung des Mathematikers hinzugefügt werden kann.

Ein Theorem und seine Umkehrung bilden zusammen die „notwendigen und hinreichenden Bedingungen". Falls nämlich $p \rightarrow q$ gilt, dann ist p hinreichend für q. Falls $q \rightarrow p$ ebenfalls gilt, dann sind p und q beide füreinander notwendig und hinreichend. Die Herstellung notwendiger und hinreichender Bedingungen gibt dem Theorem einen Hauch von „Finalität" (Endgültigkeit): Sie beantworten eine Frage ein für allemal. Daher sind Mathematiker immer glücklich, wenn ihnen der Nachweis notwendiger und hinreichender Bedingungen gelingt, insbesondere wenn der Beweis schwierig ist. Oft sind jedoch Theoreme dieser Art nicht selbst durch Modelle interpretierbar, sogar wenn ihre Vorläufer auf interpretierbaren Modellen beruhen. Wir hatten eine solche Situation im Kapitel 18 (vgl. S. 257) erwähnt, wo es darum ging, eine notwendige und hinreichende Bedingung für eine soziale Entscheidungsfunktion als „repräsentatives System" zu finden.

Ein Existenztheorem trägt die Aura des „Fundamentalen". So wird beispielsweise jenes Theorem, das die Existenz einer komplexen Wurzel eines Polynoms mit komplexen Koeffizienten behauptet, das *Fundamentaltheorem der Algebra* genannt. Im selben Geiste wurde der Titel des Fundamentaltheorems der Spieltheorie dem *von Neumann* [1928] bewiesenen Satz zugesprochen, der die Existenz „optimaler" Strategien für jedes endliche Zwei-Personen-Konstantsummenspiel nachweist.

Bei der Entwicklung des Begriffs einer „Lösung" für ein n-Personenspiel hoffte von Neumann ein Fundamentaltheorem für solche Spiele nachweisen zu können, so daß die Existenz einer N-M-Lösung für alle n-Personenspiele in der Form einer charakteristischen Funktion gesichert wäre. 1965 hat Lucas gezeigt, daß dies unmöglich ist: er zeigte ein Beispiel eines n-Personenspiels, dessen Menge von N-M-Lösungen leer ist. Dieses Ergebnis wurde in Kreisen der Spieltheoretiker mit Enthusiasmus begrüßt, da es eine Frage ein für allemal beantwortet hatte. Seine „praktische" Bedeutung erhält es aus der Tatsache, daß es die Spieltheoretiker davor bewahrt, fruchtlose Bemühungen zum Beweis des von von Neumann angenommenen Theorems zu unternehmen. Aber die Interpretation des Theorems im Kontext der ursprünglichen Spieltheorie als einer Theorie strategischer Konflikte (oder der Konfliktlösungen) ist, gelinde gesagt, problematisch. Das Beispiel von Lucas ist ein 10-Personenspiel mit einem nicht-leeren Kern (vgl. S. 268). Diese Eigenschaft muß Spieltheoretikern äußerst seltsam erscheinen, denn falls ein Spiel eine N-M-Lösung besitzt, muß sein Kern, falls es überhaupt einen hat, in der Lösung enthalten sein. Ein leerer *Kern* stellt kein Problem dar, da die Nullmenge als Teilmenge einer beliebigen Menge angesehen werden kann (vgl. S. 195). Was bedeutet also ein nicht-leerer Kern (der eine Teilmenge einer nicht-leeren Übermenge sein müßte), falls diese Teilmenge überhaupt nicht existiert?

In der Tat stellt das Gegenbeispiel von Lucas eine Herausforderung an die Spieltheoretiker dar. Es stellt nämlich das Problem des Findens notwendiger und ausreichender Bedingungen für die Existenz einer N-M-Lösung. Ich bin sicher, daß ehrgeizige Spieltheoretiker an diesem Problem arbeiten, während ich diese Sätze schreibe. Ferner bin ich ebenso sicher, daß, falls und sobald das Problem gelöst sein wird, das Ergebnis als Meilenstein in der Entwicklung der Spieltheorie gefeiert werden wird. Ich bezweifle das, da der Unterschied zwischen Spielen mit und ohne N-M-Lösungen durch soziale Situationen interpretiert werden kann, die ursprünglich als Modelle der kooperativen n-Personenspiele gedient hatten.

Ebenso wie bei einigen prädiktiven Modellen die Verbindung zwischen dem Modell und seiner empirischen Testbarkeit durch die Zunahme der Probleme verloren geht, so wird auch im Falle der strukturellen, axiomatisch orientierten Modelle (wie es die spieltheoretischen sind) die Verbindung zwischen Modell und seiner Interpretation oft vernebelt, wenn die Probleme sich ausweiten.

Die Bemühungen der Modellbauer, die sie weit über jede „praktische Anwendbarkeit" und selbst über die empirische Testbarkeit oder gar die strukturelle Interpretation hinausführen, scheinen vom Prozeß der mathematischen Modellbildung untrennbar zu sein. Versuche, ihnen diese Eigenschaften aufzuzwingen, würden dem Entzug der intellektuellen Nahrung gegenüber den Wissenschaftlern gleichkommen. Das Problem der Rechtfertigung zumindest eines Teils seiner Tätigkeit beinhaltet das Problem der Rechtfertigung eines *Berufes,* und damit die Nachfrage an diesen Beruf. Falls eine solche Rechtfertigung gefunden werden kann, könnten die eben erwähnten Unzulänglichkeiten (daß nämlich der größte Teil der mathematischen Behandlung der sozialwissenschaftlichen Probleme von Selbsterhaltungsinteressen eines Berufes erzeugt wird), zumindest teilweise aufgehoben werden.

Bedarf die „Zivilisation" eines Berufs, dessen Angehörige damit beschäftigt sind, über die Angelegenheiten der Menschen mathematisch nachzudenken?

Die Antwort könnte lauten: „Ja, falls der Beruf etwas zum 'praktischen Wissen' beiträgt". Dabei wird als „praktisches Wissen" zumeist ein Wissen verstanden, das die Möglichkeiten der Vorhersage und der Kontrolle erhöht. Falls dem so ist, dann können die wichtigsten Forschungsrichtungen, die sich mit der Mathematisierung der Sozialwissenschaften befassen, nicht ernsthaft gerechtfertigt werden. Auch durch die wohlbekannten Appelle können sie nicht gerechtfertigt werden, denn damit wird lediglich um mehr Zeit ersucht. Denn eines Tages wird die Zeit doch kommen, und dann wird sich erweisen, daß ein großer Teil der Forschungsergebnisse zu überhaupt keinen „praktischen Resultaten" geführt hat. Enttäuschungen erzeugen lediglich einen „Rückschlag" und untergraben das Vertrauen. Vage Versprechungen zukünftiger „Rückzahlung der Investitionen" untergraben somit lediglich die Existenzgrundlage des Berufsstandes.

Die Antwort könnte auch lauten: „Ja, falls der Beruf zur Bereicherung unseres Wissens über die reale Welt beiträgt". Diese Bedingung ist weniger streng. Sie beruht nicht auf Erwartungen „praktischer Ergebnisse" im vulgären Sinne. Die Vertreter dieser Position erachten die öffentliche Unterstützung von Forschungen etwa über die „schwarzen Löcher" im Kosmos für selbstverständlich, unabhängig davon, ob sie etwas zur Raumfahrttechnologie beizutragen haben oder nicht: genauso wie sie die Unterstützung der Erforschung ausgestorbener Sprachen unterstützen, oder der deskriptiven Biologie mit ihrer Auflistung von Millionen Insektenarten. Sie befürworten „Erkenntnis um der Erkenntnis willen". Aber sie verstehen Erkenntnis als etwas, das sich auf etwas außerhalb, in der „realen Welt" befindlich bezieht. Wenn die Bejahung der mathematisch orientierten Sozialwissenschaften auf diesem Begriff von Erkenntnis beruht, so können viele der in diesem Buch geschilderten Untersuchungen gerechtfertigt werden, aber gewiß nicht alle, und womöglich nicht einmal die meisten.

Die Antwort, die ich auf diese Frage geben möchte, ist die folgende: „Ja, eine zivilisierte Gesellschaft braucht einen Beruf, dessen Aufgabe es ist, über menschliche Handlungsweisen mit mathematischen Mitteln nachzudenken, da mathematisches Denken die disziplinierteste Form des Denkens ist, und eine zivilisierte Gesellschaft benötigt eine *Gemeinschaft* von Männern und Frauen, die die Techniken des disziplinierten Denkens beherrschen, insbesondere auf Gebieten, die gewisse (selbst sehr schwache) Beziehungen zu menschlichen Angelegenheiten besitzen."

Offen gesagt, diese Antwort sollte gleichzeitig eine Definition der zivilisierten Gesellschaft darstellen. In ihr muß Wissenschaft einen anerkannten Platz und volle Unterstützung finden, und zwar nicht vorrangig aus dem Grunde, daß sie zur „Vorhersage und Kontrolle" beiträgt, sondern vor allem, weil sie die einzige Ebene menschlicher Aktivitäten ist, die jede Überheblichkeit ins Wanken bringt, die aufgestellten Dogmen erschüttert, und den Blick über den Kirchturm hinaus erweitert. Diese Möglichkeiten entsprechen denen einer „zivilisierten Gesellschaft", wie ich sie verstehe.

Wissenschaftliches Denken, dessen „reinste" Form die Mathematik ist, enthält eine bemerkenswerte Synthese größter Freiheit und größter Disziplin, etwas, was wegen der offensichtlichen Gegensätzlichkeit nur sehr schwer vereinbar zu sein scheint. Wissenschaftliche Analyse gewährt Freiheit von verkrusteten Denkgewohnheiten, vor allem Freiheit von der „Tyrannei der Wörter", welche die Menschen zwingt, in kulturell tradierten oder politisch aufgesetzten verbalen Kategorien zu denken, die zuweilen weder intern konsistent, noch irgendwie realitätsbezogen sind. Gleichzeitig vermittelt die wissenschaftliche Denkweise die ihr eigene Disziplin, die paradoxerweise Freiheit bringt, anstatt sie zu zerstören. Die Tyrannei überlebt durch Kanonisierung von Unsinn und Verewigung von Falschem. Wissenschaftliches Denken ist ein machtvolles Kampfmittel gegen Tyrannei, da es Sinn von Unsinn unterscheidet und Wahres von Falschem. Keine Tyrannei kann überleben, ohne die Suche nach Wahrheit zumindest in einigen Forschungsbereichen zu unterdrücken und der Offenlegung des Unsinns durch ritualisierte Redewendungen vorzubeugen.

Von den drei Eigenschaften wissenschaftlichen Denkens — Genauigkeit, Allgemeinheit und Objektivität — zeichnen die ersten beiden das mathematische Denken in höchstem Maße aus. Beim

Erreichen der vollständigen Genauigkeit und des höchsten Allgemeinheitsgrades hat die Mathematik in ihrer geschichtlichen Entwicklung einen hohen Preis gezahlt: sie hat die Verbindung zwischen den Objekten, mit denen sie arbeitet, und der „realen" (d.h. beobachtbaren) Welt erheblich erschwert. Aus diesem Grunde ist das Kriterium der Objektivität auf die Mathematik nicht als solches anwendbar, falls wir der Objektivität den üblichen Sinn zuschreiben, nämlich Übereinstimmung zwischen unabhängigen *Beobachtern* darüber, „was der Fall ist". Da jedoch die Verknüpfungen zwischen den Deduktionen (Ableitungen) der Modelle und der beobachtbaren Welt in mathematischen Modellen realer Phänomene zumindest teilweise enthalten sind, trägt die Mathematik auch diesem Aspekt wissenschaftlichen Denkens Rechnung.

Hierin liegt die Macht der Wissenschaft, insbesondere der quantifizierten oder mathematisierten Wissenschaft bei der Schaffung der Lebensgrundlage der menschlichen Gemeinschaft. Eine fundamentale, wenn auch meist nur implizite, dem wissenschaftlichen Verständnis von Wahrheit zugrundeliegende Annahme ist, daß unsere Sinne Grundlage der Übereinstimmung über das Beobachtete darstellen. Die bloße Existenz dieser Grundlage reicht jedoch zur Errichtung eines universellen Kriteriums von „wahr" nicht aus, da das Primat der Beobachtung als Basis unseres Wissens darüber, „was der Fall ist", keineswegs in allen Kulturen und Weltanschauungen anerkannt ist. So hat Platon beispielsweise explizit das Primat der Beobachtung und selbst ihre Relevanz bei der Wahrheitsfindung abgelehnt. Er hat dagegen die Wichtigkeit des *Denkens* hervorgehoben (etwa im Menon).

Die wissenschaftliche Konzeption von Wahrheit beinhaltet sowohl das Primat der Beobachtung als auch das Primat der unabhängigen logischen Deduktion. Es scheint ja der Fall zu sein, daß eine Grundlage der Verständigung über die Wahrheit von Behauptungen und die Gültigkeit von Schlüssen bei menschlichen Wesen vorhanden ist. Das Testen der Realität durch den Gebrauch der Sinne und Ansätze gültiger logischer Deduktionen werden in allen Kulturen zumindest in jenen alltäglichen Handlungen angetroffen, die unmittelbar Probleme des Überlebens betreffen. Man könnte annehmen, daß der Mensch mit seinem geringen Instinktevorrat und der unzureichenden physischen Anpassungsfähigkeit an seine Umgebung ohne diese Eigenschaften nicht hätte überleben können. Testen der Realität und logisches Denken werden dann seltener, wenn der Mensch anfängt, seine Vorstellungskraft zu entfalten und auf ihrer Grundlage für seine Tätigkeiten, Verhaltensregeln oder Formen sozialer Organisation Begründungen zu liefern. Durch solche Erklärungsversuche hat sich der Mensch am weitesten vom wissenschaftlichen Erkennen entfernt. Damit beinhaltet wissenschaftliches Streben nicht nur den Glauben an eine gemeinsame Grundlage für ein Kriterium der Wahrheit im menschlichen Sinnesapparat und in seiner Denkfähigkeit, sondern ebenso ein Werturteil, nämlich daß diese allgemeine Grundlage über die Ebene der alltäglichen überlebensorientierten Verhaltens hinaus ausgedehnt werden *sollte*, und zwar auf die höheren Formen der geistigen Aktivität, die Abstraktion, Vorstellung und Verallgemeinerung beinhalten.

Es gibt gute Gründe für die Annahme, daß diese Ausdehnung die Grundlage für die Errichtung einer Menschengemeinschaft erweitert. In einem gewissen Sinne besteht bereits eine globale wissenschaftliche Gemeinschaft, nicht im Sinne gemeinsamer Werte für jeden Aspekt des menschlichen Lebens (Wissenschaftler sind Menschen und damit zuweilen durch tradierte Kultur und politische Verpflichtungen auf vielerlei Weise gebunden), sondern im Sinne der vollständigsten, jemals errichteten Gemeinschaft im Hinblick auf das Verständnis von objektiver Wahrheit und logischer Strenge. Nirgendwo ist diese Gemeinschaft vollkommener als in der Mathematik. So manche Richtungen inhaltsorientierten wissenschaftlichen Forschens können immer noch durch viele in den verschiedenen Gesellschaften vorherrschende Werte beeinflußt sein, und auch die Spezialisierung in verschiedenen inhaltlichen Bereichen kann Kommunikationsgrenzen erzeugen. Die Mathematik ist dagegen das am meisten vereinheitlichte Gebiet der Erkenntnis. Sie besteht ganz aus einem Guß. Die in einigen ihrer Bereiche entwickelten Begriffe haben oft Erkenntnisse in anderen erleichtert. Die Mathematik verwirklicht von allen Mathematikern erstrebte ästhetische Ideale viel vollständiger, als alle anderen von menschlichen Wesen anerkannten ästhetischen Ideale je realisiert werden können. Alle Mathematiker sprechen dieselbe Sprache nicht nur im Sinne der gleichen grammatikalischen Struktur und desselben Vokabulars, sondern auch in jenem des gleichen begrifflichen Inhalts. Diese Gemeinschaft entstand aus der Unabhängigkeit mathematischer Konzeptionen von empirischem Inhalt, der notwendig vom Kulturerbe und sozialer Umgebung beeinflußt wird.

Despotische Regime sind sich der Möglichkeiten der Wissenschaft als einer Quelle von Macht wohl bewußt. Aber sie kennen auch die Potenzen wissenschaftlichen Denkens als einer Quelle der Bedrohung ihrer Herrschaft. Die Wissenschaftspolitik solcher Regime widerspiegelt ihre Sorgen in beiderlei Hinsicht. Unterstützung wird vorzüglich solchen Forschungsvorhaben zuteil, von denen unmittelbarer technologischer, vor allem aber militärischer Vorteil erwartet werden kann. Versuche, die ideologischen Möglichkeiten der Wissenschaften zu mobilisieren oder zumindest zu neutralisieren, äußern sich in der Verordnung eines orthodoxen Erkenntnisrahmens, dem wissenschaftliches Denken untergeordnet werden soll. Zuweilen haben diese Verordnungen auch Pseudowissenschaften gezeigt, wie etwa die rassistischen „Theorien" im Nazideutschland oder Lysenkos „Theorie" der Vererbung in der Sowjetunion. In anderen Fällen wurden ganze Forschungsgebiete verboten, wie beispielsweise einige Bereiche der Geschichtswissenschaften oder der Soziologie. Es muß jedoch betont werden, daß *jede* inhaltsorientierte Wissenschaft auf *gewissen* kognitiven Voraussetzungen beruht, die inadäquat oder auch gänzlich falsch sein mögen. Keine inhaltsorientierte Wissenschaft beruht auf einer Grundlage absoluter Wahrheit. Die Kosmologie von Ptolemäus und Newtons Korpuskeltheorie des Lichts waren beide falsch, aber nichtsdestoweniger wissenschaftlich. Agassiz konnte die Evolutionstheorie verwerfen und dessen unbeschadet ein hervorragender Biologe sein. Im Gegensatz dazu kann ein mathematisch gültiges Resultat nicht anders verworfen werden als durch die Entdeckung eines nachweisbaren Irrtums. Und unabhängig von vorherrschenden philosophischen Strömungen kann ein mathematischer Widerspruch nicht hingenommen werden. Mathematik ist nicht korrumpier-verführbar. Sie kann verboten, aber sie kann nicht zur Dienerin der Ideen von Herrschaft und Ideologie pervertiert werden. Aus diesem Grunde ist die Mathematik überall dieselbe, während die Forschungsgebiete, Richtungen und selbst Ergebnisse der inhaltsorientierten Wissenschaften in verschiedenen Kulturen und politischen Verfassungen unterschiedlich sein können. Mathematik ist die reine Sprache des genauen Denkens an sich.

Sicherlich ergibt sich diese privilegierte Lage der Mathematik aus ihrer Inhaltslosigkeit. Aus diesem Grunde muß der angewandte Mathematiker, der in bezug auf die interne Gültigkeit seiner Ergebnisse mit Gewißheit gesegnet ist, im Hinblick auf die Bedeutung dieser Resultate für die reale Welt äußerste Vorsicht walten lassen. Als ein siegreicher römischer Feldherr im Triumphzug die jubelnden Massen entlangfuhr, soll ein Beamter hinter ihm gestanden haben, um ins Ohr des Triumphators zu flüstern: „Bedenke, Du bist nur ein Mensch".

Ein in Datengewinnung vertiefter Erforscher des menschlichen Verhaltens könnte zu Recht die Bedeutung seiner Tätigkeit gegenüber der des mathematischen Modellbauers höher bewerten. Der letztere wiederum, in der Sicherheit strenger Deduktionen, der Allgemeinheit der mathematischen Sprache und der Unverführbarkeit der Mathematik befangen, könnte für die außergewöhnlichen Schwierigkeiten der Gewinnung von Daten über menschliches Verhalten, die für seine Modelle relevant sind, und für die Irrtümlichkeit und Unzuverlässigkeit dieser Daten nicht genügend Vorsicht entgegenbringen.

Somit besteht die richtige Haltung eines Konstrukteurs mathematischer Modelle der menschlichen Psychologie, des menschlichen Verhaltens, der sozialen Systeme und ähnlicher Gegenstände darin, der deduktiven Potenz seiner Modelle zu vertrauen, und gleichzeitig ihrer Anwendbarkeit gegenüber skeptisch zu sein. Um dies zu erreichen, muß der mathematisch ausgerichtete Sozialwissenschaftler sein Handwerk üben. Falls eine zivilisierte Gesellschaft Menschen mit einer Problemsicht bedarf, die darauf gerichtet ist, die wissenschaftliche Methode auf die Analyse menschlicher Handlungsweisen anzuwenden, dann muß sie auch jene „Übungen" in Kauf nehmen, die der Ausbildung solcher Spezialisten dienen, und zu ihrer wissenschaftlichen Reifung beitragen.

Kurz gesagt, einer der entscheidenden Vorteile der Entwicklung mathematischer Methoden in den Sozialwissenschaften liegt in ihrem Einfluß auf das intellektuelle Klima. Die Vertrautheit mit quantitativen und mathematischen Methoden bewirkt bestimmte Denkgewohnheiten, die meiner Meinung nach in einer zivilisierten Gesellschaft nicht intensiv genug gepflegt werden können. Insbesondere ist die Gewohnheit „operationellen" Denkens wichtig. Sie liefert Schutz vor der Tyrannei der Worte, ob diese nun durch verknöcherte Traditionen verewigt, oder durch ein despotisches Regime verordnet oder aber durch Berufsblindheit herausgebildet wurde.

Betrachten wir die tief verwurzelten Werturteile, die beim Vergleich von Klassenstrukturen verschiedener Gesellschaften enthalten sind. Im Bunde mit engherzigen Pflichtgefühlen gegenüber den Herrschenden verstellen sie oft den Blick auf unerwünschte Verhältnisse. „Die Chancengleichheit" wird häufig als ein erwünschter Aspekt von „Demokratie" angesehen. Aber näher besehen ist es nichts als ein Schlagwort. Im Gegensatz dazu können die Indizes der sozialen Mobilität einem objektiven Vergleich unterzogen werden. Die Frage, „welche Gesellschaft hat die größere soziale Mobilität?" wird dadurch keineswegs beantwortet, da der Begriff der „sozialen Mobilität", wie wir gesehen haben, auf vielerlei Weise operationalisiert werden kann. Der Vergleich verschiedener Gesellschaften kann daher verschiedene Resultate liefern, aber gerade die Mehrdeutigkeit des Begriffs der „sozialen Mobilität", die durch die Vielfalt der operationalen Definitionen aufgedeckt wird, ist ein Wert in sich selbst. Sie drängt das Denken weg von Schlagwörtern und hin zu Analyse.

Im Zusammenhang mit dem axiomatischen Ansatz haben wir die Verwicklungen beim Versuch einer strengen Definition des Begriffs einer „demokratischen sozialen Entscheidung" kennengelernt. Die mathematische Analyse hilft uns, die Mehrdeutigkeiten, Widersprüche und Paradoxen aufzudecken, die in verbalen intuitiven Definitionen enthalten sind. Auf diese Weise distanziert sich der mathematische Analytiker vom wissenschaftsfeindlichen Störenfried, der vorgibt, auf den enormen Unterschied zwischen Modell und Wirklichkeit aufmerksam machen zu wollen, dem aber im Grunde nur daran gelegen ist, die Mathematisierung der Sozialwissenschaften überhaupt als ein blödsinniges und „irrelevantes" Unterfangen hinzustellen.

Wir haben gesehen, auf welche Weise die mathematische Analyse das nur ungenau formulierte Problem der Abbildung physikalischer Größen von Stimuli auf die entsprechenden subjektiven Wahrnehmungen dieser Größen anzugehen versucht. Dabei handelt es sich im Grunde um das uralte Problem der Beziehung von „Materie" und „Geist". Im psychophysikalischen Kontext wird dieses Problem sicherlich übermäßig verkürzt und es verliert seinen metaphysischen Glanz, aber dadurch ist es gleichzeitig einem wissenschaftlichen Zugang erschlossen.

Wir haben gesehen, wie der Begriff der „rationalen Entscheidung in Konfliktsituationen" sich in Vieldeutigkeiten auflöst und verschiedene Bedeutungen in verschiedenen Situationen annimmt, wenn es im gnadenlosen Licht mathematischer Analyse untersucht wird. Es mag keinen Weg der „Anwendung" dieser Einsichten beim Entwurf von Handlungsanweisungen geben, weil sie nicht in Vorschriften für unabhängige individuelle Aktoren übersetzt werden können. Sie können lediglich in Vorschriften für kollektive kooperierende Aktoren umformuliert werden, die (zumindestens auf der internationalen| Bühne) nicht existieren. Aber diese Einsichten könnten ein neues intellektuelles Klima schaffen, in dem der „Realismus" der Machtpolitik mit mehr Skepsis gesehen wird.

Wir haben gesehen, wie die Versuche, „globale Gegebenheiten" vorherzusehen, einen ganzen Haufen neuer methodologischer Probleme aufwarfen. Es könnte sein, daß man diese niemals so lösen können wird, daß sie den Menschen in die Lage versetzen, die Zukunft zuverlässig vorherzusagen, und noch viel weniger sie zu kontrollieren, aber schon die Schaffung neuen Problembewußtseins bewirkt gewisse Änderungen der Denkweisen über die Zukunft des Menschen. Dies ist ein weiterer Einfluß des mathematischen Ansatzes auf das intellektuelle Klima.

Wir haben gezeigt, daß das „quantitative Denken" auf zweifache Weise mißverstanden werden kann. Es fixiert das Denken auf Einzelheiten und verhindert die Wahrnehmung des organischen „Ganzen", die für das Verstehen lebender Systeme, menschlicher Psyche, sozialer Organisationen, historischer Vorgänge und ähnlichem unerläßlich ist. Man meint, quantitative Kategorien, Unterschiede und Veränderungen hätten für die qualitative Analyse keinerlei Bedeutung. Zum anderen meint man, die Beschäftigung mit zählbaren und meßbaren Größen verhindere das Erkennen von Werten, die von qualitativen und nicht von quantitativen Aspekten der Dinge, der Umstände oder Handlungen abhingen.

Zur ersten Warnung kann gesagt werden, daß Mathematisierung nicht extensionsgleich mit Quantifizierung ist. Quantitäten stellen sicherlich die wichtigsten Forschungsobjekte der Mathematik dar, wie sie einem Nicht-Mathematiker erscheinen. Aber sie bilden keineswegs die einzigen Entitäten der mathematischen Analyse. Wie wir gesehen haben, spielen reelle Zahlen und arithmetische Operationen in der strukturellen Mathematik lediglich eine untergeordnete Rolle. Dieses Gebiet der Mathematik handelt von ganzheitlichen Strukturen und qualitativen Beziehungen. Mathematisierung bedeutet begriffliche Strenge, aber nicht Reduktion aller Kategorien auf Quantitäten. Frühe Anwendungen der quantitativen Methoden auf die Linguistik waren vornehmlich auf die statistischen Eigenschaften großer Wortverbände gerichtet (vgl. Kapitel 9). Diese mögen für sich genommen recht interessant sein, aber sie decken keineswegs die wesentlichen Bestimmungen von Sprache als *Bedeutungstrager* (Semantik) auf, oder etwa ihres Charakters als eines strukturierten Zeichensystems (Grammatik, Syntax). Trotzdem hat die Anwendung der strukturellen Mathematik (z.B. der Automatentheorie) schließlich zur Begründung der mathematischen (im Unterschied zur statistischen) Linguistik geführt, in der Modelle von Sprachstruktur (und nicht nur Folgen probabilistisch bestimmter Ereignisse) aufgestellt werden konnten. Die Tatsache, daß sich die strukturelle Mathematik als ein nützliches Instrument der syntaktischen Analyse erwiesen hat, demonstriert die Anwendbarkeit mathematischer Methoden auf nicht-quantitative Beziehungen.

Die zweite Warnung muß ernster genommen werden. Bestrebungen, Werte auf meßbare Quantitäten zu reduzieren, können in Gesellschaften beobachtet werden, die vom Streben nach materiellen Gütern und vom weitgehenden Wettbewerb beherrscht werden. Die journalistische Angewohnheit, Meisterwerke der Kunst durch ihren Marktpreis zu beschreiben, berühmte Persönlichkeiten durch ihr Einkommen und so weiter, kann als Anzeichen einer Verflachung der Wertvorstellungen gedeutet werden. Auch Popularitätsindizes von Politikern und von Fernsehprogrammen fördern vereinfachende Bewertungsgewohnheiten. George F. Babbit, das Urbild eines Spießbürgers in Sinclair Lewis' Roman, findet ein Gebäude deswegen schöner als ein anderes, weil es vier Stockwerke höher ist.

Es muß jedoch bemerkt werden, daß eine Quantifizierung von Werten immer dann unvermeidbar ist, wenn ein objektiver Grund für eine wertbedingte *Entscheidung* gegeben werden muß. Der Gebrauch einer Arznei wird zumeist aufgrund statistischer Erkenntnisse über ihre Wirkung bei der Heilung oder der Kontrolle von Krankheiten gerechtfertigt, und es wird schwer fallen, eine andere Rechtfertigung für ihre therapeutische Anwendung anzugeben. Ein Entwurf eines Straßensystems wird einem anderen aufgrund von Schätzungen des Verkehrsaufkommens vorgezogen. Solche Bewertungskriterien werden häufig verhöhnt, da diese Indizes der Bewertungen keine Aspekte enthalten, die von anderen Betroffenen für wichtiger erachtet werden. Die Arznei mag schwerwiegende Nebenwirkungen verursachen. Eine Straße mag eine Landschaft oder ein Gemeinwesen zerstören, oder sie mag die Umweltverschmutzung bis über die Grenze des Erträglichen hinaus verstärken. Aber eine wirkungsvolle Korrektur solcher schlechten Entscheidungen kann nicht in der Verhinderung quantitativen Denkens bestehen. Eine stichhaltige Kritik muß explizit sein. Beispielsweise sollte sie die Aufmerksamkeit auf jene Faktoren lenken, die nicht in den Bewertungsindizes enthalten waren und somit eine andere Bewertungsgrundlage vorgeschlagen. Dies könnte *mehr* Quantifizierung anstelle von weniger bedeuten, wie etwa die Quantifizierung unerwünschter Nebenwirkung der Arznei, oder die Quantifizierung der Umweltverschmutzung zusammen mit ihnen beigeordneten Gewichtungen, um die neuen Kriterien gegenüber der getroffenen Entscheidung abwägen zu können.

Auf jeden Fall kann die Güte der Entscheidung nur verbessert werden, wenn die Argumente für oder gegen sie klar und einsichtig vorgetragen werden. Hierbei kann Quantifizierung eine große Hilfe sein. Der Versuch, das Sicherheitsmaß einer Nation auf der Grundlage der Vernichtungspotentials ihrer Militärmaschinerie zu bestimmen, ist meiner Meinung nach jämmerlich. Aber bei der Begründung dieser Ansicht muß ich betonen, daß die Indizes nicht deshalb nichts taugen, weil sie „seelenlose Zahlen" darstellen, sondern weil sie von Militärfachleuten erarbeitet sind, deren Berufsinteressen weit von dem entfernt sind, was gewöhnliche Leute üblicherweise unter Sicherheit verstehen. Aber die völlige Bedeutungslosigkeit der Vernichtungsmaschinerie für die Sicherheit, wie sie von den eben erwähnten normalen Menschen vorgestellt wird, kann ausschließlich durch eine sorgfältige Analyse historischer Ereignisse oder durch die Projektion von Wahrscheinlichkeiten auf Zukunfsereignisse oder durch andere überzeugende Verfahren nachgewiesen werden. Auch hier wird die objektive Bewertung solcher Nachweise häufig durch quantitative oder strukturelle Analyse unterstützt.

Wenn also klares und diszipliniertes Denken, weder von der Tyrannei sprachlicher Gewohnheiten noch politisch diktierten Verboten behindert, einen Wert zivilisierter Gesellschaften darstellt (wovon ich fest überzeugt bin), dann muß die Erweiterung von Erkenntnisbereichen, in denen mathematische Methoden wichtig sind, bejaht und angestrebt werden.

Literaturverzeichnis

Abel, T.: The element of decision in the pattern of war. American Sociological Review **6**, 1941, 853–859.

Andreski, S.: Die Hexenmeister der Sozialwissenschaften. München 1977.

Arrow, K.J.: Social Choice and Individual Values. New York 1951.

Aumann, R.J., und *M. Maschler*: The bargaining set for cooperative games. Advances in Game Theory (M. Dreher, L.S. Shapley und A.W. Tucker, Redakteure). Annals of Mathematics Studies **52**. Princeton, N.J., 1964.

Bartholomew, D.J.: An approximate solution of the integral equation of renewal theory. Journal of the Royal Statistical Society B, **25**, 1963, 432–441.

–: Stochastic Models for Social Processes. New York 1967.

Bennet, J.P., und *H.R. Alker*: When national security policies bred collective insecurity. Problems of World Modeling (K.W. Deutsch, B. Fritsch, H. Jaguaribe und A.S. Markovits, Redakteure). Cambridge, Mass., 1977.

Black, D.: The Theory of Committees and Elections. Cambridge, Mass. 1958.

Blau, P., und *O.D. Duncan*: The American Occupational Structure. New York 1967.

Block, H.D., und *J. Marschak*: Random orderings and stochastic theories of response. Contributions to Probability and Statistics (I. Olkin, S. Ghuyre, W. Hoeffding, W. Madow und H. Mann, Redakteure). Stanford, Calif., 1960.

Boudon, R.: Mathematical Structures of Social Mobility. Amsterdam 1973.

Boulding, K.E.: National images and international systems. Journal of Conflict Resolution 3, 1959, 120–131.

–: Conflict and Defense. New York 1962.

Bourne, L.W., und *F. Restle*: Mathematical theory of concept identification. Psychological Review **66**, 1959, 278–296.

Bower, G.: Application of a model to paired-associate learning. Psychometrika **26**, 1961, 255–280.

–: An association model for response and training variables in paired associate learning. Psychological Review **69**, 1962, 34–53.

Braithwaite, R.B.: Theory of Games as a Tool for the Moral Philosopher. Cambridge, Mass. 1955.

Brams, S.J.: Game Theory in Politics. New York 1975.

Breiger, R.L.: Career attributes and network structure: A blockmodel study of biomedical research specialists. American Sociological Review **41**, 1976, 117–135.

Broom, L., und *F.L. Jones*: Status consistency and political preference: the Australian case. American Sociological Review **35**, 1970, 989–1001.

Bush, R.R., und *F. Mosteller*: Stochastic Models for Learning. New York 1955.

Coale, A.J.: The effects of changes in mortality and fertility rates on age composition. Milbank Memorial Fund Quarterly **34**, 1956, 79–114.

–: The Growth and Structure of Human Populations. Princeton, N.J., 1972.

Coleman, J.S.: Introduction to Mathematical Sociology. London 1964.

Coombs, C.: A Theory of Data. New York 1964.

Dahl, R.A.: The concept of power. Behavioral Science **2**, 1957, 201–215.

De Swaan, A.: Coalition Theories and Cabinet Formations. Amsterdam 1973.

Deutsch, K.W.: Nationalism and Social Communication. Cambridge, Mass., 1966.

–: Nation and World. Contemporary Political Science (I.D. Pool, Redakteur). New York 1967.

Dyer, J.S., und *R.F. Miles*, Jr.: An actual application of collective choice theory in the selection of trajectories for the Mariner Jupiter/Saturn 1977 Project. Operations Research **24**, 1976, 220–224.

Eisenstadt, S.N.: The Political Systems of Empires. New York 1963.

Fararo, T.J.: Mathematical Sociology. New York 1973.

Farquharson, R.: Theory of Voting. New Haven, Conn., 1969.

Feller, W.: An Introduction to Probability Theory and Its Applications, Band 2. New York 1966.

Fishburn, P.C.: The Theory of Social Choice. Princeton, N.J., 1973.

Flament, C.: Applications of Graph Theory to Group Structure. Englewood, N.J., 1963.

Forrester, J.W.: World Dynamics. Cambridge, Mass., 1971.

Frobenius, G.F.: Über Matrizen aus nicht negativen Elementen. Sitzungsberichte der Königlich Preussischen Akademie der Wissenschaften zu Berlin, 1912, 456–477.

Galtung, J.: Violence, peace, and peace research. Journal of Peace Research 6, 1969, 167–191.

Gillespie, J.V., und *D.A. Zinnes*: Progressions in mathematical models of international conflict. Synthese **31**, 1975, 289–321.

Gillespie, J.V., *D.A. Zinnes* und *G.S. Tahim*: Foreign military assistance and the armament race: A differential game model with control. Peace Science Society (International) Papers **25**, 1973, 35–51.

Glass, D.V.: Social Mobility in Britain. London 1954.

Goodman, L.A.: Population growth of the sexes. Biometrics 8, 1952, 212–225.

Gulliksen, H.: A rational equation of the learning curve based on Thorndike's Law of Effect. Journal of General Psychology 11, 1934, 395–434.

Guyer, M., und *H. Hamburger*: An enumeration of all 2 × 2 games. General Systems 13, 1968, 205–208.

Gyuer, M., und *B. Perkel*: Experimental Games: A Bibliography. Ann Arbor 1972.

Harary, F., R.Z. Norman und *D. Cartwright*: Structural Models: An Introduction to the Theory of Directed Graphs. New York 1965.

Harsanyi, J.C.: Rational Behavior and Bargaining Equilibrium in Games and Social Situations. Cambridge, Mass. 1977.

Hill, J.M.M., und *E.L. Trist*: A consideration of industrial accidents as a means of withdrawal from the work situation. Human Relations 6, 1953, 357–380.

Holsti, O.R., und *R.C. North*: Perceptions of hostility and economic variables. Comparing Nations (R.L. Merritt, Redakteur). New Haven, Conn., 1965.

Holsti, O.R., R.C. North und *R.A. Brody*: Perception and action in the 1914 crisis. Quantitative International Relations: Insights and Evidence (J.D. Singer, Redakteur). New York 1968.

Holt, R.T., B.L. Job und *L. Markus*: Catastrophe theory and the study of war. Journal of Conflict Resolution 22, 1978, 171–208.

Homans, G.C.: The Human Group. New York 1950.

Hopkins, R.F.: Mathematical modeling of mobilization and assimilation processes. Mathematical Approaches to Politics (H.R. Alker, K.W. Deutsch und A.H. Stoetzel, Redakteure). Amsterdam 1973.

Hopkins, R.F., und *R.W. Mansbach*: Structure and Process in International Politics. New York 1973.

Horvath, W.J., und *C.C. Foster*: Stochastic models of war alliances. Journal of Conflict Resolution 7, 1963, 110–116.

Isaacs, R.: Differential Games. New York 1965.

James, J.: The distribution of free-forming small group size. American Sociological Review 18, 1953, 569–561.

Johnstone, J.C.: Young People's Images of Canadian Society. Studies of the Royal Commission on Bilingualism and Biculturalism. Ottawa 1969.

Kahn, H.: On Thermonuclear War. Princeton, N.J., 1960.

Karlin, S.: Mathematical Methods and Theory in Games, Programming, and Economics, Band 2. Reading, Mass., 1959.

Kemeny, J.G., und *J.L. Snell*: Mathematical Models in the Social Sciences. Boston 1962.

Kissinger, H.A.: Nuclear Weapons and Foreign Policy. New York 1958.

Krantz, D.M.: The Scaling of Small and Large Color Differences (Doctoral Dissertation). Ann Arbor 1964. (University microfilm No. 65–5777).

Land, K.C.: Some exhaustible Poisson Process models of divorce by marriage cohorts. Journal of Mathematical Sociology 1, 1971, 213–231.

Landahl, H.D.: Studies in the mathematical biophysics of discrimination and conditioning. Bulletin of Mathematical Biophysics 3, 1941, 13–26.

Landau, H.G.: On some problems of random nets. Bulletin of Mathematical Biophysics 14, 1952, 203–212.

Lazarsfeld, P.F. (Redakteur): Mathematical Thinking in the Social Sciences. Glencoe, Ill., 1954.

Lazarsfeld, P.F., und *N.W. Henry*: Latent Structure Analysis. New York 1968.

Lendenmann, K.W., und *A. Rapoport*: Motivation pressures in 2 × 2 games. Behavioral Science 15, 1980, (im Druck).

Levine, J.H.: The sphere of influence. American Sociological Review 37, 1972, 14–27.

Levi-Strauss, C.: Anthropologie structurale. Paris 1958.

Lipset, S.M., und *R. Bendix*: Social Mobility in Industrial Societies. Berkeley 1960.

Lotka, A.J.: Theorie analytique des associations biologiques. Paris 1939.

Lucas, W.F.: The proof that a game may have no solution. Transactions of the American Mathematical Society 137, 1969, 219–229.

Luce, R.D.: Individual Choice Behavior. New York 1959a.

–: On the possible psychophysical laws. Psychological Review 66, 1959b, 81–95.

Luce, R.D., und *A.D. Perry*: A method of matrix analysis of group structure. Psychometrika 14, 1949, 95–116.

Luce, R.D., und *H. Raiffa*: Games and Decisions. New York 1957.

Luce, R.D., und *A.A. Rogow*: A game-theoretic analysis of congressional power distribution for a stable two-party system. Behavioral Science 1, 1956, 83–95.

Luce, R.D., und *P. Suppes*: Preference, utility, and subjective probability. Handbook of Mathematical Psychology (R.D. Luce, R. Bush und E. Galanter, Redakteure). New York 1965.

Luce, R.D., R. Bush und *E. Galanter* (Red.): Handbook of Mathematical Psychology. New York 1963–1965.

Mallman, C.: The Bariloche model. Problems of World Modeling. (K.W. Deutsch, B. Fritsch, H. Jaguaribe und A.S. Markovits, Redakteure). Cambridge, Mass., 1977.

Mandelbrot, B.: An information theory of the statistical structure of language. Communication Theory (W. Jackson, Redakteur). New York 1953.

Mayer, T.F., und *W.R. Arney*: Spectral analysis and the study of social change. Sociological Methodology (H.L. Costner, Redakteur). San Francisco 1973–1974.

McClelland, C.A.: Access to Berlin: The quantity and variety of events 1948–1963. Quantitative International Politics: Insights and Evidence (J.D. Singer, Redakteur). New York 1968.

Midlarsky, M.I.: On War: Political Violence in the International Arena. New York 1975.

–: Power and distance in international conflict relations. Mathematical Models in International Relations (D.A. Zinnes und J.V. Gillespie, Redakteure). New York 1976.

Milnor, J.W.: Games against nature. Decision Processes (R.M. Thrall, C.H. Coombs und R.L. Davis, Redakteure). New York 1954.

Milstein, J.B.: The Vietnam war from 1968 Tet offensive to the 1970 Cambodian invasion: A quantitative analysis. Mathematical Approaches to Politics (H.R. Alker, K.W. Deutsch und A.H. Stoetzel, Redakteure). Amsterdam 1973.

Morris, C.: Paths of Life. New York 1942.

Nash, J.F.: Two-person cooperative games. Econometrica **21**, 1953, 128–140.

Neumann, J.v.: Zur Theorie der Gesellschaftsspiele. Mathematische Annalen **100**, 1928, 295–320.

Neumann, J.v., und *O. Morgenstern*: Theory of Games and Economic Behavior. Princeton, N.J., 1947.

Newcomb, T.M.: The Acquaintance Process. New York 1961.

Nordlie, P.G.: A Longitudinal Study of Interpersonal Interaction in a Natural Group Setting (Doctoral Dissertation). Ann Arbor 1958.

O'Neill, B.: The pattern of instability among nations: A test of Richardson's theory. General Systems **15**, 1970, 175–181.

Osgood, C.E.: An Alternative to War or Surrender. Urbana 1962.

Osgood, C.E., G.J. Suci und *P.H. Tannenbaum*: The Measurement of Meaning. Urbana 1957.

Osgood, R.E.: Limited War. The Challenge to American Strategy. Chicago 1957.

Parzen, E.: Stochastic Processes. San Francisco 1962.

Pearson, F.S.: Geographic proximity and foreign military intervention. Journal of Conflict Resolution **18**, 1974, 432–460.

Perner, J.: The Development of Children's Understanding of Principles Concerning Decisions under Risk and Uncertainty (Doctoral Dissertation). Toronto 1978.

Perron, O.: Zur Theorie der Matrizen. Mathematische Annalen **64**, 1907, 248–263.

Prais, S.J.: Measuring social mobility. Journal of the Royal Statistical Association A., **118**, 1955, 56–66.

Raiffa, H.: Arbitration schemes for generalized two-person games. Contributions to the Theory of Games, II (H.W. Kuhn und A.W. Tucker, Redakteure). Annals of Mathematical Studies, **28**, Princeton, N.J., 1953.

Raiffa, H., und *R. Schlaifer*: Applied Statistical Decision Theory. Cambridge, Mass., 1961.

Rapoport, A.: The diffusion problem in mass behavior. General Systems **1**, 1956, 48–55.

–: Nets with reciprocity bias. Bulletin of Mathematical Biophysics **20**, 1958, 191–201.

Rapoport, A., O. Frenkel und *J. Perner*: Experiments with cooperative 2 × 2 games. Theory and Decisions **8**, 1977, 67–92.

Rapoport, A., und *M. Guyer*: A taxonomy of 2 × 2 games. General Systems **11**, 1966, 203–214.

Rapoport, A., M. Guyer und *D. Gordon*: The 2 × 2 Game. Ann Arbor 1976.

Rapoport, A., und *W.J. Horvath*: A study of a large sociogram. Behavioral Science **6**, 1961, 279–291.

Rapoport, An., Am. Rapoport und *W.P. Livant*: A study of lexical graphs. Foundations of Language **2**, 1966, 338–376.

Rashevsky, N.: Mathematical Biophysics. Chicago 1938.

–: Mathematical Biology of Social Behavior. Chicago 1951.

Reich, U.-P.: Possible conflict structure of the European Security Conference. International Journal of Game Theoriy **1**, 1972, 131–145.

Rice, A.K., J.M.M. Hill und *E.L. Trist*: The representation of labor turnover as a social process. Human Relations **3**, 1950, 349–381.

Richardson, L.F.: War moods. Psychometrika **13**, 1948, I: 147–174; II: 197–232.

–: Statistics of Deadly Quarrels. Chicago 1960a.

–: Arms and Insecurity. Chicago 1960b.

Riker, W.H.: A test of the adequacy of the power index. Behavioral Science **4**, 1959, 120–131.

Rogers, A.: An Analysis of Interregional Migration in California. Berkely 1965.

–: Matrix Analysis of Interregional Population Growth and Distribution. Berkeley 1968.

Rosencrance, R.N.: Action and Reaction in World Politics: International System in Perspective. Boston 1963.
–: Bipolarity, multipolarity, and the future. Journal of Conflict Resolution 10, 1966, 314–327.
Rummel, R.J.: Testing some possible predictors of conflict behavior within and between nations. Peace Research Papers 1, 1964, 79–111.
Savage, J.L.: The Foundations of Statistics. New York 1951.
Schelling, T.C.: Dynamic models of segregation. Journal of Mathematical Sociology 1, 1971, 143–186.
Shepard, R.N.: The analysis of proximities: Multidimensional scaling with an unknown distance function. I. Psychometrika 27, 1962a, 125–138.
–: The analysis of proximities: Multidimensional scaling with an unknown distance function. II. Psychometrika 27, 1962b, 219–246.
Shubik, M.: The Uses and Methods of Gaming. New York 1975a.
–: Games for Society, Business, and War. Toward a Theory of Gaming. New York 1975b.
Simon, H.A.: On a class of skew distribution functions. Biometrika 42, 1955, 426–439.
Singer, J.D., und M. Small: The composition and status ordering of the international system: 1815–1940. World Politics 18, 1966, 236–282.
–: Alliance aggregation and the onset of war. Quantitative International Politics: Insights and Evidence (J.D. Singer, Redakteur). New York 1968.
Smoker, P.: Trade, defense and the Richardson theory of arms races: A seven nation study. Journal of Peace Research 2, 1956, 161–176.
Solomon, R.L., und L.C. Wynn: Traumatic Avoidance Learning: Acquisition in Normal Dogs. Psychological Monograph 67 (4), 1953.
Sorokin, P.: Social and Cultural Mobility. Glencoe, Ill., 1927.
–: Social and Cultural Dynamics, Band 3. New York 1962.
Stewart, J.Q.: Demographic gravitation. Evidence and application. Sociometry 11, 1948, 31–57.
Taagepera, R., G.M. Shiffler, R.T. Perkins und D.L. Wagner: Soviet-American and Israeli-Arab arms races and the Richardson model. General Systems 20, 1975, 151–158.
Tryon, R.C., und D.E. Bailey: Cluster Analysis. New York 1970.
Tversky, A.: Elimination by aspects. Psychological Review 79, 1972, 281–299.
White, H.C.: An Anatomy of Kinship. Englewood, N.J., 1963.
–: Chains of Opportunity: System Model of Mobility in Organizations. Cambridge, Mass., 1970a.
–: Stayers and movers. American Journal of Sociology 76, 1970b, 307–314.
White, H.C., S.A. Boorman und R.L. Breiger: Social structure from multiple networks, I. Blockmodels of roles and positions. American Journal of Sociology 81, 1976, 730–780.
Wilson, P.J.: A Malay Village and Malasia: Social Values and Rural Development. Hew Haven, Conn., 1967.
Wohlstetter, A.: Theory of opposed-system design. New Approaches to International Relations (M.A. Kaplan, Redakteur). New York 1968.
Yasuda, S.: A methodological inquiry into social mobility. American Sociological Review 29, 1964, 16–23.
Yearbook of World Armaments and Disarmament 1969–1970. Stockholm International Peace Research Insitute. New York 1970–1973.
Zinnes, D.A.: Expression and Perception of Hostility in Inter-state Relations (Doctoral Dissertation). Stanford 1963.
Zinnes, D.A., R.C. North und H.E. Koch: Capability, threat, and the outbreak of war. International Politics and Foreign Policy (J.M. Rosenau, Redakteur). New York 1961.
Zipf, G.K.: Human Behavior and the Principle of Least Effort. Cambridge, Mass., 1949.

Namenregister

Sachregister

physica paperback

Bamberg, Günter
Statistische Entscheidungstheorie
1972. 149 Seiten. DM 20.–

Basler, Herbert
**Grundbegriffe der Wahrscheinlich-
keitsrechnung und statistischen
Methodenlehre**
Mit 27 Beispielen und 35 Aufgaben
mit Lösungen
7., bearbeitete und erweiterte Auflage
1978. 162 Seiten. DM 19.80

Basler, Herbert
**Aufgabensammlung zur statistischen
Methodenlehre und Wahrscheinlich-
keitsrechnung**
2., durchgesehene Auflage
1977. 120 Seiten. DM 16.–

Berg, Claus C.
Programmieren mit FORTRAN
2., verbesserte Auflage
1979. 124 Seiten. DM 18.–

Bliefernich, M., M. Gryck,
M. Pfeiffer und C.-J. Wagner
**Aufgaben zur Matrizenrechnung
und linearen Optimierung**
Mit ausführlichen Lösungswegen
2., verbesserte Auflage 1974
310 Seiten. DM 18.–

Bloech, Jürgen, und Gösta-B. Ihde
Betriebliche Distributionsplanung
Zur Optimierung der logistischen Prozesse
1972. 149 Seiten. DM 20.–

Brauer, Karl M. (Hrsg.)
Allgemeine Betriebswirtschaftslehre
Anleitungen zum Grundstudium mit Aufgaben, Übungsfällen und Lösungshinwei-
sen
2. Auflage 1971. 404 Seiten. DM 24.–

Czap, Hans
Einführung in die EDV
1976. 115 Seiten. DM 12.–

Eilenberger, Guido
**Finanzierungsentscheidungen
multinationaler Unternehmungen**
1980. 196 Seiten. DM 29.–

Ferschl, Franz
Deskriptive Statistik
2., verbesserte Auflage 1980. 308 Seiten. DM 29.90

Grafendorfer, Walter
**Einführung in die Datenverarbei-
tung für Informatiker**
1977. 194 Seiten. DM 25.–

Hax, Herbert
Investitionstheorie
4., durchgesehene Auflage
1979. 208 Seiten. DM 26.–

Heller, H. Robert
Internationaler Handel
Theorie und Empirie
In Zusammenarbeit mit E. Scharrer,
E. Stiller, R. Stiller
1975. 249 Seiten. DM 24.–

Hesse, Helmut, und Robert Linde
**Gesamtwirtschaftliche
Produktionstheorie**
Teil I: 1.–4. Kapitel
1976. 192 Seiten. DM 19.–
Teil II: 5.–8. Kapitel
1976. 295 Seiten. DM 32.–

Huch, Burkhard
Einführung in die Kostenrechnung
5., bearbeitete und erweiterte Auflage
1977. 229 Seiten. DM 22.–

Küpper, W., Lüder und
L. Streitferdt
Netzplantechnik
1975. 351 Seiten. DM 32.–

 physica-verlag · würzburg - wien

physica paperback

9783790802184.4

Neumann, John von, und
Oskar Morgenstern
Spieltheorie und wirtschaftliches Verhalten
Unter Mitwirkung von F. Docquier
herausgegeben von F. Sommer
Übersetzt von M. Leppig
3. Auflage (ungekürzte Sonderausgabe)
1973. XXIV, 668 Seiten. DM 48.–

Rapoport, Anatol
Mathematische Methoden in den Sozialwissenschaften
1980. 374 Seiten. DM 45.–

Sasieni, M., A. Yaspan und L. Friedman
Methoden und Probleme der Unternehmensforschung (Operations Research)
In deutscher Sprache herausgegeben von
H.P. Künzi
3. Nachdruck 1971. VIII, 322 Seiten.
DM 28.–

Seelbach, Horst
Ablaufplanung
Unter Mitarbeit von H. Fehr, J. Hinrichsen, P. Witten, H.-G. Zimmermann
1975. 215 Seiten. DM 24.–

Schneeweiß, Christoph
Dynamisches Programmieren
1974. 226 Seiten. DM 27.–

Schneeweiß, Hans
Ökonometrie
3., durchgesehene Auflage 1978
391 Seiten. DM 45.–

Schulte, Karl-Werner
Wirtschaftlichkeitsrechnung
1978. 184 Seiten. DM 22.–

Stenger, Horst
Stichprobentheo
1971. 228 Seiten. DM 27.–

Swoboda, Peter
Finanzierungstheorie
1973. 222 Seiten. DM 32.–

Vorobjoff, Nikolaj N.
Grundlagen der Spieltheorie und ihre praktische Bedeutung
Deutsch von N.M. Küssel
2. Auflage 1972. 84 Seiten. DM 9.–

Vogt, Herbert
Einführung in die Wirtschaftsmathematik
3., durchgesehene Auflage 1977.
236 Seiten. DM 20.–

Vogt, Herbert
Aufgaben und Beispiele zur Wirtschaftsmathematik
1976. 184 Seiten. DM 19.–

Weidacher, Josef
Kleines wirtschaftswissenschaftliches Wörterbuch Englisch–Deutsch
1976. 82 Seiten. DM 14.–

Weise, Peter
Neue Mikroökonomie
unter Mitarbeit von H. Biehler, W. Brandes, H. Brezinski, Th. Eger, H. Meyer
1979. 290 Seiten. DM 29.90

Preise: Stand Mai 1980

 physica-verlag · würzburg - wien

ISBN 3 7908 0218 2